HÜTTE Elektrische Energietechnik Band 2

HÜTTE Taschenbücher der Technik

Herausgegeben vom
Wissenschaftlichen Ausschuß des Akademischen Vereins Hütte e.V.

29. Auflage

Elektrische Energietechnik

Band 2 Geräte

Bandherausgeber **W. Böning**

Springer-Verlag Berlin Heidelberg New York 1978

Bandherausgeber:

Prof. Dr.-Ing. *Walter Böning*, Siemens AG, 1000 Berlin 13.

Mitarbeiter dieses Bandes:

Dipl.-Ing. *Gerhard Albrecht*, Transformatoren Union AG, 7312 Kirchheim (2.4)
Dr.-Ing. *Werner Dietrich*, Transformatoren Union AG, 8500 Nürnberg, (2.1 + 2.2)
Dipl.-Ing. *Dietrich Dobschall*, AEG Telefunken, 1000 Berlin (2.3)
Dr. *Magda Froehlich*, 3300 Braunschweig (4.2.9)
Dr. *Dirk Schalch*, 6300 Lahn-Gießen (4.5–4.9)
Prof. Dr.-Ing. *Karl-Joachim Euler*, Gesamthochschule Kassel, 3500 Kassel (4)
Prof. Dr.-Ing. *Klemens Heumann*, AEG Telefunken, 1000 Berlin (1)
Dr. techn. *Gustav Leiner*, 8521 Weisendorf (0)
Dipl.-Ing. *Franz Josef Pollmeier*, Siemens AG, 1000 Berlin (3.1 + 3.2)
Dipl.-Ing. *Hermann Reizuch*, Siemens AG, 8520 Eriangon (3.3)
Prof. Dr. rer. nat. *Arthur Scharmann*, Universitat Gieben 6300 Lahn-Gießen (4)
Dr.-Ing. *Werner Stein*, Transformatoren Union AG, 8500 Nürnberg (2.1 + 2.2)
Dr.-Ing. *Helmut Wiedemann*, Stanfor University, Standord, Calif USA (5)

Mit 272 Abbildungen

ISBN 978-3-642-46363-1 ISBN 978-3-642-46362-4 (eBook)
DOI 10.1007/978-3-642-46362-4

CIP-Kurztitelaufnahme der Deutschen Bibliothek. *Hütte:* Taschenbücher d. Technik/hrsg. vom Wissenschaftl. Ausschuß d. Akad. Vereins Hütte e.V. — Berlin, Heidelberg, New York: Springer. Teilw. hrsg. von Hütte, Ges. für Techn. Informationen mbH, Berlin. NE: Akademischer Verein Hütte/Wissenschaftlicher Ausschuß; Hütte, Gesellschaft für Technische Informationen ⟨Berlin, West⟩. Elektrische Energietechnik. Bd. 2. Geräte/Bandhrsg.: W. Böning. — 29. Aufl. — 1978.

Softcover reprint of the hardcover 29th edition 1978

Gesamtherstellung: Brühlsche Universitätsdruckerei, Lahn-Gießen
2061/3020-543210

Vorwort zur 29. Auflage

1957 erschien der Band HÜTTE IV A ELEKTROTECHNIK (Starkstromtechnik und Lichttechnik) der 28. Auflage. Diese Buchreihe, bekannt unter dem Namen HÜTTE DES INGENIEURS TASCHENBUCH, ist seit mehr als hundert Jahren für Ingenieure ein zuverlässiges Nachschlagewerk und Informationsmittel.

Mit der 29. Auflage hat sich das Bild der HÜTTE geändert; sie erscheint seit einigen Jahren unter dem Namen HÜTTE TASCHENBÜCHER DER TECHNIK beim Springer-Verlag, Berlin, Heidelberg, New York. Nach einem von Herausgeber und Verlag neu entwickeltem Konzept wird jetzt die Buchreihe ELEKTRISCHE ENERGIETECHNIK herausgebracht, die folgende Bände umfassen soll:

Band 1 **Maschinen**

1. Allgemeine Grundlagen
2. Grundzüge der Projektierung und Berechnung
3. Kenngrößen und Betriebsverhalten
4. Prüfung und Betriebsüberwachung

Band 2 **Geräte**

1. Stromrichter
2. Transformatoren, Drosselspulen, Meßwandler, Überspannungsableiter
3. Starkstrom-Kondensatoren
4. Direkte Energieumwandlung
5. Geräte der Hochenergiephysik

Band 3 **Netze**

Schaltgeräte und Schaltanlagen
Leitungen
Übertragungs- und Verteilungsnetze
Hochspannungs-Gleichstrom-Übertragung

Band 4 **Anwendungen**

Dieser in Vorbereitung befindliche Band wird darstellen, in welcher Form elektrische Energie in Industrie und Haushalten verwendet wird. Außerdem werden Rechtsfragen und Fragen der Elektrizitätswirtschaft behandelt.

Jeder Band setzt sich zusammen aus Beiträgen bewährter Fachleute, die auf dem jeweils dargestellten Gebiet in Forschung, Entwicklung oder Fertigung tätig sind oder zur Zeit der Abfassung ihres Beitrages tätig waren. Dadurch wurde eine sachlich fundierte, praxisnahe und aktuelle Stoffauswahl und Darstellungsweise angestrebt.

Dem jetzt vorliegenden Band 2 ist ein allgemeiner Abschnitt mit *Formelzeichen, Schaltzeichen* und einer Liste der für das behandelte Gebiet geltenden nationalen und internationalen *Normen, Vorschriften* und *Empfehlungen* vorangestellt. Dem in der Berufspraxis stehenden Ingenieur, für den die Anwendung von Normen selbstverständlich ist, soll dieser Abschnitt zum bequemen Nachschlagen dienen. Mindestens ebenso wichtig ist aber, daß dadurch Studierende der Hoch- und Fachhochschulen mit einem System bekannt gemacht werden, welches erfahrungsgemäß in den Vorlesungen oftmals zu wenig berücksichtigt wird.

Der erste Hauptabschnitt über *Stromrichter* ist wegen der immer noch zunehmenden Bedeutung der Leistungselektronik in der Energietechnik vergleichsweise ausführlich gehalten. Neben den Grundlagen, hierbei vor allem den Kommutierungs- und Führungsarten sowie der Taktgebung, wird zunächst das Verhalten der *Halbleiterventile* für sich und im Zusammenwirken mit den gebräuchlichen Beschaltungselementen behandelt. Es folgen Unterabschnitte über die Wirkungsweise von Ventilen, deren Bedeutung zum Teil stark abgenommen hat, die aber noch in zahlreichen älteren Anlagen in Betrieb sind. Hierzu zählen vor allem die Quecksilberdampfventile. Nach einem Überblick über die Stromrichterschaltungen werden die Eigenschaften der wichtigsten Stromrichtergeräte und -anlagen dargestellt. Es folgen die Steuerung und Regelung, Angaben über Stromrichterzubehör, hierbei hervorzuheben die Schutz- und Überwachungseinrichtungen. Erwähnenswert ist noch der abschließende Unterabschnitt über die Rückwirkungen der Stromrichter auf das Netz, welche in der Praxis in zunehmendem Maße Gegenstand kritischer Betrachtungen sind.

Der Hauptabschnitt 2 befaßt sich zunächst mit den schaltungstechnischen und theoretischen Grundlagen der *Leistungstransformatoren.* Als wesentliche Einflußgrößen des Verhaltens im Normalbetrieb werden danach in knapper Form die Streufelder und die Kurzschlußspannungen behandelt. Wegen ihrer Bedeutung hervorzuheben sind die Unterabschnitte über Stromkräfte und Überspannungs-Beanspruchungen sowie über die Einstellbarkeit des Übersetzungsverhältnisses. Für den Studierenden dürfte die vergleichsweise ausführliche Darstellung des konstruktiven Aufbaus von besonderem Wert sein, weil hiervon aus Zeitmangel in den üblichen Vorlesungen nur wenig gebracht werden kann. Abschnitte über Sondertransformatoren und Transformatorprüfung beenden das Kapitel.

Im folgenden Abschnitt „Drosselspulen" werden zunächst die Arten und der Aufbau von *Eisen- und Luftdrosseln* behandelt. Hervorzuheben ist der Unterabschnitt über Transduktoren, die als Steuerelemente in zahlreichen in Betrieb befindlichen Anlagen noch im Einsatz sind.

Der sich anschließende Abschnitt über *Meßwandler* erfordert zu Beginn die Darstellung der Theorien der Spannungs- und Stromwandler, weil diese in der für die genannten Meßwandler zugeschnittenen Form von der Theorie der Leistungstransformatoren abweichen. Die folgenden Unterabschnitte über Werkstoffe, Bauformen und das Betriebsverhalten bilden den praxisnahen Abschluß dieses Gebietes.

Obwohl die Wirkungsweise von *Überspannungsableitern* nicht auf dem Induktionsgesetz beruht, wurden die Überspannungsableiter mit in den Hauptabschnitt über Tranformatoren und Drosselspulen hineingenommen, weil sie wichtige Beschaltungs- bzw. Schutzelemente für Transformatoren sind. Von den in der Energietechnik angewendeten Überspannungsableitern hat heute nur noch der Ventilableiter praktische Bedeutung. Sein Arbeitsprinzip und sein Aufbau werden behandelt. Bei der Schilderung der Anwendungen und der Überwachung im Betrieb wird auch der Problemkreis der Isolations-Koordination und der Ansprechzähler in gebotener Kürze gestreift.

Im Hauptabschnitt 3 werden die Grundlagen und Anwendungen von *Kondensatoren* in der Energietechnik behandelt. Im Vordergrund steht wegen ihrer Bedeutung die Blindleistungskompensation, wegen des steigenden Einsatzes von Stromrichtern werden aber auch die Filterkreis-Kondensatoranlagen berücksichtigt.

Der Hauptabschnitt 4 behandelt *Akkumulatoren, Primärzellen* und *Energie-Direktumwandlung.* Hier wird unseres Wissens erstmalig in einem Handbuch der Energietechnik ein Überblick über ein Gebiet gegeben, welches aus sehr verschiedenen Gründen in den letzten Jahren in den Brennpunkt des Interesses gerückt ist. Es sind dies vor allem der Umweltschutz, die zunehmende Knappheit bei den „klassischen" Primärenergieträgern Kohle und Öl sowie die Weltraumfahrt. Neben den seit langem bekannten, jedoch stetig weiter entwickelten galvanischen Primär- und Sekundärzellen werden eine große Anzahl von Entwicklungen der neueren Zeit erläutert und in ihrer Bedeutung und ihren künftigen Erfolgsaussichten bewertet.

Auch die Aufnahme des Hauptabschnitts 5 über *Geräte der Hochenergiephysik* in ein Handbuch der Energietechnik dürfte neu sein. Redaktion und Herausgeber gingen bei der Entscheidung darüber von der Tatsache aus, daß auf dem Gebiet der Teilchenforschung und der Plasmaphysik starkstromtechnische Geräte und Maschinen eine immer größere Bedeutung erlangen. An der Projektierung und am Bau derartiger Anlagen sind Ingenieure des Elektromaschinenbaus und der Energietechnik heute maßgeblich beteiligt. Daher ist ein Einblick in das Gebiet der Hochenergiephysik heute sowohl für Studierende der Energietechnik als auch bereits in der Praxis tätige Ingenieure gleichermaßen zweckmäßig.

Bei den Bemühungen, diesem Band eine ansprechende Form zu geben, haben wir von vielen Seiten Rat und Hilfe erhalten; wir sind dafür sehr dankbar. Besonders danken wir den Autoren. Sie haben trotz beruflicher Belastung ihr Wissen und ihre Erfahrung zur Verfügung gestellt und den Wünschen des Bandherausgebers und der Schriftleitung verständnisvoll Rechnung getragen.

Dem Springer-Verlag danken wir für die vorzügliche Ausstattung des Bandes.

Berlin, im Juni 1978

Prof. Dr.-Ing. **W. Böning**
Bandherausgeber

Dipl.-Ing. **W. Stenger**
Hauptschriftleiter der HÜTTE-Taschenbücher

Dipl.-Ing. **W. Fredrich**
Vorsitzender des Wissenschaftlichen Ausschusses
des Akademischen Vereins Hütte eV, Berlin

Inhalt

0. Allgemeine Grundlagen

(*G. Leiner*)

1. Stromrichter

(*K. Heumann*)

2. Transformatoren, Drosselspulen, Meßwandler und Überspannungsableiter

3. Kondensatoren

4. Akkumulatoren, Primärzellen, Energie-Direktumwandlung

(*K.-J. Euler* und *A. Scharmann*)

5. Geräte der Hochenergiephysik

(H. Wiedemann)

0. Allgemeine Grundlagen

Bearbeitet von *G. Leiner*

0.1 Formelzeichen, Größen und Einheiten

Die in der folgenden Zusammenstellung verwendeten Formelzeichen sind nach ISO 31, DIN 1304 und DIN 40121 ausgewählt. Die Einheiten entsprechen den Beschlüssen der Generalkonferenz für Maß und Gewicht, die auch im deutschen „Gesetz über Einheiten im Meßwesen" vom 2. 7. 1969 und 6. 7. 1973 mit der zugehörigen Ausführungsverordnung festgelegt sind, entsprechend der „Richtlinie des Rates der Europäischen Gemeinschaften zur Angleichung der Rechtsvorschriften der Mitgliedstaaten über Einheiten im Meßwesen" von 18. 10. 1971 und 27. 7. 76. Diese Einheiten stützen sich auf das „Systeme International d'Unités" (abgekürzt: SI) und sollen für die ganze Welt auf allen Wissensgebieten gültig sein.

Die folgende Tabelle enthält eine Auswahl der wichtigsten in der Energietechnik verwendeten Größen mit ihren Formelzeichen und Einheiten.

Tabelle 0.1—1

Nr.	Formelzeichen	Bedeutung	SI-Einheit	Bemerkung
1.	Länge und ihre Potenzen			
1.1	l	Länge	m	weitere übliche Einheiten:
1.2	d, D	Durchmesser	m	mm, km
1.3	h	Höhe	m	
1.4	δ	Luftspalt	m	
1.5	b	Breite	m	
1.6	τ	Teilung	m	
1.7	H	Aufstellungshöhe über dem Meeresspiegel	m	
1.8	A	Fläche, Flächeninhalt (allgemein)	m^2	
1.9	O	Oberfläche, Kühlfläche	m^2	
1.10	Q, q	Querschnitt, Querschnittsfläche	m^2	
1.11	V	Volumen, Rauminhalt	m^3	
1.12	H	Flächenmoment 1. Grades	m^3	DIN 5497
1.13	W	Widerstandsmoment	m^3	
1.14	I	Flächenmoment 2. Grades	m^4	früher: Flächenträgheitsmoment
1.15	$\alpha, \beta, \gamma, \ldots$	Winkel	rad	weitere Einheit: Grad (°)
1.16	Ω	Raumwinkel	sr	sr Einheitenzeichen für Steradiant
2.	Kinematik			
2.1	t	Zeit, Zeitspanne, Dauer	s	weitere Einheit: Stunde (h)
2.2	T, τ	Zeitkonstante	s	
2.3	T	Periodendauer, Schwingungsdauer	s	

Tabelle 0.1—1 (Fortsetzung)

Nr.	Formelzeichen	Bedeutung	SI-Einheit	Bemerkung
2.4	f	Frequenz	Hz	$1\ \mathrm{Hz} = 1\ \mathrm{s}^{-1}$ bei Frequenzen
2.5	ω	Kreisfrequenz	s^{-1}	
2.6	δ	Abklingkoeffizient	s^{-1}	DIN 1311, Bl. 2
2.7	ϑ	Dämpfungsgrad	1	DIN 1311, Bl. 2
2.8	n	Drehzahl	s^{-1}	übliche Einheiten auch: min^{-1} oder r/s, r/min (r von revolutio, Umdrehung)
2.9	ω_n, Ω	Winkelgeschwindigkeit	rad/s	
2.10	α	Winkelbeschleunigung	$\mathrm{rad/s^2}$	
2.11	λ	Wellenlänge	m	
2.12	v, u	Geschwindigkeit, Umfangsgeschwindigkeit	m/s	bei Fahrzeugen: km/h
2.13	a	Beschleunigung	$\mathrm{m/s^2}$	
2.14	g	örtliche Fallbeschleunigung	$\mathrm{m/s^2}$	
3.	Dynamik			
3.1	m	Masse, Gewicht als Wägeergebnis	kg	weitere übliche Einheiten: g, t
3.2	ϱ, ϱ_m	Dichte	$\mathrm{kg/m^3}$	übliche Einheit: $\mathrm{kg/dm^3}$
3.3	d	relative Dichte	1	
3.4	$\dot{m}$, q_m	Massenstrom, Massendurchsatz	kg/s	
3.5	J	Trägheitsmoment, Massenmoment 2. Grades	$\mathrm{kg \cdot m^2}$	früher: Massenträgheitsmoment, $1\ \mathrm{kg \cdot m^2} = 1\ \mathrm{W \cdot s^3}$
3.6	F	Kraft	N	$1\ \mathrm{N} = 1\ \mathrm{kg \cdot m/s^2}$
3.7	G, F_G	Gewichtskraft	N	$G = m \cdot g$
3.8	p	Druck in Fluiden	Pa	$1\ \mathrm{Pa} = 1\ \mathrm{N/m^2}$, übliche Einheit: bar, $1\ \mathrm{bar} = 10^5\ \mathrm{Pa}$
3.9	σ	Zug- oder Druckspannung (Normalspannung)	$\mathrm{N/m^2}$	übliche Einheit: $\mathrm{N/mm^2}$ $1\ \mathrm{N/mm^2} = 1\ \mathrm{MPa}$
3.10	τ	Schubspannung	$\mathrm{N/m^2}$	wie bei 3.9
3.11	ε	Dehnung	1	$\varepsilon = \Delta l / l$
3.12	E	Elastizitätsmodul	$\mathrm{N/m^2}$	wie bei 3.9
3.13	μ, f	Reibungszahl	1	$\mu = F_R / F_N$, DIN 50281
3.14	η	dynamische Viskosität	$\mathrm{Pa \cdot s}$	DIN 1342, übliche Einheit: $\mathrm{mPa \cdot s}$
3.15	ν	kinematische Viskosität	$\mathrm{m^2/s}$	$\nu = \eta / \varrho$, DIN 1342, übliche Einheit: $\mathrm{mm^2/s}$
3.16	M	Drehmoment, Moment eines Kräftepaares	$\mathrm{N \cdot m}$	$1\ \mathrm{N \cdot m} = 1\ \mathrm{W \cdot s} = 1\ \mathrm{J}$
3.17	W	Energie, Arbeit	J	$1\ \mathrm{J} = 1\ \mathrm{W \cdot s} = 1\ \mathrm{N \cdot m}$
3.18	P	Leistung	W	$1\ \mathrm{W} = 1\ \mathrm{J/s} = 1\ \mathrm{N \cdot m/s}$
4.	Verluste, Wärmeübertragung			
4.1	W	Verlustwärme, Wärmemenge	J	$1\ \mathrm{J} = 1\ \mathrm{W \cdot s} = 1\ \mathrm{N \cdot m}$ in der Thermodynamik: Q
4.2	P_v	Wärmestrom, Verluste	W	in der Thermodynamik: Φ
4.3	v	spezifischer Verlust	W/kg	DIN 50463
4.4	T	thermodynamische Temperatur	K	
4.5	ϑ	Celsius-Temperatur	°C	

Tabelle 0.1—1 (Fortsetzung)

Nr.	Formelzeichen	Bedeutung	SI-Einheit	Bemerkung
4.6	$\Delta\vartheta$	Temperaturdifferenz, Übertemperatur	K	zulässig beim Angaben: °C, nicht in Berechnungen
4.7	α_l	thermischer Längenausdehnungskoeffizient	K^{-1}	DIN 1345
4.8	α_v, γ	thermischer Volumenausdehnungskoeffizient	K^{-1}	DIN 1345
4.9	C	Wärmekapazität	J/K	DIN 1345
4.10	c	spezifische Wärmekapazität	J/(kg·K)	DIN 1345, $c = C/m$
4.11	R_{th}	Wärmewiderstand	K/W	$R_{th} = \Delta\vartheta/P_v$
4.12	ϱ_{th}	spezifischer Wärmewiderstand	Km/W	
4.13	Λ_{th}	Wärmeleitwert	W/K	$\Lambda_{th} = P_v/\Delta\vartheta$
4.14	λ	Wärmeleitfähigkeit	W/(K·m)	
4.15	α	Wärmeübergangskoeffizient	$W/(K \cdot m^2)$	DIN 1341
4.16	k	Wärmedurchgangskoeffizient	$W/(K \cdot m^2)$	DIN 1341
4.17	K, $\dot{V}$	Kühlmittelstrom, Volumenstrom	m^3/s	DIN 40121
5.	Elektrizität und Magnetismus			
5.1	Q	elektrische Ladung	C	1 C = 1 A·s
5.2	I	elektrische Stromstärke	A	
5.3	Θ, θ	elektrische Durchflutung	A	DIN 1325
5.4	V	magnetische Spannung	A	DIN 1325
5.5	H	magnetische Feldstärke	A/m	DIN 1325
5.6	A	elektrischer Strombelag	A/m	
5.7	S	elektrische Stromdichte	A/m^2	$S = I/q$, q nach Nr. 1—10
5.8	φ	elektrisches Potential	V	
5.9	U	elektrische Spannung	V	
5.10	U_i	induzierte Spannung	V	
5.11	E	elektrische Feldstärke	V/m	DIN 1324
5.12	Φ	magnetischer Fluß, Fluß je Pol	Wb	1 Wb = 1 V s, DIN 1325
5.13	Ψ_m	magnetischer Verkettungsfluß	Wb	$\Psi_m = \xi \cdot \omega \cdot \Phi$, DIN 40121
5.14	B	magnetische Flußdichte	T	$1\ T = 1\ Wb/m^2$
5.15	C	elektrische Kapazität	F	1 F = 1 C/V = 1 S·s, $C = Q/U$
5.16	ε	Permittivität, bei linearem Dielektrikum: Dielektrizitätskonstante	F/m	$1\ F/m = 1\ N/V^2$
5.17	ε_0	elektrische Feldkonstante, Dielektrizitätskonstante des leeren Raumes	F/m	$\varepsilon_0 = 0{,}885419 \cdot 10^{-11}$ F/m DIN 1357
5.18	ε_r	Permittivitätszahl, bei linearem Dielektrikum: Dielektrizitätszahl	1	$\varepsilon_r = \varepsilon/\varepsilon_0$
5.19	L	Induktivität	H	1 H = 1 Wb/A = 1 Ω·s
5.20	L_{12}	gegenseitige Induktivität primär/sekundär	H	
5.21	L_σ	Streuinduktivität	H	
5.22	Λ	magnetischer Leitwert	H	
5.23	R_m	magnetischer Widerstand	H^{-1}	
5.24	μ	Permeabilität	H/m	$1\ H/m = 1\ Wb/A \cdot m = 1\ N/A^2$
5.25	μ_0	magnetische Feldkonstante, Permeabilität des leeren Raumes	H/m	$\mu_0 = 4\pi \cdot 10^{-7}$ H/m $= 1{,}256637 \cdot 10^{-6}$ H/m

Tabelle 0.1—1 (Fortsetzung)

Nr.	Formelzeichen	Bedeutung	SI-Einheit	Bemerkung
5.26	μ_r	Permeabilitätszahl, relative Permeabilität	1	$\mu_r = \mu/\mu_0$
5.27	R	elektrischer Widerstand, Wirkwiderstand	Ω	$1\,\Omega = 1\,V/A = 1/S$
5.28	ϱ	spezifischer, elektrischer Widerstand	$\Omega \cdot m$	übliche Einheit: $\Omega \cdot mm^2/m$ $1\,\Omega mm^2/m = 10^{-6}\,\Omega \cdot m$
5.29	G	elektrischer Leitwert, Wirkleitwert	S	$1\,S = 1\,A/V = 1/\Omega$
5.30	$\gamma, \varkappa$	elektrische Leitfähigkeit	S/m	übliche Einheit: $S \cdot m/mm^2$ $1\,S \cdot m/mm^2 = 10^6\,S/m$
6.	Besondere Größen in Wechselstromkreisen			
6.1	$i, \hat{i}, I$	Augenblickswert, Amplitudenwert und Effektivwert der elektrischen Stromstärke	A	
6.2	$u, \hat{u}, U$	Augenblickswert, Amplitudenwert und Effektivwert der elektrischen Spannung	V	
6.3	Z	Scheinwiderstand, Impedanz	Ω	$Z = \sqrt{R^2 + X^2}$
6.4	X	Blindwiderstand, Reaktanz	Ω	
6.5	Y	Scheinleitwert	S	$Y = 1/Z$
6.6	B	Blindleitwert	S	$B = 1/X$
6.7	S, P_s	Scheinleistung	W	übliche Einheit: VA, $S = U \cdot I$ 1 W = 1 VA, DIN 40110
6.8	P, P_p, P_w	Wirkleistung	W	DIN 40110
6.9	Q, P_q, P_b	Blindleistung	W	übliche Einheit: var, $Q = \sqrt{S^2 - Q^2}$, 1 W = 1 var, DIN 40110
		Allgemeiner Zweiwicklungstransformator		
6.10	X_{11}, X_{22}	Eigenreaktanz, primär, sekundär	Ω	$X_{11} = X_{1h} + X_{1\sigma}$ $X_{22} = X_{2h} + X_{2\sigma}$
6.11	X_{1h}, X_{2h}	Hauptreaktanz, primär, sekundär	Ω	
6.12	$X_{1\sigma}, X_{2\sigma}$	Streureaktanz, primär, sekundär	Ω	
6.13	$X_{12} = X_{21}$	gegenseitige Reaktanz primär, sekundär	Ω	$X_{12} = X_{21} = \sqrt{X_{11} \cdot X_{22}}$
	Synchronmaschine			
6.14	X_d, X_1	Ständerreaktanz, Längsfeldreaktanz, Mitreaktanz Synchron-Reaktanz	Ω	
6.15	X'_d	Übergangsreaktanz, Transient-Reaktanz	Ω	
6.16	X''_d	Anfangsreaktanz, Subtransient-Reaktanz	Ω	
6.17	X_q	Querfeldreaktanz	Ω	
6.18	X_2	Gegenreaktanz, Invers-Reaktanz	Ω	
6.19	X_0	Nullreaktanz		
6.20	I_K	Dauer-Kurzschlußwechselstrom	A	
6.21	I'_K	Übergangs-Kurzschlußwechselstrom	A	
6.22	I''_K	Anfangs-Kurzschlußwechselstrom	A	

Tabelle 0.1—1 (Fortsetzung)

Nr.	Formel-zeichen	Bedeutung	SI-Einheit	Bemerkung
7.	Anzahlen und Größenverhältnisse			
7.1	p	Anzahl der Polpaare	1	
7.2	a	Anzahl der parallelen Zweige, bei Drehstrom je Strang	1	bei Kommutatorankern besondere Definitionen
7.3	m	Anzahl der Wicklungsstränge, Anzahl der Phasen	1	
7.4	w	Anzahl der Windungen	1	
7.5	z	Anzahl der Leiter	1	
7.6	k	Anzahl der Kommutatorlamellen	1	
7.7	N	Anzahl der Nuten	1	
7.8	q	Nutenzahl je Pol und Strang	1	
7.9	s	Schlupf	1	
7.10	σ	Gesamtstreugrad	1	$\sigma = 1 - \frac{X_{12}^2}{X_{11} \cdot X_{22}}$
7.11	σ_1, σ_2	Einzelstreugrade primär, sekundär	1	
7.12	ξ	Wicklungsfaktor	1	
7.13	φ	Phasenwinkel zwischen Strom und Spannung	rad	weitere Einheit Grad (°)
7.14	ν	Ordnungszahl einer Teil-schwingung	1	
7.15	k	Faktor, Füllfaktor	1	
7.16	ζ_R	Widerstandserhöhungsfaktor bei Stromverdrängung	1	
7.17	η	Wirkungsgrad	1	$\eta = P_{ab}/P_{zu}$
7.18	ζ	Arbeitsgrad	1	$\zeta = W_{ab}/W_{zu}$

Nr.	Index	Bedeutung	Beispiele	
8.	Indizes			
8.1	a	außen	d_a, D_a	Außendurchmesser im Läufer, Ständer
	a	Anker	R_a	elektr. Ankerwiderstand
	amb	umgebend, ambient	p_{amb}	Umgebungsdruck
	as	asynchron	n_{as}	asynchrone Drehzahl
	ax	axial	F_{ax}	Axialkraft
8.2	A	Bezug auf die Fläche	m_A	Massenbedeckung, flächen-bezogene Masse
	A	Anlauf	I_A	Anlaufstrom
	A	Anzug	M_A	Anzugsmoment
8.3	b	blind	P_b	Blindleistung
	b	Biegung	M_b	Biegemoment
	b	Bohrung	O_b	Bohrungsoberfläche
8.4	B	Bürste	b_B	Bürstenbreite
8.5	d	mit Dämpfung	f_d	Eigenfrequenz bei Dämpfung
	d	gleichstromseitig	I_d	Strom auf der Gleichstromseite
	d	Längsachse, Direktachse	X_d	Längsfeldreaktanz
8.6	e	überschreitend (excedens)	p_e	Überdruck
	el	elektrisch	W_{el}	elektrische Energie

Tabelle 0.1—1 (Fortsetzung)

Nr.	Index	Bedeutung	Beispiele	
8.7	f	Feld, Erregung	I_f	Erregerstrom
8.8	G	Generator	U_G	Generatorspannung
	G	Gewicht	F_G	Gewichtskraft
8.9	h	haupt	X_h	Hauptfeldreaktanz
8.10	H	Hysterese	P_H	Hystereseverluste
8.11	i	ideell	δ_i	ideeller Luftspalt
	i	innen	D_i	Bohrungsdurchmesser
	ind	induziert	U_{ind}	induzierte Spannung
	is	isoliert	d_{is}	Leiterduchmesser, isoliert
8.12	j	Joch	B_j	Jochinduktion
8.13	k	kalt	R_k	elektr. Widerstand im kalten Zustand
	k	Kern	Q_k	Kernquerschnitt
	k	Kurzschluß	I_k	Kurzschlußstrom
8.14	K	Kommutator	τ_K	Kommutatorteilung
8.15	li	unterer Grenzwert (limes inferior)	U_{li}	unterer Grenzwert einer Ansprechspannung
	ls	oberer Grenzwert (limes superior)	ϑ_{ls}	obere Grenztemperatur
8.16	L	Bezug auf die Länge	m_L	Massenbelag, längenbezogene Masse
8.17	m	Hinweis auf die Masse	ϱ_m	Dichte (zur Unterscheidung von ϱ spez. elektr. Widerstand)
	m	mittel	l_m	mittlere Leiterlänge
	mg	magnetisch	R_{mg}	magnetischer Widerstand
8.18	M	Motor	P_M	Motorleistung
8.19	n	allgemeine Zahl	f_n	Frequenz der n-ten Oberschwingung
	n	Drehzahl	ω_n	mechanische Winkelgeschwindigkeit (zur Unterscheidung von der Kreisfrequenz ω)
	n	Normwert	g_n	Normfallbeschleunigung
	n	Nut	b_n	Nutbreite
8.20	N	Nennwert	P_N	Nennleistung
	N	normal ($\perp$)	F_N	Normalkraft
8.21	p	parallel	R_p	Parallelwiderstand
	p	plötzlich	$\hat{i}_p$	Maximum des Stoßkurzschlußstromes
	p	Pol	τ_p	Polteilung
	p	wirk-	P_p	Wirkleistung
8.22	q	quer	X_q	Querfeldreaktanz
	q	blind	P_q	Blindleistung
8.23	r	Rotation	f_r	Rotationsfrequenz
	rel	relativ	μ_{rel}	relative Permeabilität
8.24	R	ohmscher Widerstand	U_R	Spannung an einem ohmschen Widerstand
	R	Reibung	F_R	Reibungskraft
8.25	s	Sehnung	ξ_s	Sehnungsfaktor
	s	Schein-	P_s	Scheinleistung
	s	Schlupf	f_s	Schlupffrequenz
8.26	t	Augenblickswert, Zeitabhängigkeit	Φ_t	Augenblickswert des magnetischen Flusses
	th	thermisch	R_{th}	Wärmewiderstand

Tabelle 0.1—1 (Fortsetzung)

Nr.	Index	Bedeutung	Beispiele	
8.27	T	Transformator	S_T	Transformator-Scheinleistung
8.28	v	Verluste	P_v	Verlustleistung
	ven	Ventilation	l_{ven}	Kühlschlitz-Länge
	vor	Vorschaltung	R_{vor}	Vorschalt-Widerstand
8.29	w	Wicklung	l_w	Leiterlänge einer Wicklung
	w	Wirk-	P_w	Wirkleistung
8.30	W	Wirbelstrom	P_W	Wirbelstromverluste
8.31	X	induktiver Widerstand	U_X	Spannung an einem induktiven Widerstand
8.32	z	Zahn	B_z	Zahninduktion
	z	Zone	ξ_z	Zonenfaktor
8.33	Z	Zusatz-	P_Z	Zusatzverluste
8.34	σ	Streuung	X_σ	Streureaktanz
8.35	0	null	R_0	ohmscher Widerstand bei 0 °C
	0	leer	I_0	Leerlaufstrom
	0	ohne Dämpfung	f_0	Kennfrequenz
	0	ohne Isolierung	d_0	Leiterdurchmesser, blank
8.36	1	eins	ω_1	Kreisfrequenz der Grundschwingung
	1	primär, Eingang	U_1	Primärspannung
	1	mit	X_1	Mitreaktanz
8.37	2	zwei	ω_2	Kreisfrequenz der zweiten Teilschwingung
	2	sekundär, Ausgang	U_2	Sekundärspannung
	2	invers	X_2	Inversreaktanz
8.38	3	drei	ω_3	Kreisfrequenz der dritten Teilschwingung
	3	tertiär	U_3	Tertiärspannung
8.39	∞	unendlich	I_∞	Stromstärke im Kreisdiagramm beim Schlupf unendlich

0.2 Normen und Bestimmungen

Normen und Bestimmungen werden ständig weiterentwickelt und vervollständigt. Dabei findet eine Angleichung an die internationalen Vereinbarungen der ISO und der IEC statt. Bei Normen und Bestimmungen gelten stets die neuesten Ausgaben.

Die folgende Aufstellung zeigt den Stand vom 1. 1. 1977 für das Sachgebiet des vorliegenden Bandes. Nach der DIN-Nummer und der Nummer des Blattes (Bl.), Beiblattes (Bbl.) oder Auswahlblattes (Abl.) folgt innerhalb einer Klammer die Kurzbezeichnung für Monat und Jahr des Erscheinens. Dabei bedeutet ein E „Entwurf", ein V „Vornorm" und ein x „geringfügige Änderungen". Zusätzliche Bemerkungen und Erläuterungen sind in Klammer gesetzt. Bei VDE-Bestimmungen wird analog verfahren.

0.2.1 DIN-Normen

323	Bl. 1	(8.74)	Normzahlen und Normzahlreihen; Hauptwerte, Genauwerte, Rundwerte
323	Bl. 2	(11.74)	Normzahlen und Normzahlreihen; Einführung
461		(3.73)	Graphische Darstellung in Koordinatensystemen
474		(1.53)	Zeichnungen (Bilder) für Druckzwecke, Zeichnungen zur Herstellung von Druckplatten und Druckstöcken
1301	Teil 1	(2.78)	Einheiten; Einheitennamen, Einheitenzeichen
	Teil 2	(2.78)	Einheiten; allgemein angewendete Teile und Vielfache
1301	Teil 3	(E 7.77)	Einheiten; Umrechnungen für nicht mehr zu verwendende Einheiten
1302		(2.68)	Mathematische Zeichen
1302		(E 4.78)	Mathematische Zeichen und Begriffe
1303		(8.59 x)	Schreibweise von Tensoren (Vektoren)
1304		(2.78)	Allgemeine Formelzeichen
1305		(5.77)	Masse, Kraft, Gewichtskraft, Gewicht, Last; Begriffe
1306		(12.71)	Dichte; Begriffe
1311	Bl. 1	(2.74)	Schwingungslehre; Kinematische Begriffe
1311	Bl. 2	(12.74)	Schwingungslehre; Einfache Schwinger
1311	Bl. 3	(12.74)	Schwingungslehre; Schwingungssysteme mit endlich vielen Freiheitsgraden
1311	Bl. 4	(2.74)	Schwingungslehre; Schwingende Kontinua, Wellen
1312		(3.72)	Geometrische Orientierung (Richtungssinn, Drehsinn, Schraubsinn)
1313		(4.78)	Physikalische Größen und Gleichungen
1314		(2.77)	Druck; Grundbegriffe, Einheiten
1315		(3.74)	Winkel; Begriffe, Einheiten
1319	Bl. 1	(11.71)	Grundbegriffe der Meßtechnik; Messen, Zählen, Prüfen
1319	Bl. 2	(12.68)	Grundbegriffe der Meßtechnik; Begriffe für die Anwendung von Meßgeräten
1319	Teil 2	(E 5.76)	Grundbegriffe der Meßtechnik; Begriffe für die Anwendung von Meßgeräten
1319	Bl. 3	(1.72)	Grundbegriffe der Meßtechnik; Begriffe für die Fehler beim Messen
1320		(10.69)	Akustik; Grundbegriffe
1323		(2.66)	Elektrische Spannung, Potential, Zweipolquelle, elektromagnetische Kraft; Begriffe
1324		(1.72)	Elektrisches Feld; Begriffe
1325		(1.72)	Magnetisches Feld; Begriffe
1326	Bl. 1	(7.71)	Gasentladungen; Stationäre Entladungen; Begriffe
1326	Bl. 2	(11.67)	Gasentladungen; Übergangsentladungen; Begriffe
1326	Bl. 3	(3.74)	Gasentladungen; Benennungen, Formelzeichen
1332		(10.69)	Akustik; Formelzeichen
1333	Bl. 1	(2.72)	Zahlenangaben; Dezimalschreibweisen
1333	Bl. 2	(2.72)	Zahlenangaben; Runden
1338		(7.77)	Formelschreibweise und Formelsatz
1338	Bbl. 1	(5.68)	Buchstaben, Ziffern und Zeichen im Formelsatz; Form der Schriftzeichen
1338	Bbl. 2	(5.68)	Buchstaben, Ziffern und Zeichen im Formelsatz; Ausschluß in Formeln
1338	Bbl. 3	(E 10.77)	Formelschreibweise und Formelsatz: Formeln in maschinenschriftlichen Veröffentlichungen
1339		(11.71)	Einheiten magnetischer Größen

1341		(11.71)	Wärmeübertragung; Grundbegriffe, Einheiten, Kenngrößen
1343		(11.75)	Normzustand, Normvolumen (Festlegung von Normtemperatur, Normdruck und Normvolumen eines festen, flüssigen oder gasförmigen Stoffes)
1345		(9.75)	Thermodynamik; Formelzeichen, Einheiten
1355	Bl. 1	(3.75)	Zeit; Kalender, Wochennumerierung, Tagesdatum
1357		(11.71)	Einheiten elektrischer Größen
1421	Teil 1	(6.75)	Benummerung von Texten; Abschnittsbenummerung
1421	Teil 2	(4.77)	Benummerung von Texten; Absatzbenummerung und Kennzeichnung von Aufzählungen
1422		(8.52 xx)	Technisch-wissenschaftliche Veröffentlichungen; Richtlinien für die Gestaltung
1429		(8.75)	Titelblätter und Einbandbeschriftung von Büchern
2330		(V 11.74)	Begriffe und Benennungen; Allgemeine Grundsätze
4895	Teil 1	(11.77)	Orthogonale Koordinatensysteme; Allgemeine Begriffe
4895	Teil 2	(11.77)	Orthogonale Koordinatensysteme; Differentialoperatoren der Vektoranalysis
4897		(12.73)	Elektrische Energieversorgung; Formelzeichen
4898		(11.75)	Gebrauch der Wörter dual, invers, reziprok, äquivalent, komplementär
5473		(11.74)	Zeichen und Begriffe der Mengenlehre
5474		(9.73)	Zeichen der mathematischen Logik
5475	Bl. 1	(12.71)	Komplexe Größen; Benennungen (ein Bl. 2 erscheint nicht)
5476		(3.78)	Zeitbezogene Größen; Bilden von Benennungen
5478		(10.73)	Maßstäbe in graphischen Darstellungen
5479		(4.78)	Übersetzung bei physikalischen Größen; Begriffe, Formelzeichen
5483		(2.74)	Zeitabhängige Größen; Formelzeichen
5485		(5.77)	Wortzusammensetzungen mit den Wörtern Konstante, Koeffizient, Zahl, Faktor, Grad, Maß, Pegel
5486		(12.62)	Schreibweise von Matrizen
5487		(11.67)	Fourier-Transformation und Laplace-Transformation; Formelzeichen
5488		(1.69)	Zeitabhängige Größen; Benennungen der Zeitabhängigkeit
5489		(11.68)	Vorzeichen- und Richtungsregeln für elektrische Netze
5490		(4.74)	Gebrauch der Wörter bezogen, spezifisch, relativ, normiert und reduziert
5492		(11.65)	Formelzeichen der Strömungsmechanik
5496		(7.71)	Temperaturstrahlung (einschließlich der Wärmestrahlung)
5496	Teil 2	(7.77)	Temperaturstrahlung; Volumenstrahler
5497		(12.68)	Mechanik; Starre Körper, Formelzeichen
15003		(2.70)	Hebezeuge; Lastaufnahmeeinrichtungen, Lasten und Kräfte; Begriffe
16511		(1.66)	Korrekturzeichen
40002		(4.73)	Nennspannungen von 100 V bis 380 kV
40002	Bl. 11	(E 6.73)	Nennspannungen über 100 V, Übersetzung des IEC Dokumentes 8: IEC-Normspannungen
40003		(3.69)	Nennströme von 1 bis 10000 A; Gesamtreihe
40003	Abl. 1	(5.70)	Nennströme von 1 bis 10000 A; Auswahl für Niederspannungs-Schaltgeräte bis 1000 V
40003	Abl. 2	(5.70)	Nennströme von 1 bis 10000 A; Auswahl für Wechselstrom-Schaltgeräte für Spannungen über 1 kV

40004		(1.59)	Spannung und Strom; Gekürzte Schreibweisen für Gleichspannung, Wechselspannung, Gleichstrom und Wechselstrom
40005		(12.69)	Nennfrequenzen von $16^2/_3$ bis 10000 Hz
40030		(6.72)	Nennspannungen für Gleichstrommotoren, direkt gespeist über steuerbare Stromrichter aus dem Netz
40030		(E 6.76)	Nennspannungen für Gleichstrommotoren, direkt gespeist über steuerbare Stromrichter aus dem Netz
40108		(3.78)	Elektrische Energietechnik, Stromsysteme; Begriffe, Größen, Formelzeichen
40110		(10.75)	Wechselstromgrößen (Gleichwert, Wechselgröße, Mischgröße, Wirkleistung, Blindleistung, Scheinleistung bei Sinusverlauf und bei Oberschwingungen, Mehrphasensysteme)
40121		(12.75)	Elektromaschinenbau; Formelzeichen
40703		(3.70)	Schaltzeichen; Zusatzschaltzeichen (für Bewegungsrichtung, Stellung, Wirkverbindung, Antrieb, Bremsen u. ä.)
40703	Bbl. 1	(3.70)	Schaltzeichen; Zusatzschaltzeichen, Beispiele
40706		(2.70)	Schaltzeichen; Stromrichter
40710		(9.66)	Schaltzeichen; Spannung, Strom, Schaltarten, Wechselspannungssysteme
40710		(E 7.76)	Schaltzeichen; Kennzeichen für Schaltungsarten von Wicklungen
40711		(8.61)	Starkstrom- und Fernmeldetechnik; Schaltzeichen, Leitungen und Leitungsverbindungen
40712		(7.71)	Schaltzeichen; Kennzeichen für Veränderbarkeit, Einstellbarkeit, Schaltzeichen für Widerstände, Wicklungen, Kondensatoren, Dauermagnete, Batterien, Erdung, Abschirmung
40713		(4.72)	Schaltzeichen; Schaltgeräte, Antriebe, Auslöser
40713	Bbl. 1	(4.74)	Schaltzeichen; Beispiele für Schaltgeräte, Antriebe, Relais und Auslöser
40713	Bbl. 3	(1.75)	Schaltzeichen; Beispiele der Schutztechnik
40714	Bl. 1	(4.59)	Starkstrom- und Fernmeldetechnik; Schaltzeichen, Transformatoren und Drosselspulen (einschl. Beispielen für Drehtransformatoren)
40714	Bl. 2	(5.58)	Schaltzeichen; Meßwandler
40714	Bl. 3	(3.68)	Schaltzeichen; Transduktoren, magnetische Verstärker
40715		(4.62)	Schaltzeichen; (elektr.) Maschinen
41301		(7.67)	Elektrobleche; Magnetische Werkstoffe für Übertrager
42400		(3.76)	Kennzeichnung der Anschlüsse elektrischer Betriebsmittel; Richtlinien, alpha-numerisches System
42401	Teil 1	(9.76)	Anschlußbezeichnungen und Drehsinn von umlaufenden elektrischen Maschinen; Grundregeln
42401	Teil 2	(9.76)	Anschlußbezeichnungen und Drehsinn von umlaufenden elektrischen Maschinen; Kommutatorlose Wechselstrommaschinen
42401	Teil 3	(11.76)	Anschlußbezeichnungen und Drehsinn von umlaufenden elektrischen Maschinen; Gleichstrommaschinen
42401	Teil 20	(E 8.76)	Anschlußbezeichnungen und Drehsinn von umlaufenden elektrischen Maschinen, Grundregeln (Ergänzung zu DIN 42401, Teil 1)
42950		(4.64)	Kurzzeichen für Bauformen elektrischer Maschinen
42950	Teil 1	(E 8.77)	Kurzzeichen für Bauformen und Aufstellung von umlaufenden elektrischen Maschinen IEC-Code I
42950	Teil 2	(E 3.77)	Kurzzeichen für Bauformen und Aufstellung von umlaufenden elektrischen Maschinen IEC-Code II

46400	Bl. 1	(3.73)	Flachzeug aus Stahl mit besonderen magnetischen Eigenschaften; Elektroblech und -band; kalt- und warmgewalzt, nicht kornorientiert; zulässige Ummagnetisierungsverluste von 0,9 bis 3,6 W/kg; Technische Lieferbedingungen
46400	Teil 2	(V 3.76)	Flachzeug aus Stahl mit besonderen magnetischen Eigenschaften; Elektroblech und -band, kaltgewalzt, nicht schlußgeglüht; Technische Lieferbedingungen
46400	Teil 3	(11.75)	Flachzeug aus Stahl mit besonderen magnetischen Eigenschaften; Elektroblech und -band, kornorientiert; Technische Lieferbedingungen
50281		(10.77)	Reibung in Lagerungen; Begriffe, Arten, Zustände, physikalische Größen
50463		(12.65)	Prüfung von Stahl; Bestimmung der Dichte von Elektroblechen aus Eisen-Silicium-Legierungen
66030		(V 1.73)	Darstellung der Einheitennamen in Systemen mit beschränktem Schriftzeichenvorrat
66034		(8.67)	Kilopond—Newton, Newton—Kilopond; Umrechnungstabellen
66035		(3.74)	Kalorie—Joule, Joule—Kalorie; Umrechnungstabellen
66036		(8.76)	Pferdestärke—Kilowatt, Kilowatt—Pferdestärke; Umrechnungstabellen
66037		(8.67)	Kilopond je Quadratzentimeter (at)—Bar, Bar—Kilopond je Quadratzentimeter; Umrechnungstabellen
66038		(4.71)	Torr—Millibar, Millibar—Torr; Umrechnungstabellen
66039		(4.71)	Kilokalorie—Wattstunde, Wattstunde—Kilokalorie; Umrechnungstabellen

0.2.2 VDE-Bestimmungen

Die Eingliederung der VDE-Bestimmungen in die DIN-Normen ist noch im Gange. Wo eine DIN-Nummer bekannt gegeben wurde, ist sie hier angegeben. Ein T bedeutet „Teil"

VDE 0510/8.70	Bestimmungen für Akkumulaturen und Akkumulatoren-Anlagen
0510/11.74, E. 1 (DIN 57510)	Bestimmungen für Akkumulatoren und Akkumulatoren-Anlagen
0530	Bestimmungen für umlaufende elektrische Maschinen
T. 1/11.72	Allgemeines
T. 2/9.75, E. 1 (DIN 57530, T. 2)	Ermittlung der Verluste und des Wirkungsgrades
T. 3/11.76, E (DIN 57530, T. 3 E)	Dreiphasen-Turbogeneratoren
T. 4/10.66 xx	Ermittlung der Kenngrößen und des Nennerregerstromes von Synchronmaschinen
0531/12.69	Bestimmungen für Stufenschalter für Transformatoren und Drosselspulen

VDE 0532	Bestimmungen für Transformatoren und Drosselspulen
T. 1/11.71	Transformatoren
T. 1a/11.75	Änderung a zu Teil 1/11.71
T. 2/7.72	Drosselspulen und Sternpunktbildner
T. 3/7.72	Anlaßtransformatoren und Anlaßdrosselspulen
0533/3.68	Richtlinien für die Durchführung von Teilentladungs-Isolationsmessungen an Transformatoren
0534/1.64	Bestimmungen für Transduktoren
0535/1.69 x	Bestimmungen für elektrische Maschinen, Transformatoren, Drosseln und Stromrichter auf Bahn- und anderen Fahrzeugen
0552/5.69	Bestimmungen für Stelltransformatoren mit quer zur Windungsrichtung bewegten Strombahnen
0555/12.64 x	Bestimmungen für Quecksilberdampfstromrichter
0556/10.66	Bestimmungen für Vielkristall-Halbleiter-Gleichrichter
0557/3.69	Bestimmungen für Einkristallhalbleiter-Gleichrichter
0558	Bestimmungen für Halbleiter-Stromrichter
DIN 57558	
T. 1/9.74, E. 1	Netzgeführte Stromrichter
T. 2/9.74, E. 1	Selbstgeführte Stromrichter
T. 3/9.74, E. 1	Gleichstromsteller
0560	Bestimmungen für Kondensatoren
T. 1/12.69	Allgemeine Bestimmungen
T. 2/5.70	Kopplungskondensatoren für Spannungen bis 1000 V und Leistungen bis 0,5 kvar
T. 3/3.68	Regeln für Kondensatoren für Kopplung, Spannungsmessung und Überspannungsschutz für Spannungen über 1000 V oder Leistungen über 0,5 kvar
T. 4/4.73	Bestimmungen für Leistungskondensatoren
T. 4A/4.73	Zusätzliche Bestimmungen für Leistungskondensatoren
T 6/11.67	Vorschriften für Kondensatoren für Entladungslampen, insbesondere für Leuchtstofflampenanlagen, mit Kondensatorleistungen bis 1,5 kvar
T 6b/...75, E. 1	zu T6/11.67
T. 8/5.68	Vorschriften für Motorkondensatoren
T. 8c/...71, E. 1	Vorschriften für Motorkondensatoren
T. 9/10.70	Kondensatoren für Frequenzen von 40 Hz bis 24 kHz für Anlagen zur induktiven Wärmeerzeugung
T. 9a/...71, E. 1	Kondensatoren für Frequenzen von 40 Hz bis 24 kHz für Anlagen zur induktiven Wärmeerzeugung
T. 11/5.70	Regeln für Kondensatoren ab 600 V zum Glätten pulsierender Gleichspannungen
T. 13/6.62	Regeln für Papier-Kondensatoren für Nenngleichspannungen bis 1000 V und Nenn-Wechselspannungen bis 500 V
T. 14/10.62	Regeln für selbstheilende Metallpapier-Kondensatoren für Nenngleichspannungen bis 1000 V und für Nennwechselspannungen bis 500 V
T. 18/4.66	Regeln für Kunststoffolien-Kondensatoren für Nenngleichspannungen bis 1000 V

0570/7.57 xx	Regeln für Klemmenbezeichnungen
0580/10.70	Bestimmungen für elektromagnetische Geräte
0660	Bestimmungen für Niederspannungsschaltgeräte
T. 1/8.69	Bestimmungen für Schalter mit Nennspannungen bis 1000 V Wechselspannung und bis 3000 V Gleichspannung für Steuerschalter und Schütze bis 10000 V Wechselspannung
T. 1b/9.74	Änderung b zu Teil 1/8.69
0666/11.58	Vorschriften für explosivstoffgeschützte elektrische Betriebsmittel
0670	Bestimmungen für Wechselstromschaltgeräte für Spannungen über 1 kV
T. 1/1.64 x	Leistungsschalter
T. 2/2.65	Trennschalter und Erdungsschalter
T. 3/2.66	Lastschalter
T. 5/...69, E. 1	Typengeprüfte Schaltanlagen
T. 5.1/...72, E. 1	Metallgekapselte Hochspannungs-Schaltanlagen für Spannungen bis 72.5 kV
0670	Bestimmungen für Wechselstromschaltgeräte für Spannungen über 1 kV
DIN 57670 T. 7/4.74, E. 1	Isolierstoffgekapselte Hochspannungsschaltanlagen für Spannungen bis 36 kV, fabrikfertig, typgeprüft

0.3 Schaltzeichen

0.3.1 Allgemeine Schaltungsglieder (nach DIN 40712)

Schaltzeichen	Benennung
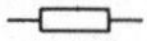	Widerstand, allgemein
	Widerstand, wahlweise Darstellung
	Widerstand, mit Anzapfungen
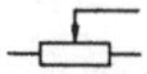	Widerstand, mit Schleifkontakt
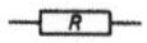 R	rein ohmscher Widerstand
 Z	Scheinwiderstand
	Wicklung, Induktivität allgemein
	Wicklung, wahlweise Darstellung
	Wicklung, wahlweise Darstellung
	Wicklung, mit Anzapfungen
	Kondensator, Kapazität allgemein
	Dauermagnet, allgemein
	wahlweise Darstellung
	Primär-Element, Akkumulator (Zelle), Batterie (Langer Strich für positiven Pol)
	Erde, allgemein
	Masse, allgemein
	Umrahmungslinie
	Abschirmung

0.3.2 Transformatoren, Meßwandler, Drosselspulen

0.3.2.1 Transformatoren (nach DIN 40714. Bl. 1)

Schaltkurzzeichen (ein- oder mehrpolig nach Bedarf)	Schaltzeichen	Benennung
6000 V 1000 kVA 16 2/3 Hz 400 V	6000 V 1000 kVA 16 2/3 Hz 400 V	Einphasen-Transformator 6000/400 V 1000 kVA, 16 2/3 Hz
6000 V 2000 kVA (Ndn) 50 Hz 5000 V	6000 V 2000 kVA (Ndn) 50 Hz 5000 V	Einphasen-Spartransformator 6000/5000 V 2000 kVA Durchgangsleistung 50 Hz
110 kV 13 MVA 7,5% 50 Hz 15 kV 13 MVA 6 kV 5 MVA	110 kV 13 MVA 50 Hz 7,5% 15 kV 13 MVA 6 kV 5 MVA	Einphasen-Transformator mit 3 Wicklungen 110/15/6 kV 13/13/5 MVA, 50 Hz 7,5% Kurzschlußspannung zwischen 110/15 kV
60 kV 6300 kVA 50 Hz Yd5 15 kV	60 kV 6300 kVA 50 Hz Yd5 15 kV	Drehstrom-Transformator Schaltung Yd5 60/15 kV, mit Sternpunktklemme 6300 kVA, 50 Hz
110±13·1,8 kV 20 MVA Yy0 50 Hz Yd5 Yd5 30 kV 20 MVA 15 kV 10 MVA	110±13·1,8 kV 20 MVA 50 Hz Yy0 Yd5 30 kV 20 MVA Yd5 15 kV 10 MVA	Drehstrom-Transformator mit 3 Wicklungen in Schaltung Yy0/Yd5/Yd5 eine davon durch Stufenschalter verstellbar 110±13·1,8/30/15 kV 20/20/10 MVA, 50 Hz
		Drehtransformator für Drehstrom mit getrennten, in Stern geschalteten Wicklungen

0.3.2.2 **Meßwandler** (nach DIN 40714, Bl. 2)

Schaltkurzzeichen	Schaltzeichen	Benennung
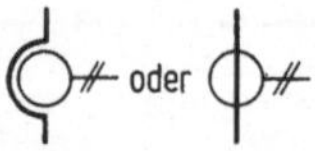 oder	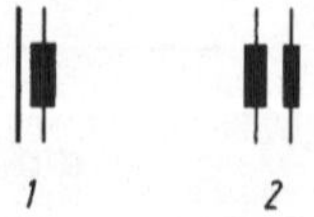 1 2	Stromwandler *1* allgemein *2* mit Darstellung der Primärwicklung, falls erforderlich
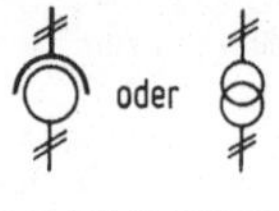 oder	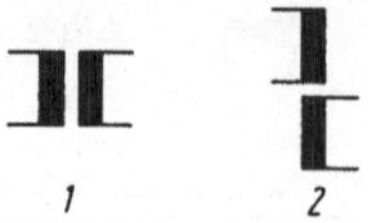 1 2	Spannungswandler *1* allgemein *2* wahlweise
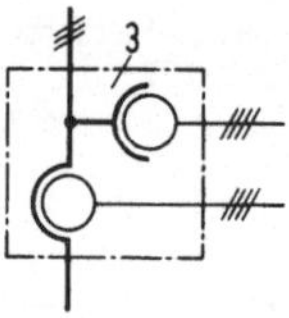 3	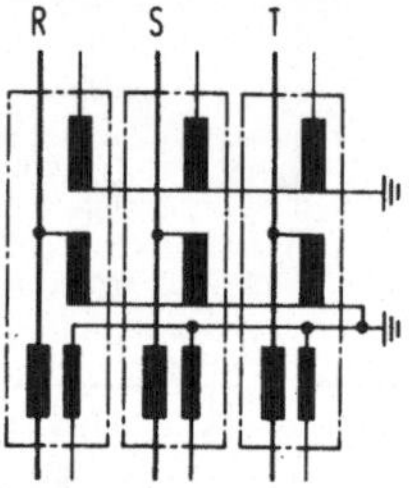 R S T	3 einphasige kombinierte Stromspannungswandler zum Anschluß an Drehstrom

0.3.2.3 **Drosselspulen** (nach DIN 40714, Bl. 1)

Schaltkurzzeichen	Schaltzeichen	Benennung
	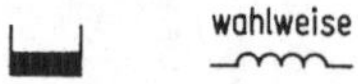 wahlweise	Einphasige Drosselspule
		Drehstrom-Drosselspule in Stern-Schaltung
		Drehstrom-Drosselspule in offener Schaltung stufig verstellbar

0.3.3 **Starkstrom-Kondensatoren** (entsprechend DIN 40712)

Schaltzeichen	Benennung
	Einphasenkondensatoren
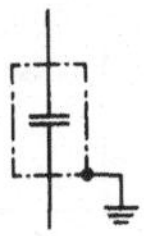	geerdetes Gehäuse, Beläge gegen Gehäuse isoliert
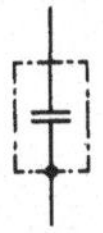	ein Belag ist mit dem Gehäuse verbunden. Das Gehäuse kann unter Umständen spannungsführend sein
	Spannungsmittelpunkt ist mit dem Gehäuse verbunden. Gehäuse meist spannungsführend
	Drehstromkondensatoren
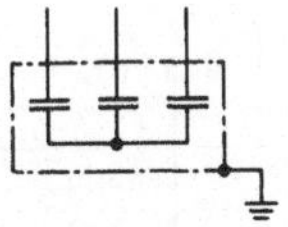	Sternschaltung, Gehäuse geerdet, Beläge gegen Gehäuse isoliert
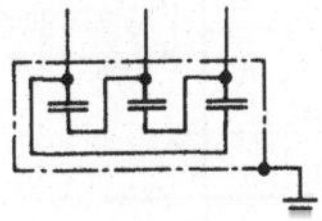	Dreieckschaltung, Gehäuse geerdet, Beläge gegen Gehäuse isoliert
	Durchführungskondensator, koaxial

0.3.4 Stromrichter (nach DIN 40706)

Schaltkurzzeichen	Schaltzeichen	Benennung
	~ + –	Gleichrichter mit dampfgefülltem Glühkathodengefäß, Einwegschaltung
+7,5° 6	+7,5° – +	Quecksilberdampfstromrichter mit gittergesteuerten Einanodengefäßen, dreiphasige Zweiwegschaltung (Brückenschaltung) mit Schwenktransformator für +7,5° Spannungsschwenkung. Die geschwenkte Spannung eilt der Netzspannung nach
	~ + –	Halbleitergleichrichter, Mittelpunktschaltung
	~ + –	Halbleitergleichrichter, Brückenschaltung
6	– +	Stromrichter, Doppel-Dreiphasen-Stern- oder Mittelpunktschaltung mit Saugdrossel

1. Stromrichter[1])

Bearbeitet von *K. Heumann*

1.0 Verzeichnis der verwendeten Formelzeichen (Auswahl)

Formelzeichen

Formelzeichen	Größe	Einheit
C_B	Beschaltungskapazität	F
C_k	Kommutierungskapazität	F
C_d	Glättungskapazität	F
D	Verzerrungsleistung	VA
d_r	gesamte relative ohmsche Gleichspannungsänderung	1, %
d_{rt}	Anteil von d_r aus den Wicklungswiderständen des Stromrichtertransformators	
d_x	gesamte relative induktive Gleichspannungsänderung	1, %
d_{xb}	Anteil von d_x aus Induktivitäten von Drosselspulen und Leitungen innerhalb des Stromrichters	1, %
d_{xt}	Anteil von d_x aus den Streuinduktivitäten des Stromrichtertransformators	1, %
d_{xL}	Anteil von d_x aus den Netzinduktivitäten (äußere relative induktive Gleichspannungsänderung)	1, %
f_l	Lückfaktor	1
f_p	Pulsfrequenz	s^{-1}, Hz
f_T	Taktfrequenz	s^{-1}, Hz
g	Anzahl der Kommutierungsgruppen, auf die sich der Gleichstrom aufteilt	
g	Grundschwingungsgehalt	1, %
I_d	Gleichstrom (arithmetischer Mittelwert)	A
I_L	netzseitiger Leiterstrom (Effektivwert)	A
I_{1L}	Grundschwingung des netzseitigen Leiterstromes (Effektivwert)	A
I_{Li}	ideeller netzseitiger Leiterstrom (Effektivwert)	A
I_p	Zweigstrom (Effektivwert)	A
I_v	ventilseitiger Leiterstrom des Stromrichtertransformators (Effektivwert)	A
I_ν	Wechselstromkomponente des überlagerten Oberschwingungsstromes mit der Ordnungszahl ν (Effektivwert)	A
k	Oberschwingungsgehalt	1, %
L_d	Glättungsinduktivität	H
L_k	Kommutierungsinduktivität	H
p	Pulszahl	
P_A	Ausgangsleistung (abgegebene Wirkleistung) des Stromrichters	W
P_d	Wirkleistung auf der Gleichstromseite	W
P_E	Eingangsleistung (aufgenommene Wirkleistung) des Stromrichters	W
P_L	Wirkleistung auf der Wechselstromseite	W
P_{1L}	Grundschwingungs-Wirkleistung auf der Wechselstromseite	W
P_v	Verluste in einzelnen Ausrüstungsteilen	W
P_{vt}	Wicklungsverluste des Stromrichtertransformators	W

[1]) Literatur S. 184

Formelzeichen	Größe	Einheit
Q_L	Blindleistung auf der Wechselstromseite	var
Q_{1L}	Grundschwingungs-Blindleistung auf der Wechselstromseite	var
q	Kommutierungszahl	
S_d	Gleichstromleistung	VA
S_L	Scheinleistung auf der Netzseite	VA
S_{1L}	Scheinleistung der Grundschwingungen auf der Wechselstromseite	VA
S_{Li}	ideelle netzseitige Scheinleistung	VA
S_m	Kurzschlußleistung des Wechselstromnetzes	VA
s	Anzahl der in Reihe geschalteten Kommutierungsgruppen	
T_a	Ausschaltzeit	s
T_e	Einschaltzeit	s
t_u	Überlappungszeit (Kommutierungszeit)	s
t_F	Stromflußzeit (Durchlaßzeit)	s, °, rad
t_R	Sperrzeit	s, °, rad
t_L	Lückzeit	s, °, rad
t_c	Schonzeit (Freihaltezeit)	s
U_d	Gleichspannung (arithmetischer Mittelwert)	V
U_{di}	ideelle Gleichspannung bei Vollaussteuerung	V
$U_{di\alpha}$	ideelle Gleichspannung bei Steuerwinkel α	V
U_{dr}	gesamte ohmsche Gleichspannungsänderung	V
U_{drt}	Anteil von U_{dr} aus den Wicklungswiderständen des Stromrichtertransformators	V
U_{dx}	gesamte induktive Gleichspannungsänderung	V
U_{dxb}	Anteil von U_{dx} aus Induktivitäten von Drosselspulen und Leitungen innerhalb des Stromrichters	V
U_{dxt}	Anteil von U_{dx} aus den Streuinduktivitäten des Stromrichtertransformators	V
U_{dxL}	Anteil von U_{dx} aus den Netzinduktivitäten (äußere induktive Gleichspannungsänderung)	V
U_{d0}	konventionelle Leerlaufgleichspannung für Gleichrichterbetrieb in Vollaussteuerung	V
$U_{d0\alpha}$	konventionelle Leerlaufgleichspannung bei Steuerwinkel α	V
U_{d00}	tatsächliche Leerlaufgleichspannung für Gleichrichterbetrieb in Vollaussteuerung	V
$U_{d\alpha}$	U_d bei Steuerwinkel α	V
U_{im}	ideelle Scheitelsperrspannung am Stromrichterzweig	V
U_{i0m}	U_{im} bei nicht wirksamer Saugdrossel (nahe Leerlauf)	V
U_k	Kommutierungsspannung	V
u_{kt}	relative Kurzschlußspannung des Stromrichtertransformators	1, %
U_L	netzseitige Leiterspannung (Effektivwert)	V
U_m	Scheitelwert der höchsten Wechselspannung zwischen zwei Anschlüssen eines Stromrichtersatzes oder eines Stromkreises	V
U_{s0}	Sternspannung, Phasenspannung (Leerlaufspannung zwischen einem ventilseitigen Leiter und dem Sternpunkt (Effektivwert)	V
U_{v0}	Ventilseitige Leerlaufspannung zwischen den Wechselstromanschlüssen zweier kommutierender Stromrichterhauptzweige (Effektivwert)	V
U_{xt}	induktive Komponente der Kurzschlußspannung des Stromrichtertransformators (Effektivwert)	V
u_{xt}	relativer, auf Nennspannung bezogener Wert von U_{xt}	1, %
$U_{\nu i}$	ideelle Wechselspannungskomponente der Ordnungszahl ν (Effektivwert)	V
u	Überlappungswinkel	°, rad
u_0	Anfangsüberlappung	°, rad
w_i	ideeller Wechselspannungsgehalt (ideelle Welligkeit)	1, %d
α	Steuerwinkel	°, rad
αp	innerer Steuerwinkel (bei Mehrfachüberlappung)	°, rad
β	Voreilwinkel (bei Wechselrichterbetrieb)	°, rad
γ	Löschwinkel (bei Wechselrichterbetrieb)	°, rad

Formelzeichen	Größe	Einheit
δ	Anzahl der gleichzeitig kommutierenden Kommutierungsgruppen (bezogen auf das Netz oder eine Drosselspule)	
η	Wirkungsgrad	1, %
λ	Leistungsfaktor (total)	1
ν	Ordnungszahl von Oberschwingungen	
τ	Zeitkonstante	s
φ_1	Phasenwinkel zwischen den Grundschwingungen von Wechselspannung und Wechselstrom	°, rad
$\cos\varphi_1$	Grundschwingungs-Leistungsfaktor (Verschiebungsfaktor)	1
ω	Kreisfrequenz	s^{-1}

Indizes

AV, av	Mittelwert (arithmetische Mittelwerte)
EFF, eff	Effektivwerte (quadratische Mittelwerte)
M, max	Größtwerte
N, nenn	Nennwerte
b	zum Stromrichter gehörend
k	Kommutierungs-, Kurzschluß
i	ideeller Wert
L	Leitungs-
t	zum Stromrichtertransformator gehörend
σ	Streu-

Elektrische Größen bei Halbleiterventilen

1. Indizes bei Gleichrichterdioden und Thyristoren (nach DIN 41 785, Bl. 3)

Anschlüsse
- Anodenanschluß — A; a
- Kathodenanschluß — K; k
- Hauptanschluß 1 — 1
- Hauptanschluß 2 — 2
- Steueranschluß — G; g

Strom- und Spannungsrichtungen
- Vorwärtsrichtung — F; f
- Rückwärtsrichtung — R; r
- Positive Richtung — 12
- Negative Richtung — 21

Betriebszustände und Betriebsarten
- Durchlaßzustand
  - bei Gleichrichterdioden — F; f
  - bei Thyristoren — T; t
- Sperrzustand
  - bei Gleichrichterdioden — R; r
  - bei Thyristoren (vorwärts) — D; d
  - (rückwärts) — R; r
- Abschalten, Freiwerden (ggf. als 2. Index) — Q; q
- Halten — H; h
- Periodisch (als 2. Index) — R; r
- Einschalten (ggf. als 2. Index) — T; t
- Ausschalten (ggf. als 2. Index) — Q; q
- Zünden, Triggern (ggf. als 2. Index) — T; t
- Stoß, nichtperiodisch (als 2. Index) — S; s
- Aussetzen, intermittierend — INT
- Pulsbetrieb — P; p

Spezielle Werte
- Durchbruch — (BR)
- Schleuse, Schwelle — (TO)
- Kippspannungen — (BO)
- Überströme — (OV)
- Nenn-Spannungen und -Ströme — N
- Kritische Werte — cr

Elektrische Spannungen und Ströme (allgemein)
- Scheitelwerte, Höchstwerte nichtperiodischer Vorgänge — M; m
- Arithmetische Mittelwerte — AV; av
- Quadratische Mittelwerte (Effektivwerte) — RMS; rms, EFF; eff

Bereiche und Bereichsgrenzen
- Untere Grenze — (i)
- obere Grenze — (s)
- Erlaubt — (a)
- Empfohlen — (r)

Streuwert (als 2. Index) — (s)
- Grenzwert, absoluter — (l)
- Untere Grenze eines erlaubten Arbeitsbereiches — (ia)
- Obere Grenze eines erlaubten Arbeitsbereiches — (sa)
- Untere Grenze eines empfohlenen Arbeitsbereiches — (ir)
- Obere Grenze eines empfohlenen Arbeitsbereiches — (sr)
- Untere Grenze eines Streubereiches — (is)
- Obere Grenze eines Streubereiches — (ss)
- Unterer (absoluter) Grenzwert — (il)
- Oberer (absoluter) Grenzwert — (sl)

2. Gleichrichterdioden (nach DIN 41 785, Bl. 3)

Ströme
- Vorwärtsstrom, Durchlaßstrom — I_F; i_F
- Dauergleichstrom — I_F
- Vorwärtsstrom-Mittelwert — I_{FAV}
- Dauergrenzstrom — $I_{FAV(l)}$
- Vorwärtsstrom-Effektivwert — I_{FRMS}; I_{FEFF}
- Nennstrom — I_{FN}
- Periodischer Spitzenstrom — I_{FRM}
- Rückwärtsstrom, Sperrstrom — I_R; i_R
- Durchbruchstrom — $I_{R(BR)}$
- Sperrverzögerungsstrom — i_{RR}
- Sperrverzögerungs-, Rückstromspitze — I_{RRM}
- Stoßstrom — I_{FSM}
- Überstrom — $I_{(OV)}$; $I_{F(OV)}$
- Überstromfaktor — $k_{I(OV)}$

Spannungen
- Vorwärtsspannung, Durchlaßspannung — U_F; u_F
- Vorwärtsspannung-Mittelwert — U_{FAV}
- Vorwärtsspannung-Effektivwert — U_{FRMS}; U_{FEFF}
- Schleusenspannung — $U_{(TO)}$
- Rückwärtsspannung, Sperrspannung — U_R, u_R
- Durchbruchspannung — $U_{(BR)}$
- Scheitelsperrspannung — U_{RWM}
- Periodische Spitzensperrspannung — U_{RRM}
- Stoßspitzenspannung — U_{RSM}
- Nennsperrspannung — U_{RN}

Verlustleistungen
- Verlustleistung — P; p
- Vorwärtsverlustleistung, Durchlaßverlustleistung — P_F; p_F

(Vorwärts-)Ersatzwiderstand	r_T
Rückwärtsverlustleistung	P_R; p_R
Gesamtverlustleistung	P_{tot}; p_{tot}
Sperrverlustleistung	P_R; p_R
Einschaltverlustleistung	P_{FT}; p_{FT}
Ausschaltverlustleistung	P_{RQ}; p_{RQ}
Periodische Spitzen-Rückwärtsverlustleistung	P_{RRM}
Stoß-Rückwärtsverlustleistung	P_{RSM}; p_{RSM}
Mit dem Ausschalten zusammenhängende Größen	
Durchlaßverzögerungszeit	t_{fr}
Sperrverzögerungszeit	t_{rr}
Spannungsnachlaufzeit	t_s
Rückstromfallzeit	t_f
Sperrverzögerungsladung	Q_{rr}
Nachlaufladung	Q_s
Restladung	Q_f

3. Thyristoren
(nach DIN 41785, Bl. 3)

Hauptströme	
Hauptstrom	I_1; i_1; I_2; i_2
Vorwärtsstrom	I_F; i_F
Rückwärtsstrom	I_R; i_R
Durchlaßstrom	I_T; i_T
Haltestrom	I_H
Einraststrom	I_L
Dauergrenzstrom	$I_{TAV(1)}$
Dauergleichstrom	I_T
Durchlaßstrom bei Aussetzbetrieb	I_{TINT}
Periodischer Spitzenstrom	I_{TRM}
Kippstrom	$I_{(BO)}$
Vorwärtssperrstrom	I_D; i_D
Rückwärtssperrstrom	I_R; i_R
Sperrverzögerungsstrom	i_{RR}
Sperrverzögerungs-, Rückstromspitze	I_{RRM}
Stoßstrom	I_{TSM}
Überstrom	$I_{(OV)}$; $I_{T(OV)}$
Überstromfaktor	$k_{I(OV)}$
Hauptspannungen	
Hauptspannung	U_{12}; u_{12}; U_{21}; u_{21}
Vorwärtsspannung	U_F; u_F
Rückwärtsspannung	U_R; u_R
Durchlaßspannung	U_T; u_T
Schleusenspannung	$U_{T(TO)}$; $U_{(TO)}$
Kippspannung	$U_{(BO)}$
Nullkippspannung	$U_{(BO)0}$
Sperrspannung	U_D
Vorwärts-Sperrspannung	U_D
Rückwärts-Sperrspannung	U_R
Scheitelsperrspannung	U_{DWM12}; U_{DWM21}
Vorwärts-Scheitelsperrspannung	U_{DWM}
Rückwärts-Scheitelsperrspannung	U_{RWM}
Periodische Spitzensperrspannung	U_{DRM12}; U_{DRM21}
Periodische Vorwärts-Spitzensperrspannung	U_{DRM}
Periodische Rückwärts-Spitzensperrspannung	U_{RRM}
Stoßspitzenspannung	U_{DSM12}; U_{DSM21}
Vorwärts-Stoßspitzenspannung	U_{DSM}
Rückwärts-Stoßspitzenspannung	U_{RSM}
Gleichsperrspannung	U_{D12}; U_{D21}
Durchbruchspannung	$U_{(BR)}$
Ströme und Spannungen im Steuerstromkreis	
Steuerstrom	I_G; i_G
Zündstrom	I_{GT}
Oberer Zündstrom	$I_{GT(ss)}$
Unterer Zündstrom	$I_{GT(is)}$
Höchster nichtzündender Steuerstrom	I_{GD}; i_{GD}
Mindestabschaltstrom	I_{GQ}; i_{GQ}
Steuerspannung	U_G; u_G
Zündspannung	U_{GT}
Obere Zündspannung	$U_{GT(ss)}$
Untere Zündspannung	$U_{GT(is)}$
Höchste nichtzündende Steuerspannung	U_{GD}; u_{GD}
Mindestabschaltspannung	U_{GQ}; u_{GQ}
Verlustleistungen	
Durchlaßverlustleistung	P_T; p_T
Ersatzwiderstand	r_T
Sperrverlustleistung	P_D; P_R; p_D; p_R
Periodische Spitzen-Rückwärtsverlustleistung	P_{RRM}
Stoß-Rückwärtsverlustleistung	P_{RSM}
Einschaltverlustleistung	P_{TT}; p_{TT}
Ausschaltverlustleistung	P_{DQ}; P_{RQ}; p_{DQ}; p_{RQ}
Steuerverlustleistung	P_G
Mit dem Umschalten zusammenhängende Größen	
Zündzeit	t_{gt}
Zündverzug	t_d; t_{gd}
Durchschaltzeit	t_r, t_{gr}
Zündausbreitungszeit	t_{sp}
Löschzeit	t_{gq}
Freiwerdezeit	t_q
Kritische Spannungssteilheit	$(du/dt)_{cr}$
Kritische Spannungssteilheit nach der Kommutierung (bei einem Triac)	$(du/dt)_{crq}$
Kritische Stromsteilheit	$(di/dt)_{cr}$
Sperrverzögerungsladung	Q_{rr}
Nachlaufladung	Q_s
Restladung	Q_f

Sperrverzögerungszeit t_{rr}
Spannungsnachlaufzeit t_s
Rückstromfallzeit t_f
Steuerstrom-Anstiegszeit t_{ga}

4. Mit der Temperatur zusammenhängende Größen (bei Gleichrichterdioden und Thyristoren nach DIN 41 785, Bl. 3)

Celsius-Temperatur t; ϑ
Kelvin-Temperatur T
Innere Ersatztemperatur, Ersatzsperrschichttemperatur $t_{(vj)}$
Gehäusetemperatur t_{case}; t_c
Umgebungstemperatur t_{amb}; t_a
Kühlkörpertemperatur t_k
Lagerungstemperatur t_{stg}
Wärmewiderstand R_{th}; $R_{(th)}$
Wärmewiderstand, innerer R_{thJC}
Wärmewiderstand, äußerer R_{thCA}
Gesamtwärmewiderstand R_{thJA}
Wärmewiderstand des Kühlkörpers R_{thKA}
Transienter Wärmewiderstand $Z_{(th)t}$
Pulswärmewiderstand $Z_{(th)p}$

5. Transistoren (nach DIN 41 791 Bl. 4—6)

Ströme
Emitterstrom (Augenblickswert der Wechselgröße) i_e
Emitterstrom (Augenblicksgesamtwert) i_E
Emitterstrom (Gleichwert) I_E
Basisstrom (Augenblickswert der Wechselgröße) i_b
Basisstrom (Augenblicksgesamtwert) i_B
Basisstrom (Gleichwert) I_B
Kollektorstrom (Augenblickswert der Wechselgröße) i_c
Kollektorstrom (Augenblicksgesamtwert) i_C
Kollektorstrom (Gleichwert) I_C

Spannungen
Kollektor-Basis-Spannung (Augenblicksgesamtwert) u_{CB}
Kollektor-Basis-Spannung (Gleichwert) U_{CB}
Kollektor-Emitter-Spannung (Augenblicksgesamtwert) u_{CE}
Kollektor-Emitter-Spannung (Gleichwert) U_{CE}

Verlustleistungen
Verlustleistung P
Gesamtverlustleistung P_{tot}

Mit dem Umschalten zusammenhängende Größen
Verzögerungszeit t_d
Anstiegszeit t_r
Abfallzeit t_f
Speicherzeit, Entladeverzug t_s

1.1 Grundlagen

Leistungselektronik umfaßt das Schalten, Steuern und Umformen elektrischer Energie unter Verwendung von elektronischen Bauelementen und schließt die zugehörigen Meß-, Steuer- und Regeleinrichtungen ein. Man unterscheidet den Leistungsteil und den Steuer- und Regelteil. Sowohl im Leistungsteil als auch im Steuer- und Regelteil werden überwiegend elektronische Bauelemente auf der Basis von einkristallinem Halbleitermaterial (Silizium) eingesetzt: Im Leistungsteil Siliziumdioden, Thyristoren und Leistungstransistoren, im Steuer- und Regelteil Dioden, Transistoren und integrierte Schaltkreise, wodurch die für die Zuverlässigkeit wichtige Kompatibilität von Baugruppen, Geräten und Anlagen erreicht wird.

Der Anteil an elektrischer Energie, der in der Leistungselektronik geschaltet, gesteuert und umgeformt wird, nimmt mit wachsenden Ansprüchen an Steuerbarkeit und Umformung elektrischer Energie ständig zu (Bild 1.1-1). Anwendungsgebiete der Leistungselektronik erstrecken sich über industrielle Antriebe, Elektrowärme, Elektrochemie, Energieerzeugung und -verteilung, Verkehr bis zu Hausgeräten.

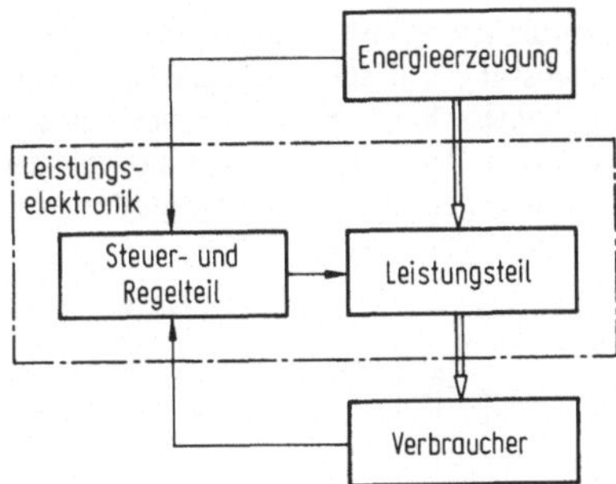

Bild 1.1-1. Leistungselektronik.

1.1.1 Bezeichnungen und Begriffe

Begriffe für Halbleiter-Stromrichter sind in DIN 41750, Bl. 1 festgelegt.

Stromrichter sind Einrichtungen zum Umformen oder Steuern elektrischer Energie unter Verwendung von Stromrichterventilen.

Das *Stromrichterventil* ist ein Funktionselement, das periodisch abwechselnd in den elektrisch leitenden und in den nichtleitenden Zustand versetzt wird. Man unterscheidet *echte* und *unechte* Ventile. Bei echten Ventilen wird von einer richtungsabhängigen elektrischen Leitfähigkeit Gebrauch gemacht, die unter bestimmten Voraussetzungen im Vakuum, in Gasen oder in Halbleitern gegeben ist. Bei unechten Ventilen ist eine richtungsabhängige Leitfähigkeit nicht gegeben. Ihre Ventilwirkung wird durch periodisch betätigte mechanische Kontakte oder ähnliche Einrichtungen erzielt.

In Halbleiter-Stromrichtern werden Halbleiterbauelemente (Gleichrichterdioden, Thyristoren, Leistungstransistoren) als Stromrichterventile eingesetzt.

Stromrichterschaltung ist die elektrische Zusammenschaltung der Stromrichterventile sowie der zum Stromrichter gehörenden Stromrichtertransformatoren, Saugdrosseln, Vervielfacher- oder Kommutierungs-Kondensatoren und -Drosseln, jedoch ohne Hilfsstromkreise.

Stromrichterzweig (Zweig) ist jeder Teil einer Stromrichterschaltung, der die Funktion eines Stromrichterventils ausübt. Jeder Zweig hat zwei Hauptanschlüsse. Er kann bei einem Halbleiter-Stromrichter aus einem oder mehreren Halbleiterbauelementen bestehen, die in Reihe oder parallel (oder beides) geschaltet sein können und während desselben Zeitabschnittes innerhalb einer Periode im leitenden Zustand sind. Man unterscheidet Hauptzweige, die den wesentlichen Teil der durch den Stromrichter hindurchfließenden Energie führen, und Hilfszweige, die im wesentlichen nicht für den Energietransport durch den Stromrichter bestimmt sind, sondern z. B. als Freilaufzweig, Rückarbeitszweig oder Löschzweig besondere Aufgaben erfüllen.

Stromrichtergerät ist eine als Stromrichter betriebsfähige bauliche Einheit. Es kann für freie Aufstellung oder zum festen Einbau bestimmt, tragbar oder fahrbar sein.

Stromrichteranlage ist die Zusammenfassung der gemeinsam als Stromrichter wirkenden Teile, die in ihrem Aufbau selbständig sind und erst an ihrem Aufstellungsort ihrer Bestimmung gemäß elektrisch zusammengeschaltet werden.

Stromrichtersatz ist die konstruktive und elektrische Zusammenfassung der für eine Stromrichterschaltung erforderlichen Stromrichterventile einschließlich der elektrischen Verbindungen und der Kühleinrichtungen, Beschaltungselemente, Steuerimpulsübertrager und Sicherungen.

Stromrichtertransformator ist ein Transformator, dessen Wicklungen für die Beanspruchung beim Stromrichterbetrieb bemessen sind und dessen Schaltung der vorgesehenen Stromrichterschaltung angepaßt ist.

Bild 1.1-2 zeigt Ausrüstung und Zubehör eines Stromrichtergerätes bzw. einer Stromrichteranlage. Die Grundausrüstung umfaßt den oder die Stromrichtersätze und alle weiteren für die vorgesehene Stromrichterschaltung erforderlichen Ausrüstungsteile wie Stromrichtertransformator, Einrichtungen zum Zünden von Thyristoren, gegebenenfalls Saugdrossel, Vervielfacher-Kondensatoren, Kommutierungseinrichtungen oder Energiespeicher im Zwischenkreis.

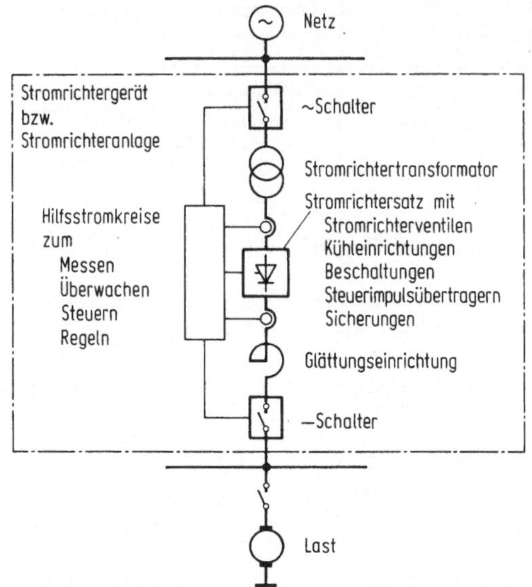

Bild 1.1-2. Ausrüstung und Zubehör eines Stromrichtergerätes bzw. einer Stromrichteranlage.

Als Zusatzausrüstung gelten Siebmittel (z. B. Glättungseinrichtungen, Oberschwingungsfilter, Saugkreise) sowie Einrichtungen zur Kennliniengestaltung und -verstellung. Das Zubehör umfaßt Ausrüstungsteile zum Schalten, Messen, Überwachen, Schutz sowie Steuern und Regeln, soweit diese Aufgaben nicht von den Einrichtungen zum Zünden der Thyristoren (Grundausrüstung) oder zur Kennliniengestaltung (Zusatzausrüstung) erfüllt werden.

1.1.2 Stromrichterarten (äußere Wirkungsweise)

Die äußere Wirkungsweise der Stromrichter umfaßt die verschiedenen Arten der Umwandlung elektrischer Energie sowie die Ausführungsarten, die sich durch unterschiedliche Stromrichterschaltungen und Möglichkeiten der Steuerung des Energieflusses ergeben (DIN 41 750, Bl. 2).

1.1.2.1 Grundfunktionen von Stromrichtern

Mit Stromrichtern läßt sich der Energiefluß zwischen verschiedenartigen Stromsystemen steuern [167]. Bei der Kupplung von Wechsel- und Gleichstromsystemen ergeben sich vier Grundfunktionen (Bild 1.1-3):

1. *Gleichrichten*, d. h. die Umwandlung von Wechselstrom in Gleichstrom, wobei Energie vom Wechselstrom- in das Gleichstromsystem fließt.
2. *Wechselrichten*, d. h. die Umwandlung von Gleichstrom in Wechselstrom, wobei Energie vom Gleichstrom- in das Wechselstromsystem fließt.

3. *Wechselstromumrichten*, d. h. die Umwandlung von Wechselstrom einer gegebenen Spannung, Frequenz und Phasenzahl in Wechselstrom einer anderen Spannung, Frequenz und gegebenenfalls anderer Phasenzahl, wobei Energie von einem Wechselstromsystem in das andere Wechselstromsystem fließt.
4. *Gleichstromumrichten*, d. h. die Umwandlung von Gleichstrom gegebener Spannung und Polarität in Gleichstrom einer anderen Spannung und gebenenfalls umgekehrter Polarität, wobei Energie von einem Gleichstromsystem in das andere Gleichstromsystem fließt.

Die vier Grundfunktionen bei der Umwandlung elektrischer Energie werden von entsprechenden Arten von Stromrichtern vorgenommen (Bild 1.1-4).

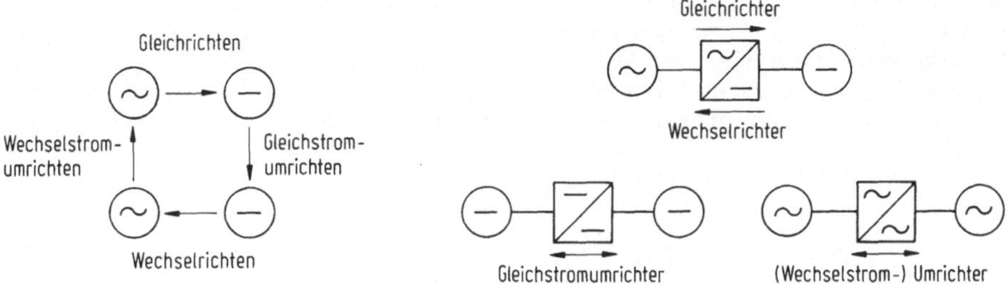

Bild 1.1-3. Arten der Energieumwandlung.

Bild 1.1-4. Arten von Stromrichtern.

Gleichrichter erfüllen die Grundfunktion des Gleichrichtens, sie können nicht steuerbar oder steuerbar ausgeführt werden.

Wechselrichter erfüllen die Grundfunktion des Wechselrichtens. Auch sie können nicht steuerbar oder steuerbar ausgeführt werden.

Wechselstromumrichter (meist nur *Umrichter* genannt) erfüllen die Grundfunktion des Wechselstromumrichtens. Sie können als Zwischenkreis-Wechselstromumrichter (meist nur Zwischenkreis-Umrichter genannt), als Direktumrichter oder als Wechselstromsteller ausgeführt werden.

Gleichstromumrichter erfüllen die Grundfunktion des Gleichstromumrichtens. Sie werden als Zwischenkreis-Gleichstromumrichter (meist nur Gleichstromumrichter genannt) oder als Gleichstromsteller ausgeführt.

Bei Gleich- und Wechselrichtern ist die Energierichtung vorgegeben. Bei Gleichstrom- und Wechselstromumrichtern kann im allgemeinen Fall die Richtung des Energieflusses wechseln.

Die Grundfunktionen von Stromrichtern können (vgl. Bilder 1.1-3 u. 1.1-4) bei der Kupplung von Wechselstrom- und Gleichstromnetzen angewendet werden, treten jedoch in gleicher Weise auch bei der Speisung von aktiven oder passiven Verbrauchern auf. Neben den genannten vier Grundfunktionen werden Stromrichter für weitere Aufgaben eingesetzt, z. B. zur Erzeugung von Blindleistung (Blindleistungs-Stromrichter).

1.1.2.2 Steuerung und Richtung des Energieflusses

Bei nicht steuerbaren Stromrichtern ist das Verhältnis der Ausgangsspannung zur Eingangsspannung durch die Stromrichterschaltung und gegebenenfalls durch das Übersetzungsverhältnis des Stromrichtertransformators vorgegeben und von der Art und Größe der inneren Widerstände und der Belastung abhängig.

Steuerbare Stromrichter ermöglichen eine Steuerung der Ausgangsspannung und damit des Energieflusses. Die Steuerung erfolgt i. allg. mit Hilfe steuerbarer Stromrichterventile in der

Stromrichtergrundschaltung. Außer diesen ventilgesteuerten Stromrichtern gelten als steuerbare Stromrichter auch solche, die zur Spannungsverstellung mit anderen Einrichtungen wie Stelltransformatoren, Transduktoren oder stetig gesteuerten Transistoren ausgerüstet sind.

Nach der Richtung des Energieflusses unterscheidet man Ein-Energierichtung-Stromrichter (kurz Ein-Richtung-Stromrichter), die nur eine Richtung des Energieflusses ermöglichen, und Zwei-Energierichtung-Stromrichter (kurz Zwei-Richtung-Stromrichter), die eine Umkehr des Energieflusses ermöglichen. Maßgebend für die Richtung des Energieflusses ist der Mittelwert innerhalb der Periodendauer der Wechselspannung.

Zur Kennzeichnung der möglichen Arbeitsbereiche von Stromrichtern, die ausgangs- oder eingangsseitig mit einem Gleichstromsystem verbunden sind, wird die Strom-Spannungs-Ebene des Gleichstromsystems in vier Quadranten entsprechend den jeweiligen Vorzeichen der Gleichspannung U_d und des Gleichstromes I_d eingeteilt (Bild 1.1-5). Gleiche Vorzeichen von Gleichstrom und Gleichspannung bedeuten nach dem Verbraucher-Zählpfeil-System die Abgabe von Leistung an das Gleichstromsystem (Quadranten I und III). Wenn Gleichstrom und Gleichspannung entgegengesetzte Vorzeichen haben, wird Leistung aus dem Gleichstromsystem entnommen (Quadranten II und IV).

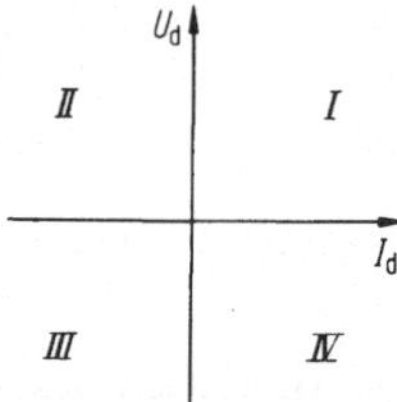

Bild 1.1-5. Die vier Quadranten in der Gleichstrom-Gleichspannungs-Ebene.

Ein-Quadrant-Stromrichter ermöglichen nur eine Richtung des Gleichstroms und nur eine Richtung der Gleichspannung und damit nur eine Energierichtung. Hierzu gehören Gleichrichter, Wechselrichter und Gleichstromumrichter, soweit diese nur für eine Richtung des Energieflusses ausgelegt sind.

Zwei-Quadrant-Stromrichter ermöglichen Betrieb in zwei benachbarten Quadranten und damit beide Energierichtungen. Zwei-Quadrant-Stromrichter mit Spannungsumkehr arbeiten im I. und IV. Quadranten bei gleichbleibender Richtung des Gleichstroms. Stromrichter zum Gleich- und Wechselrichten brauchen hierfür nur als Einzel-Stromrichter ausgelegt zu sein. Zwei-Quadrant-Stromrichter mit Stromumkehr arbeiten im I. und II. Quadranten bei gleichbleibender Richtung der Gleichspannung. Stromrichter zum Gleich- und Wechselrichten müssen hierfür als Doppel-Stromrichter (Umkehr-Stromrichter) ausgebildet sein.

Vier-Quadrant-Stromrichter ermöglichen sowohl eine Umkehr der Spannung als auch der Richtung des Gleichstromes.

1.1.3 Schaltvorgänge und Kommutierung

Systemkomponenten. Zur Beschreibung der Funktion einer Stromrichterschaltung sind unter der Annahme idealisierter Verhältnisse folgende Systemkomponenten notwendig:

Spannungsquellen, deren zeitlicher Verlauf durch $u(t)$ gegeben ist,

Stromrichtertransformatoren mit dem Übersetzungsverhältnis w_1/w_2 und bei mehrphasigen Systemen von der Transformatorschaltung abhängiger Phasenversetzung zwischen primären und sekundären elektrischen Größen,

Wirkwiderstände R als Energieumsetzer,

Induktivitäten L als magnetische Energiespeicher,

Kapazitäten C als elektrische Energiespeicher sowie die periodische Schaltfunktionen ausführenden Stromrichterventile.

Eine beliebige Stromrichterschaltung besteht also aus der Kombination von Spannungsquellen, Transformatoren, magnetischen und elektrischen Energiespeichern, Energieumsetzern und periodisch betätigten Stromrichterventilen. Nicht sämtliche aufgeführten Komponenten sind notwendigerweise Verbraucher, z. B. wird besonders im mittleren Leistungsbereich häufig auf den Transformator verzichtet.

Stromrichterventile haben auf Grund ihrer Strom-Spannungs-Kennlinien eine nichtlineare Charakteristik, unter idealisierten Voraussetzungen zwei Zustandsgrößen, nämlich Betrieb auf der Durchlaßkennlinie mit Durchlaßspannungsabfall Null, unabhängig vom Durchlaßstrom, und Betrieb auf der Sperrkennlinie mit Rückstrom Null, unabhängig von der Sperrspannung. Jeder Schaltvorgang wird durch den Übergang vom Sperr- in den Durchlaßzustand oder vom Durchlaß- in den Sperrzustand eines Stromrichterventils bestimmt.

Schaltvorgang. Zwei Kontinuitätsbedingungen bleiben in solchen Netzwerken auch in Schaltzeitpunkten erhalten:

1. Der Strom in Induktivitäten L kann zwar seine Stromänderungsgeschwindigkeit ändern, behält jedoch seinen Augenblickswert.
2. Die Spannung an Kapazitäten C ändert ihre Spannungsänderungsgeschwindigkeit, behält jedoch ebenfalls in Schaltzeitpunkten ihren Augenblickswert.

Beide Bedingungen ergeben sich aus dem Energiegesetz.

Kommutierung. Ein wichtiges Merkmal für die innere Wirkungsweise von Stromrichtern ist die Kommutierung. Sie ist der Übergang des Stroms von einem Zweig des Stromrichters in einen anderen, wobei während der Kommutierungszeit (Überlappungszeit) beide Zweige Strom führen. Die Kommutierungsspannung ist die Spannung, durch deren Wirkung der Strom von einem Stromrichterzweig auf den nächsten übergeht.

1.1.3.1 Natürliche Kommutierung

Bei der natürlichen Kommutierung wird der Übergang des Stroms von einem Zweig 1 auf einen anderen Zweig 2 unter dem Einfluß von Netz- oder Lastspannungen vorgenommen. Für den Stromverlauf während des Kommutierungsvorganges sind neben der Kommutierungsspannung u_k die im Kommutierungskreis vorhandenen Induktivitäten L_k und Widerstände R_k maßgebend (Bild 1.1-6).

Bei sinusförmigen Phasenspannungen u_1 und u_2 ergibt sich bei einem Mehrphasensystem die Kommutierungsspannung u_k als Differenz der Spannungen zweier miteinander kommutierender

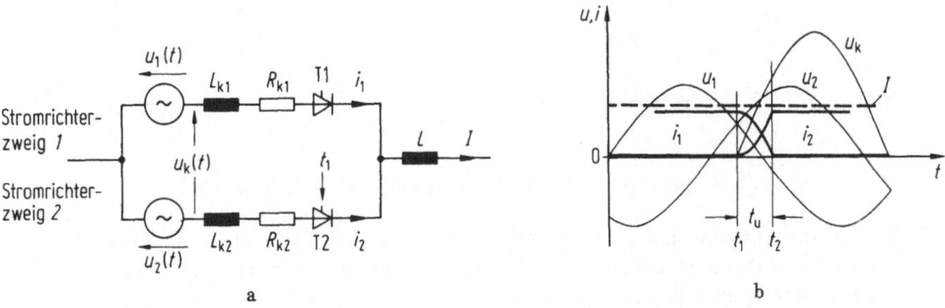

Bild 1.1-6. Natürliche Kommutierung; a) Kommutierungskreis, b) Strom- und Spannungsverlauf.

Phasen, d. h. u_k ist ebenfalls eine sinusförmige Wechselspannung. Die Kommutierungszeit, während der zwei sich ablösende Ventile gleichzeitig infolge der im Kommutierungskreis wirksamen Impedanzen an der Stromführung beteiligt sind, heißt *Überlappungszeit* t_u. Anstelle der Überlappungszeit wird meist der Überlappungswinkel u in Graden angegeben.

Die Kommutierung wird durch die Gleichungen

$$u_2 - u_1 = u_k = L_{k2}\frac{di_2}{dt} - L_{k1}\frac{di_1}{dt} + R_{k2}i_2 - R_{k1}i_1 \qquad (1.1\text{-}1)$$

und

$$i_1 + i_2 = I \qquad (1.1\text{-}2)$$

beschrieben.

1.1.3.2 Erzwungene Kommutierung

Mit erzwungener Kommutierung oder *Zwangskommutierung* wird eine Kommutierung bezeichnet, die unter Zuhilfenahme von zum Stromrichter gehörenden, meist kapazitiven Energiespeichern oder durch Widerstandserhöhung des zu löschenden Stromrichterventils vorgenommen wird.

Einstufiges Kommutieren liegt vor, wenn außer einem Hauptzweig ein Hilfszweig beteiligt ist, zwei- oder mehrstufiges Kommutieren, wenn außer einem Hauptzweig zwei oder mehrere Hilfszweige beteiligt sind. Bild 1.1-7 zeigt eine zweistufige Kommutierung. Der Strom I im Hauptzweig 1 wird durch Zünden des Hilfsthyristors T 1′ im Zeitpunkt t_1 in den Löschzweig 1′ kommutiert. Dieser erste Kommutierungsvorgang ist im Zeitpunkt t_2 abgeschlossen. Der Strom I lädt den Löschkondensator um, bis zwischen den Zeitpunkten t_3 und t_4 der Strom I vom Hilfszweig 2 übernommen wird. Der Verlauf von Strom und Spannung während der einzelnen Kommutierungsabschnitte kann aus den Kommutierungsimpedanzen und dem Löschkondensator berechnet werden.

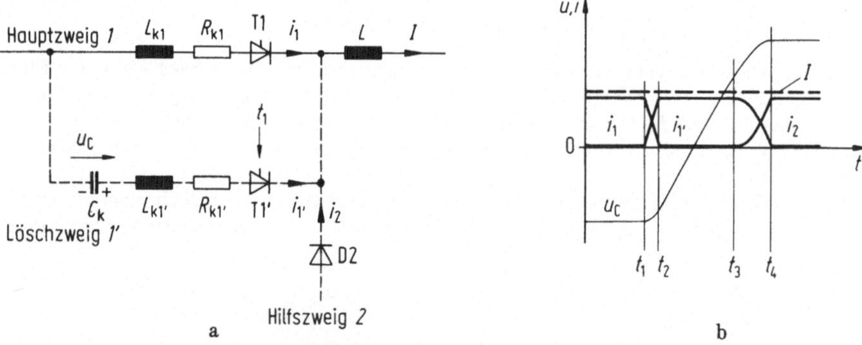

Bild 1.1-7. Erzwungene Kommutierung; a) Kommutierungskreis, b) Strom- und Spannungsverlauf.

1.1.4 Stromrichterarten (innere Wirkungsweise)

Statt nach der ausgeführten Grundfunktion (Gleichrichten, Wechselrichten, Gleichstromumrichten und Wechselstromumrichten), die die äußere Wirkungsweise beschreibt, können Stromrichter auch nach ihrer inneren Wirkungsweise unterschieden werden. Diese wird bestimmt durch die Herkunft der Kommutierungsspannung und der Taktfrequenz.

Wichtigstes Unterscheidungsmerkmal für die innere Wirkungsweise von Stromrichtern ist die Herkunft der Kommutierungsspannung (Führung des Stromrichters). Bild 1.1-8 zeigt die danach vorgenommene Einteilung der Stromrichter.

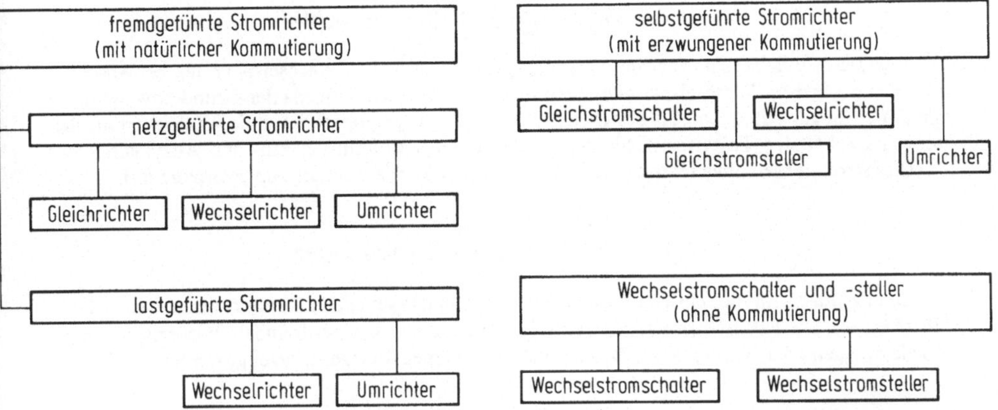

Bild 1.1-8. Einteilung der Stromrichter nach der Kommutierungsspannung (Führung des Stromrichters).

1.1.4.1 Fremdgeführte Stromrichter

Fremdgeführte Stromrichter benötigen eine fremde, nicht zum Stromrichtergerät oder zur Stromrichteranlage gehörende Wechselspannungsquelle, die ihnen die Kommutierungsspannung während der Dauer der Kommutierung zur Verfügung stellt. Die Fremdführung kann dabei entweder vom Netz oder von der Last erfolgen. Fremdgeführte Stromrichter arbeiten mit natürlicher Kommutierung. Sie können die Grundfunktionen Gleichrichten, Wechselrichten und Wechselstromumrichten erfüllen.

1.1.4.1.1 Netzgeführte Stromrichter sind fremdgeführte Stromrichter, bei denen das Wechselspannungsnetz die zum Kommutieren erforderliche Kommutierungsspannung zur Verfügung stellt. Der netzgeführte Stromrichter ist der am häufigsten eingesetzte Stromrichtertyp.

1.1.4.1.2 Lastgeführte Stromrichter sind fremdgeführte Stromrichter, bei denen die Last die zum Kommutieren erforderliche Kommutierungsspannung zur Verfügung stellt. Dazu muß die Last in der Lage sein, die erforderliche Steuer- und Kommutierungsblindleistung zu liefern. Sie wird entweder durch einen Schwingkreis gebildet (Schwingkreiswechselrichter), oder sie ist eine Synchronmaschine (motorgeführter Wechselrichter). Lastgeführte Stromrichter arbeiten im allgemeinen als Wechselrichter, zeitweise aber auch bei Energierücklieferung als Gleichrichter.

1.1.4.2 Selbstgeführte Stromrichter

Selbstgeführte Stromrichter benötigen keine fremde Wechselspannung zur Kommutierung. Bei ihnen treten in jeder Periode Kommutierungen auf, bei denen die Kommutierungsspannung von einem zum Stromrichter gehörenden Energiespeicher (i. allg. einem Kondensator) zur Verfügung gestellt oder durch Widerstandserhöhung des zu löschenden Stromrichterventils gebildet wird. Selbstgeführte Stromrichter arbeiten also mit erzwungener Kommutierung. Sie können alle Arten der Umwandlung elektrischer Energie und für Energiefluß in einer oder beiden Richtungen ausgeführt werden. Hauptsächlich werden sie zum Wechselrichten und Gleichstromumrichten eingesetzt.

1.1.4.3 Wechselstromschalter und -steller

Wechselstromsteller sind für eine Verstellung der abgegebenen Wechselspannung bei Anschluß an eine vorgegebene Wechselspannung bestimmt. Die Ausgangsfrequenz der Grundschwingung ist gleich der Eingangsfrequenz. Sie bestehen i. allg. aus jeweils gegenparallel in die Wechselstromzuleitungen geschalteten Thyristoren. Sie können auch zum kontaktlosen Ein- und Ausschalten von Wechselstromkreisen eingesetzt werden. Bei ihnen tritt kein Kommutierungsvorgang auf.

1.1.5 Taktgebung der Stromrichter

Die Frequenz, mit der ein Hauptzweig periodisch in den leitenden Zustand versetzt wird, heißt *Taktfrequenz*. Die Taktfrequenz f_T kann entweder von außen von einer fremden Wechselspannungsquelle bezogen oder von einem im Stromrichter enthaltenen Taktgeber erzeugt werden (Bild 1.1-9).

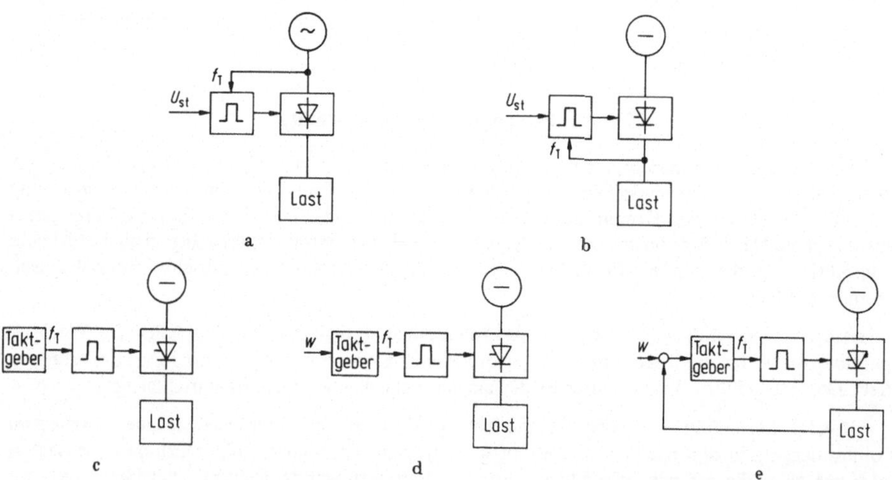

Bild. 1.1-9. Taktgebung der Stromrichter; Taktgebung von außen; a) Taktgebung durch das Netz, b) Taktgebung durch die Last Eigentaktgebung, c) feste Taktgebung, d) gesteuerte Taktgebung, e) rückgekoppelte Taktgebung.

1.1.5.1 Fremdgetaktete Stromrichter

Fremdgetaktete Stromrichter benötigen eine fremde, nicht zum Stromrichtergerät oder zur Stromrichteranlage gehörende Wechselspannungsquelle, die über den Steuersatz die Taktfrequenz bestimmt (Taktgebung von außen). Bei netzgetakteten Stromrichtern bestimmt das Wechselspannungsnetz die Taktfrequenz (*a*). Bei lastgetakteten Stromrichtern bestimmt die Wechselspannung an der Last die Taktfrequenz (*b*).

1.1.5.2 Eigengetaktete Stromrichter

Eigengetaktete Stromrichter benötigen keine fremde Wechselspannungsquelle als Taktgeber. Bei ihnen erzeugt ein im Stromrichter enthaltener Taktgeber in Verbindung mit dem Steuersatz die Taktfrequenz (Stromrichter mit Eigentaktgebung).

Bei fester Taktgebung (*c*) wird die Taktfrequenz fest vorgegeben, bei der gesteuerten Taktgebung (*d*) durch bestimmte Führungsgrößen gesteuert. Wird die Taktfrequenz abhängig von den Eigenschaften des Stromrichters oder der Last zum Beispiel über einen Regelkreis beeinflußt, liegt rückgekoppelte Taktgebung (*e*) vor.

1.2 Stromrichterventile

Stromrichterventile können periodisch abwechselnd in den elektrisch leitenden und in den nichtleitenden Zustand versetzt werden (s. Abschn. 1.1.1). Bauarten von echten Stromrichterventilen mit einer richtungsabhängigen Leitfähigkeit sind Halbleiterventile, Quecksilberdampfventile und Hochvakuumventile. Daneben kann bei unechten Ventilen, die keine richtungsabhängige Leitfähigkeit haben, durch periodische Betätigung mechanischer Kontakte oder ähnlicher Einrichtungen eine Ventilwirkung erzielt werden.

Die ersten *Gasentladungsventile* mit echten Ventileigenschaften, bei denen die periodischen Schaltfunktionen durch elektrische Bogenentladungen vorgenommen werden, wurden Anfang des Jahrhunderts entwickelt (P. Cooper-Hewitt, 1902). Zuerst wurden Quecksilberdampfventile mit flüssiger Kathode als Ein- oder Mehrkolben-Glasgefäße gebaut, bald auch die ersten Eisengleichrichter (P. Cooper-Hewitt und F. Conrad in USA, B. Schäfer 1910 in Europa), bei denen anstelle von Glas Eisengefäße mit dem Vorteil größerer mechanischer Festigkeit und besserer Kühlung verwendet wurden. 1914 entdeckte J. Langmuir das Prinzip der *Gittersteuerung* einer Bogenentladung, wodurch sich die Möglichkeit eröffnete, steuerbare Gleichrichter zu bauen [35, 82]. Neben den Quecksilberdampfventilen mit flüssiger Kathode wurden auch Ventile mit Glühkathode entwickelt, die entweder ebenfalls mit einer Quecksilberdampf- oder mit einer Edelgasfüllung arbeiten (Thyratrons).

Für Gleichrichterzwecke im unteren Leistungsbereich wurden um 1930 die ersten *Halbleitergleichrichter* eingesetzt, zuerst Kupferoxydulgleichrichter und bald danach Selengleichrichter, deren Ausgangsbasis vielkristallines Halbleitermaterial ist [80].

In den 50er Jahren gelang die Entwicklung von *Halbleiterdioden* aus einkristallinem Halbleitermaterial, zunächst von Germaniumdioden und einige Jahre später auch von Siliziumdioden. 1958 wurden in den USA die ersten *Thyristoren* entwickelt, die man zunächst steuerbare Siliziumgleichrichter (Silicon Controlled Rectifiers) nannte [97].

In Tabelle 1.2-1 sind die Eigenschaften der verschiedenen Bauarten von Stromrichterventilen zusammengestellt. Die angegebenen Werte für Spannung und Strom sind typische Richt- bzw. Grenzwerte. Quecksilberdampfventile haben die Stromrichtertechnik bis Anfang der 60er Jahre beherrscht. Sie sind seitdem von den Halbleiterventilen fast vollständig verdrängt worden. Anlagen mit Quecksilberdampfventilen sind jedoch noch in großer Anzahl in Betrieb.

1.2.1 Halbleiterventile

Stromrichterventile auf Halbleiterbasis werden als Halbleiterventile oder auch als Leistungs-Halbleiterbauelemente (abgekürzt Leistungshalbleiter) bezeichnet. Die wichtigsten Halbleiterventile sind Siliziumdioden, Thyristoren und Leistungstransistoren. Auch Selengleichrichter haben noch erhebliche Anwendungsgebiete.

Tabelle 1.2-1. Bauarten von Stromrichterventilen a) Halbleiterventile

			Halbleiterventile
Ohne Vakuum	Vielkristall	Nicht steuerbar	Selen-Gleichrichter dünne Selenschicht auf Trägerblech, aufgespritzte Weichmetallegierung als Gegenelektrode (Pluspol), Sperrschicht zwischen Selen und Gegenelektrode Kleingleichrichter aus Platten mit kleinen Abmessungen in Form von Gießharz-, Kleinblock- und Flachgleichrichtern für den Niederspannungsbereich in Einweg-, Brücken- und Verdoppler-Schaltung Spannung: von 15 bis 800 V Nennanschlußspannung Strom: einige mA bis 2 A Anwendungen: als Gleichrichter kleiner Leistung Hochspannungsgleichrichter gestapelte Gleichrichtertabletten in Stabbauform, Säulenbauform oder in Kunststoffrohren für Betrieb in Luft und unter Öl, Höchstspannungsventile aus ringförmig angeordneten Tablettenstapeln Spannung: 3 bis 10 kV, Höchstspannungsventile bis über 600 kV Strom: 1 bis 250 mA Anwendungen: in Röntgengeräten, elektrostatischen Kopiergeräten und in Elektrofiltern Gleichrichtersätze in Plattengrößen bis zu mehreren 100 cm² in einphasigen und Drehstromschaltungen, für natürliche und verstärkte Luftkühlung, auch unter Öl Spannung: 25 und 30 V je Platte, höhere Spannungen durch Reihenschaltung von Platten pro Zweig Strom: 0,5 bis über 1000 A, Parallelschaltung möglich Anwendungen: ungesteuerte Gleichrichtergeräte, z.B. Batterieladegeräte, Galvanikgleichrichter, Netzgleichrichter
			Kupferoxydul-Gleichrichter Sperrschicht zum Kupfer (Pluspol) und Kupferoxydul, auf diesem Kontaktschicht als Minuspol. Anwendungen: als Meßgleichrichter, Sperrventile und in Modulatoren
	Einkristall		Gleichrichterdioden Einkristalltabletten, überwiegend aus Silizium, früher auch Germanium, mit zwei Schichten unterschiedlicher Dotierung, Gleichrichterwirkung durch PN-Übergang, Kapselung als Flachboden-, Schraub- oder Scheibenzelle Germaniumdioden Schleusenspannung 0,5 V, maximal zulässige Sperrschichttemperatur 65 °C Siliziumdioden Schleusenspannung 0,8 V, Durchlaßspannung 1,2 bis 1,5 V, maximal zulässige Sperrschichttemperatur bis 200 °C Spannung: bis über 4 kV je Siliziumzelle Strom: bis über 1000 A bei doppelseitig gekühlten Scheibenzellen Anwendungen: in ungesteuerten Gleichrichtern für jeden Leistungsbereich

Ohne Vakuum	Einkristall	Steuerbar	Thyristoren Einkristalltabletten aus Silizium mit vier Schichten unterschiedlicher Dotierung, Kapselung als Flachboden-, Schraub- oder Scheibenzelle, Sperrschichttemperatur bis 125 °C, Schleusenspannung 0,8 V, Durchlaßspannung 1,2 bis über 2 V N-Thyristoren für netzgeführte Stromrichter F-Thyristoren für selbstgeführte Stromrichter und im Mittelfrequenzbereich, besonders gute dynamische Eigenschaften (kleine Freiwerdezeit) Spannung: bis 4 kV (N-Thyristoren) bzw. 2,5 kV (F-Thyristoren) Strom: von einigen A bis über 1000 A bei Scheibenzellen (bis über 75 mm Kristalldurchmesser) Anwendungen: in steuerbaren Stromrichtern für jeden Leistungsbereich Abschaltthyristoren durch negativen Stromimpuls auf die Steuerelektrode abschaltbar, sehr kleine Freiwerdezeit Spannung: über 1 kV Strom: 1 bis über 100 A Triacs Zweirichtungs-Thyristoren für Wechselstrom, über einen Steueranschluß in beiden Richtungen zündbar Spannung: bis über 1200 V Strom: bis 100 A Anwendungen: als Wechselstromschalter in Elektronikschützen
			Leistungstransistoren Einkristalltabletten, vorwiegend aus Silizium (früher auch Germanium) mit drei Schichten unterschiedlicher Dotierung, stufenlos steuerbar, Niederfrequenz-Leistungstransistoren als Stromrichterventile im Schaltbetrieb arbeitend Hochstromtransistoren Spannung: 100 bis 150 V Strom: bis über 500 A Hochvolttransistoren Spannung: bis 1000 V Strom: bis 30 A, Reihen- und Parallelschaltung in einem Stromrichterzweig möglich Anwendungen: im Leistungsbereich bis zu einigen kW als Netzgeräte, Wechselrichter und Umrichter

Tabelle 1.2-1. Bauarten von Stromrichterventilen b) Quecksilberdampf- und Hochvakuumventile

Mit Vakuum	Mit flüssiger Kathode		**Quecksilberdampfventile**
		Mehranodig	Großgefäße Eisengefäße als Schweißkonstruktion mit aufgeschraubter Deckelplatte, mit Vakuumpumpe, Dauererregung, Spritzzündung, Wasserkühlung, 12, 18 oder 24 Anoden, meist mit Steuergittern 6-anodige Gefäße ohne Vakuumpumpe am weitesten verbreitet Spannung: 500 bis 3000 V Strom: 1500 bis 8000 A Anwendungen: Stromrichteranlagen großer Leistung für Gleich- und Wechselrichterbetrieb
		Einanodig	Mit Dauerregung (Excitron) vakuumdicht verschweißte Eisengefäße, meist ohne Vakuumpumpe, Dauerregung, Spritzzündung, Wasser- oder Luftkühlung, Steuergitter Spannung: 500 bis 3000 V, Sonderbauformen für höchste Spannungen Strom: 30 bis 1000 A (je Ventil) Anwendungen: Stromrichter für Gleich- und Wechselrichterbetrieb Mit Zündstift (Ignitron) vakuumdicht verschweißte Eisengefäße, meist ohne Vakuumpumpe, Wasser- und Luftkühlung, auch als luftgekühltes Glasgefäß, Zündung in jeder Periode mit Zündstift, zum Teil mit Hilfserregung und Steuergitter Spannung: bis 600 V, für höhere Spannungen Sonderbauformen Strom: bis 1000 A, stoßweise bis 5000 A Anwendungen: Stromrichter für Gleich- und Wechselrichterbetrieb, als trägheitsloser Schalter bei Schweißmaschinen
	Mit Glühkathode		Thyratrons evakuierte Glas- oder Eisengefäße, meist mit Hg-Dampf, auch mit Edelgas, mit oder ohne Steuergitter Spannung: bis 20 kV Strom: unter 45 A Anwendungen: in Stromrichtern für höhere Spannungen
			Hochvakuumventile
			Hochvakuum-Glasgefäße mit und ohne Gitter Spannung: bis über 100 kV Strom: einige mA bis 1 A Anwendungen: Röntgenanlagen, Hochfrequenztechnik, Prüffelder

PN-*Übergang.* Halbleiterventile enthalten einen oder mehrere PN-Übergänge, die für eine Spannungspolarität Sperrvermögen besitzen und bei entgegengesetzter Polarität Strom bei kleinem Durchlaßspannungsabfall führen können. Selengleichrichter sind vielkristalline Halbleiter, Siliziumdioden, Thyristoren und Leistungstransistoren einkristalline Halbleiter [127].

Ein Silizium-Einkristall hat ein Kristallgitter vom Diamanttypus. Jedes Siliziumatom ist von vier Nachbaratomen umgeben, die ein Tetraeder bilden. Je eins der vier Außenelektronen des Siliziumatoms geht mit einem Außenelektron der vier Nachbaratome eine Elektronenpaarbindung ein. In ein derartiges Kristallgitter können Störstellen eingebaut werden.

Ersetzt man ein Siliziumatom durch ein Element der 5. Gruppe des periodischen Systems (z.B. Phosphor, Arsen oder Antimon), das ein Valenzelektron mehr als Silizium hat, so steht das 5. Valenzelektron wegen der nur losen Bindung an der Störstelle für den Leitungsvorgang zur Verfügung. Störstellen mit überschüssigen Leitungselektronen bezeichnet man als *Donatoren.* Einen Störstellenhalbleiter mit überschüssigem Valenzelektron nennt man N-*Leiter* oder *Überschußleiter.*

Wird ein Siliziumatom durch ein Element der 3. Gruppe (z. B. Bor, Aluminium, Indium oder Gallium) ersetzt, entsteht ein Loch- oder Defektelektron, weil diese Elemente nur drei Valenzelektronen haben und daher eine Elektronenpaarbindung unvollständig bleibt. Solche Störstellen, die ein Defektelektron freigeben, also ein Elektron aufnehmen, bezeichnet man als *Akzeptoren.* Einen Störstellenhalbleiter mit überschüssigem Defektelektron nennt man P-*Leiter* oder *Defektleiter.*

Der gezielte Einbau von Fremdatomen in einen Halbleiter wird als *Dotierung* bezeichnet. Der Leitfähigkeitstyp des Halbleiters ist von der Differenz der Konzentration von Donatoren und Akzeptoren abhängig. Überwiegen die Donatoren, entsteht ein N-Leiter, im anderen Fall ein P-Leiter.

Silizium und Germanium lassen sich sowohl N-leitend als auch P-leitend dotieren; Selen ist nur in P-leitender Form bekannt. Die gezielte Einstellung der N- oder P-Leitung bewirkenden Störstellen-Konzentrationen ist die wichtigste Voraussetzung für die Herstellung von Halbleiterventilen. Dazu werden Legierungs- oder Diffusionsverfahren angewendet.

Beim *Legierungsverfahren* werden die Oberflächen der Halbleiterkristallscheibe mit den Dotierungsstoffen bzw. mit Metallen belegt, die diese Dotierungsstoffe enthalten. Durch Erhitzen in einer Wasserstoff- oder Argonatmosphäre oder im Vakuum auf eine Temperatur, die unterhalb der Schmelztemperatur des Halbleiters, aber oberhalb der eutektischen Temperatur der Metalle und des Halbleiters liegt, werden die unter den belegten Oberflächen liegenden Bereiche der Halbleiterkristallscheibe angelöst, wobei unter definierten Legierungsbedingungen die Schichtdicke bis auf ungefähr 1 μm festgelegt werden kann. Beim Abkühlen wächst das stark dotierte Halbleitermaterial aus der flüssigen Phase teilweise wieder einkristallin an die Halbleiterkristallscheibe an. Die benutzten Legierungen erstarren schließlich eutektisch und bilden einen metallischen Kontakt.

Beim *Diffusionsverfahren* wird die homogen dotierte Halbleiterkristallscheibe gleichfalls von der Oberfläche her umgewandelt. Gasförmig bereit gehaltene Dotierungsstoffe diffundieren bei hohen, dem Schmelzpunkt des Halbleitermaterials nahen Temperaturen durch die Oberfläche in den Halbleiter ein. Mit Hilfe der Maskierungstechnik können Schichten unter vorbestimmten Oberflächenbereichen umgewandelt werden. Die Diffusion kann in mehreren Abschnitten mit eingeschobenen mechanischen Abtragungen vorgenommen werden. Metallische Kontakte werden an diffundierten Halbleiterstrukturen durch aufgedampfte oder elektrolytisch aufgebrachte Schichten hergestellt.

Ein weiteres Herstellungsverfahren ist die *Epitaxie,* das ist orientiertes Kristallwachstum auf einer kristallinen Unterlage. Die Leitfähigkeit (reziproker Wert des spezifischen Widerstandes) ist der Störstellen-Konzentration angenähert proportional. Bei P- und N-leitendem Silizium läßt sich der spezifische Widerstand in einem Bereich von ungefähr 10^{-3} Ωcm bis 10^4 Ωcm einstellen. Dies kann in einer dünnen, einkristallinen Siliziumscheibe von einigen 100 μm Dicke in aufeinanderfolgenden P- und N-leitenden Schichten vorgenommen werden.

Ein PN-Übergang entsteht, wo P- und N-leitende Schichten aufeinanderstoßen. Ein derartiger PN-Übergang sperrt, wenn die N-leitende Schicht positives elektrisches Potential gegenüber der P-leitenden Schicht hat. Der Übergang verarmt in diesem Fall an beweglichen Ladungsträgern. Bei Umpolung der äußeren Spannung wandern Elektronen und Defektelektronen in den PN-Übergang, wodurch dieser stromleitend wird. Halbleiterdioden haben nur einen PN-Übergang, Thyristoren und Transistoren mehrere PN-Übergänge und eine zusätzliche Steuerelektrode.

Leistungsbereich. In Bild 1.2-1 sind die höchsten verfügbaren Listenwerte von Halbleiterventilen in doppeltlogarithmischem Maßstab dargestellt. Siliziumdioden erreichen die höchste Spitzensperrspannungen und die höchste Dauergrenzströme. Netzthyristoren (N-Thyristoren) liegen mit

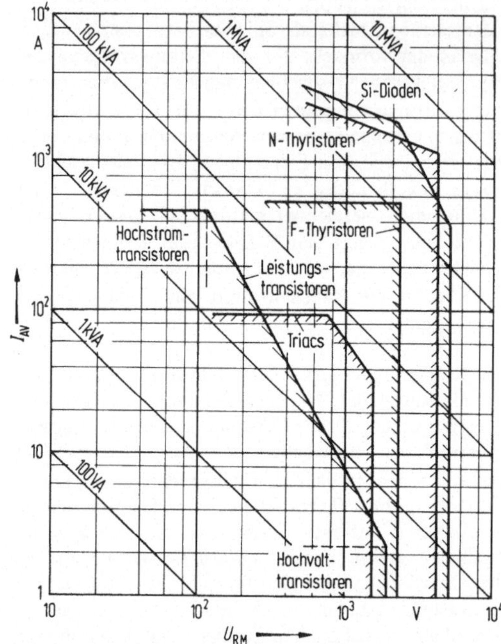

Bild 1.2-1. Periodische Spitzensperrspannung und Dauergrenzstrom von Leistungs-Halbleiterventilen.

ihren Grenzwerten nur wenig darunter. Frequenzthyristoren (F-Thyristoren) werden mit Rücksicht auf die dynamischen Eigenschaften (s. Abschnitt 1.2.2.2) ausgelegt [177]. Entsprechend vermindert sich die erreichbare Spitzensperrspannung. Auch ihr Dauergrenzstrom liegt wegen des höheren Durchlaßspannungsabfalls, der Schaltverluste und der aufgeteilten Kathodenfläche niedriger als bei N-Thyristoren. Oberhalb von einigen kHz nimmt die Strombelastbarkeit mit steigender Frequenz stark ab. Zweirichtungs-Thyristoren (*Triacs*) erreichen Spitzensperrspannungen zwischen 1000 und 1500 V bei Strömen bis 100 A. Bei Leistungstransistoren haben Hochvolt-Transistoren maximale Sperrspannungen von 1 bis 2 kV bei Strömen bis über 10 A. Hochstrom-Transistoren beherrschen Ströme bis zu mehreren 100 A bei maximalen Sperrspannungen von über 100 V.

1.2.1.1 Selengleichrichter

Eine Selendiode ist ein Halbleiterbauelement mit Selen als Halbleitermaterial, das eine nichtlineare Strom-Spannungs-Kennlinie besitzt [115]. Begriffe für Selendioden sind in DIN 41 740, Bl. 1 und für Vielkristallhalbleiter-Gleichrichterplatten und -sätze in DIN 41 760 festgelegt.

Schichtstruktur. Bild 1.2-2 zeigt den Aufbau eines Selengleichrichters. Die Trägerelektrode für die Selenschicht besteht meist aus einem aufgerauhten und vernickelten Aluminiumblech. Durch Tempern bei etwa 300 °C bildet sich während des Herstellungsprozesses eine stark P-leitende Nickelselenidschicht, die im Kontakt mit der P-leitenden Selenschicht einen sperrschichtfreien Übergang bildet. Die Selenschicht selbst wird im Vakuum auf die Trägerelektrode aufgedampft und schlägt sich dabei in polykristalliner Form nieder. Die Gegenelektrode besteht aus einer kadmiumhaltigen Legierung, die mit einer Spritzpistole auf die Selenschicht aufgebracht wird. Am Übergang

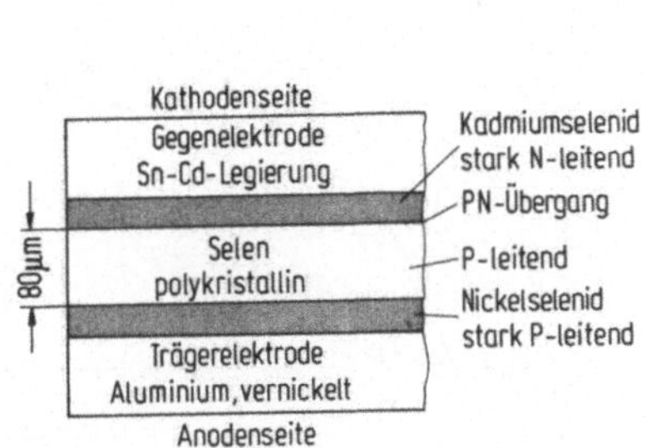

Bild 1.2-2. Schichtstruktur einer Selengleichrichterplatte.

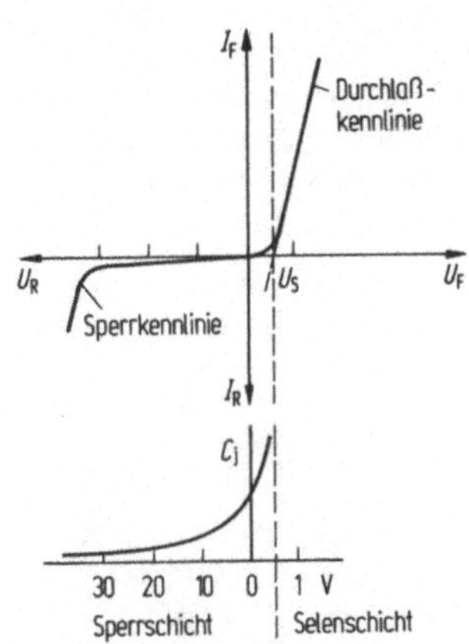

Bild 1.2-3. Strom-, Spannungs- und Kapazitätskennlinie eines Selengleichrichters.

zum Selen entsteht beim Tempern während des Fertigungsprozesses eine annähernd 1 µm dicke Kadmiumselenidschicht, die stark N-leitend ist. Zwischen dem Kadmiumselenid und dem Selen bildet sich ein PN-Übergang, der in einer Spannungsrichtung Sperrvermögen besitzt.

Kennlinie. Bild 1.2-3 zeigt Kennlinien eines Selengleichrichters. In Sperrichtung fließt nur ein kleiner Sperrstrom i_R, der jedoch bei Überschreiten der zulässigen Sperrspannung sehr steil ansteigt. Die Sperrschicht wirkt wegen der geringeren Dichte der beweglichen Ladungsträger wie eine Kapazität. Die Dicke der Sperrschicht ändert sich mit der an die Gleichrichterplatte angelegten Spannung. Die Sperrschichtkapazität C_j nimmt daher mit zunehmender Sperrspannung ab, mit zunehmender Durchlaßspannung stark zu; außerdem ist sie frequenzabhängig. Nullkapazität ist der Grenzwert der Kapazität bei gegen Null gehender Spannung.

In Durchlaßrichtung fließt nach Überschreiten der Schleusenspannung U_S ein Durchlaßstrom, der im wesentlichen durch den Widerstand der Selenschicht bestimmt wird. Die Durchlaßkennlinie einer Selen-Gleichrichterplatte läßt sich mit dem differentiellen Durchlaßwiderstand r_{Fdiff} und der Schleusenspannung U_S durch die Gleichung

$$u_F = U_S + r_{Fdiff} i_F \tag{1.2-1}$$

angenähert darstellen. Mit der Durchlaßstromdichte s_F und der aktiven Fläche A der Gleichrichterplatte gilt entsprechend

$$u_F = U_S + r_{Fdiff} s_F A \,. \tag{1.2-2}$$

Der Durchlaßverlust ist die infolge des Durchlaßstromes in der Gleichrichterplatte in Wärme umgesetzte elektrische Leistung. Der Durchlaßverlust P_F bei einem bestimmten Durchlaßstrom I_F bzw. einer bestimmten Durchlaßstromdichte s_F kann angenähert nach

$$P_F = U_S I_{FAV} + r_{Fdiff} I_{FEFF}^2 \tag{1.2-3}$$

bzw.

$$P_F = (U_S s_{FAV} + r_{Fdiff} s_{FEFF}^2 A) A \tag{1.2-4}$$

berechnet werden.

Selengleichrichter werden in verschiedenen Plattentypen, z. B. für 25 V Nennsperrspannung und für 30 V Nennsperrspannung, gebaut. Bild 1.2-4 zeigt typische Kennlinien unterschiedlicher Plattentypen. Sowohl die Durchlaß- als auch die Sperrkennlinien sind temperaturabhängig. Die Durchlaßspannung geht mit zunehmender Plattentemperatur zurück, während der Sperrstrom bzw. die Sperrstromdichte zunimmt.

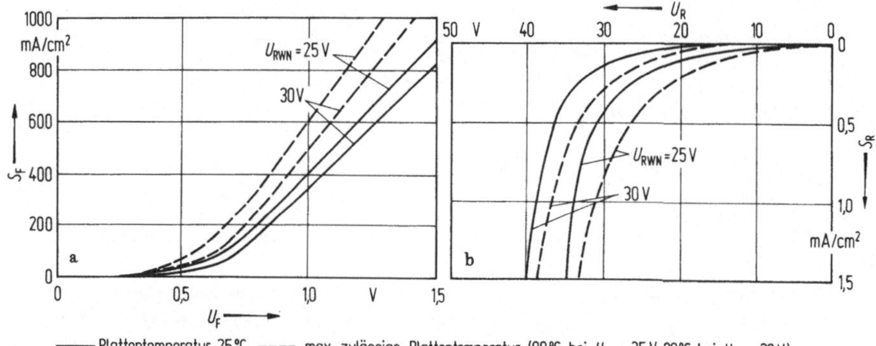

Bild 1.2-4. Typische Kennlinien von Selenplatten mit 25 V und 30 V Nennsperrspannung U_{RWN}; a) Durchlaßkennlinien, b) Sperrkennlinien.

Elektrische Größen und Nennwerte. Als Grundlage für die Bemessung werden bei Selengleichrichterplatten Nennwerte angegeben, die stets auf die Bezugsschaltung bezogen werden. Bezugsschaltung ist die einphasige Brückenschaltung mit einer Gleichrichterplatte je Zweig und einem ohmschen Widerstand als Belastung. Die Nennwerte gelten für Luftselbstkühlung bei Umgebungstemperaturen von $-10\,°C$ bis $+35\,°C$.

Die Nennsperrspannung U_{RWN} einer Gleichrichterplatte ist die höchste in der Bezugsschaltung bei Belastung mit Nennstrom dauernd zulässige Sperrspannung, die als Effektivwert der zugeführten sinusförmigen Wechselspannung angegeben wird und mit der Nennanschlußspannung der Bezugsschaltung übereinstimmt. Die Anschlußspannung eines Gleichrichtersatzes ist der Effektivwert der Wechselspannung, die zwischen zwei wechselstromseitigen Klemmen des Gleichrichtersatzes anliegt. Sie erreicht ihren Höchstwert i. allg. im Leerlauf. Die Nennanschlußspannung U_{NRMS} ist der Effektivwert der höchsten in der vorgesehenen Schaltung dauernd zulässigen sinusförmigen Anschlußspannung. Wenn die Anschlußspannung nichtsinusförmig ist, dürfen weder Scheitel- noch Effektivwert dieser Spannung die entsprechenden Werte der Nennanschlußspannung überschreiten.

Der Nennstrom einer Gleichrichterplatte ist der arithmetische Mittelwert des höchsten Durchlaßstromes, mit dem die Gleichrichterplatte in der Bezugsschaltung bei Nennsperrspannung dauernd belastet werden darf. Der Gleichstrom des Gleichrichtersatzes ist der arithmetische

Mittelwert des gleichgerichteten Stromes. Nenngleichstrom ist der höchste Gleichstrom, mit dem der Gleichrichtersatz in der vorgesehenen Schaltung bei Nennanschlußspannung dauernd belastet werden darf.

Bezugstemperatur ist die Temperatur, auf die die Nennwerte eines Gleichrichtersatzes bezogen sind; Kühlmitteltemperatur die Temperatur, mit der das Kühlmittel dem Gleichrichtersatz zuströmt. Tabelle 1.2-2 zeigt Schaltungen und Nenngleichströme von Selen-Gleichrichtersätzen.

Bauformen. Selen-Bauelemente werden als Kleingleichrichter, Selendioden, Selen-Hochspannungsgleichrichter und Selen-Gleichrichtersätze gebaut.

Ein *Selen-Kleingleichrichter* ist ein Gleichrichtersatz kleiner Leistung, der als konstruktive Einheit aus Selen-Gleichrichtertabletten aufgebaut ist (DIN 41743). Selen-Kleingleichrichter werden in Einweg-, Verdoppler- und Brückenschaltungen für Nennströme im Bereich von mA bis zu einigen A als Gießharz-, Flach- oder Kleinblock-Gleichrichter gebaut. Die Nennanschlußspannung liegt zwischen 15 V und mehreren 100 V.

Selendioden (DIN 41740, Bl. 1) werden als Schaltdioden, Signaldioden, Amplitudenbegrenzer und Hochspannungs-Selendioden (TV-Dioden) gebaut. Zur Bedämpfung von Überspannungen werden außerdem Selen-Überspannungsbegrenzer (U-Dioden) gefertigt. Selen-Hochspannungsgleichrichter werden in elektrostatischen Kopiergeräten, Röntgengeräten und in Elektrofiltern verwendet. Bei ihnen werden Gleichrichtertabletten gestapelt (Ausführung in Kunststoffrohr, in Stab- und in Säulenbauform). Die Anschlußspannungen gehen bis 10 kV bei Nenngleichströmen im mA-Bereich.

Selen-Gleichrichterplatten werden auf isolierten Gewindebolzen in definierten Abständen voneinander zu Säulen zusammengebaut. Größe und Anzahl der Platten eines Gleichrichtersatzes richten sich nach der verlangten Strom- und Spannungsbelastung. Die Steueranschlüsse der Säulen sind farbig gekennzeichnet (Rot = Pluspol der Gleichspannung, Blau = Minuspol der Gleichspannung, Gelb = Wechselspannungsanschluß). Der Aufbau des Leistungskennzeichens ist in DIN 41762, Bl. 1 festgelegt.

1.2.1.2 Siliziumdioden

Eine Siliziumdiode ist ein Halbleiterbauelement mit einem PN-Übergang und zwei Anschlüssen, das eine asymmetrische Strom- Spannungskennlinie besitzt. Begriffe für die Gleichrichterdioden (Germanium oder Silizium) sind in DIN 41 781 festgelgt.

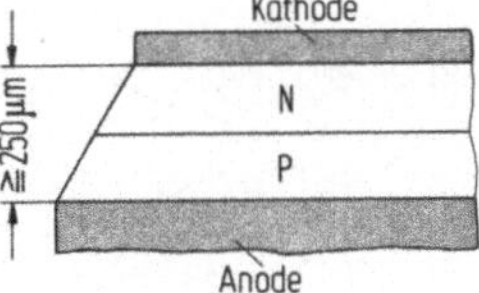

Bild 1.2-5. Schicht- und Randstruktur einer Siliziumdiode.

Schichtstruktur. Bild 1.2-5 zeigt eine schematische Darstellung der Schicht- und Randstruktur einer Siliziumdiode. Die Siliziumscheibe hat zwei Schichten abwechselnder Leitfähigkeit mit einem PN-Übergang. Von der Anodenseite ist sie mit einem Element der dritten Gruppe des periodischen Systems (z. B. Aluminium) dotiert, wodurch eine dünne, stark P-leitende einkristalline Siliziumscheibe entsteht. Der Übergang von der Trägerelektrode auf das Silizium wird sperrschichtfrei. Von der Kathodenseite ist die Siliziumscheibe mit einem Element der 5. Gruppe (z. B. Antimon) dotiert. Hier bildet sich eine dünne, stark N-leitende einkristalline Siliziumschicht. Der PN-Übergang entsteht im Übergangsgebiet von dieser Siliziumschicht zur schwach P-leitenden Hauptzone. Metall-Silizium-Eutektika bilden sich, wenn man zur Dotierung des Siliziums das Legierungsverfahren anwendet, weil die Dotierungssubstanzen durch den Legierungsprozeß ins Silizium gelangen.

Tabelle 1.2-2. Schaltungen und Nenngleichströme von Selen-Gleichrichtersätzen

Bezeichnung	Wirkschaltplan	Kurzzeichen	U_{NRMS} in V	natürliche Kühlung: Gleichspannung U_{RN} in V	natürliche Kühlung: Belastung in A bei Plattengröße in mm: 18×18	33×33	50×50	50×100	100×100	100×200	100×400 200×400	200×400	verstärkte Kühlung: Gleichspannung U_{RN} in V	verstärkte Kühlung: Belastung in A bei Plattengröße in mm: 100×200	100×400 200×400	200×400
Einzweigschaltung	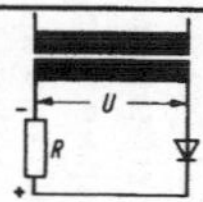	M1	25	10	0,3	1,1	2,5	5,0	9,0	18	35	65	9	55	100	200
			30	12	0,25	1,0	2,2	4,2	7,5	14	28	50	11	40	80	150
Einphasige Mittelpunktschaltung	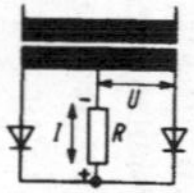	M2	25	10	0,6	2,2	5,0	10,0	18,0	36	70	130	9	110	200	400
			30	12	0,5	2,0	4,4	8,5	15,0	28	56	110	11	80	160	300
Einphasige Brückenschaltung	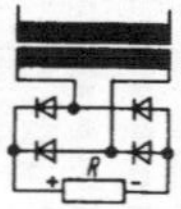	B2	25	20	0,6	2,2	5,0	10,0	18,0	36	70	130	18	110	200	400
			30	24	0,5	2,0	4,4	8,5	15,0	28	56	110	22	80	160	300
Sternschaltung	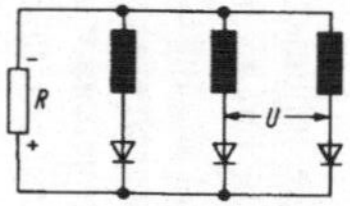	M3	25	15	0,9	3,3	7,5	15,0	27,0	54	105	200	14	160	300	600
			30	18	0,75	3,0	6,6	12,7	22,5	42	84	150	17	120	240	450
Doppelsternschaltung	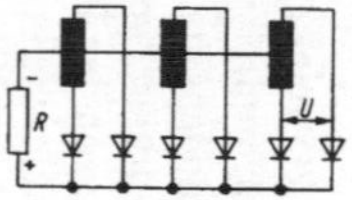	M6	25	15	–	–	–	–	45,0	90	175	325	14	270	500	1000
			30	18	–	–	–	–	37,5	70	140	250	17	200	400	750
Doppelsternschaltung mit Saugdrossel	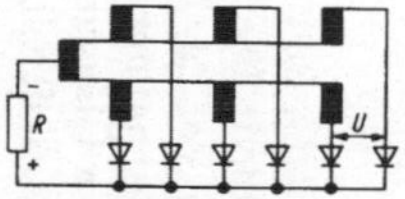	M3.2	25	13	–	–	–	–	54,0	110	210	390	12	330	600	1200
			30	16	–	–	–	–	45,0	84	170	300	15	240	480	900
Drehstrom-Brückenschaltung	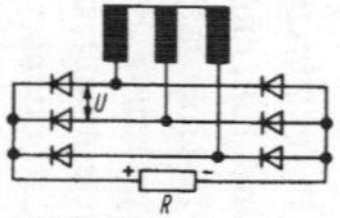	B6	25	30	0,9	3,3	7,5	15,0	27,0	54	105	200	28	160	300	600
			30	36	0,75	3,0	6,6	12,7	22,5	42	84	150	34	120	240	450

Der Schrägschliff des Randes der runden Siliziumscheibe verringert die elektrische Feldstärke am PN-Übergang im Sperrbereich und erhöht damit die Sperrspannungsfestigkeit. Die Dicke der Siliziumscheibe liegt bei Leistungsdioden bei 250 µm bis über 400 µm, der Durchmesser geht bis 100 mm.

Kennlinie. Bild 1.2-6 zeigt die Kennlinie einer Siliziumdiode mit zwei Ästen: Die (negative) Sperrkennlinie bei negativer Anodenspannung und die Durchlaßkennlinie bei positiver Anodenspannung.

Bei negativer Anodenspannung unterhalb der Durchbruchspannung fließt ein negativer Rückstrom von einigen mA. Bild 1.2-7 zeigt die Abhängigkeit der Sperrkennlinie einer Siliziumdiode von der Ersatzsperrschichttemperatur $t_{(vj)}$.

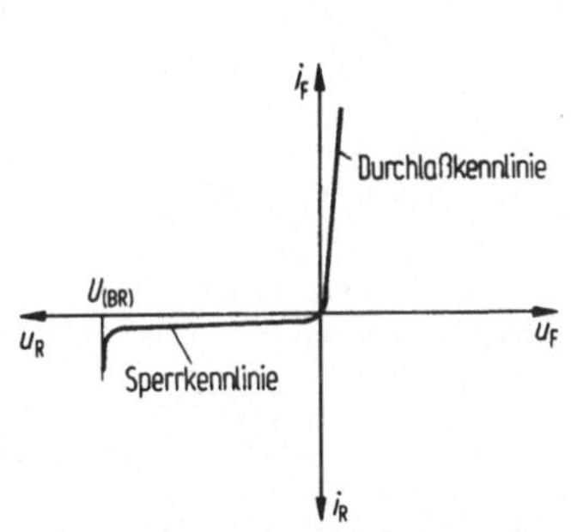

Bild 1.2-6. Kennlinie einer Siliziumdiode.

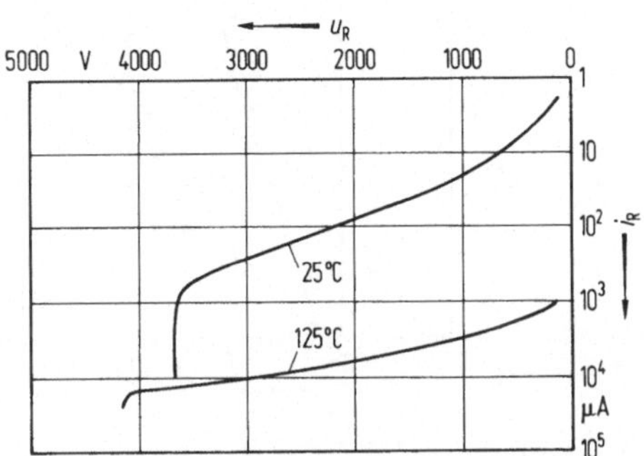

Bild 1.2-7. Sperrkennlinien einer Siliziumdiode bei $t_{(vj)} = 25°$ C und 125° C.

Die Durchlaßspannung u_F ist die in Durchlaßrichtung zwischen den Anschlüssen einer Siliziumdiode auftretende Spannung, die bei 1 bis 1,5 V liegt. Bild 1.2-8 zeigt die Annäherung der Durchlaßkennlinie durch Schleusenspannung $U_{(TO)}$ und Ersatzwiderstand r_T. Bei gegebenem Durchlaßstrom kann der Durchlaßverlust danach angenähert berechnet werden [s. Gl. (1.2-8)].

Elektrische Größen. Die in DIN 41785, Bl. 3 festgelegten elektrischen Größen bei Gleichrichterdioden sind im Verzeichnis der verwendeten Formelzeichen S. 22 aufgeführt, ebenso die Bedeutung der verwendeten Indizes.

Vorwärtsstrom i_F ist der Strom, der die Diode in Vorwärtsrichtung durchfließt, Durchlaßstrom i_F der im Durchlaßzustand durch die Diode fließende Strom. Dauergleichstrom I_F ist ein für ausschließliche Belastung mit Gleichstrom (ohne überlagerte Wechselanteile) dauernd zulässiger Wert des Vorwärtsstromes. Dauergrenzstrom $I_{FAV(l)}$ ist der höchste dauernd zulässige Vorwärtsstrom-Mittelwert bei einer bestimmten Gehäusetemperatur oder bei bestimmten Kühlbedingungen, bei einer bestimmten Frequenz und einem vorgegebenen Stromverlauf. Der Nennstrom I_{FN} wird vom Hersteller als Richtwert für den Vorwärtsstrom-Mittelwert empfohlen. Er gilt für eine bestimmte Frequenz, eine festgelegte Schaltung, Belastungsart und Kühlbedingung. Die bei solchen Anwendungsfällen üblicherweise auftretenden Überlastungen sind berücksichtigt. Der periodische Spitzenstrom I_{FRM} ist der Spitzenwert des periodisch auftretenden Vorwärtsstromes (auch bei nicht sinusförmigem Stromverlauf). Rückwärtsstrom i_R ist der die Diode in Rückwärtsrichtung durchfließenden Strom, Sperrstrom i_R der im Sperrzustand durch die Diode fließende Strom. Durchbruchstrom $I_{R(BR)}$ ist der Strom im Durchbruchbereich.

Das Überstrom- und Stoßstromverhalten wird durch den Stoßstrom, den Überstrom und das Grenzlastintegral festgelegt. Stoßstrom I_{FSM} ist der höchste zulässige Augenblickswert eines einzelnen Stromimpulses als Sinushalbschwingung bei 50 Hz aus dem Nennbetrieb heraus und nur im Störungsfall zuzulassen. Die anschließende Pause muß mindestens eine Minute betragen. Überstrom $I_{F(OV)}$ ist der Strom, der ohne zeitliche Begrenzung zum Überschreiten der höchsten zulässigen Ersatzsperrschichttemperatur führen würde. Der Überstrom muß daher abhängig vom Ausgangszustand zeitlich begrenzt werden. Der Überstromfaktor $k_{I(OV)}$ gibt an, um wieviel der Überstrom größer als der unter den gleichen Kühlbedingungen dauernd zulässige Strom ist. Das Grenzlastintegral ist das Zeitintegral über das Quadrat des höchstzulässigen Überstromes. Es ist abhängig von der Integrationszeit und wird üblicherweise für eine festzulegende Zeit $\leqq 10$ ms angegeben.

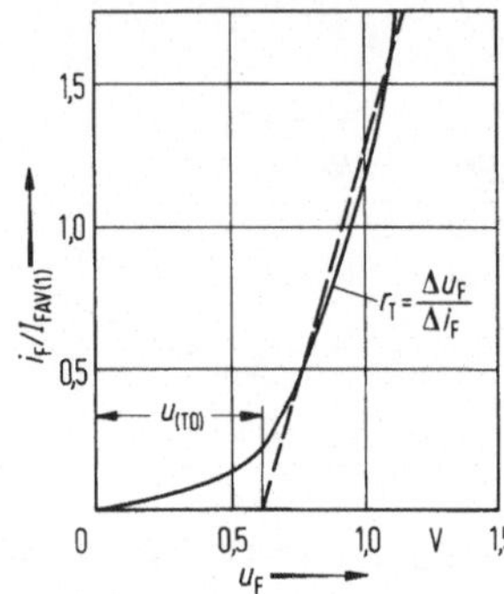

Bild 1.2-8. Annäherung der Durchlaßkennlinie durch Schleusenspannung $U_{(TO)}$ und Ersatzwiderstand r_T.

Vorwärtsspannung u_F ist die Spannung zwischen den Anschlüssen der Diode bei Vorwärtsstrom, Durchlaßspannung u_F die im Durchlaßzustand zwischen den Anschlüssen auftretende Spannung. Schleusenspannung $U_{(TO)}$ ist der Spannungswert, der sich bei Ersatz der Vorwärtskennlinie durch eine Gerade als Abschnitt auf der Spannungsachse ergibt. Rückwärtsspannung u_R ist die Spannung zwischen den Anschlüssen der Diode bei Rückwärtsstrom, Sperrspannung u_R die im Sperrzustand der Diode anliegende Spannung. Rückwärts-Gleichspannung U_R ist Gleichspannung in Rückwärtsrichtung, die keine überlagerten Wechselanteile enthält. Durchbruchspannung $U_{(BR)}$ ist die Spannung im Durchbruchbereich (Spannung in Rückwärtsrichtung, bei der der Strom einen bestimmten Wert überschreitet). Scheitelsperrspannung U_{RWM} ist der höchste Augenblickswert (Scheitelwert) der Sperrspannung ohne Berücksichtigung etwa vorhandener periodischer oder nicht periodischer überlagerter Spitzen, der durch Einschalt- oder Übergangsvorgänge hervorgerufen wird. Die periodische Spitzensperrspannung U_{RRM} ist der höchste Augenblickswert der Sperrspannung einschließlich aller periodischer aber ausschließlich aller nicht periodischer überlagerter Spitzen, die durch Einschalt- oder Übergangsvorgänge hervorgerufen werden. Stoßspitzenspannung U_{RSM} ist der höchste Augenblickswert einer nicht periodischen Sperrspannung, die zwischen den Anschlüssen der Gleichrichterdiode auftritt. Nennsperrspannung U_{RN} ist ein vom Hersteller als Richtwert empfohlener Scheitelwert der periodischen Sperrspannung, der wegen betriebsmäßig auftretenden Überspannungen nicht überschritten werden sollte.

Verlustleistung p ist die in der Diode in Wärmeleistung umgesetzte elektrische Leistung. Bei abwechselndem Betrieb in Vorwärts- und Rückwärtsrichtung kann zwischen Vorwärtsverlustleistung p_F und Rückwärtsverlustleistung p_R oder zwischen Durchlaßverlustleistung p_F, Sperrverlustleistung p_R und gegebenenfalls Ein- und Ausschaltverlustleistung p_{FT} und p_{RQ} unterschieden werden. Der (Vorwärts-)Ersatzwiderstand r_T ist der Widerstand, der sich aus der Steigung einer Geraden ergibt, die den interessierenden Teil der Vorwärtskennlinie ersetzt. Die elektrische Trägheit von Gleichrichterdioden wird in Abschnitt 1.2.2.1 behandelt.

Bauformen. Siliziumdioden werden für Ströme von unter 100 mA bis über 1000 A gebaut. Im unteren Leistungsbereich werden sie in Glas-, Kunststoff- oder Metallgehäuse eingekapselt.

Anoden- und Kathodenanschluß sind mit Drähten für Lötanschlüsse herausgeführt. Im mittleren und oberen Leistungsbereich werden wie bei Thyristoren Schraub-, Flachboden- oder Scheibenzellen gebaut (s. Bild 1.2-13).

1.2.1.3 Thyristoren

Ein Thyristor ist ein bistabiles Halbleiterbauelement mit mindestens drei Zonenübergängen, das von einem Sperrzustand in einen Durchlaßzustand oder umgekehrt umgeschaltet werden kann. Begriffe für Thyristoren sind in DIN 41786 festgelegt.

Schichtstruktur. Bild 1.2-9 zeigt eine schematische Darstellung der Schicht- und Randstruktur eines Thyristors. Die Siliziumscheibe hat vier Schichten abwechselnder Leitfähigkeit PNPN. Der Anodenanschluß (Hauptanschluß, bei dem der Vorwärtsstrom in den Thyristor eintritt) liegt an der äußeren P-Zone, der Kathodenanschluß (Hauptanschluß, bei dem der Vorwärtsstrom aus dem Thyristor austritt) an der äußeren N-Zone. Bei einem kathodenseitig steuerbaren Thyristor (wie in Bild 1.2-9) ist der Steueranschluß mit der der Kathode benachbarten P-leitenden Halbleiterschicht verbunden. Normalerweise wird der Thyristor durch einen positiven Zündimpuls am Steueranschluß gegenüber dem Kathodenanschluß gezündet [107].

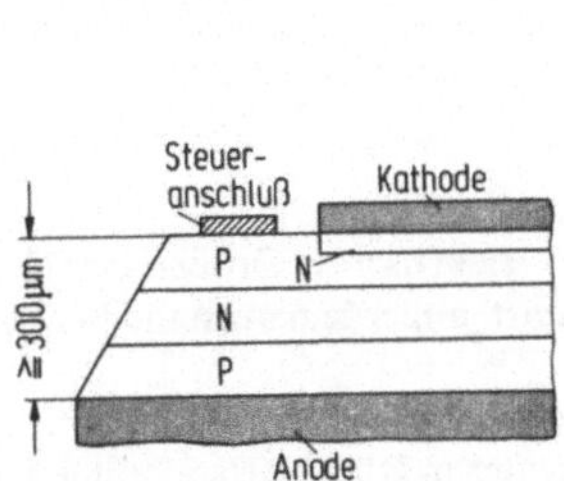

Bild 1.2-9. Schicht- und Randstruktur eines Thyristors.

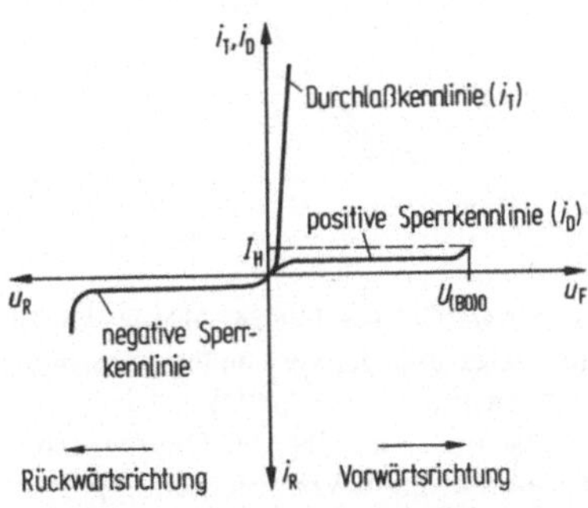

Bild 1.2-10. Kennlinie eines Thyristors.

Die Dicke der Siliziumscheibe liegt bei Leistungsthyristoren bei 300 µm bis über 600 µm. Ihr Durchmesser kann mehr als 75 mm erreichen.

Kennlinie. Die Kennlinie eines Thyristors (Bild 1.2-10) hat drei Äste: Die negative Sperrkennlinie (in Rückwärtsrichtung), die positive Sperrkennlinie und die Durchlaßkennlinie (beide in Vorwärtsrichtung) [106].

Die negative Kennlinie entspricht der von Siliziumdioden. Unterhalb der Durchbruchspannung fließt ein negativer Rückwärtsstrom i_R von einigen mA, der mit steigender Sperrschichttemperatur ansteigt. Solange über den Steueranschluß kein Steuerstrom zur Kathode fließt, sperrt ein Thyristor auch bei positiver Anodenspannung. Unterhalb der Nullkippspannung $U_{(BO)0}$ fließt dann nur ein positiver Sperrstrom i_D von einigen mA.

Wenn der Thyristor bei positiver Anodenspannung über einen vom Steueranschluß zur Kathode fließenden Steuerstrom gezündet wird, schaltet er auf die Durchlaßkennlinie um. Die Durchlaßkennlinie entspricht der einer Siliziumdiode, jedoch ist die Durchlaßspannung u_T wegen der drei vorhandenen PN-Übergänge höher als bei Siliziumdioden (1,2 bis über 2 V). Bild 1.2-11 zeigt die Durchlaßspannung u_T eines Thyristors in Abhängigkeit vom Durchlaßstrom i_T. Die Durchlaßkennlinie ist abhängig von der Sperrschichttemperatur (Parameter: Ersatzsperrschichttemperatur $t_{(vj)}$).

Umschalten von der positiven Sperrkennlinie auf die Durchlaßkennlinie tritt auch ohne Steuerstrom auf, wenn die Nullkippspannung $U_{(BO)0}$ (Kippspannung bei Steuerstrom Null) oder die kritische Spannungssteilheit $(du/dt)_{cr}$ überschritten werden.

Das Einschalten eines Thyristors durch Überschreiten der Nullkippspannung darf nicht betriebsmäßig periodisch vorgenommen werden. Ein gelegentliches Zünden durch Überschreiten der Nullkippspannung im Störungsfall ist jedoch zulässig. Dagegen führt ein Überschreiten der Durchbruchspannung $U_{(BR)}$ auf der negativen Sperrkennlinie zu einer Zerstörung des Thyristors.

Ein einmal gezündeter Thyristor kann über den Steueranschluß nicht wieder gelöscht werden (abgesehen vom Abschaltthyristor). Der Thyristor sperrt erst dann wieder, wenn der Hauptstrom im äußeren Stromkreis den Haltestrom I_H unterschreitet.

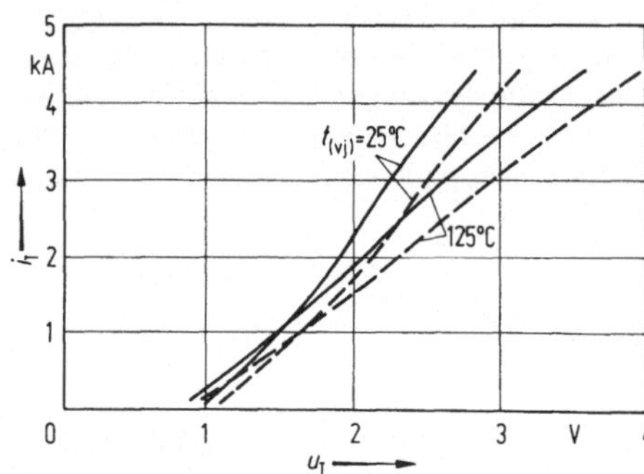

Bild 1.2-11. Durchlaßkennlinie eines Thyristors: typische Kennlinie (ausgezogen) Grenzkennlinie (gestrichelt).

Elektrische Größen. Die in DIN 41785, Bl. 3 festgelegten elektrischen Größen bei Thyristoren sind im Verzeichnis der verwendeten Formelzeichen aufgeführt, außerdem auch die Bedeutung der verwendeten Indizes (vgl. S. 22).

Hauptstrom ist der über die Hauptanschlüsse des Thyristors fließende Strom. Vorwärtsstrom i_F ist der Hauptstrom in Vorwärtsrichtung, Rückwärtsstrom i_R der in Rückwärtsrichtung. Durchlaßstrom i_T ist der im Durchlaßzustand fließende Hauptstrom. Haltestrom I_H ist der kleinste Durchlaßstrom in Schaltrichtung, bei dem der Thyristor noch im Durchlaßzustand bleibt, Einraststrom I_L ist der kleinste Durchlaßstrom in Schaltrichtung, bei dem der Thyristor unmittelbar nach dem Zünden und dem Abklingen des Zündimpulses noch im Durchlaßzustand bleibt.

Der Dauergrenzstrom $I_{TAV(l)}$ ist der höchstzulässige Wert des Durchlaßstrom-Mittelwertes für eine festgelegte Gehäuse- oder Umgebungstemperatur. Jede an den Betrieb mit Dauergrenzstrom anschließende Überlastung kann zum Verlust der Sperrfähigkeit in Schaltrichtung führen. Dauergleichstrom I_T ist ein zeitlich konstanter Durchlaßstrom. Der periodische Spitzenstrom I_{TRM} ist der Spitzenwert des Durchlaßstromes einschließlich aller periodisch auftretenden Stromimpulse. Kippstrom $I_{(BO)}$ ist der Hauptstrom beim Kippunkt. Sperrstrom ist der im Sperrzustand fließende Hauptstrom in Rückwärts- (i_R) oder in Vorwärtsrichtung (i_D).

Das Überstromverhalten wird gekennzeichnet durch den Stoßstrom I_{TSM}, den Überstrom $I_{T(OV)}$, den Überstromfaktor $k_{I(OV)}$ und das Grenzlastintegral. Der Stoßstrom ist nur einmalig als sinusförmige Halbschwingung zulässig. Er wird für ausgehenden Leerlauf oder Nennbelastung angegeben. Überstrom ist der Strom, der ohne zeitliche Begrenzung zum Überschreiten der höchstzulässigen Ersatzsperrschichttemperatur führen würde. Der Überstromfaktor gibt an, um wieviel der Überstrom größer ist als der unter den gleichen Kühlbedingungen dauernd zulässige Strom. Die Grenzstromkennlinie ist die grafische Darstellung des nur in Störungsfällen zulässigen Überstromes in Abhängigkeit von der Überstromdauer, bei dem abgeschaltet werden muß, damit der Thyristor nicht zerstört wird. Der Stoßstromgrenzwert kennzeichnet einen Stromimpuls, der eine

Überschreitung der höchstzulässigen Ersatzsperrschichttemperatur bewirkt, jedoch nur als Folge von außergewöhnlichen Betriebsbedingungen in begrenzter Zahl auftritt. Das Grenzlastintegral ist ein Zeitintegral über das Quadrat des höchstzulässigen Überstromes. Es ist abhängig von der Integrationszeit und wird üblicherweise für eine festzulegende Zeitspanne $\leqq 10$ ms angegeben und zur Bemessung der Schutzeinrichtungen herangezogen.

Hauptspannung ist die Spannung zwischen den Hauptanschlüssen, Vorwärtsspannung u_F ist die Hauptspannung in Vorwärtsrichtung, Rückwärtsspannung u_R die Hauptspannung in Rückwärtsrichtung. Durchlaßspannung u_T ist die im Durchlaßzustand zwischen den Hauptanschlüssen des Thyristors auftretende Spannung. Schleusenspannung $U_{(TO)}$ ist der Spannungswert, der sich bei Ersatz der Durchlaßkennlinie durch eine Gerade als Schnittpunkt mit der Spannungsachse ergibt.

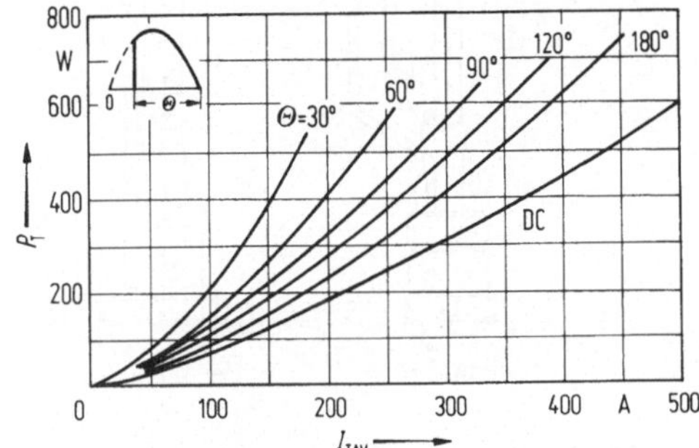

Bild 1.2-12. Durchlaßverlustleistung P_T eines Thyristors (Parameter: Stromflußwinkel Θ).

Kippspannung $U_{(BO)}$ ist die Hauptspannung beim Kippen. Sperrspannung U_D ist die im Sperrzustand zwischen den Hauptanschlüssen des Thyristors auftretende Spannung. Scheitelsperrspannung U_{DWM} bzw. U_{RWM} ist der höchste Augenblickswert (Scheitelwert) der Sperrspannung ohne Berücksichtigung etwas vorhandener überlagerter Spitzen, die durch Einschalt- oder Übergangsvorgänge bedingt sind. Periodische Spitzensperrspannung U_{DRM} bzw. U_{RRM} ist der höchste Augenblickswert der Sperrspannung einschließlich aller periodischen, aber ausschließlich aller nichtperiodischen überlagerten Spitzen, die durch Einschalt- oder Übergangsvorgänge bedingt sind. Stoßspitzenspannung U_{DSM} bzw. U_{RSM} ist der höchste Augenblickswert einer nicht periodischen Sperrspannung, die zwischen den Hauptanschlüssen des Thyristors auftritt. Gleichsperrspannung U_D ist eine zeitlich konstante Spannung an den Hauptanschlüssen eines Thyristors, der sich im Sperrzustand befindet. Durchbruchspannung $U_{(BR)}$ in Rückwärtsrichtung ist die Sperrspannung, bei der der Sperrstrom größer wird als ein bestimmter Wert. Ströme und Spannungen im Steuerstromkreis werden in Abschnitt 1.2.4 behandelt.

Durchlaßverlustleistung p_T ist die zwischen den beiden Hauptanschlüssen im Innern des Thyristors in Wärmeleistung umgesetzte elektrische Leistung bei Betrachtung des Durchlaßzustandes, die mittlere Durchlaßverlustleistung P_{TAV} der arithmetische Mittelwert des Produktes aus Durchlaßspannung und Durchlaßstrom über eine volle Periode. Sperrverlustleistung p_D bzw. p_R ist die zwischen den Hauptanschlüssen im Innern des Thyristors umgesetzte elektrische Leistung bei Betrachtung des Sperrzustandes. Der Durchlaßwiderstand ist der Quotient aus Durchlaßspannung und zugehörigem Durchlaßstrom, der Sperrwiderstand der Quotient aus Sperrspannung und zugehörigem Sperrstrom. Ersatzwiderstand r_T ist der Widerstand, der sich bei Ersatz der Durchlaßkennlinie durch eine Gerade aus deren Steigung ergibt.

Bild 1.2-12 zeigt die Durchlaßverlustleistung eines Leistungsthyristors abhängig vom Durchlaßstrom-Mittelwert. Parameter ist der Stromflußwinkel θ einer sinusförmigen Stromhalbschwingung. Außerdem ist die Durchlaßverlustleistung bei Gleichstrom angegeben. Die Durchlaßverlustleistung hängt sowohl vom arithmetischen Mittelwert als auch vom quadratischen Mittelwert (Effektivwert) des Durchlaßstromes ab [s. Gl. (1.2-8)].

Die mit dem Umschalten zusammenhängenden Größen sind in Abschnitt 1.2.2.2 behandelt. In Datenblättern werden für Thyristoren die zulässigen Grenzwerte von Strom und Spannung angegeben, aus denen sich die für den Anwendungsfall empfohlenen Nennwerte ergeben. Der Anwender bestimmt die Sicherheitsfaktoren nach den Grenzdaten der Thyristoren und den in seiner Schaltung auftretenden Beanspruchungen.

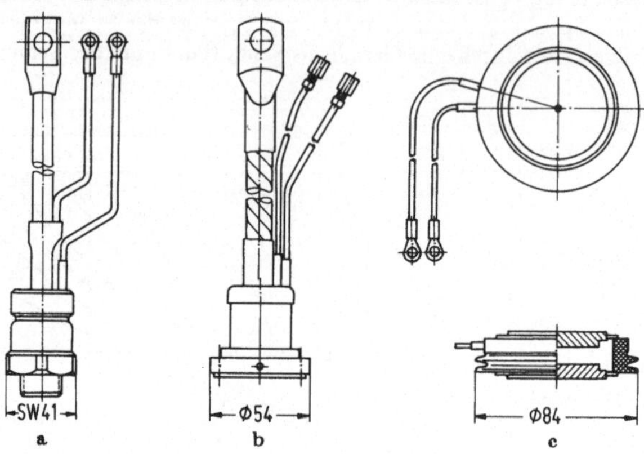

Bild 1.2-13. Bauformen von Leistungsthyristoren; a) Schraubthyristor, b) Flachbodenthyristor, c) Scheibenthyristor.

Bauformen. Zum Schutz gegen mechanische Beschädigung und atmosphärische Einflüsse wird das Halbleitersystem in ein Gehäuse eingebracht, das die auftretenden elektrischen Verluste an einen Kühlkörper abführt. Kleinthyristoren (bis 5 A) werden auch mit Kunststoffgehäusen hergestellt, außerdem in Metallgehäusen zum Aufschrauben oder Einpressen (bis 10 A). Im mittleren und hohen Leistungsbereich (15 bis 1000 A) haben sich zwei Standardbauformen ausgebildet, die einseitig kühlbare Zelle mit Schraubbolzen oder Flachboden und die zweiseitig kühlbare Scheibenzelle (Bild 1.2-13). Der Schraubthyristor wird in ein Gewindeloch des Kühlkörpers eingeschraubt. Die Flachbodenzelle wird mit einem Spannring auf einen Kühlkörper geschraubt. Das Halbleitersystem wird im Innern des Gehäuses mit vorgespannten Tellerfedern auf den massiven Gehäuseboden aus Kupfer gepreßt. Ein Keramikring isoliert den mit einem Stempel kontaktierten oberen Kathodenanschluß gegen den Anodenanschluß am Gehäuseboden. Bei der Scheibenzelle liegt das Halbleitersystem in einem scheibenförmigen Gehäuse [42]. Anoden- und Kathodenanschluß sind durch einen Keramikring gegeneinander isoliert. Der Kontaktdruck wird durch Verspannen der oberen und unteren Kühlkörperhälften gegeneinander erzeugt und durch einen Kupferstempel im Gehäuse auf das Halbleitersystem übertragen. Der Steueranschluß wird durch Tellerfedern aufgepreßt.

Thyristorarten. Bei dem in den Bildern 1.2-9 und 1.2-10 dargestellten Thyristor handelt es sich um eine kathodenseitig steuerbare, rückwärtssperrende Thyristortriode. Dies ist der normale Thyristor. Für rückwärtssperrende Thyristortrioden kann auch die Kurzbezeichnung Thyristor allein verwendet werden, wenn Mißverständnisse ausgeschlossen sind.

Es gibt weitere Thyristorarten. Je nachdem, ob ein Thyristor nur in einer Strom- bzw. Spannungsrichtung schaltbar ist und in der anderen Richtung sperrt oder leitet oder ob der Thyristor in beiden Richtungen schaltbar ist, unterscheidet man folgende Thyristorarten: rückwärtssperrende Thyristoren, rückwärtsleitende Thyristoren und Zweirichtungs-Thyristoren (Triacs).

Alle Thyristorarten können mit oder ohne Steueranschlüsse ausgeführt werden. Nach der Anzahl der Anschlüsse unterscheidet man daher Thyristordioden (zwei Anschlüsse), Thyristortrioden (drei Anschlüsse) und Thyristortetroden (vier Anschlüsse). Außerdem unterscheidet man zwischen Thyristoren, die über Steueranschlüsse nur eingeschaltet und Abschaltthyristoren, die über Steueranschlüsse sowohl ein- als auch ausgeschaltet werden können (GTO = Gate Turn Off). Bild 1.2-14 zeigt Schaltzeichen von Thyristoren (nach DIN 40700, Bl. 8). Das allgemeine Thyristorsymbol soll für rückwärtssperrende Thyristortrioden vorbehalten werden, also die kathodenseitig steuerbare, rückwärtssperrende Thyristortriode und die anodenseitig steuerbare, rückwärtssperrende

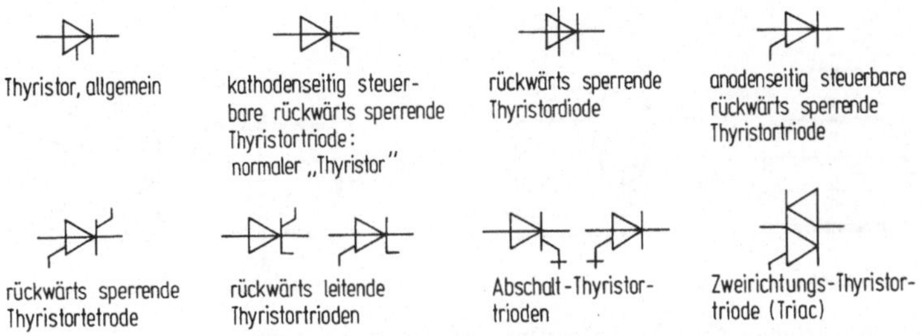

Bild 1.2-14. Schaltzeichen von Thyristoren.

Thyristortriode, bei der der Steueranschluß an der anodenseitigen N-Schicht liegt. Die rückwärtssperrende Thyristortriode wird durch Überschreiten der Kippspannungen in den Durchlaßzustand geschaltet. Die rückwärtssperrende Thyristortetrode hat anoden- und kathodenseitige Steueranschlüsse. Rückwärtsleitende Thyristortrioden entsprechen in ihrer elektrischen Wirkungsweise der Parallelschaltung eines normalen Thyristors mit einer Diode umgekehrter Polarität.

Abschalt-Thyristortrioden können durch Steuerströme einer Polarität gezündet und Steuerströme entgegengesetzter Polarität gelöscht werden. Sie werden für Spannungen von einigen 100 V und Strömen bis über 100 A gebaut. Ihre Freiwerdezeit liegt zwischen 5 µs und 10 µs (niedriger als bei F-Thyristoren).

Zweirichtungs-Thyristortrioden (Triacs) enthalten in einer Siliziumscheibe zwei gegenparallelgeschaltete PNPN-Zonenfolgen und können Strom in beiden Richtungen führen. Die Polarität für den Zündstrom ist beliebig.

Neben den Thyristorarten mit unterschiedlichen Kennlinien wird die rückwärtssperrende Thyristortriode zur Verbesserung ihrer Schalteigenschaften mit besonderen Steuerelektroden-Anordnungen versehen [180]. Die wichtigsten sind Querfeldemitter und Amplifying Gate-Struktur. Zur Verbesserung der kritischen Spannungssteilheit werden Kathodennebenwege (shorted emitter) angebracht, die den kathodenseitigen PN-Übergang an einzelnen Stellen der P-Basiszone überbrücken.

Bei lichtgesteuerten Thyristoren werden die zur Zündung notwendigen Ladungsträgerpaare durch Lichteinfall auf die Siliziumscheibe erzeugt.

1.2.1.4 Leistungstransistoren

Ein Transistor ist ein Halbleiterbauelement, mit dem Leistungsverstärkung erzielt werden kann und das drei oder mehr Anschlüsse hat. Begriffe für Transistoren sind in DIN 41854 und 41855 festgelegt. Ein Flächentransistor hat einen Einkristall mit drei oder mehr Zonen verschiedenen Leitungstyps und flächenhaften Übergängen zwischen den Zonen.

Leistungstransistoren sind Transistoren, die bei 25 °C Umgebungstemperatur eine Verlustleistung >1 W haben. Im Schaltbetrieb arbeitende Niederfrequenz-Leistungstransistoren (NF-Leistungstransistoren) werden auch als steuerbare Ventile in Stromrichterschaltungen eingesetzt. Ein Transistor ist ein Verstärkerelement, das durch Ladungsträgersteuerung stetig ausgesteuert werden kann (im Gegensatz zum Thyristor). Die Ladungsträgersteuerung wird durch einen Steuerstrom vorgenommen. Bei stetiger Aussteuerung wird im Transistor selbst ein erheblicher Teil der Leistung in Verlustwärme umgesetzt, weil der Transistor einen Teil der Spannung aufnimmt. Für Anwendungen im Leistungsteil wird deshalb der Schaltbetrieb bevorzugt, bei dem der Transistor im gesättigten oder ungesättigten Betrieb voll ausgesteuert oder voll gesperrt ist.

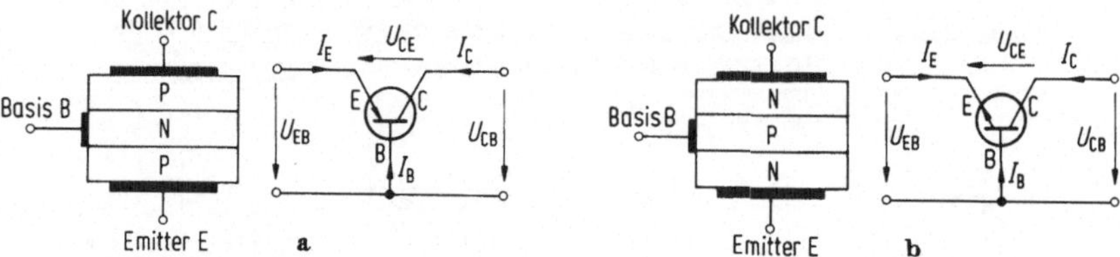

Bild 1.2-15. Schichtstruktur eines Transistors und vereinbarte Zählrichtung für Ströme und Spannungen; a) PNP-Transistor, b) NPN-Transistor.

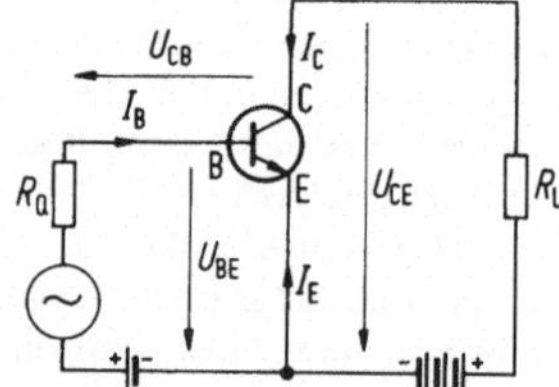

Bild 1.2-16. Emitterschaltung eines NPN-Transistors.

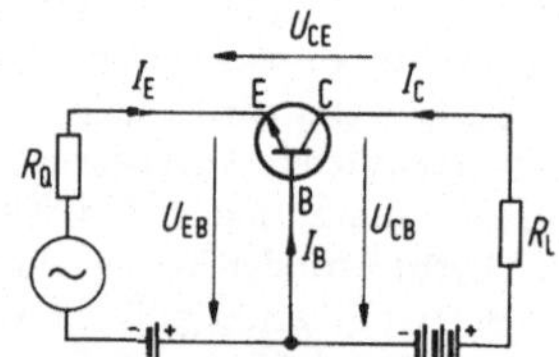

Bild 1.2-17. Basisschaltung eines NPN-Transistors.

Schichtstruktur. Ein Leistungstransistor besteht aus drei verschieden dotierten Schichten (Bild 1.2-15). An die beiden Außenschichten werden der Emitter *E* und der Kollektor *C* kontaktiert, an die mittlere Zone die Basis *B*. Transistoren können entweder mit der Schichtfolge PNP oder NPN aufgebaut sein. Leistungstransistoren auf Siliziumbasis werden meist als NPN-Transistoren hergestellt.

Grundschaltungen. Transistoren werden in drei verschiedenen Grundschaltungen betrieben: Emitterschaltung, Basisschaltung und Kollektorschaltung.

Bei der *Emitterschaltung* (Bild 1.2-16) fließt der Laststrom über Kollektor und Emitter. Der Steuerstrom wird über Basis und Emitter eingespeist. Bei Leistungstransistoren erreicht man mit dieser Schaltung Stromverstärkungsfaktoren >10. Bei voller Aussteuerung liegt zwischen Kollektor und Emitter ein Durchlaßspannungsabfall von 1 bis 1,5 V.

Bei der *Basisschaltung* (Bild 1.2-17) fließt der Laststrom über Kollektor, Emitter und Steuerspannungsquelle. Die Aussteuerung wird über den Emitter-Basis-Kreis vorgenommen. Die Basisschaltung wird in der Hochfrequenztechnik angewendet.

Bei der *Kollektorschaltung* liegt der Ausgangskreis zwischen Kollektor und Emitter, der Eingangskreis zwischen Basis und Kollektor. Die Kollektorschaltung dient der Impedanzwandlung.

Kennlinienfeld. Leistungstransistoren im Schaltbetrieb werden in Emitterschaltung betrieben. Bild 1.2-18 zeigt das Kennlinienfeld (Ausgangskennlinie) für einen NPN-Transistor. Im Sperrbereich fließt bei hoher Kollektor-Emitter-Spannung U_{CE} nur ein niedriger Kollektorstrom I_C. Im Sättigungsbereich fließt bei niedriger Kollektor-Emitter-Spannung U_{CE} ein hoher Kollektorstrom I_C.

Das Umschalten von Sperr- in den Sättigungsbereich wird durch Steigerung des Basisstromes I_B vorgenommen. Im Schaltbetrieb wird zwischen den Arbeitspunkten Aus und Ein möglichst schnell hin- und hergeschaltet. Dabei wird das Kennlinienfeld abhängig von der Impedanz des Lastkreises durchlaufen. Bei ohmschem Lastkreis ergibt sich eine Widerstandsgerade.

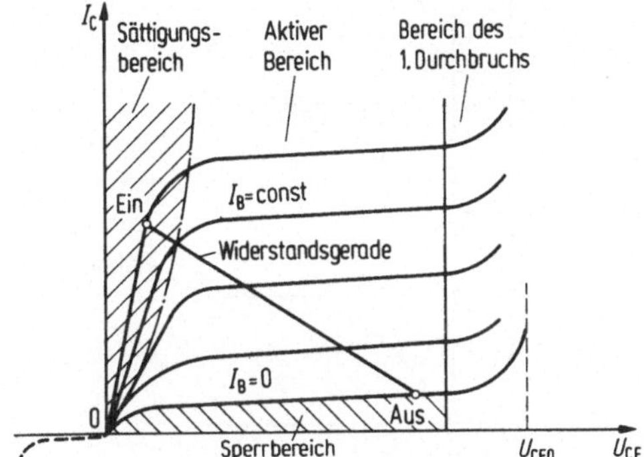

Bild 1.2-18. Ausgangskennlinie eines NPN-Transistors in Emitterschaltung.

Bauformen. Leistungstransistoren werden als hochsperrende Transistoren (Hochvolt-Transistoren) und als Hochstrom-Transistoren gebaut (s. Bild 1.2-1). Sie werden in Kunststoff- oder Metallgehäusen eingekapselt. Zur Leistungssteigerung ist sowohl Reihen- als auch Parallelschaltung von Leistungstransistoren in einem Stromrichterzweig möglich. Auch Leistungsmodule werden gebaut, bei denen bereits mehrere Transistoren in einer Baueinheit parallelgeschaltet sind (Kollektorstrom >1000 A). Bei Darlington-Leistungstransistoren sind zwei unabhängige Transistoren monolitisch aufgebaut, wodurch der Entwurf von Endstufen in Verstärkerschaltungen vereinfacht wird.

1.2.2 Schaltverhalten

Das Schaltverhalten von Halbleiterventilen ist gekennzeichnet durch den Übergang vom Sperr- in den Durchlaßzustand bzw. vom Durchlaß- in den Sperrzustand [108, 181]. Bei jeder Änderung des Stromes oder der Spannung stellt sich der zugehörige stationäre Wert der Spannung oder des Stromes nicht unmittelbar ein. Diese Trägheit des Halbleiterventils bestimmt sein Schaltverhalten (Zünden und Löschen) und spielt für die Bemessung von Schaltungselementen zur Begrenzung von Überspannungen eine große Rolle (s. Abschnitt 1.2.3). Zu den dynamischen Eigenschaften eines Halbleiterventils gehören auch seine kritische Spannungs- und Stromsteilheit.

1.2.2.1 Schaltverhalten von Siliziumdioden

Einschalten. Bild 1.2-19a zeigt das Einschalten einer Siliziumdiode. Bei steilem Anstieg des Durchlaßstromes i_F von Null geht die Durchlaßspannung u_F erst nach der Durchlaßverzögerungszeit t_{fr} auf die normale Durchlaßspannung zurück, weil zuerst Ladungsträger aus den hochdotierten Zonen in den PN-Übergang injiziert werden müssen.

Ausschalten. Beim Ausschalten einer Siliziumdiode (Bild 1.2-19b) erlischt der Strom nicht im Nulldurchgang, sondern fließt zunächst in negativer Richtung weiter. Erst nachdem die Basiszone von Ladungsträgern frei geworden ist und Sperrspannung übernimmt, reißt der Rückstrom mit großer Steilheit ab. Die Spannungsnachlaufzeit t_s kennzeichnet die Zeit zwischen dem Nulldurchgang des Stromes und dem Auftreten der Sperrspannung. Die während dieser Zeit sich ergebende Stromzeitfläche entspricht der Nachlaufladung Q_s. Während der Rückstromfallzeit t_f geht der Rückstrom unter 25% seines Scheitelwertes zurück. Die Sperrverzögerungszeit t_{rr} ist gleich der Summe von Spannungsnachlaufzeit und Rückstromfallzeit.

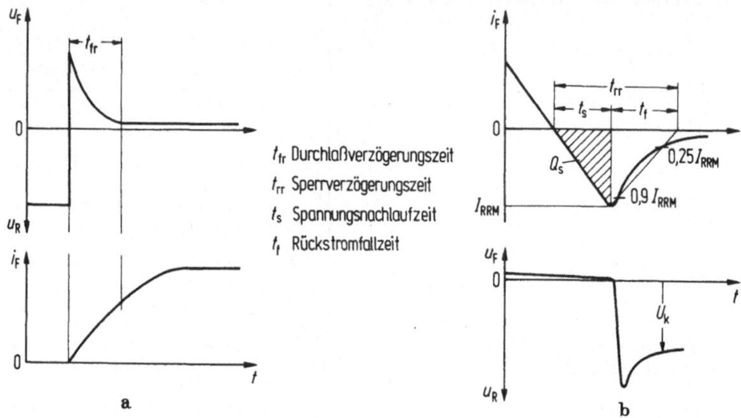

Bild 1.2-19. Schaltverhalten einer Siliziumdiode; a) Einschalten, b) Ausschalten.

Die Sperrverzögerung beim Ausschalten heißt auch *Trägerstaueffekt* (recovery effect). Zur Vermeidung von Überspannungen durch den Trägerstaueffekt ist eine RC-Beschaltung notwendig (s. Abschnitt 1.2.3.1).

1.2.2.2 Schaltverhalten von Thyristoren

Einschalten. Bild 1.2-20a zeigt das Einschalten eines Thyristors. Nach dem Beginn eines sprungförmigen Steuerstromimpulses vergeht der Zündverzug t_{gd}, ehe die Thyristorspannung zusammenbricht. Der Anstieg des Thyristorstromes ist abhängig von der Impedanz des Lastkreises. Innerhalb der Durchschaltzeit t_{gr} sinkt die Thyristorspannung von 90 auf 10% des Anfangswertes. Dann schließt sich die Zündausbreitungszeit t_{sp} an, während der sich der Strom von einer dem Steueranschluß nahen Stelle der Kathode über die ganze Kathodenfläche verteilt. Die Ausbreitungsgeschwindigkeit dieses Vorganges liegt in der Größenordnung 0,1 mm/µs.

Während des Einschaltens tritt Einschaltverlustleistung $p_{TT} = u_T i_T$ auf. Diese kann Augenblickswerte von mehreren kW erreichen. Bei zu großer Stromsteilheit oder zu hoher Schaltfrequenz besteht Zerstörungsgefahr, weil die Einschaltverlustleistung in einem kleinen Volumen der Siliziumscheibe in der Nähe des Steueranschlusses umgesetzt wird.

Ausschalten. Beim Ausschalten eines Thyristors (Bild 1.2-20b) fließt der Strom wie bei einer Siliziumdiode nach dem Nulldurchgang zunächst in umgekehrter Richtung weiter. Zuerst beginnt der kathodenseitige PN-Übergang zu sperren. Sobald auch der anodenseitige PN-Übergang sperrt, geht der Thyristorstrom mit großer Anfangssteilheit gegen Null. Spannungsnachlaufzeit t_s ist die Zeit zwischen dem Stromnulldurchgang und dem Beginn des Sperrens der anodenseitigen

Sperrschicht, Q_s die während dieser Zeit auftretende Nachlaufladung. Sie steigt mit zunehmender Sperrschichttemperatur, größerem Durchlaßstrom und größerer Stromsteilheit an. Während der Rückstromfallzeit t_f sinkt der Rückstrom unter 25% seines Scheitelwertes. Das Abreißen des Thyristorstromes am Ende der Spannungsnachlaufzeit führt zu Überspannungen, die durch die Trägerstaueffektbeschaltung begrenzt werden müssen (s. Abschnitt 1.2.3.1).

Nach dem Abschalten des Thyristorstromes muß vorübergehend negative Sperrspannung zwischen Anode und Kathode liegen, ehe der Thyristor Vorwärts-Sperrspannung übernehmen kann, ohne durchzuschalten. Die Freiwerdezeit t_q ist die Zeitdauer zwischen dem Nulldurchgang des

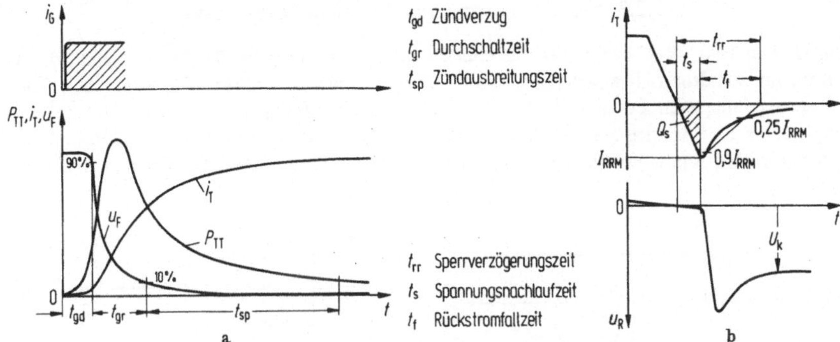

Bild 1.2-20. Schaltverhalten eines Thyristors; a) Einschalten, b) Ausschalten.

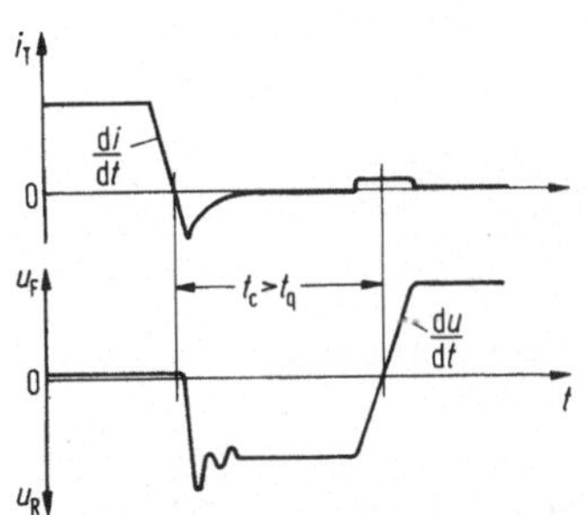

Bild 1.2-21. Freiwerdezeit eines Thyristors.

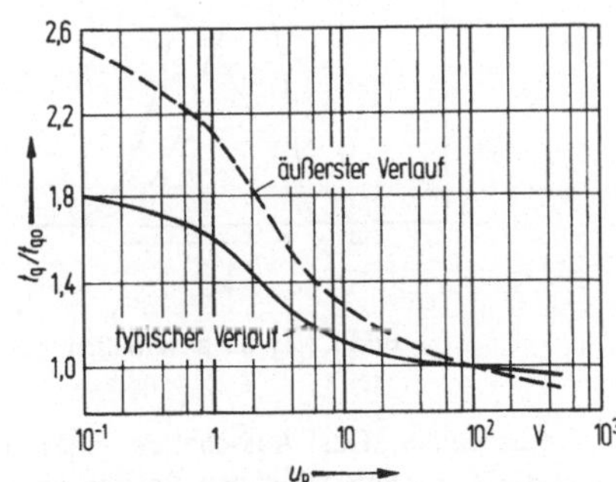

Bild 1.2-22. Normierte Freiwerdezeit in Abhängigkeit von der negativen Sperrspannung u_R.

abkommutierenden Hauptstroms und dem Nulldurchgang der wiederkehrenden Sperrspannung bestimmter Höhe, die der Thyristor verträgt, ohne in den Durchlaßzustand zu kippen (Bild 1.2-21). Wird die Sperrspannung vor Ablauf der Freiwerdezeit positiv, so schaltet der Thyristor auch ohne Steuerstrom wieder durch. Die Zeitspanne von der Beendigung der Stromflußzeit bis zum Auftreten positiver Sperrspannung, die von einer bestimmten Schaltung vorgegeben wird, heißt Schonzeit t_c oder Freihaltezeit. Die Schonzeit muß in jedem Betriebszustand größer als die Freiwerdezeit sein.

Die Freiwerdezeit eines Thyristors ist nicht konstant, sondern von verschiedenen Parametern abhängig. Sie wächst mit steigender Sperrschichttemperatur. Bild 1.2-22 zeigt den Einfluß der negativen Sperrspannung während der Schonzeit. Bei Sperrspannungen > 50 V wird die Freiwerdezeit kaum noch beeinflußt. Bei sehr niedriger negativer Sperrspannung (z. B. bei Thyristoren mit gegenparallelgeschalteter Diode) steigt die Freiwerdezeit erheblich.

Kritische Spannungssteilheit $(du/dt)_{cr}$ ist der größte Wert der Spannungsanstiegsgeschwindigkeit in Schaltrichtung, bei dem der Thyristor ohne Steuerimpuls noch nicht vom sperrenden in den leitenden Zustand umschaltet. Kritische Stromsteilheit $(di/dt)_{cr}$ ist die höchste Stromanstiegsgeschwindigkeit beim Durchschalten, die der Thyristor ohne bleibende Beeinträchtigung seiner Eigenschaften verträgt [120].

1.2.2.3 Schaltverhalten von Leistungstransistoren

Einschalten. Bild 1.2-23a zeigt das Einschalten eines Transistors bei der Emitterschaltung. Dies entspricht im Schaltbetrieb angenähert dem Verhalten eines Thyristors. Die Kollektor-Emitter-Spannung u_{CE} fällt gegenüber dem Basisstrom i_B um die Verzögerungszeit t_d verspätet unter 90 % des Anfangswertes. Der Anstieg des Kollektorstromes i_C (Anstiegszeit t_r) wird durch die Impedanz des Lastkreises mitbestimmt. Vorübergehend tritt eine Einschaltverlustleistung $p_T = u_{CE} i_C$ auf.

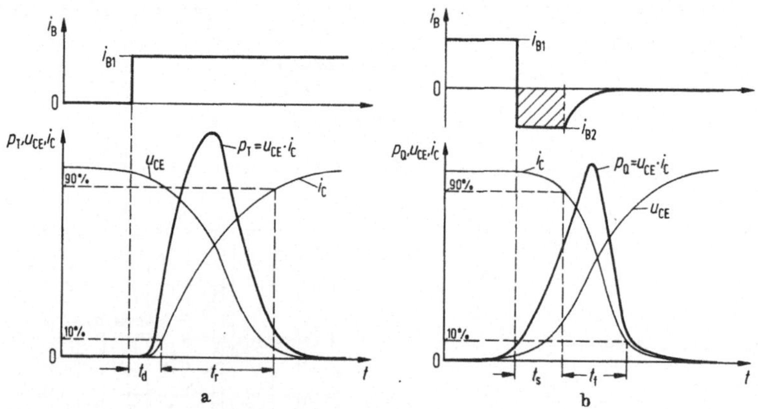

Bild 1.2-23. Schaltverhalten eines Transistors; a) Einschalten, b) Ausschalten.

Ausschalten. Das Ausschalten eines Transistors in Emitterschaltung ist in Bild 1.2-23b dargestellt. Es wird über den Basisstrom i_B vorgenommen. Der Kollektorstrom i_C fällt um die Speicherzeit t_s verzögert unter 90 % seines Anfangswertes. Während der Abfallzeit t_f tritt eine hohe Ausschaltverlustleistung p_Q auf.

Die Fläche unter der Verlustleistungskurve beim Ein- bzw. Ausschalten stellt eine Verlustenergie dar. Diese wird während des Schaltvorganges im Leistungstransistor in Wärme umgesetzt. Bei höheren Betriebsfrequenzen tragen die Schaltverluste zur Verlustbilanz des Leistungstransistors erheblich bei.

1.2.3 Beschaltung

Halbleiterventile müssen vor unzulässigen Spannungsbeanspruchungen (Überspannungen) geschützt werden. Zu diesem Zweck werden die Halbleiterventile selbst und andere Komponenten der Stromrichterschaltung (z. B. der Stromrichtertransformator) sowie das Netz und die Last beschaltet. Die Beschaltung enthält elektrische Energiespeicher (Kondensatoren) und Energieumsetzer (Widerstände). Auch nichtlineare Bauelemente wie spannungsabhängige Widerstände und Selen-Überspannungsbegrenzer (U-Dioden) werden verwendet.

Überspannungen in Stromrichterschaltungen können folgende Ursachen haben:

atmosphärische Überspannungen aus dem speisenden Netz,

direkte Einschaltüberspannungen infolge kapazitiver Übertragung von der Oberspannungsseite;

generatorisch erzeugte Überspannungen bei elektrischen Maschinen (z. B. bei Bremsung);

Überspannungen an Induktivitäten bei großen Stromsteilheiten, wie sie bei den meisten Schaltvorgängen hervorgerufen werden (z. B. durch den Trägerstaueffekt der Halbleiterventile, bei netzseitiger Ab- und Zuschaltung des Stromrichtertransformators, bei Schaltvorgängen im speisenden Netz oder auf der Lastseite und durch abschmelzende Sicherungen).

Bild 1.2-24 zeigt mögliche Beschaltungen am Beispiel eines Diodengleichrichters in Drehstrom-Brückenschaltung. Die angegebenen Beschaltungen können modifiziert werden und brauchen nicht alle vorhanden zu sein.

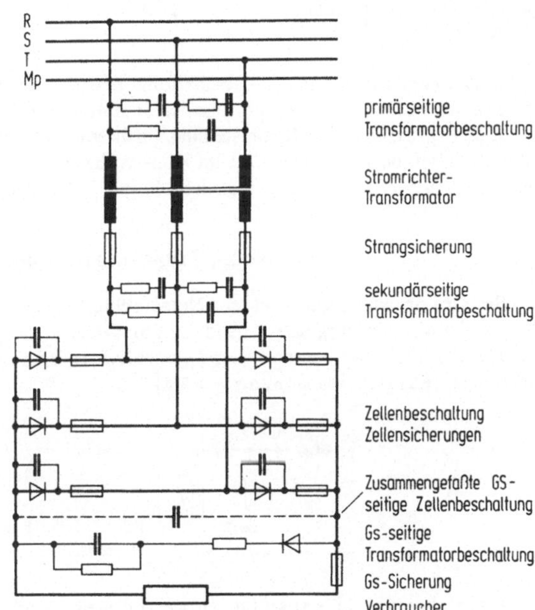

Bild 1.2-24. Mögliche Beschaltungen eines Diodensatzes.

1.2.3.1 Halbleiterventilbeschaltung

In der Regel sind die Halbleiterventile selbst beschaltet. Bild 1.2-25 zeigt mögliche Thyristorbeschaltungen. Grundbeschaltung ist die Kondensator-Widerstand-Beschaltung C_B und R_B parallel zum Thyristor, die durch einen zusätzlichen parallelen hochohmigen Widerstand R_P erweitert werden kann. Zur Begrenzung der Strom- und Spannungssteilheit kann außerdem eine Reiheninduktivität L_R eingefügt werden, die entweder lineares Verhalten (konstante Induktivität unabhängig vom Strom) oder nichtlineares Verhalten (sättigbare, stromabhängige Induktivität) hat. Halbleiterdioden und Leistungstransistoren werden ähnlich beschaltet.

Die Beschaltung der Halbleiterventile erfüllt mehrere Aufgaben.

TSE-*Beschaltung.* Diese dient der Bedämpfung von Überspannungen, die durch den Trägerstaueffekt (TSE) bei plötzlichem Abreißen der negativen Rückstromspitze hervorgerufen werden. Am Ende der Spannungsnachlaufzeit (s. Bilder 1.2-19 bzw. 1.2-20) kommutiert der Zellenstrom in den Beschaltungskreis. Dieser bildet mit der vorgeschalteten wirksamen Streureaktanz einen mit dem Wirkwiderstand R_B gedämpften Reihenschwingkreis aus L_σ und C_B. Die Sperrspannung am Halbleiterventil geht mit einer gedämpften Schwingung auf den Augenblickswert der Kommutierungsspannung bzw. Sperrspannung, wobei der Scheitelwert der Sperrspannung beträchtlich höher liegen kann. Richtwerte für die TSE-Beschaltung werden von den Herstellern angegeben.

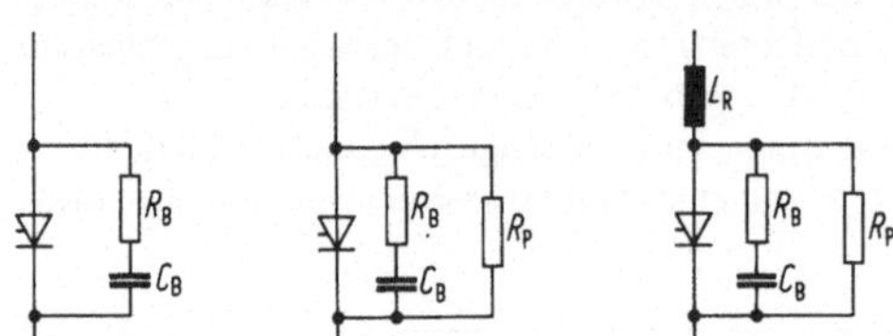

Bild 1.2-25. Thyristorbeschaltungen; a) RC-Beschaltung, b) RC-Beschaltung und hochohmiger Parallelwiderstand, c) Reihendrossel.

du/dt-Begrenzung. Die RC-Beschaltung bewirkt im Zusammenwirken mit vorgeschalteten Induktivitäten auch eine Begrenzung der Spannungssteilheit am Halbleiterventil.

di/dt-Begrenzung. Die Stromsteilheit (insbesondere beim Ein- und Ausschalten) wird durch Induktivitäten begrenzt. Wenn die im Kreis vorhandenen Kommutierungs- bzw. Streuinduktivitäten nicht ausreichen, werden zusätzliche Reiheninduktivitäten vorgesehen.

1.2.3.2 Netz-, Transformator- und Lastbeschaltung

Bei Stromrichtern mit direktem Netzanschluß (ohne Stromrichtertransformator) wird häufig eine Reihendrossel vorgesehen (Bild 1.2-26). Diese verlangsamt die Kommutierungsvorgänge (s. Abschnitt 1.3.2.1) und begrenzt den Kurzschlußstrom an der Anschlußstelle des Stromrichters bei Störungen (Kurzschlußspannung $u_k > 4\,\%$).

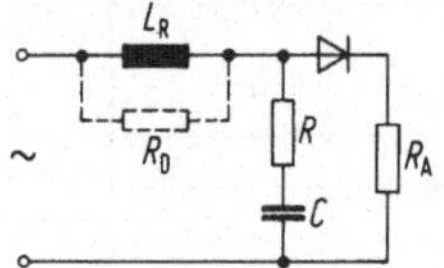

Bild 1.2-26. Reihendrossel bei direktem Netzanschluß.

Atmosphärische Überspannungen werden meist durch netzseitige Überspannungsableiter auf eine zumindest für den Transformator unschädliche Höhe vermindert. In VDE 0160 und 0558 ist das maximal zulässige Netzüberspannungsverhältnis abhängig von der Überspannungsdauer festgelegt (s. Bild 1.3-70).

Beim Abschalten des Stromrichtertransformators auf der Primärseite können induktive Überspannungen auftreten, die durch Transformatorbeschaltung begrenzt werden müssen. Besonders kritisch ist das Abschalten des leerlaufenden Transformators. In diesem Fall muß die im Magnetisierungskreis gespeicherte magnetische Energie verzehrt bzw. gespeichert werden. Als Richtwert gilt, daß Beschaltungsglieder zumindest 30% dieser Energie aufnehmen müssen. Die übrige Energie wird im Lichtbogen des Schalters und im Transformator selbst in Verluste umgesetzt. Die Transformatorbeschaltung wird vorzugsweise sekundärseitig entweder durch RC-Glieder zwischen den Anschlüssen (wie in Bild 1.2-24) vorgenommen oder über einen Hilfsgleichrichter angeschlossen (Bild 1.2-27). In diesem Fall kann ein unipolarer Bedämpfungskondensator verwendet werden. Außerdem treten geringere Verluste in den Bedämpfungswiderständen auf, weil im Normalfall nur kleine Ströme im Beschaltungskreis fließen.

Die Beschaltung kann auch auf der Lastseite vorgenommen werden.

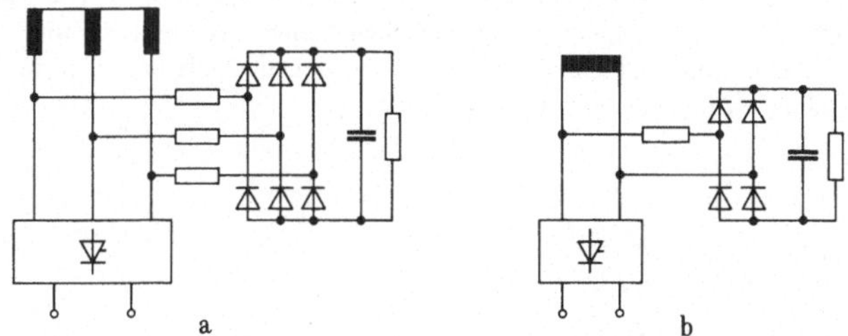

Bild 1.2-27. Eingangsbeschaltung mit Hilfsgleichrichter; a) dreihphasig, b) einphasig.

1.2.3.3 Reihenschaltung

Bei Reihenschaltung von Halbleiterventilen muß sich die gesamte Spannung möglichst gleichmäßig auf die in Reihe geschalteten Elemente aufteilen. Wegen der unterschiedlichen Rückströme bei Halbleiterbauelementen gleichen Typs und wegen des ungleichmäßigen Zündverzugs und ungleichmäßiger Trägerstauladung sind dazu Beschaltungsmaßnahmen erforderlich. Beim Einschalten bricht die Spannung an dem Thyristor mit kleinstem Zündverzug zuerst zusammen. Dadurch ergibt sich bei den übrigen in Reihe geschalteten Thyristoren eine kurzzeitige Spannungserhöhung. Beim Ausschalten übernimmt der Thyristor mit der kleinsten Sperrverzögerungsladung zuerst die Kommutierungsspannung.

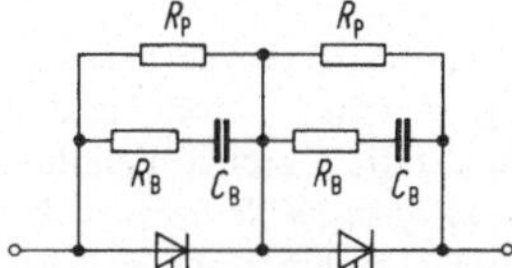

Bild 1.2-28. Statische und dynamische Spannungsaufteilung bei Reihenschaltung von Thyristoren.

Bild 1.2-28 zeigt die Beschaltung für statische und dynamische Spannungsaufteilung. Die hochohmigen Parallelwiderstände R_p sichern die statische Spannungsaufteilung. Dazu muß ihr Strom um etwa eine Größenordnung höher als der Rückstrom der Thyristoren sein. Die RC-Beschaltungsglieder müssen die dynamische Spannungsaufteilung sicherstellen. Der Beschaltungskondensator C_B speichert Ladungsdifferenzen, die infolge ungleichmäßigen Zündverzugs beim Einschalten und ungleichmäßiger Trägerstauladung beim Ausschalten auftreten. Er wird dabei um eine Differenzspannung

$$\Delta U_C = \Delta Q / C_B \tag{1.2-5}$$

höher aufgeladen und muß abhängig von den bei einem Thyristortyp auftretenden Trägerstauladungsdifferenzen und der zugelassenen Spannungserhöhung ausgelegt werden.

1.2.3.4 Parallelschaltung

Bei Parallelschaltung von Halbleiterventilen wird eine möglichst gleichmäßige Aufteilung des Stromes angestrebt. Die statische Stromaufteilung ergibt sich aus den Durchlaßkennlinien der parallelgeschalteten Ventile sowie aus im Kreis vorhandenen Wirkspannungsabfällen (z. B. an

Schutzsicherungen). Bei schnellen Stromänderungen (z. B. bei Schalt- und Kommutierungsvorgängen) wird die dynamische Stromaufteilung zusätzlich stark von den in der Parallelschaltung vorhandenen Induktivitäten bestimmt.

Bild 1.2-29 zeigt die Stromaufteilung bei Parallelbetrieb von Thyristoren mit unterschiedlichen Durchlaßkennlinien. Im stationären Betrieb ist die Durchlaßspannung U_T an allen parallelen Thyristoren gleich. Bei Streuung ihrer Durchlaßkennlinien ergibt sich eine ungleichmäßige Stromverteilung. Thyristoren und Halbleiterdioden werden deshalb nach ihrem Durchlaßspannungsabfall bei einem bestimmten Strom klassifiziert.

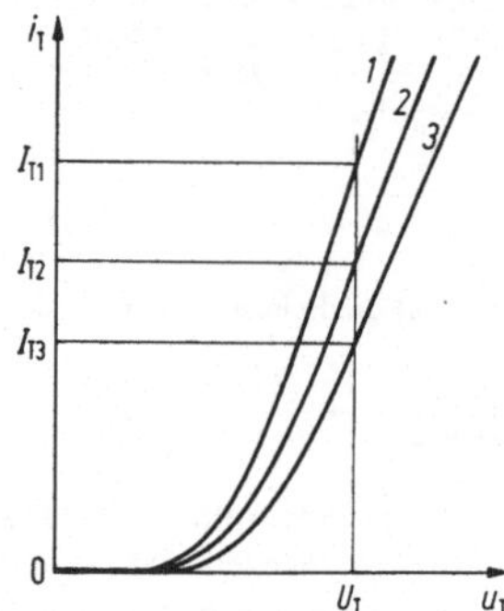

Bild 1.2-29. Parallelbetrieb von Thyristoren mit unterschiedlichen Durchlaßkennlinien.

Zur Verbesserung der dynamischen Stromaufteilung können Reiheninduktivitäten eingefügt werden. Bei Hochstromanlagen mit vielen parallelen Thyristor- oder Diodenzweigen wird durch den konstruktiven Aufbau der Stromschienen die Induktivität der einzelnen Parallelzweige möglichst vergleichmäßigt.

1.2.4 Zündung

Steuerbare Halbleiterventile benötigen einen Steuerstrom, durch den das Ventil bei positiver Sperrspannung zwischen Anode und Kathode in den leitenden Zustand (von der positiven Sperrkennlinie auf die Durchlaßkennlinie) geschaltet wird.

Elektrische Größen im Steuerstromkreis. Bei Thyristoren ist der Steuerstrom i_G der über den Steueranschluß fließende Strom, der positiv gezählt wird, wenn er in den Steueranschluß eintritt. Die Steuerspannung u_G ist die Spannung zwischen dem Steueranschluß und dem ihm zugeordneten Hauptanschluß (meist Kathode), die positiv gezählt wird, wenn der Steueranschluß ein höheres Potential als der zugeordnete Hauptanschluß hat. Andere Bezeichnungen für Steueranschluß sind Steuerelektrode, Steuergate oder kurz Gate.

Von Steuerstrom i_G und Steuerspannung u_G werden Zündstrom I_{GT} und Zündspannung U_{GT} unterschieden. Zündstrom ist der kleinste Steuerstrom, der das Umschalten des Thyristors vom Sperrzustand in den Durchlaßzustand bewirkt. Bei Zweirichtungs-Thyristoren unterscheidet man zwischen positivem und negativem Zündstrom. Der Zündstrom ist abhängig von der Anoden-Kathoden-Spannung und der Sperrschichttemperatur. Zündspannung ist die kleinste Steuerspannung, bei der das Zünden des Thyristors bewirkt wird. Bei Zweirichtungs-Thyristoren unterscheidet man einen positiven und einen negativen Wert. Die genormten Bezeichnungen für die elektrischen Größen im Steuerstromkreis eines Thyristors sind im Formelzeichenverzeichnis aufgeführt.

1.2.4.1 Zündbereich

Bild 1.2-30 zeigt den Zündbereich eines Thyristors. Dieser ist von einer oberen und unteren Grenzkurve eingeschlossen. Vorausgesetzt wird eine Vorwärtsspannung von mindestens 6 V und ein ohmscher Hauptstromkreis. Zündstrom und Zündspannung sind in hohem Maße von der Sperrschichttemperatur $t_{(vj)}$ abhängig. Der Zündstrombedarf wächst mit abnehmender Sperrschichttemperatur. Wenn nur der Zündbereich für eine Sperrschichttemperatur angegeben wird, bezieht sich dieser auf 25 °C.

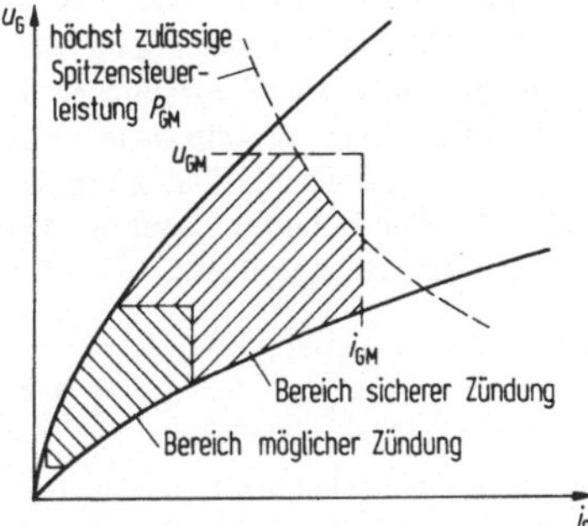

Bild 1.2-30. Zündbereich eines Thyristors.

Der Steuerstromkreis eines Thyristors muß oberhalb des Bereichs möglicher Zündung im Bereich sicherer Zündung betrieben werden. Spitzensteuerspannung u_{GM} und Spitzensteuerstrom i_{GM} sind nach oben begrenzt. Das Produkt von Steuerspannung u_G und Steuerstrom i_G ist die Steuerverlustleistung P_G. Die höchste zulässige Spitzensteuerleistung P_{GM} darf nicht überschritten werden. Diese ist abhängig von der Dauer des Steuerimpulses. Es ergeben sich Hyperbeln mit der Steuerimpulsdauer als Parameter. Überschreiten der zulässigen Spitzensteuerleistung kann zur Zerstörung führen.

1.2.4.2 Steuerimpuls

Steuerimpulse dienen zum Zünden von steuerbaren Stromrichterventilen zu den vom Steuersatz vorgegebenen Zeitpunkten. Bild 1.2-31 zeigt typische Kurvenformen von Steuerimpulsen für Thyristoren. Der Steuerstrom i_G muß vorgegebene Mindestwerte überschreiten und unter dem zulässigen Höchstwert bleiben (a). Außerdem muß der Steuerimpuls den Zündverzug überdauern. Form und Dauer eines typischen Steuerimpulses (b) lassen sich mit den angegebenen Größen beschreiben (DIN 41750, Bl. 7). Zur Verringerung der Einschaltverlustleistung (insbesondere bei

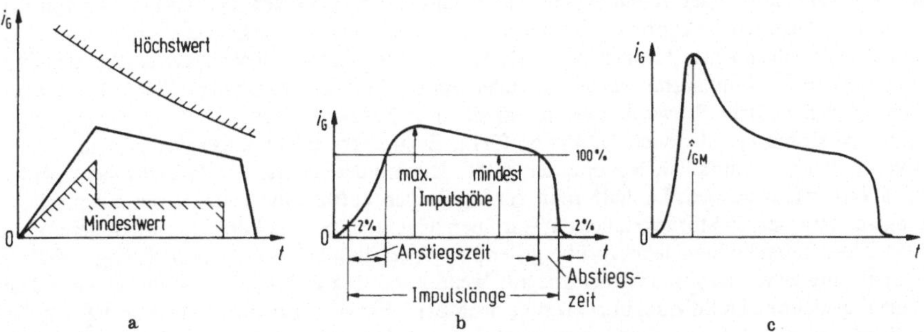

Bild 1.2-31. Kurvenform von Steuerimpulsen; a) Grenzwerte für den Steuerimpuls, b) typischer Steuerimpuls, c) Steilimpuls.

hohen Stromsteilheiten) wird dem Steuerimpuls zu Beginn häufig eine kräftige Spitze überlagert. Ein solcher Steilimpuls (c) dient zum schnellen Einschalten des Thyristors. Ein Impuls wird als steil bezeichnet, wenn seine Anstiegszeit höchstens 1 µs beträgt. Ein Steilimpuls mit einer ausreichenden Impulsmindesthöhe verringert Unterschiede im Zündverzug (wichtig für die Spannungsaufteilung bei Reihenschaltung von Thyristoren beim Einschalten).

Weitere Begriffe zur Kennzeichnung von Impulsformen sind: Kurzimpuls (Nutzdauer des Impulses klein gegenüber der Stromflußzeit des Stromrichterventils), Langimpuls (Nutzdauer des Impulses wesentlich länger als zum sicheren Zünden eines Stromrichterventils erforderlich, jedoch kürzer als die Stromflußzeit), Dauerimpuls (Nutzdauer des Impulses mindestens gleich der Stromflußzeit). Ein kombinierter Impuls wird durch einen Steilimpuls eingeleitet, dem sich ein Kurz-, Lang- oder Dauerimpuls anschließt.

1.2.5 Kühlung

In den Stromrichterventilen treten im Betrieb Verluste auf, die Erwärmung hervorrufen. Bei Halbleiterventilen entstehen diese Verluste im Halbleitersystem, einer dünnen Siliziumscheibe (Dicke <300 µm). Die Verluste setzen sich aus Durchlaß-, Sperr-, Schalt- und Steuerverlusten zusammen. Die Verlustwärme muß über Gehäuse und Kühlkörper an die Umgebung abgeführt werden [134, 135, 137, 144, 178, 179].

Betriebs- und Grenztemperaturen. Der Lagertemperaturbereich kennzeichnet den Bereich zwischen zwei Grenzwerten der Umgebungstemperatur, innerhalb dessen ein Halbleiterventil ohne elektrische Beanspruchung gelagert werden darf. Für Thyristoren gelten Grenzwerte von ungefähr −65 und +150 bis 200 °C. Überschreiten des Lagertemperaturbereiches kann zu Veränderungen an der Oberfläche der Siliziumscheibe führen und die Sperreigenschaften bleibend beeinträchtigen.

Betriebstemperatur ist der Bereich zwischen zwei Grenzwerten der Kühlmitteltemperatur, innerhalb dessen ein Halbleiterventil betrieben werden darf. Bei Thyristoren liegt die untere Grenze der Betriebstemperatur zwischen 0 und −65 °C (zu großer Steuerleistungsbedarf).

Die Sperrschichttemperatur darf im elektrischen Betrieb einen oberen Grenzwert nicht überschreiten, weil sonst Verschlechterungen der elektrischen Eigenschaften des Halbleiterventils auftreten und unter Umständen sogar Zerstörung eintritt. Die Sperrschichttemperatur kennzeichnet die Temperatur innerhalb eines Halbleiterkristalls. Der höchstzulässige Wert der Sperrschichttemperatur ist mitbestimmend für die dauernd zulässige Verlustleistung. Gerechnet wird mit der Ersatzsperrschichttemperatur $t_{(vj)}$ (innere Ersatztemperatur), das ist der Temperaturwert, der einem Gebiet oder Punkt im Innern des Halbleiterkörpers zugeschrieben wird, in dem eine gedachte Ersatzwärmequelle in einer vereinfachten Darstellung der thermischen Verhältnisse die von den elektrischen Verlusten herrührende Wärmeleistung liefert. Die Ersatzsperrschichttemperatur ist nicht notwendig die höchste Temperatur im Halbleiterkörper. Innerhalb der Sperrschichten und der Bahngebiete treten Temperaturgefälle auf, außerdem ergeben sich wegen der kleinen thermischen Zeitkonstanten zeitliche Schwankungen innerhalb einer Periodendauer.

Bei Thyristoren wird der obere Grenzwert für die Ersatzsperrschichttemperatur meist mit 125 °C angegeben. Bei Siliziumdioden liegt er unter 200 °C. Dieser obere Grenzwert darf auch bei Überlast nicht überschritten werden. Deshalb muß der im Betrieb auftretende Dauerstrom entsprechend herabgesetzt werden. In Störungsfällen darf die Sperrschichttemperatur kurzzeitig auf höhere Werte steigen. Thyristoren können dabei vorübergehend die Sperrfähigkeit in Vorwärtsrichtung einbüßen.

Zerstörung eines Halbleiterventils tritt auf, wenn kurzzeitig so hohe Temperaturen entstehen, daß die Eigenleitung im Silizium überwiegt (je nach Betriebszustand zwischen 200 und 400 °C). Zur Zerstörung genügt, daß nur ein Gebiet der Siliziumscheibe solche Temperaturen annimmt. Bei ansteigender Leitfähigkeit übernimmt dieses einen größeren Anteil des Hauptstromes (Einschnüreffekt) und wird weiter bis zur Zerstörung aufgeheizt.

1.2.5.1 Thermische Ersatzschaltung

In DIN 41 862 sind mit der Temperatur zusammenhängende Begriffe bei Halbleiterbauelementen festgelegt.

Halbleiterventil-Verluste. Bei Betrieb eines Halbleiterventils treten elektrische Verluste auf. Der zeitliche Verlauf der Verlustleistung $p(t)$ ergibt sich als Produkt von Ventilspannung u und Ventilstrom i. Bei periodischem Betrieb kann eine mittlere Verlustleistung

$$P = \frac{1}{T}\int_0^T p(t)\,\mathrm{d}t = \frac{1}{T}\int_0^T ui\,\mathrm{d}t \tag{1.2-6}$$

angegeben werden (T Periodendauer). Durch Integration ergibt sich aus der Verlustleistung die einer Wärmemenge äquivalente Verlustenergie.

Ein Halbleiterventil durchläuft im periodischen Betrieb zyklische Betriebszustände auf seinen Kennlinienästen. Durchlaßverlustleistung tritt im Durchlaßzustand auf. Die Durchlaßkennlinie einer Siliziumdiode oder eines Thyristors kann durch die Schleusenspannung $U_{(TO)}$ und einen konstanten Ersatzwiderstand r_T angenähert werden (s. Bild 1.2-8). Für die Durchlaßspannung ergibt sich damit

$$u_T = U_{(TO)} + r_T i_T \tag{1.2-7}$$

und für die Durchlaßverlustleistung

$$P_T = \frac{1}{T}\int_0^T (U_{(TO)} + r_T i_T) i_T\,\mathrm{d}t = U_{(TO)}\frac{1}{T}\int_0^T i_T\,\mathrm{d}t + r_T\frac{1}{T}\int_0^T i_T^2\,\mathrm{d}t = U_{(TO)} I_{TAV} + r_T I_{TEFF}^2\,. \tag{1.2-8}$$

Da die Durchlaßverluste sowohl vom Mittelwert als auch vom Effektivwert des Ventilstromes abhängen, muß der Dauergrenzstrom von Halbleiterventilen immer in Verbindung mit der Stromkurvenform angegeben werden (s. Bild 1.2-12). Die Durchlaßverluste stellen bei Anwendungen mit Netzfrequenz ($16^2/_3$, 50 oder 60 Hz) den Hauptanteil der Ventilverluste dar.

Sperrverluste treten während der Zeiten des Betriebs auf den Sperrkennlinien auf. Sie ergeben sich als Produkt von Sperrspannung und Sperrstrom und sind wesentlich kleiner als die Durchlaßverluste, weil der Sperrstrom unterhalb der Durchbruchspannung nur einige mA beträgt. Überschlägig kann die Sperrverlustleistung nach

$$P_R = \frac{1}{T}\int_0^{T/2} p_R\,\mathrm{d}t = \frac{1}{T}\int_0^{T/2} I_R \hat{u}_R \sin\omega t\,\mathrm{d}t = \frac{1}{\pi} I_R \hat{u}_R \tag{1.2-9}$$

berechnet werden. Vorausgesetzt sind konstanter Sperrstrom I_R und eine sinusförmige Rückwärtsspannung u_R (eine Halbschwingung).

Schaltverluste treten beim Übergang vom Sperr- in den Durchlaßzustand (Einschaltverluste) und vom Durchlaß- in den Sperrzustand (Ausschaltverluste) auf (s. Abschnitt 1.2.2). Die Augenblickswerte der Ein- und Ausschaltverlustleistung p_{TT} und p_{RQ} können sehr groß sein (mehrere kW). Diese Verlustleistungsspitzen treten jedoch nur während einiger µs auf. Bei Anwendungen mit Netzfrequenz können sie im allgemeinen gegenüber den Durchlaßverlusten vernachlässigt werden, müssen jedoch bei der Auslegung der Beschaltung berücksichtigt werden. Bei höheren Schaltfrequenzen und im Mittelfrequenzbereich (einige 100 Hz bis >10 kHz) treten die Schaltverluste in den Vordergrund. Die Belastbarkeit von Thyristoren bei höheren Frequenzen wird meist im Diagramm angegeben.

Bei steuerbaren Stromrichterventilen treten Steuerverluste auf. Der Augenblickswert der Steuerverlustleistung ist

$$p_G = u_G i_G\,. \tag{1.2-10}$$

Bei Kenntnis der Kurvenform des Steuerstromimpulses kann die mittlere Steuerverlustleistung P_G aus der Steuerkennlinie eines Thyristors bestimmt werden.

Wärmewiderstand. Die im Halbleitersystem erzeugte Wärme fließt über den Gehäuseboden auf den Kühlkörper und von dort an die Umgebung ab. Bild 1.2-32 zeigt den Aufbau einer Flachbodenzelle mit einem Kühlkörper.

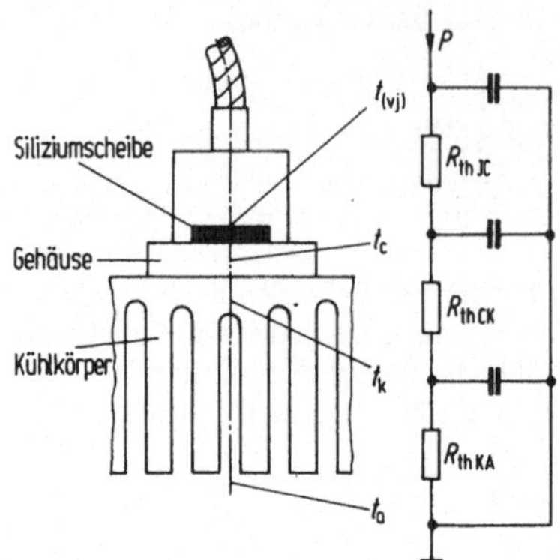

Bild 1.2-32. Temperaturen und Wärmewiderstände bei einer Flachbodenzelle mit Kühlkörper.

Tabelle 1.2-3. Analogie thermischer und elektrischer Kenngrößen

Thermische Kenngröße		Elektrische Kenngröße	
Wärmemenge (Energie)	Q in Ws	Ladung	Q in As
Wärmestrom (Leistung)	P in W	Strom	I in A
Temperaturunterschied	ΔT in K	Spannung	U in V
Wärmewiderstand	R_{th} in K/W	Widerstand	R in V/A
Wärmekapazität	C_{th} in Ws/K	Kapazität	C in As/V
Thermische Zeitkonstante	$\tau_{th} = R_{th} C_{th}$ in s	Zeitkonstante	$\tau = RC$ in s

Zur vereinfachten Berechnung werden der Siliziumscheibe, dem Kühlkörper und der Umgebungstemperatur Werte zugeordnet: Ersatzsperrschichttemperatur $t_{(vj)}$, Gehäusetemperatur t_c, Kühlkörpertemperatur t_k und Umgebungstemperatur t_a. Es handelt sich um virtuelle Temperaturwerte.

Zwischen den einzelnen Komponenten eines solchen Kühlsystems liegen Wärmewiderstände. Diese sind im allgemeinen komplex, weil alle Komponenten außer Wärmeleitfähigkeit auch ein Wärmespeichervermögen haben (Wärmekapazitäten).

Zwischen thermischen und elektrischen Ersatzschaltungen besteht Analogie (s. Tabelle 1.2-3). Eine Wärmequelle speist den Wärmestrom (Verlustleistung P) in Wärmewiderstände, an denen Temperaturdifferenzen auftreten.

Für Dauerbetrieb (konstanter Wärmestrom) ergibt sich für ein Halbleiterventil mit Kühlkörper eine stark vereinfachte thermische Ersatzschaltung (Bild 1.2-33a). Der innere Wärmewiderstand R_{thJC} ist ein Kennwert des Halbleiterventils, dessen oberer Grenzwert in Datenblättern in Verbindung mit dem verwendeten Kühlkörper angegeben wird. Der äußere Wärmewiderstand R_{thCA} enthält den Übergang zwischen Thyristorgehäuse und Kühlkörper und den Wärmewiderstand des Kühlkörpers einschließlich des Wärmeüberganges auf die Umgebung. Für typische Bauformen von Halbleiterventilen sind in Tabelle 1.2-4 Richtwerte für den inneren und äußeren Wärmewiderstand angegeben.

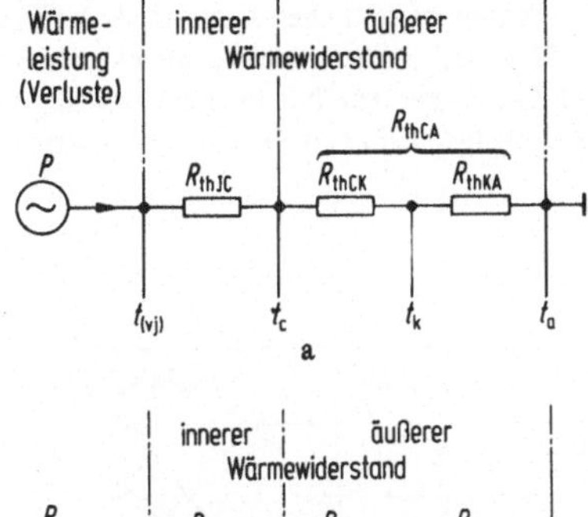

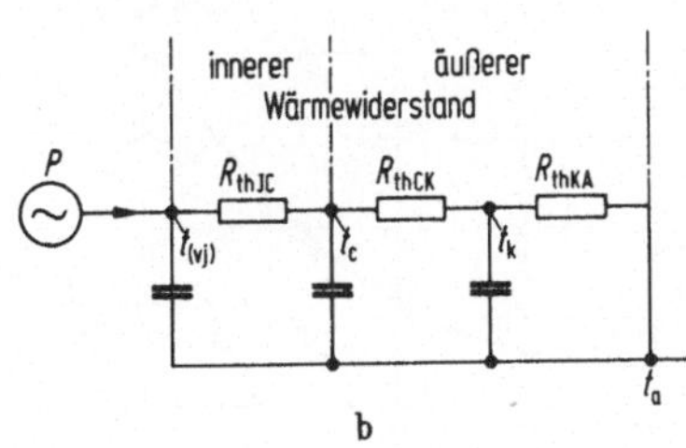

Bild 1.2-33. Thermische Ersatzschaltung eines Halbleiterventils mit Kühlkörper; a) für stationären Betrieb, b) für Impulsbetrieb.

Tabelle 1.2-4. Typische Werte für den inneren und äußeren Wärmewiderstand

Gehäusebauform	Dauergrenzstrom	Wärmewiderstand				
		R_{thJC}	R_{thCA} bei			
			Luftselbstkühlung	Fremdlüftung bei V = 6 m/s	Wasserkühlung	Wärmerohrkühlung
	A	K/W	K/W	K/W	K/W	K/W
Schraubzellen	6... 30	2,5...0,8	5,5...1,2	2,0...0,4		
Flachbodenzellen (auch Schraubzellen)	30...400	0,8...0,08	1,2...0,5	0,4...0,15	0,08...0,06	
Scheibenzellen	200...800	0,1...0,04	0,5...0,25	0,2...0,08	0,04...0,02	0,03

Die mittlere Ersatzsperrschichttemperatur

$$t_{(vj)} = P(R_{(th)JC} + R_{(th)CA}) + t_a \qquad (1.2\text{-}11)$$

kann bei gegebener Verlustleistung P berechnet werden.

Bei zeitlich schwankender Wärmeleistung unterliegt auch die Sperrschichttemperatur zeitlichen Schwankungen. Die thermische Ersatzschaltung für Impulsbetrieb (Bild 1.2-33b) berücksichtigt auch das Wärmespeichervermögen durch Wärmekapazitäten. Es ergibt sich ein Kettenleiter mit thermischen RC-Gliedern. Jedes RC-Glied hat eine eigene thermische Zeitkonstante $\tau_n = R_{(th)n} C_{(th)n}$. Für die Berechnung der thermischen Ersatzschaltung wird der RC-Kettenleiter meist in eine Reihenschaltung von thermischen RC-Gliedern umgeformt. Der transiente Wärmewiderstand wird für eine sprungförmig sich ändernde Verlustleistung angegeben. Die analytische Auswertung der thermischen Ersatzschaltung für den transienten Wärmewiderstand ergibt die Gleichung

$$Z_{(th)t} = \sum_{n=1}^{n=m} R_{(th)n}[1 - \exp(-t/\tau_n)]\,. \qquad (1.2\text{-}12)$$

Er kann auch in Abhängigkeit von der Zeit angegeben werden (Bild 1.2-34).

Bei bekanntem zeitlichen Verlauf der Verlustleistung $p(t)$ kann der Verlauf der Sperrschichttemperatur über den transienten Wärmewiderstand ermittelt werden. Bild 1.2-35 zeigt den Verlauf der Sperrschichttemperatur bei Impulsbelastung. Berechnungsbeispiele für verschiedene Folgen von Rechteckimpulsen sind in DIN 41862, Beiblatt angegeben.

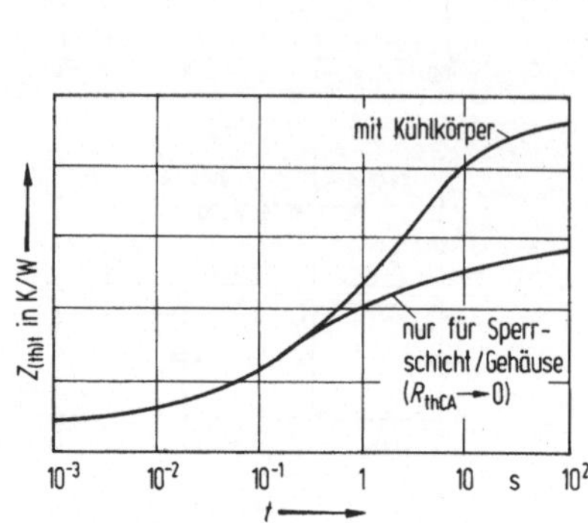

Bild 1.2-34. Transienter Wärmewiderstand eines Thyristors mit Kühlkörper.

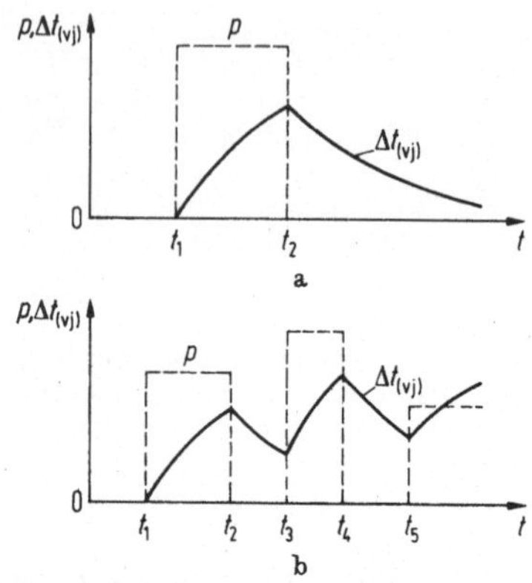

Bild 1.2-35. Verlauf der Sperrschichttemperatur bei Impulsbelastung; a) bei einem Einzelimpuls, b) bei einer Impulskette.

1.2.5.2 Kühlarten

Die Wärmeübertragung in einem Kühlsystem kann als Wärmeleitung, Konvektion und Strahlung vor sich gehen. Bei der Wärmeleitung (in Gasen, Flüssigkeiten und in festen Stoffen) wird die Wärme von Molekül zu Molekül weitergeleitet. Bei der Konvektion wird die Wärme durch bewegte Materieteilchen mitgeführt. Wenn die Lageänderung durch den Auftrieb hervorgerufen wird, spricht man von freier Konvektion. Erzwungene Konvektion kann mittels Gebläse oder Pumpen vorgenommen werden (Kühlmittel: Gase oder Flüssigkeiten). Bei Wärmestrahlung wird die Wärme ohne materiellen Träger durch elektromagnetische Wellen (vorwiegend im infraroten Bereich) übertragen. Strahlung ist die einzige Wärmeübertragungsart, die Vakuum durchdringen kann.

Kühlarten für Halbleiter-Stromrichtersätze und -Stromrichtergeräte sind in DIN 41751 festgelegt.

Unterschieden wird zwischen unmittelbarer und mittelbarer Kühlung. Bei der unmittelbaren Kühlung wird die Verlustwärme vom Stromrichtersatz und anderen Ausrüstungsteilen unmittelbar an das Kühlmittel abgegeben. Bei der mittelbaren Kühlung wird die Verlustwärme über einen Wärmeträger oder Wärmeleiter an das Kühlmittel übertragen. Ein Kühlmittel führt die Verlustwärme ab. Kühlmittel sind Luft und Wasser.

Natürliche Kühlung. Bei der natürlichen Kühlung wird die Verlustwärme durch natürlichen Luftzug abgeführt (Luftselbstkühlung). Der Kühlkörper gibt die Wärme durch (freie) Konvektion und Strahlung an die Umgebung ab. Konvektion und Strahlung sind temperaturabhängig. Deshalb nimmt der Wärmewiderstand eines Kühlkörpers bei Luftselbstkühlung mit steigender Verlustleistung ab. Eine möglichst ungehinderte Zu- und Abströmung der Kühlluft muß gegeben sein (möglichst senkrechte Kühlkörper).

Verstärkte Kühlung. Bei der verstärkten Kühlung wird zwischen Fremdlüftung und Wasserkühlung unterschieden. Bei der Fremdlüftung wird die Kühlluft durch einen Lüfter bewegt (meist

Tabelle 1.2-5. Kurzzeichen gebräuchlicher Kühlarten (nach Din 41751)

<table>
<tr><td rowspan="4">Kühl-
mittel-</td><td colspan="6">Natürliche Kühlung</td></tr>
<tr><td rowspan="3">unmittel-
bar</td><td colspan="5">mittelbar durch</td></tr>
<tr><td rowspan="2">Wärme-
leiter</td><td colspan="4">Wärmeträger im</td></tr>
<tr><td colspan="2">natürlichen
Umlauf</td><td colspan="2">erzwungenen
Umlauf</td></tr>
<tr><td></td><td></td><td></td><td>Luft</td><td>Öl</td><td>Luft</td><td>Öl</td></tr>
<tr><td>Luft
Wasser</td><td>S
—</td><td>KS
—</td><td>LS
—</td><td>OS
—</td><td>LUS
—</td><td>OUS
—</td></tr>
<tr><td></td><td colspan="6">Verstärkte Kühlung</td></tr>
<tr><td>Luft
Wasser</td><td>F
W</td><td>KF
—</td><td>OF
OW</td><td>LUF
LUW</td><td>OUF
OUW</td><td>WUF
WUW</td></tr>
</table>

Tabelle 1.2-6. Physikalische Konstanten verschiedener Kühlmittel

Kühlmittel		Luft	Öl	Wasser
Wärmeleitfähigkeit λ	W/mK	0,028	0,12	0,624
Spezifische Wärme c	J/kgK	1000	1900	4200
Dichte ϱ	kg/m^3	1,09	859	988
Kinematische Zähigkeit ν	m^2/s	$18 \cdot 10^{-6}$	$9{,}3 \cdot 10^{-4}$	$0{,}55 \cdot 10^{-6}$
Wärmeübergangszahl α	W/m^2 K	35	350	3500
Metall-Kühlmittel		bei $V = 6$ m/s		

zwischen den Kühlrippen durchgesaugt). Der Wärmewiderstand des Kühlkörpers hängt von der Geschwindigkeit der an den Kühlkörpern vorbeiströmenden Kühlluft ab. In den technischen Daten wird meist eine Luftgeschwindigkeit zwischen den Kühlrippen von 6 m/s zugrunde gelegt. Höhere Luftgeschwindigkeit (bis 12 m/s) ermöglicht die Ableitung einer höheren Verlustleistung.

Mit Wasserkühlung wird ein wesentlich niedrigerer äußerer Wärmewiderstand erreicht (s. Tabelle 1.2-4). Die Eintrittstemperatur des Kühlmittels kann gegenüber Luftkühlung um 10 bis 20 °C niedriger liegen (höhere Temperaturdifferenz zwischen Gehäuse und Sperrschichttemperatur möglich). Auch bei Wasserkühlung nimmt der Wärmewiderstand des Kühlers mit zunehmender Kühlmittelgeschwindigkeit ab. Das Kühlwasser wird durch Kühldosen (bei Parallelbetrieb mehrerer Halbleiterventile auch durch langgestreckte Kupfer- oder Aluminium-Hohlschienen) zugeführt, auf die Siliziumdioden oder Thyristoren montiert sind.

Bei Wasserkühlung wird die Verlustwärme unmittelbar durch Frischwasser abgeführt. Bei mittelbarer Kühlung überträgt ein Wärmeträger (Luft, Öl oder andere isolierende Flüssigkeit, Wasser) die Verlustwärme in einem geschlossenen Kreislauf über einen Wärmeaustauscher oder über das Gehäuse des Stromrichtergerätes an das Kühlmittel. Der Wärmeträger kann sich durch natürlichen thermischen Auftrieb bewegen oder er wird durch einen Lüfter oder eine Pumpe umgewälzt.

Bei Geräten kleinerer Leistung wird die Verlustwärme häufig durch einen Wärmeleiter (Kühlbleche, Kühlschienen und andere Aufbauteile) an das Kühlmittel übertragen.

In Tabelle 1.2-5 sind die Kurzzeichen gebräuchlicher Kühlarten angegeben. Der durch Strahlung abgeführte Teil der Verlustwärme wird bei der Angabe der Kühlart nicht berücksichtigt. Für die Berechnung von Kühlsystemen wichtige physikalische Konstanten sind in Tabelle 1.2-6 enthalten [133]. Die Wärmeübergangszahl von Metall auf das Kühlmittel bzw. den Wärmeübertrager bei Luft, Öl und Wasser verhält sich ungefähr wie 1:10:100.

Siedekühlung. In Sonderfällen wird auch bei Stromrichtern Siedekühlung eingesetzt [149]. Bild 1.2-36 zeigt Aufbau und Wirkungsweise eines Wärmerohrkühlers (heat pipe). Das Wärmerohr überträgt die Wärme mit sehr geringem Temperaturabfall bis an die Wurzel der Kühlrippen, die dadurch gleichmäßig zur Wärmeübertragung an das Kühlmittel Luft beitragen. Das Wärmerohr ist evakuiert und mit einem Transportmittel gefüllt (meist Wasser). Zur Wärmeübertragung wird das Prinzip der Verdampfungskühlung ausgenutzt. In der Verdampfungszone verdampft das Transportmittel durch die vom Halbleiterventil erzeugte Verlustwärme. Der Dampf kondensiert in der Kondensationszone. Das entsprechende Kondensat strömt durch die Kappilarstruktur zur geheizten Verdampfungszone zurück und der Kreislauf beginnt erneut. Die Funktion von Wärmerohren ist lageabhängig, weil die Schwerkraft für den Kreislauf ausgenutzt wird. Meist sind sie für senkrechten Betrieb bestimmt.

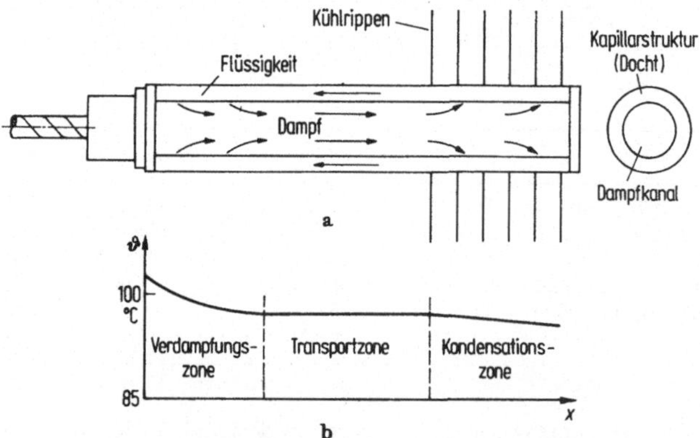

Bild 1.2-36. Wärmerohrkühler (heat pipe); a) Aufbau, b) Temperaturverlauf.

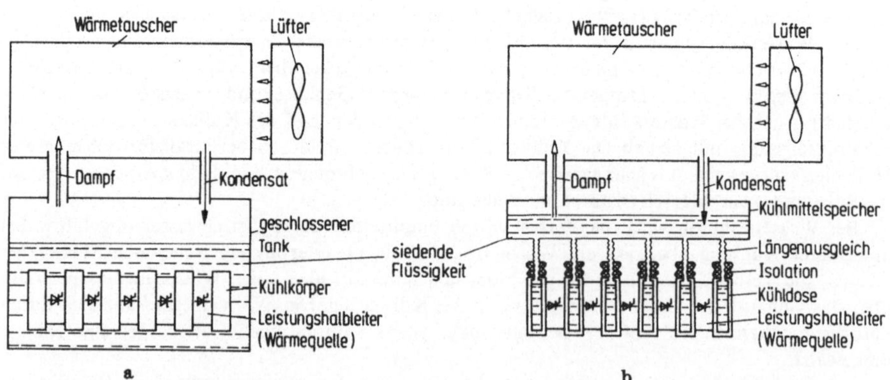

Bild 1.2-37. Siedekühlsysteme; a) Bauelemente unter Flüssigkeit, b) Flüssigkeit in den Kühlkörpern.

Die Verlustwärme von Leistungshalbleitern und anderen Bauelementen kann auch durch siedende Flüssigkeiten abgeführt werden. Bild 1.2-37 zeigt derartige Siedekühlsysteme. Entweder liegen die wärmeerzeugenden Bauelemente direkt in der siedenden Flüssigkeit (a) oder die Flüssigkeit siedet in hohlen Kühldosen (b). Als siedende Flüssigkeiten können Fluor-Kohlenstoff- oder Chlor-Verbindungen verwendet werden. Die Flüssigkeit befindet sich in einem geschlossenen System (bei Raumtemperatur meist unter leichtem Unterdruck). Der Siedepunkt liegt bei 47 °C (Frigen, Freon) bis über 50 °C. Im Nennbetrieb entsteht ungefähr Normaldruck.

Siedekühlsysteme ermöglichen einen sehr kompakten Aufbau von Stromrichter-Leistungsteilen, außerdem sind sie unempfindlich gegen Verschmutzungen. Siedekühlsysteme nach Bild 1.2-37 sind zuerst bei Bahnstromrichtern erprobt worden.

1.2.6 Quecksilberdampfventile

Bei Quecksilberdampfventilen findet eine Entladung in Lichtbogenform zwischen kalter Anode (Eisen oder Graphit) und heißer Kathode (flüssiges Quecksilber oder Glühkathode) in Quecksilberdampf statt. Die Brennspannung erreicht Werte zwischen 7 und > 30 V. Gitter zwischen Anode und Kathode ermöglichen eine Steuerung der Entladung. Negatives Gitterpotential gegenüber der Kathode verhindert das Einsetzen des Anodenstromes. Bestimmungen für Quecksilberdampfstromrichter sind in VDE 0555 festgelegt, Schaltzeichen in DIN 40706. Bild 1.2-38 zeigt den schematischen Aufbau von Quecksilberdampfventilen. Richtwerte für Spannungs- und Strombereich und Hauptanwendungen sind in Tabelle 1.2-1 angegeben.

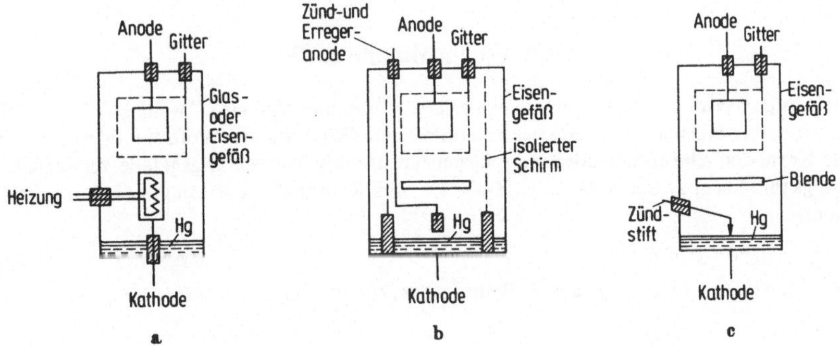

Bild 1.2-38. Schematischer Aufbau von Quecksilberdampfventilen; a) mit Glühkathode (Thyratron), b) mit Dauererregung (Excitron), c) mit Zündstift (Ignitron).

Durch negative Vorspannung des Steuergitters in der Nähe der Anode gegen die Kathode kann der Stromeinsatz auch bei positiver Anodenspannung verhindert werden. Versagen dieser Sperrung heißt Durchzündung. Eine Vergrößerung der negativen Gitterspannung vermindert die Wahrscheinlichkeit von Durchzündungen. Positive Gitterspannung bewirkt Freigabe des Anodenstromes.

Rückzündung kann unmittelbar nach Erlöschen des Lichtbogens einer Anode dann auftreten, wenn die Sperrspannung (Sprungspannung) größer als die durch die verbleibende Restionisation vorübergehend herabgesetzte Sperrfähigkeit ist. Die Restionisation ist von der Höhe des Anodenstromes und von der Steilheit abhängig, mit der er auf Null abfällt.

Quecksilberdampfventile sind seit den 60er Jahren bei Neuanlagen (mit Ausnahme von Ignitrons bei Schweißsteuerungen) durch Siliziumdioden und Thyristoren verdrängt worden.

1.2.6.1 Thyratrons

Thyratrons sind Glühkathodenventile mit direkt oder indirekt geheizter Kathode. Sie arbeiten entweder mit Quecksilberdampf- oder mit Edelgasfüllung, die weitgehend unempfindlich gegen Außentemperatur ist. Die Lebensdauer wird durch Nachlassen der Emissionsfähigkeit der Kathode begrenzt (etwa 20000 Brennstunden). Vor Inbetriebnahme benötigen sie eine Anheizzeit von 0,2 bis 20 min. Ihre Brennspannung liegt zwischen 7 und 17 V.

1.2.6.2 Excitrons

Excitrons sind einanodige Quecksilberdampfventile, bei denen an der Kathode eine Hilfsentladung gebildet wird, die dauernd aufrechterhalten bleibt (Dauererregung). Auf der Quecksilberoberfläche bilden sich Kathodenflächen, in denen die Elektronenemission stattfindet. Durch Blenden und Hülsen wird verhindert, daß Quecksilbertröpfchen beim Auftreffen auf die negative Anode Rückzündungen bewirken, die den Verlust der Sperrfähigkeit zur Folge hätten. Anoden, Gitter und Blenden werden meist aus Graphit hergestellt.

1.2.6.3 Ignitrons

Bei Ignitrons wird die Hilfsentladung an der Kathode in jeder Periode mit Hilfe eines Zündstiftes neu gezündet. Sie können mit Hilfserregung und Steuergitter ausgerüstet sein. Stoßweise sind sie hoch überlastbar.

1.2.7 Hochvakuumventile

Hochvakuumventile haben in einem evakuierten Vakuumgefäß eine Anode aus Nickel, Eisen oder deren Legierungen und eine elektronenemittierende Glühkathode (Wolfram- oder Oxidkathode). Die Kathoden sind direkt oder indirekt geheizt. Im allg. werden Glasgefäße verwendet. Der Spannungsabfall liegt zwischen 50 und 1000 V. Für den Raumladungsstrom gilt die Langmuirsche Gleichung

$$i = k u^{3/2}, \qquad (1.2\text{-}13)$$

wobei k eine von der Geometrie der Entladungsstrecke abhängige Konstante ist.

1.2.8 Mechanische Ventile

Mechanische Ventile sind unechte Ventile ohne richtungsabhängige Leitfähigkeit. Eine Ventilwirkung ergibt sich durch periodisch betätigte mechanische Kontakte oder ähnliche Einrichtungen.

1.2.8.1 Kontaktumformer

Kontaktumformer arbeiten mit schwingenden oder umlaufenden Synchronantrieben, die mechanische Schaltwerke periodisch schalten [74, 86]. Dabei ist ohne besondere Hilfsmittel besonders beim Ausschalten Schaltfeuer an den Kontakten nicht zu vermeiden. Großkontaktgeräte benutzen daher den Kontakten vorgeschaltete Schaltdrosseln, die eine stromschwache Pause um den Stromnulldurchgang erzeugen (Schaltstufe), womit Spielraum für den Ausschaltzeitpunkt gewonnen wird. Die Schaltdrosseln haben Eisenkerne mit rechteckförmiger Hystereseschleife (Nickel-eisen oder Siliziumeisen). Sie werden als Mehrwindungs- oder Einwindungsdrosseln ausgeführt. Durch Vorerregung kann die Höhe des Ausschaltstromes verstellt werden. Außerdem ermöglichen die Schaltdrosseln eine Verstellung der abgegebenen Gleichspannung (nach dem Prinzip des Magnetverstärkers).

Kontaktgleichrichter sind wegen ihres gegenüber Quecksilberdampfgleichrichtern erheblich besseren Wirkungsgrades bis Anfang der 60er Jahre für die Stromversorgung von Großelektrolysen gebaut worden, danach wurden sie bei Neuanlagen von Siliziumgleichrichtern verdrängt.

1.2.8.2 Quecksilberstrahl-Wechselrichter

Beim Quecksilberstrahl-Wechselrichter werden zur Kontaktbildung Quecksilberstrahlen verwendet, die durch eine Zentrifuge gegen kranzförmig angeordnete Elektroden geschleudert werden [90]. Der Kontaktapparat sowie der antreibende Motor befinden sich in einer Schutzatmosphäre. Kommutierungshilfen werden nicht benötigt.

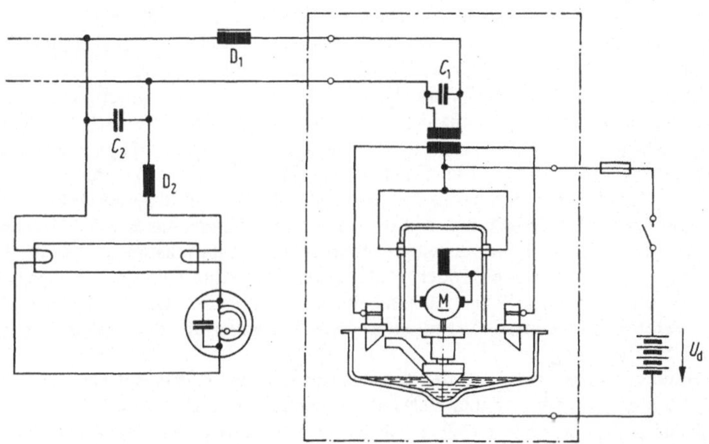

Bild 1.2-39. Quecksilberstrahl-Wechselrichter (Turbowechselrichter) für Zugbeleuchtung.

Bild 1.2-39 zeigt Aufbau und Schaltung eines Quecksilberstrahl-Wechselrichters, der zur Umformung von Gleichspannung in einphasigen Wechselstrom benutzt wird [93]. Die Gleichspannung U_d wird mit der durch die Drehzahl des Motors gegebenen Frequenz abwechselnd auf die beiden Hälften der mittelangezapften Eingangswicklung des Transformators geschaltet, an dessen Ausgangswicklung eine Wechselspannung entsteht, deren Höhe vom Übersetzungsverhältnis abhängt.

Für Zugbeleuchtung werden Geräte für Eingangsgleichspannungen von 12 bis 800 V für Leistungen von 0,3 bis 7,5 A gebaut. Die erzeugte Wechselspannung ist meist 220 V. Für Notstromgeräte beträgt die Frequenz 50 Hz, bei Geräten zur Fahrzeugbeleuchtung meist 100 Hz. Die rechteckförmige Transformatorspannung wird durch Siebkreise in eine angenäherte Sinusspannung umgeformt. Die Geräte sind unempfindlich gegen Erschütterungen und Schräglagen bis zu 30° und können kurzzeitig stark überlastet werden.

1.3 Stromrichterschaltungen, -geräte und -anlagen

Die Begriffe Stromrichterschaltung, Stromrichtergerät und Stromrichteranlage sind in DIN 41750, Bl. 1 definiert (s. Abschnitt 1.1.1).

1.3.1 Stromrichterschaltungen

Benennung und Kennzeichen von Stromrichterschaltungen sind in DIN 41761 aufgeführt und erklärt.

Komponenten einer Stromrichterschaltung sind die Stromrichterventile sowie zum Stromrichter gehörende Stromrichtertransformatoren, Induktivitäten und Kondensatoren. Stromrichterventile können nach ihrer Fähigkeit, Strom in einer oder in zwei Richtungen zu führen, und nach ihrer Ein- und Ausschaltbarkeit unterschieden werden. In Bild 1.3-1 sind ein- und ausschaltbare Stromrichterventile für eine und zwei Stromrichtungen zusammengestellt. Dioden, Thyristoren und Transistoren können aufgrund ihrer Ventileigenschaft Strom nur in einer Richtung führen. Durch gegensinnige Parallelschaltung lassen sich Ventilzweige für zwei Stromrichtungen zusammensetzen. Beim Zweirichtungs-Thyristor (Triac) ist diese Eigenschaft in einem Halbleiterbauelement vereint. Seine Strom-Spannungs-Kennline entspricht der gegensinnig paralleler Thyristoren.

Eine Diode schaltet bei auftretender positiver Anodenspannung in den Durchlaßzustand, ein Thyristor oder Transistor nur bei gleichzeitig anliegendem Steuerimpuls.

Abschaltbar ist ein Ventilzweig, wenn der Strom im Hauptzweig durch einen Löschimpuls unterbrochen werden kann. Beim abschaltbaren Thyristor wird die Stromunterbrechung über einen negativen Zündimpuls auf den Steueranschluß vorgenommen. Normale Thyristoren können über Löschzweige abgeschaltet werden. Das Schaltzeichen für einen Thyristor mit Löschzweig wird häufig abgekürzt durch ein eingerahmtes Thyristorsymbol mit zwei Steueranschlüssen gezeichnet.

Für die quantitative Untersuchung von Stromrichterschaltungen hat sich die Netzwerksimulation eingeführt [145, 151, 159]. Sie verwendet vereinfachte Simulationsmodelle für die Halbleiterventile (idealisierte Kennlinienzweige oder *R*-*L*-Kombinationen und eingeprägte Spannung). Das Verhalten auch umfangreicher Stromrichterschaltungen kann mit angenommenen und leicht zu variierenden Parametern rechnerisch ermittelt und als Plotterausgabe der Verlauf interessierender Größen gezeichnet werden.

Die Benennung einer Stromrichterschaltung kennzeichnet deren grundsätzlichen Schaltungsaufbau. Einzelheiten der Anordnung und Verbindung der Hauptausrüstungsteile (Stromrichtersatz, Stromrichtertransformator, Drosselspulen und Kondensatoren) können unterschiedlich sein. Die Benennung der (einfachen) Stromrichterschaltung besteht aus dem Kennzeichen der Stromrichtergrundschaltung und gegebenenfalls ergänzenden Kennzeichen. Das Kennzeichen zusammengesetzter Schaltungen wird aus dem Kennzeichen der einfachen Stromrichterschaltungen aufgebaut. Aus dem Kennzeichen lassen sich wesentliche Schaltungseigenschaften ableiten, insbesondere der Strom- und Spannungsverhältnisse für die einzelnen Teile der Schaltung.

Für Vielkristallhalbleiter-Gleichrichter können auch noch Schaltungskennzeichen nach DIN 41762, Bl. 1 verwendet werden (s. Abschnitt 1.2.1.1).

In Tabelle 1.3-1 sind Stromrichtergrundschaltungen mit Benennung und Kennzeichen zusammengestellt.

Zwei Schaltungsarten werden unterschieden: Einwegschaltung und Zweiwegschaltung.

Bei *Einwegschaltungen* werden die wechselstromseitigen Anschlüsse des Stromrichtersatzes und damit die ventilseitigen Wicklungsstränge des Stromrichtertransformators bzw., falls ein solcher nicht vorhanden ist, die Anschlüsse des Wechselstromsystems nur in einer Richtung vom Strom durchflossen. Sie sind jeweils nur mit einem Hauptzweig verbunden.

Bei *Zweiwegschaltungen* werden die wechselstromseitigen Anschlüsse des Stromrichtersatzes und damit die ventilseitigen Wicklungsstränge des Stromrichtertransformators bzw., falls ein solcher

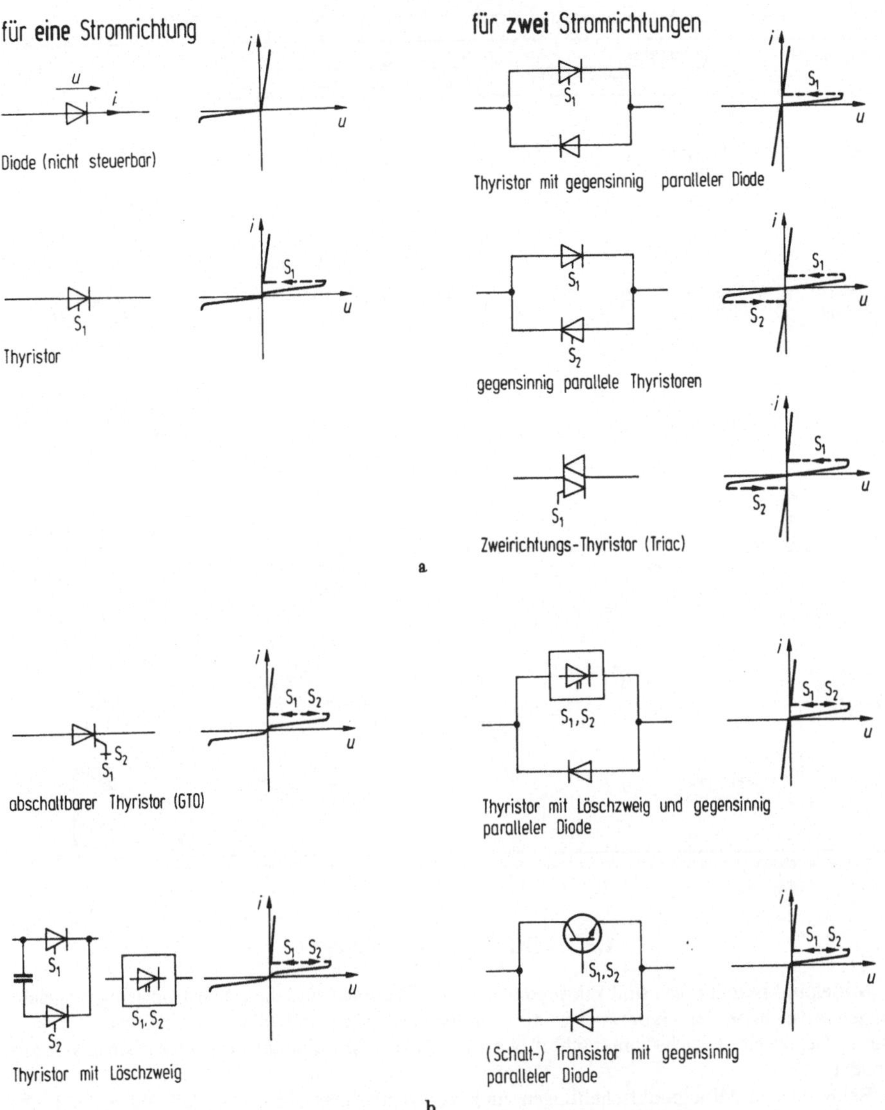

Bild 1.3-1. Halbleiterschalter für eine und für zwei Stromrichtungen; a) einschaltbar, b) ein- und ausschaltbar.

nicht vorhanden ist, die Anschlüsse des Wechselstromsystems von Wechselstrom durchflossen.

Zu einer Schaltungsart können mehrere Schaltungsfamilien gehören. Die Zuordnung von Schaltungsart, Benennung und Kennbuchstabe der Schaltungsfamilie, die Bedeutung der Kennzahl sowie die Benennung einzelner Stromrichtergrundschaltungen sind in Tabelle 1.3-1 angegeben, außerdem ist jeweils ein typisches Schaltungsbeispiel aufgeführt.

Tabelle 1.3-1. Benennungen und Kennzeichen von Stromrichter-Grundschaltungen

Schaltungsart	Schaltungsfamilie		Einzelschaltung		Beispiel
	Benennung	Kennbuchstabe	Kennzahl	Benennung	
Einweg-schaltung	Mittelpunkt-schaltung	M		p-Puls-Mittel-punktschaltung	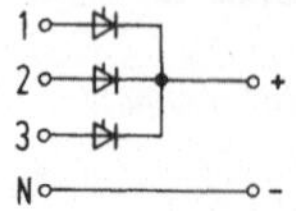
Zweiweg-schaltung	Brücken-schaltung	B	Pulszahl p[1)]	p-Puls-Brücken-schaltung	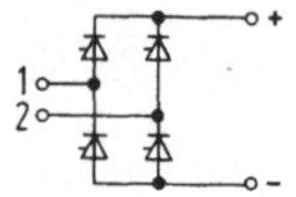
	Verdoppler-schaltung	D		Verdoppler-schalter	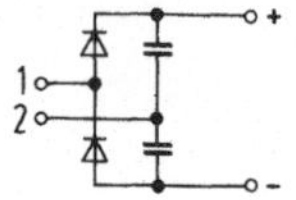
	Vervielfacher-schaltung	V		p-Puls-Ver-n-facherschaltung	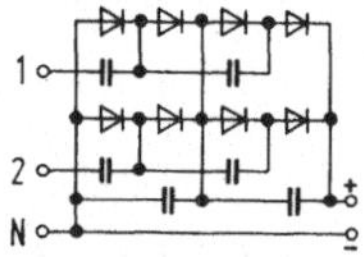
	Wechselweg-schaltung	W	Phasenzahl m des Wechsel-strom-systems	m-Phasen-Wechsel-wegschaltung	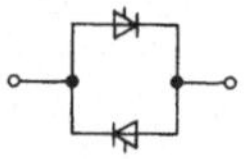
	Polygon-schaltung	P		m-Phasen-Polygon-schaltung	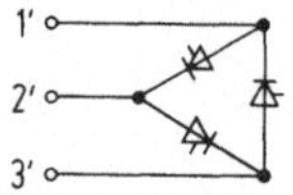

[1)] Sofern die Pulszahl durch die Betriebsweise (z.B. durch unsymmetrische Steuerung) veränderlich ist, gilt die Pulszahl bei Vollaussteuerung

1.3.1.1 Mittelpunktschaltungen

Mittelpunktschaltungen sind Einwegschaltungen. Bei ihnen sind die gleichstromseitigen gleichpoligen Anschlüsse der Hauptzweige miteinander verbunden und bilden einen Gleichstromanschluß. Der zweite Gleichstromanschluß wird durch den Mittelpunkt des Wechselstromsystems gebildet.

Bei einfachen Mittelpunktschaltungen sind Kommutierungszahl q und Pulszahl p gleich der Anzahl der Stromrichterhauptzweige.

In Tabelle 1.3-2 sind oben die Kenndaten von einfachen Mittelpunktschaltungen (M 1, M 2, M 3 und M 6) zusammengestellt. Die Tabelle enthält Benennung, Kennzeichen, Zeigerbilder, Prinzipschaltplan, Spannungs- und Stromkurvenformen sowie elektrische Werte. Die Werte stellen ideelle Werte für sinusförmige Anschlußspannung bei Vernachlässigung der Spannungsabfälle im Stromrichter und vollkommen geglättetem Gleichstrom (ausgenommen Einpuls-Mittelpunktschaltung M 1) dar. Die Anschlußbezeichnungen dienen der Zuordnung von Stromrichtertransformator und Stromrichtersatz. Die Bezeichnungen + und − geben die Gleichstromanschlüsse an. Sie gelten für die gezeichnete Durchlaßrichtung der Ventile. Im Gleichrichterbetrieb hat + positives Potential gegen −.

In Tabelle 1.3-1 (und den folgenden Tabellen 1.3-2, 1.3-6 und 1.3-7) bedeuten:

p Pulszahl
q Kommutierungszahl
s Anzahl der in Reihe geschalteten Kommutierungsgruppen
g Anzahl der Kommutierungsgruppen, auf die sich der Gleichstrom aufteilt
δ Anzahl der gleichzeitig kommutierenden Kommutierungsgruppen
U_{di} ideelle Gleichspannung bei Vollaussteuerung
U_{v0} Ventilseitige Leerlaufspannung zwischen den Wechselstromanschlüssen zweier kommutierender Stromrichterhauptzweige
d_{xt} Anteil der relativen induktiven Gleichspannungsänderung aus den Streuinduktivitäten des Stromrichtertransformators
u_{xt} induktive Komponenten der relativen Kurzschlußspannung u_{kt} des Stromrichtertransformators
w_{Ui} ideeller Wechselspannungsgehalt der Gleichspannung (bei Vollaussteuerung, $\alpha=0°$)
U_{im} ideelle Scheitelsperrspannung am Stromrichterzweig
U_{i0m} ideelle Scheitelsperrspannung am Stromrichterzweig bei nicht wirksamer Saugdrossel
I_{d} Gleichstrom (arithmetischer Mittelwert)
I_{peff} Zweigstrom (Effektivwert)
I_{pmax} Zweigstrom (Scheitelwert)
I_{pav} Zweigstrom (Mittelwert)
I_{v} ventilseitiger Leiterstrom (Effektivwert)
I_{Li} ideeller netzseitiger Leiterstrom
S_{Li} netzseitige ideelle Scheinleistung (zugleich auch Wirkleistung).

Die angegebenen Werte sind ideelle Werte. Sie gelten für sinusförmige Anschlußspannung unter Vernachlässigung der Spannungsabfälle im Stromrichter bei induktiver Last (Schaltung M 1 bei ohmscher Last). Angenommen sind Vollaussteuerung ($\alpha=0$) und ein Übersetzungsverhältnis des Stromrichtertransformators von 1. Bei Doppel-Stromrichtern auftretende Kreisströme sind nicht berücksichtigt. Die Anschlußbezeichnungen dienen der Zuordnung von Stromrichtertransformator und Stromrichtersatz. Die Gleichstromanschlüsse sind mit + und − gekennzeichnet (Gleichrichterbetrieb).

Mittelpunktschaltungen nutzen den Stromrichtertransformator schlecht aus. Die Einpuls-Mittelpunktschaltung M 1 wird nur bei kleinsten Leistungen angewendet (schlechte Ausnutzung und Gleichstrom-Vormagnetisierung des Transformators, großer Aufwand für Glättung). Bei der Dreipuls-Mittelpunktschaltung wird der Transformator zur Vermeidung von Restamperewindungen je Schenkel sekundär meist in Zickzack geschaltet (s. Abschnitt 1.3.3). Die Sechspuls-Mittelpunktschaltung M 6 wurde in Gabelschaltung der Sekundärwicklung des Transformators mit Quecksilberdampfventilen eingesetzt.

1.3.1.2 Brückenschaltungen

Brückenschaltungen sind Zweiwegschaltungen. Sie bestehen nur aus Zweigpaaren, die aus zwei mit gegensinniger Durchlaßrichtung an einem Mittelanschluß liegenden Stromrichterhauptzweigen gebildet werden. Jeder wechselstromseitige Anschluß ist mit dem Mittelanschluß eines Zweigpaares verbunden. Gleichpolige Außenanschlüsse der Zweigpaare sind zusammengefaßt und bilden jeweils einen Gleichstromanschluß.

Tabelle 1.3-2. Einfache und zusammengesetzte Mittelpunktschaltungen

Stromrichterschaltung Benennung nach DIN 41761	Kennzeichen	Zeigerbilder der Transformatorspannungen netzseitig	ventilseitig	Prinzipschaltplan des Stromrichtersatzes	Pulszahl und Kommutierung p q s g δ	Gleichspannung U_{di} Kurvenform	$\frac{U_{di}}{U_{v0}}$	$\frac{d_{xt}}{u_{xt}}$	w_{Ui} in %
Einpuls-Mittelpunktschaltung (Einzweigschaltung)	M1				1 1 1 1 1		0,450 $\frac{\sqrt{2}}{\pi}$	—	121
Zweipuls-Mittelpunktschaltung (Einphasige Mittelpunktschaltung)	M2				2 2 1 1 1		0,450 $\frac{\sqrt{2}}{\pi}$	0,707 $\frac{1}{\sqrt{2}}$	48,3
Dreipuls-Mittelpunktschaltung (Sternschaltung)	M3	oder	oder [1)]		3 3 1 1 1		0,675 $\frac{3}{\pi\sqrt{2}}$	0,866 $\frac{\sqrt{3}}{2}$	18,3
Sechspuls-Mittelpunktschaltung (Doppelsternschaltung)	M6 oder M6/0 oder M6/30	oder			6 6 1 1 1		1,350 $\frac{3\sqrt{2}}{\pi}$	1,500 ⋮ 0,500	4,2
Doppel-Dreipuls-Mittelpunktschaltung (parallel) [Doppelsternschaltung mit Saugdrossel]	M 3.2/0 oder M 3.2/30	oder			6 3 1 2 1		0,675 $\frac{3}{\pi\sqrt{2}}$	0,500 $\frac{1}{2}$	4,2
Dreifach-Zweipuls-Mittelpunktschaltung (parallel)	M 2.3/30				6 2 1 3 1		0,450 $\frac{\sqrt{2}}{\pi}$	0,750 ⋮ 0,500	4,2

1) Gleichstromvormagnetisierung im Transformator

Spannung am Stromrichterzweig		Zweigstrom I_p = ventilseitiger Leiterstrom I_v					netzseitiger Leiterstrom			netzseitige Scheinleistung
$\frac{U_{im}}{U_{di}}$	$\frac{U_{i0m}}{U_{di}}$	Kurvenform	$\frac{I_{peff}}{I_d}$	$\frac{I_{pmax}}{I_d}$	$\frac{I_{pav}}{I_d}$	$\frac{I_v}{I_d}$	bei ⅄-Schaltung Kurvenform	bei △-Schaltung Kurvenform	$\frac{I_{Li}}{I_d}$	$\frac{S_{Li}}{U_{di} I_d}$
3,142 π	3,142 π		1,571 $\frac{\pi}{2}$	3,142 π	1,000	1,571 $\frac{\pi}{2}$			1,211 $\sqrt{\frac{\pi^2}{4}-1}$	2,69 $\frac{\pi}{2}\sqrt{\frac{\pi^2}{2}-2}$
3,142 π	3,142 π		0,707 $\frac{1}{\sqrt{2}}$	1,000	0,500 $\frac{1}{2}$	0,707 $\frac{1}{\sqrt{2}}$			0,500 $\frac{1}{2}$	1,11 $\frac{\pi}{2\sqrt{2}}$
2,094 $\frac{2\pi}{3}$	2,094 $\frac{2\pi}{3}$		0,577 $\frac{1}{\sqrt{3}}$	1,000	0,333 $\frac{1}{3}$	0,577 $\frac{1}{\sqrt{3}}$			0,472 $\frac{\sqrt{2}}{3}$	1,21 $\frac{2\pi}{3\sqrt{3}}$
2,094 $\frac{2\pi}{3}$	2,094 $\frac{2\pi}{3}$		0,408 $\frac{1}{\sqrt{6}}$	1,000	0,167 $\frac{1}{6}$	0,408 $\frac{1}{\sqrt{6}}$			0,816 $\sqrt{\frac{2}{3}}$	1,05 $\frac{\pi}{3}$
2,094 $\frac{2\pi}{3}$	2,418 $\frac{4\pi}{3\sqrt{3}}$		0,289 $\frac{1}{2\sqrt{3}}$	0,500 $\frac{1}{2}$	0,167 $\frac{1}{6}$	0,289 $\frac{1}{2\sqrt{3}}$			0,408 $\frac{1}{\sqrt{6}}$	1,05 $\frac{\pi}{3}$
3,142 π	3,142 π		0,236 $\frac{1}{3\sqrt{2}}$	0,333 $\frac{1}{3}$	0,167 $\frac{1}{6}$	0,236 $\frac{1}{3\sqrt{2}}$			0,272 $\frac{1}{3}\sqrt{\frac{2}{3}}$	1,05 $\frac{\pi}{3}$

Tabelle 1.3-3. Einfache und zusammengesetzte Brückenschaltungen

Stromrichterschaltung: Benennung nach DIN 41761	Kennzeichen	Zeigerbilder der Transformatorspannungen: netzseitig / ventilseitig	Prinzipschaltplan des Stromrichtersatzes	Pulszahl und Kommutierung: p q s g δ	Gleichspannung U_{di}: Kurvenform	$\frac{U_{di}}{U_{v0}}$	$\frac{d_{xt}}{u_{xt}}$	w_{Ui} in °
Zweipuls-Brückenschaltung (Einphasige Brückenschaltung)	B 2			2 2 2 1 2		0,900 $\frac{2\sqrt{2}}{\pi}$	0,707 $\frac{1}{\sqrt{2}}$	48,…
Sechspuls-Brückenschaltung (Drehstrom-Brückenschaltung)	B 6			6 3 2 1 1		1,350 $\frac{3\sqrt{2}}{\pi}$	0,500 $\frac{1}{2}$	4,2
Doppel-Sechspuls-Brückenschaltung (parallel) vollgesteuert, Schaltungswinkel der Zwölfpulseinheit 15°	B 6.2/15			12 3 2 2 1		1,350 $\frac{3\sqrt{2}}{\pi}$	0,52 … 0,26; 0,518; 0,52 … 0,26	1,03
Doppel-Sechspuls-Brückenschaltung (in Reihe) Schaltungswinkel der Zwölfpulseinheit 15°	B 6.2S15			12 3 4 1 1		2,701 $\frac{6\sqrt{2}}{\pi}$	0,52 … 0,26; 0,518	1,03

Die Kommutierungszahl q ist gleich der Anzahl der Wechselstromanschlüsse und damit gleich der Anzahl der Zweigpaare. Bei Brückenschaltungen mit gerader Kommutierungszahl q ist die Pulszahl p gleich der Kommutierungszahl q, bei solchen mit ungerader Kommutierungszahl ist die Pulszahl doppelt so groß wie die Kommutierungszahl.

In Tabelle 1.3-3 sind oben die Kenndaten von einfachen Brückenschaltungen (B 2 und B 6) zusammengestellt.

Spannung am Stromrichterzweig		Zweigstrom I_p				ventilseitiger Leiterstrom I_v		netzseitiger Leiterstrom		netzseitige Scheinleistung
$\frac{U_{im}}{U_{di}}$	$\frac{U_{i0m}}{U_{di}}$	Kurvenform	$\frac{I_{peff}}{I_d}$	$\frac{I_{pmax}}{I_d}$	$\frac{I_{pav}}{I_d}$	Kurvenform	$\frac{I_v}{I_d}$	Kurvenform	$\frac{I_{Li}}{I_d}$	$\frac{S_{Li}}{U_{di}\,I_d}$
1,571 $\frac{\pi}{2}$	1,571 $\frac{\pi}{2}$		0,707 $\frac{1}{\sqrt{2}}$	1,000	0,500 $\frac{1}{2}$		1,000		1,000	1,11 $\frac{\pi}{2\sqrt{2}}$
1,047 $\frac{\pi}{3}$	1,047 $\frac{\pi}{3}$		0,577 $\frac{1}{\sqrt{3}}$	1,000	0,333 $\frac{1}{3}$		0,816 $\sqrt{\frac{2}{3}}$		0,816 $\sqrt{\frac{2}{3}}$	1,05 $\frac{\pi}{3}$
1,047 $\frac{\pi}{3}$	1,047 $\frac{\pi}{3}$									
			0,289 $\frac{1}{2\sqrt{3}}$	0,500 $\frac{1}{2}$	0,167 $\frac{1}{6}$		0,408 $\frac{1}{\sqrt{6}}$		0,789 $\frac{1+\sqrt{3}}{2\sqrt{3}}$	1,01 $\pi\frac{1+\sqrt{3}}{6\sqrt{2}}$
1,047 $\frac{\pi}{3}$	1,170									
0,524 $\frac{\pi}{6}$	0,524 $\frac{\pi}{6}$		0,577 $\frac{1}{\sqrt{3}}$	1,000	0,333 $\frac{1}{3}$		0,816 $\sqrt{\frac{2}{3}}$		1,578 $\frac{1+\sqrt{3}}{\sqrt{3}}$	1,01 $\pi\frac{1+\sqrt{3}}{6\sqrt{2}}$

Die Zweipuls-Brückenschaltung B 2 wird im unteren Leistungsbereich eingesetzt (große Welligkeit der Gleichspannung), außerdem in der Traktion bei einphasigem Wechselstromfahrdraht bis zu mehreren MW. Die Sechspuls-Brückenschaltung B 6 ist die Standardschaltung für Dioden- und Thyristor-Stromrichter. Sie wird im Leistungsbereich von einigen kW bis zu einigen 100 MW angewendet (Gleichstromantriebe, Gleichrichterunterwerke, Elektrolysegleichrichter, Hochspannungs-Gleichstrom-Übertragung).

1.3.1.3 Verdoppler- und Vervielfacherschaltungen

Verdoppler- und Vervielfacherschaltungen enthalten eine Kette von Speicherkondensatoren zwischen den Gleichstromanschlüssen. Die Verdopplerschaltung wird angewendet, um eine Gleichspannung von etwa doppelter Höhe der Anschlußspannung in Einwegschaltung zu gewinnen. Verdoppler- und Vervielfacherschaltungen werden zur Verdopplung bzw. Vervielfachung der erzeugten Gleichspannung bei gegebener Anschlußspannung angewendet. Weil die Spannungsverdopplung bzw. -vervielfachung über kapazitive Speicher vorgenommen wird, sind diese Schaltungen nur schwach belastbar.

Tabelle 1.3-4. Verdoppler- und Vervielfacherschaltungen

Stromrichterschaltung		Zeigerbild der ventilseitigen Wechselspannungen	Prinzipschaltplan des Stromrichterersatzes
Benennung	Kennzeichen		
Verdopplerschaltung (Zweipuls-Verdoppler-schaltung)	D2		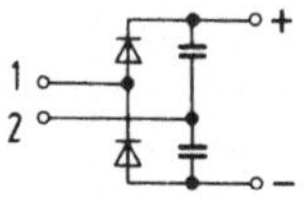
Zweistufige Dreipuls-Vervierfacher-schaltung	4V3	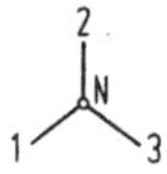	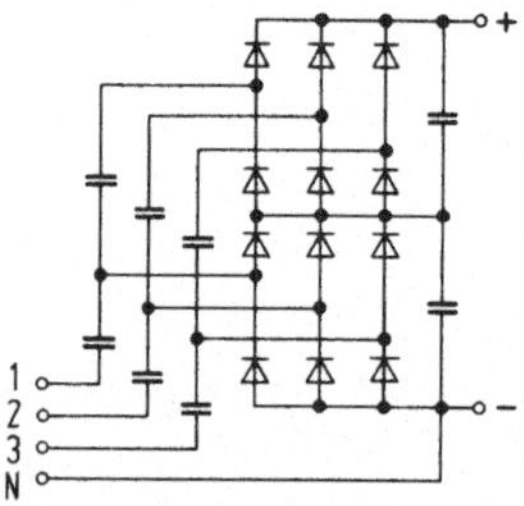

Tabelle 1.3-4 zeigt die Kenndaten der Verdopplerschaltung und einer zweistufigen Dreipuls-Vervierfacherschaltung.

Die Verdopplerschaltung (Delon-Greinacher-Schaltung) besteht aus einem Zweigpaar und zwei Speicherkondensatoren.

Vervielfacherschaltungen enthalten Zweigpaare, die zu Zweigketten in Reihe geschaltet sind. Die Anzahl der Zweigketten ist gleich der Pulszahl p.

1.3.1.4 Wechselwegschaltungen

Wechselwegschaltungen enthalten Wechselwegpaare, das sind gegensinnig parallelgeschaltete Stromrichterventile. Die beiden Zweige eines Wechselwegpaares können auch durch einen Zweirichtungs-Thyristor gebildet werden. Wechselwegschaltungen besitzen Anschlüsse für zwei Wechselstromsysteme gleicher Phasenzahl. Bei jedem Wechselwegpaar führt der eine Anschluß an das eine, der zweite Anschluß an das andere Wechselstromsystem. In Tabelle 1.3-5 sind Kenndaten von Wechselwegschaltungen angegeben. Brückenschaltungen mit steuerbarem Kurzschlußzweig können wie Wechselwegschaltungen zum Wechselstromumrichten eingesetzt werden.

1.3.1.5 Polygonschaltungen

Polygonschaltungen bestehen aus mehreren Stromrichterhauptzweigen, die ringförmig gleichsinnig in Reihe geschaltet sind. Alle Verbindungspunkte zwischen den Zweigen stellen Wechsel-

Tabelle 1.3-5. Wechselweg- und Polygonschaltungen

	Stromrichterschaltung: Benennung	Stromrichterschaltung: Kennzeichen	Zeigerbild der ventilseitigen Wechselspannungen	Prinzipschaltplan des Stromrichtersatzes
Wechselwegschaltung	Einphasen-Wechselwegschaltung	W1		
	Dreiphasen-Wechselwegschaltung	W3 oder W3-3		
	Dreiphasen-Wechselwegschaltung mit 4 Hauptzweigen	W3-2		
	Halbgesteuerte Dreiphasen-Wechselwegschaltung	W3H		
	Zweipuls-Brückenschaltung mit steuerbarem Kurzschlußzweig[1]	(B2U) + (M1C)		
	Sechspuls-Brückenschaltung mit steuerbarem Kurzschlußzweig[1]	(B6U) + (M1C)		
Polygonschaltung	Dreiphasen-Polygonschaltung[1]	P3		

[1] Der Verbraucher ist zwischen 1 und 1', 2 und 2', 3 und 3' geschaltet.

stromanschlüsse dar. Die Last wird zwischen die Wechselstromanschlüsse der Polygonschaltung und das Wechselstromsystem geschaltet. Kenndaten der Dreiphasen-Polygonschaltung in Tabelle 1.3-5 unten.

1.3.1.6 Ergänzende Kennzeichen von Stromrichterschaltungen

Durch ergänzende Kennzeichen, die dem Kennzeichen der Stromrichtergrundschaltung oder der zusammengesetzten Stromrichterschaltung angefügt werden, können folgende Merkmale zusätzlich angegeben werden: Anzahl der Wechselwegpaare, Steuerbarkeit, bei Einwegschaltungen Polarität des im Stromrichtersatz gebildeten Gleichstromanschlusses, Ausführung als selbstgeführte Stromrichter, Ausrüstung mit Hilfszweigen, Schaltungswinkel.

1.3.1.6.1 Steuerbarkeit. Die Kennzeichnung der Steuerbarkeit einer Stromrichterschaltung bezieht sich auf die Stromrichterhauptzweige.

Eine Schaltung, die in den Stromrichterhauptzweigen nur nicht steuerbare Ventile enthält, wird als ungesteuert bezeichnet (Kennbuchstabe U). Im allgemeinen unterbleibt eine besondere Kennzeichnung. Eine Schaltung wird als vollgesteuert bezeichnet, wenn alle Stromrichterhauptzweige steuerbar sind (Kennbuchstabe C). Eine Schaltung wird als halbgesteuert bezeichnet, wenn nur die halbe Anzahl der Stromrichterhauptzweige steuerbar ist (Kennbuchstabe H).

Eine halbgesteuerte Brückenschaltung wird als einpolig gesteuert bezeichnet, wenn nur die den einen Gleichstromanschluß bildenden Hauptzweige steuerbar sind (symmetrisch halbgesteuert). Durch Anfügen der Buchstaben A oder K an den Kennbuchstaben H kann die Anordnung der steuerbaren Stromrichterhauptzweige gekennzeichnet werden (Kennbuchstaben HA bei miteinander verbundenen Anoden der steuerbaren Stromrichterhauptzweige, Kennbuchstaben HK bei miteinander verbundenen Kathoden der steuerbaren Stromrichterhauptzweige).

Eine halbgesteuerte Zweipuls-Brückenschaltung wird als zweigpaarhalbgesteuert bezeichnet, wenn die Stromrichterhauptzweige des einen Zweigpaares steuerbar, die des anderen nicht steuerbar sind (unsymmetrisch halbgesteuert). Dabei kann der Buchstabe Z an den Kennbuchstaben H angefügt werden (Kennbuchstabe HZ). In Tabelle 1.3-6 sind die Kenndaten halbgesteuerter Brückenschaltungen zusammengestellt.

Die einpolig gesteuerte Zweipuls-Brückenschaltung B 2 HK ist ungebräuchlich, da kein Freilauf für den Laststrom vorhanden ist. Die zweigpaar-halbgesteuerte Zweipuls-Brückenschaltung B 2 HZ ist die bei Wechselstrombahnen meistverwendete Schaltung (Leistungsbereich bis 10 MW). Meist werden zwei halbgesteuerte Brücken in Reihe in Folgesteuerung betrieben (s. Bild 1.3-51). Die Schaltung wird auch im unteren Leistungsbereich zur Feld- und Ankerspeisung von elektrischen Maschinen eingesetzt. Die halbgesteuerte Sechspuls-Brückenschaltung mit Freilaufzweig B 6 HKF wird bei Anschnittsteuerung dreipulsig (zweite Harmonische im Netzstrom).

1.3.1.6.2 Selbstgeführte Stromrichter und zusätzliche Hilfszweige. Stromrichterschaltungen für Betrieb als selbstgeführte Stromrichter erhalten den Kennbuchstaben I. In der Stromrichterschaltung enthaltene Hilfszweige können besonders gekennzeichnet werden: Löschzweig (Kennbuchstabe Q), Rücklaufzweig (Kennbuchstabe R), Freilaufzweig (Kennbuchstabe F), gesteuerter Freilaufzweig (Kennbuchstabe FC).

1.3.1.6.3 Schaltungswinkel. Der Schaltungswinkel δ ist der kleinste nacheilende Phasenwinkel eines Scheitelwertes der der Gleichspannung überlagerten Wechselspannung gegenüber dem Scheitelwert einer netzseitigen sinusförmigen Sternspannung des Stromrichtertransformators bei voller Aussteuerung und ohne Überlappung. Er wird gekennzeichnet durch Angabe in Graden. Der Schaltungswinkel wird durch die Stromrichterschaltung und gegebenenfalls durch die Schaltgruppe des Transformators bestimmt.

1.3.1.7 Zusammengesetzte Stromrichterschaltungen

Stromrichtergrundschaltungen können zu Parallel- oder Reihenschaltungen zusammengesetzt werden. Zusammengesetzte Stromrichterschaltungen erhalten eine Kennzeichnung die sich aus den Kennzeichen der in den Teilschaltungen vorhandenen Stromrichtergrundschaltungen zusammensetzt.

1.3.1.7.1 Parallelschaltung. Stromrichtergrundschaltungen werden zur Erhöhung des abgegebenen Gleichstromes parallelgeschaltet. Wenn auch die Pulszahl erhöht werden soll, müssen die

Teilschaltungen unterschiedliche Schaltungswinkel haben. Die Kommutierungsgruppen der Teilschaltungen werden z. B. durch Saugdrosseln entkoppelt.

Haben die gleichstromseitig parallelgeschalteten Teilschaltungen gleichen Schaltungswinkel, so wird die Zahl der Parallelschaltungen dem Kennzeichen der Stromrichtergrundschaltung vorangestellt. Bei unterschiedlichen Schaltungswinkeln wird die Zahl der Parallelschaltungen hinter der Pulszahl, getrennt durch einen Punkt, angegeben, so daß das Produkt dieser Zahlen die resultierende Pulszahl der zusammengesetzten Stromrichterschaltung ergibt. In Tabelle 1.3-2 sind unten die Kenndaten von zusammengesetzten Mittelpunktschaltungen (parallel) zusammengestellt.

Die Doppel-Dreipuls-Mittelpunktschaltung M 3.2 wird zur Gleichstromspeisung von Galvanik- und Elektrolyseanlagen im Leistungsbereich von einigen 100 kW bis über 50 MW eingesetzt, wo hohe Gleichströme bei mäßiger Gleichspannung (< 700 V) benötigt werden. Die Dreifach-Zweipuls-Mittelpunktschaltung M 2.3 wird wegen großer Bauleistung von Transformator und Saugdrossel in Zickzackschaltung wenig angewendet.

Tabelle 1.3-3 zeigt die Kenndaten der Doppel-Sechspuls-Brückenschaltung (parallel). Die Doppel-Sechspuls-Brückenschaltung (parallel) B 6.2/15 hat zwölfpulsige Welligkeit der Gleichspannung und geringe Oberschwingungen im Drehstromnetz.

1.3.1.7.2 Reihenschaltung. Stromrichtergrundschaltungen werden zur Erhöhung der abgegebenen Gleichspannung in Reihe geschaltet. Wenn auch die Pulszahl erhöht werden soll, müssen die Teilschaltungen unterschiedliche Schaltungswinkel haben. Die Kennzeichnung gleichstromseitig in Reihe geschalteter Teilschaltungen erfolgt durch den Buchstaben S, der dem Kennzeichen der Stromrichtergrundschaltung angefügt wird. Zusätzlich wird die Zahl der in Reihe geschalteten Teilschaltungen angegeben.

Tabelle 1.3-3 zeigt unten als Beispiel die Kenndaten der Doppel-Sechspuls-Brückenschaltung (in Reihe). Die Doppel-Sechspuls-Brückenschaltung (in Reihe) B 6.2 S 15 wird für Gleichstromantriebe hoher Leistung (Fördermaschinen) und für die HGÜ eingesetzt (zwölfpulsig). Die Kennzeichen gleichstromseitig in Reihe geschalteter ungleicher Teilschaltungen werden in Klammern gesetzt und durch den Buchstaben S verbunden. Wird der Reihenschaltung ein gemeinsamer Freilaufzweig zugeordnet, so wird dem gesamten Kennzeichen ein F angefügt.

1.3.1.7.3 Schaltungen für Doppel-Stromrichter. Doppel-Stromrichter (zum Gleich- und Wechselrichten) erfüllen die Funktion eines Umkehrstromrichters und ermöglichen Energiefluß in beiden Richtungen bei umkehrbarer Stromrichtung auf der Gleichstromseite. Sie werden durch gegensinnige Parallelschaltung zweier Einzelstromrichter gebildet, von denen jeder für eine Stromrichtung bestimmt ist, oder dadurch, daß jedem Stromrichterventil eines Einzel-Stromrichters ein zweites gegensinnig parallelgeschaltet wird.

Zur Kennzeichnung von Schaltungen für Doppel-Stromrichter werden die in Klammern gesetzten Kennzeichen der Teilschaltungen durch folgende Buchstaben verbunden: Bei Kreuzschaltung X, bei Gegenparallelschaltung A, bei H-Schaltung H. In Tabelle 1.3-7 sind Kenndaten von Doppel-Stromrichterschaltungen (Vier-Quadrant-Stromrichter) zusammengestellt.

Doppel-Stromrichter in Mittelpunktschaltungen werden kaum noch eingesetzt. Die Gegenparallelschaltung von zwei Doppel-Dreipuls-Mittelpunktschaltungen wird für Elektrolysen bei kurzzeitiger Energierichtungsumkehr angewendet (Depolarisationsverfahren). Die Gegenparallelschaltung von zwei Sechspuls-Brückenschaltungen mit und ohne Kreisstromdrosseln wird für Gleichstromantriebe im Reversierbetrieb bis zu Grenzleistungen der Gleichstrommaschinen eingesetzt (hohe Stelldynamik).

1.3.1.7.4 Umrichter mit Zwischenkreis. Unterschieden werden Zwischenkreis-Wechselstromumrichter und Zwischenkreis-Gleichstromumrichter.

Zwischenkreis-Wechselstromumrichter (kurz Zwischenkreis-Umrichter genannt) enthalten einen Gleichrichter und einen Wechselrichter, die über einen Gleichstrom- oder Gleichspannungs-Zwischenkreis verbunden sind [123]. Im Zwischenkreis kann der Gleichstrom durch eine

Tabelle 1.3-6. Halbgesteuerte Brückenschaltungen

Stromrichterschaltung: Benennung nach DIN 41761	Stromrichterschaltung: Kennzeichen	Zeigerbilder der Transformatorspannungen: netzseitig	Zeigerbilder der Transformatorspannungen: ventilseitig	Prinzipschaltplan des Stromrichtersatzes	Pulszahl und Kommutierung: p	q	s	g	δ	Gleichspannung U_{di}: Kurvenform	$\frac{U_{di}}{U_{v0}}$	$\frac{d_{xt}}{u_{xt}}$	w_{Ui} in %	Spannung am Stromrichterzweig: $\frac{U_{im}}{U_{di}}$	$\frac{U_{i0m}}{U_{di}}$	Lastart
Einpolig gesteuerte Zweipuls-Brückenschaltung. Die Kathoden der steuerbaren Ventile bilden einen Gleichstromanschluß	B 2HK oder B 2H	|	U_{v0} (1, 2)		2	2	2	1	2	$\alpha = 0°$; $\alpha = 75°$	0,900 = $\frac{2\sqrt{2}}{\pi}$	0,707 = $\frac{1}{\sqrt{2}}$	48,3	1,571 = $\frac{\pi}{2}$	1,571 = $\frac{\pi}{2}$	L, W
Zweigpaar-halbgesteuerte Zweipuls-Brückenschaltung	B 2HZ oder B 2H															L, W
Halbgesteuerte Sechspuls-Brückenschaltung mit Freilaufzweig	B6HKF oder B6HF oder B6H	⅄	U_{v0} (1, 2, 3)	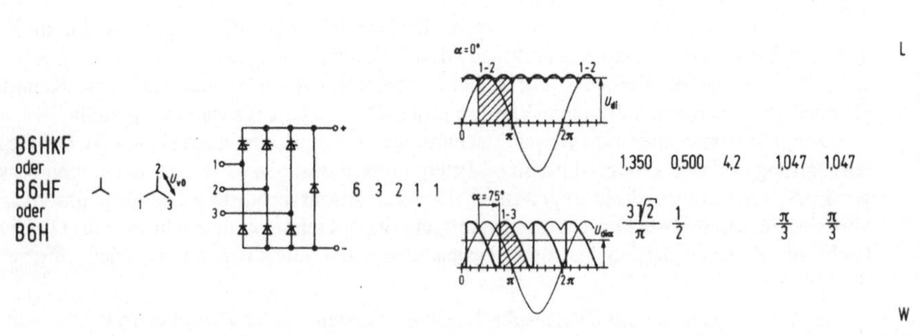	6	3	2	1	1	$\alpha = 0°$; $\alpha = 75°$	1,350 = $\frac{3\sqrt{2}}{\pi}$	0,500 = $\frac{1}{2}$	4,2	1,047 = $\frac{\pi}{3}$	1,047 = $\frac{\pi}{3}$	L, W

r- l	Zweigstrom I_p steuerbarer Hauptzweig: Kurvenform	$\frac{I_{peff}}{I_d}$	$\frac{I_{pmax}}{I_d}$	$\frac{I_{pav}}{I_d}$	nicht gesteuerter Hauptzweig: Kurvenform	$\frac{I_{peff}}{I_d}$	$\frac{I_{pmax}}{I_d}$	$\frac{I_{pav}}{I_d}$	ventilseitiger und netzseitiger Leiterstrom: Kurvenform	$\frac{I_v}{I_d}$	$\frac{I_{Li}}{I_d}$	netzseitige Scheinleistung $\frac{S_{Li}}{U_{di} I_d}$
max	$\alpha = 75°$, I_d	0,707 $\frac{1}{\sqrt{2}}$	1,000		I_d	0,707 $\frac{1}{\sqrt{2}}$	1,000		I_d	$\sqrt{\frac{\pi-\alpha}{\pi}}$	$\sqrt{\frac{\pi-\alpha}{\pi}}$	
	I_d	0,785 $\frac{\pi}{4}$	1,571 $\frac{\pi}{2}$	0,500 $\frac{1}{2}$	I_d	0,785 $\frac{\pi}{4}$	1,571 $\frac{\pi}{2}$	0,500 $\frac{1}{2}$	I_d	1,111 $\frac{\pi}{2\sqrt{2}}$	1,111 $\frac{\pi}{2\sqrt{2}}$	
	$\alpha = 90°$, I_d	1,111 $\frac{\pi}{2\sqrt{2}}$	3,142 π		I_d	1,111 $\frac{\pi}{2\sqrt{2}}$	3,142 π		I_d	1,571 $\frac{\pi}{2}$	1,571 $\frac{\pi}{2}$	1,11 $\frac{\pi}{2\sqrt{2}}$
o	$\alpha = 75°$, I_d	$\sqrt{\frac{\pi-\alpha}{2\pi}}$	1,000	$\frac{\pi-\alpha}{2\pi}$	I_d	$\sqrt{\frac{\pi+\alpha}{2\pi}}$	1,000	$\frac{\pi+\alpha}{2\pi}$	I_d	$\sqrt{\frac{\pi-\alpha}{\pi}}$	$\sqrt{\frac{\pi-\alpha}{\pi}}$	
	I_d	0,785 $\frac{\pi}{4}$	1,571 $\frac{\pi}{2}$	0,500 $\frac{1}{2}$	I_d	0,785 $\frac{\pi}{4}$	1,571 $\frac{\pi}{2}$	0,500 $\frac{1}{2}$	I_d	1,111 $\frac{\pi}{2\sqrt{2}}$	1,111 $\frac{\pi}{2\sqrt{2}}$	
	$\alpha = 90°$, I_d	1,111 $\frac{\pi}{2\sqrt{2}}$	3,142 π		I_d	1,111 $\frac{\pi}{2\sqrt{2}}$	3,142 π		I_d	1,571 $\frac{\pi}{2}$	1,571 $\frac{\pi}{2}$	
	$\alpha = 30°$, I_d	0,577 $\frac{1}{\sqrt{3}}$		0,333 $\frac{1}{3}$	I_d	0,677 $\frac{1}{\sqrt{3}}$		0,333 $\frac{1}{3}$	I_d	0,816 $\sqrt{\frac{2}{3}}$	0,816 $\sqrt{\frac{2}{3}}$	
)°	$\alpha = 75°$, I_d	$\sqrt{\frac{\pi-\alpha}{2\pi}}$	1,000	$\frac{\pi-\alpha}{2\pi}$	I_d Freilaufzweig (nicht gesteuert) I_d	$\sqrt{\frac{\pi-\alpha}{2\pi}}$ $\sqrt{\frac{3\alpha-\pi}{2\pi}}$	1,000	$\frac{\pi-\alpha}{2\pi}$ $\frac{3\alpha-\pi}{2\pi}$	I_d	$\sqrt{\frac{\pi-\alpha}{\pi}}$	$\sqrt{\frac{\pi-\alpha}{\pi}}$	1,05 $\frac{\pi}{3}$
	I_d	0,578 $\sqrt{\frac{\pi^2}{54}+\frac{\pi}{12\sqrt{3}}}$	1,047 $\frac{\pi}{3}$	0,333 $\frac{1}{3}$	I_d	0,578 $\sqrt{\frac{\pi^2}{54}+\frac{\pi}{12\sqrt{3}}}$	1,047 $\frac{\pi}{3}$	0,333 $\frac{1}{3}$	I_d	0,817 $\sqrt{\frac{\pi^2}{27}+\frac{\pi}{6\sqrt{3}}}$	0,817 $\sqrt{\frac{\pi^2}{27}+\frac{\pi}{6\sqrt{3}}}$	
	$\alpha = 90°$, I_d	0,740 $\frac{\pi}{3\sqrt{2}}$	2,094 $\frac{2\pi}{3}$		I_d	0,740 $\frac{\pi}{3\sqrt{2}}$	2,094 $\frac{2\pi}{3}$		I_d	1,047 $\frac{\pi}{3}$	1,047 $\frac{\pi}{3}$	

Tabelle 1.3-7. Doppel-Stromrichter

Stromrichterschaltung		Zeigerbilder der Transformatorspannungen		Prinzipschaltplan des Stromrichtersatzes	Pulszahl und Kommutierung					Gleichspannung U_{di}			Spannung am Stromrichterzweig		Zweigstrom I_p			Leiterstrom		netzseitige Scheinleistung
Benennung nach DIN 41761	Kennzeichen	netzseitig	ventilseitig		p	q	s	g	δ	$\frac{U_{di}}{U_{v0}}$	$\frac{d_{xt}}{u_{xt}}$	w_{Ui} in %	$\frac{U_{im}}{U_{di}}$	$\frac{U_{i0m}}{U_{di}}$	$\frac{I_{peff}}{I_d}$	$\frac{I_{pmax}}{I_d}$	$\frac{I_{pav}}{I_d}$	ventilseitig $\frac{I_v}{I_d}$	netzseitig $\frac{I_{Li}}{I_d}$	$\frac{S_{Li}}{U_{di} I_d}$
Kreuzschaltung von zwei Doppel-Dreipuls-Mittelpunktschaltungen (mit Saug- und Kreisstromdrosseln)	(M3.2) X (M3.2)	oder			6	3	1	2	1	0,675 $\frac{3}{\pi\sqrt{2}}$	0,500 $\frac{1}{2}$	4,2	2,094 $\frac{2\pi}{3}$	2,420 $\frac{4\pi}{3\sqrt{3}}$	0,289 $\frac{1}{2\sqrt{3}}$	0,500 $\frac{1}{2}$	0,167 $\frac{1}{6}$	0,289 $\frac{1}{2\sqrt{3}}$	0,408 $\frac{1}{\sqrt{6}}$	1,05 $\frac{\pi}{3}$
Gegenparallelschaltung von zwei Doppel-Dreipuls-Mittelpunktschaltungen (mit Saug- und Kreisstromdrosseln)	(M3.2) A (M3.2)	oder			6	3	1	2	1	0,675 $\frac{3}{\pi\sqrt{2}}$	0,500 $\frac{1}{2}$	4,2	2,094 $\frac{2\pi}{3}$	2,420 $\frac{4\pi}{3\sqrt{3}}$	0,289 $\frac{1}{2\sqrt{3}}$	0,500 $\frac{1}{2}$	0,167 $\frac{1}{6}$	0,289 $\frac{1}{2\sqrt{3}}$	0,408 $\frac{1}{\sqrt{6}}$	1,05 $\frac{\pi}{3}$
Gegenparallelschaltung von zwei Sechspuls-Brückenschaltungen (mit Kreisstromdrosseln)	(B6) A (B6)	oder	oder		6	3	2	1	1	1,350 $\frac{3\sqrt{2}}{\pi}$	0,500 $\frac{1}{2}$	4,2	1,047 $\frac{\pi}{3}$	1,047 $\frac{\pi}{3}$	0,577 $\frac{1}{\sqrt{3}}$	1,000	0,333 $\frac{1}{3}$	0,816 $\sqrt{\frac{2}{3}}$	0,816 $\sqrt{\frac{2}{3}}$	1,05 $\frac{\pi}{3}$
Gegenparallelschaltungen von zwei Sechspuls-Brückenschaltungen	(B6) A (B6)	oder	oder		6	3	2	1	1	1,350 $\frac{3\sqrt{2}}{\pi}$	0,500 $\frac{1}{2}$	4,2	1,047 $\frac{\pi}{3}$	1,047 $\frac{\pi}{3}$	0,577 $\frac{1}{\sqrt{3}}$	1,000	0,333 $\frac{1}{3}$	0,816 $\sqrt{\frac{2}{3}}$	0,816 $\sqrt{\frac{2}{3}}$	1,05 $\frac{\pi}{3}$

Glättungsinduktivität oder die Gleichspannung durch einen Glättungskondensator eingeprägt sein (Bild 1.3-2).

Zwischenkreis-Gleichstromumrichter (kurz Gleichstrom-Umrichter genannt) enthalten einen Wechselrichter und einen Gleichrichter, die über einen Wechselstrom-Zwischenkreis verbunden sind. Dieser ermöglicht die galvanische Trennung der beiden Gleichstromseiten.

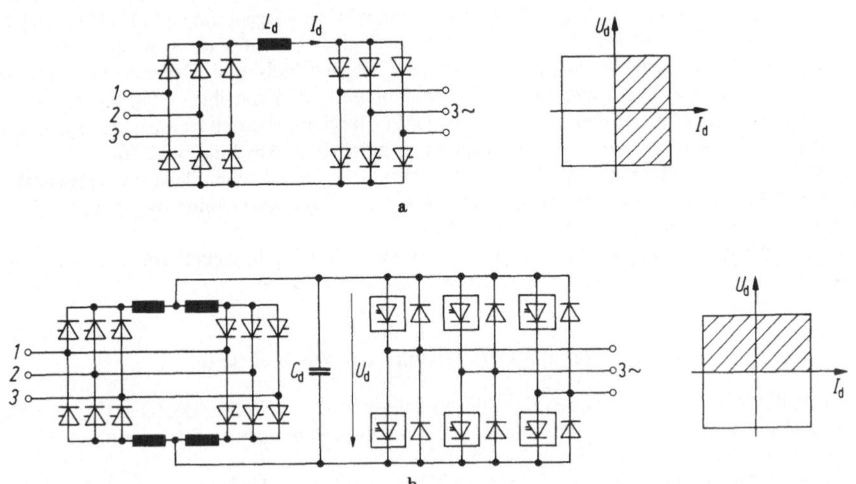

Bild 1.3-2. Zwischenkreis-Wechselstromumrichter; a) mit eingeprägtem Strom (Gleichstrom-Zwischenkreis), b) mit eingeprägter Spannung (Gleichspannungs-Zwischenkreis).

Zur Kennzeichnung von Schaltungen von Umrichtern mit Zwischenkreis werden die in Klammern gesetzten Kennzeichen der Teilschaltungen bei einem Wechselstrom-Zwischenkreis durch W und bei einem Gleichstrom-Zwischenkreis durch D verbunden. Die Reihenfolge der Kennzeichen entspricht der Vorzugsenergierichtung.

1.3.2 Eigenschaften wichtiger Stromrichter

Die am häufigsten eingesetzten Stromrichter sind netzgeführte Gleich- und Wechselrichter (s. Abschnitt 1.3.2.1). Ihre Anwendungen erstrecken sich über einen Leistungsbereich von einigen W bis über 1000 MW. Für Vier-Quadrant-Betrieb sind Doppel-Stromrichter erforderlich (s. Abschnitt 1.3.2.2). Netzgeführte Stromrichter können auch als Direktumrichter bei begrenztem Stellbereich der Ausgangsfrequenz eingesetzt werden (s. Abschnitt 1.3.2.3). Die Kommutierungsleistung wird vom speisenden Wechsel- oder Drehstromnetz zur Verfügung gestellt. Bei $16^2/_3$-, 50- oder 60-Hz-Netzen werden sie mit Netzthyristoren (N-Thyristoren) ausgerüstet, weil bei diesen Taktfrequenzen genügend große Schonzeiten (mehrere Hundert µs) zur Verfügung stehen. Reihen- und Parallelschaltung von Siliziumdioden oder N-Thyristoren in einem Stromrichterzweig ermöglicht die Bereitstellung beliebig großer Stromrichterleistungen.

Lastgeführte Stromrichter beziehen die zur Kommutierung benötigte Blindleistung von der Last. Ohmsch-induktive Verbraucher müssen dazu durch Kondensatoren zu Reihen- oder Parallelschwingkreisen ergänzt werden. Schwingkreiswechselrichter sind besonders zur Erzeugung von Mittelfrequenz geeignet. Auch Synchronmaschinen können so erregt werden, daß ihr Strom der

Klemmenspannung voreilt und sie die für lastgeführte Stromrichter erforderliche Kommutierungsleistung liefern (s. Abschnitt 1.3.2.4).

Wechselstromschalter und -steller mit Halbleiterventilen ermöglichen das kontaktlose Schalten von Wechsel- bzw. Drehstromkreisen (s. Abschnitt 1.3.2.5). Durch Anschnittsteuerung ist auch eine stetige Steuerung der in der Last umgesetzten Energie möglich (s. Abschnitt 1.3.2.6).

Bei selbstgeführten Stromrichtern wird die Kommutierung durch zum Stromrichter gehörende Löschkondensatoren oder durch löschbare Stromrichterventile vorgenommen [125, 126, 164]. Sie können zum Schalten und Stellen von Gleichstrom eingesetzt werden (s. Abschnitt 1.3.2.7 und 1.3.2.8). Als selbstgeführte Wechselrichter erzeugen sie Wechsel- und Drehstromsysteme frei einstellbarer Frequenz. Zur Steuerung von Drehfeldmaschinen kann ihre Ausgangsfrequenz in weiten Grenzen verändert werden (s. Abschnitt 1.3.2.9). Durch Pulsbetrieb ist auch eine Anpassung des Mittelwertes der abgegebenen Wechselspannung möglich (s. Abschnitt 1.3.2.10).

Halbgesteuerte Schaltungen werden zur Vermeidung der Netzblindleistung eingesetzt (s. Abschnitt 1.3.2.11). Durch Abschnitt- und Sektorsteuerung kann die Grundschwingungs-Blindleistung ganz vermieden werden (s. Abschnitt 1.3.2.12).

Blindleistungs-Stromrichter können dem führenden Netz stetig steuerbare kapazitive oder induktive Blindleistung zur Verfügung stellen (s. Abschnitt 1.3.2.13).

1.3.2.1 Netzgeführte Gleich- und Wechselrichter

Sie erfüllen die Grundfunktionen des Gleichrichtens bzw. des Wechselrichtens. Das Wechselspannungsnetz stellt die zum Kommutieren erforderliche Kommutierungsspannung zur Verfügung. Ihre Taktfrequenz ist gleich der Netzfrequenz.

Gleichspannungsbildung. Bild 1.3-3 zeigt die Gleichspannungsbildung bei einem netzgeführten Gleichrichter ohne Berücksichtigung der Kommutierung, d. h. bei Vernachlässigung von Kommutierungsreaktanzen und -widerständen. Die ideelle Gleichspannung bei Vollaussteuerung U_{di} ergibt sich durch Integration als arithmetischer Mittelwert der Gleichspannung u_d zu

$$U_{di} = \frac{1}{(2\pi)/3} \int_{-\pi/3}^{+\pi/3} \sqrt{2} U_s \cos\omega t \, d\omega t = \frac{1}{(2\pi)/3} \sqrt{2} U_s \sin\omega t \Big|_{-\pi/3}^{+\pi/3} = \frac{3}{\pi} \sqrt{2} U_s \sin\frac{\pi}{3}. \quad (1.3\text{-}1)$$

Gleichung (1.3-1) kann auf Stromrichterschaltungen mit beliebiger Pulszahl p erweitert werden, wenn man q als Kommutierungszahl einer Kommutierungsgruppe einführt. Kommutierungsgruppe ist eine Gruppe von Stromrichterzweigen, die untereinander im Zyklus kommutieren. Sind mehrere Kommutierungsgruppen in der Stromrichterschaltung enthalten, so kommutieren diese Gruppen unabhängig voneinander. Die Kommutierungszahl q ist die Anzahl der während einer Netzperiode auftretenden Kommutierungsvorgänge innerhalb einer Kommutierungsgruppe. Die Pulszahl p ist die Gesamtzahl der nicht gleichzeitigen Kommutierungen einer Stromrichterschaltung während einer Periode. Die Periodendauer T wird von der Grundfrequenz der taktgebenden Wechselspannung bestimmt. Die Anzahl der in Reihe geschalteten Kommutierungsgruppen wird mit s bezeichnet (bei Mittelpunktschaltungen $s = 1$, bei Brückenschaltungen $s = 2$). Damit ergibt sich die in Tabelle 1.3-8 für U_{di} angegebene Gleichung.

Der Steuerwinkel α eines Stromrichters entspricht der Zeitspanne, um die der Zündzeitpunkt gegenüber dem Zündzeitpunkt bei Vollaussteuerung nacheilend verschoben ist. Der Steuerwinkel wird meist in elektrischen Graden angegeben.

Die ideelle Gleichspannung $U_{di\alpha}$ bei einem Steuerwinkel α berechnet sich nach Gleichung

$$U_{di\alpha} = \frac{1}{(2\pi)/q} \int_{-\frac{\pi}{q}+\alpha}^{+\frac{\pi}{q}+\alpha} \sqrt{2} U_s \cos\omega t \, d\omega t = \frac{1}{(2\pi)/q} \sqrt{2} U_s \sin\omega t \Big|_{-\frac{\pi}{q}+\alpha}^{+\frac{\pi}{q}+\alpha} = \frac{q}{\pi} \sqrt{2} U_s \sin\frac{\pi}{q} \cos\alpha. \quad (1.3\text{-}2)$$

Bei Einführung des Faktors s ergibt sich

$$U_{\mathrm{di}\alpha}=s\frac{q}{\pi}\sqrt{2}U_{\mathrm{s}}\sin\frac{\pi}{q}\cos\alpha. \tag{1.3-3}$$

Der Mittelwert der Gleichspannung netzgeführter Stromrichter ändert sich also mit der Cosinusfunktion des Steuerwinkels α.

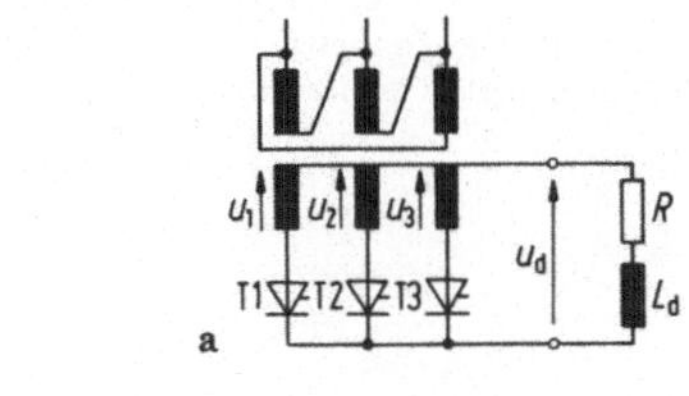

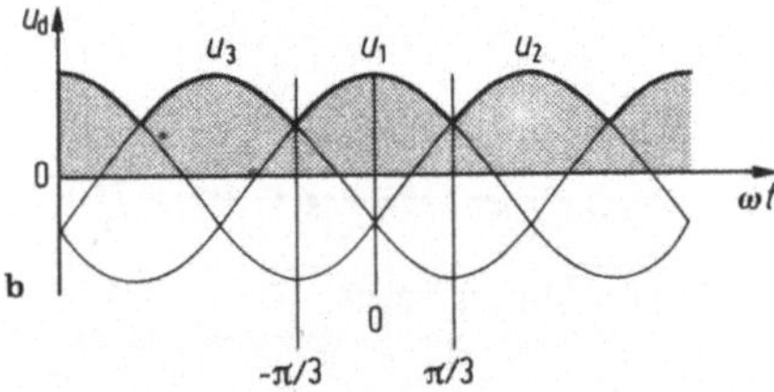

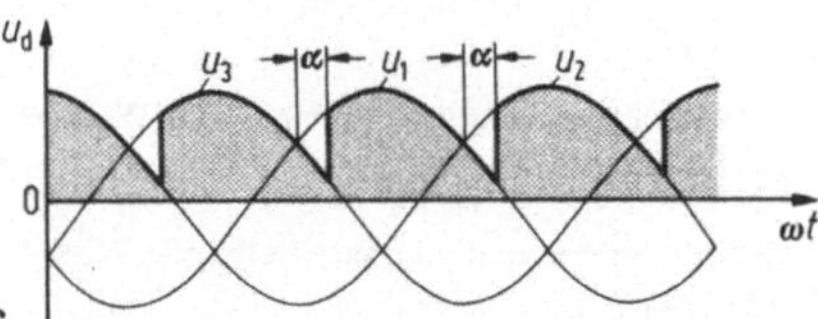

Bild 1.3-3. Gleichspannungsbildung bei einem netzgeführten Gleichrichter; a) Dreipuls-Mittelpunktschaltung, b) Vollaussteuerung, c) Anschnittsteuerung mit Steuerwinkel α.

Kommutierung. Die Kommutierungsspannung U_{k} bzw. U_{v0} ist diejenige Spannung im Kommutierungskreis, durch deren Wirkung die Kommutierung ermöglicht wird. Die Kommutierungsspannung ist eine sinusförmige Wechselspannung, die sich bei einem Mehrphasensystem als Differenz der Spannungen zweier miteinander kommutierender Phasen ergibt. Es gilt

$$U_{\mathrm{k}}=U_{\mathrm{v0}}=2U_{\mathrm{s}}\sin\frac{\pi}{q}. \tag{1.3-4}$$

Im Kommutierungskreis sind Induktivitäten und ohmsche Widerstände vorhanden. Kommutierungsinduktivität ist die Summe aller im Kommutierungskreis wirksamen Induktivitäten. Überlappungszeit (Kommutierungszeit) t_{u} ist die Zeitspanne, während der zwei (oder mehr) kommutierende Stromrichterzweige infolge der im Kommutierungskreis wirksamen Impedanzen gleichzeitig Strom führen. Meist wird anstelle der Überlappungszeit der Überlappungswinkel u in elektrischen Graden angegeben. Bild 1.3-4 zeigt den Verlauf der Kommutierungsströme abhängig vom Steuerwinkel α im Gleichrichter- bzw. im Wechselrichterbetrieb.

Bei Vernachlässigung der ohmschen Widerstände im Kommutierungskreis mit gleich großen Kommutierungsinduktivitäten L_{k} in jeder Phase ergibt sich der Kommutierungsstrom i_{k} (Kurzschlußstrom) im Kommutierungskreis zu

$$i_{\mathrm{k}}=\frac{1}{2L_{\mathrm{k}}}\int\sqrt{2}U_{\mathrm{k}}\sin\omega t\,\mathrm{d}t \tag{1.3-5}$$

Tabelle 1.3-8. Berechnungsformeln für netzgeführte Stromrichter

Gleichspannung:

Ideelle Gleichspannung bei Vollaussteuerung:

$$U_{di} = s\frac{q}{\pi}\sqrt{2}U_s \sin\frac{\pi}{q} = s\frac{q}{\pi}\sqrt{2}\frac{U_{v0}}{2}$$

U_s = ventilseitige Sternspannung (Phasenspannung)

U_{v0} = Kommutierungsspannung

Ideelle Gleichspannung bei Steuerwinkel α:

$$U_{di\alpha} = U_{di}\cos\alpha$$

bei ohmscher Last: $U_{di\alpha} = U_{di}\cos\alpha$ für $0 \leqq \alpha \leqq \frac{\pi}{2} - \frac{\pi}{p}$

$$U_{di\alpha} = U_{di}\frac{1-\sin\left(\alpha - \frac{\pi}{p}\right)}{2\sin\frac{\pi}{p}} \text{ für } \frac{\pi}{2} - \frac{\pi}{p} \leqq \alpha \leqq \frac{\pi}{2} + \frac{\pi}{p}$$

bei halbgesteuerten Schaltungen: $U_{di\alpha} = \frac{U_{di}}{2}(1+\cos\alpha)$

Welligkeit der Gleichspannung:

ideelle Wechselspannungskomponente der Ordnungszahl ν:

$$U_{\nu i} = \frac{\sqrt{2}}{\nu^2 - 1}U_{di}$$

der Gleichspannung überlagerte ideelle Wechselspannung:

$$U_{di} = \sqrt{\Sigma U_{\nu i}^2}$$

ideeller Wechselspannungsgehalt (ideelle Welligkeit):

$$w_i = \frac{\sqrt{\Sigma U_{\nu i}^2}}{U_{di}}$$

Kommutierung:

Kommutierungsspannung:

$$U_{v0} = 2U_S \sin\frac{\pi}{q}$$

Kommutierungsstrom:

$$i_k = \frac{1}{2L_k}\int\sqrt{2}U_{v0}\sin\omega t\,dt = \frac{\sqrt{2}U_{v0}}{2\omega L_k}(1-\cos\omega t)$$

Überlappung u:

$$\cos(\alpha+u) = \cos\alpha - \frac{2\omega L_k I_d}{\sqrt{2}U_{v0}} = \cos\alpha - 2d_x$$

Voreilwinkel β im Wechselrichterbetrieb:

$$\cos\beta = \cos(\gamma+u) = \cos\gamma - 2d_x$$

Anfangsüberlappung u_0:

$$\cos(\alpha+u_0) = 1 - 2d_x$$

Tabelle 1.3-8. (Fortsetzung)

Gleichspannungsänderung:

Gesamte Gleichspannungsänderung (mit $\alpha = \text{const.}$):

$$U_{d0\alpha} - U_{d\alpha} = U_{dxL} + U_{dxt} + U_{dxb} + U_{dr} + n(U_{dv} - U_{dv0})$$

Gesamte relative induktive Gleichspannungsänderung:

$$d_x = \frac{U_{dx}}{U_{di}} = \frac{\delta \cdot s \cdot q \cdot f \cdot L_k I_d}{g U_{di}} = \frac{I_d}{2\sqrt{2} I_k}$$

Nennwerte: $\dfrac{d_x}{d_{xN}} = \dfrac{I_d}{I_{dN}}$

Gesamte relative ohmsche Gleichspannungsänderung:

$$d_r = \frac{R_k I_d}{U_{di}}$$

Ventilspannung:

Ideelle Scheitelsperrspannung am Stromrichterzweig:

$$U_{im} = 2U_{v0} = \frac{2}{s} \cdot \frac{\pi}{q} U_{di}$$

U_{im} bei nicht wirksamer Saugdrossel (nahe Leerlauf): U_{i0m}

Ventilstrom:

Zweigstrom: I_p

bei guter Glättung gilt

für einfache Mittelpunktschaltungen:

$$I_{peff} = \frac{I_d}{\sqrt{p}} \qquad I_{pav} = \frac{I_d}{q} \qquad I_{pmax} = I_d$$

für zusammengesetzte Mittelpunktschaltungen:

$$I_{peff} = \frac{I_d}{g\sqrt{q}} \qquad I_{pav} = \frac{I_d}{gq} \qquad I_{pmax} = \frac{I_d}{g}$$

für Brückenschaltungen:

$$I_{peff} = \frac{I_d}{\sqrt{q}} \qquad I_{pav} = \frac{I_d}{q} \qquad I_{pmax} = I_d$$

$p =$ Pulszahl, $q =$ Kommutierungszahl, $g =$ Anzahl der Kommutierungsgruppen, auf die sich der Gleichstrom aufteilt

und mit der Anfangsbedingung $\omega t_0 = \alpha$, $i_k = 0$ gilt

$$i_k = \frac{\sqrt{2} U_k}{2\omega L_k} (\cos\alpha - \cos\omega t). \tag{1.3-6}$$

Je nach Steuerwinkel α ergeben sich für den zeitlichen Verlauf der Kommutierungsströme die entsprechenden Ausschnitte aus der Kurzschlußstromkurve.

Die Überlappung bei Vollaussteuerung ($\alpha = 0$) wird Anfangsüberlappung u_0 genannt. Bild 1.3-5 zeigt die Abhängigkeit des Überlappungswinkels u vom Steuerwinkel α mit der Anfangsüberlappung u_0 als Parameter.

Gleichrichterbetrieb. Der Steuerwinkel α kann von Vollaussteuerung bei $\alpha=0$ (maximaler Wert der ideellen Gleichspannung U_{di}) stetig vergrößert werden. Die abgegebene Gleichspannung ändert sich dabei mit der Cosinusfunktion des Steuerwinkels α. Bei $\alpha=90°$ ist der Mittelwert der ideellen Gleichspannung beim Steuerwinkel $\alpha U_{di\alpha}=0$. Der Bereich von $\alpha=0$ bis 90° heißt Gleichrichterbetrieb. Dabei fließt Energie von der Wechsel- bzw. Drehstromseite auf die Gleichstromseite.

Wechselrichterbetrieb. Bei Vergrößerung des Steuerwinkels α über 90° wird der Mittelwert der Gleichspannung negativ und steigt bei zunehmendem Steuerwinkel an. Bei $\alpha=180°-\beta$ erreicht die Gleichspannung den maximal möglichen negativen Mittelwert.

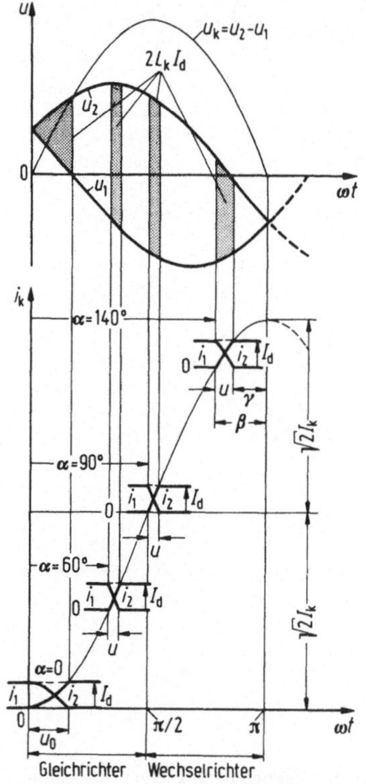

Bild 1.3-4. Verlauf der Kommutierungsströme.

Der Bereich von $\alpha=90°$ bis $180°-\beta$ mit negativem Gleichspannungsmittelwert wird Wechselrichterbetrieb genannt. Dabei wird von der Gleichstromseite Energie über den Stromrichter in das Wechsel- bzw. Drehstromnetz zurückgeführt. Der Stromrichter arbeitet in diesem Bereich als netzgeführter Wechselrichter.

Für den Voreilwinkel β eines Wechselrichters gilt

$$\beta=180°-\alpha. \tag{1.3-7}$$

Bei Berücksichtigung der Überlappung u ergibt sich für den Löschwinkel γ die Beziehung

$$\gamma=\beta-u. \tag{1.3-8}$$

Während des Löschwinkels γ bzw. γ/ω liegt am Stromrichterzweig nach erfolgter Stromabgabe negative Sperrspannung. Die Zeit γ/ω entspricht also bei netzgeführten Stromrichtern der Schonzeit

(Freihaltezeit) t_c. Unterschreitet der Löschwinkel γ den zulässigen Mindestwert, tritt Kippen des Wechselrichters auf (Kurzschluß der rückspeisenden Gleichstromseite über Stromrichterzweige) [199].

Bild 1.3-6 zeigt das Umsteuern vom Gleichrichter- in den Wechselrichterbetrieb. Wegen der vorgegebenen Ventilwirkung behält dabei der Gleichstrom I_d seine Richtung bei, während sich das

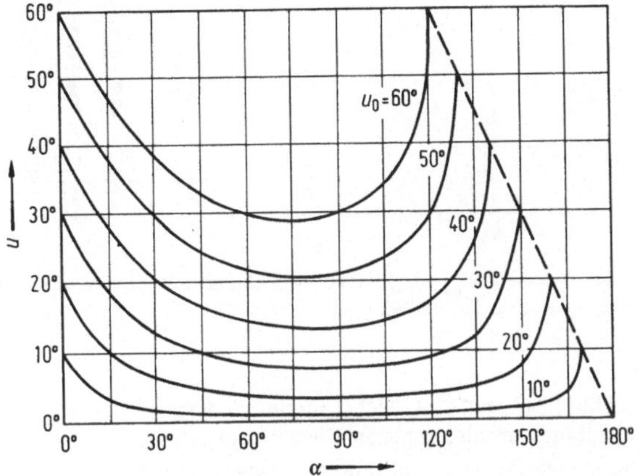

Bild 1.3-5. Überlappungswinkel u als Funktion des Steuerwinkels α (Parameter: Anfangsüberlappung u_0).

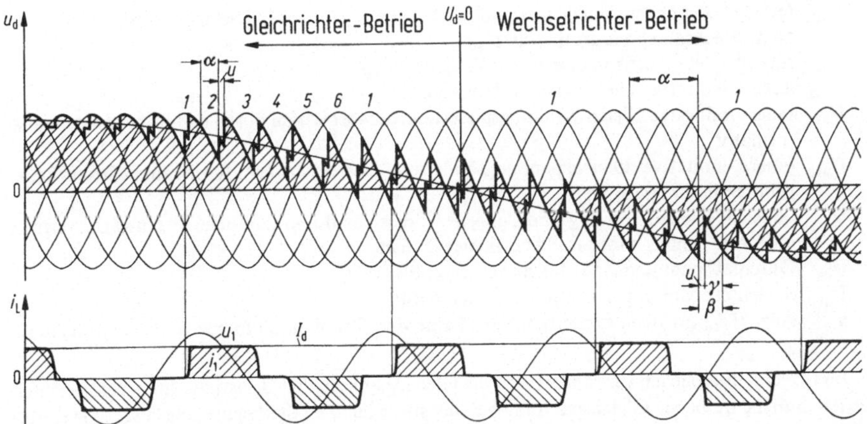

Bild 1.3-6. Umsteuern vom Gleichrichter- in den Wechselrichterbetrieb (bei der Sechspuls-Brückenschaltung).

Vorzeichen des Mittelwertes der Gleichspannung U_d umkehrt. Im Gleichrichterbetrieb nimmt die Gleichstromseite Energie aus dem Drehstromnetz auf. Im Wechselrichterbetrieb liefert sie Energie in das Drehstromnetz zurück. Entsprechend ändert sich die Phasenlage des netzseitigen Leiterstromes I_L.

Belastungskennlinie. Infolge der Kommutierungsreaktanzen, ohmschen Widerstände und Ventilspannungsabfälle ist die Gleichspannung U_d im Gleichrichterbetrieb kleiner als die ideelle

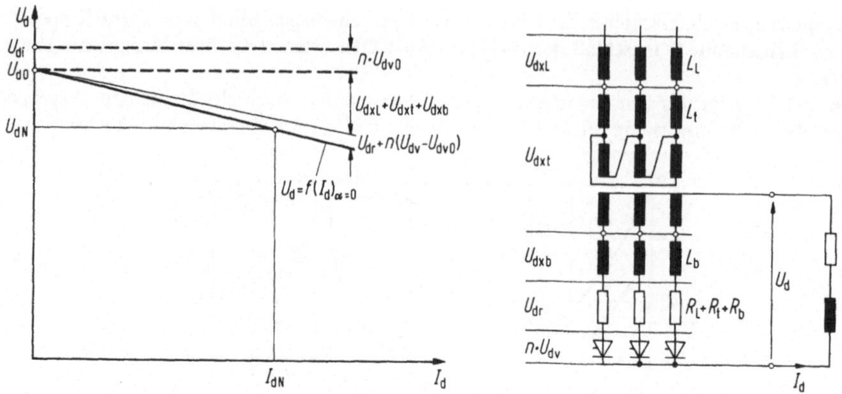

Bild 1.3-7. Gleichspannungsänderung ($U_{d0}-U_d$) eines Gleichrichters (in Vollaussteuerung) in Abhängigkeit vom abgegebenen Gleichstrom I_d (s. auch Tabelle 14).

Gleichspannung U_{di}. Bild 1.3-7 zeigt die Gleichspannungsänderung $U_{d0}-U_d$ eines Gleichrichters in Vollaussteuerung abhängig vom abgegebenen Gleichstrom I_d.

Für die Gleichspannungsänderung gilt (mit $\alpha=0$ bzw. $\alpha=\text{const}$):

$$U_{d0\alpha}-U_{d\alpha}=U_{dxL}+U_{dxt}+U_{dxb}+U_{dr}+n(U_{dv}-U_{dv0}). \tag{1.3-9}$$

Darin bedeuten (s. auch Verzeichnis der Formelzeichen S. 19):

- $U_{d0\alpha}$ (gesteuerte) konventionelle Leerlaufgleichspannung (um nU_{dv0} beim Gleichrichten kleiner, beim Wechselrichten größer als U_{di})
- $U_{d\alpha}$ tatsächliche Gleichspannung bei Gleichstrom I_d
- U_{dxL} äußere induktive Gleichspannungsänderung
- U_{dxt} innere induktive Gleichspannungsänderung, hervorgerufen durch den Stromrichtertransformator
- U_{dxb} innere induktive Gleichspannungsänderung, hervorgerufen durch zum Stromrichter gehörende Drosselspulen
- U_{dr} ohmsche Gleichspannungsänderung, hervorgerufen durch sämtliche Stromwärmeverluste im Stromrichter, außer in Stromrichterventilen
- U_{dv} Durchlaßspannung eines Stromrichterventils bei I_d
- U_{dv0} Schleusenspannung eines Stromrichterventils
- n Anzahl der im Stromrichterbetrieb in Reihe vom Strom durchflossenen Stromrichterventile.

Im Gleichrichterbetrieb vermindert sich die Gleichspannung bei Belastung. Im Wechselrichterbetrieb muß die treibende Gleichspannung bei Belastung um die Gleichspannungsänderung größer sein als die Leerlaufgleichspannung.

Relative Gleichspannungsänderungen werden auf die ideelle Gleichspannung U_{di} bezogen. Für die relative induktive Gleichspannungsänderung gilt

$$d_x=d_{xL}+d_{xt}+d_{xb}=\frac{U_{dxL}}{U_{di}}+\frac{U_{dxt}}{U_{di}}+\frac{U_{dxb}}{U_{di}}. \tag{1.3-10}$$

Bei bekannten Kommutierungsinduktivitäten L_k bzw. relativen Kurzschlußspannungen kann d_x berechnet werden (s. Tabelle 1.3-8). Die Gleichspannungsänderungen sind stromabhängig. Sie werden z. B. für Nennstrom angegeben und können mit dem Faktor I_d/I_{dN} umgerechnet werden. Die relative ohmsche Gleichspannungsänderung ist

$$d_r = U_{dr}/U_{di} = R_k I_d/U_{di}. \tag{1.3-11}$$

Für die einzelnen Komponenten ergibt sich die relative ohmsche Gleichspannungsänderung aus den Verlusten $P_v/(U_{di} \cdot I_d)$.

Bild 1.3-8 zeigt die Belastungskennlinien eines netzgeführten Stromrichters für verschiedene Steuerwinkel α. Vorausgesetzt wird konstante, sinusförmige und symmetrische Anschlußspannung sowie konstante Frequenz. Die Kennlinien fallen bei praktisch konstanten Blind- und Wirkwiderständen linear mit dem abgegebenen Gleichstrom I_d.

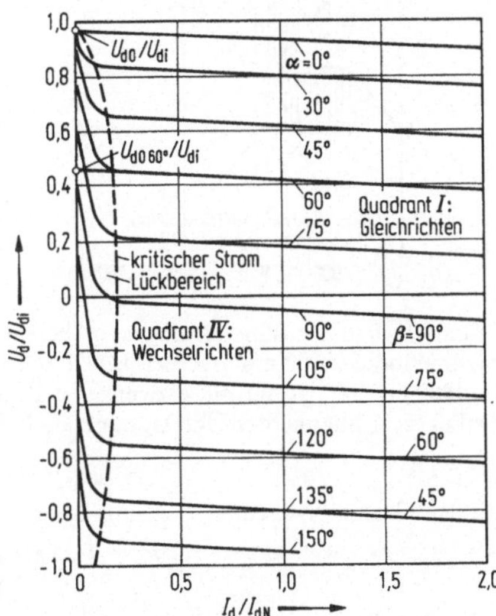

Bild 1.3-8. Belastungskennlinien eines netzgeführten Stromrichters für verschiedene Steuerwinkel α.

Unterhalb des kritischen Stromes beginnt der Lückbereich. Bei Lückbetrieb wird der Strom auf der Gleichstromseite innerhalb jeder Periode der Netzspannung für bestimmte Zeitabschnitte Null (s. Tabelle 1.3.27). Im Lückbetrieb finden keine Kommutierungen zwischen den Hauptzweigen statt. Bei Gegenspannung und begrenzter Glättung steigt als Folge des lückenden Gleichstromes die Gleichspannung U_d über den Wert der gesteuerten konventionellen Leerlaufgleichspannung U_{d0} an.

Steuerbereich. Der Steuerbereich eines netzgeführten Stromrichters (bei natürlicher Kommutierung) ist auf den Bereich $\alpha = 0$ bis $180° - \beta$ beschränkt. Bild 1.3-9 zeigt die Abhängigkeit der Kommutierungsspannung U_k, der Gleichspannung U_d, der Wirkleistung auf der Wechselstromseite P_L und der Grundschwingungs-Blindleistung Q_{1L} vom Steuerwinkel α im Gleichrichter- und Wechselrichterbetrieb. Bei konstantem Gleichstrom ändern sich die Wirkleistung P_L mit der Cosinusfunktion und die Grundschwingungs-Blindleistung Q_{1L} mit der Sinusfunktion des Steuerwinkels α. Bei Vernachlässigung der Überlappung u gilt

$$P_L = U_{di} I_d \cos\alpha \tag{1.3-12}$$

und

$$Q_{1L} = U_{di} I_d \sin\alpha. \tag{1.3-13}$$

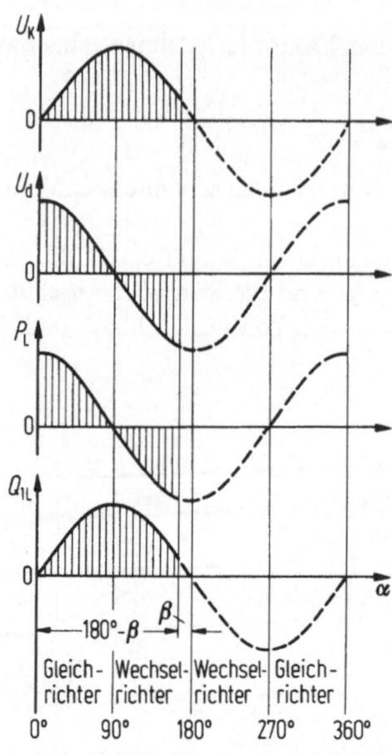

Bild 1.3-9. Steuerbereich eines netzgeführten Stromrichters bei natürlicher Kommutierung (Gleichstrom I_d = const. und Überlappung $u=O$).

Die Grundschwingungs-Blindleistung ist in diesem Bereich induktiv, d. h. der Stromrichter verhält sich wie eine Induktivität am Wechsel- bzw. Drehstromnetz. Der Bereich kapazitiver Blindleistung von $\alpha=180°$ bis $360°$ ist nur mit erzwungener Kommutierung erreichbar (s. Abschnitt 1.3.2.12).

Mit Berücksichtigung der Überlappung u gilt für die Wirkleistung

$$P_L = U_{d\alpha} I_d = U_{di} I_d (\cos\alpha - d_x) \tag{1.3-14}$$

und für den Grundschwingungs-Leistungsfaktor

$$\cos\varphi_1 = \frac{P_L}{S_{1L}} = \frac{U_{di} I_d (\cos\alpha - d_x)}{U_{di} I_d} = \cos\alpha - d_x . \tag{1.3-15}$$

Für Wechselrichterbetrieb gilt

$$\cos\varphi_1 \approx \cos\gamma - d_x . \tag{1.3-16}$$

Als Ortskurve der Grundschwingungs-Blindleistung erhält man mit

$$\frac{Q_{1L}}{U_{di} I_d} \approx \sqrt{1-(\cos\alpha - d_x)^2} \tag{1.3-17}$$

und

$$\frac{U_{d\alpha}}{U_{di}} = \cos\alpha - d_x \tag{1.3-18}$$

den in Bild 1.3-10 gezeichneten Halbkreis. Die im Gleich- bzw. Wechselrichterbetrieb erreichbaren Anfangswerte sind abhängig von der Anfangsüberlappung u_0 eingezeichnet. Die Blindleistung Q_L belastet Stromrichtertransformator und Netz zusätzlich, liefert aber keinen Beitrag zur mittleren Leistungsübertragung und ist daher unerwünscht [96, 101]. Besonders bei einphasigen Wechselstromnetzen werden daher blindleistungssparende Schaltungen eingesetzt (s. Abschnitte 1.3.2.11 und 1.3.2.12). Durch unsymmetrische Steuerung oder Folgesteuerung (Reihenschaltung von Teilstromrichtern, die beim Durchfahren des gesamten Gleichspannungsbereiches nacheinander ausgesteuert werden) kann die Blindleistung erheblich vermindert werden [89, 98, 103, 124, 158].

Sechspuls-Brückenschaltung. Die bei netzgeführten Stromrichtern am häufigsten eingesetzte Schaltung ist die Sechspuls-Brückenschaltung (Drehstrom-Brückenschaltung). Bild 1.3-11 zeigt Strom- und Spannungsverlauf bei dieser Schaltung, und zwar bei Vollaussteuerung und bei Anschnittsteuerung mit verschiedenen Steuerwinkeln α. Die Spannungs- und Stromkurven sind unter der Annahme sinusförmiger symmetrischer Netzspannungen mit den angenommenen Parametern quantitativ durch Simulation ermittelt.

Zweipuls-Brückenschaltung. Bild 1.3-12 zeigt Strom- und Spannungsverlauf bei der Zweipuls-Brückenschaltung (einphasige Brückenschaltung) bei Anschnittsteuerung mit dem Steuerwinkel $\alpha = 60°$.

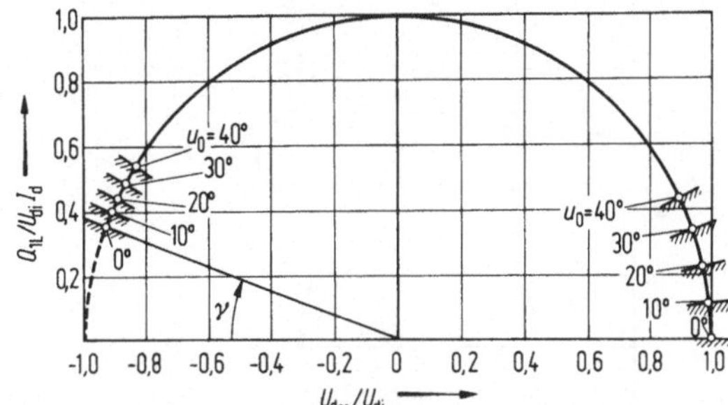

Bild 1.3-10. Grundschwingungs-Blindleistung des Netzes in Abhängigkeit von der Gleichspannung (Gleichstrom I_d = konst.).

Berechnung netzgeführter Stromrichter. In Tabelle 1.3-8 sind Berechnungsformeln zusammengestellt. Bei Reihenschaltung von Ventilen ergibt sich die Spannung an einem Stromrichterventil aus der Sperrspannung am Stromrichterzweig geteilt durch die Anzahl der in Reihe geschalteten Ventile. Überspannungen, z. B. durch den Trägerstaueffekt, Netzüberspannungen und ungleichmäßige Spannungsaufteilung bei Reihenschaltung müssen berücksichtigt werden.

Bei Parallelschaltung ergibt sich der Strom in den einzelnen Ventilen aus dem Zweigstrom durch die Anzahl der parallelgeschalteten Ventile. Ungleichmäßigkeiten (bis zu 10 %) in der Stromaufteilung sind zu berücksichtigen.

Anwendungen. Netzgeführte Gleich- und Wechselrichter sind die nach dem Umfang ihres Einsatzes am meisten verbreiteten Stromrichter. Sie werden beispielsweise als Ladegleichrichter und zur Stromversorgung von Galvanik- und Elektrolyseanlagen verwendet, meist als ungesteuerte Gleichrichter mit Silizium-Gleichrichterdioden. Als Richtwerte für Elektrochemische Anlagen gelten bei Aluminium-Elektrolysen Gleichströme von 170 kA bei Gleichspannungen von 1100 V (Leistung 165 MW), bei Chlor-Elektrolysen Gleichströme von über 200 kA bei Gleichspannungen von 250 bis 500 V [163]. Weitere Anwendungsschwerpunkte ungesteuerter Gleichrichter sind Unterwerke für die elektrische Traktion mit Gleichstromspeisung.

Steuerbare Gleichrichter mit Thyristoren werden für Gleichstromantriebe mit Drehzahlsteuerung bzw. -regelung eingesetzt [84, 85, 143]. Der Leistungsbereich erstreckt sich von 1 kW bis über 10 MW. Auch zur Schlupfleistungssteuerung von Asynchronmaschinen mit Schleifringläufer werden sie angewendet (untersynchrone Stromrichterkaskade) [148]. Die größten Stromrichterleistungen werden für die Hochspannungs-Gleichstrom-Übertragung (HGÜ) gebaut (bis über 1000 MW) [79, 83, 87, 94, 186, 187].

1.3.2.2 Netzgeführte Umkehrstromrichter

Umkehrstromrichter ermöglichen einen Energiefluß in beiden Richtungen bei umkehrbarer Stromrichtung auf der Gleichstromseite. Eine Umkehr des Gleichstromes setzt Stromrichterventile für beide Stromrichtungen voraus (Doppel-Stromrichter, vgl. Abschnitt 1.1.2.2). Stromumkehr bei

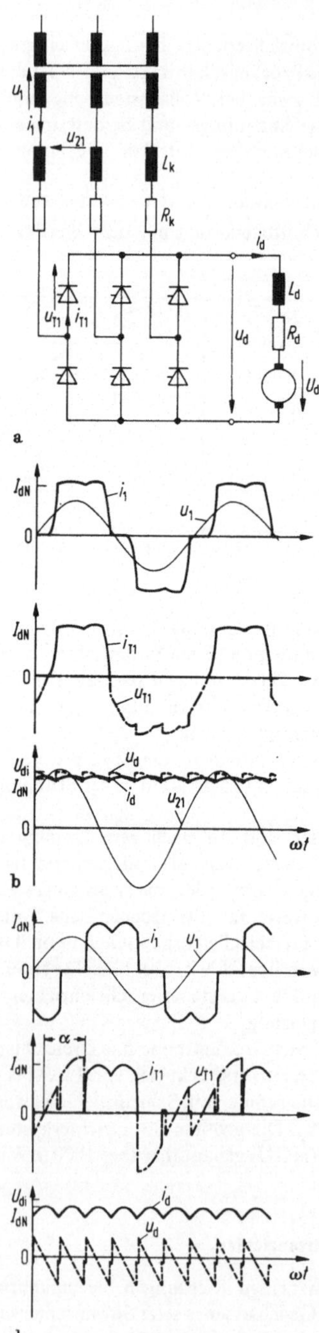

$u_k = \frac{\omega L_k I_N}{U_N} = 8\%$

$\frac{R_k I_N}{U_N} = 2\%$

$\frac{R_d I_{dN}}{U_{di}} = 10\%$

$\tau_d = \frac{L_d}{R_d} = 20\,\text{ms}$

$f = 50\,\text{Hz}$

Bild 1.3-11.

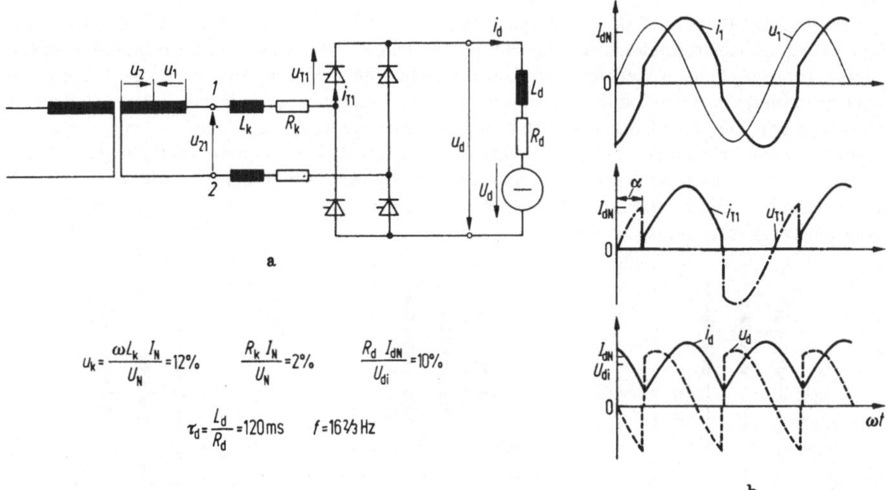

Bild 1.3-12. Strom- und Spannungsverlauf bei der Zweipuls-Brückenschaltung (einphasige Brückenschaltung); a) Schaltung mit Parametern, b) Anschnittsteuerung ($\alpha = 60°$).

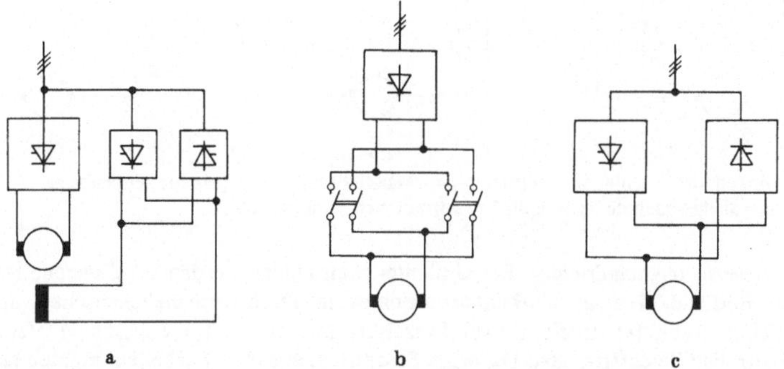

Bild 1.3-13. Vier-Quadrant-Betrieb einer Gleichstrommaschine; a) Feldumkehr durch Umkehrstromrichter im Erregerkreis, b) Polwendung mit mechanischem Schalter im Ankerkreis, c) Doppel-Stromrichter im Ankerkreis.

gleichbleibender Spannungsrichtung ermöglicht Betrieb in zwei Quadranten (I und II). Bei gleichzeitiger Umkehr der Spannung ist Betrieb in vier Quadranten möglich.

Umkehrstromrichter werden entweder durch gegensinnige Parallelschaltung zweier Einzel-Stromrichter gebildet, von denen jeder für eine Stromrichtung bestimmt ist, oder dadurch, daß jedem Stromrichterventil eines Einzel-Stromrichters ein weiteres gegenparallel geschaltet wird.

Umkehrstromrichter für Betrieb in allen vier Quadranten der Strom-Spannungs-Ebene werden bei allen Umkehrantrieben verlangt, bei denen in beiden Drehrichtungen angetrieben und gebremst werden muß [81, 100].

Bild 1.3-11. Strom- und Spannungsverlauf bei der Sechspuls-Brückenschaltung (Drehstrom-Brückenschaltung). a) Schaltung mit angenommenen Parametern, b) Vollaussteuerung ($\alpha = 0$), c) Anschnittsteuerung ($\alpha = 30°$), d) Betrieb als Blindleistungs-Stromrichter ($\alpha = 90°$), e) Wechselrichterbetrieb ($\alpha = 150°$).

Vier-Quadrant-Betrieb. In Bild 1.3-13 sind verschiedene Möglichkeiten für den Vier-Quadrant-Betrieb einer Gleichstrommaschine nebeneinandergestellt. Wird der Strom im Erregerkreis umgepolt (a), so genügt im Ankerkreis ein Einzel-Stromrichter. Wegen der besonders bei großen Gleichstrommaschinen beträchtlichen Zeitkonstante des Erregerfeldes ergeben sich Umschaltzeiten von wenigstens 200 bis 600 ms. Die Stromumkehr im Ankerkreis kann auch mit mechanischen Schaltern (Ankerumschalter) vorgenommen werden (b). Der Ankerumschalter polt den Ankerkreis im stromlosen Zustand um. Es entsteht eine Totzeit (100 bis 200 ms). Bei Reversierantrieben mit schnellem und häufigem Drehmomentwechsel wird die Stromumkehr im Ankerkreis über Doppel-Stromrichter (c) vorgenommen.

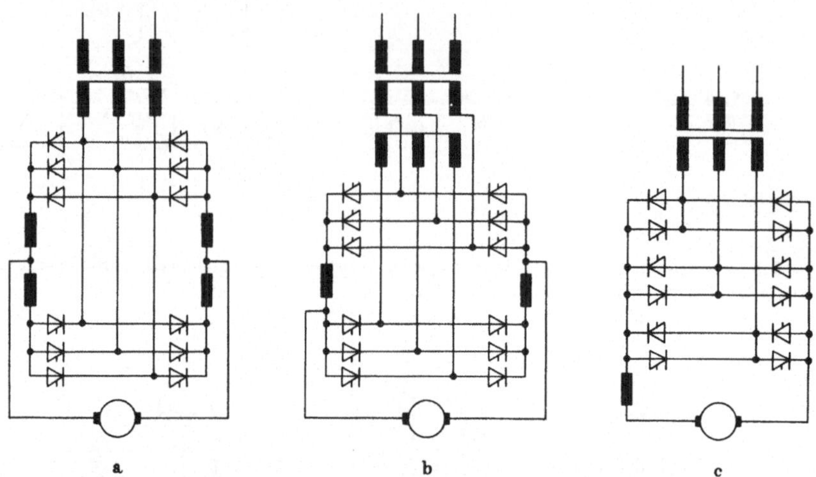

Bild 1.3-14. Umkehrstromrichter in Drehstrom-Brückenschaltung; a) Gegenparallelschaltung, b) Kreuzschaltung, c) gegenparallelgeschaltete Ventile für kreisstromfreien Umkehrbetrieb.

Umkehrstromrichter-Schaltungen. Bei Umkehrstromrichtern werden verschiedene Schaltungen angewendet. Bild 1.3-14 zeigt Umkehrstromrichter in Drehstrom-Brückenschaltung. Bei der Gegenparallelschaltung (a) arbeiten zwei Einzel-Stromrichter entgegengesetzter Ventilrichtung gemeinsam auf die Gleichstromlast. Da beide Stromrichter parallel arbeiten, müssen sie in jedem Betriebszustand so ausgesteuert werden, daß sie möglichst gleichgroße Gleichspannungen abgeben. Das bedeutet wegen der umgekehrten Ventilrichtung, daß jeweils der eine Stromrichter im Gleichrichterbetrieb und der andere im Wechselrichterbetrieb ausgesteuert sein muß. Die Stromrichtung auf der Gleichstromseite gibt vor, welcher der beiden Stromrichter jeweils den Strom führt. Bei der Kreuzschaltung (b) sind die beiden gegenparallel arbeitenden Einzel-Stromrichter an getrennten Sekundärwicklungen des Stromrichtertransformators angeschlossen. Die Kreuzschaltung bietet größere Sicherheit gegen Phasenkurzschlüsse. Diese können nur dann auftreten, wenn in dem an der Stromführung nicht beteiligten Stromrichter zwei in Reihe liegende Brückenzweige gleichzeitig zünden. Bei gegenparallelgeschalteten Ventilen in jedem Brückenzweig (c) sind keine Kreisstromdrosseln zur Begrenzung des durch unterschiedliche Augenblickswerte der Gleichspannungen beider Einzel-Stromrichter auftretenden Kreisstromes vorhanden. Diese Schaltung muß daher kreisstromfrei betrieben werden, d. h., daß jeweils nur die gerade stromführenden Ventile gezündet werden dürfen.

Kreisstrom. Bild 1.3-15 zeigt die Entstehung von Kreisströmen bei Umkehrstromrichtern am Beispiel der Gegenparallelschaltung zweier Dreipuls-Mittelpunktschaltungen. Ein Kreisstrompfad

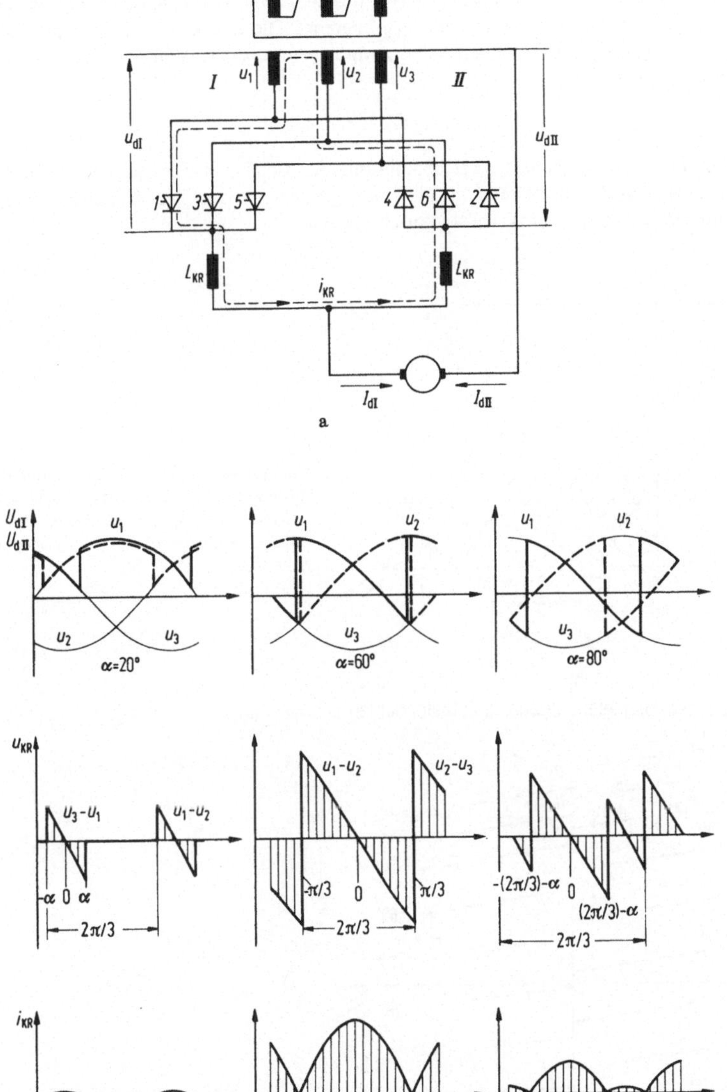

Bild 1.3-15. Kreisstrom bei Umkehrstromrichtern; a) Gegenparallelschaltung zweier M 3-Stromrichter, b) Verlauf der Kreisspannung u_{KR} und des Kreisstromes i_{KR} bei $\alpha = 20°$, c) Verlauf der Kreisspannung u_{KR} und des Kreisstromes i_{KR} bei $\alpha = 60°$, d) Verlauf der Kreisspannung u_{KR} und des Kreisstromes i_{KR} bei $\alpha = 80°$.

für einen willkürlich gewählten Zeitwert (Ventil 1 und Ventil 6 gezündet) ist in der Schaltung eingezeichnet. Der Kreisstrom i_{KR} fließt im Gegensatz zum Gleichstrom I_d nicht über die Gleichstromlast, sondern über die beiden Teilstromrichter I und II und den Stromrichtertransformator. Er wird durch die Kreisstromdrosseln L_{KR} begrenzt. Die Größe des Kreisstromes ist abhängig vom Steuerwinkel α. Damit in der Kreisspannung u_{KR} keine Gleichkomponente in Ventilrichtung auftritt, muß die Bedingung

$$\alpha_{II} = 180° - \alpha_I \tag{1.3-19}$$

erfüllt sein. Der Mittelwert der Gleichspannung des im Wechselrichterbetrieb ausgesteuerten Teilstromrichters muß mindestens gleich oder größer als der der Gleichspannung des im Gleichrichterbetrieb arbeitenden Teilstromrichters sein.

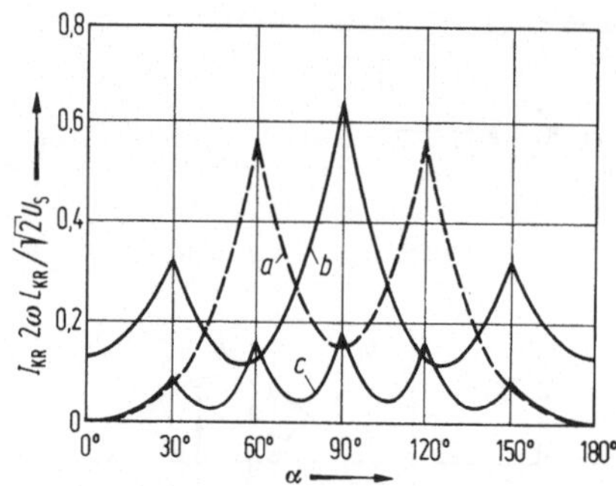

Bild 1.3-16. Abhängigkeit des Kreisstrommittelwertes vom Steuerwinkel α für a) dreipulsige Gegenparallelschaltung, b) dreipulsige Kreuzschaltung, c) sechspulsige Schaltungen.

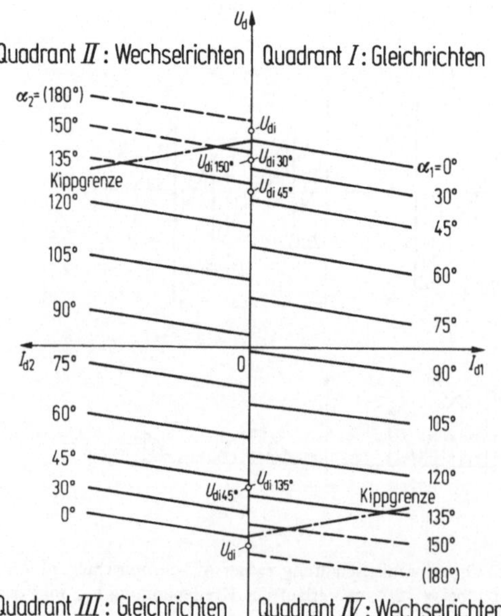

Bild 1.3-17. Linearisierte Strom-Spannungs-Kennlinie auf der Gleichstromseite eines netzgeführten Doppel-Stromrichters (Vier-Quadrant-Stromrichter).

In Bild 1.3-16 ist der Kreisstrommittelwert für verschiedene Schaltungen abhängig vom Steuerwinkel α aufgetragen. Bei sechspulsigen Schaltungen ergeben sich wesentlich niedrigere Kreisströme als bei dreipulsigen [110, 130].

Kreisstromfreier Betrieb wird bei Umkehrstromrichtern größerer Leistung häufig angewendet. Voraussetzung hierfür ist, daß immer nur der jeweils stromführende Teilstromrichter gezündet wird, während die Zündimpulse des anderen gesperrt werden. Dazu ist eine Erfassung der Stromrichtung in der Gleichstromlast bzw. des Stromnulldurchganges erforderlich. Beim Umschalten muß eine Totzeit in Kauf genommen werden.

Strom-Spannungs-Kennlinien. Bild 1.3-17 zeigt linearisierte Kennlinien der Gleichspannung eines Vier-Quadrant-Stromrichters. Im Gleichrichterbetrieb (Quadranten I und III) sinkt die abgegebene Gleichspannung mit zunehmender Belastung (s. Bild 1.3-7). Im Wechselrichterbetrieb erhöht sich die abgegebene Spannung mit zunehmender Belastung, weil die Spannungsabfälle sich in diesem Betriebszustand zur Gleichspannung addieren. Die Kennlinien gelten für geglätteten Gleichstrom. Die Kippgrenze im Wechselrichterbetrieb wird erreicht, wenn die Schonzeit t_c (Freihaltezeit) sich auf den Wert der Freiwerdezeit t_q der Stromrichterventile verringert. Die Kippgrenze bestimmt beim Wechselrichten den stromabhängigen Höchstwert der Gleichspannung.

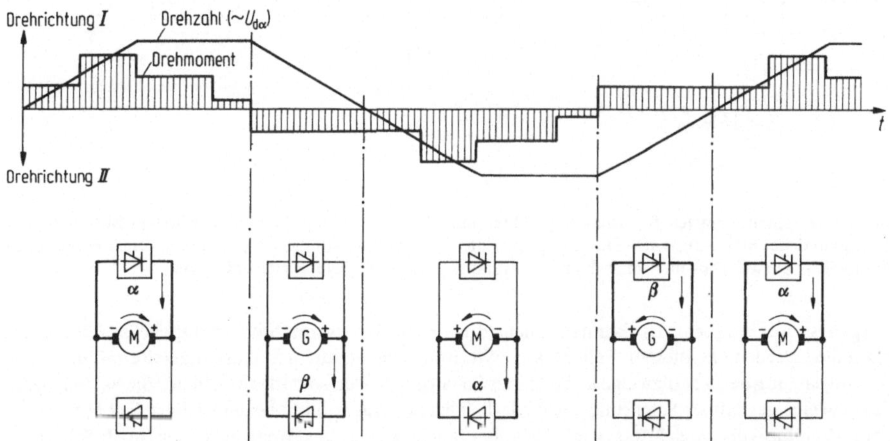

Bild 1.3-18. Lastspiel bei einem Umkehrstromrichter.

Lastspiel. In Bild 1.3-18 ist das idealisierte Lastspiel bei einem Umkehrstromrichter an einem Beispiel dargestellt, wie es beim Antrieb einer Umkehrwalzenstraße auftritt. Gleiches Vorzeichen von Drehzahl und Drehmoment entspricht Motorbetrieb der Gleichstrommaschine (Gleichrichterbetrieb eines Teilstromrichters), ungleiches Vorzeichen Generatorbetrieb (Wechselrichterbetrieb eines Teilstromrichters). Umkehr des Drehmomentes bedeutet Richtungsänderung des Gleichstromes.

Anwendungen. Umkehrstromrichter werden für industrielle Reversierantriebe im mittleren und oberen Leistungsbereich (bis > 10 MW) eingesetzt.

1.3.2.3 Netzgeführte Direktumrichter

Direktumrichter arbeiten ohne Gleichstrom-Zwischenkreis. Bei ihnen sind im allgemeinen alle Ausgangsleiter über gegenparallelgeschaltete Stromrichterventile mit allen Eingangsleitern verbunden. Daneben sind auch Kreuzschaltungen möglich.

Direktumrichter erfüllen die Grundfunktion des Wechselstromumrichtens (s. Abschnitt 1.1.2.1). Netzgeführte Direktumrichter arbeiten mit natürlicher Kommutierung über das Drehstromnetz [64, 67]. Sie dienen der Erzeugung von Ein- oder Mehrphasensystemen veränderbarer Frequenz. Im allgemeinen ist der Einstellbereich der Ausgangsfrequenz auf Werte zwischen 0 bis 0,4 der Netzfrequenz f_1 beschränkt.

Schaltungsarten. Direktumrichter können wie Umkehrstromrichter aufgebaut sein, die im Takt der gewünschten Ausgangsfrequenz f_2 umgesteuert werden. Dabei wird für jede Phase des Ausgangssystems ein Doppel-Stromrichter benötigt. Bei mehrphasigen Ausgangssystemen können auch Sparschaltungen angewendet werden. Bild 1.3-19 zeigt Schaltungsarten für dreiphasige Direktumrichter. Bei drei Umkehrstromrichtern in Sternschaltung (a) ist ein Sternpunktleiter auf der

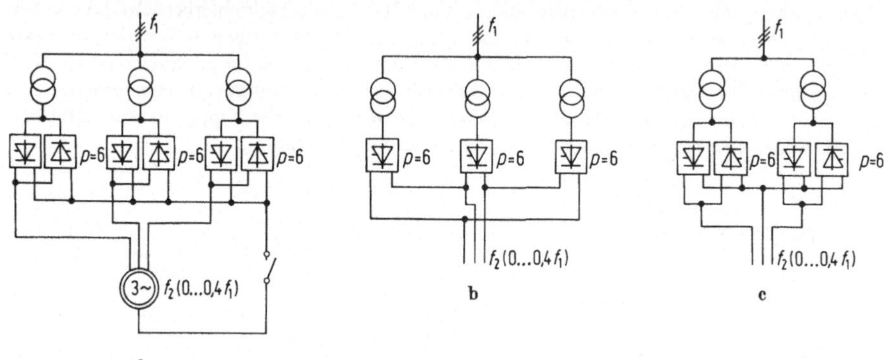

Bild 1.3-19. Schaltungsarten für dreiphasige Direktumrichter; a) drei Umkehrstromrichter in Sternschaltung (Sternpunktleiter möglich), b) drei Einfach-Stromrichter in Dreieckschaltung (Ringschaltung, kein Sternpunktleiter möglich), c) zwei Umkehrstromrichter in V-Schaltung (kein Sternpunktleiter möglich).

Ausgangsseite möglich. Es können auch drei Einfach-Stromrichter in Dreieckschaltung (b) geschaltet werden. In diesem Fall ist kein Sternpunktleiter auf der Ausgangsseite möglich. Die Strombelastung der Ventilzweige ist bei dieser Schaltung höher, so daß, obwohl nur die halbe Anzahl Ventilzweige gegenüber Schaltung a erforderlich ist, der Aufwand nahezu gleich ist. Zur Erzeugung eines dreiphasigen Ausgangssystems können auch zwei Umkehrstromrichter in *V*-Schaltung zusammengefaßt werden. Auch hier ist kein Sternpunktleiter möglich, und der Aufwand entspricht Schaltung a.

Steuerverfahren. Die Ausgangsspannung netzgeführter Direktumrichter kann über den Steuerwinkel α unterschiedlich gesteuert werden. Bild 1.3-20 zeigt die beiden grundsätzlichen Steuerverfahren. Trapezförmiger Spannungsverlauf (a) wird erreicht, wenn die Spannungsumkehr auf einer Phase der primärseitigen Anschlußspannung vorgenommen und im übrigen die Teilstromrichter in Vollaussteuerung betrieben werden. Bei ohmscher Last bildet sich ein Strom i_2 aus, der wie die Ausgangsspannung u_2 verläuft. An der Stromführung ist dann jeweils nur der im Gleichrichterbetrieb ausgesteuerte Teilstromrichter beteiligt. Bei ohmsch-induktiver Last eilt der Strom i_2 der Ausgangsspannung u_2 nach. Dann tritt in den Quadranten II und IV auch Stromführung im Wechselrichterbetrieb auf. Bei kreisstromfreiem Betrieb entsteht bei Stromumkehr eine Pause (Totzeit).

Beim Steuerumrichter wird die Spannung der beiden gegenparallel arbeitenden Teilstromrichter sinusförmig ausgesteuert (b). Dabei müssen die Steuerwinkel α_{I} bzw. α_{II} nach jeder Kommutierung entsprechend verändert werden. Auch hier arbeiten die beiden Teilstromrichter abwechselnd im Gleichrichter- bzw. Wechsenrichterbetrieb.

Während einer Halbperiode der Ausgangsfrequenz ändern sich die Kurvenform und damit auch Effektivwert und Blindkomponente der netzseitigen Leiterströme. Der mittlere Verschiebungsfaktor kann höchstens den Wert $\cos\varphi_1 = 0{,}844$ erreichen. Der totale Leistungsfaktor λ ist abhängig vom Verhältnis der Ausgangs- zur Eingangsfrequenz. Es können Leistungspulsationen mit der doppelten Ausgangsfrequenz im Netz auftreten, die den Leistungsfaktor erheblich verschlechtern. Beim Trapezumrichter ist der Leistungsfaktor um so höher, je länger der Umrichter während einer Halbschwingung der Ausgangsfrequenz mit Vollaussteuerung arbeitet.

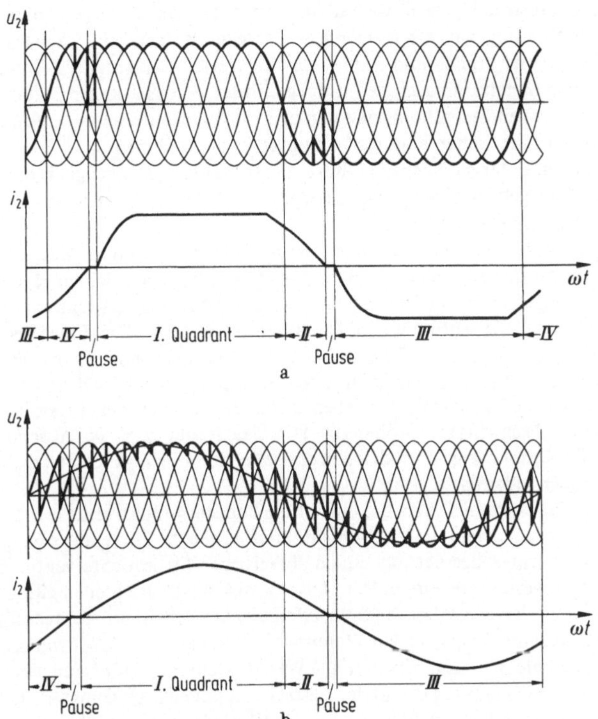

Bild 1.3-20. Ausgangsspannung und -strom eines sechspulsigen Direktumrichters; a) trapezförmiger Spannungsverlauf (Trapezumrichter), b) sinusförmige Ansteuerung (Steuerumrichter).

Anwendungen. Netzgeführte Direktumrichter werden für die Drehzahlsteuerung langsam laufender Drehfeldmaschinen (Asynchron- und Synchronmaschinen) bis zu großen Leistungen eingesetzt, z. B. kann bei Zementmühlenantrieben die Mahltrommel konstruktiv mit dem Polrad der Maschine vereinigt werden, so daß ein Getriebe entfällt. Auch zur Schlupfsteuerung von großen Asynchronmaschinen mit Schleifringläufern werden netzgeführte Direktumrichter eingesetzt, z. B. bei Bahnumformern zur asynchronen Netzkupplung [155]. Direktumrichter können auch zur direkten Speisung von einphasigen Bahnnetzen ($16^2/_3$ Hz) aus dem dreiphasigen Landesnetz verwendet werden [88, 95]. Weitere Anwendungsfälle sind die Erzeugung eines mehrphasigen Spannungssystems konstanter Frequenz aus einem Mittelfrequenzsystem veränderlicher Frequenz, z. B. für die Bordnetzversorgung in Flugzeugen (VSCF-System = Variable Speed Constant Frequency). Ein Sondergebiet für den Einsatz von netzgeführten Direktumrichtern ist das Elektro-Schlacke-Umschmelzverfahren (Electro Slag Remelting) [156]. Hier wird ein mehrphasiger Direktumrichter zur Erzeugung von niederfrequentem Wechselstrom veränderlicher Frequenz (0 bis 10 Hz) eingesetzt.

1.3.2.4 Lastgeführte Wechselrichter

Bei lastgeführten Wechselrichtern muß die Last die Kommutierungsspannung bzw. die Spannung, durch deren Wirkung der Strom im Hauptzweig Null wird, für den Stromrichter zur Verfügung stellen. Voraussetzung dafür ist, daß die Last in der Lage ist, die erforderliche Steuer- und Kommutierungsblindleistung zu liefern. Der Laststrom muß dazu eine kapazitive Komponente aufweisen. Diese kann von Parallel- und Reihenschwingkreisen (Schwingkreis-Wechselrichter) oder von einer übererregten Synchronmaschine (motorgeführter Wechselrichter) erfüllt werden [71, 76, 113]. Lasten mit induktiven Stromkomponenten z. B. Asynchronmaschinen, können die Führung von Stromrichtern mit natürlicher Kommutierung nicht übernehmen.

Lastgeführte Stromrichter sind fremdgeführt. Sie verhalten sich bezüglich der Kommutierung ähnlich wie netzgeführte Stromrichter. Bei Energieaufnahme der Last arbeitet ein lastgeführter Stromrichter in Wechselrichterbetrieb.

Schwingkreis-Wechselrichter. Bei ihm bilden die Induktivität L und der ohmsche Widerstand R der Last zusammen mit der Kapazität C eines Kondensators einen Schwingkreis. Schwingkreis-Wechselrichter mit vorgeschaltetem Gleichrichter werden Schwingkreis-Umrichter genannt [116].

In Tabelle 1.3-9 sind die auftretenden Frequenzen definiert. Die Eigenfrequenz f_0 ist die Frequenz des verlustlos gedachten Lastkreises. Die Kennfrequenz f_R ist die Frequenz des freischwingenden verlustbehafteten Kreises mit dem Dämpfungsgrad ϑ. Die Betriebsfrequenz f_B ist die Frequenz, mit der der Lastkreis betrieben wird. Sie ist von der Eigenfrequenz und vom Voreilwinkel β bzw. Löschwinkel γ abhängig. Die Taktfrequenz f_T (s. Abschnitt 1.1.5) ist die Frequenz, mit der die Hauptzweige periodisch in den leitenden Zustand versetzt werden. Sie ist meist mit der Betriebsfrequenz identisch.

Parallelschwingkreis-Wechselrichter. Bei ihm ist die ohmsch-induktive Last L und R durch einen Parallelkondensator C zu einem Parallelschwingkreis ergänzt. Ein Hauptzweig eines Parallelschwingkreis-Wechselrichters besteht aus einem steuerbaren Stromrichterventil. Bild 1.3-21 zeigt Spannungs- und Stromverlauf bei einem Parallelschwingkreis-Umrichter in einphasiger Brückenschaltung. Der Strom in den steuerbaren Hauptzweigen hat angenähert rechteckförmigen Verlauf. Die Kurven gelten für die angegebenen Parameter. Da der Parallelschwingkreis sprunghafte Spannungsänderungen nicht zuläßt, benötigt der Wechselrichter eine Glättungsinduktivität L_d auf der Gleichstromseite. Die Spannung u_2 auf der Lastseite ist angenähert sinusförmig. Der Strom geht in direkter Kommutierung von einem Stromrichterventil auf das folgende über. Der rechteckförmige Laststrom i_2 eilt der Lastspannung u_2 um den Phasenwinkel φ vor. Dies ist zur Sicherstellung des Löschwinkels notwendig.

Aus dem Energiegleichgewicht zwischen Gleichstrom- und Lastseite ergibt sich bei Betrachtung der Grundschwingung der Lastspannung

$$U_d I_d \frac{T}{2} = I_d \int_{-\gamma/\omega}^{\frac{\pi-\gamma}{\omega}} \hat{u}_2 \sin \omega t dt, \tag{1.3-20}$$

für den Scheitelwert $\hat{u}_2$ abhängig von der Gleichspannung U_d und dem Löschwinkel γ

$$\hat{u}_2 = \sqrt{2} U_2 = \frac{\pi}{2\cos\gamma} U_d. \tag{1.3-21}$$

Berechnungsformeln für einphasige und dreiphasige Schwingkreis-Wechselrichter in Tabelle 1.3-9. Gleichung (1.3-21) zeigt, daß eine Vergrößerung des Löschwinkels γ bei konstanter Ausgangsgleich-

Tabelle 1.3-9. Berechnungsformeln für Schwingkreiswechselrichter

Frequenzen:

Eigenfrequenz	$f_0 = \frac{1}{2\pi\sqrt{LC}}, \omega_0 = 2\pi f_0$
Kennfrequenz	$f_R = \frac{\omega_0}{2\pi}\sqrt{1-\vartheta^2}$ mit $\vartheta = \frac{R}{2\omega_0 L}$
Betriebsfrequenz	f_B
Taktfrequenz	f_T

Grundschwingungsberechnung:

	Parallelschwingkreis		Reihenschwingkreis	
	einphasig	dreiphasig	einphasig	dreiphasig
Grundschwingung der Wechselspannung U_1	$\frac{\pi}{2\sqrt{2}\cos\gamma} U_d$	$\frac{\pi}{3\sqrt{2}\cos\gamma} U_d$	$\frac{2\sqrt{2}}{\pi} U_d$	$\frac{\sqrt{6}}{\pi} U_d$
Grundschwingung des Wechselstromes I_1	$\frac{2\sqrt{2}}{\pi} I_d$	$\frac{\sqrt{6}}{\pi} I_d$	$\frac{\pi}{2\sqrt{2}\cos\gamma} I_d$	$\frac{\pi}{3\sqrt{2}\cos\gamma} I_d$
Mittelwert des Stromes im steuerbaren Ventilzweig I_{pav}	$\frac{1}{2} I_d$	$\frac{1}{3} I_d$	$\frac{I_1\sqrt{2}}{2\pi}(1+\cos\gamma)$	$\frac{I_1\sqrt{2}}{2\pi}(1+\cos\gamma)$
Mittelwert des Stromes im ungesteuerten Ventilzweig I_{pav}	—	—	$\frac{I_1\sqrt{2}}{2\pi}(1-\cos\gamma)$	$\frac{I_1\sqrt{2}}{2\pi}(1-\cos\gamma)$
Scheitelsperrspannung am Stromrichterzweig U_{im}	$U_1\sqrt{2}$	$U_1\sqrt{2}$	U_d	U_d
Grundschwingungs-Wirkleistung P_1	$I_1 U_1 \cos\gamma$	$\sqrt{3} I_1 U_1 \cos\gamma$	$I_1 U_1 \cos\gamma$	$\sqrt{3} I_1 U_1 \cos\gamma$
	$\sim \frac{U_d^2}{R\cos^2\gamma}$		$\sim \frac{U_d^2 \cos^2\gamma}{R}$	

spannung U_d eine Spannungserhöhung zur Folge hat. Daher kann die an den Lastkreis abgegebene Leistung nur in beschränktem Umfang durch Steuerung des Voreilwinkels $\beta = u + \gamma$ verändert werden. In weitem Umfang kann die abgegebene Leistung durch Verstellen der Gleichspannung U_d gesteuert werden.

Reihenschwingkreis-Wechselrichter. Bei ihm ist die ohmsch-induktive Last L und R durch einen Reihenkondensator zu einem Reihenschwingkreis ergänzt. In jedem Zweig des Wechselrichters liegt ein steuerbares Stromrichterventil, dem eine nichtsteuerbare Diode gegensinnig parallelgeschaltet ist

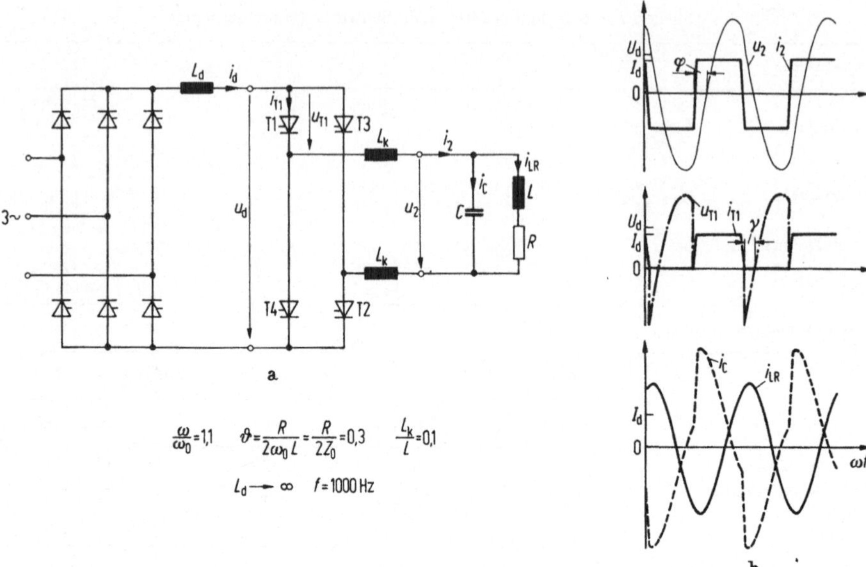

Bild 1.3-21. Parallelschwingkreis-Umrichter; a) einphasige Brückenschaltung mit angenommenen Parametern, b) Spannungs- und Stromverlauf.

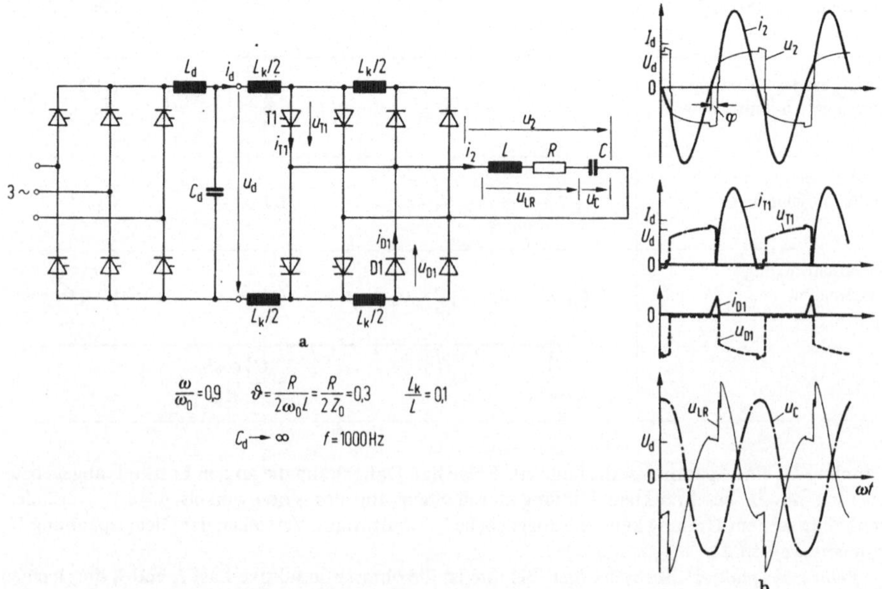

Bild 1.3-22. Reihenschwingkreis-Umrichter; a) einphasige Brückenschaltung, b) Spannungs- und Stromverlauf.

(Doppel-Stromrichter). Bild 1.3-22 zeigt Spannungs- und Stromverlauf bei einem Reihenschwingkreis-Umrichter in einphasiger Brückenschaltung. Die Kurven gelten für die angegebenen Parameter. Der Strom geht vom Hauptzweig ohne Kommutierung durch Richtungsumkehr im Lastkreis auf den Rücklaufzweig über. Durch Zünden des ablösenden Hauptzweiges kommutiert der Strom vom Rücklaufzweig auf diesen.

Der Reihenschwingkreis erzwingt einen angenähert sinusförmigen Laststrom i_2. Die Lastspannung u_2 und damit auch die Ventilspannung haben angenähert rechteckförmigen Verlauf. Der Laststrom i_2 eilt der Lastspannung u_2 um den Phasenwinkel φ vor. Dadurch wird der erforderliche Löschwinkel γ aufrechterhalten. Während der Stromführung der Thyristoren fließt Energie in den Lastkreis, während der Stromführung der Dioden Energie in den Gleichstromkreis zurück. Die Ausgangsleistung kann entweder durch Ändern des Löschwinkels γ oder der Eingangsgleichspannung U_d gesteuert werden.

Aus dem Energiegleichgewicht zwischen Gleich- und Wechselstromseite während einer Halbperiode ergibt sich bei Betrachtung der Grundschwingung des Laststromes

$$U_\mathrm{d} I_\mathrm{d} \frac{T}{2} = U_\mathrm{d} \int\limits_{\gamma/\omega}^{\frac{\pi+\gamma}{\omega}} \hat{\imath}_2 \sin \omega t \mathrm{d}t \tag{1.3-22}$$

für den Scheitelwert $\hat{\imath}_2$ abhängig vom Gleichstrom I_d und dem Löschwinkel

$$\hat{\imath}_2 = \frac{\pi}{2 \cos \gamma} I_\mathrm{d} \,. \tag{1.3-23}$$

Berechnungsformeln für einphasige und dreiphasige Reihenschwingkreis-Wechselrichter in Tabelle 1.3-9.

Frequenzbereich. Die erreichbare obere Frequenzgrenze wird durch die Freiwerdezeit der Thyristoren bestimmt. Man erreicht Betriebsfrequenzen bis über 10 kHz. Die Freihaltezeit liegt dann unter 10 μs.

Starteinrichtung. Sie sorgt für die Bereitstellung der zur Erstkommutierung nach dem Einschalten des lastgeführten Stromrichters erforderlichen Kommutierungsspannung. Dazu werden kapazitive Energiespeicher auf der Last- oder auf der Gleichstromseite vorgeladen.

Anwendungen. Schwingkreis-Wechselrichter werden für induktive Erwärmung, Härtung und Schmelzen eingesetzt. Die Anlagenleistungen liegen zwischen 10 kVA in Kompaktbauweise als Steckdosengeräte bis zu 10 MVA-Anlagen. Die Betriebesfrequenzen liegen zwischen mehreren 100 Hz bis über 10 kHz. (z. B. bei 500, 1000, 2000, 3000 Hz und 10 kHz). Mehrphasige Schwingkreis-Wechselrichter können zur Speisung extrem schnellaufender Antriebe (z. B. Gasultrazentrifugen) eingesetzt werden.

Motorgeführte Wechselrichter. Dies sind lastgeführte Wechselrichter, die ihre Kommutierungsblindleistung von einer entsprechend erregten Synchronmaschine als Last beziehen [129, 147, 184]. Ihre Schaltung ermöglicht meist auch eine Umkehr des Energieflusses. Durch Hintereinanderschalten eines netzgeführten Gleichrichters und eines motorgeführten Wechselrichters entsteht ein Wechselstrom-Umrichter mit einer Synchronmaschine als Last (Bild 1.3-23). Im Gleichstrom-Zwischenkreis liegt eine Glättungsinduktivität L_d als Energiespeicher.

Der netzseitige Stromrichter arbeitet im Motorbetrieb der angeschlossenen Synchronmaschine als netzgeführter Gleichrichter. Der lastseitige Stromrichter arbeitet als lastgeführter Wechselrichter. Im stationären Betrieb ist $U_\mathrm{dII} = -U_\mathrm{dI}$. Bei Umkehr der Energierichtung wird der lastseitige Stromrichter in den Gleichrichterbetrieb umgesteuert, der netzseitige Stromrichter in den Wechselrichterbetrieb. Die Gleichspannung U_dII bzw. U_dI wechseln dabei ihre Polarität. Die Stromrichtung für I_d bleibt erhalten. Die Synchronmaschine arbeitet dann als Generator.

Die Synchronmaschine kann den lastseitigen Stromrichter nur führen, wenn ihr Strom eine kapazitive Komponente hat, d. h. der Spannung voreilt. Bild 1.3-23 zeigt das Zeigerdiagramm für diesen Betriebszustand. U_h ist die Spannung des resultierenden Feldes im Luftspalt der Maschine, I_1 der Ständerstrom. I_1 eilt gegenüber U_h um den Phasenwinkel φ_1 vor. Dadurch ergibt sich bei der Überlappung u der Löschwinkel γ, der als Mindestwert die Freiwerdezeit der Stromrichterventile nicht unterschreiten darf (sonst Kippen des Wechselrichters).

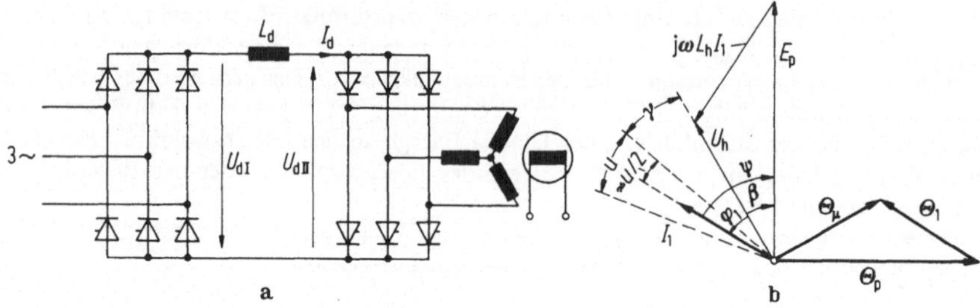

Bild 1.3-23. Motorgeführte Wechselrichter; a) Umrichterschaltung mit Gleichstrom-Zwischenkreis, b) Zeigerdiagramm der Maschinengrößen.

Die weiteren im Zeigerdiagramm dargestellten Größen sind: E_p = vom Polrad induzierte Spannung, L_h = wirksame Hauptreaktanz, θ_p = Polraddurchflutung, θ_1 = Ständerdurchflutung, θ_μ = resultierende Magnetisierungsdurchflutung. Der Winkel β zwischen U_h und E_p ist der Last- oder Polradwinkel, ψ der innere Phasenwinkel zwischen Ständerstrom I_1 und der vom Polrad induzierten Spannung E_p. Das von der Synchronmaschine entwickelte Drehmoment ist dem Cosinus dieses Winkels proportional

$$M \sim \theta_1 \cdot \theta_p \cos\psi . \quad (1.3\text{-}24)$$

Für das Anfahren der Synchronmaschine aus dem Stillstand sind besondere Maßnahmen erforderlich, z. B. das Auf- und Zusteuern des netzseitigen Stromrichters im Takt der niedrigen Anfahrfrequenz.

Anwendungen. Stromrichtergespeiste Synchronmaschinen werden für Pumpen- und Lüfterantriebe im Leistungsbereich von 100 kVA bis über 10 MVA eingesetzt. Außerdem können sie als Hochfahreinrichtung bei Gasturbinen dienen, wobei der Turbogenerator vorübergehend als Motor über einen Stromrichter von ungefähr 5% Nennleistung betrieben wird. In Wasserkraftwerken können die Generatoren über Stromrichter vorübergehend motorisch als Pumpen arbeiten [165].

1.3.2.5 Wechselstromschalter

Schaltgeräte sind Geräte zum Verbinden (Einschalten) oder Unterbrechen (Ausschalten) von Strompfaden (VDE 0670, Teil 1). Schaltgeräte zum mehrmaligen Ein- und Ausschalten von Strompfaden werden als Schalter bezeichnet. Neben mechanischen Schaltgeräten mit beweglichen Schaltstücken, die durch Bauelemente des Schaltgerätes mechanisch geführt sind, und bei denen das Ausschalten über einen Lichtbogen erfolgt, können auch Halbleiterschalter verwendet werden [118, 122, 175].

Wechselwegpaar. Zu unterscheiden ist das Schalten von Wechsel- und Drehstromkreisen von dem Schalten von Gleichstromkreisen. In Wechsel- und Drehstromkreisen geht der Strom nach jeder Halbschwingung der Netzperiode durch Null und wechselt seine Polarität. Ein Halbleiterschalter für Wechselstrom muß also für Stromführung in beiden Richtungen ausgelegt sein (Wechselwegpaar, s. Abschnitte 1.1.4.3 und 1.3.1.4). In einem solchen Halbleiterschalter beginnt der Strom zu fließen, sobald die steuerbaren Halbleiterventile gezündet werden. Damit ein kontinuierlicher Wechselstrom fließen kann, muß nach jeder Stromhalbschwingung das stromübernehmende Ventil wieder gezündet werden. Wird es nicht gezündet, so erlischt der Wechselstrom im natürlichen Nulldurchgang.

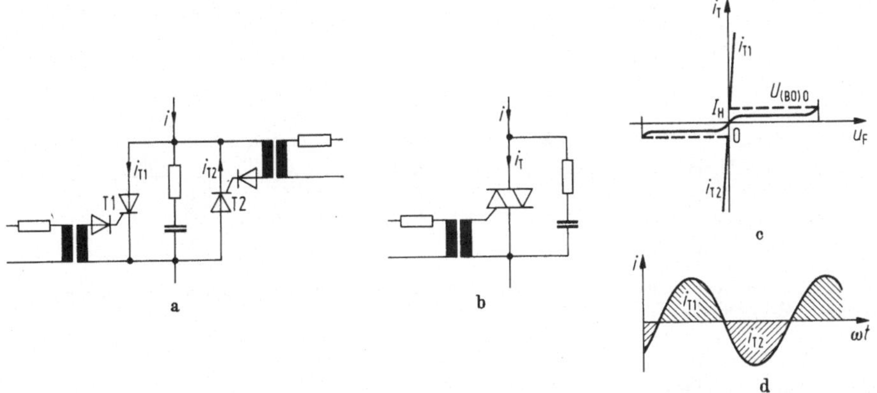

Bild 1.3-24. Halbleiterschalter für Wechselstrom; a) gegensinnig parallele Thyristoren mit Beschaltung und Impulsüberträger, b) Zweirichtungs-Thyristor (Triac) mit Beschaltung und Impulsübertrager, c) Kennlinie, d) Stromverlauf.

In Bild 1.3-24 sind Halbleiterschalter für Wechselstrom dargestellt. Ein Wechselwegpaar kann entweder durch gegensinnig parallelgeschaltete Thyristoren gebildet werden oder durch einen Zweirichtungs-Thyristor (Triac). Zum Schutz vor Überspannungen sind RC-Beschaltungen vorzusehen. Die Kennlinien eines Zweirichtungs-Thyristors entsprechen denen gegensinnig paralleler Thyristoren. Da die Polarität der Zündspannung beliebig ist, ergeben sich beim Zweirichtungs-Thyristor besonders einfache Zündschaltungen. $U_{(BO)0}$ ist die Nullkippspannung, bei deren Überschreiten ein Thyristor auch ohne Zündimpuls durchschaltet.

Durchlaßverlustleistung. Diese ergibt sich aus dem Produkt von Durchlaßspannung u_T und Durchlaßstrom i_T. Angenähert kann sie berechnet werden, wenn man die Durchlaßkennlinie eines Halbleiterventils durch die Schleusenspannung $U_{(TO)}$ und einen konstanten Ersatzwiderstand r_T ersetzt (s. Bild 1.2-7). Die Durchlaßspannung wird

$$u_T = U_{(TO)} + r_T i_T \tag{1.3-25}$$

und die mittlere Verlustleistung

$$P = \frac{1}{T}\int_0^T (U_{(TO)} + r_T i_T) i_T \, dt = U_{(TO)} I_{TAV} + r_T I_{TEFF}^2 . \tag{1.3-26}$$

Schalten von Wechselstrom. Bild 1.3-25 zeigt Spannungs- und Stromverlauf beim Ein- und Ausschalten eines Wechselstromes mit einer ohmsch-induktiven Last. Wird der Halbleiterschalter im natürlichen Nulldurchgang des Dauerstromes gezündet, so tritt beim Einschalten kein Ausgleichsglied auf (b). Der Einschaltzeitpunkt ωt_0 muß um den Lastwinkel φ gegenüber dem Nulldurchgang der Wechselspannung nacheilen. Beim Einschalten zu einem beliebigen Zeitpunkt bildet sich im Strom ein Ausgleichsglied, das je nach der Dämpfung in wenigen Perioden abklingt. Das Ausschalten wird durch Sperren weiterer Zündimpulse vorgenommen. Der Wechselstrom fließt noch bis zu seinem natürlichen Nulldurchgang weiter. Die folgende Stromhalbschwingung kommt nicht mehr zustande. An das Wechselwegpaar legt sich die Schalterspannung u_S.

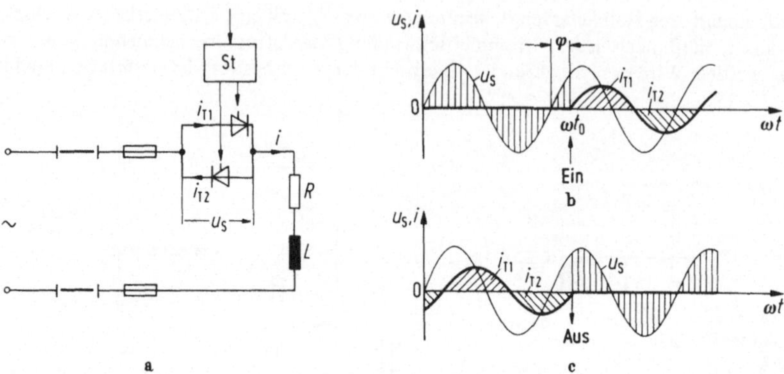

Bild 1.3-25. Ein- und Ausschalten von Wechselstrom mit Halbleiterschalter; a) Schaltung, b) Einschaltung ohne Ausgleichsglied, c) Ausschalten.

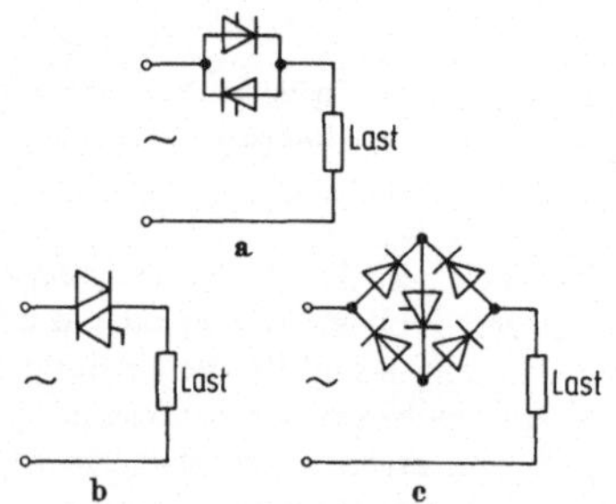

Bild 1.3-26. Schalten von Wechselstrom; a) gegensinnig parallele Thyristoren, b) Zweirichtungs-Thyristor (Triac), c) Thyristor mit Diodenbrücke.

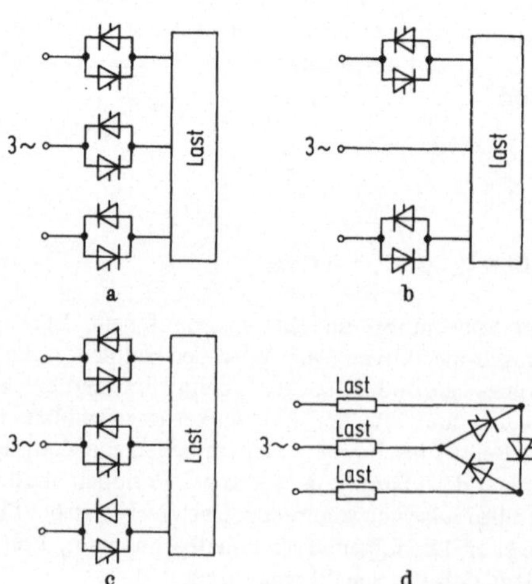

Bild 1.3-27. Schalten von Drehstrom; a) gegensinnig parallele Thyristoren, b) Sparschaltung, c) halbgesteuerte Schaltung, d) Polygonschaltung.

Bild 1.3-26 zeigt gebräuchliche Ausführungsformen von Halbleiterschaltern für Wechselstrom. Im allgemeinen muß ein mechanischer Trennschalter in Reihe vorgesehen werden. Der Halbleiterschalter allein läßt im gesperrten Zustand Rückstrom von einigen mA durch, der durch die Beschaltungen noch vergrößert wird. Bei längerer Einschaltdauer können auch Überbrückungsschalter vorgesehen werden, um die Durchlaßverlustleistung der Halbleiterventile zu vermeiden.

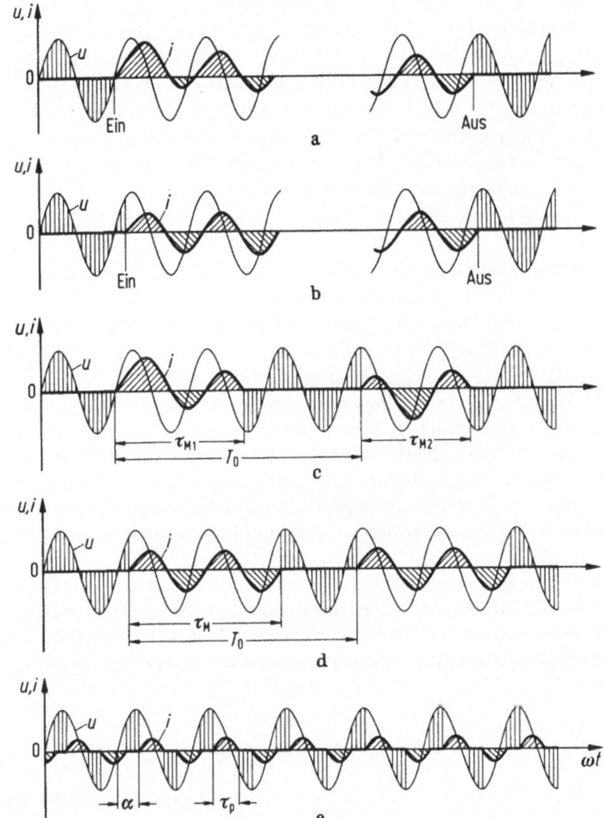

Bild 1.3-28. Steuerverfahren von Halbleiterschaltern und -stellern für Wechselstrom; a) Schalterbetrieb (nicht periodisch, nicht synchronisiert), b) Schalterbetrieb (nicht periodisch, synchronisiert), c) Schwingungspaketsteuerung (periodisch, asynchron), d) Schwingungspaketsteuerung (periodisch, synchron), e) Phasenanschnittsteuerung.

Schalten von Drehstrom. Bild 1.3-27 zeigt gebräuchliche Anordnungen von Halbleiterschaltungen für Drehstrom. Anstelle von gegensinnig parallelen Thyristoren werden meist Zweirichtungs-Thyristoren eingesetzt. Auch mit Thyristoren und gegensinnig parallelen Dioden kann eine Drehstromlast bei folgendem Nulleiter ein- bzw. ausgeschaltet werden. Die Polygonschaltung kommt mit drei Thyristoren im Sternpunkt einer Drehstromlast aus. Die Strombelastung der Thyristoren ist jedoch um den Faktor 3/2 größer als bei den übrigen Schaltungen.

Ein dreiphasiger Drehstromkreis kann nur bei zeitlicher Versetzung des Einschaltzeitpunktes der dritten Phase um 90° ohne Ausgleichsglied eingeschaltet werden. Bei gleichzeitigem Einschalten aller drei Phasen tritt immer in mindestens zwei Phasen ein Ausgleichsglied auf. Beim Ausschalten wird nach Unterdrückung weiterer Zündimpulse der Strom zunächst in einer Phase unterbrochen und fließt danach in den beiden anderen Phasen als einphasiger Strom noch für 90° weiter.

Beim Drehstromschalter müssen die Thyristoren für den Scheitelwert der verketteten Spannung (Leiterspannung) bemessen sein. Netz- und Schaltüberspannungen sind zu berücksichtigen.

Steuerverfahren. Halbleiterschalter für Wechsel- und Drehstrom werden in solchen Fällen eingesetzt, wo häufig geschaltet werden muß [132, 196]. In Bild 1.3-28 sind verschiedene Steuerverfahren angegeben. Neben dem nichtperiodischen Schalterbetrieb, der nichtsynchronisiert (a) oder gegenüber der Netzspannung bzw. der Last synchronisiert (b) erfolgen kann, wird die Schwingungspaketsteuerung (auch Vielperiodensteuerung oder englisch: Multicycle Control) zur Steuerung des Leistungsflusses in der Last angewendet. Man unterscheidet den asynchronen Fall (c), bei dem die Wiederholfrequenz $1/T_0$ nicht mit der Netzfrequenz f synchronisiert ist. Die Schwingungspaketsteuerung erzeugt, bezogen auf die Netzfrequenz, auch Unterschwingungen im Last- bzw. Netzstrom.

Durch Phasenanschnittsteuerung mit dem Steuerwinkel α (e), d. h. verzögertes Einschalten des folgenden Halbleiterventils in jeder Halbschwingung, kann ein Wechselwegpaar nicht nur zum Ein- und Ausschalten, sondern zum Stellen des Leistungsflusses zwischen Wechselstromquelle und Last verwendet werden (s. Abschnitt 1.3.2.6). Es ergibt sich eine verkürzte Stromflußdauer τ_p, die kleiner als 180° ist. Die Stromkurvenform ist lastabhängig (s. Bild 1.3-28).

Vergleich von Elektronikschützen mit elektromechanischen Schützen. In Tabelle 1.3-10 sind die Eigenschaften von Elektronikschützen denen elektromechanischer Schütze gegenübergestellt. Bezüglich Lebensdauer, Schalthäufigkeit und Betätigung sind Elektronikschütze den elektromechanischen Schützen überlegen. Sie sind außerdem unempfindlich gegen Umgebungseinflüsse. Nachteilig ist ihre hohe Verlustwärme im eingeschalteten Zustand und ihr mangelhaftes Isolationsvermögen im gesperrten Zustand. Bezüglich Baugröße und Preis können sie mit mechanischen Schützen nicht konkurrieren.

Anwendungen. Elektronikschütze finden dort zunehmend Einsatz, wo hohe Schalthäufigkeit und elektronische Anpassungsfähigkeit an den zu schaltenden Prozeß verlangt werden. Triac-Schütze können für Anschlußspannungen bis 500 V gebaut werden. Sie werden z. B. für Reversierantriebe eingesetzt. Bei der Schweißsteuerung lösen gegenparallel geschaltete Thyristoren zunehmend Ignitronschütze ab.

1.3.2.6 Wechselstromsteller

Wechselstromsteller sind Wechselstromumrichter, die für eine Verstellung der abgegebenen Wechselspannung bei Anschluß an eine verkettete Wechselspannung bestimmt sind. Die Ausgangsfrequenz (der Grundschwingung) ist gleich der Eingangsfrequenz.

Der Zündverzögerungs- oder Steuerwinkel α, mit dem die Halbleitersteller periodisch gezündet werden, wird als Winkel zwischen dem Nulldurchgang der Phasenspannung, das ist der Nulldurchgang des ungesteuerten Dauerstromes bei ohmscher Last, und dem Zündzeitpunkt definiert. Durch Änderung des Steuerwinkels α kann der Leistungsfluß zwischen einer Wechsel- bzw. Drehstromquelle und einer Last stetig verstellt werden. Ein zum Wechselstromsteller gehörender Stromrichtersatz besteht (mindestens teilweise) aus Thyristoren, die im allgemeinen gegenparallel in die Wechselstromleitungen geschaltet sind.

Stellen von Wechselstrom. Bild 1.3-29 zeigt die Grundschaltung eines Wechselstromstellers, bei dem eine ohmsche Last R angenommen wird.

In Bild 1.3-30 ist der Stromverlauf bei einem einphasigen Wechselstromsteller abhängig vom Steuerwinkel α bei drei verschiedenen Lastarten dargestellt. Der Stromverlauf für mehrere diskrete

Tabelle 1.3-10. Vergleich von Elektronikschützen mit elektromechanischen Schützen

	Elektromechanisches Schütz	Elektronikschütz
Lebensdauer	Mechanische Lebensdauer bis $\approx 10^6$ Schaltspiele; Schaltstück-Lebensdauer 10^5 bis 10^6 Schaltspiele	Praktisch unbegrenzte Schaltspielzahl
Schalthäufigkeit	Maximal bis zu $\approx 10^4$ Schaltspiele/h	Bis zu mehreren kHz; maximal jeweils bis zur Netzfrequenz (18×10^4 Schaltspiele/h bei 50 Hz)
Betätigung	Mit Kontakten; wechsel- oder gleichstrombetätigt; beim Einschalten erhöhter Leistungsbedarf	Mit Kontakten oder Elektronik; Zündspannung 1...3...5 V; Zündstrom 10...100...500 mA je Leistungshalbleiter
Einschaltverzug	10...50 ms	Wenige μs
Ausschaltverzug	10...50 ms	Maximal eine Halbperiode (bei 50 Hz < 10 ms)
Einschaltverhalten	Einschaltzeitpunkt streut; Gefahr des Prellens; Geräuschentwicklung; Erschütterungen	Einschaltzeitpunkt exakt einschaltbar; sehr geringe Geräuschentwicklung; keine Erschütterungen
Ausschaltverhalten	Ausschaltzeitpunkt streut; Lichtbogenlöschung; bei kleinen Strömen Überspannungserzeugung; Geräuschentwicklung; Erschütterungen	Löscht ohne Lichtbogen im natürlichen Stromnulldurchgang; Sperrträgheit; sehr geringe Geräuschentwicklung; keine Erschütterungen
Isolationsvermögen	Lufttrennstrecke mehrere kV; kein Sperrstrom	Höchstzulässige periodische Spitzensperrspannung 1... > 2 kV; einige mA Sperrstrom; empfindlich gegen Überspannungen
Überlastbarkeit	Sehr groß	Begrenzt entsprechend dem Grenzstrom der Leistungshalbleiter
Kurzschlußfestigkeit	Verschweißgefahr; Gefahr des Abhebens	Stoßstromgrenzwert der Leistungshalbleiter; Schutz durch Sicherungen oder Schnellschalter erforderlich
Verlustwärme	Gering; Durchlaßspannungsabfall < 10 mV; kann sich im Betrieb verschlechtern	Groß; ($\approx$ 2...4% von P_N; Durchlaßspannung 1,2...1,5... > 2 V; Kühlung erforderlich
Umgebungseinflüsse	Bei Verschmutzung erhöhter Verschleiß, evt. Blockierung; empfindlich gegen aggressive Atmosphäre; explosionssicher nur bei Kapselung	Erwärmung der Umgebung durch Verluste; unempfindlich gegen aggressive Atmosphäre; explosionssicher
Typischer Leistungsbereich	2 bis 1000 A; $\leqq$ 600 V	1 bis 1000 A; $\leqq$ 600 V
Wartung	Schaltstückwechsel je nach Belastung	Wartungsfrei; evtl. Lüfterschmierung
Baugröße	Kompakte Bauform	Noch 2- bis 8fach größer
Preis	Sehr billig	Noch 5- bis 25fach teurer
Angebot	Umfassend, in ausgereifter Technik	Stetig zunehmend noch Entwicklungsmöglichkeiten

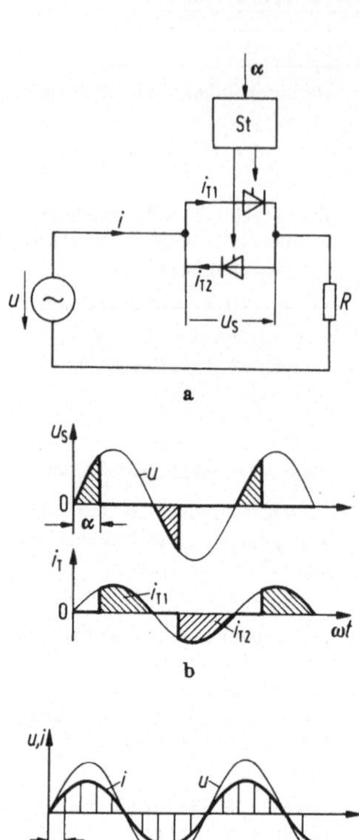

Bild 1.3-29. Stellen von Wechselstrom mit Halbleitersteller; a) Schaltung mit gegensinnig parallelen Thyristoren, b) Spannungs- und Stromverlauf beim Steuerwinkel α.

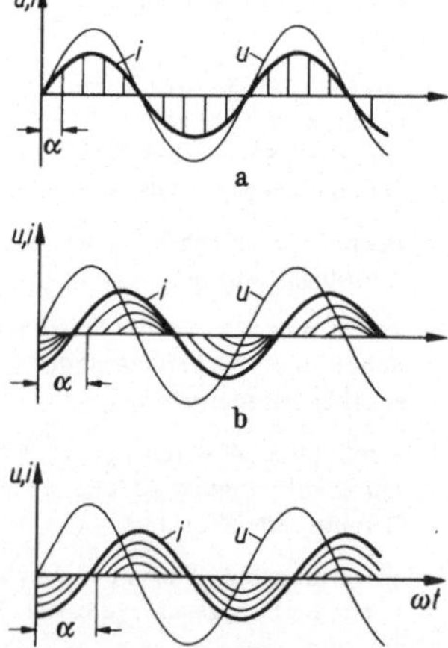

Bild 1.3-30. Stromverlauf beim Wechselstromsteller abhängig vom Steuerwinkel α bei unterschiedlicher Last; a) ohmsche Last, b) ohmsch-induktive Last, c) induktive Last.

Steuerwinkel α ist jeweils übereinander gezeichnet. In Tabelle 1.3-11 sind die Formeln für die Berechnung der Stromkurven angegeben.

Aus den angegebenen Gleichungen können die Steuerkennlinien eines einphasigen Wechselstromstellers abhängig vom Steuerwinkel α berechnet werden. In Bild 1.3-31 sind die Steuerkennlinien für Grenzfälle ohmsche Last ($\cos\varphi=1$) und induktive Last ($\cos\varphi=0$) angegeben ($\varphi=\arctan\omega L/R$). $I_{0\text{eff}}$ ist der Effektivwert des Stromes bei Vollaussteuerung, $I_{0\text{av}}$ der arithmetische Mittelwert des Stromes bei Vollaussteuerung. Die Gleichungen zur Berechnung der Steuerkennlinien sind in Tabelle 1.3-11 ebenfalls angegeben.

Stellen von Drehstrom. Für das Stellen von Drehstrom werden mehrphasige Wechselstromsteller verwendet (s. z. B. Bild 1.3-27a). Der Steuerwinkel α entspricht wieder dem Winkel zwischen dem Nulldurchgang einer Phasenspannung, das ist der Nulldurchgang des ungesteuerten ohmschen Dauerstromes dieser Phase, und dem Zündzeitpunkt. Wegen der Verkettung der drei Phasen beeinflussen sich die drei Wechselwegpaare gegenseitig.

Durch Vergrößerung des Steuerwinkels α von 0° bis 150° bei ohmscher Last und von 90° bis 150° bei induktiver Last kann die Leistungsaufnahme einer symmetrischen dreiphasigen Last stetig zwischen dem Maximalwert und Null gesteuert werden. Bild 1.3-32 zeigt die Steuerkennlinien eines Drehstromstellers.

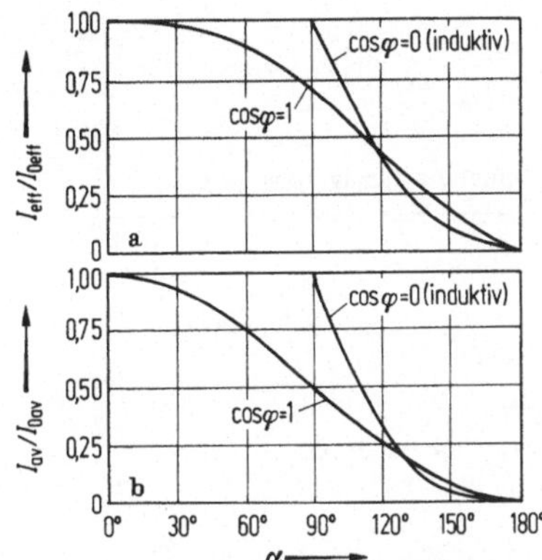

Bild 1.3-31. Steuerkennlinie eines Wechselstromstellers; a) Effektivwert des Laststromes, b) Mittelwert des Laststromes.

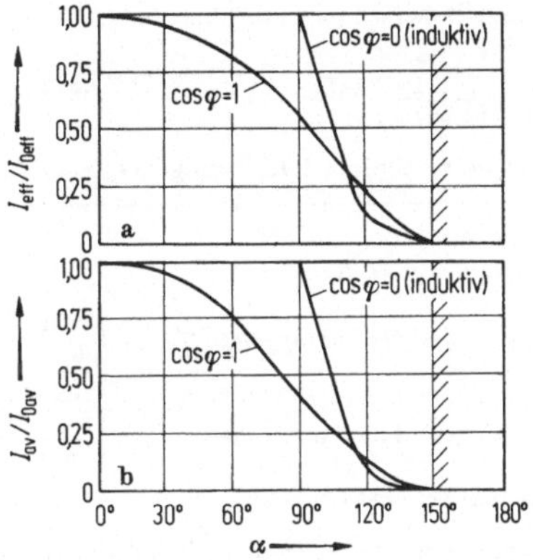

Bild 1.3-32. Steuerkennlinie eines Drehstromstellers; a) Effektivwert des Laststromes, b) Mittelwert des Laststromes.

Blind- und Verzerrungsleistung. Bei Anschnittsteuerung treten sowohl beim Wechselstromsteller als auch beim Drehstromsteller nichtsinusförmige Ströme in der Last und damit auch im Wechselstrom- bzw. Drehstromnetz auf. Die nichtlineare Charakteristik des Halbleiterschalters ruft auch bei ohmscher Last Grundschwingungs-Blind- und Verzerrungsleistung hervor.

Anwendungen. Wechsel- und Drehstromsteller werden in einem weiten Leistungsbereich von einigen 100 W bis über 1 MW eingesetzt, unter anderem für die Drehzahlsteuerung von Asynchronmotoren mit Kurzschlußläufern oder Schleifringläufern. Im Läuferkreis treten dabei bei Teildrehzahlen erhebliche Verluste auf, weil die Schlupfleistung in Wärme umgesetzt wird. Durch Drehfeldumkehr ist Gegenstrombremsen möglich. Eine andere Anwendung ist das Verstellen von induktiver Blindleistung, z. B. auf der Sekundärseite eines mit extrem hoher Streuung ausgelegten Transformators [190].

1.3.2.7 Gleichstromschalter

Beim Abschalten eines Gleichstromkreises muß der Strom durch eine vom Schalter aufzubringende Gegenspannung unterbrochen werden. Dazu benötigt ein Halbleiterschalter eine Löscheinrichtung.

Einschalten eines Gleichstromkreises. Das Einschalten eines Gleichstromkreises mit einem Halbleiterschalter wird durch Zünden des steuerbaren Stromrichterventils vorgenommen.

Tabelle 1.3-11. Berechnungsformeln für einphasige Wechselstromsteller

Stromverlauf:

bei ohmscher Last R:

$$i=\frac{\hat{u}}{R}\sin\omega t \text{ für } \alpha\leqq\omega t\leqq\pi \text{ bzw. } \pi+\alpha\leqq\omega t\leqq 2\pi, \text{ sonst } i=0$$

bei induktiver Last L:

$$i=\frac{\hat{u}}{\omega L}\left[\sin\left(\omega t-\frac{\pi}{2}\right)-\sin\left(\alpha-\frac{\pi}{2}\right)\right] \text{ für } \alpha\leqq\omega t\leqq 2\pi-\alpha \text{ bzw. } \pi+\alpha\leqq\omega t\leqq\pi-\alpha, \text{ sonst } i=0$$

bei ohmsch-induktiver Last R und L:

$$i=\frac{\hat{u}}{\sqrt{R^2+(\omega L)^2}}\left[\sin(\omega t-\varphi)-e^{-\frac{R}{\omega L}(\omega t-\alpha)}\sin(\alpha-\varphi)\right] \text{ mit } \varphi=\arctan\frac{\omega L}{R}$$

für $\alpha\leqq\omega t$ bis Stromnulldurchgang bzw. $\pi+\alpha\leqq\omega t$ bis Stromnulldurchgang, sonst $i=0$

Steuerkennlinie:

bei ohmscher Last R:

Mittelwert des Laststromes $\frac{I_{av}}{I_{0av}}=\frac{1+\cos\alpha}{2}$ (α von $0\ldots\pi$)

Effektivwert des Laststromes $\frac{I_{eff}}{I_{0eff}}=\sqrt{\frac{1}{\pi}\left(\pi-\alpha+\frac{1}{2}\sin 2\alpha\right)}$ (α von $0\ldots\pi$)

bei induktiver Last L:

Mittelwert des Laststromes $\frac{I_{av}}{I_{0av}}=\sin\alpha+(\pi-\alpha)\cos\alpha$ $\left(\alpha \text{ von } \frac{\pi}{2}\ldots\pi\right)$

Effektivwert des Laststromes $\frac{I_{eff}}{I_{0eff}}=\sqrt{\frac{4}{\pi}\left[(\pi-\alpha)\left(\cos^2\alpha+\frac{1}{2}\right)+\frac{3}{2}\sin\alpha\cos\alpha\right]}$ $\left(\alpha \text{ von } \frac{\pi}{2}\ldots\pi\right)$

Bild 1.3-33 zeigt Spannungs- und Stromverlauf beim Einschalten einer ohmsch-induktiven Last. Nach dem Zünden des Thyristors im Zeitpunkt t_0 gilt die Differentialgleichung.

$$(L+L''_\sigma)\frac{\mathrm{d}i}{\mathrm{d}t}+Ri=U_\mathrm{d}\,. \tag{1.3-27}$$

Ihre Lösung ergibt eine mit der Zeitkonstante $\tau=(L+L''_\sigma)/R$ auf den Endwert U_d/R ansteigende Exponentialfunktion. Die maximale Stromanstiegsgeschwindigkeit tritt im Einschaltzeitpunkt t_0 auf und beträgt $U_\mathrm{d}/(L+L''_\sigma)$. Die Induktivität L begrenzt also die Stromanstiegsgeschwindigkeit.

Ausschalten eines Gleichstromkreises. Die Unterbrechung eines Gleichstromkreises erfordert ein löschbares Stromrichterventil. Bild 1.3-33 zeigt Strom- und Spannungsverlauf beim Ausschalten über eine Löscheinrichtung, die aus einem Löschkondensator C_k und einem Hilfsthyristor T 2 besteht. Es wird vorausgesetzt, daß der Löschkondensator mit der eingezeichneten Polarität aufgeladen ist. Im Zeitpunkt t_1 wird der Löschthyristor T 2 gezündet. Der Strom kommutiert vom stromführenden Hauptthyristor T 1 auf den Löschkondensator C_k. Der Stromanstieg im Löschkondensator bzw. -abfall im Hauptthyristor T 1 wird durch die Streureaktanz L'_σ bestimmt. Die maximale Stromanstiegsgeschwindigkeit ist

$$\frac{\mathrm{d}i}{\mathrm{d}t_{max}}=\frac{U_\mathrm{C}}{L'_\sigma}\,. \tag{1.3-28}$$

Im Zeitpunkt t_2 ist die erste Kommutierungsstufe abgeschlossen. Der wegen der großen Stromsteilheit in Wirklichkeit im Hauptthyristor auftretende Trägerstaueffekt (s. Abschnitt 1.2.2.2) wird hier nicht betrachtet. Der Laststrom I_2, der von der Induktivität L zunächst aufrechterhalten wird, fließt über den Löschzweig weiter und lädt den Löschkondensator C_k um. Für die Kondensatorspannung u_C gilt vom Zeitpunkt t_2 die Gleichung

$$u_C = -U_{C2} + \frac{1}{C_k} \int_{t_2}^{t} i_c \, dt. \tag{1.3-29}$$

Am Hauptthyristor T 1 liegt während der Schonzeit t_c negative Spannung. Die Schonzeit (Freihaltezeit) muß größer als die Freiwerdezeit t_q sein, da sonst der Thyristor bei positiv werdender Anodenspannung auch ohne Steuerimpuls durchschalten würde.

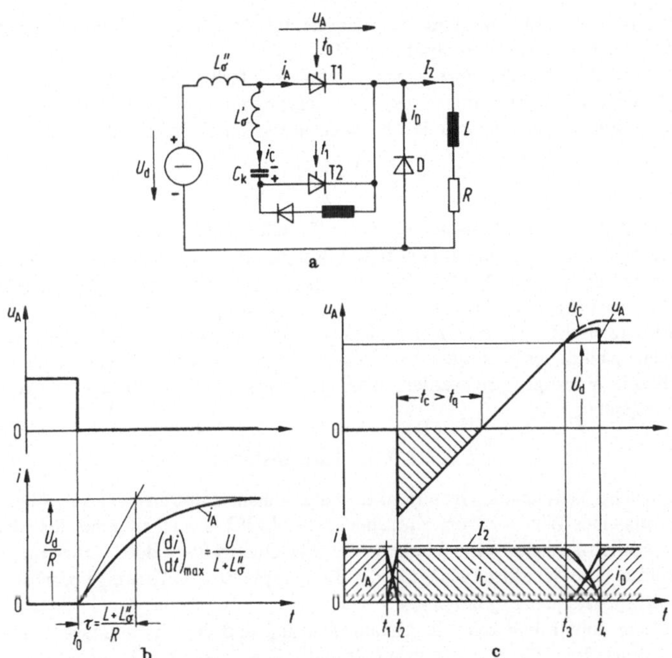

Bild 1.3-33. Ein- und Ausschalten eines Gleichstromkreises; a) Schaltung, b) Spannungs- und Stromverlauf beim Einschalten, c) Spannungs- und Stromverlauf beim Ausschalten.

Im Zeitpunkt t_3 beginnt die Kondensatorspannung höher als die Gleichspannung U_d zu werden. Damit setzt die zweite Kommutierungsstufe ein, weil die Spannung an der Freilaufdiode positiv wird. Von t_3 bis t_4 erfolgt die Übergabe des Laststromes vom Löschkondensator auf den Freilaufzweig. Danach klingt der Laststrom nach einer Exponentialfunktion

$$i_2 = \frac{U_d}{R} \exp[-(t-t_4)/(L/R)] \tag{1.3-30}$$

ab. Die Gleichstromlast wird zwar durch die Löschung des Halbleiterschalters von der Gleichspannungsquelle U_d getrennt, der Strom an der Last jedoch noch nicht unterbrochen. Er klingt über den Freilaufkreis erst allmählich ab.

Bei der Unterbrechung induktiver Stromkreise kann die Lastinduktivität durch eine Freilaufdiode D überbrückt werden. Streuinduktivitäten der Leitungen und die innere Induktivität der Gleichspannungsquelle lassen sich dagegen nicht mit Freilaufzweigen überbrücken. Ihre im Abschaltzeitpunkt gespeicherte magnetische Energie muß der Halbleiterschalter beim Ausschalten übernehmen. Wenn dazu der Löschkondensator allein nicht in der Lage ist, muß ihm ein Spannungsbegrenzer parallelgeschaltet werden, der bei Überschreiten einer maximalen Spannung anspricht und die Schalterspannung danach begrenzt, wobei er Energie speichern oder verzehren muß.

Bei einer angenommenen Begrenzerspannung $\alpha U_d = \text{const}(\alpha > 1)$ wird im Begrenzer die Energie

$$w_B = \tfrac{1}{2}\alpha U_d I_B \Delta t_B \tag{1.3-31}$$

umgesetzt. Δt_B ist die Zeit, während der der Begrenzer Strom aufnimmt, I_B der mittlere Begrenzerstrom, der linear auf Null abfällt [175].

Berechnung des Löschkondensators. Nach der Stromunterbrechung im Zeitpunkt t_2 liegt am Hauptthyristor T 2 für den Zeitraum t_c negative Sperrspannung. Diese Schonzeit (Freihaltezeit) kann unter der Voraussetzung konstanten Kondensatorstromes berechnet werden

$$t_c = \frac{C_k \Delta U_C}{I}. \tag{1.3-32}$$

Daraus folgt für den Löschkondensator C_k die in Tabelle 1.3-12 angegebene Berechnungsformel.

Mit der Bedingung $t_c > t_q$ kann der benötigte Löschkondensator berechnet werden. Für I ist der größte auftretende Laststrom und für U_C die Kondensatorspannung im Löschzeitpunkt einzusetzen. Bei vielen Löschschaltungen ist diese gleich der Gleichspannung U_d. Die Schonzeit t_c muß um einen Sicherheitsfaktor (zwischen 1,3 und 1,5) größer sein als die Freiwerdezeit $\hat{t}_q$ des zu löschenden Thyristors. Die Kapazität des benötigten Löschkondensators wächst proportional mit der Schonzeit bzw. Freiwerdezeit. Vorzugsweise werden daher Thyristoren mit niedrigen Freiwerdezeiten (F-Thyristoren) eingesetzt.

1.3.2.8 Gleichstromsteller

Gleichstromsteller erfüllen die Grundfunktion des Gleichstromumrichtens (s. Abschnitt 1.1.2.1) ohne Verwendung eines Wechselstrom-Zwischenkreises [128]. Sie arbeiten mit löschbaren Hauptzweigen und Freilaufzweigen und können für Ein-Quadrant- oder Mehr-Quadrant-Betrieb ausgerüstet werden. Die Schaltfrequenz, mit der die Haupt- bzw. Hilfszweige periodisch betrieben werden, wird als Pulsfrequenz f_p bezeichnet.

Grundschaltung. Bild 1.3-34 zeigt die Grundschaltung und den Spannungs- und Stromverlauf eines Gleichstromstellers für Ein-Quadrant-Betrieb. Die Lastseite ist über einen löschbaren

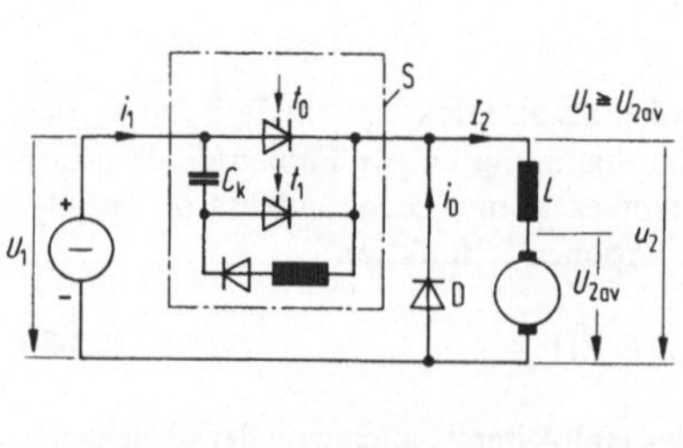

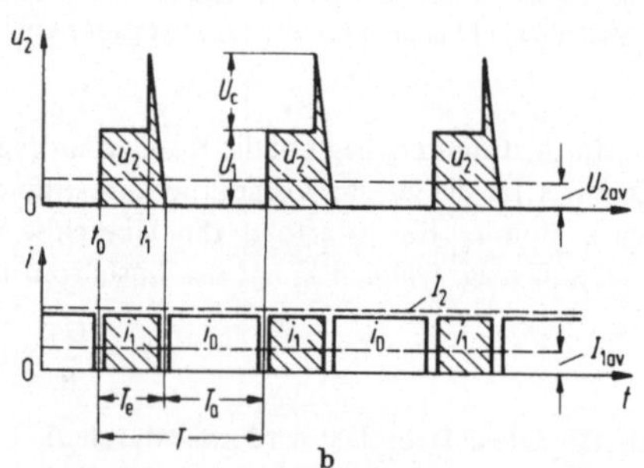

Bild 1.3-34. Gleichstromsteller; a) Fahrschaltung, b) Spannungs- und Stromverlauf.

Thyristorschalter mit der konstanten Gleichspannungsquelle U_1 verbunden. Die Löscheinrichtung des Hauptzweiges besteht aus einem Löschkondensator C_k und einem Hilfsthyristor. Über den aus Induktivität und Sperrdiode bestehenden Umschwingkreis wird der Löschkondensator C_k beim Einschalten des Hauptthyristors wieder auf die zum Löschen erforderliche Polarität umgeladen. Auf der Lastseite ist eine Glättungsinduktivität L angenommen, außerdem ein Freilaufzweig mit der Freilaufdiode D.

Einschaltverhältnis. Der löschbare Halbleiterschalter S wird periodisch durch Zünden des Hauptthyristors im Zeitpunkt t_0 und des Löschthyristors im Zeitpunkt t_1 ausgesteuert. Auf der Lastseite ergeben sich pulsförmige Spannungsblöcke u_2, deren Höhe gleich der Gleichspannung U_1 und Breite gleich der Einschaltzeit T_e ist. In den Löschzeitpunkten t_1 erzeugt der Löschkondensator C_k auf der Lastseite zusätzliche Spannungsspitzen. Das Einschaltverhältnis des periodisch betätigten Halbleiterschalters ist

$$\frac{T_e}{T_e + T_a} = \frac{T_e}{T}. \tag{1.3-33}$$

Die Periodendauer T ist $1/f_p$. T_a ist die Ausschaltzeit.

Die Mittelwerte der Gleichspannung U_{2av} auf der Lastseite können über das Einschaltverhältnis zwischen 0 und U_1 verstellt werden. Während der Einschaltzeit T_e wird der Gleichspannungsquelle U_1 Strom entnommen, während der Ausschaltzeit T_a fließt der Laststrom I_2 über den Freilaufzweig. Der mittlere Gleichstrom I_{1av} kann aus dem Einschaltverhältnis und dem Laststrom I_2 berechnet werden (s. Tabelle 1.3-12).

Bei einem Gleichstromsteller wird eine Transformation von Spannungs- und Strommittelwerten vorgenommen. Auf der Seite der höheren Gleichspannung U_1 fließen pulsförmige Stromblöcke i_1, während sich auf der anderen Seite pulsförmige Spannungsblöcke u_2 bei einem kontinuierlichen Strom I_2 ergeben. Wegen der pulsförmigen Strombelastung darf die Gleichspannungsquelle nur eine geringe innere Induktivität haben. Ist diese Bedingung nicht erfüllt, müssen Glättungskondensatoren vorgesehen werden. Voraussetzung für die Strom- und Spannungstransformation beim Gleichstromsteller ist ein magnetischer Energiespeicher, der von der Induktivität L auf der Lastseite gebildet wird.

Energierücklieferung. Bild 1.3-35 zeigt eine Schaltung zur Energierücklieferung von einer Gleichspannungsquelle U_{2av} in eine Gleichspannungsquelle U_1 mit höherer Gleichspannung. Der löschbare Thyristorschalter liegt in diesem Fall parallel zur Gleichspannungsseite u_2. Beim Zünden des Hauptthyristors im Zeitpunkt t_0 steigt der Laststrom I_2 an. Damit wird in der Glättungsinduktivität L magnetische Energie gespeichert. Nach dem Löschen des Halbleiterschalters S fließt der Laststrom I_2 über die Sperrdiode D gegen die höhere Gleichspannung U_1 in die Gleichspannungsquelle zurück, wobei die erforderliche Differenzspannung von der Glättungsinduktivität L

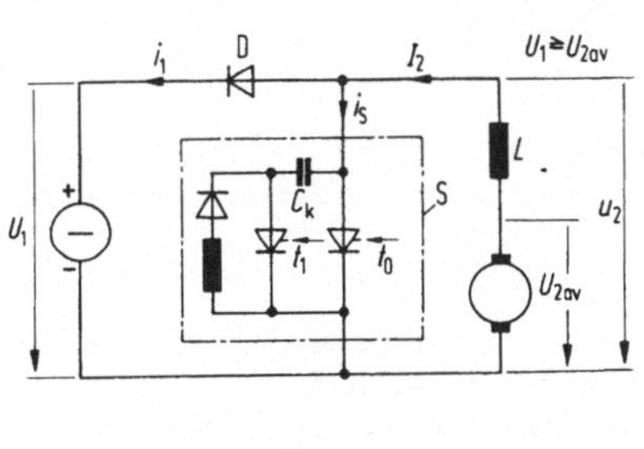

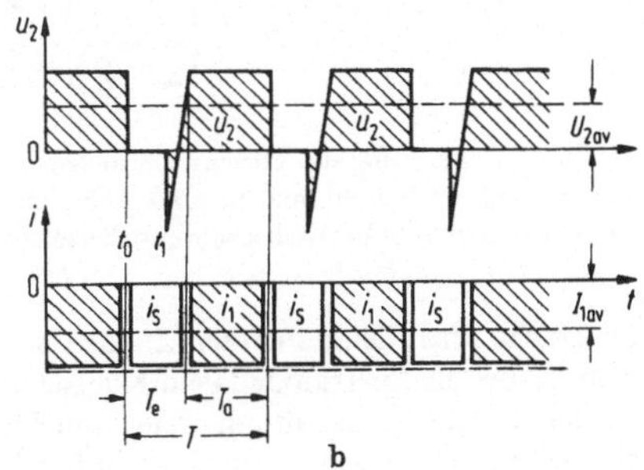

Bild 1.3-35. Energierücklieferung beim Gleichstromsteller; a) Bremsschaltung, b) Spannungs- und Stromverlauf.

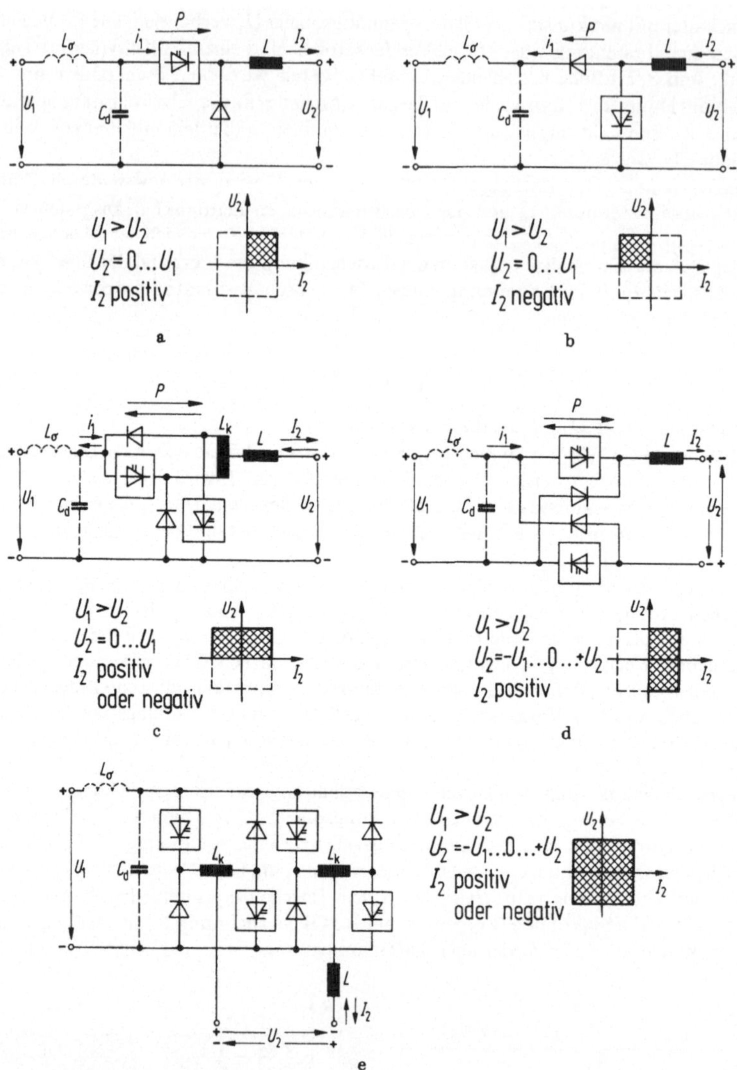

Bild 1.3-36. Erweiterung des Gleichstromstellers auf Mehrquadrant-Betrieb; a) und b) Ein-Quadrant-Betrieb, c) Zwei-Quadrant-Betrieb mit Stromumkehr, d) Zwei-Quadrant-Betrieb mit Spannungsumkehr, e) Vier-Quadrant-Betrieb (Umkehr-Gleichstromstellerschaltung).

aufgebracht wird. Beim erneuten Zünden des Halbleiterschalters S übernimmt dieser wieder den Strom, wobei die Sperrdiode D ein Kurzschließen der Gleichspannungsquelle U_1 verhindert.

Auch bei dieser Schaltung treten pulsförmige Spannungsblöcke u_2 auf der Seite mit dem kleineren Spannungsmittelwert $U_{2\mathrm{av}}$ auf, während pulsförmige Ströme i_1 auf der anderen Seite fließen. Die Transformationsgleichungen für die Strom- und Spannungsmittelwerte gelten auch für diese Schaltung, die zum Nutzbremsen von Gleichstrommotoren bis zu niedrigen Drehzahlen ausgenutzt werden kann.

Mehr-Quadrant-Betrieb. Die Schaltungen in den Bildern 1.3-34 und 1.3-35 ermöglichen jeweils nur Ein-Quadrant-Betrieb. Die Polarität der Spannung U_2 und die Richtung des Stromes I_2 an der Last sind jeweils vorgegeben und können nicht geändert werden. Die Schaltungen können kombiniert werden, so daß auch Mehr-Quadrant-Betrieb möglich wird. Bild 1.3-36 zeigt Gleichstromsteller-Schaltungen für Ein-, Zwei und Vier-Quadrant-Betrieb. Bei Ein-Quadrant-Betrieb ist die Richtung des Energieflusses P vorgegeben. Bei Zwei-Quadrant-Betrieb kann die Richtung des Energieflusses wechseln. Zwei-Quadrant-Betrieb kann entweder durch Stromumkehr oder durch Spannungsumkehr erreicht werden. Bei der Umkehr-Gleichstromstellerschaltung für Vier-Quadrant-Betrieb können sowohl die Spannung U_2 als auch der Strom I_2 auf der Lastseite beide Richtungen annehmen. Diese Schaltung ist bereits eine Wechselrichterschaltung (s. Abschnitt 1.3.2.9). Zur Erzeugung eines Spannungssystems veränderlicher Frequenz f_2 auf der Lastseite werden die löschbaren Thyristorschalter im Takt der gewünschten Frequenz f_2 umgeschaltet.

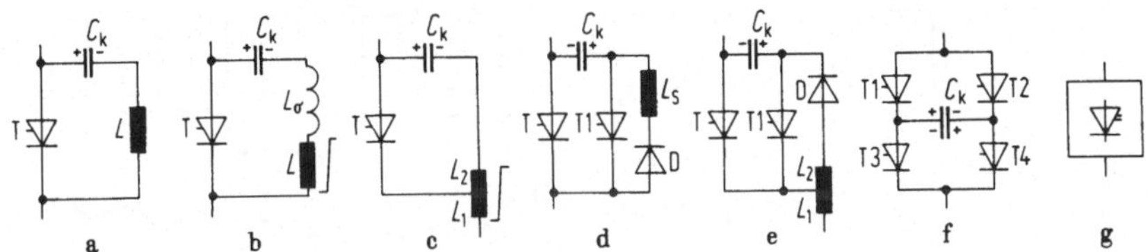

Bild 1.3-37. Verschiedene Kondensatorlöschschaltungen.

Kondensatorlöschschaltungen. Bild 1.3-37 zeigt gebräuchliche Kondensatorlöschschaltungen. Bei periodischem Betrieb in Gleichstromstellern muß der Löschkondensator selbsttätig auf die zum Löschen notwendige Polarität auf- bzw. umgeladen werden. Bei Aufladung über ohmsche Widerstände treten Verluste auf, die bei höheren Frequenzen unwirtschaftlich sind.

Bei Schaltung a liegt ein LC-Schwingkreis parallel zum Thyristor T. Dieser Schwingkreis lädt sich beim Einschalten des Thyristors um und unterbricht den Thyristorstrom beim Zurückschwingen, so lange die Amplitude des Schwingkreisstromes größer als der Laststrom ist. Der Laststrom wird bei dieser Schaltung durch Änderung der Pulsfrequenz f_p verstellt.

Die Umschwingdrossel L kann mit sättigbarem Eisenkern ausgeführt werden (Schaltung b) [104]. Durch Anzapfung der sättigbaren Induktivitäten erhält man eine stromabhängige Aufladung des Löschkondensators (Schaltung c). Schaltung d zeigt die Löschschaltung mit Hilfsthyristor im Umschwingkreis. Schaltung e stellt eine Variante dieser Umschwingschaltung dar, bei der der Löschkondensator C_k über eine angezapfte Induktivität stromabhängig aufgeladen wird. Bei Schaltung f führen die Thyristorpaare T 1 und T 3 bzw. T 2 und T 4 abwechselnd den Laststrom. Durch Zünden des Thyristors T 2 wird der Strom im Thyristor T 1 unterbrochen (Gegentakt-Löschschaltung). Der Löschkondensator C_k wird dabei nur mit der halben Pulsfrequenz f_p umgeladen, bei allen anderen Schaltungen mit der Pulsfrequenz. Für einen Ventilzweig mit zugeordnetem beliebigen Löschzweig wird das unter g gezeichnete Symbol verwendet.

Aussteuerung. Zum Steuern der Gleichspannung auf der Ausgangsseite eines Gleichstromstellers wird durch periodisches Zünden und Löschen des oder der Hauptzweige der Mittelwert der Ausgangsspannung verändert, wobei die Periodendauer T nicht konstant zu sein braucht. Bild 1.3-38 zeigt die verwendeten Steuerverfahren.

Bei Pulsbreitensteuerung (a) ist die Periodendauer T konstant. Die Einschaltzeit T_e zwischen Zünden des Hauptthyristors und Zünden des Löschthyristors wird verändert.

Bei der Pulsfolgesteuerung (b) wird die Einschaltzeit T_e zum Zünden des Hauptthyristors und Zünden des Löschthyristors konstant gehalten. Die Periodendauer T wird verändert.

Bei der Zweipunktregelung (c) werden die Zünd- und Löschzeitpunkte vom Augenblickswert des Stromes oder der Spannung an der Last abhängig gemacht. Der Löschthyristor wird gezündet, wenn Strom bzw. Spannung einen vorgegebenen Sollwert überschreiten, der Hauptthyristor, wenn ein anderer vorgegebener Sollwert unterschritten wird. Die Zweipunktregelung setzt einen Energiespeicher im Lastkreis voraus. Sie arbeitet weder mit konstanter Pulsfrequenz f_p noch mit konstanter Einschaltzeit T_e. Der gewünschte Mittelwert des Laststromes oder der Lastspannung wird als Sollwert vorgegeben, der Istwert von Strom oder Spannung auf der Lastseite muß erfaßt werden.

Energiespeicher. Ein Gleichstromsteller benötigt für die Umwandlung von Spannungs- bzw. Strommittelwerten mindestens einen Energiespeicher. Auf der Seite mit dem kleineren Gleichspannungsmittelwert muß eine Glättungsinduktivität vorhanden sein. Diese kann bei einer zulässigen Laststromänderung $\Delta i_{2\,\text{zul}}$ nach der in Tabelle 1.3-12 angegebenen Gleichung berechnet werden. Die größte Stromschwankungsbreite tritt bei $T_e = T_a = T/2$ auf.

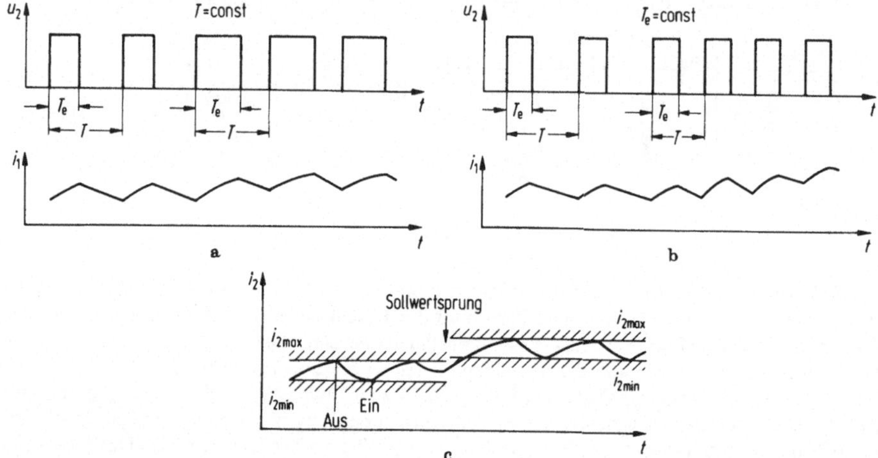

Bild 1.3-38. Steuerverfahren beim Gleichstromsteller; a) Pulsbreitensteuerung, b) Pulsfolgesteuerung, c) Zweipunktregelung des Stromes.

Wenn die Gleichspannungsquelle U_1 eine zu hohe innere Induktivität hat, ist ein Glättungskondensator erforderlich. Bei gegebener Ein- und Ausschaltzeit und gegebenem Laststrom I_2 kann dieser nach der in Tabelle 1.3-12 ebenfalls angegebenen Gleichung berechnet werden. Die maximale Spannungsschwankung tritt wieder bei $T_e = T_a = T/2$ auf. $\Delta u_{1\,\text{zul}}$ ist die maximal zulässige Spannungsänderung am Glättungskondensator C_1. Wenn Elektrolytkondensatoren zur Glättung verwendet werden, richtet sich deren Größe nach den in den Datenblättern für Elektrolytkondensatoren zugelassenen Spannungsschwankungen.

Pulsgesteuerter Widerstand. Löschbare Thyristorschalter können auch parallel oder in Reihe zu ohmschen Widerständen R angeordnet werden. Damit ergibt sich die Möglichkeit, den effektiv wirksamen Widerstand R^* abhängig vom Einschaltverhältnis T_e/T zu verändern. Bild 1.3-39 zeigt pulsgesteuerte Widerstände in Parallel- und in Reihenschaltung.

Bei der Parallelschaltung kann der wirksame Widerstand R^* zwischen den Werten 0 (bei dauernd eingeschaltetem Thyristor) und R (bei gesperrtem Thyristor) stetig verändert werden. Zur Glättung des Laststromes I ist ein Energiespeicher (Glättungsdrossel L) notwendig.

Tabelle 1.3-12. Berechnungsformeln für Gleichstromsteller

Löschkondensator: (Kommutierungskondensator) t_c = Schonzeit (Freihaltezeit)	$C_k = \frac{I \cdot t_c}{\Delta U_C}$
Spannungsmittelwerte: U_1 = Gleichspannung auf Seite 1; U_{2av} = (Mittelwert der) Gleichspannung auf Seite 2	$U_{2av} = \frac{T_e}{T_e + T_a} U_1 = \frac{T_e}{T} U_1$
Strommittelwerte: I_{1av} = (Mittelwert des) Gleichstrom(es) auf Seite 1; I_2 = Gleichstrom auf Seite 2	$I_{1av} = \frac{T_e}{T_e + T_a} I_2 = \frac{T_e}{T} I_2$
Einschaltverhältnis: T_e = Einschaltzeit; T_a = Ausschaltzeit; T = (Puls-) Periodendauer; f_p = Pulsfrequenz	$\frac{T_e}{T_e + T_a} = \frac{T_e}{T} = T_e \cdot f_p$
Leistung:	$U_1 I_{1av} = U_{2av} I_2$
Glättungsdrossel: (auf Seite 2)	$L_2 = \frac{T U_1}{4 \Delta i_{2zul}} = \frac{U_1}{4 f_p \Delta i_{2zul}}$
Glättungskondensator: (auf Seite 1)	$C_1 = \frac{T I_2}{4 \Delta u_{1zul}} = \frac{I_2}{4 f_p \Delta u_{1zul}}$
Pulsgesteuerter Widerstand:	
Parallelschaltung:	$C_k = \frac{\Delta t}{R \ln\left(1 + \frac{U_{C1}}{RI}\right)}$
	$R^* \approx \frac{T_a}{T_e + T_a} R$ (von 0...R)
Reihenschaltung:	$C_k = \frac{\Delta t}{R \ln\left(1 + \frac{U_{C1}}{U}\right)}$
	$R^* \approx \frac{T_e + T_a}{T_e} R$ (von $R \ldots \infty$)
R = Widerstand; R^* = effektiv wirksamer Widerstand; U_{C1} = Spannung am Löschkondensator im Löschzeitpunkt t_1	

Bei der Reihenschaltung kann der wirksame Widerstand R^* zwischen R (bei dauernd eingeschaltetem Thyristor) und ∞ (bei gesperrtem Thyristor) stetig verändert werden. Gleichungen zur Berechnung pulsgesteuerter Widerstände angegeben in Tabelle 1.3-12.

Anwendungen. Gleichstromsteller werden im Leistungsbereich von einigen 100 W bis zu mehreren MW eingesetzt. Hauptanwendungsgebiet ist die elektrische Traktion, wo sie zum verlustarmen Anfahren und Bremsen von Gleichstrommotoren dienen. Auch Nutzbremsen mit Energierücklieferung in den Gleichstromfahrdraht ist möglich. Gleichstromsteller werden außerdem

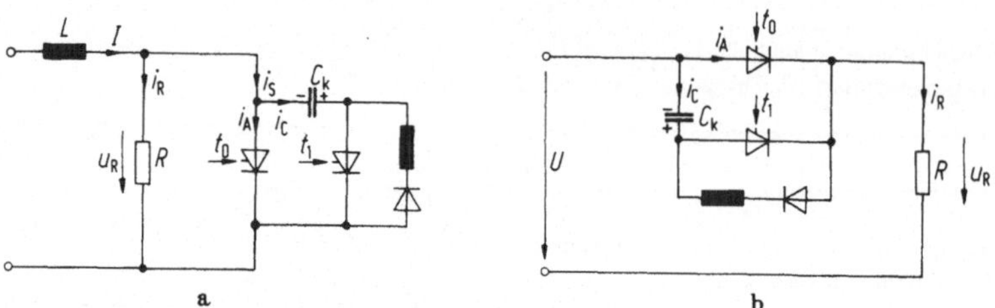

Bild 1.3-39. Pulsgesteuerter Widerstand: a) in Parallelschaltung, b) in Reihenschaltung.

zur Umwandlung von Gleichspannungs- und Gleichstrommittelwerten als statische Energiewandler allgemein eingesetzt, z. B. in Netzgeräten oder als Batterieladegeräte (DC-DC-Wandler). Pulsgesteuerte Widerstände in Parallelschaltung werden ebenfalls zum Anfahren und Bremsen von Gleichstrommotoren verwendet, pulsgesteuerte Widerstände in Reihenschaltung als Ballastwiderstände bei kurzzeitiger Energierücklieferung oder zur Begrenzung von Überspannungen.

1.3.2.9 Selbstgeführte Wechselrichter

Selbstgeführte Wechselrichter erfüllen die Grundfunktion des Wechselrichtens, formen also Gleichstrom in Wechselstrom um. Die Kommutierung wird bei ihnen durch zum Stromrichter gehörende Energiespeicher (Löschkondensatoren) oder durch Widerstandserhöhung des zu löschenden Stromrichterventils vorgenommen. Sie sind daher nicht auf eine fremde Wechselspannungsquelle, z. B. ein Wechselstromnetz oder die Last, angewiesen [182, 183].

Die erzeugte Wechselspannung kann i. allg. in ihrer Frequenz in einem weiten Bereich geändert werden. Unter bestimmten Voraussetzungen ist neben der Frequenzänderung auch eine Steuerung der abgegebenen Wechselspannung möglich. Selbstgeführte Wechselrichter können einphasig oder mehrphasig aufgebaut werden. Die Schaltung selbstgeführter Wechselrichter ermöglicht meist auch eine Umkehr des Energieflusses, also die Funktion eines selbstgeführten Gleichrichters.

Einphasige Schaltungen selbstgeführter Wechselrichter. Bild 1.3-40 zeigt einen einphasigen Wechselrichter in Mittelpunktschaltung. Der Löschkondensator C_k liegt parallel zwischen den sich in der Stromführung ablösenden steuerbaren Ventilen (Parallel-Wechselrichter). Rückstromdioden D 1 und D 2 (Rücklaufzweige) ermöglichen Wechselstrom beliebiger Phasenlage, also auch Blindstrom oder Umkehr der Energierichtung. Die Kommutierungsdrossel L_k entkoppelt die löschbaren Stromrichterventile von den ungesteuerten Rückstromdioden [105].

Die abgegebene ideelle Wechselspannung ist rechteckförmig. Ihre Amplitude beträgt $U_i = 2U_d$ (bei einem Windungszahlverhältnis $w_1 : w_2 = 1$). Der Effektivwert U_{1i} der Grundschwingung ist

$$U_{1i} = \frac{4\sqrt{2}}{\pi} U_d . \tag{1.3-34}$$

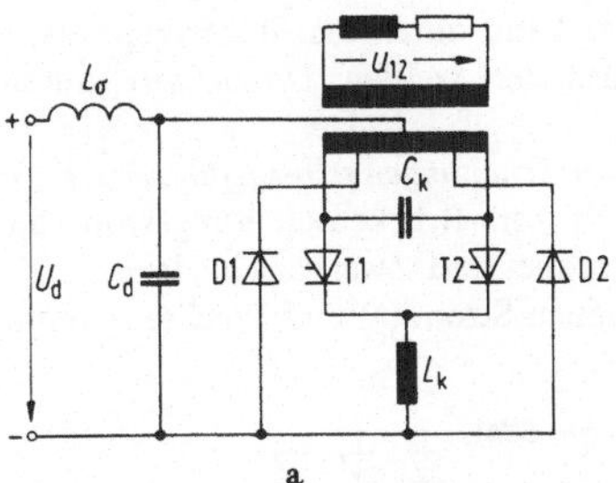

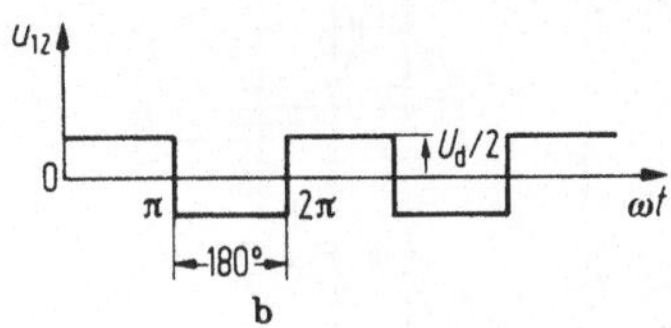

Bild 1.3-40. Selbstgeführte Wechselrichter in Zweipuls-Mittelpunktschaltung mit Rücklaufzweigen (Parallelwechselrichter); a) Schaltung, b) Spannungsverlauf.

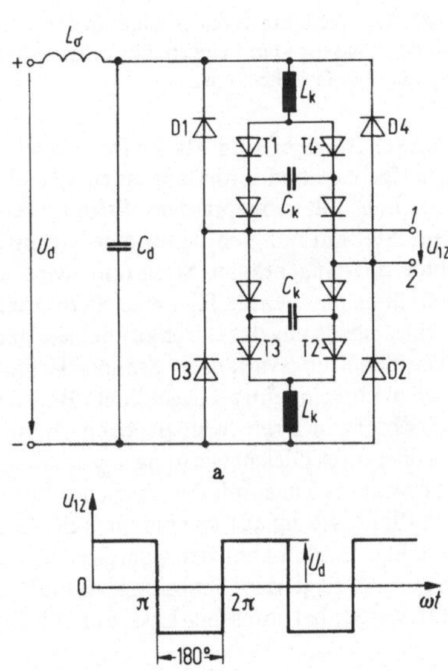

Bild 1.3-41. Selbstgeführte Wechselrichter in Zweipuls-Brückenschaltung mit Rücklaufzweigen; a) Schaltung, b) Spannungsverlauf.

Bild 1.3-41 zeigt einen Wechselrichter in Zweipuls-Brückenschaltung mit Rücklaufzweigen. Die Sperrdioden in Reihe mit den steuerbaren Ventilen verhindern eine Entladung der Löschkondensatoren C_k bei Gegenspannung auf der Lastseite. Die auf der Wechselspannungsseite erzeugte Spannung ist rechteckförmig. Bei konstanter Gleichspannung U_d ist auch die abgegebene ideelle Wechselspannung konstant. Mit $U_i = U_d$ ergibt sich der Effektivwert U_{1i} der Grundschwingung zu

$$U_{1i} = \frac{2\sqrt{2}}{\pi} U_d \,. \tag{1.3-35}$$

Die Frequenz kann durch die Steuerung vorgegeben und stetig von Null bis auf einen oberen Grenzwert geändert werden. Dieser wird durch die für die Thyristoren notwendige Schonzeit bestimmt.

Dreiphasige Schaltungen selbstgeführter Wechselrichter. Bild 1.3-42 zeigt selbstgeführte Wechselrichter in Drehstrom-Brückenschaltung, wobei die Kommutierungskondensatoren C_k zwischen den Phasen angeordnet sind. Zwei verschiedene Schaltungstypen sind möglich: Wechselstromumrichter mit eingeprägtem Strom (a) und Wechselstromumrichter mit eingeprägter Spannung (b).

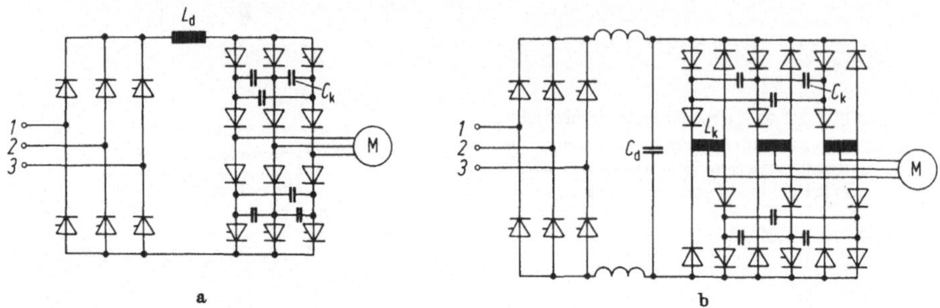

Bild 1.3-42. Selbstgeführte Wechselrichter in Drehstrom-Brückenschaltung mit Kommutierungskondensatoren zwischen den Phasen; a) mit eingeprägtem Strom (Gleichstrom-Zwischenkreis), b) mit eingeprägter Spannung (Gleichspannungs-Zwischenkreis).

Beide Schaltungen sind als Zwischenkreis-Wechselstromumrichter (kurz Zwischenkreis-Umrichter) aufgebaut und enthalten einen Gleichrichter und einen Wechselrichter. Beim Zwischenkreisumrichter mit eingeprägtem Strom wird auch der Laststrom eingeprägt. Der lastseitige Wechselrichter hat nur Ventile für eine Stromrichtung (Einzel-Stromrichter). Beim Zwischenkreis-Umrichter mit eingeprägter Spannung wird auch die Lastspannung eingeprägt. Der lastseitige Wechselrichter hat Ventile für beide Stromrichtungen (Doppel-Stromrichter).

Für die Anordnung der Löschkondensatoren C_k und Kommutierungsinduktivitäten L_k bestehen zahlreiche Schaltungsvarianten. Standardschaltungen wie bei netzgeführten Stromrichtern haben sich noch nicht eindeutig ausgebildet. Bild 1.3-43 zeigt Schaltungsbeispiele von selbstgeführten Wechselrichtern in Drehstrom-Brückenschaltung (mit eingeprägter Spannung).

Bei konstanter Gleichspannung U_d ist auch bei mehrphasigen Wechselrichtern die abgegebene Wechselspannung konstant. Bei ohmscher Last führen nur die Thyristorzweige Strom. Tritt auf der Lastseite Blindleistung auf, so sind auch die Dioden (Rücklaufzweige) periodisch an der Stromführung beteiligt. Bei Umkehr der Energierichtung übernehmen die Dioden die Stromführung.

Bild 1.3-44 zeigt den Spannungsverlauf einer Sechspuls-Brückenschaltung mit Lösch- und Rücklaufzweigen bei ohmscher Last. Für den Effektivwert U_i der ventilseitigen Phasenspannung gilt

$$U_i = \sqrt{\frac{2}{3}} \cdot U_d \tag{1.3-36}$$

und für den der Grundschwingung

$$U_{1i} = \frac{\sqrt{6}}{\pi} U_d . \tag{1.3-37}$$

Spannungssteuerung. Selbstgeführte Wechselrichter erzeugen ein Wechsel- bzw. Drehspannungssystem einstellbarer Frequenz. Die abgegebene Wechselspannung ist proportional der Gleichspannung U_d. Die Steuerung der abgegebenen Wechselspannung kann entweder auf der

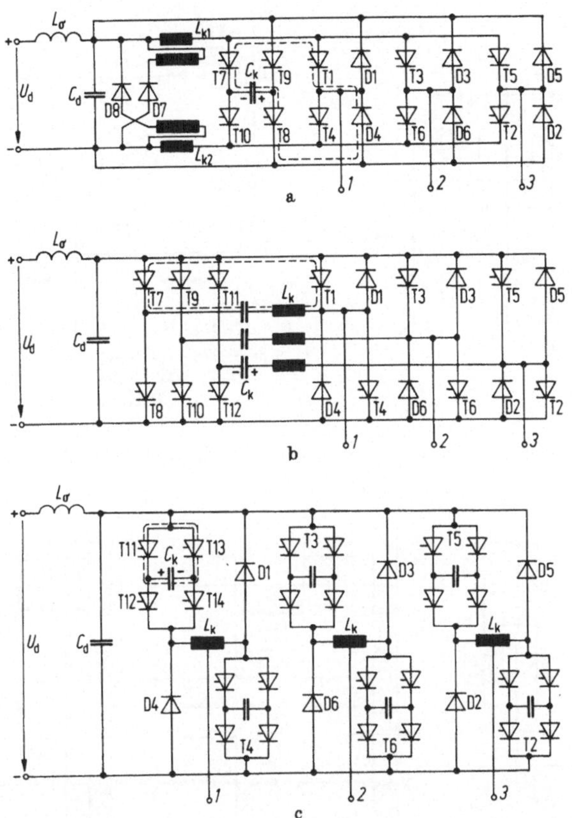

Bild 1.3-43. Schaltungsbeispiele von selbstgeführten Wechselrichtern in Drehstrom-Brückenschaltung; a) gemeinsamer Löschkondensator C_k für T1 bis T6 (Summenlöschung), b) je ein Löschkondensator C_k für T1 und T4, T3 und T6, T5 und T2 (Phasenlöschung), c) Löschkondensator C_k in jedem Brückenzweig (Einzellöschung).

Gleichspannungsseite, im Wechselrichter selbst oder auf der Wechselspannungsseite vorgenommen werden.

Wenn der eingangsseitige netzgeführte Stromrichter steuerbar ist, kann die Spannung U_d im Gleichspannungs-Zwischenkreis gestellt werden, damit auch die abgegebene Wechselspannung. Voraussetzung ist, daß die Kommutierungseinrichtungen auch bei der kleinsten Gleichspannung U_d noch arbeiten.

Auf der Wechselspannungsseite kann die Spannung durch einen Transformator mit veränderbarem Windungszahlverhältnis geändert werden. Die Baugröße eines solchen Transformators wächst jedoch im unteren Frequenzbereich.

Bei konstanter Spannung U_d im Zwischenkreis muß die Spannungssteuerung im Wechselrichter selbst vorgenommen werden. Bild 1.3-45 zeigt die Verstellung der Ausgangsspannung durch Zündeinsatzsteuerung oder nach dem Schwenkverfahren. Bei der Zündeinsatzsteuerung wird die Stromflußzeit in den Stromrichterzweigen in Abhängigkeit vom Steuerwinkel α auf die gesteuerte Stromflußzeit verkürzt. Bei der Aussteuerung nach dem Schwenkverfahren (Additionsverfahren)

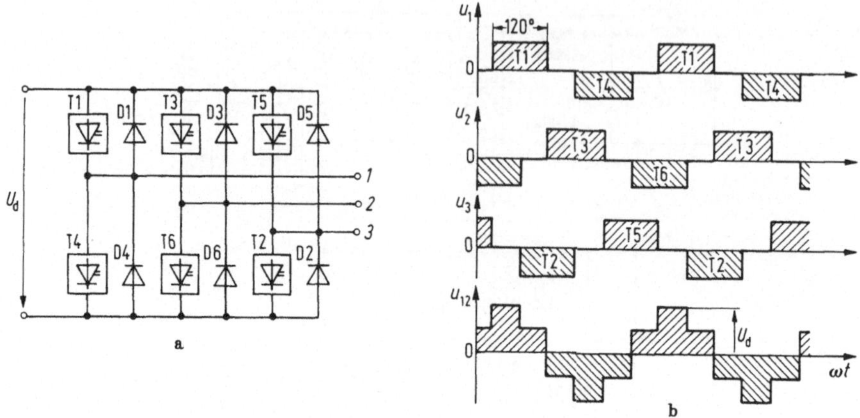

Bild 1.3-44. Sechspuls-Brückenschaltung mit Lösch- und Rücklaufzweigen; a) Schaltung, b) Spannungsverlauf (bei ohmscher Last).

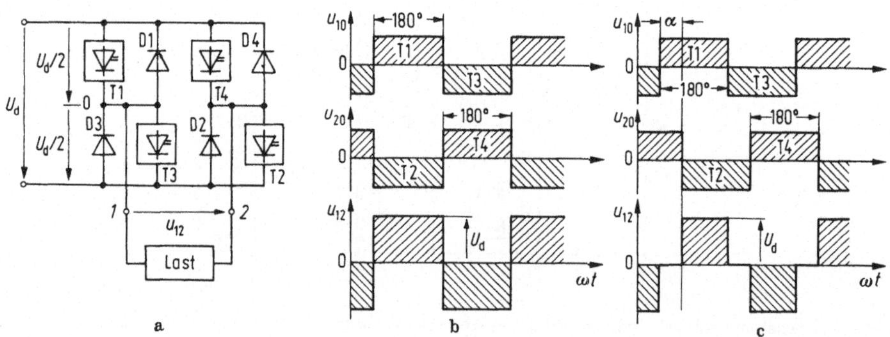

Bild 1.3-45. Verstellung der Ausgangsspannung durch Zündeinsatzsteuerung oder nach dem Schwenkverfahren; a) Zweipuls-Brückenschaltung, b) Vollaussteuerung, c) um α verkürzte Spannungsblöcke.

werden Wechselspannungen zweier ungesteuerter Wechselrichter um den Winkel α phasenversetzt addiert.

Die Grundschwingungsamplitude der Ausgangswechselspannung wird bei Verkürzung der Spannungsblöcke verringert, gleichzeitig treten die Oberschwingungen in der Ausgangsspannung gegenüber der Grundschwingung hervor. Aus diesem Grund können diese Verfahren der Spannungssteuerung nur in einem begrenzten Stellbereich eingesetzt werden.

Anwendungen. Selbstgeführte Wechselrichter haben durch die Verbesserung der dynamischen Thyristoreigenschaften und der zugehörigen Schaltungskomponenten wie Lösch- und Glättungskondensatoren erhebliche Bedeutung erlangt. Im unteren Leistungsbereich können für selbstgeführte Wechselrichter auch Leistungstransistoren eingesetzt werden.

In der Antriebstechnik werden selbstgeführte Wechselrichter zur Speisung von Drehfeldmaschinen mit veränderbarer Frequenz und Spannung dort eingesetzt, wo der Einsatz der robusten und kollektorlosen Drehfeldmaschinen (vorzugsweise Asynchronmaschinen mit Käfigläufer) den Mehrpreis für den aufwendigeren Umrichter rechtfertigt [111, 112, 152, 161, 197]. Die Leistung von wechselrichtergespeisten Drehstromantrieben geht bis in den MW-Bereich. Selbstgeführte Wechselrichter werden außerdem zur gesicherten Stromversorgung, zur Speisung von Bordnetzen und als Rundsteuersender eingesetzt.

1.3.2.10 Pulswechselrichter

Selbstgeführte Stromrichter gestatten das wiederholte Zünden und Löschen der löschbaren Hauptzweige in jeder Periode. Damit kann ohne Vergrößerung der Anzahl der Hauptzweige durch wiederholtes Schalten die Gesamtzahl der nicht gleichzeitigen Kommutierungen während einer Periode erhöht werden, wodurch sich Möglichkeiten zur Verringerung von Strom- und Spannungsoberschwingungen ergeben.

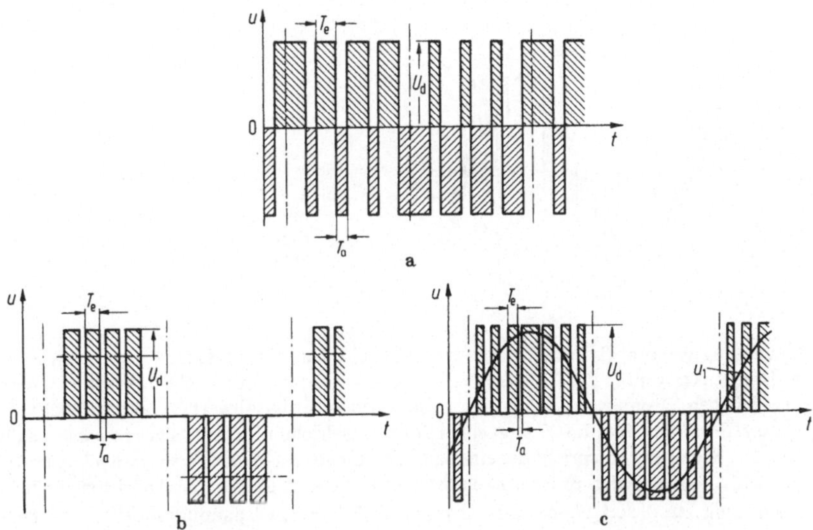

Bild 1.3-46. Spannungssteuerung nach dem Pulsverfahren; a) zwei Spannungszustände $+U_d$ und $-U_d$, b) drei Spannungszustände $+U_d$, O und $-U_d$, c) nach Sinusfunktion veränderliches Einschaltverhältnis T_e/T_e+T_a.

Pulsverfahren. Bei der Aussteuerung nach dem Pulsverfahren werden die Stromrichterzweige in jeder Periode der Grundschwingung mehrfach gezündet und gelöscht. Dadurch ergibt sich eine Folge einzelner Stromfluß- und Sperrzeiten im Hauptzweig, deren Verhältnis die Größe der Ausgangsspannung bestimmt.

Bei einem Gleichstromsteller können die Mittelwerte von Spannung bzw. Strom durch Veränderung des Einschaltverhältnisses stetig gestellt werden. Bild 1.3-46 zeigt verschiedene Möglichkeiten zur Spannungssteuerung nach dem Pulsverfahren bei selbstgeführten Wechselrichtern. Je nach Schaltung sind entweder nur zwei Spannungszustände $+U_d$ und $-U_d$ (a) oder drei Spannungszustände $+U_d$, 0 und $-U_d$ (b) möglich. Wird nicht mit konstantem Einschaltverhältnis gearbeitet, sondern die Dauer der angelegten Spannungsblöcke dem Verlauf des sinusförmigen Sollwertes angepaßt, so ergibt sich eine gute Annäherung an die sinusförmige Grundschwingung (c). Die nach dem Pulsverfahren so erzeugte Grundschwingung der Ausgangsspannung wird auch

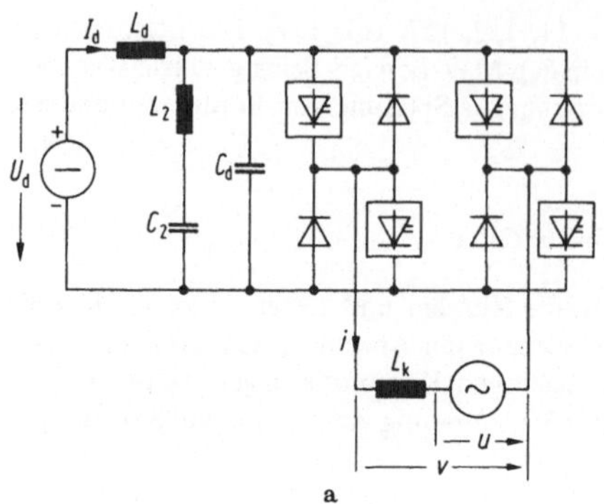

a

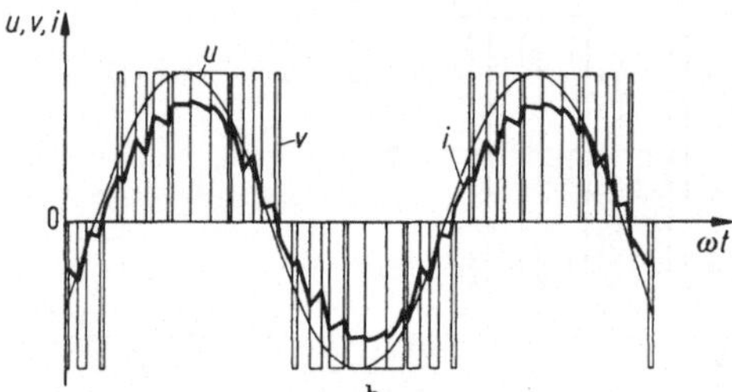

b

Bild 1.3-47. Pulswechselrichter in einphasiger Brückenschaltung; a) Schaltung, b) Spannungs- und Stromverlauf.

Unterschwingung genannt (Unterschwingungsverfahren). Das Pulsverfahren kann auch zu einer direkten Zweipunktregelung des Laststromes verwendet werden. Dieser schwankt dabei innerhalb eines vorgegebenen Stromintervalls um den vorgegebenen Stromsollwert (s. Bild 1.3-38c).

Einphasige Schaltung. Bild 1.3-47 zeigt einen Pulswechselrichter in einphasiger Brückenschaltung [150, 169]. Die Schaltung entspricht der eines auf Vier-Quadrant-Betrieb erweiterten Gleichstromstellers (s. Bild 1.3-36e). Jeder Brückenzweig besteht aus einem löschbaren Thyristorschalter und einer gegensinnig parallelen Diode. Der Strom i in der Wechselspannungsquelle u ist beliebig einstellbar, so lange die Bedingung $U_d \geqq \sqrt{2} \cdot U$ erfüllt ist. Die Induktivität L_k auf der Wechselstromseite bestimmt die Stromoberschwingungen. Bei sinusförmigem Strom pulsiert die Leistung in der einphasigen Wechselspannungsquelle mit doppelter Frequenz (s. Bild 1.3-75). Daher überlagert sich dem Gleichstrom I_d eine sinusförmige Stromkomponente doppelter Frequenz, die von einem auf diese Frequenz abgestimmten Saugkreis geliefert werden kann (s. Bild 1.3-62).

Dreiphasige Schaltung. Bild 1.3-48 zeigt einen Pulswechselrichter in Drehstrom-Brückenschaltung. Jeder der sechs Brückenzweige besteht aus der Gegenparallelschaltung eines löschbaren Thyristors und einer Diode. Die Ströme i_1, i_2 und i_3 können sinusförmig vorgegeben werden. Bei sinusförmigem Verlauf ist die Summe aller Phasenleistungen auf der Drehstromseite konstant, also auch die auf der Gleichstromseite umgesetzte Leistung. Ein Glättungskondensator C_d ist für die Lieferung der mit Pulsfrequenz f_p und höheren Harmonischen auftretenden Stromoberschwingungen auf der Gleichstromseite erforderlich, wenn die Gleichspannungsquelle U_d einen induktiven Innenwiderstand L_d hat.

Anwendungen. Pulswechselrichter werden zur Drehzahlsteuerung von Drehfeldmaschinen eingesetzt, die ein mehrphasiges Wechselspannungssystem veränderbarer Frequenz und drehzahlproportionaler Spannung benötigen [117]. Auf Sondergebieten der industriellen Antriebstechnik

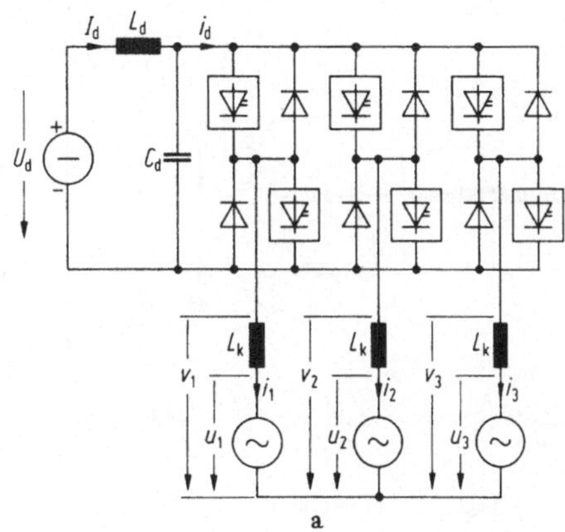

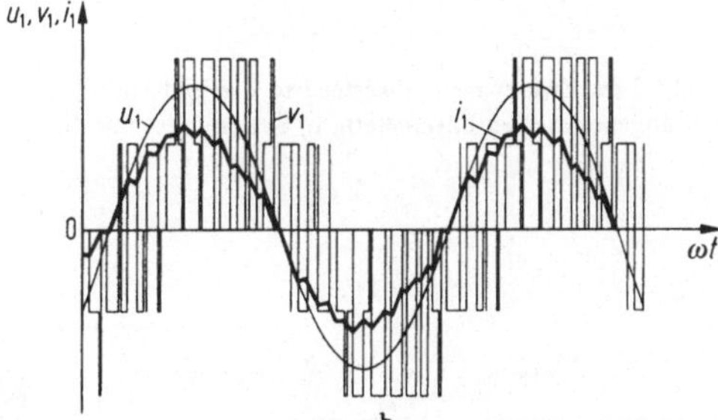

Bild 1.3-48. Pulswechselrichter in Drehstrom-Brückenschaltung; a) Schaltung, b) Spannungs- und Stromverlauf.

und der Traktion sind Pulswechselrichter für die Drehzahlsteuerung von Asynchronmaschinen mit Käfigläufern bis in den Leistungsbereich von mehreren MW verwirklicht worden [166, 168, 176, 185, 193, 200].

1.3.2.11 Halbgesteuerte Schaltungen

Eine Schaltung wird als halbgesteuert bezeichnet, wenn nur die Hälfte der Stromrichterzweige steuerbar ist. Bei netzgeführten Stromrichtern mit halbgesteuerten Brückenschaltungen wird nur die Hälfte der Stromrichterhauptzweige ausgesteuert, während die andere Hälfte ungesteuert arbeitet. Der Vorteil halbgesteuerter Schaltungen besteht in der geringeren Anzahl der benötigten steuerbaren Ventile, außerdem ergibt sich bei ihnen eine Einsparung an Blindleistung im Wechsel- bzw. Drehstromnetz [119].

Der Spannungs- und Stromverlauf bei halbgesteuerten Brückenschaltungen unter der Voraussetzung vollkommener Glättung und bei Vernachlässigung der Überlappung ist in Tabelle 1.3-6 angegeben.

Einphasige halbgesteuerte Brückenschaltung. Bild 1.3-49 zeigt Spannungs- und Stromverlauf bei der zweigpaar-halbgesteuerten Zweipuls-Brückenschaltung mit den angegebenen Parametern, d. h. unter Berücksichtigung der Kommutierungsimpedanz auf der Wechselspannungsseite und der endlichen Glättung auf der Gleichstromseite.

Bild 1.3-50 zeigt Spannungs- und Stromverlauf bei der einpolig gesteuerten Zweipuls-Brückenschaltung mit den gleichen Parametern. Für den angenommenen Steuerwinkel $\alpha = 60°$ lückt der Gleichstrom i_d noch nicht. Bei größeren Steuerwinkeln tritt Lückbetrieb auf.

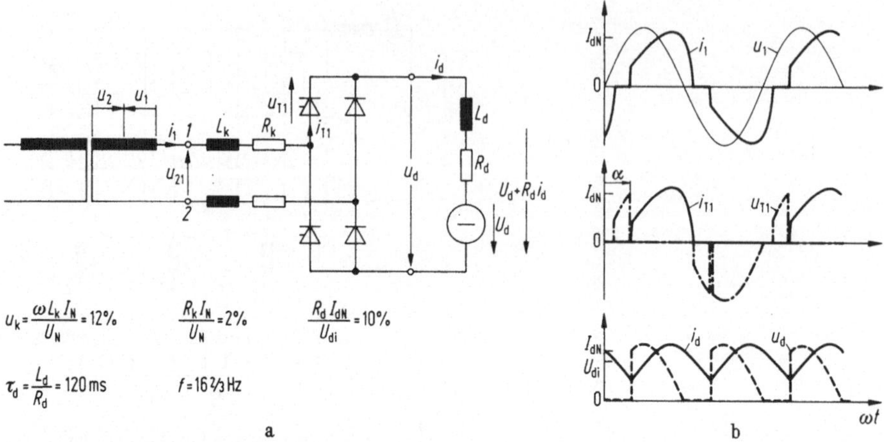

Bild 1.3-49. Zweigpaar-halbgesteuerte Zweipuls-Brückenschaltung (unsymmetrisch halbgesteuert); a) Schaltung mit angenommenen Parametern, b) Spannungs- und Stromverlauf.

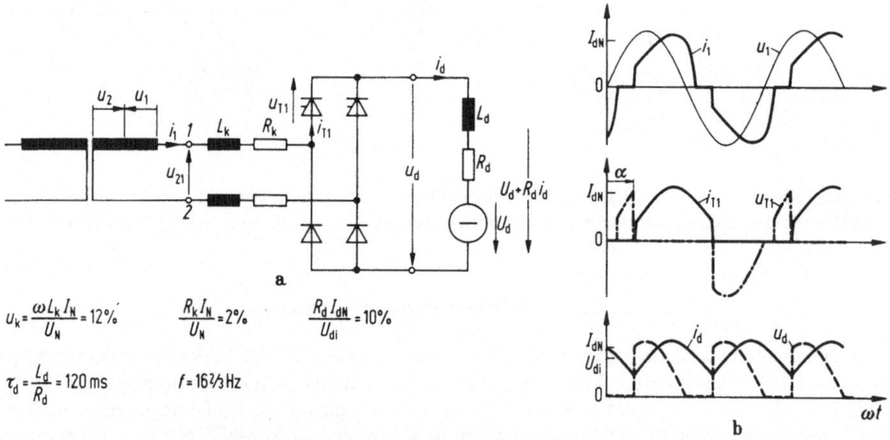

Bild 1.3-50. Einpolig gesteuerte Zweipuls-Brückenschaltung (symmetrisch halbgesteuert); a) Schaltung mit angenommenen Parametern, b) Spannungs- und Stromverlauf.

Blindleistung. Bild 1.3-51 zeigt die Grundschwingungs-Blindleistung des Netzes abhängig von der Gleichspannung bei halbgesteuerten einphasigen Brückenschaltungen (s. auch Bild 1.3-10). Parameter ist das Verhältnis der Glättungsreaktanz X_d zu X_k. Bei der Reihenschaltung zweier halbgesteuerter Brückenschaltungen ergibt sich für die Blindleistung der gestrichelte Verlauf.

Anwendungen. Die einpolig gesteuerte Zweipuls-Brückenschaltung wird in der Traktion bei Stromrichterlokomotiven und -triebwagen eingesetzt, meist in Reihenschaltung zweier halbgesteuerter Teilstromrichter. Die Gleichspannung kann zwischen 100% und 0 gesteuert werden. Wechselrichterbetrieb mit Umkehr der Energierichtung ist nicht möglich (keine Nutzbremsung).

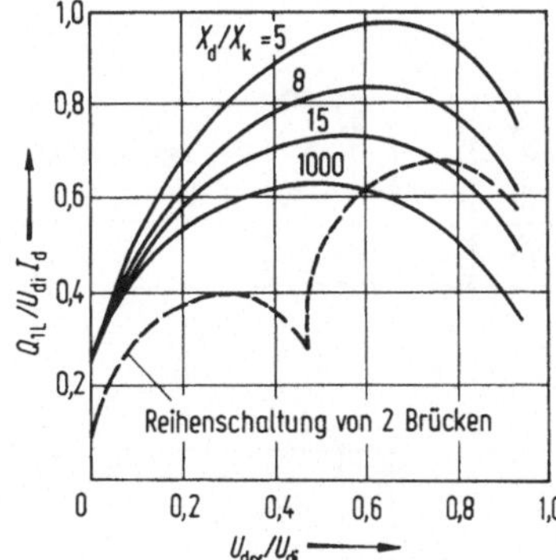

Bild 1.3-51. Grundschwingungs-Blindleistung des Netzes bei der halbgesteuerten Zweipuls-Brückenschaltung in Abhängigkeit von der Gleichspannung (Gleichstrom I_d = konst.).

1.3.2.12 Schaltungen mit Abschnitt- und Sektorsteuerung

Der mögliche Steuerbereich von netzgeführten Stromrichtern mit natürlicher Kommutierung geht von $\alpha=0$ bis $180°-\beta$. Die Blindleistung im führenden Netz ist in diesem Bereich induktiv (s. Bild 1.3-9). Blindleistung im Wechsel- bzw. Drehstromnetz verschlechtert den Verschiebungsfaktor $\cos\varphi_1$ und den (totalen) Leistungsfaktor λ. Induktive Blindströme rufen außerdem in den Netzreaktanzen Spannungsabfälle hervor, die besonders bei der elektrischen Traktion zu erheblichen Absenkungen der Netzspannung führen können [173].

Mit halbgesteuerten Schaltungen läßt sich eine Verminderung der Blindleistung erreichen (s. Abschnitt 1.3.2.11). Die Steuer- und Kommutierungsblindleistung kann vollständig vermieden werden, wenn die steuerbaren Stromrichterzweige mit Löscheinrichtungen versehen werden, die eine vorzeitige Unterbrechung des Stromes ermöglichen, also in einem Bereich, in dem die natürliche Kommutierungsspannung des Netzes noch negativ ist [141, 142, 172, 188, 192, 195].

Löschbare halbgesteuerte Brückenschaltungen. Bild 1.3-52 zeigt Schaltungsvarianten halbgesteuerter Brückenschaltungen, bei denen die steuerbaren Ventilzweige durch Löschkondensatoren C_k und Hilfszweige löschbar sind.

Schaltung a arbeitet mit einem gemeinsamen Löschkondensator C_k und zwei Hilfsthyristoren. Bei Schaltung b hat jeder steuerbare Hauptzweig einen Löschkondensator C_k und einen Hilfsthyristor, außerdem Dioden und einen Ladewiderstand R_L zur Aufladung der Löschkondensatoren. Bei Schaltung c liegt die Wechselspannungsquelle u in Reihe mit den jeweiligen Löschzweigen. Der Stromanstieg im Löschzweig wird daher durch die Netz- und Transformatorinduktivitäten verlangsamt. Bei allen Schaltungsvarianten müssen die Löschkondensatoren C_k die in den Netz- und Transformatorinduktivitäten gespeicherte magnetische Energie bei der Unterbrechung des Netzstromes aufnehmen, was zu verhältnismäßig großen Kapazitäten führt. Die Schaltungen d und e arbeiten mit kapazitiven Zwischenspeichern C. In diesen nur in einer Spannungsrichtung beanspruchten Kondensatoren wird die magnetische Energie der Netz- und Transformatorinduktivitäten zwischengespeichert. Die Löschkondensatoren C_k können entsprechend kleinere Kapazitäten haben. Dagegen wächst die Zahl der benötigten Diodenhilfszweige. Außerdem müssen Sperrdioden in die löschbaren Hauptzweige eingefügt werden.

Bild 1.3-53 zeigt Spannungs- und Stromverlauf der Schaltung d. Der Strom i_V beginnt beim Zünden eines Hauptthyristors beim Steuerwinkel $\alpha=0$ zu fließen. Er kommutiert mit der Anfangsüberlappung u_0 von einem ungesteuerten Hauptzweig auf den gezündeten Hauptzweig. Der Löschvorgang wird durch Zünden des zugehörigen Hilfsthyristors bei $\pi-\beta$ eingeleitet. Sobald die Spannung u_C größer als der Augenblickswert der Netzspannung wird, beginnt der Netzstrom abzufallen, bis er bei $\pi-\gamma$ zu Null wird. Vor dem Ende der Halbschwingung wird der Speicherkon-

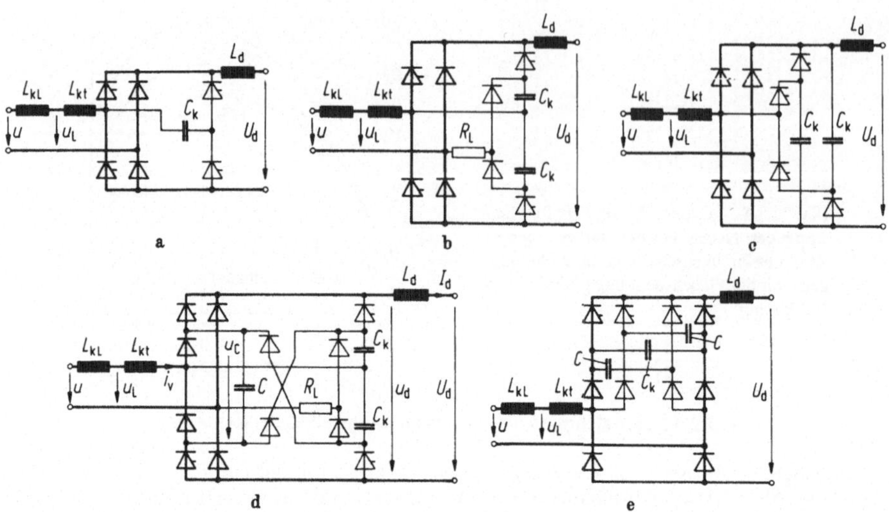

Bild 1.3-52. Löschbare halbgesteuerte Brückenschaltungen; a) zweigpaargesteuert mit einem Löschkondensator, b) zweigpaargesteuert mit getrennten Löschzweigen, c) zweigpaargesteuert mit getrennten Löschzweigen und langsamer Löschung, d) zweigpaargesteuert mit getrennten Löschzweigen und einem kapazitiven Zwischenspeicher, e) einpolig gesteuert mit einem Löschkondensator und getrennten kapazitiven Zwischenspeichern.

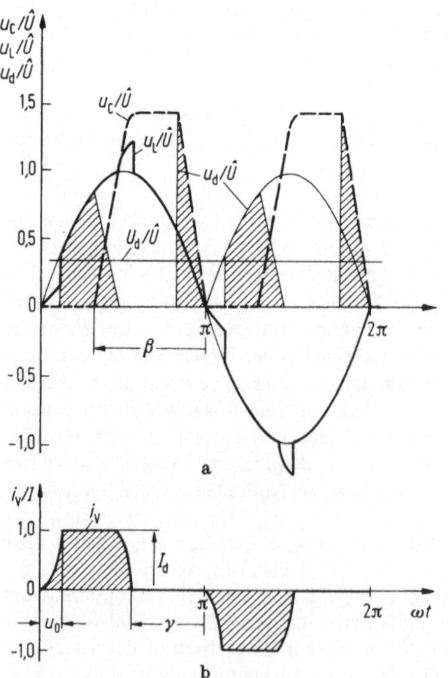

Bild 1.3-53. Löschbare halbgesteuerte Brückenschaltung (zweigpaargesteuert mit kapazitivem Zwischenspeicher); a) netzseitige Leiterspannung u_L, Kondensatorspannung u_C und Gleichspannung u_d, b) ventilseitiger Leiterstrom des Stromrichtertransformatorstromes i_V. Angenommene Parameter: $I_d = I_{dN}$, $U_d = 0{,}5\,U_{di}$, $u_{kt} = 5\,\%$, $u_{kL} = 1\,\%$, idealisierte Löschvorgänge.

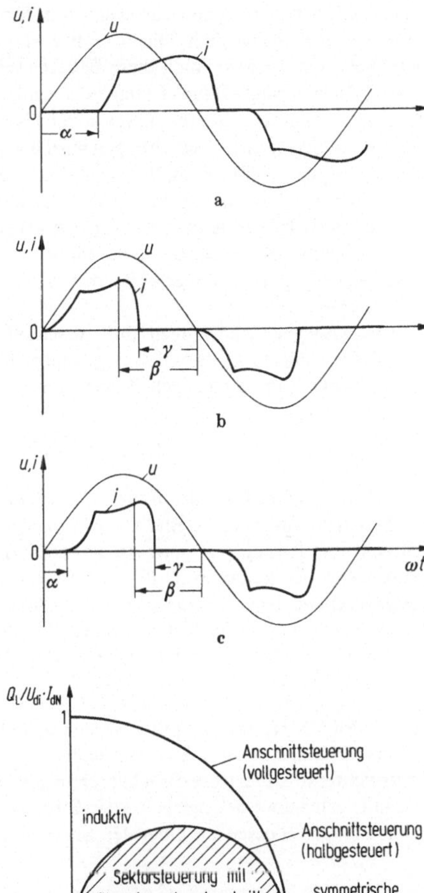

Bild 1.3-54. Verlauf des Stromes in einphasigen Netzen bei halbgesteuerten Brückenschaltungen; a) Anschnittsteuerung, b) Abschnittsteuerung, c) Sektorsteuerung.

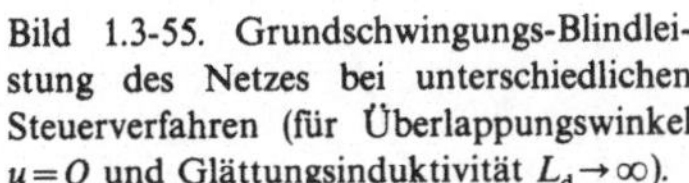

Bild 1.3-55. Grundschwingungs-Blindleistung des Netzes bei unterschiedlichen Steuerverfahren (für Überlappungswinkel $u = O$ und Glättungsinduktivität $L_d \to \infty$).

densator C über beide Hauptthyristoren auf die Gleichstromlast entladen. Die Gleichspannung u_d wird durch die schraffierten Spannungszeitflächen gebildet. Der netzseitige Leiterstrom eilt der Phasenspannung des Netzes vor, d.h. seine Grundschwingung hat eine kapazitive Komponente.

Abschnitt- und Sektorsteuerung. In Bild 1.3-54 ist der prinzipielle Verlauf des Netzstromes bei den verschiedenen Steuerverfahren dargestellt [174]. Bei Anschnittsteuerung mit dem Steuerwinkel α (a) ist der Netzstrom i gegenüber der Netzspannung u nacheilend phasenverschoben (induktiv). Bei Abschnittsteuerung mit dem Voreilwinkel β (b) ist der Netzstrom voreilend verschoben (kapazitiv). Diese Betriebsweise setzt löschbare Hauptzweige voraus. Bei der Sektorsteuerung (c) wird eine

Kombination von Anschnittsteuerung mit dem Steuerwinkel α und Abschnittsteuerung mit dem Voreilwinkel β angewendet. Die Grundschwingung des Stromes i kann mit der Netzspannung u in Phase gehalten werden. Auch diese Betriebsweise hat löschbare Hauptzweige zur Voraussetzung.

Grundschwingungs-Blindleistung und Leistungsfaktor. Bild 1.3-55 zeigt den mit den verschiedenen Steuerverfahren erreichbaren Bereich der Grundschwingungs-Blindleistung. Bei Anschnittsteuerung mit halbgesteuerten Schaltungen wird bei Vernachlässigung der Überlappung und ausreichender Glättung ein Halbkreis im Bereich induktiver Blindleistung durchlaufen, bei Abschnittsteuerung entsprechend ein Halbkreis im Bereich kapazitiver Blindleistung. Mit Sektorsteuerung können beliebige Betriebspunkte im gesamten schraffierten Bereich eingestellt werden. Der Grundschwingungs-Leistungsfaktor $\cos\varphi_1$ kann induktiv, 1 oder kapazitiv eingestellt werden. Wegen des nichtsinusförmigen Stromverlaufes tritt Verzerrungsleistung auf. Der (totale) Leistungsfaktor λ liegt unter 1.

Anwendungen. Schaltungen mit Abschnitt- und Sektorsteuerung bieten besonders bei der elektrischen Traktion Vorteile. Gegenüber den halbgesteuerten Brückenschaltungen kann der Leistungsfaktor in einphasigen Bahnnetzen deutlich verbessert werden [189].

1.3.2.13 Blindleistungs-Stromrichter

Neben den vier Grundfunktionen (Gleichrichten, Wechselrichten, Gleichstromumrichten und Wechselstromumrichten, s. Bild 1.1-3) können Stromrichter für weitere Aufgaben eingesetzt werden, z. B. für die Erzeugung stetig steuerbarer Blindleistung. Blindleistungs-Stromrichter erzeugen induktiven oder kapazitiven Blindstrom. Sie können fremdgeführt oder selbstgeführt sein. Die aufgenommene bzw. abgegebene Blindleistung läßt sich über die Steuerung stetig verändern. Abgesehen von ihren Verlusten nehmen Blindleistungs-Stromrichter im Mittel keine Wirkleistung auf. Für die mittlere Leistung auf der Gleichstromseite gilt

$$U_d I_d = 0 \,. \tag{1.3-38}$$

Für die Blindleistungserzeugung werden jedoch induktive oder kapazitive Speicher benötigt.

Blindleistungs-Stromrichter mit induktivem Speicher. Bild 1.3-56 zeigt einen Blindleistungs-Stromrichter in Drehstrom-Brückenschaltung mit induktivem Speicher L_d auf der Gleichstromseite. Es handelt sich um einen netzgeführten Stromrichter, der gleichstromseitig über die Glättungsinduktivität kurzgeschlossen ist. Über den Steuerwinkel α kann der Gleichstrom I_d verstellt werden: Im

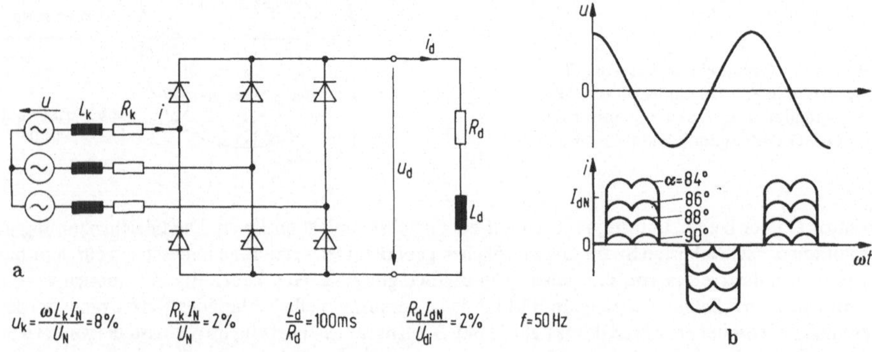

Bild 1.3-56. Blindleistungs-Stromrichter mit induktivem Speicher; a) Schaltung mit angenommenen Parametern, b) Spannungs- und Stromverlauf.

Drehstromnetz ergibt sich eine Phasenverschiebung des Wechselstromes i um nahezu 90° (induktiver Blindstrom). Die Verluste in den Leitungen im Stromrichter und in der Glättungsinduktivität müssen aus dem Drehstromnetz gedeckt werden (Steuerwinkel $\alpha < 90°$). Ein solcher netzgeführter Blindleistungs-Stromrichter belastet das Wechsel- bzw. Drehstromnetz mit induktiver Blindleistung. Kapazitive Blindleistung ist bei natürlicher Kommutierung nicht möglich (s. Bild 1.3-9).

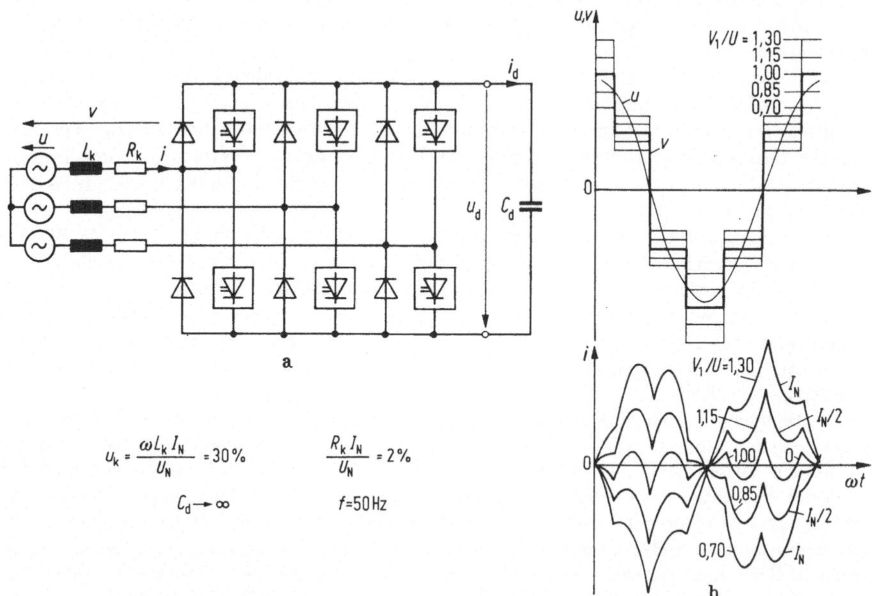

Bild 1.3-57. Blindleistungs-Stromrichter mit kapazitivem Speicher; a) Schaltung mit angenommenen Parametern, b) Spannungs- und Stromverlauf.

Blindleistungs-Stromrichter mit kapazitivem Speicher. Bild 1.3-57 zeigt einen Blindleistungs-Stromrichter in Drehstrom-Brückenschaltung mit kapazitivem Speicher auf der Gleichspannungsseite. Die Schaltung entspricht einem selbstgeführten Wechselrichter (s. Bild 1.3-44) mit Lösch- und Rücklaufzweigen, bei dem auf der Gleichspannungsseite nur ein Glättungskondensator C_d angeschlossen ist. Dort fließt ein reiner Wechselstrom i_d. Der Mittelwert I_d ist null. Im Drehstromnetz ergeben sich die in Bild 1.3-57b gezeichneten kapazitiven oder induktiven Blindströme i. Die Höhe des Blindstromes wird durch geringfügige Änderungen der Phasenlage der Wechselrichterspannung v gegenüber der Netzwechselspannung u (Zündung der löschbaren Hauptzweige mit dem Steuerwinkel δ) gestellt. Dadurch verändert sich die Höhe der Gleichspannung U_d am Glättungskondensator C_d. Sie sinkt bei induktiver Blindleistung im Drehstromnetz und steigt bei kapazitiver Blindleistung. Näherungsweise gilt

$$U_d \approx 2\sqrt{2}U(1 \mp u_k I/I_N). \qquad (1.3\text{-}39)$$

Anwendungen. Blindleistungs-Stromrichter können dort eingesetzt werden, wo eine stetige Verstellung des Blindstromes erforderlich ist. Dies kann in Drehstromnetzen mit Verbrauchern zeitlich schwankender Blindleistung wie Lichtbogenöfen, Schweißmaschinen oder Antrieben der Fall sein. Blindstromstöße und damit verbundene Netzspannungsschwankungen können in wenigen Perioden ausgeregelt werden.

1.3.3 Stromrichtertransformator

Bei den meisten Stromrichtern liegt ein Transformator zwischen der Wechsel- bzw. Drehstromseite und den Stromrichterventilen [66]. Die Schaltung (Schaltgruppe) eines Stromrichtertransformators ist der vorgesehenen Stromrichterschaltung angepaßt (s. Abschnitt 1.3.1). Bei gegebener Schaltung bestimmt die ventilseitige Spannung des Stromrichtertransformators die abgegebene Gleichspannung. Spannungsänderungen auf der Wechselstromseite gehen direkt in die Gleichspannung ein.

Der Stromrichtertransformator (Wicklungen und Eisen) muß für die Beanspruchungen und Stromkurvenform beim Stromrichterbetrieb bemessen sein. Die Wicklungen führen neben den Grundschwingungen der Ströme auch Oberschwingungsströme. Dadurch ergibt sich eine Vergrößerung der Bauleistung gegenüber der eines Transformators gleicher Leistung mit sinusförmigen Strömen. Bei Einwegschaltungen enthalten die Ströme in den ventilseitigen Wicklungen zusätzliche Gleichstromkomponenten.

Die netzseitige Wicklung ist die Gesamtheit der Wicklungen, die unmittelbar oder mittelbar (unter Zwischenschaltung von Stell- oder Schwenktransformatoren, Transduktoren, Wechselstromstellern oder Siebkreisen) mit dem Wechselstromnetz verbunden sind. Ventilseitige Wicklung ist die Gesamtheit der Wicklungen, die unmittelbar oder mittelbar (über Drosselspulen) mit dem Stromrichtersatz verbunden sind. Bei Gleichrichtern wird sie auch als gleichrichterseitige Wicklung bezeichnet. Die Wicklungsisolation bewirkt eine galvanische Trennung zwischen Netz- und Ventilseite.

Die Wicklungen können Anzapfungen haben (Hauptanzapfung ergibt Nenngleichspannung). Stromrichtertransformatoren können auch mit Stufenschaltern zur Spannungsanpassung ausgerüstet werden. Diese liegen i. allg. auf der Seite mit den kleineren Strömen (meist auf der Netzseite).

Durch Erhöhung der Phasenzahl der ventilseitigen Wicklungen oder Phasenschwenkungen erreicht man eine Vergrößerung der Pulszahl und damit Verringerungen der Oberschwingungen auf der Gleich- und Wechselstromseite (s. Abschnitt 1.3.13.2). Für die Schaltungen und Schaltgruppen gelten die Bezeichnungen nach VDE 0532 mit der Abweichung, daß beim Stromrichtertransformator der Kennbuchstabe der Netzseite dem der Ventilseite vorangestellt wird. Ist die Spannung der Ventilseite höher als die der Netzseite, beginnt die Schaltgruppenbezeichnung mit einem kleinen Buchstaben. Schaltgruppen mit ventilseitig sechs Phasen werden als Kombinationen mehrerer zusammengeschalteter Dreiphasen-Schaltgruppen dargestellt. Sechsphasige Ringschaltungen werden mit dem Kennbuchstaben R bzw. r gekennzeichnet. Phasenschwenkungen an Stromrichtertransformatoren werden durch Anfügen des Schwenkwinkels in Winkelgraden an den Kennbuchstaben bzw. die Kennzahl gekennzeichnet (+ bedeutet nacheilender Spannungszeiger auf der Ventilseite, − bedeutet voreilender Spannungszeiger).

In Tabelle 1.3-13 sind Schaltungen von Stromrichtertransformatoren angegeben. Die Anschlußbezeichnung erfolgt nach VDE 0532 mit Ausnahme der ventilseitigen Anschlüsse von Stromrichtertransformatoren für Einwegschaltungen und Schaltgruppen mit mehr als drei ventilseitigen Wicklungssträngen, deren Anschlüsse entsprechend ihrer Phasenfolge beziffert werden. Mittel- oder Sternpunktanschlüsse, die den vollen Gleichstrom führen, werden mit M bzw. m bezeichnet und bei mehreren Kommutierungsgruppen verschiedener Phasenlage numeriert.

Bei der Bemessung von Stromrichtertransformatoren sind die besonderen Betriebsbedingungen zu berücksichtigen (Oberschwingungen, Kurzschlußfestigkeit). Gerechnet wird mit idealisierten Rechteckströmen. Stromverdrängung durch Oberschwingungen wird bei der Auslegung i. allg. nicht berücksichtigt. Dafür wird der günstige Einfluß der Überlappung (s. Bilder 1.3-77 und 1.3-78) ebenfalls vernachlässigt. Bei geregelten Anlagen muß der Stromrichtertransformator so bemessen werden, daß noch Gleichspannungsreserve zur Ausregelung von Störgrößen vorhanden ist. Bei Umkehrstromrichtern ist ebenfalls mit Rücksicht auf sicheren Wechselrichterbetrieb eine Spannungsreserve notwendig. Die induktive Komponente der Kurzschlußspannung u_{xt} des Stromrich-

Tabelle 1.3-13. Schaltungen, elektrische Werte und Prüfwerte von Stromrichtertransformatoren

Stromrichter-schaltung Kennzeichen nach DIN 41761	Schaltgruppe des Stromrichtertrans-formators (und ggf. der Saugdrossel)	Zeigerbild der ventil-seitigen Wechsel-spannungen	Pulszahl u. Kommu-tierung p	q	Gleich-spannung $\frac{U_{di}}{U_{v0}}$	ventilseit. Leiter-strom $\frac{I_v}{I_d}$	netzseit. Schein-leistung $\frac{S_{Li}}{U_{di}\, I_{dN}}$	Transformator-Bauleistung primär	sekun-där	gesamt	Kurzschlußverbindungen bei den Messungen der Verluste P_A	P_B	P_C	Last-verluste P_{vt}	Kurzschluß-verbindun-gen bei der Bestimmung von u_{kt}	$\frac{d_{xt}}{u_{xt}}$
M2	Iin	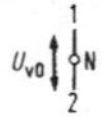	2	2	0,450	0,707	1,11	1,11	1,57	1,34	N-1	N-2		$\frac{P_A+P_B}{2}$	1-2	0,707
M3/0 M3/30 M3/60 M3/90	Dzn 0 Yzn 5 Dzn 6 Yzn 11	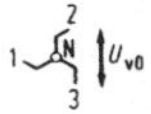	3	3	0,675	0,577	1,21	1,21	1,71	1,46	1-2-3			$P_A+\frac{r_2}{3}\cdot I_d^2$	1-2-3	0,866
M3/30	Dyn 5	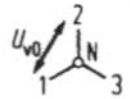						1,21	1,48	1,35						
M6/30	Dyn (5+11)	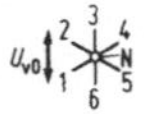	6	6	1,350	0,408	1,05	1,28	1,81	1,55	1-3-5	2-4-6		$1{,}5\frac{P_A+P_B}{2}$	Mittelwert aus 1-3-5 und 2-4-6	1,5 bis 0,5
M6/30 M6/0	Yzn (5+7) Dzn (0+10)	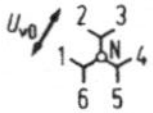						1,05	1,79	1,42	1-2 3-4 5-6	2-3 4-5 6-1	Mi.-Wert v. 1-3-5 u. 2-4-6	$\frac{P_A+2P_B+3P_C}{6}$		
M3.2/30 M3.2/0 (+Sd)	Y yn0, yn6 D yn 5, yn11 (In)	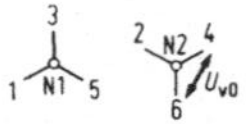	6	3	0,675	0,289	1,05	1,05	1,48	1,26	1-3-5	2-4-6		$\frac{P_A+P_B}{2}$		0,5
M2.3/30 (+Sd)	D in in in (Zn)	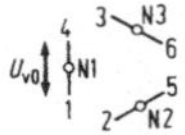	6	2	0,450	0,236	1,05	1,11	1,57	1,34	1-3-5 N1-N2-N3	2-4-6 N1-N2-N3		$1{,}125\frac{P_A+P_B}{2}$	1-4 2-5 3-6	0,75 bis 0,5
B2	Ii		2	2	0,900	1,000	1,11	1,11	1,11	1,11	1-2			P_A	1-2	0,707
B6/30 B6/0	Dd 0 oder Yy 0 Dy 5 oder Yd 5	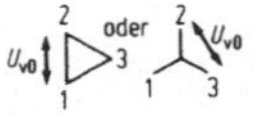 oder	6	3	1,350	0,816	1,05	1,05	1,05	1,05	1-2-3			P_A	1-2-3	0,5
B6.2/15 (+Sd)	D y5 d6 oder Y d5 y6 (In)	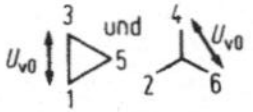 und	12	3	1,350	0,408	1,01	1,012	1,05	1,03	1-3-5	2-4-6	1-3-5 2-4-6	$0{,}035\,(P_A+P_B)$ $+0{,}930\,P_C$	Mittelwert aus 1-3-5 und 2-4-6	0,52 bis 0,26
B6.2/15 (+Sd)	Y r1 (+15°) oder D r0 (+15°) (In In)	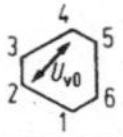	12	3	1,350	0,408	1,01	1,012	1,021	1,016	Mi.-Wert v. 1-3-5 u. 2-4-6	2-3 4-5 6-1	1-2 3-4 5-6	$1{,}34\,P_A$ $-0{,}08\,P_B$ $-0{,}27\,P_C$		

tertransformators bestimmt maßgeblich die induktive Gleichspannungsänderung und damit die Belastungskennlinie eines netzgeführten Stromrichters (s. Bild 1.3-7). Bei Saugdrosselschaltung muß für beide Kommutierungsgruppen gleichgroße Kurzschlußspannung vorliegen, damit sich der Gleichstrom gleichmäßig aufteilt.

Bei Mittelpunktschaltungen fließen in den ventilseitigen Wicklungen gleichgerichtete Ströme (Gleichstromglied, Grundschwingung und Oberschwingungen). Dies führt zu einer Gleichstromvormagnetisierung in allen Schenkeln und hat einen konstanten magnetischen Fluß zur Folge, der sich von den Jochen her nur über die Luft oder den Transformatorkessel schließen kann. Durch die Vormagnetisierung steigt der Magnetisierungsstrom, besonders dann, wenn der Stromrichter stoßweise über den Nennstrom hinaus belastet wird. Dem Gleichfluß kann bei ungeglättetem Gleichstrom noch ein Wechselanteil überlagert sein. Netzseitige Dreieckwicklungen unterdrücken diesen Wechselanteil, weil sie einen Kurzschluß für Ströme mit dreifacher Netzfrequenz und deren Vielfache darstellen. Die Vormagnetisierung der Transformatorschenkel kann bei Dreipuls-Mittelpunktschaltungen durch eine ventilseitige Zickzackwicklung vermieden werden (s. Tabelle 1.3-2).

Bei Brückenschaltungen fließen auch in der ventilseitigen Wicklung bei symmetrischem Betrieb reine Wechselströme.

Nennleistung P_{LN} eines Stromrichtertransformators ist seine netzseitige Scheinleistung bei Nennbetrieb des Stromrichters. Sie kann bei vorgeschalteten Drosselspulen oder vorgeschalteten Transformatoren von der netzseitigen Scheinleistung des Stromrichters abweichen. Netzseitige bzw. ventilseitige Wicklungsleistung ist die Summe der Produkte von Strom und Spannung (Effektivwerte) aller netzseitigen bzw. ventilseitigen Wicklungen des Stromrichtertransformators.

Bauleistung des Stromrichtertransformators ist die halbe Summe sämtlicher Wicklungsleistungen. Eine gegebenenfalls vorhandene Tertiärwicklung ist mit einzubeziehen. In Tabelle 1.3-13 ist die bezogene Transformatorbauleistung für verschiedene Schaltungen angegeben. Die Transformatorbauleistung liegt bei Brückenschaltungen nur wenig über 1 (gute Transformatorausnutzung), bei Mittelpunktschaltungen wegen der Gleichstromkomponenten in den ventilseitigen Wicklungen erheblich über 1 (schlechte Transformatorausnutzung).

Volumen und Gewicht eines Transformators steigen mit der 3/4-Potenz der Nennleistung [140]. Es gilt

$$V \sim G \sim (P_{LN}/\omega)^{3/4}. \tag{1.3-40}$$

Stromrichtertransformatoren zur getrennten Aufstellung in Stromrichteranlagen müssen ein Leistungsschild mit der Bezeichnung „Stromrichtertransformator" tragen. Es enthält außer den Transformatordaten Angaben zum Stromrichter. Die Transformatorbauleistung wird auf dem Leistungsschild nicht angegeben.

Die Prüfung von Stromrichtertransformatoren erfolgt nach VDE 0532 bzw. VDE 0550. Kurzschlußmessungen werden mit dem berechneten ideellen netzseitigen Leiterstrom I_{LNi} bei sinusförmiger Spannung und Nennfrequenz ausgeführt. Bei Einphasenanschluß gilt

$$I_{LNi} = \frac{S_{LNi}}{U_N} \tag{1.3-41}$$

und bei Drehstromanschluß

$$I_{LNi} = \frac{S_{LNi}}{\sqrt{3}U_N}. \tag{1.3-42}$$

Bei der Ermittlung der Lastverluste und der ohmschen Gleichspannungsänderung sind die in Tabelle 1.3-13 angegebenen Kurzschlußverbindungen herzustellen. Die jeweilige Leistungsaufnahme P_A, P_B und P_C ist beim Strom I_{LNi} zu messen. Die Lastverluste im Stromrichterbetrieb ergeben sich hieraus durch Rechnung.

Die ohmsche Gleichspannungsänderung ist

$$U_{\mathrm{drtN}}=\frac{P_{\mathrm{vtN}}}{I_{\mathrm{dN}}} \tag{1.3-43}$$

und die relative ohmsche Gleichspannungsänderung

$$d_{\mathrm{rtN}}=\frac{U_{\mathrm{drtN}}}{U_{\mathrm{di}}}=\frac{P_{\mathrm{vtN}}}{U_{\mathrm{di}}I_{\mathrm{dN}}}. \tag{1.3-44}$$

Bei der Ermittlung der Kurzschlußspannung und der induktiven Gleichspannungsänderung sind die Kurzschlußverbindungen nach Tabelle 1.3-13 vorzunehmen. Die Kurzschlußspannung wird beim Strom I_{LNi} in den netzseitigen Anschlüssen gemessen. Die relative induktive Gleichspannungsänderung d_{xt} kann aus der induktiven Komponente u_{xt} der relativen Kurzschlußspannung u_{kt} aus dem in Tabelle 1.3-13 angegebenen Verhältnis $d_{\mathrm{xt}}/u_{\mathrm{xt}}$ berechnet werden. Bei einigen Schaltungen ist $d_{\mathrm{xt}}/u_{\mathrm{xt}}$ vom speziellen Wicklungsaufbau abhängig. Der untere Grenzwert des angegebenen Bereiches gilt bei vernachlässigbarer ventilseitiger Streureaktanz des Stromrichtertransformators, der obere bei vernachlässigbarer netzseitiger Streureaktanz. Bei größeren Transformatoren kann die ohmsche Komponente der Kurzschlußspannung gegenüber der induktiven vernachlässigt werden (dann gilt $u_{\mathrm{xt}}\approx u_{\mathrm{kt}}$).

Für die induktive Gleichspannungsänderung des Stromrichtertransformators gilt

$$U_{\mathrm{dxtN}}=\frac{\delta}{g}sqfL_{\mathrm{kt}}I_{\mathrm{dN}} \tag{1.3-45}$$

und für die relative induktive Gleichspannungsänderung

$$d_{\mathrm{xtN}}=\frac{U_{\mathrm{dxtN}}}{U_{\mathrm{di}}}=\frac{\delta}{g}sqfL_{\mathrm{kt}}\frac{I_{\mathrm{dN}}}{U_{\mathrm{di}}}. \tag{1.3-46}$$

Die relative induktive Gleichspannungsänderung kann auch exakt gemessen werden. Für die gesamte relative induktive Gleichspannungsänderung bei Nennstrom gilt

$$d_{\mathrm{xN}}=\frac{I_{\mathrm{dN}}}{2\sqrt{2}I_{\mathrm{k}}} \tag{1.3-47}$$

(s. Tabelle 1.3-8). Aus dieser Beziehung folgt, daß zur direkten Messung der relativen induktiven Gleichspannungsänderung bei Kurzschluß der netzseitigen Hauptanschlüsse des Stromrichtertransformators ein Einphasenwechselstrom von Netzfrequenz mit dem Effektivwert $(I_{\mathrm{dN}}\delta)/(2\sqrt{2}g)$ in zwei sich bei Stromrichterbetrieb in der Kommutierung ablösende ventilseitige Anschlüsse eingespeist werden muß. Alle gleichzeitig kommutierenden Kommutierungsgruppen sind bei dieser Messung parallelzuschalten (δ Zahl der Kommutierungsgruppen, g Zahl paralleler, nicht gleichzeitig kommutierender Kommutierungsgruppen, in die sich der Nenngleichstrom I_{dN} des Stromrichters aufteilt). Aus wenigstens zwei Messungen in verschiedenen und gegebenenfalls im Aufbau voneinander abweichender Wicklungen ist das Mittel zu bilden. Die induktive Komponente der ermittelten relativen Kurzschlußspannung, die auf die Kommutierungsspannung U_{v0} bezogen wird, gibt unmittelbar die relative induktive Gleichspannungsänderung des Stromrichtertransformators an.

1.3.4 Magnetische und elektrische Energiespeicher

Bei der Energieumformung mit Stromrichtern sind zur Aufrechterhaltung des Energiegleichgewichtes magnetische und elektrische Energiespeicher (Drosselspulen und Kondensatoren) erforderlich. Diese können zu Filter-, Sieb- und Saugkreisen zusammengesetzt werden. Im Wechsel- und

Drehstromnetz wird möglichst sinusförmiger Strom, auf der Gleichstromseite möglichst geglätteter Gleichstrom angestrebt. In Wechselstromnetzen tritt eine Leistungspulsation mit doppelter Netzfrequenz auf. Bei einem symmetrisch belasteten Drehstromnetz ist die Summe der Phasenleistungen zeitlich konstant (balanciertes System). Bei unsymmetrischer Belastung gilt diese Bedingung nur für das Mitsystem der Ströme. Für das durch Unsymmetrie hervorgerufene Gegensystem ergeben sich Leistungspulsationen mit doppelter Netzfrequenz.

Magnetische Energie. Für die magnetische Energiedichte w_m in einem Magnetfeld gilt die Beziehung

$$w_m = \int_0^H H \mathrm{d}\boldsymbol{B} \tag{1.3-48}$$

und für die im Volumen V vorhandene magnetische Energie W_m die Beziehung:

$$W_m = \int_V w_m \mathrm{d}V \tag{1.3-49}$$

(H magnetische Feldstärke, B magnetische Flußdichte). Nur wenn die Permeabilität $\mu = \mu_0/\mu_r$ unabhängig von der magnetischen Feldstärke H ist, vereinfachen sich diese Gleichungen zu

$$w_m = \tfrac{1}{2}\boldsymbol{HB} \tag{1.3-50}$$

und

$$W_m = \tfrac{1}{2}\int_V \boldsymbol{HB}\mathrm{d}V. \tag{1.3-51}$$

Die in einer Induktivität gespeicherte magnetische Energie W_m kann allgemein nach Gleichung

$$W_m = \int_0^i i\mathrm{d}\psi = \int_0^i L_{diff} i \mathrm{d}i \tag{1.3-52}$$

berechnet werden (ψ magnetischer Fluß, L_{diff} stromabhängige differentielle Induktivität).

Bei konstanter stromunabhängiger Induktivität L gilt

$$W_m = \tfrac{1}{2}Li^2. \tag{1.3-53}$$

Diese Beziehung ist also nur für Induktivitäten mit ungesättigtem Eisenkern und linearer Magnetisierungskennlinie gültig.

Elektrische Energie. Für die elektrische Energiedichte w_{el} in einem elektrischen Feld gilt die Beziehung

$$w_{el} = \int_0^E E\mathrm{d}\boldsymbol{D} \tag{1.3-54}$$

und für die im Volumen V vorhandene elektrische Energie W_{el} die Beziehung:

$$W_{el} = \int_V w_{el} \mathrm{d}V \tag{1.3-55}$$

(E elektrische Feldstärke, D elektrische Flußdichte). Nur wenn die Dielektrizitätskonstante $\varepsilon = \varepsilon_0 \varepsilon_r$ unabhängig von der elektrischen Feldstärke E ist, vereinfachen sich diese Gleichungen zu

$$w_{el} = \tfrac{1}{2}\boldsymbol{ED} \tag{1.3-56}$$

und

$$W_{el} = \tfrac{1}{2}\int_V \boldsymbol{ED}\mathrm{d}V. \tag{1.3-57}$$

Die in einem Kondensator gespeicherte elektrische Energie W_{el} kann allgemein nach Gleichung

$$W_{el} = \int_0^u u\mathrm{d}q = \int_0^u C_{diff} u \mathrm{d}u \tag{1.3-58}$$

berechnet werden (q elektrische Ladung, C_{diff} spannungsabhängige differentielle Kapazität).

Bei konstanter spannungsunabhängiger Kapazität C gilt

$$W_{el} = \tfrac{1}{2} C u^2 . \qquad (1.3\text{-}59)$$

Diese Bedingung ist bei Kondensatoren für die Leistungselektronik erfüllt.

1.3.4.1 Drosselspulen

Drosselspulen können als magnetische Energiespeicher auf der Wechselstromseite, im Stromrichtersatz selbst und auf der Gleichstromseite des Stromrichters eingesetzt werden.

Drosselspulen auf der Wechselstromseite des Stromrichters können auf der Primär- oder Sekundärseite des Stromrichtertransformators vorgesehen werden. Strangdrosseln liegen bei Zweiwegschaltungen in den Zuleitungen zum Stromrichtersatz und werden von Wechselstrom durchflossen. Strangdrosseln in den Wechselstromzuleitungen mehrerer voneinander unabhängig arbeitender Stromrichter an einer gemeinsamen Transformatorwicklung oder an einem gemeinsamen Netz werden als Entkopplungsdrosseln bezeichnet. Strangdrosseln können auch als Transduktordrosseln (steuerbare Drosselspulen) ausgebildet werden. Siebdrosseln bilden in Kombination mit Siebkondensatoren Schwingungskreise in Filtern, Sieb- und Saugkreisen (s. Abschnitt 1.3.4.3). Bei direktem Netzanschluß des Stromrichters werden die vorgeschalteten Drosselspulen auch als Netzdrosseln bezeichnet.

Drosselspulen in den Stromrichterzweigen sind Zweigdrosseln. Sie werden von pulsierendem Gleichstrom durchflossen. Ventildrosseln (Anodendrosseln) können bei Parallelschaltung den einzelnen parallelen Ventilen vorgeschaltet werden. Stromteilerdrosseln sind magnetisch miteinander gekoppelte Ventildrosseln. Bei selbstgeführten Stromrichtern werden in Hilfszweigen (Löschzweigen) Kommutierungsdrosseln eingesetzt.

Drosselspulen auf der Gleichstromseite des Stromrichters sind Glättungsdrosseln, die im Hauptstromkreis liegen und vom gleichgerichteten Strom durchflossen werden. Sie können durch Siebkondensatoren zu Filtern ergänzt werden. Siebdrosseln bilden zusammen mit Siebkondensatoren Schwingungskreise in Filtern, Sieb- und Saugkreisen und werden auch auf der Gleichstromseite von Stromrichtern eingesetzt (s. Abschnitt 1.3.4.3). Saugdrosseln sind magnetisch miteinander verkettete Glättungsdrosseln. Ihre Wicklungsstränge werden von den gleichgerichteten Strömen parallelgeschalteter phasenversetzter Kommutierungsgruppen durchflossen (s. Abschnitt 1.3.1). Kreisstromdrosseln sind Glättungsdrosseln zur Begrenzung des Kreisstromes bei Doppel-Stromrichtern (s. Abschnitte 1.3.1.7 und 1.3.2.2). Sie werden getrennt für jeden der beiden gleichzeitig arbeitenden Teilstromrichter eines Doppel-Stromrichters vorgesehen.

Funkentstördrosseln sind Drosselspulen mit großem Hochfrequenz-Scheinwiderstand. Sie können eingangs- oder ausgangsseitig in die Hauptstromkreise geschaltet werden.

Drosselspulen in Stromrichtern werden als Luftspulen oder mit Eisenkernen gebaut. Luftspulen haben eine stromunabhängige Induktivität, deren Wert sich infolge der Stromverdrängung bei höheren Frequenzen nur wenig ändert. Aus diesem Grund werden Induktivitäten in abgestimmten Schwingkreisen häufig als Luftspulen gebaut. Bei höheren Frequenzen und bei hohen Stromsteilheiten muß die Stromverdrängung durch geeignete Ausführung der Wicklung (z. B. Kupferlitzen) berücksichtigt werden. Drosseln mit Eisenkernen werden i. allg. mit einem oder mehreren Luftspalten ausgeführt und haben eine stromabhängige Induktivität. Bei Überströmen geht der Eisenkern in die Sättigung, wobei seine relative Permeabilität stark sinkt (Grenzwert $\mu_{Fe} \to 1$). Eisendrosseln für höheren Frequenzen und große Stromsteilheiten müssen wegen der Wirbelströme mit dünnen Ring- oder Schnittbandkernen gebaut werden. Auch Ferritkerne werden verwendet (besonders bei Drosseln in Reihe mit Halbleiterventilen). Drosseln mit Eisenkern können störende Geräusche erzeugen, denen durch konstruktive Maßnahmen begegnet werden muß.

Wechselstromdrosseln haben bei angenähert sinusförmigem Strom die halbe Typenleistung eines Zweiwicklungs-Transformators gleicher Scheinleistung. Ihr Volumen und Gewicht steigen mit der 3/4-Potenz der Nennleistung [s. Gl. (1.3-40)].

Gleichstromdrosseln haben wegen ihrer Gleichstromvormagnetisierung eine stark stromabhängige Induktivität [15]. Die Größe des Luftspaltes bestimmt wesentlich das Verhältnis Leerlaufinduktivität L_0 : Nenninduktivität L_N. Das Durchflutungsgesetz angewendet auf den magnetischen Kreis führt zu

$$NI_d = H_{Fe} l_{Fe} + H_L \delta = H l_{Fe} \tag{1.3-60}$$

(N Windungszahl, H_{Fe} magnetische Feldstärke im Eisen, l_{Fe} Länge des Eisenweges, H_L magnetische Feldstärke im Luftspalt, δ Länge des oder der Summe der Luftspalte). Bezieht man die elektrische Durchflutung NI_d auf die Eisenweglänge l_{Fe}, so ergibt sich eine (fiktive) magnetische Feldstärke

$$H = NI_d / l_{Fe}\,. \tag{1.3-61}$$

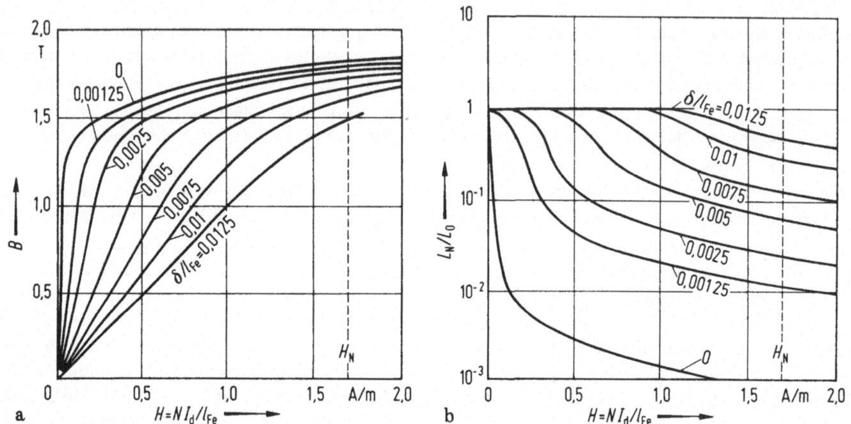

Bild 1.3-58. Glättungsdrosseln mit unterschiedlichem Verhältnis Luftspalt δ zu Eisenwege l_{Fe}; a) Magnetisierungskennlinien, b) Induktivitätsverhältnis.

In Bild 1.3-58a sind typische Magnetisierungskennlinien einer Gleichstromdrossel mit dem Verhältnis δ/l_{Fe} als Parameter aufgetragen. Die Leerlaufinduktivität L_0 kann angenähert nach Gleichung

$$L_0 = \mu_0 N^2 \frac{A_L}{\delta} \tag{1.3-62}$$

berechnet werden (A_L Querschnitt am Luftspalt). Die Nenninduktivität L_N ist angenähert

$$L_N = \mu_0 \mu_w N^2 \frac{A_L}{l_{Fe}}\,. \tag{1.3-63}$$

Sie bezieht sich auf kleine Stromänderungen im Arbeitspunkt (Wechselstrom-Induktivität). Für diese ist eine relative Permeabilität μ_w bestimmend, die sich aus der Änderung der magnetischen Flußdichte B bei Änderungen der magnetischen Feldstärke H im Arbeitspunkt ergibt:

$$\mu_w = \Delta B_w / \Delta H_w\,. \tag{1.3-64}$$

Bild 1.3-58b zeigt das Induktivitätsverhältnis L_N/L_0 mit δ/l_{Fe} als Parameter (bei Glättungsdrosseln übliches Verhältnis bis 1:10). Die Kurzschlußinduktivität L_K ist wegen der Sättigung des Eisenkreises wesentlich kleiner als die Nenninduktivität.

Tabelle 1.3-14. Ersatzsinusspannung U_{SD} und Bauleistung von Saugdrosseln für verschiedene relative induktive Gleichspannungsabfälle d_x

Aussteuerung U_{dia}/U_{di}			100%	80%	60%	40%	20%	0%
150 Hz-Drossel	U_{SD}/U_{di} %	$d_x=0\%$	17,2	38,5	51,3	58,7	62,9	64,1
		$d_x=3\%$	20,5	39,7	50,6	57,0	60,2	60,8
		$d_x=4{,}5\%$	22,1	40,1	50,1	55,9	58,6	59,1
	$P_{SD}/U_{di}\cdot I_d$ %	$d_x=0\%$	5,7	12,8	17,1	19,6	21,0	21,4
		$d_x=3\%$	6,8	13,2	16,9	19,0	20,1	20,3
		$d_x=4{,}5\%$	7,4	13,4	16,7	18,6	19,5	19,7
300 Hz-Drossel	U_{SD}/U_{di} %	$d_x=0\%$	3,9	17,9	23,8	27,3	29,2	29,8
		$d_x=3\%$	6,7	17,3	22,3	25,2	26,8	26,9
		$d_x=4{,}5\%$	8,1	16,8	21,5	24,1	25,4	25,6
	$P_{SD}/U_{di}\cdot I_d$ %	$d_x=0\%$	0.7	3,0	4,0	4,6	4,9	5,0
		$d_x=3\%$	1,1	2,9	3,7	4,2	4,5	4,5
		$d_x=4{,}5\%$	1,4	2,8	3,6	4,0	4,2	4,3

Die Bauleistung von Glättungsdrosseln steigt bei gegebenem Verhältnis L_N/L_0 linear mit der Induktivität und quadratisch mit dem Gleichstrom im Arbeitspunkt an.

Bei Saugdrosseln hebt sich bei symmetrischer Belastung der parallelgeschalteten phasenversetzten Kommutierungsgruppen die Gleichstromvormagnetisierung auf [68]. Sie haben daher geringere Bauleistung als Glättungsdrosseln und werden häufig ohne Luftspalt ausgeführt. Saugdrosseln müssen die Spannungsdifferenz gleichzeitig arbeitender Phasen aufnehmen. An ihnen liegt eine nichtsinusförmige Wechselspannung doppelter (bei M 2.3/30), dreifacher (bei M 3.2/0 oder M 3.2/30) oder sechsfacher Netzfrequenz (s. Tabelle 1.3-2). In Tabelle 1.3-14 ist die Bauleistung P_{SD} von Saugdrosseln abhängig von der Aussteuerung für verschiedene relative induktive Gleichspannungsabfälle d_x angegeben. Ersatzsinusspannung U_{SD} je Saugdrosselphase ist die Sinusspannung der Grundfrequenz der Saugdrosselspannung mit gleicher Spannungszeitfläche, d.h. gleicher Maximalinduktion, wie die wirkliche Saugdrosselspannung. Der Magnetisierungsstrom der Saugdrossel überlagert sich dem Gleichstrom. Bei Schwachlast kann Lücken des Saugdrosselstromes auftreten und der Parallelbetrieb der Teilsystem gestört werden.

1.3.4.2 Kondensatoren

Kondensatoren können als elektrische Energiespeicher auf der Wechselstromseite, im Stromrichtersatz selbst und auf der Gleichstromseite des Stromrichters eingesetzt werden.

Kondensatoren auf der Wechselstromseite des Stromrichters sind Blindleistungskondensatoren zur Verbesserung des Leistungsfaktors, Überspannungsschutzkondensatoren, die mit vorgeschalteten Dämpfungswiderständen zwischen die Anschlüsse des Stromrichtersatzes angeschlossen werden, und Transformatorbeschaltungskondensatoren, die induktivitätsarm zwischen den ventilseitigen Anschlüssen des Stromrichtertransformators angeordnet werden (s. Abschnitt 1.2.3.2). Außerdem können wechselstromseitig Funkentstörkondensatoren angebracht werden.

Kondensatoren im Stromrichtersatz sind Ventilbeschaltungskondensatoren, die den einzelnen Halbleiterventilen zugeordnet werden (s. Abschnitt 1.2.3.1). Bei selbstgeführten Stromrichtern werden Löschkondensatoren für die erzwungene Kommutierung benötigt (s. Abschnitt 1.1.3.2). Daneben werden Kondensatoren als Vervielfacher- und Speicherkondensatoren in Verdoppler- und Vervielfacherschaltungen verwendet (s. Abschnitt 1.3.1.3).

Kondensatoren auf der Gleichstromseite des Stromrichters sind Ladekondensatoren, die in Reihe mit Dämpfungswiderständen zwischen die gleichstromseitigen Anschlüsse des Stromrichtersatzes geschaltet werden, Glättungskondensatoren, die ebenfalls zumeist in Reihe mit Dämpfungswiderständen auf der Gleichstromseite hinter einer Glättungsdrossel parallel zur Last angeordnet werden, Siebkondensatoren, die in Reihe mit Siebdrosseln als Saugkreise parallel zur Last liegen und Lastbedämpfungskondensatoren parallel zu einer induktiven Last. Außerdem können gleichstromseitige Funkentstörkondensatoren zwischen die gleichstromseitigen Anschlüsse von Stromrichtern oder zwischen diese Anschlüsse und Erde geschaltet werden.

Bauformen von Kondensatoren. Für Anschluß an Wechselspannung werden meistens Metallpapier-Kondensatoren (MP-*Kondensatoren*) oder Kondensatoren mit Kunststoff-Folien als Dielektrikum eingesetzt.

MP-Kondensatoren sind selbstheilende Kondensatoren mit Rundwinkeln aus imprägniertem Papier als Dielektrikum und aufgedampften, ausbrennfähigen Metallschichten als Beläge. Die Anschlüsse sind über metallgespritzte Wickelstirnseiten induktivitätsarm mit den Belägen verbunden. MP-Kondensatoren werden vorzugsweise bei Wechselspannungen von 50 Hz eingesetzt.

Für Anwendungen mit höheren Frequenzen sind Kunststoff-Folien-Kondensatoren entwickelt worden. MKV-*Kondensatoren* sind selbstheilende Kondensatoren mit Rundwickeln aus imprägnierten Kunststoff-Folien als Dielektrikum und auf Papier aufgedampften, ausbrennfähigen Metallschichten als Beläge. MKT-*Kondensatoren* haben ebenfalls ein Dielektrikum aus Kunststoff-Folie, auf die im Vakuum eine dünne Metallschicht aufgedampft wird. Aus zwei bedampften Folien wird der Kondensatorwickel hergestellt. Der Wickel wird stirnseitig kontaktiert. Kunststoff-Folien-Kondensatoren haben einen besonders niedrigen Verlustfaktor ($0{,}5 \cdot 10^{-3}$ bei U_N und f_N gegenüber $5 \cdot 10^{-3}$ bei U_N und 50 Hz für MP-Kondensatoren). Für Anschluß an Gleichspannung werden Metallpapier-Gleichspannungs-Kondensatoren oder Elektrolyt-Kondensatoren eingesetzt.

MP-Gleichspannungs-Kondensatoren haben ein Dielektrikum aus Papier, auf das im Vakuum Metallschichten als Beläge aufgedampft werden. Das Metallpapier wird zu Rundwickeln verarbeitet, die im Metallspritzverfahren stirnkontaktiert, in Metallbecher eingebaut und mit Hartwachs imprägniert werden.

Als Glättungskondensatoren werden auch Aluminium-Elektrolyt-Kondensatoren verwendet. Die Anode besteht aus einer elektrochemisch aufgerauhten Reinst-Aluminiumfolie. Das Dielektrikum auf der Aluminiumfolie wird durch anodische Oxydation (Formierung) erzeugt. Als Kathode wirkt ein flüssiger Elektrolyt. Aluminium-Elektrolyt-Kondensatoren werden für Nennspannungen bis 450 V hergestellt. Bei höheren Spannungen ist Reihenschaltung möglich. Die Nennkapazitäten gehen bis in den mF-Bereich.

Volumen und Gewicht von Kondensatoren steigen linear mit der Scheinleistung.

1.3.4.3 Filter, Sieb- und Saugkreise

Drosselspulen und Kondensatoren können zu Filtern, Sieb- und Saugkreisen kombiniert werden. Bild 1.3-59 zeigt wechselstromseitige Filterkreise und gleichstromseitige Glättungseinrichtungen.

Saugkreise bestehen aus der Reihenschaltung von L und C. Ihre Resonanzfrequenz wird auf eine bestimmte Stromoberschwingung abgestimmt. Sperrkreise bestehen aus der Parallelschaltung von L und C mit abgestimmter Resonanzfrequenz zur Aufnahme einer Spannungsoberschwingung.

Ein Stromrichter kann als Generator für Oberschwingungsströme aufgefaßt werden, die von der Anschlußstelle aus ins Netz fließen und sich in den Netzzweigen verteilen. Dabei werden in Transformatoren, Leitungen, Kondensatoren und Dämpferwicklungen von Generatoren Zusatzverluste hervorgerufen. Besonders störend wirken sich Oberschwingungsströme aus, wenn in der Nähe der Anschlußstelle Kondensatoren angeschlossen sind, die mit den Netzinduktivitäten Parallelresonanzkreise bilden. Dann können für einzelne Stromoberschwingungen Resonanzüber-

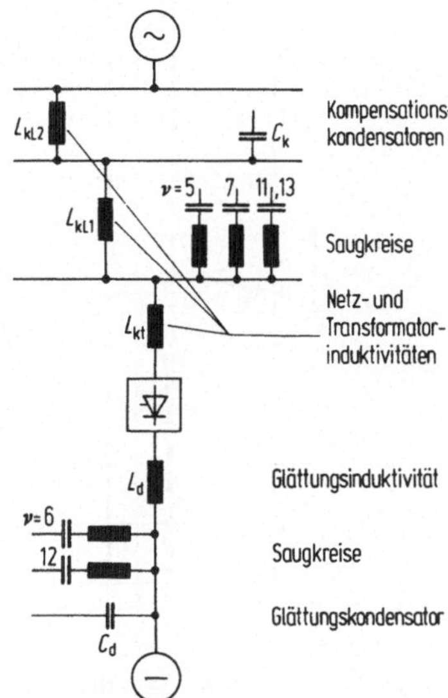

Bild 1.3-59. Wechselstromseitige Filterkreise und gleichstromseitige Glättungseinrichtungen.

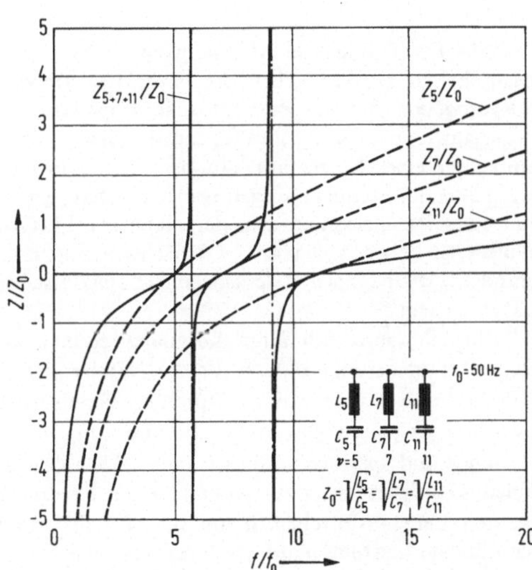

Bild 1.3-60. Impedanz von Saugkreisen.

höhungen auftreten, die Spannungsoberschwingungen und hohe Verluste zur Folge haben. Auch die Kapazitäten von Kabelnetzen können zu Reihen- und Parallelresonanzen führen.

Durch Saugkreise, die auf die entsprechende Oberschwingungsfrequenz abgestimmt sind, können die von Stromrichtern erzeugten Oberschwingungsströme kurzgeschlossen und vom Netz ferngehalten werden. Bei sechspulsigen Stromrichtern sind mindestens Saugkreise für die 5. und 7. Stromoberschwingung vorzusehen. Die 11. und 13. Stromoberschwingung werden häufig von nur einem weiteren Saugkreis aufgenommen.

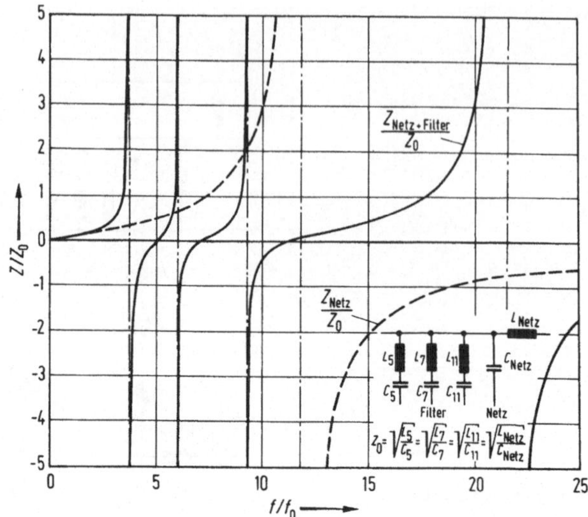

Bild 1.3-61. Netzimpedanz ohne und mit Saugkreisen.

Bild 1.3-60 zeigt die Abhängigkeit der Impedanz von Saugkreisen von der Frequenz. Die gestrichelten Kurven geben die bezogenen Impedanzen der einzelnen Saugkreise wieder, die ausgezogenen Kurven die bezogene Impedanz der Kombination aller drei Saugkreise. Die Schwingwiderstände Z_0 sind für alle drei Saugkreise als gleich angenommen. In Bild 1.3-61 ist die Impedanz eines Netzes mit induktivem Innenwiderstand L_{Netz} und Kompensationskondensator C_{Netz} über der Frequenz aufgetragen. Ohne Saugkreise ergibt sich der gestrichelt gezeichnete Verlauf mit einer Parallelresonanz in der Nähe der 12. Oberschwingung. Mit Saugkreisen ergeben sich Nullstellen bei der 5., 7. und 11. Oberschwingung und drei zusätzliche Polstellen. Die Schwingwiderstände Z_0 des Netzes und der einzelnen Saugkreise brauchen nicht (wie in Bild 1.3-61 angenommen) gleich zu sein.

Für alle unterhalb ihrer Resonanzfrequenz liegenden Frequenzen wirken die Saugkreise kapazitiv, insbesondere auch für die Netzfrequenz. Die Saugkreise dienen also gleichzeitig zur Blindleistungskompensation. Durch geeignete Wahl der Schwingwiderstände der einzelnen Saugkreise kann der gewünschte Blindleistungswert erreicht werden [102, 139].

Saug- und Sperrkreise können auch bei der Kupplung eines einphasigen Wechselstromnetzes mit einem Gleichstromnetz zur Aufnahme der Leistungspulsation doppelter Netzfrequenz verwendet werden. Bei sinusförmiger Spannung $u = \hat{u} \sin \omega t$ und sinusförmigem Strom $i = \hat{\imath} \sin(\omega t - \varphi)$ ergibt sich für die Leistung p auf der Wechselstromseite

$$p = \frac{\hat{u}\hat{\imath}}{2}(\cos\varphi - \cos(2\omega t - \varphi)) = P_{\text{d}}\left(1 - \frac{\cos(2\omega t - \varphi)}{\cos\varphi}\right). \quad (1.3\text{-}65)$$

Die Leistung schwankt also um den Mittelwert P_{d} mit doppelter Netzfrequenz (s. Bild 1.3-75).

Bild 1.3-62 zeigt die Kupplung eines Wechselstromnetzes mit einem Gleichstromnetz über einen Pulswechselrichter mit eingeprägter Spannung. Aus dem Leistungsgleichgewicht zwischen Wechsel- und Gleichstromseite folgt bei konstanter Gleichspannung U_{d} für den Strom i_{d} die Bedingung

$$i_{\text{d}} = p/U_{\text{d}}. \quad (1.3\text{-}66)$$

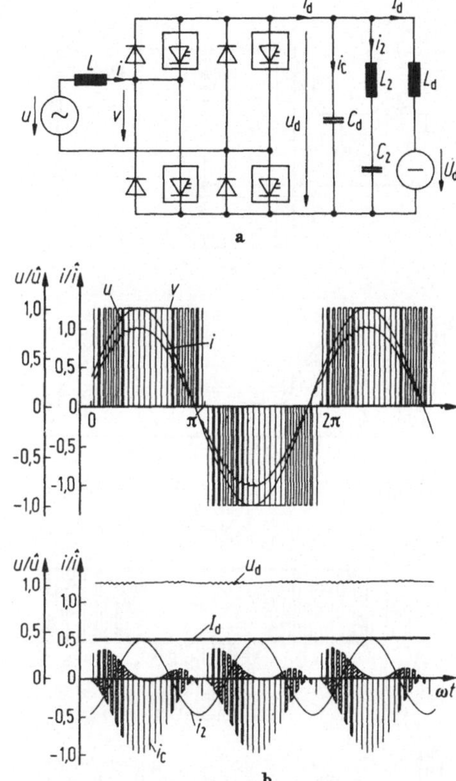

Bild 1.3-62. Saugkreis beim Pulswechselrichter mit eingeprägter Spannung; a) einphasige Brückenschaltung, b) Spannungs- und Stromverlauf bei Wirkleistung.

Dieser Strom pulsiert wie die Leistung auf der Wechselstromseite mit doppelter Netzfrequenz um den Mittelwert I_d. Der auf doppelte Netzfrequenz abgestimmte Saugkreis nimmt den Wechselanteil von i_d auf.

Bild 1.3-63 zeigt die Kupplung eines Wechselstromnetzes mit einem Gleichstromnetz über einen Pulswechselrichter mit eingeprägtem Strom. Aus dem Leistungsgleichgewicht folgt bei konstantem Gleichstrom I_d die Bedingung

$$u_d = p/I_d \,. \qquad (1.3\text{-}67)$$

Diese Spannung pulsiert wie die Leistung auf der Wechselstromseite mit doppelter Netzfrequenz um den Mittelwert U_d. Der auf doppelte Netzfrequenz abgestimmte Sperrkreis nimmt den Wechselanteil von u_d auf [20, 198].

1.3.5 Steuerung von Stromrichtern

Unterschieden werden nicht steuerbare und steuerbare Stromrichter. Diese ermöglichen eine Steuerung der Ausgangsspannung und damit des Energieflusses (s. Abschnitt 1.1.2.2). Bei ventilgesteuerten Stromrichtern erfolgt die Steuerung mittels steuerbarer Stromrichterventile (z. B. Thyristoren, Leistungstransistoren, Quecksilberdampfventile) in der Stromrichtergrundschaltung.

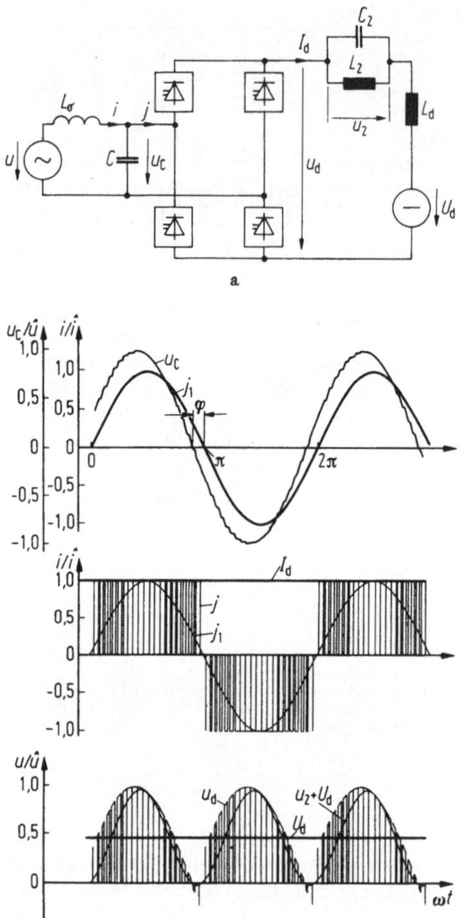

Bild 1.3-63. Sperrkreis beim Pulswechselrichter mit eingeprägtem Strom; a) einphasige Brückenschaltung, b) Spannungs- und Stromverlauf bei Wirkleistung.

1.3.5.1 Aussteuerung

Begriffe zur Aussteuerung sind in DIN 41750, Bl. 3 festgelegt.

Zum Steuern von ventilgesteuerten Stromrichtern wird vorwiegend das Verfahren der Zündeinsatzsteuerung angewendet. Dabei wird periodisch (bei positiver Anodenspannung) der Beginn der Stromflußzeit für den betreffenden Stromrichterzweig vorgegeben. Bei periodisch gegebener Spannungszeitfläche wird die anstehende positive Spannungszeitfläche jeweils bis zum Zündeinsatz unterdrückt (Anschnittsteuerung). Bei Vollaussteuerung, bei der anstehende positive Spannungszeitflächen nicht unterdrückt werden, ergibt sich die höchstmögliche ideelle Ausgangsspannung. Aussteuerungsgrad ist das Verhältnis der ideellen Ausgangsspannung bei einem bestimmten Steuerwinkel α zur ideellen Ausgangsspannung bei Vollaussteuerung.

Bei netzgeführten Stromrichtern kann die abgegebene Gleichspannung durch die Zündeinsatzsteuerung von Vollaussteuerung im Gleichrichterbetrieb ($\alpha = 0$) bis zum Wechselrichterbetrieb an der Trittgrenze ($\alpha = 180° - \beta$) stetig verändert werden (s. Bilder 1.3-6 und 1.3-9). In Bild 1.3-64 sind verschiedene Möglichkeiten für die Steuerung von netzgeführten Stromrichtern aufgeführt [170].

Bei selbstgeführten Stromrichtern wird neben der Amplitudensteuerung (Steuerung der Höhe der Gleichspannung im Eingangs- oder Zwischenkreis) die Zündeinsatzsteuerung oder das Schwenkverfahren angewendet (s. Bild 1.3-45). Bei der Aussteuerung nach dem Pulsverfahren werden die Hauptzweige in jeder Periode der Grundschwingung mehrfach gezündet und gelöscht (s. Bild 1.3-46).

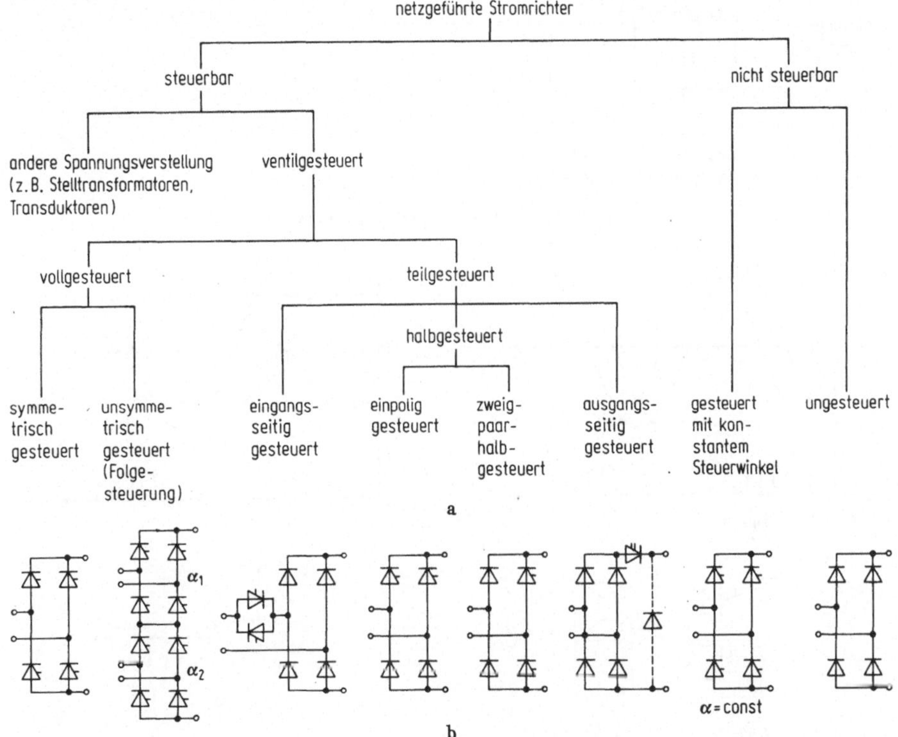

Bild 1.3-64. Steuerung von netzgeführten Stromrichtern; a) verschiedene Steuerverfahren, b) Beispiel in einphasiger Brückenschaltung.

Bei Gleichstromstellern wird der Mittelwert der Ausgangsspannung durch periodisches Zünden und Löschen des oder der Hauptzweige verändert. Angewendet werden Pulsbreitensteuerung, Pulsfolgesteuerung oder direkte Zweipunktregelung des Stromes bzw. der Spannung an der Last (s. Bild 1.3-38).

Bei Wechsel- und Drehstromstellern wird neben der Anschnittsteuerung auch die Schwingungspaketsteuerung angewendet (s. Bild 1.3-28).

1.3.5.2 Steuersatz

Begriffe für Stromrichter-Steuersätze sind in DIN 41750, Bl. 7 festgelegt. Steuersätze gehören zur Grundausrüstung von ventilgesteuerten Stromrichtern [121, 146]. Bei der Zündeinsatzsteuerung

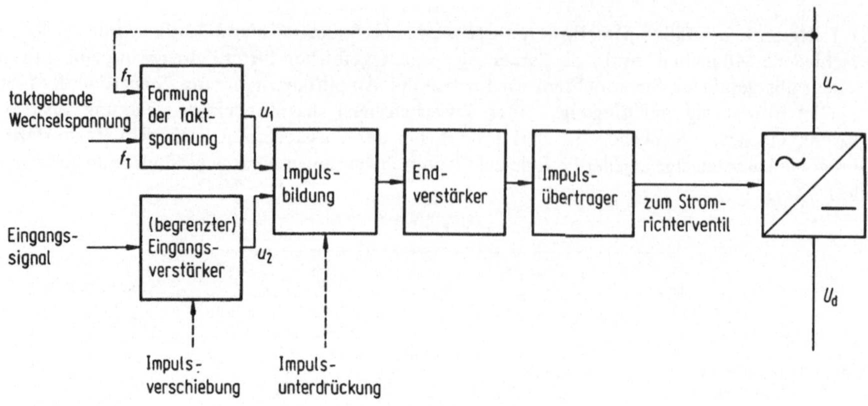

Bild 1.3-65. Aufbau eines Steuersatzes.

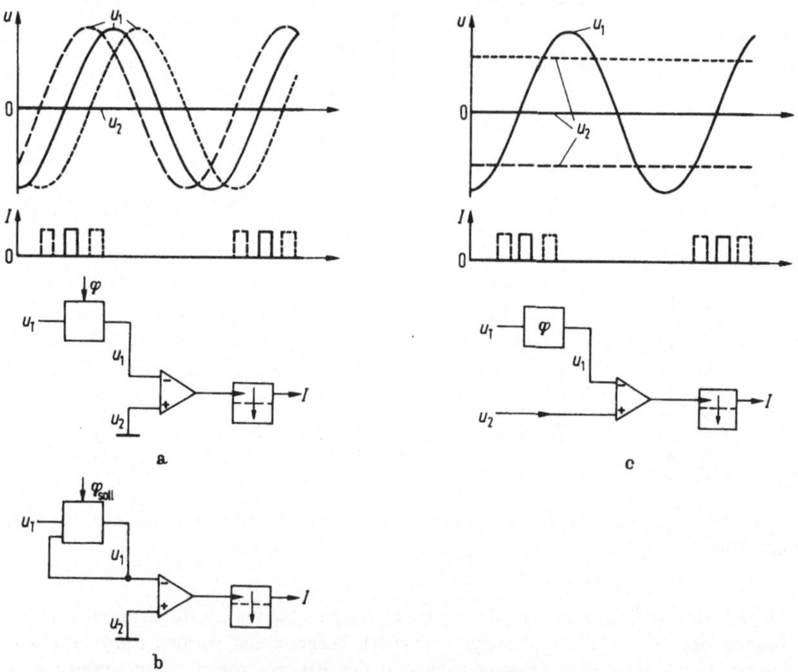

Bild 1.3-66. Verfahren zur Steuerimpulsverschiebung; a) horizontale Steuerung mit gesteuerter Phasenlage, b) horizontale Steuerung mit geregelter Phasenlage, c) vertikale Steuerung.

geben die meist mehrpulsigen Steuersätze periodisch Steuerimpulse ab, deren Zündzeitpunkte sich mit dem verstellbaren Steuerwinkel α ändern. Daneben werden auch Steuersätze mit festem Steuerwinkel (meist in Vollaussteuerung) verwendet.

Bild 1.3-65 zeigt den Aufbau eines Steuersatzes. Die (nicht eingezeichnete) Versorgungsspannung dient der Energiezuführung für den Steuersatz. Das Eingangssignal bestimmt den veränderbaren

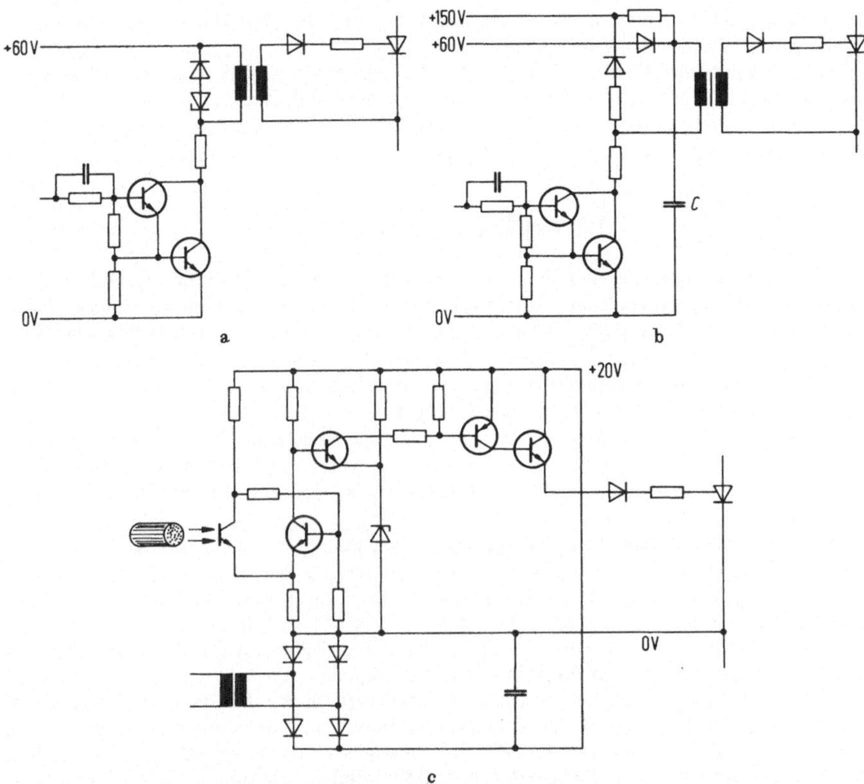

Bild 1.3-67. Beispiele für Endverstärkerschaltungen; a) mit Impulsübertrager, b) mit Impulsübertrager und Einschaltkondensator für Steilimpuls, c) mit optoelektronischer Kopplung.

Zeitpunkt des Impulsbeginns (den veränderbaren Steuerwinkel α). Die taktgebende Wechselspannung gibt dem Steuersatz die Taktfrequenz f_T vor (entweder mit Taktgebung durch das Netz bzw. durch die Last oder durch Eigentaktgebung, s. Abschnitt 1.1.5). Mit Hilfe des Impulsverschiebungssignals können die Impulse in den Wechselrichterbereich verschoben werden. Die Impulsabgabe kann auch mittels eines äußeren Signals unterbrochen werden (Impulsunterdrückung). *Zündsperrung* heißt das Verfahren, mit Hilfe des Steuersatzes die Stromführung in den Stromrichterzweigen zu verhindern bzw. den Hauptstrom z. B. bei Störungen schnell abklingen zu lassen. Zündsperrung läßt sich durch Impulsverschiebung oder Impulsunterdrückung oder durch Kombination beider Verfahren erreichen. Nach der Impulsbildung (Impulserzeugung und Impulsformung) wird im Endverstärker die Impulsleistung und häufig auch die Impulssteilheit erhöht. Der Impulsübertrager dient der Potentialtrennung zwischen dem Steuersatz und den einzelnen Stromrichterventilen. Außerdem wird der Steuerimpuls an die für die Zündung des Stromrichterventils geeigneten Werte angepaßt (s. Abschnitt 1.2.4).

Bild 1.3-66 zeigt Verfahren zur Steuerimpulsverschiebung. Unterschieden werden horizontale Steuerung, bei der die aus der taktgebenden Wechselspannung abgeleitete Spannung u_1 um den Winkel φ phasenverschoben wird und vertikale Steuerung, bei der die Wechselspannung u_1 mit einer veränderbaren Gleichspannung u_2 verglichen wird. Bei der vertikalen Steuerung ist die Wechselspannung meistens dreieckförmig.

Bild 1.3-67 zeigt Beispiele für Endverstärkerschaltungen mit Impulsübertrager (a und b) und mit optoelektronischer Kopplung (c). Die Steuerkennlinie des Steuersatzes ist die Abhängigkeit des Steuerwinkels α vom Eingangssignal. Unter Steuerkennlinie des Stromrichters wird die Abhängigkeit der Ausgangsspannung des Stromrichters vom Eingangssignal des Steuersatzes verstanden.

1.3.6 Regelung von Stromrichtern

In DIN 19226 sind Begriffe und Benennungen zur Regelungs- und Steuerungstechnik festgelegt.

Steuerung. Bei einer Steuerung beeinflussen eine oder mehrere Größen als Eingangsgrößen andere Größen als Ausgangsgrößen. Kennzeichen für eine Steuerung ist der offene Wirkungsablauf, bei dem keine Erfassung oder Rückmeldung der Ausgangsgröße zum Zweck einer selbsttätigen Korrektur erfolgt. Die Führungsgröße wird der Steuerung von außen zugeführt. Ihr soll die Ausgangsgröße in vorgegebener Abhängigkeit folgen.

Regelung. Bei einer Regelung wird die zu regelnde Größe (Regelgröße) fortlaufend erfaßt, mit der Führungsgröße verglichen und abhängig vom Ergebnis dieses Vergleichs im Sinne einer Angleichung an die Führungsgröße beeinflußt. Daraus ergibt sich ein Wirkungsablauf in einem geschlossenen Kreis (dem Regelkreis).

Stromrichter als Stellglied. Stromrichter sind wegen ihrer guten Steuerbarkeit besonders als Stellglieder für elektrische Steuerungen und Regelungen geeignet. Ihre Ausgangsspannung bzw. ihr Ausgangsstrom wirken als Stellgröße auf die Steuer- bzw. Regelstrecke. Die Steuersätze können unmittelbar mit elektronischen Reglern angesteuert werden [19, 99, 109, 153].

Das Verhalten des Stromrichters als Stellglied wird durch seine statische Kennlinie (Abhängigkeit der Ausgangsspannung vom Impulsverschiebungssignal), durch seinen Innenwiderstand und durch sein dynamisches Verhalten bestimmt. Charakteristisch ist, daß die Zündzeitpunkte der Ventile diskontinuierlich sind (Totzeiten), und die Funktionen der Ausgangsgrößen von den Eingangssignalen nicht linear sind. Für die Berechnung wird der Stromrichter meist durch ein vereinfachtes Modell angenähert, bei dem eine Totzeit zwischen der Änderung der Eingangsgröße und der Ausgangsgröße angenommen und die Steuerkennlinie zumindest in Teilbereichen linearisiert wird.

1.3.6.1 Interne Regelungen

Zur Verbesserung ihres Betriebsverhaltens, zur Erhöhung der Betriebssicherheit oder aus Schutzgründen können Stromrichter interne Regelkreise enthalten. Häufig wird eine unterlagerte Stromregelung (Stromleitverfahren) angewendet, die den Stromrichter vor Überlastung schützt und außerdem sein dynamisches Verhalten verbessert. Bei kreisstrombehafteten Umkehrstromrichtern (s. Abschnitt 1.3.2.2) kann der Kreisstrom geregelt werden. Die Stromrichtergruppen können ohne Zeitverzug gegeneinander ausgesteuert werden und der Kreisstrom wird bei ansteigendem Laststrom unterdrückt. Eine weitere interne Regelgröße ist der Löschwinkel γ bei netz- und lastgeführten Wechselrichtern. Auch bei selbstgeführten Stromrichtern können Spannungen oder Ströme intern geregelt werden.

1.3.6.2 Externe Regelungen

Stromrichter werden als Stellglieder in Regelkreisen zur Beeinflussung verschiedenartiger Regelgrößen eingesetzt. Häufig vorkommende Regelgrößen sind Strom, Spannung und Drehzahl von Antrieben.

Bild 1.3-68 zeigt als Beispiel die Drehzahlregelung einer Gleichstrommaschine nach dem Stromleitverfahren. Aufgabengröße der Regelung (nach der Aufgabe zu beeinflussende Größe) ist die Drehzahl n_M des Antriebs, die mit einem Tachometer T erfaßt und mit der Führungsgröße n_W verglichen wird. Der Drehzahlregelung ist eine Ankerstromregelung unterlagert. Der Strom (Istwert) für den unterlagerten Stromregelkreis wird auf der Drehstromseite erfaßt und zu einem dem Gleichstrom proportionalen Gleichwert umgeformt. Der überlagerte Drehzahl-Regelkreis liefert die Führungsgröße für den unterlagerten Ankerstrom-Regelkreis.

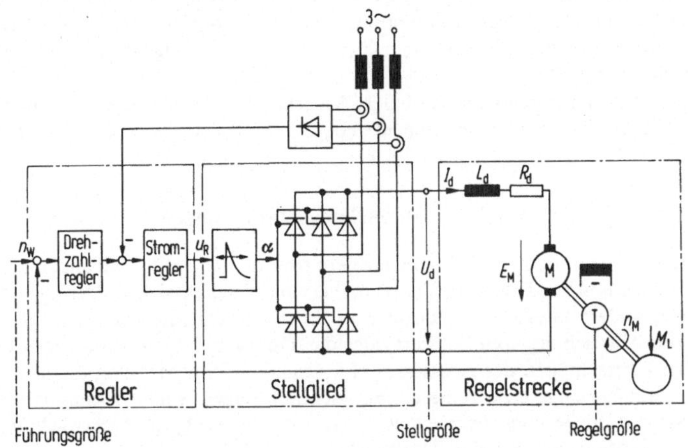

Bild 1.3-68. Drehzahlregelung einer Gleichstrommaschine mit unterlagerter Stromregelung.

1.3.7 Stromrichterzubehör

Stromrichtergeräte und -anlagen enthalten Ausrüstungsteile zum Messen, Überwachen, Schalten und Schutz. Diese Ausrüstungsteile werden nach DIN 41750, Bl. 1 als Zubehör bezeichnet (s. Abschnitt 1.1.1).

1.3.7.1 Meßeinrichtungen

Grundbegriffe der Meßtechnik sind in DIN 1319, Bl. 1 und 2 festgelegt. Zur Messung und Erfassung elektrischer und nichtelektrischer Größen werden analoge und digitale Meßverfahren angewendet. Bei direkten Meßverfahren wird der gesuchte Meßwert einer Meßgröße durch unmittelbaren Vergleich mit einem Bezugswert derselben Meßgröße gewonnen. Bei indirekten Meßverfahren wird der Meßwert auf andersartige physikalische Größen zurückgeführt und aus diesen unter Verwendung physikalischer Zusammenhänge ermittelt. Das Meßverfahren wird in einer Meßeinrichtung verwirklicht, die aus einem Meßgerät oder mehreren zusammenwirkenden Meßgeräten und Zusatzeinrichtungen besteht. Eine Meßgröße kann kontinuierlich erfaßt werden oder das Erreichen bzw. Überschreiten von Schwellwerten (Grenzwerten) festgestellt werden.

Die wichtigsten elektrischen Meßgrößen sind Spannungen und Ströme. Ihre Messung kann nach Betrag oder Zeitverlauf erfolgen. Auch Messung der zeitlichen Ableitung und des Integrals sowie eine Erfassung des Nulldurchganges sind möglich. Arithmetische Mittelwerte von Spannung und Strom werden mit Drehspulinstrumenten gemessen, Effektivwerte mit Dreheiseninstrumenten. Häufig werden Spannungs- und Stromwandler zur Anpassung an den Meßbereich und zur galvanischen Trennung zwischengeschaltet. Gleichströme werden mit Gleichstromwandlern (Prinzip des stromgesteuerten Magnetverstärkers) umgeformt. Auch *Hallgeneratoren* werden zur Ausmessung von stromproportionalen Magnetfeldern verwendet. Zur Messung und oszillographischen Aufzeichnung der Ströme in den Halbleiterventilen und in anderen Komponenten sind aufklappbare Strommeßzangen entwickelt worden, mit denen sich auch die Stromverteilung bei Parallelschaltung überprüfen läßt [134]. Die Leistungsmessung als Produkt von Spannung und Strom kann auf der Wechsel- und Drehstromseite mit Wattmetern vorgenommen werden. Auch auf der Gleichstromseite werden eisengeschlossene elektrodynamische Wattmeter benutzt. Gemessen wird in diesem Fall die Gleichstromleistung einschließlich Oberschwingungsleistung [nach Gl. (1.3-71)]. Nur bei hinreichend geglättetem Gleichstrom wird die eigentliche Gleichstromleistung gemessen [nach Gl. (1.3-72)].

Häufig werden auch nichtelektrische Meßgrößen erfaßt (z. B. Temperatur, Strömungsgeschwindigkeit, Lage, Winkel, Drehzahl, Drehmoment). Hierfür werden sehr verschiedenartige Meßverfahren eingesetzt.

1.3.7.2 Überwachungseinrichtungen

Zum Schutz des Stromrichters (insbesondere der Stromrichterventile) und anderer Ausrüstungsteile sowie der Last und zur Erhöhung der Sicherheit und Zuverlässigkeit (Verfügbarkeit) werden elektrische oder andere physikalische Größen in Stromrichtergeräten und -anlagen überwacht. Hierzu wird die Abweichung vom Sollwert oder das Überschreiten von zulässigen Grenzwerten festgestellt. Bei Überschreiten der zulässigen Abweichung erfolgt Meldung (Signal, Alarm) oder Abschaltung. Häufig eingesetzte Überwachungseinrichtungen sind: Spannungsüberwachung, Stromüberwachung, Sicherungsüberwachung, Synchronüberwachung, Überwachung des Kühlsystems, des Netzes und der Last (des Prozesses).

Zur Überwachung können Fühler eingesetzt werden, die die zu messende Größe direkt erfassen und sie als geeignete physikalische Größe den anderen Geräten der Überwachungseinrichtung zuführen.

1.3.7.3 Schalter

Schaltgeräte sind Geräte zum Verbinden (Einschalten) oder Unterbrechen (Ausschalten) von Strompfaden. Schaltgeräte zum mehrmaligen Ein- und Ausschalten werden als Schalter bezeichnet.

Leistungsschalter müssen in der Lage sein, Betriebsmittel und Anlagenteile im ungestörten und gestörten Zustand (insbesondere unter Kurzschlußbedingungen) ein- und auszuschalten. Das Schaltvermögen von Lastschaltern liegt vorwiegend in der Größenordnung des Nennstromes. Trennschalter (Trenner) sind Schalter, die einen Stromkreis in allen Strompfaden bei zuverlässiger Schaltstellungsanzeige auftrennen. Wenn nicht näher bezeichnet, sind es Leerschalter zum annähernd stromlosen Ein- und Ausschalten.

Bei Stromrichtergeräten und -anlagen sind i. allg. eingangs- und ausgangsseitig Schalter vorhanden (s. Bild 1.1-2). Auf der Wechsel- bzw. Drehstromseite sind Leistungsschalter erforderlich. Auf der Gleichstromseite können Gleichstromschalter vorgesehen werden, die meist als Schnellschalter ausgeführt werden [136, 138]. Die Ansprechverzugszeiten betragen bei Schlagankerauslösung 2 bis 4 ms, bei elektrodynamischer Auslösung <1 ms.

Daneben können in Sonderfällen Kurzschließer verwendet werden. Dies sind mechanische oder Halbleiterschalter, die im Störungsfall die wechsel- oder gleichstromseitigen Anschlüsse eines Stromrichters kurzschließen, um die Stromrichterzweige vor Überstrom zu schützen. Mechanische Kurzschließer haben Eigenzeiten von 1 bis 2 ms. Sie wurden vornehmlich zum Schutz von Kontaktumformern (s. Abschnitt 1.2.8.1) eingesetzt. Elektrische Kurzschließer mit Halbleiterschaltern (Thyristoren) haben eine wesentlich kleinere Ansprechverzugszeit.

1.3.7.4 Schutzeinrichtungen

Diese dienen dem Schutz der Halbleiterventile und anderer Komponenten von Stromrichtern vor unzulässigen Spannungen und Strömen.

Überspannungsschutz. Er begrenzt Überspannungen auf für die Halbleiterventile zulässige Werte. Überspannungen entstehen durch Schaltvorgänge im speisenden Netz, atmosphärische Einflüsse, Schalten des Stromrichtertransformators oder anderer Induktivitäten sowie durch das Schaltverhalten der Halbleiterventile selbst (s. Abschnitte 1.2.2 und 1.2.3).

Siliziumdioden, Thyristoren und Leistungstransistoren können durch Überspannungen im Nanosekundenbereich zerstört werden. Beim Anschluß von Stromrichtergeräten an Gleich- und Wechselstromnetze werden Grenzwerte für die maximal zulässigen Netzüberspannungen abhängig von der Überspannungsdauer vorgeschrieben. Bild 1.3-69 gibt das zulässige Überspannungsverhältnis $(U_{dN} + \Delta U)/U_{dN}$ für den gleichstromseitigen Eingang eines Stromrichters an. ΔU ist eine nichtperiodische Überspannung als Abweichung von der Nenneingangs-Gleichspannung U_{dN}.

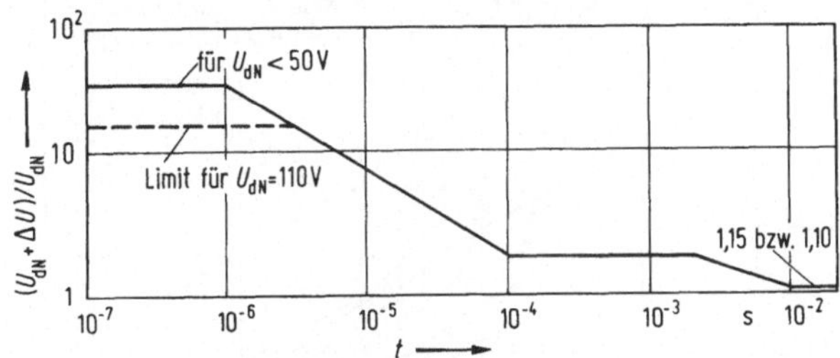

Bild 1.3-69. Maximal zulässiges Netzüberspannungsverhältnis abhängig von der Überspannungsdauer (nach VDE 0558 Teil 2 und 3).

Im Bereich kurzzeitiger Überspannungen gilt die ausgezogene Grenzkurve für Nenngleichspannungen bis 50 V. Für höhere Ausgangsspannungen wird die kurzzeitig zulässige Überspannung auf einen Wert begrenzt, der nach Gleichung

$$\left(\frac{U_{dN} + \Delta U}{U_{dN}}\right)_{\text{Limit}} = \frac{1400\,\text{V}}{U_{dN}} + 2{,}3 \qquad (1.3\text{-}68)$$

berechnet werden kann (die gestrichelte Linie gilt für $U_{dN} = 110$ V). Für Wechsel- und Drehstromnetze ist in VDE 0160, Teil 2 eine Funktionsfähigkeitskurve angegeben, nach der Betriebsmittel der Leistungselektronik für maximal 2 ms den zweifachen Wert der Nennspannung aushalten müssen. Da es oft nicht wirtschaftlich ist, die Halbleiterventile für den zweifachen Wert der Nennspannung auszulegen, können (insbesondere bei Stromrichtern kleiner Leistung) auch Filter vorgeschaltet werden, die die im Netz auftretende kurzzeitige Überspannung auf für die Halbleiterventile ungefährliche Werte begrenzen.

Wichtigstes Mittel zur Begrenzung von Überspannungen ist die Beschaltung der Halbleiterventile und anderer Komponenten eines Stromrichters (s. Abschnitt 1.2.3). Daneben werden Überspannungsableiter und -begrenzer eingesetzt, die insbesondere von atmosphärischen Störungen hervorgerufene hohe Überspannungen auf mindestens den 2,5fachen Wert der Nennspannung begrenzen. Überspannungsableiter sind Elemente mit nichtlinearer Strom- und Spannungscharakteristik, die bei Überschreiten der Ansprechspannung in einen niederohmigen Zustand umschalten (Schutzfunkenstrecken und Ventilableiter). Ihre Ansprechverzögerung kann bis zu einigen µs betragen. Bei Überspannungsbegrenzern steigt die Stromaufnahme bei Überschreiten einer bestimmten

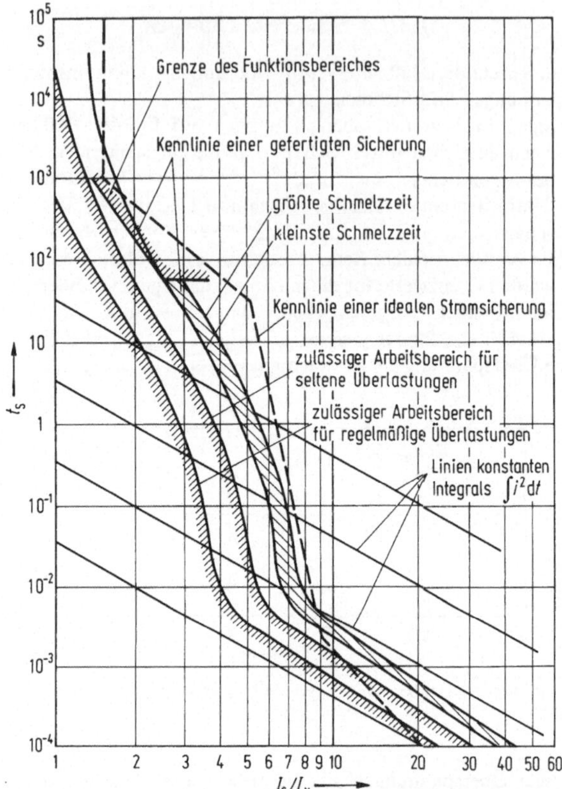

Bild 1.3-70. Schmelzzeit t_S einer superflinken Halbleitersicherung abhängig vom Effektivwert des Schmelzstromes als Vielfachem des Sicherungs-Nennstromes.

Begrenzerspannung (Abbruchspannung) steil an (spannungsabhängige Widerstände, Selenüberspannungsbegrenzer, Zener-Dioden sowie Metallpapier-Überspannungsbegrenzer). Sie arbeiten nahezu trägheitslos, jedoch ist ihr Energieaufnahmevermögen begrenzt.

Überstromschutz. Er begrenzt Überströme auf für die Halbleiterbauelemente und für andere Bauteile zulässige Werte. Dazu werden Schmelzsicherungen, Schnellschalter, Leistungsschalter und in Sonderfällen Kurzschließer verwendet. Außerdem können zur Begrenzung des in Störungsfällen auftretenden Kurzschlußstromes Schutzdrosseln vorgesehen werden. Schnellschalter unterbrechen den Kurzschlußstrom noch während des Anstiegs und begrenzen damit seine Amplitude. Sie werden meist auf der Gleichstromseite eingesetzt (Gleichstrom-Schnellschalter). Leistungsschalter begrenzen den Kurzschlußstrom zeitlich und müssen den vollen Kurzschlußstrom abschalten können. Sie werden meist auf der Wechsel- bzw. Drehstromseite eingesetzt.

Die Auslegung des Überstromschutzes erfolgt unter Berücksichtigung der möglichen Störungsfälle und einer hohen Betriebssicherheit, wobei Auswirkungen von Überströmen auf den Betrieb eingeschränkt werden sollen. Der Kurzzeitschutz begrenzt im Zeitbereich bis zu einer Halbschwingung den durch einen Kurzschluß hervorgerufenen Überstrom (Kurzschlußschutz). Der Langzeitschutz wird durch thermische und magnetische Überstromauslöser oder auch durch Schmelzsicherungen vorgenommen (Überlastschutz).

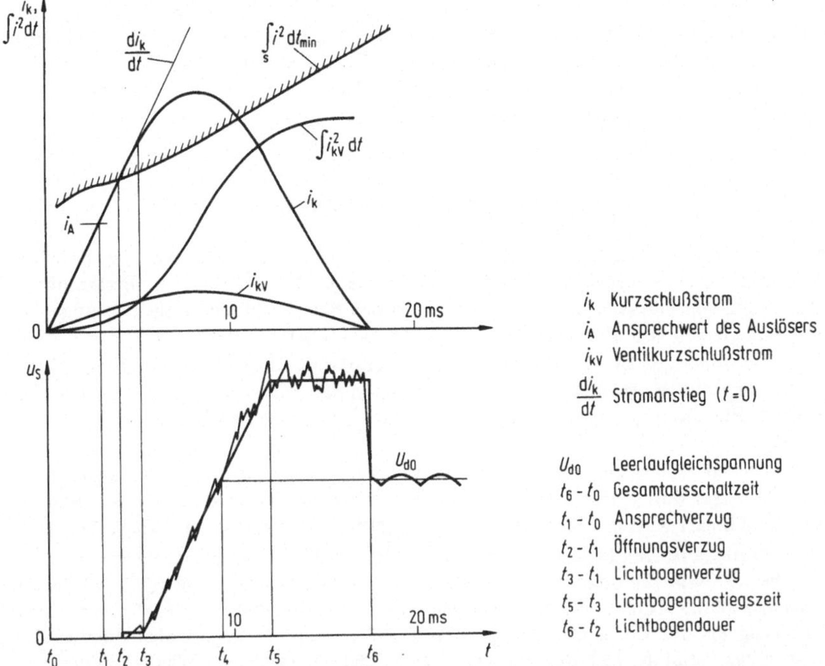

Bild 1.3-71. Strom- und Spannungsverlauf bei einer Kurzschlußabschaltung mit Gleichstrom-Schnellschalter.

Schmelzsicherungen sind in den Leitungszug eingebaute Soll-Unterbrechungsstellen (Drähte oder Metallbänder in einem auswechselbaren patronen- oder laschenförmigen Schmelzeinsatz). Bei Auftreten eines Überstromes von unzulässiger Höhe und Dauer schmilzt der Schmelzleiter durch die Stromwärme. Es entstehen ein oder mehrere Lichtbögen, deren Spannungsabfall den Strom gegen die im Stromkreis wirkende Spannung abbaut und schließlich unterbricht. Der Ausschaltvorgang läuft in zwei Stufen ab: Schmelzzeit und Löschzeit. Wesentliche Kenngrößen einer Sicherung sind das Schmelzintegral (Integral über das Quadrat des Stromes während der Schmelzzeit), das Löschintegral (Integral über das Quadrat des Stromes während der Löschzeit) und das Ausschaltintegral als Summe von beiden.

Zum Schutz von Halbleiterventilen sind superflinke Halbleitersicherungen entwickelt worden. Bild 1.3-70 zeigt die Abhängigkeit der Schmelzzeit vom Effektivwert des Schmelzstromes. Schmelzsicherungen dienen in erster Linie zum selektiven Herausschalten defekter Dioden oder Thyristoren. Ihre Ansprechwerte liegen in diesem Fall höher als die zulässige Belastung der Dioden oder Thyristoren.

Darüber hinaus können Schmelzsicherungen sowohl für den amplituden- und zeitbegrenzenden Kurzschlußschutz als auch für den Überlastschutz eingesetzt werden. In den letzten beiden Fällen ist jedoch zu berücksichtigen, daß die Ansprechwerte unter der zulässigen Belastung der Dioden oder Thyristoren liegen müssen, so daß zumindest in den zu schützenden Zeitbereichen eine volle Auslastung der Dioden oder Thyristoren nicht möglich ist.

Gleichstrom-Schnellschalter arbeiten nach einem ähnlichen Schaltprinzip wie strombegrenzende Sicherungen. Sie bauen für die Stromunterbrechung eine ausreichend hohe Lichtbogenspannung auf, die auch bei längeren Abschaltzeiten auf einen nahezu konstanten Wert begrenzt wird (auf den

1,7- bis 2,5fachen Wert der Schalternennspannung). Bild 1.3-71 zeigt eine Kurzschlußabschaltung mit einem Gleichstrom-Schnellschalter. Bei Gegenspannung der Last ergibt sich als Schalterspannung die Summe aus Leerlaufgleichspannung und Lastspannung. Selektivität gegenüber den Schmelzsicherungen ist gegeben, wenn das Integral $\int i_{kv}^2 dt$ des je Ventil fließenden Teilkurzschlußstromes unterhalb des minimalen Schmelzintegrals liegt.

1.3.8 Betriebsbedingungen

Betriebsbedingungen für Stromrichter sind alle äußeren Einwirkungen, die Belastbarkeit, Betriebsverhalten und konstruktive Ausführung beeinflussen. In VDE 0160 sind Bestimmungen für die Ausrüstung von Starkstromanlagen mit elektrischen Betriebsmitteln festgelegt. Angaben über Betriebsbedingungen von Stromrichtern enthalten auch VDE 0558, Teil 1 bis 3.

Allgemeine Anforderungen. Stromrichter müssen ihre bestimmungsmäßige Funktion erfüllen. Die durch die Typenwerte gekennzeichnete Bemessung muß den normalen Betriebsbedingungen entsprechen. Für die Angabe von Nennwerten können andere Betriebsbedingungen ausdrücklich vereinbart werden.

Bei normalen Kühlbedingungen wird vorausgesetzt, daß keine zusätzliche Erwärmung des Stromrichtersatzes durch in der Nähe befindliche Wärmequellen (z. B. durch Wärmestrahlung) erfolgt. Die Kühlart wird mit Kurzzeichen nach DIN 41751 angegeben (s. Tabelle 1.2-5).

Bei Stromrichtersätzen mit Luft als Kühlmittel ist für die Umgebungstemperatur $-10\,°C$ bis $+40\,°C$ (bei Luftselbstkühlung bei der Festlegung von Typenwerten $+45\,°C$ als obere Grenze) anzusetzen. Für die Kühlmitteltemperatur gelten bei Luftselbstkühlung die gleichen Werte. Bei Fremdlüftung gilt für die Kühlmitteltemperatur $-10\,°C$ bis $+35\,°C$. Unbehindertes Zu- und Abströmen der Kühlluft wird vorausgesetzt. Für Stromrichtersätze mit Wasserkühlung muß mit Umgebungstemperaturen über $0\,°C$ bis $+40\,°C$ gerechnet werden. Die Kühlmitteltemperatur kann zwischen $+5\,°C$ bis $+25\,°C$ schwanken. Bei Öl als Wärmeträger gilt für die Temperatur des eintretenden Öls $-5\,°C$ bis $+30\,°C$, wenn nicht anders angegeben. Bei gekapselten Stromrichtersätzen darf die höchstzulässige Gehäusetemperatur bei Betrieb mit den Typenwerten nicht überschritten werden.

Typenwerte gelten i. allg. für Widerstandslast (s. Abschnitt 1.3.9) sowie für Dauerbetrieb (s. Abschnitt 1.3.10) und Vollaussteuerung. Aufstellungshöhen bis 1000 m NN gelten als normal.

Elektrische Betriebsbedingungen. Bei Netzen, die von Synchronmaschinen gespeist werden, darf der Effektivwert der Wechselspannung zwischen 90 und 110% der Nennspannung des Netzes schanken. Für Stromrichter zulässige Kurzzeiteinbrüche der Netzwechselspannung sind in Bild 1.3-72 angegeben. Die zulässige Breite b ist vom zulässigen Oberschwingungsgehalt abhängig (s. Bild 1.3-81). Bei größeren oder länger dauernden Spannungsabsenkungen darf der Betrieb von Stromrichtern durch Ansprechen von Schutzeinrichtungen unterbrochen werden [131].

Die Frequenz des Wechselspannungsnetzes darf vom Nennwert höchstens um $\pm 1\,\%$ abweichen. In Drehstromnetzen darf weder die Spannung des Gegensystems noch die des Nullsystems mehr als 2% der Spannung des Mitsystems betragen.

In Netzen, die von Akkumulatorbatterien versorgt werden, darf der Mittelwert der Spannung zwischen 85 und 115% der Nennspannung schwanken. Bei Spannungsabsenkungen unter 85% der Nennspannung darf der Betrieb durch Ansprechen von Schutzeinrichtungen unterbrochen werden. Als Bereich der Eingangsspannung für alle anderen Gleichstromquellen ist Nenneingangsspannung $+5\,\%$, $-7{,}5\,\%$ festgelegt. Für Wechselstromumrichter gilt für den Bereich der Eingangswechselspannung Nenneingangsspannung $\pm 10\,\%$ (nach VDE 0558, Teil 2). Für Überlagerungen auf der Eingangsgleichspannung gilt eine Schwingungsweite $\leqq 15\,\%$ der Nenneingangsspannung als zulässig (bei Akkumulatoren höchstens 10% der Nenneingangsspannung).

Ungewöhnliche Betriebsbedingungen. Diese erfordern zusätzliche Maßnahmen und sind vom Anwender ausdrücklich anzugeben. Ungewöhnliche Betriebsbedingungen liegen vor, wenn die zulässigen Toleranzen der Netzwechsel- bzw. Netzgleichspannung überschritten werden.

Ungewöhnliche Betriebsbedingungen sind auch ungewöhnliche mechanische Beanspruchungen, Kühlwasser mit Kondensation oder Rohrverstopfungen verursachenden Bestandteilen, feste Bestandteile in der Kühlluft, aggressive Atmosphäre in der Umgebung, Explosionsgefahr, radioaktive Strahlung. Weiter gelten ungewöhnliche Kühlmitteltemperaturen, Umgebungstemperaturen, beträchtliche und rasche Temperaturschwankungen und hohe relative Luftfeuchtigkeit sowie Aufstellungshöhen von mehr als 1000 m über NN als ungewöhnliche Betriebsbedingungen.

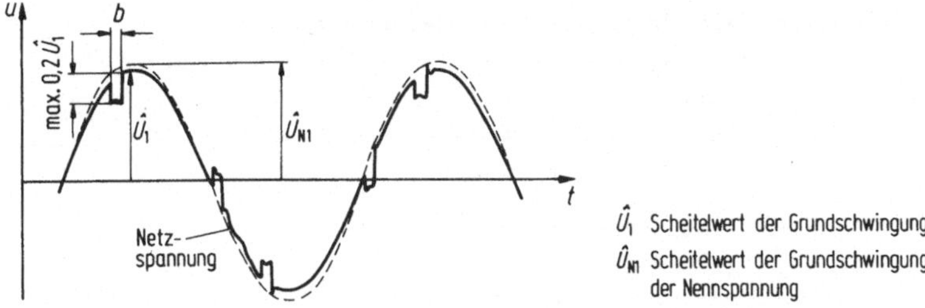

Bild 1.3-72. Zulässige Kurzzeiteinbrücke der Netzwechselspannung (nach VDE 0160 Teil 2).

1.3.9 Lastarten

Die Lastart beeinflußt Beanspruchung und Betriebsverhalten des Stromrichters.

Lastarten bei Gleichstrom sind in DIN 41756, Bl. 2 festgelegt (s. Tabelle 1.3-15).

Widerstandslast entspricht einem Verbraucher mit im wesentlichen ohmschem Widerstand. Der Verlauf des Laststromes folgt dem der Lastspannung. Eine induktive Last enthält nennenswerte Induktivitäten. Der Wechselstromgehalt ist wesentlich kleiner als der Wechselspannungsgehalt an der Last. Last mit Gegenspannung entspricht einem Verbraucher, der im wesentlichen als Gegenspannung wirkt. Der Wechselstromgehalt ist wesentlich größer als der Wechselspannungsgehalt an der Last. Bei Gegenspannung mit Motoren ist der Wechselstromgehalt üblicherweise nicht größer als der Wechselspannungsgehalt, weil die Maschineninduktivitäten den Strom glätten. Kapazitive Last enthält nennenswerte Kapazitäten. Eine verzerrende Last nimmt bei Anschluß an eine Gleichspannung einen Gleichstrom mit überlagertem Wechselstrom auf, z. B. kann ein Wechselrichter eine verzerrende Last darstellen. Bei gemischter Last wird das Kurzzeichen derjenigen Lastart angegeben, die das Betreibsverhalten des Stromrichters vorwiegend bestimmt.

Lastarten bei Wechselstrom sind in DIN 41756, Teil 3 festgelegt (s. Tabelle 1.3-16).

Wesentliches Unterscheidungsmerkmal der Lastarten bei Wechselstrom ist der Verschiebungswinkel φ_1 der Grundschwingung des Stromes gegenüber der der Spannung (bei Bezugsfrequenz). Die Last kann einen festen oder innerhalb eines gegebenen Bereiches veränderlichen Verschiebungswinkel φ_1 haben.

Neben der Grundschwingung erzeugen Wechselrichter oder Wechselstromumrichter auch Oberschwingungen verschiedener Ordnungszahlen an der Last (s. Abschnitt 1.3.13.2).

Unter Umständen sind weitere Angaben über die Art der Last (z. B. Einschaltverhalten, Frequenzgang, Unsymmetrie bei mehrphasiger Last) erforderlich.

Tabelle 1.3-15. Lastarten bei Gleichstrom (nach DIN 41 756, Bl. 2)

Widerstandslast (Kurzzeichen W)
- L/R oder $RC < 1{,}35$ ms
- Wechselstromgehalt ≈ Wechselspannungsgehalt an der Last
  - Belastung mit Lichtbogen (Kurzzeichen Li)
    - Stabilisierung des Gleichstromes erforderlich

Induktive Last (Kurzzeichen L)
- $L/R \geqq 1{,}35$ ms
- Wechselstromgehalt ≪ Wechselspannungsgehalt an der Last

Last mit Gegenspannung
- Wechselstromgehalt ≫ Wechselspannungsgehalt an der Last
  - Batterielast (Kurzzeichen B)
  - Motorlast (Kurzzeichen M)
  - Kapazitive Last (Kurzzeichen C)
    - $RC \geqq 1{,}35$ ms

Verzerrende Last (Kurzzeichen V)
- relative Schwingungsweite des Stromes > 50 %

Gemischte Last

Tabelle 1.3-16. Lastarten bei Wechselstrom (nach DIN 41 756, Teil 3)

Wirklast (Kennbuchstabe W)
- $-5° \leqq \varphi_1 \leqq +5°$, d.h. $\cos\varphi_1 > 0{,}996$

Last mit nacheilendem Strom (Kennbuchstabe L)
- auch induktive Last
- $0° < \varphi_1 \leqq +90°$, d.h. $1 > \cos\varphi_1 \geqq 0$
- Angabe des Verschiebungswinkelbereiches möglich
  (z.B. $+15° \leqq \varphi_1 \leqq +45°$, Kurzzeichen 15L45)

Last mit voreilendem Strom (Kennbuchstabe C)
- auch kapazitive Last
- $-90° \leqq \varphi_1 < 0°$, d.h. $1 > \cos\varphi_1 \geqq 0$
- Angabe des Verschiebungswinkelbereiches möglich
  (z.B. $-60° \leqq \varphi_1 \leqq -45°$, Kurzzeichen 60C45)

Erweiterter Lastbereich
- Angabe des erweiterten Verschiebungswinkelbereiches
  (z.B. $-15° \leqq \varphi_1 \leqq +15°$, Kurzzeichen 15CL15)

Tabelle 1.3-16. (Fortsetzung)

Verzerrende Last (Kennbuchstabe V)

Oberschwingungsgehalt k des Laststromes $> 5\%$
oder Scheitelwert des Laststromes $\hat{i} > 110\%$ des Grundschwingungsscheitelwertes $\hat{i}_1$

Oberschwingungsgehalt k des Laststromes	Scheitelwert $\hat{i}$ des Laststromes	Kurzzeichen
bis zu 5%	bis zu 1,1 $\hat{i}_1$	ohne
bis zu 10%	bis zu 1,2 $\hat{i}_1$	V10
bis zu 50%	bis zu 2 $\hat{i}_1$	V50
bis zu 100%	über 2 $\hat{i}_1$	V100

Last mit Gleichstromanteil (Kennbuchstabe D)

$$\text{Gleichstromgehalt } d \text{ des Laststromes} = \frac{\text{Gleichstromanteil}}{\text{Effektivwert des Stromes}} > 2\%$$

Gleichstromgehalt d des Laststromes	Kurzzeichen
bis zu 2%	ohne
bis zu 10%	D10
bis zu 50%	D50
bis zu 100%	D100

Motorlast (Kennbuchstabe M)

$$\text{Verhältnis } m = \frac{\text{Anlaufstrom (bei Stillstand)}}{\text{Nennstrom (bei Nennspannung u. Bezugsfrequenz)}}$$

$\frac{\text{Anlaufstrom}}{\text{Nennstrom}}$	Kurzzeichen
bis zu 3	M3
bis zu 7	M7
bis zu 10	M10

Motorlast ohne Energierücklieferung
in keinem Betriebszustand eine Energierücklieferung (gemittelt über eine Periode)

Motorlast mit Energierücklieferung
neben Motorbetrieb auch Generatorbetrieb, dann Energierücklieferung (gemittelt über eine Periode) und $\varphi_1 > 90°$

Periodisch veränderliche Last

Bei periodischem Ein- und Ausschalten der Last Unterschwingung im Laststrom

1.3.10 Betriebsarten und Belastungsklassen

Betriebsarten und Belastungsklassen von Stromrichtern sind in DIN 41756, Bl. 1 genormt.

Betriebsarten. Die Betriebsart kennzeichnet den zeitlichen Verlauf der Belastung. Wesentliches Unterscheidungsmerkmal der verschiedenen Betriebsarten ist, ob die Ausrüstungsteile des Stromrichters ihre Beharrungstemperatur erreichen. Dies ist die Temperatur, bei der zwischen konstant zugeführter und abgeführter Wärme Gleichgewicht besteht. Dabei stellt sich bei jeder Belastung unter konstanten Kühlbedingungen eine bestimmte Beharrungstemperatur ein. Für die einzelnen Ausrüstungsteile eines Stromrichters sind die Beharrungstemperaturen verschieden, ebenso deren

Tabelle 1.3-17. Zeitlicher Verlauf von Strom und Übertemperatur bei verschiedenen Betriebsarten (nach DIN 41756, Bl. 1)

Betriebsart	Kurzzeichen	Zeitlicher Verlauf von Strom I und Übertemperatur ϑ
Dauerbetrieb	DB	
Grundlastbetrieb mit zusätzlicher Kurzzeitbelastung	GKB	
Grundlastbetrieb mit zeitweise abgesenkter Belastung	GAB	
Kurzzeitbetrieb	KB	
Durchlaufbetrieb mit Kurzzeit-belastung	DKB	
Aussetzbetrieb	AB	
Durchlaufbetrieb mit Aussetz-belastung	DAB	
Wechsellastbetrieb	WLB	

I_G Grundlaststrom
I_B Strom während der Belastungsdauer
I_T Strom während der Teillastdauer
I_Q Quadratischer Mittelwert des Stromes
t_B Belastungsdauer
t_T Teillastdauer
t_S Spieldauer
t_G Grundlastdauer
ϑ_b Beharrungsübertemperatur
ϑ_e Endübertemperatur

thermische Zeitkonstanten. Jedes Ausrüstungsteil muß für die höchste Endtemperatur bemessen werden, die sich während des ungünstigsten Lastspiels einstellt. Beharrungszustand kann dann als gegeben angenommen werden, wenn sich bei konstanter Belastung und konstanten Kühlbedingungen die Temperatur der einzelnen Ausrüstungsteile um weniger als 1 K/h ändert.

Das auftretende Belastungsspiel bei Betrieb eines Stromrichters läßt sich nur selten exakt messen. Daher werden Betriebsarten mit idealisierter Beschreibung des Lastspiels definiert (Tabelle 1.3-17).

Bei Dauerbetrieb (DB) ist die Belastungsdauer so lang, daß alle Ausrüstungsteile ihre Beharrungstemperatur erreichen. Kurzzeitbetrieb (KB) liegt vor, wenn der Belastungsstrom nur während einer kurzen angegebenen Belastungsdauer auftritt, wobei nicht alle Ausrüstungsteile ihre Beharrungstemperatur erreichen. Während der stromlosen Pause kühlen sich die Ausrüstungsteile praktisch auf die Temperatur des Kühlmittels ab. Bei Durchlaufbetrieb mit Kurzzeitbelastung (DKB) steht der Stromrichter im Leerlauf unter Spannung und die Ausrüstungsteile kühlen sich praktisch auf die Beharrungstemperatur bei Leerlauf ab. Bei Aussetzbetrieb (AB) wechseln Belastungen mit spannungslosen Pausen ab, die so kurz sind, daß sich nicht alle Ausrüstungsteile auf die Temperatur des Kühlmittels abkühlen. Die Belastungsdauer wird als relative Einschaltdauer (ED) bei der längsten Spieldauer (SD) angegeben (ED $= t_B/t_s$). Bei Durchlaufbetrieb mit Aussetzbelastung (DAB) steht der Stromrichter im Leerlauf unter Spannung. Die Leerlaufzeiten sind so kurz, daß sich nicht alle Ausrüstungsteile auf ihre Beharrungstemperatur bei Leerlauf abkühlen. Das Belastungsspiel z. B. für einen stromrichtergespeisten Antrieb kann zeitlichen Schwankungen um einen Mittelwert unterworfen sein. Beim Wechsellastbetrieb (WLB) wird das Belastungsspiel durch Strom und Dauer sämtlicher Belastungsabschnitte beschrieben. Orientierungsgrößen sind die Spieldauer t_s und der quadratische Mittelwert I_Q des Belastungsstromes.

Belastungsklassen. Stromrichter müssen vorübergehend über ihren Grundlaststrom hinaus belastbar sein. Der Überstrom in Prozent des Grundlaststromes in Abhängigkeit von der Überstromdauer wird in Belastungsklassen I bis IV angegeben (Tabelle 1.3-18).

Wegen der geringen Wärmekapazität der Halbleiterventile einschließlich ihrer Kühlkörper wirken sich die Überströme bei diesen schon nach relativ kurzer Zeit wie Dauerströme aus (nach einigen Minuten, abhängig von den thermischen Zeitkonstanten τ_{JA}).

Tabelle 1.3-18. Belastungsklassen von Stromrichtern (nach DIN 41756, Bl. 1)

Belastungsklasse	Beispiele für Anwendungsgebiete	Überstrom I_B in % des Grundstromes I_G	Dauer der zusätzlichen Kurzzeitbelastung (Überstromdauer) t_B
I	Elektrochemische Anlagen	100%	—
II	Elektrochemische Anlagen	150%	1 min gelegentlich (bei Störungen)
III	leichter Industriebetrieb und leichter Bahnbetrieb	150% oder 200%	2 min 10 s
IV	Industriebetrieb	125% oder 200%	2 h 10 s
V	Mittelschwerer Bahnbetrieb, Grubenbahnen	150% oder 200%	2 h 1 min
VI	Schwerer Bahnbetrieb	150% oder 300%	2 h 1 min

1.3.11 Prüfungen

Die Halbleiterventile selbst sowie die Stromrichtergeräte und -anlagen werden zum Nachweis der angegebenen elektrischen, thermischen und anderen Eigenschaften geprüft. Unterschieden wird zwischen Typprüfung und Stückprüfung.

Die Typprüfung dient dem Nachweis, daß der Bauelemente-Typ oder der Gerätetyp die vom Hersteller angegebenen Eigenschaften besitzt und den Anforderungen der einschlägigen Bestimmungen entspricht. Bei Stromrichtergeräten kleiner Leistung ($\leqq 10$ kW), die in geringen Stückzahlen hergestellt werden, sowie i. allg. auch bei in Einzelausführung gebauten Geräten reicht eine vereinfachte Typprüfung aus.

Die Stückprüfung dient dem Nachweis einer gleichbleibenden Fertigungsqualität. Bei Fertigung großer Stückzahlen kann an die Stelle der Stückprüfung einzelner Eigenschaften eine Stichprobenprüfung treten.

Prüfung von Halbleiterventilen. Alle an Gleichrichterdioden und Thyristoren vorzunehmenden Prüfungen sind nach den in DIN 41783 (Gleichrichterdioden) und DIN 41784 (Thyristoren) angegebenen Verfahren durchzuführen. In Tabelle 1.3-19 sind die bei der Typ- und Stückprüfung zu prüfenden Eigenschaften angegeben. Es sind mindestens die in den Spalten durch ein Kreuz gekennzeichneten Eigenschaften zu prüfen. Bei der Stückprüfung dürfen die Werte der geprüften Eigenschaften die im Datenblatt angegebenen Grenzen der Typenstreuung nicht überschreiten.

Tabelle 1.3-19. Typ- und Stückprüfung der Gleichrichterdioden und Thyristoren (nach VDE 0558, Teil 1)

Zu prüfende Eigenschaft	Typprüfung		Stückprüfung	
	Dioden	Thyristoren	Dioden	Thyristoren
Durchlaßkennlinie	×	×		
Vorwärts-Sperrkennlinie		×		
Rückwärts-Sperrkennlinie	×	×		
Durchlaßkennwerte	×	×	×	×
Höchstzulässige Stoßspitzensperrspannung	×			
dito in Vorwärts- und Rückwärtsrichtung		×		
Sperrkennwerte			×	×
Haltestrom		×		
Einraststrom		×		× [1]
Stoßstrom-Grenzwert	×	×		
Kritische Stromsteilheit		×		
Kritische Spannungssteilheit		×		× [1]
Sperrverzögerungsladung	×	×		
Freiwerdezeit		×		× [1]
Wärmewiderstand	×	×		
Transienter Wärmewiderstand	×	×		
Zündstrom und Zündspannung		×		×
Höchste nicht zündende Steuerspannung		×		
Zündverzug		×		

[1]) Diese Prüfung ist nur dann als Stückprüfung durchzuführen, wenn vom Hersteller Mindest- oder Höchstwerte angegeben werden.

Tabelle 1.3-20. Prüfung von Stromrichtergeräten (nach VDE 0558, Teil 1)

Art der Prüfung	Typprüfung	Vereinfachte Typprüfung	Stückprüfung
Funktionsprüfung	×	×	×
Erwärmungsprüfung	×	×	
Aufnahme der Kennlinie[1])	×		
Aufnahme von Kennwerten[1])		×	×
Ermittlung der inneren Spannungsänderung[1])	×	×	
Ermittlung des Wirkungsgrades	×		
Ermittlung des Grundschwingungsleistungsfaktors	×		
Isolationsprüfung	×	×	×
Ermittlung der überlagerten Wechselspannung[1])	×	×	
Ermittlung des Funkstörgrades[2])	×	×	
Prüfung des Berührungsschutzes	×	×	

[1]) Diese Prüfungen sind nur erforderlich, wenn hierzu an die Stromrichtergeräte bestimmte Forderungen gestellt sind.

[2]) Sofern gemäß DIN 57875/VDE 0875 erforderlich.

Tabelle 1.3-21. Toleranzen elektrischer Größen (nach VDE 0558, Teil 1)

Elektrische Größen	Zulässige Abweichungen vom nachzuweisenden Wert[1])
Verluste im Stromrichtersatz	$+10\%$
Summe der Verluste in Transformator und Drosselspulen	$+10\%$
Wirkungsgrad	$-0{,}1\,(1-\eta)$, mindestens $-0{,}002$[4])
Grundschwingungsleistungsfaktor	$-0.2\,(1-\cos\varphi_1)$[4])
Induktive Gleichspannungsänderung bedingt durch den Transformator[2])	$\pm 10\%$
Innere Spannungsänderung[2])	$\pm 15\%$
Ausgangsspannung[3])	
für $U_N \leqq 10$ V	$\pm 0{,}10\,U_N$[4])
für $U_N > 10$ V	$\pm(0{,}02\,U_N + 1\text{ V})$[4])

[1]) Die in % angegebenen Abweichungen sind auf den nachzuweisenden Wert bezogen.

[2]) Gilt nicht für einphasig angeschlossene Geräte und Anlagen.

[3]) Für stabilisierte Stromversorgungsgeräte ist der Toleranzbereich der Gleichspannung zu vereinbaren.

[4]) Für η, $\cos\varphi_1$ und U_N sind hier die nachzuweisenden Werte einzusetzen.

Prüfung von Stromrichtern. In Tabelle 1.3-20 sind die bei Stromrichtergeräten erforderlichen Prüfungen zusammengestellt. Bei Stromrichteranlagen wird vorausgesetzt, daß die Anlagenteile einzeln geprüft sind. Die Isolationsprüfung ist an der betriebsfertigen Stromrichteranlage vorzunehmen.

Die Prüfungen sind nach Möglichkeit unter den gleichen elektrischen Bedingungen wie im Betrieb durchzuführen. Die Funktionsprüfung dient dem Nachweis, daß das Stromrichtergerät in allen Teilen seiner elektrischen Schaltung einwandfrei arbeitet. Bei der Erwärmungsprüfung darf bei den zulässigen Belastungen keine unzulässige Erwärmung im Gerät auftreten. Das Gerät muß in allen seinen Teilen bis zu den betriebsmäßig auftretenden Endtemperaturen einwandfrei arbeiten. Zu steuerbaren Stromrichtergeräten muß die einwandfreie Funktion des Steuersatzes (einschließlich

Form, Dauer und Symmetrie der Steuerimpulse) geprüft werden. Bei Reihenschaltung von Thyristoren oder Dioden in Stromrichterzweigen oder bei Reihenschaltung von Stromrichtersätzen ist die Spannungsaufteilung zu überprüfen. Bei Parallelschaltung von Thyristoren oder Dioden in den Stromrichterzweigen muß die Stromverteilung kontrolliert werden. Auch die Schutz- und Überwachungseinrichtungen sind zu prüfen.

Toleranzen. Toleranzen berücksichtigen unvermeidliche Ungleichmäßigkeiten in der Beschaffenheit der Werkstoffe, Fertigungsstreuungen und Meßungenauigkeiten. Die Einhaltung bestimmter Werte gilt bei Prüfungen als Nachweis, wenn die ermittelten Ergebnisse innerhalb der Toleranzen nach Tabelle 1.3-21 liegen. Die Werte müssen für Nennbetrieb und im betriebswarmen Zustand ermittelt werden. Beim Nachweis der Einhaltung des Wirkungsgrades brauchen die Verluste des Stromrichtersatzes, des Transformators und der Drosselspulen nicht im einzelnen nachgewiesen zu werden.

1.3.12 Verluste und Wirkungsgrad

Der Wirkungsgrad η eines Stromrichters ist das Verhältnis der abgegebenen Leistung (Ausgangsleistung P_A) zur aufgenommenen Wirkleistung (Eingangsleistung P_E). Der Wirkungsgrad kann nach folgender Gleichung berechnet werden

$$\eta = \frac{P_A}{P_E} = \frac{P_A}{P_A + \Sigma P_V} = 1 - \frac{\Sigma P_V}{P_A + \Sigma P_V} = 1 - \frac{\Sigma P_V}{P_E}. \tag{1.3-69}$$

ΣP_V ist die Summe aller bei der Bestimmung des Wirkungsgrades zu berücksichtigenden Verluste.

Tabelle 1.3-22. Leistungs- und Wirkungsgradbegriffe (nach DIN 41750, Bl. 3)

Leistungsbegriffe

auf der Wechselstromseite:

- Wirkleistung P_L: Grundschwingungsleistung P_{1L} und Oberschwingungsleistung
- Blindleistung Q_L
- Scheinleistung S_L

auf der Gleichstromseite:

- Wirkleistung P_d
- Gleichstromleistung S_d: Produkt der arithmetischen Mittelwerte von Gleichspannung und Gleichstrom

Eingangsleistung P_E: aufgenommene Wirkleistung

- Grundschwingungs-Eingangsleistung P_{1E}

Ausgangsleistung P_A: abgegebene Wirkleistung

- Grundschwingungs-Ausgangsleistung P_{1A}

Wirkungsgradbegriffe

Wirkungsgrad $\eta = \frac{P_A}{P_E}$

Gleichrichtgrad $\eta_{d1} = \frac{S_d}{P_{1L}}$

Wechselrichtgrad $\eta_{1d} = \frac{P_{1L}}{S_d}$

(Wechselstrom-) Umrichtgrad $\eta_{11} = \frac{P_{1A}}{P_{1E}}$

Leistungsbegriffe. In DIN 41750, Bl. 3 sind Leistungsbegriffe auf der Wechselstrom- und auf der Gleichstromseite festgelegt (Tabelle 1.3-22). Die Wirkleistung P_L ist der arithmetische Mittelwert über den zeitlichen Verlauf der Augenblickswerte der Leistung auf der Wechselstromseite des Stromrichters

$$P_L = \frac{1}{T}\int_0^T ui\,dt. \quad (1.3\text{-}70)$$

Grundschwingungsleistung P_{1L} ist der aus den Grundschwingungen von Strom und Spannung gebildete Anteil der Wirkleistung. Oberschwingungsleistung ist derjenige Anteil der Wirkleistung, der aus den Oberschwingungen von Strom und Spannung gebildet wird. Blindleistung Q_L setzt sich aus Grund- und Oberschwingungsblindleistung zusammen. Scheinleistung S_L ist das Produkt der Effektivwerte von Spannung und Strom auf der Wechselstromseite des Stromrichters. Wirkleistung P_d auf der Gleichstromseite ist der arithmetische Mittelwert über den zeitlichen Verlauf der Augenblickswerte der Leistung des Stromrichters

$$P_d = \frac{1}{T}\int_0^T u_d i_d\,dt. \quad (1.3\text{-}71)$$

Gleichstromleistung S_d ist das Produkt der arithmetischen Mittelwerte von Gleichspannung und Gleichstrom

$$P_d = U_d I_d. \quad (1.3\text{-}72)$$

Wirkungsgradbegriffe. Wirkungsgradbegriffe sind ebenfalls in DIN 41750, Bl. 3 festgelegt (Tabelle 1.3-22).

Wirkungsgradbestimmung. Als Wirkungsgrad eines netzgeführten Stromrichters wird, wenn nicht anders vereinbart, der Wert angegeben, der sich bei Betrieb mit praktisch sinusförmiger Spannung

Tabelle 1.3-23. Bei der Wirkungsgradbestimmung zu berücksichtigende Verluste (nach VDE 0558, Teil 1)

Zu berücksichtigende Verluste:

Verluste in der Grundausrüstung

Grundausrüstung: Stromrichtersätze
Steuersätze
Stromrichtertransformator
Vervielfacher-Kondensatoren
Kommutierungseinrichtungen
Energiespeicher bei Zwischenkreis-Umrichtern

Verluste in der Zusatzausrüstung

Zusatzausrüstung: Siebmittel, z. B. Glättungseinrichtungen,
Oberschwingungsfilter, Saugkreise
Einrichtungen zur Kennliniengestaltung
Einrichtungen zur Kennlinienverstellung

Verluste im Zubehör

Zubehör: Ausrüstungsteile zum Schalten, Messen, Überwachen,
Funkentstörung, Schutz sowie Steuern und Regeln
(soweit nicht unter Grund- und Zusatzausrüstung)

Nicht zu berücksichtigende Verluste:

Leistungsaufnahme der überwiegend nicht im Betrieb befindlichen Ausrüstungsteile
bei Anlagen die Verluste in Verbindungsleitungen zwischen getrennt aufgestellten Anlagenteilen sowie in Siebmitteln (z. B. Glättungseinrichtungen) und Zubehörteilen
der Leistungsbedarf für Raumlüftung oder Kühlwasserversorgung

---

auf der Wechselstromseite und bei guter Glättung des Stromes auf der Gleichstromseite (Wechselstromgehalt $\leqq 5\%$) ergibt. Der Wirkungsgrad gilt, wenn nicht anders angegeben, für Nenneingangsspannung, Nennausgangsspannung und Nennausgangsstrom des Stromrichters. Häufig interessiert auch der Verlauf des Wirkungsgrades in Abhängigkeit von der Belastung des Stromrichters. Wegen der konstanten Leerlaufverluste sinkt im allgemeinen der Wirkungsgrad bei Teillast. Gleichrichtgrad, Wechselrichtgrad bzw. Umrichtgrad sind abhängig von der Lastart und werden i. allg. nicht angegeben.

In Tabelle 1.3-23 sind die bei der Wirkungsgradbestimmung von Stromrichtern zu berücksichtigenden und nicht zu berücksichtigenden Verluste zusammengestellt. In Zweifelsfällen ist angegeben, ob Verluste bestimmter Anlagenteile bei der Wirkungsgradermittlung berücksichtigt worden sind.

Verlustermittlung. Die Verluste eines Stromrichters können entweder durch direkte Messung oder durch auf Messung beruhender Berechnung bestimmt werden.

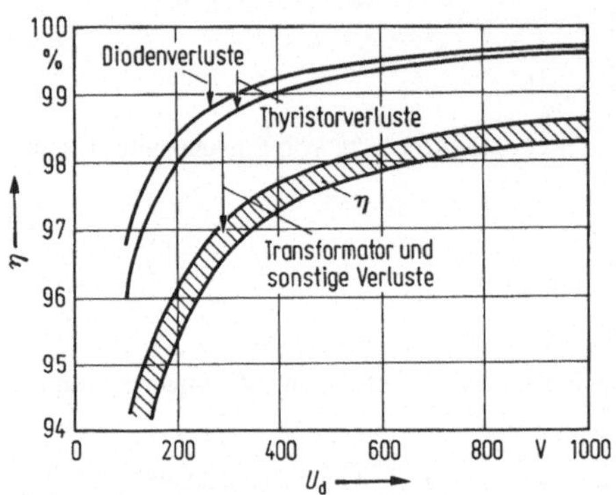

Bild 1.3-73. Wirkungsgrad η bei netzgeführten Stromrichtern in Drehstrom-Brückenschaltung abhängig von der ideellen Gleichspannung U_d (bei Gleichstromleistung >100 kW).

Bei der direkten Messung werden Eingangs- und Ausgangsleistung mit Wattmetern oder mit Präzisionsmeßgeräten für Spannung und Ströme gemessen. Bei guter Glättung können auf der Gleichstromseite Meßgeräte verwendet werden, die den arithmetischen Mittelwert anzeigen. Der durch Vernachlässigung des Wechselstromgehaltes bedingte Fehler soll gegenüber der Toleranz für die Wirkungsgradbestimmung weniger als die Hälfte betragen. Auf der Wechsel- bzw. Drehstromseite müssen Oberschwingungen berücksichtigt werden.

Bei der indirekten Ermittlung wird der Wirkungsgrad aus der Summe der Verluste in den einzelnen Ausrüstungsteilen bestimmt. Die Einzelverluste können durch Messung oder durch Rechnung ermittelt werden. Bei mehrphasigen Stromrichtern größerer Leistung (>300 kW oder >5000 A) werden stets die Verluste aus den Einzelverlusten ermittelt.

Die mit Stromrichtern erreichbaren Wirkungsgrade liegen meist erheblich über den mit anderen Umformern (z. B. Maschinenumformern) erreichbaren Werten. Neben den Verlusten in den Halbleiterventilen (meist unter 1%) entsteht der Hauptanteil der Verluste in Transformatoren und magnetischen Energiespeichern. Richtwerte für den Wirkungsgrad von netzgeführten Stromrichtern zeigt Bild 1.3-73.

1.3.13 Netzrückwirkungen

Stromrichter belasten ein Wechsel- oder Drehstromnetz i. allg. mit nichtsinusförmigen Strömen (Oberschwingungen) [65]. Außerdem sind Netzspannung und -strom meist nicht in Phase (Blindleistung) [69, 75, 78]. Sowohl die Phasenverschiebung als auch die Oberschwingungen des Stromes sind von der Aussteuerung des Stromrichters abhängig.

Darüber hinaus können Kommutierungsvorgänge, die einen vorübergehenden Kurzschluß der Netzphasen über die Kommutierungsinduktivitäten darstellen, auch eine erhebliche Verzerrung der Netzspannung bewirken.

1.3.13.1 Blindleistung

Leistungsdefinitionen. In DIN 40110 sind Wechselstromgrößen definiert.

Bei sinusförmiger Spannung und sinusförmigem Strom gelten folgende Leistungsdefinitionen:

Scheinleistung

$$S_L = U_L I_L , \tag{1.3-73}$$

Wirkleistung

$$P_L = U_L I_L \cos\varphi , \tag{1.3-74}$$

Blindleistung

$$Q_L = U_L I_L \sin\varphi . \tag{1.3-75}$$

Zwischen Schein-, Wirk- und Blindleistung gilt die Beziehung

$$S_L = \sqrt{P_L^2 + Q_L^2} . \tag{1.3-76}$$

Das Verhältnis

$$\frac{P_L}{S_L} = \cos\varphi \tag{1.3-77}$$

heißt *Wirk-* oder *Verschiebungsfaktor*, das Verhältnis

$$\frac{Q_L}{S_L} = \sin\varphi \tag{1.3-78}$$

Blindfaktor.

Diese Definitionen reichen bei Betrachtung der Blindleistung von Stromrichtern nicht aus, weil auf der Wechselstromseite nichtsinusförmige Ströme fließen.

Unter der Annahme einer sinusförmigen Spannung und eines nichtsinusförmigen Stromes gilt:

Scheinleistung

$$S_L = U_L I_L = U_L \sqrt{I_{1L}^2 + I_{2L}^2 + I_{3L}^2 + \dots} , \tag{1.3-79}$$

Grundschwingungs-Scheinleistung

$$S_{1L} = U_L I_{1L} , \tag{1.3-80}$$

Wirkleistung (gleich Grundschwingungs-Wirkleistung)

$$P_L = P_{1L} = U_L I_{1L} \cos\varphi_1 , \tag{1.3-81}$$

Blindleistung

$$Q_L = \sqrt{S_L^2 - P_L^2} , \tag{1.3-82}$$

Grundschwingungs-Blindleistung

$$Q_{1L} = U_L I_{1L} \sin\varphi_1 = \sqrt{S_{1L}^2 - P_L^2} , \tag{1.3-83}$$

Verzerrungsleistung

$$D = U_L \sqrt{I_{2L}^2 + I_{3L}^2 + \dots} . \tag{1.3-84}$$

Die so definierten Größen können durch rechtwinklige Dreiecke dargestellt werden, die sich zu einem Vierflach vereinigen lassen (Bild 1.3-74). Die Scheinleistung setzt sich aus der Wirkleistung der Grundschwingungs-Blindleistung und der Verzerrungsleistung zusammen:

$$S_L = \sqrt{P_L^2 + Q_{1L}^2 + D^2}\,. \tag{1.3-85}$$

Die Grundschwingungs-Blindleistung Q_{1L} bei netzgeführten Stromrichtern wird meist kurz als Blindleistung bezeichnet.

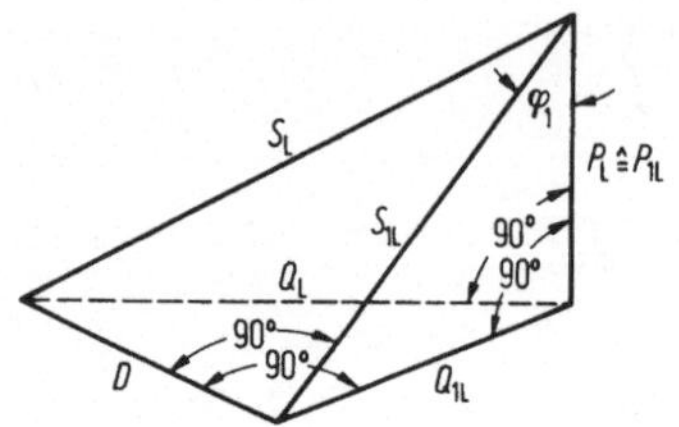

Bild 1.3-74. Definition von Schein-, Wirk-, Blind- und Verzerrungsleistung.

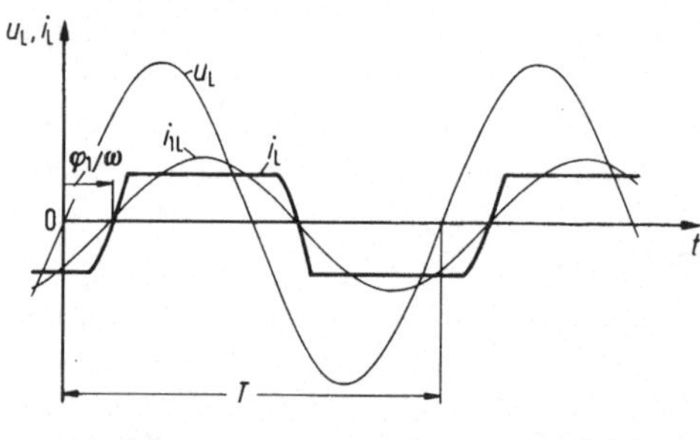

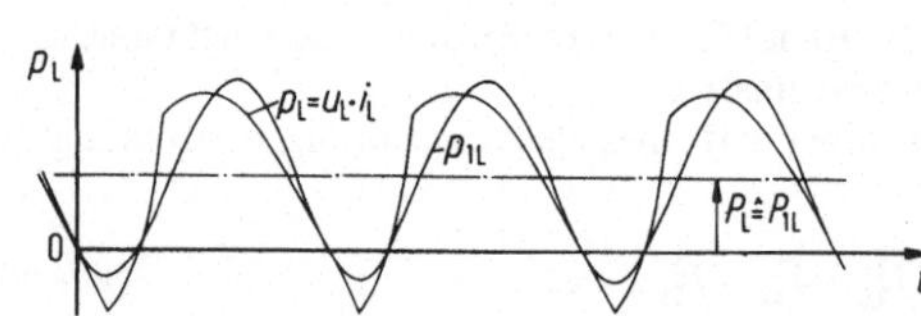

Bild 1.3-75. Zeitlicher Verlauf der Leistung bei einem netzgeführten Stromrichter (Zweipuls-Brückenschaltung).

Die für einen einphasigen Stromkreis angegebenen Definitionen können auf symmetrisch belastete mehrphasige Stromkreise ohne weiteres erweitert werden (Faktor $\sqrt{3}$ bei Dreiphasensystem).

Der (totale) Leistungsfaktor λ ist

$$\frac{P_L}{S_L} = \lambda = g_1 \cos\varphi_1 \tag{1.3-86}$$

mit

$$g_1 = \frac{I_{1L}}{I_L}. \tag{1.3-87}$$

als Grundschwingungsgehalt des Stromes. Der Leistungsfaktor λ ist bei nichtsinusförmigem Strom um den Grundschwingungsgehalt g_1 des Stromes kleiner als der Verschiebungsfaktor (Grundschwingungs-Leistungsfaktor) $\cos\varphi_1$. Im allgemeinen wird bei netzgeführten Stromrichtern nicht der

Leistungsfaktor λ, sondern der Grundschwingungs-Leistungsfaktor $\cos\varphi_1$ angegeben. Dieser gilt für Nennbetrieb, Nennausgangsstrom und die vorgesehene Lastart. Bei Gewährleistung des $\cos\varphi_1$ ist ein starres Wechselstromnetz mit praktisch sinusförmigen und symmetrischen Netzspannungen anzunehmen.

Die oben definierten Leistungen sind Rechengrößen. Für den Augenblickswert p_L der Leistung gilt

$$p_L = u_L i_L . \tag{1.3-88}$$

Die Leistung p_L pendelt mit doppelter Netzfrequenz (und höheren Harmonischen) um den Mittelwert P_{Lw} (Bild 1.3-75) [91, 114].

Steuerblindleistung. Für netzgeführte Stromrichter gilt für die Steuerblindleistung

$$Q_{1L} = U_{di} I_d \sin\alpha . \tag{1.3-89}$$

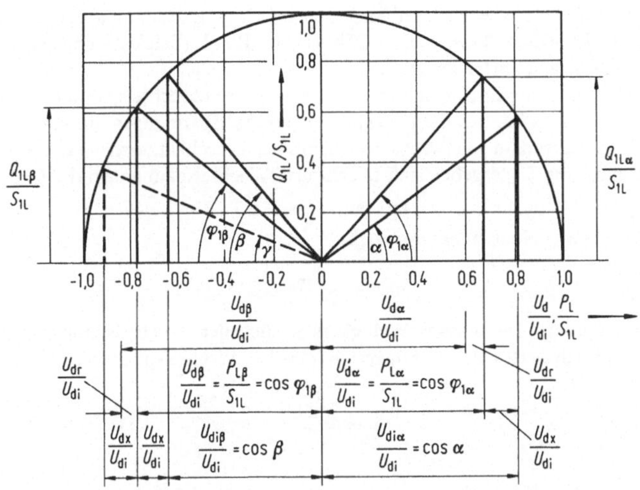

Bild 1.3-76. Kreisdiagramm zu angenäherten Bestimmung des Verschiebungsfaktors $\cos\varphi_1$ und der Grundschwingungs-Blindleistung Q_{1L} bei netzgeführten Stromrichtern (nach IEC Publication 146).

Bei idealer Glättung und Vernachlässigung der Überlappung ist der Steuerwinkel α gleich dem Phasenverschiebungswinkel φ_1 der Grundschwingungen (s. Bild 1.3-9). Bei natürlicher Kommutierung verhält sich der Stromrichter sowohl im Gleichrichter- als auch im Wechselrichterbetrieb bezüglich der Blindleistung wie eine Induktivität am Wechsel- bzw. Drehstromnetz.

Kommutierungsblindleistung. Durch die Überlappung u wird eine zusätzliche Phasenverschiebung des Netzstromes hervorgerufen. Die dadurch bewirkte Vergrößerung der Blindleistung heißt Kommutierungsblindleistung. Bei voller Aussteuerung steigt diese angenähert linear mit dem Anfangsüberlappungswinkel u_0 an.

Ortskurve der Blindleistung. Als Ortskurve der Blindleistung ergibt sich ein Halbkreis [s. Gl. (1.3-17) und Bild 1.3-10].

Der Verschiebungsfaktor $\cos\varphi_1$ und die Blindleistung können bei netzgeführten Stromrichtern angenähert bestimmt werden, wenn die induktive und ohmsche Gleichspannungsänderung bekannt sind. Bild 1.3-76 zeigt das dazu erforderliche Kreisdiagramm (eingezeichnete Größen s. Verzeichnis der verwendeten Formelzeichen). $U'_{d\alpha}$ bzw. $U'_{d\beta}$ bedeuten hier eine fiktive innere Gleichspannung einschließlich der ohmschen Gleichspannungsänderung. Das Diagramm gilt für Nennstrom.

Verminderung der Blindleistung. Die Blindleistung im Wechsel- bzw. Drehstromnetz kann durch Folgesteuerung, halbgesteuerte Schaltungen (s. Abschnitt 1.3.2.11) sowie durch Schaltungen mit Abschnitt- und Sektorsteuerung (s. Abschnitt 1.3.2.12) erheblich vermindert werden [69]. Auch durch Freilaufzweige wird die Blindleistung im Netz unter bestimmten Betriebsbedingungen verringert [63].

1.3.13.2 Oberschwingungen

Stromrichter erzeugen durch die nichtlinearen Schaltfunktionen der Stromrichterventile Oberschwingungen in der Spannung und im Strom sowohl auf der Wechsel- bzw. Drehstromseite als auch auf der Gleichstromseite [62, 70, 162, 191, 194]. Die Stromrichterzweige selbst haben keine Speicherwirkung (im Gegensatz z. B. zu elektrischen Maschinen). Die Stromrichter können jedoch magnetische und elektrische Speicher (Induktivitäten und Kondensatoren) enthalten (s. Abschnitt 1.3.4). Zwischen diesen Energiespeichern wird Oberschwingungsleistung ausgetauscht.

Ideelle Werte der Oberschwingungen. DIN 41750, Bl. 4 (Beiblatt) enthält Angaben über Oberschwingungen netzgeführter Stromrichter.

Unter der Voraussetzung sinusförmiger symmetrischer Netzwechselspannung und vollkommen geglätteten Gleichstromes können die überlagerten Wechselspannungen auf der Gleichstromseite und die Oberschwingungen im Netzwechselstrom einfach berechnet werden (Tabelle 1.3-24). In der ideellen Gleichspannung U_{di} ergeben sich überlagerte Wechselspannungen der Ordnungszahlen

$$\nu = kp \quad \text{mit} \quad k = 1, 2, 3, \ldots \tag{1.3-90}$$

deren Effektivwert bei Vollaussteuerung nach

$$U_{\nu i} = \frac{\sqrt{2}}{\nu^2 - 1} U_{di} \tag{1.3-91}$$

berechnet werden kann. Die ideelle Welligkeit w_i (ideeller Wechselspannungsgehalt) ist das Verhältnis des Effektivwertes der überlagerten ideellen Wechselspannung zur ideellen Gleichspannung

$$w_i = \frac{\sqrt{\Sigma U_{\nu i}^2}}{U_{di}}. \tag{1.3-92}$$

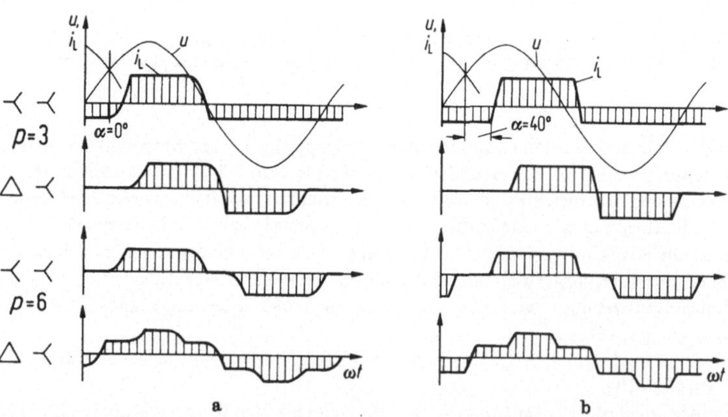

Bild 1.3-77. Verlauf der netzseitigen Leiterströme bei drei- und sechspulsigen netzgeführten Stromrichtern (Anfangsüberlappung $u_0 = 30°$); a) bei Vollaussteuerung ($\alpha = 0$), b) bei Anschnittsteuerung ($\alpha = 40°$).

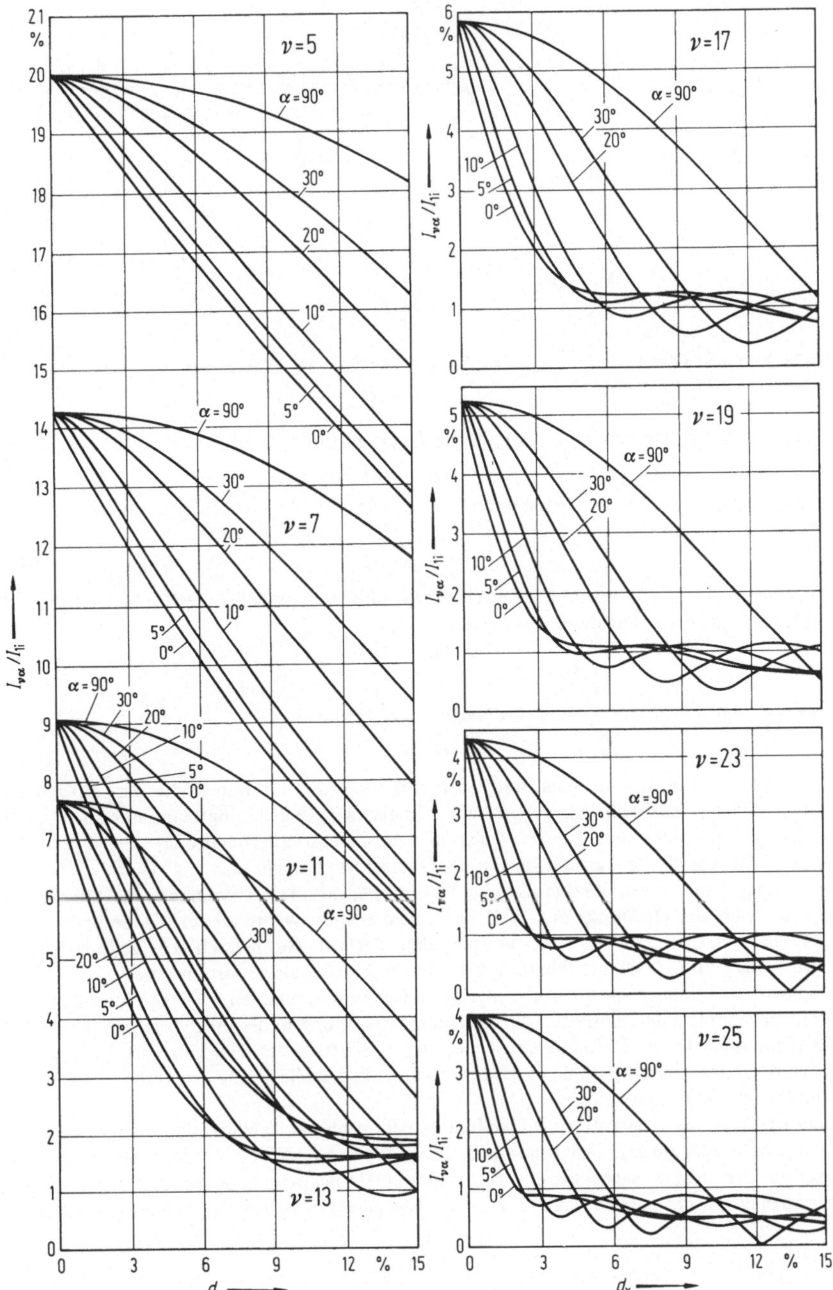

Bild 1.3-78. Oberschwingungen der netzseitigen Leiterströme abhängig von der relativen induktiven Gleichspannungsänderung d_x (Parameter: Steuerwinkel α), (nach DIN 41750 Blatt 4 Beiblatt).

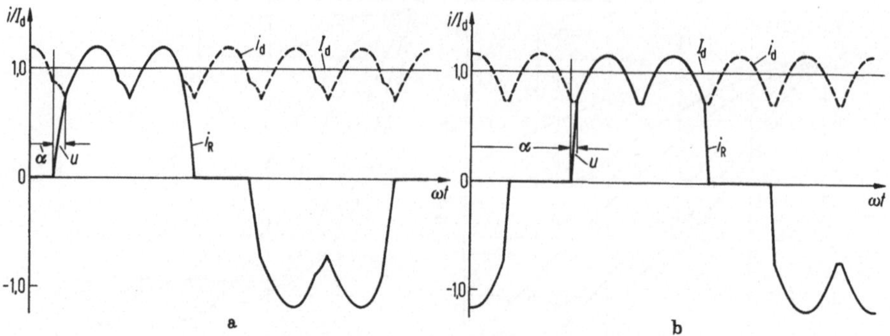

Bild 1.3-79. Netz und Gleichstrom sechspulsiger Stromrichter mit 15% Gleichstrom-Welligkeit (bei $d_x = 5\%$); a) Steuerwinkel $\alpha = 20°$, b) Steuerwinkel $\alpha = 90°$.

Im Netzwechselstrom treten Oberschwingungen $I_{\nu i}$ der Ordnungszahl

$$\nu = kp \pm 1 \quad \text{mit} \quad k = 1, 2, 3, \ldots \tag{1.3-93}$$

auf, deren Effektivwert (bei ideellen Werten unabhängig vom Aussteuerungsgrad) aus

$$I_{\nu i} = \frac{l}{\nu} I_{1i} \tag{1.3-94}$$

berechnet werden kann. I_{1i} ist der Effektivwert der Grundschwingung des ideellen Netzstromes. Der ideelle Netzwechselstrom hat den Effektivwert

$$I_{Li} = \sqrt{I_{1i}^2 + \Sigma I_{\nu i}^2} = I_{1i} \sqrt{1 + \sum \frac{1}{\nu^2}}. \tag{1.3-95}$$

Der ideelle Grundschwingungsgehalt des Netzwechselstromes ist

$$g_{Ii} = I_{1i}/I_{Li}. \tag{1.3-96}$$

Die Pulszahl der Stromrichterschaltung bestimmt also die Ordnungszahl der auftretenden Oberschwingungen. Die Größe der auftretenden Oberschwingungen hängt dann nur noch von der Ordnungszahl ν ab (nicht mehr von der Pulszahl p der Stromrichterschaltung).

Bei An- und Abschnittsteuerung steigen die Oberschwingungen an.

Netzseitiger Leiterstrom. Reaktanzen im Kommutierungskreis vermindern die Oberschwingungsströme höherer Ordnungszahl, weil der Stromanstieg während der Kommutierungszeit begrenzt wird. Bild 1.3-77 zeigt als Beispiel den Verlauf der netzseitigen Leiterströme bei Vollaussteuerung und Anschnittsteuerung für drei- und sechspulsige Stromrichter.

Aus Bild 1.3-78 können die Oberschwingungen der Ordnungszahlen $\nu = 5$ bis 25 abhängig vom Steuerwinkel α und von der relativen induktiven Gleichspannungsänderung d_x bestimmt werden. Bei der Berechnung der Oberschwingungen ist hier ideale Glättung des Gleichstromes vorausgesetzt. Die vorkommenden Ordnungszahlen ν ergeben sich nach Tabelle 1.3-24 bzw. Gl. (1.3-93) aus der Pulszahl der Stromrichterschaltung.

In der Praxis ist der Gleichstrom jedoch häufig nicht geglättet. Welliger Gleichstrom beeinflußt auch die Oberschwingungen der netzseitigen Leiterströme. Bild 1.3-79 zeigt als Beispiel den Stromverlauf bei einem sechspulsigen Stromrichter (Drehstrom-Brückenschaltung) bei einer angenommenen Gleichstrom-Welligkeit w_{Id} von 15%. Die Gleichstrom-Welligkeit wird nach

$$w_{Id} = \frac{\sqrt{\sum_{\nu=2}^{\infty} I_\nu^2}}{I_d} \tag{1.3-97}$$

definiert.

Tabelle 1.3-24. Überlagerte Wechselspannungen auf der Gleichstromseite (bei Vollaussteuerung) und Oberschwingungen im Netzwechselstrom (ideelle Werte)

P	2		3		6		12		18		24	
ν	$\frac{U_{\nu i}}{U_{di}}$ %	$\frac{I_{\nu i}}{I_{1i}}$ %	$\frac{U_{\nu i}}{U_{di}}$ %	$\frac{I_{\nu i}}{I_{1i}}$ %	$\frac{U_{\nu i}}{U_{di}}$ %	$\frac{I_{\nu i}}{I_{1i}}$ %	$\frac{U_{\nu i}}{U_{di}}$ %	$\frac{I_{\nu i}}{I_{1i}}$ %	$\frac{U_{\nu i}}{U_{di}}$ %	$\frac{I_{\nu i}}{I_{1i}}$ %	$\frac{U_{\nu i}}{U_{di}}$ %	$\frac{I_{\nu i}}{I_{1i}}$ %
2	41,14	—	—	50,00	—	—	—	—	—	—	—	—
3	—	33,33	17,68	—	—	—	—	—	—	—	—	—
4	9,43	—	—	25,00	—	—	—	—	—	—	—	—…
5	—	20,00	—	20,00	—	20,00	—	—	—	—	—	—
6	4,04	—	4,04	—	4,04	—	—	—	—	—	—	—
7	—	14,29	—	14,29	—	14,29	—	—	—	—	—	—
8	2,24	—	—	12,50	—	—	—	—	—	—	—	—
9	—	11,11	1,77	—	—	—	—	—	—	—	—	—
10	1,43	—	—	10,00	—	—	—	—	—	—	—	—
11	—	9,09	—	9,09	—	9,09	—	9,09				—
12	0,99	—	0,99	—	0,99	—	0,99	—	—	—	—	—
13	—	7.69	—	7,69	—	7,69	—	7,69	—	—	—	—
14	0,73	—	—	7,14	—	—	—	—	—	—	—	—
15	—	6,67	0,63	—	—	—	—	—	—	—	—	—
16	0,55	—	—	6,25		—	—	—	—	—	—	—
17	—	5,88	—	5,88	—	5,88	—	—	—	5,88	—	—
18	0,44	—	0,44	—	0,44	—	—	—	0,44	—	—	—
19	—	5,26	—	5,26	—	5.26	—	—	—	5,26	—	—
20	0,35	—	—	5,00	—	—	—	—	—	—	—	—
21	—	4,76	0,32	—	—	—	—	—	—	—	—	—
22	0,29	—	—	4,55	—	—	—	—	—	—	—	—
23	—	4,35	—	4,35	—	4,35	—	4,35	—	—	—	4,35
24	0,25	—	0,25	—	0,25	—	0,25	—	—	—	0,25	—
25	—	4,00	—	4,00	—	4,00	—	4,00	—	—	—	4,00
w_i	48,34	—	18,27	—	4,20	—	1,03	—	0,46	—	0,25	—
$\frac{I_{L1}}{I_{1i}}$	—	111,07	—	120,92	—	104,72	—	101,15	—	100,51	—	100,29
g_{Li}	—	0,900	—	0,827	—	0,955	—	0,989	—	0,995	—	0,997

In Bild 1.3-80 sind die Oberschwingungen der netzseitigen Leiterströme mit Berücksichtigung der Gleichstromwelligkeit angegeben. Alle Werte sind auf die Oberschwingungsströme $I_{\nu i}$ bei idealer Glättung bezogen. Der Vergleich zeigt, daß die 5. Stromharmonische durch die Gleichstrom-Welligkeit angehoben wird, während die anderen Harmonischen (außer der 11.) verringert werden. Bild 1.3-81 zeigt den Vergleich der Oberschwingungen bei einem Steuerwinkel $\alpha = 90°$.

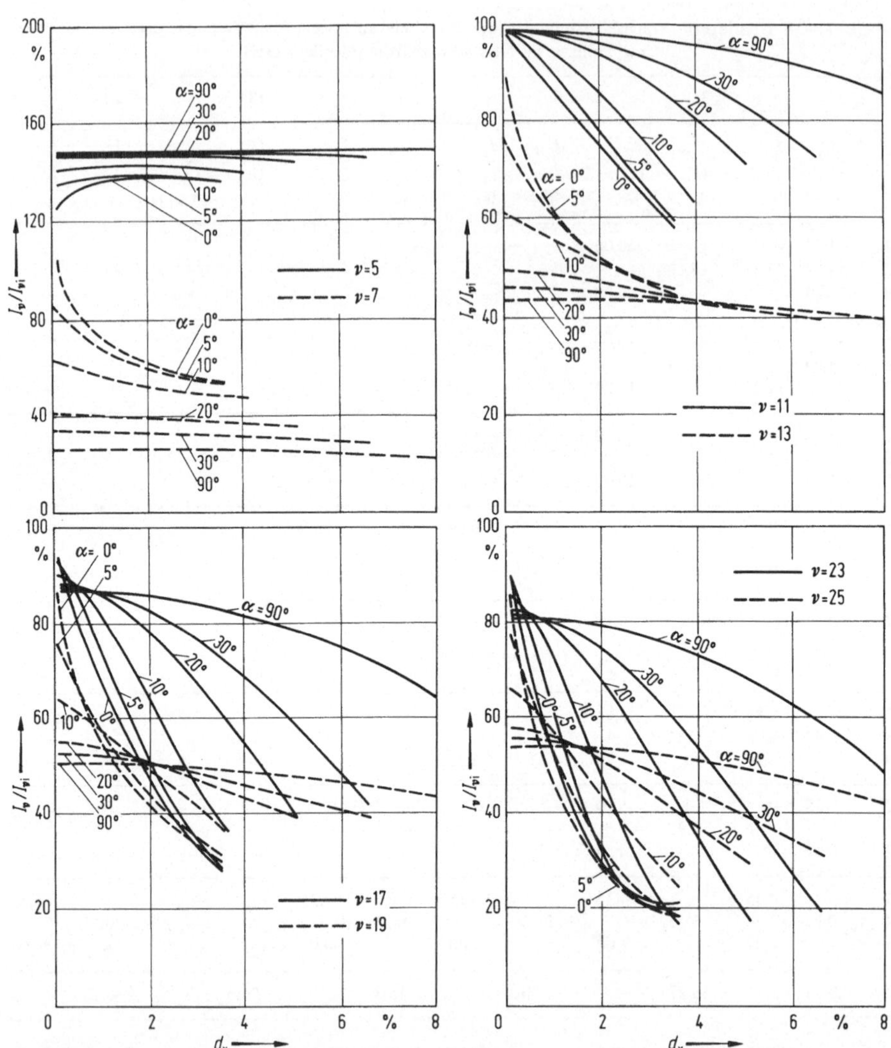

Bild 1.3-80. Oberschwingungen der netzseitigen Leiterströme abhängig von der relativen induktiven Gleichspannungsänderung d_x bei einer Gleichstrom-Welligkeit $w_{Id} = 15\%$.

In Bild 1.3-82 ist das Verhältnis von Glättungs- zu Kommutierungsinduktivität L_d/L_k für die angenommene Gleichstrom-Welligkeit von 15% angegeben.

Netzspannung. Während der Kommutierungen treten bei netzgeführten Stromrichtern Phasenkurzschlüsse auf. Bild 1.3-83 zeigt den Verlauf u_{SR} der verketteten Netzspannung während des Überlappungswinkels u (Kommutierung von Phase R auf Phase S bei symmetrischem Betrieb). Je größer die Streuinduktivitäten $(L_t + L_{kb})$ des Transformators und im Stromrichter im Verhältnis zu den Netzinduktivitäten (L_{kL}) sind, um so kleiner werden die im Netz durch die Kommutierung

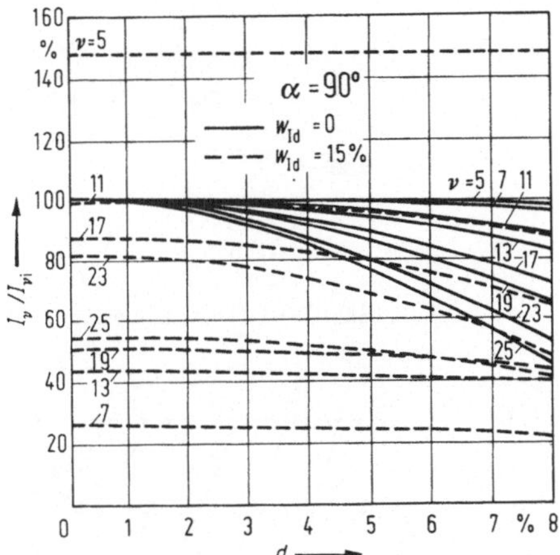

Bild 1.3-81. Vergleich der Oberschwingungen der netzseitigen Leiterströme bei idealer Glättung ($w_{Id} = 0$) und bei einer Gleichstrom-Welligkeit $w_{Id} = 15\%$.

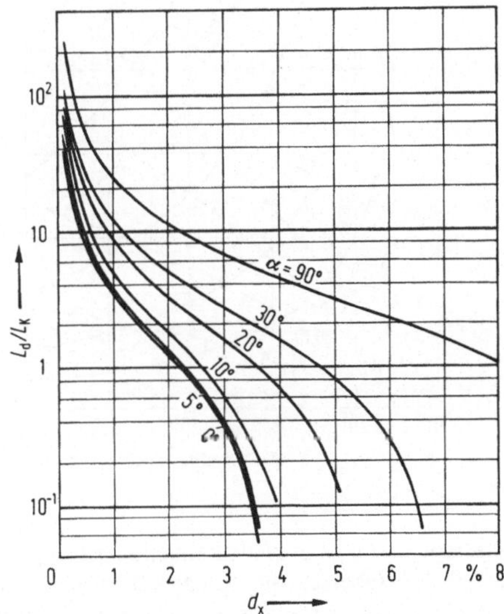

Bild 1.3-82. Verhältnis von Glättungs- zu Kommutierungsinduktivität L_d/L_k abhängig von der relativen induktiven Gleichspannungsänderung d_x bei konstanter Gleichstrom-Welligkeit $w_{Id} = 15\%$.

auftretenden Spannungseinbrüche. Bei endlicher Kurzschlußleistung S_m des Wechselstromnetzes muß der Stromrichter eine Mindestreaktanz haben, wenn die Kommutierungseinbrüche auf einen bestimmten Höchstwert begrenzt werden sollen.

Das Verhältnis der Leistung $U_{di}I_d$ des Stromrichters zur Kurzschlußleistung S_m des Netzes ist daher von erheblichem Einfluß auf die auftretenden Netzrückwirkungen. Als normal gilt ein Leistungsverhältnis bis 1% beim Anschluß netzgeführter Stromrichter. Der Oberschwingungsgehalt

$$k_u = \frac{\sqrt{\Sigma U^2 \nu_L}}{U_L} \tag{1.3-98}$$

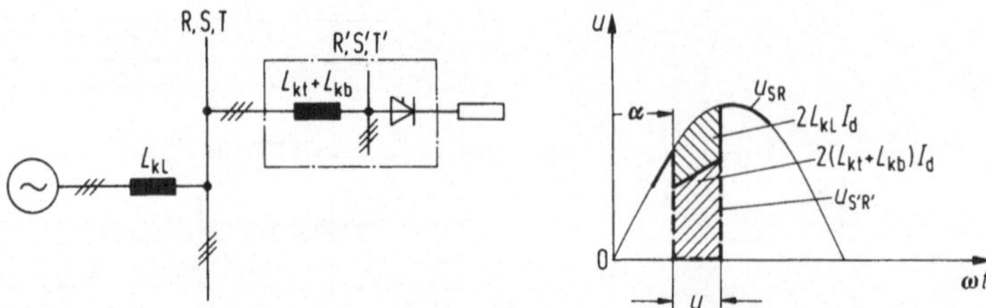

Bild 1.3-83. Netzspannungsverlauf während einer Kommutierung.

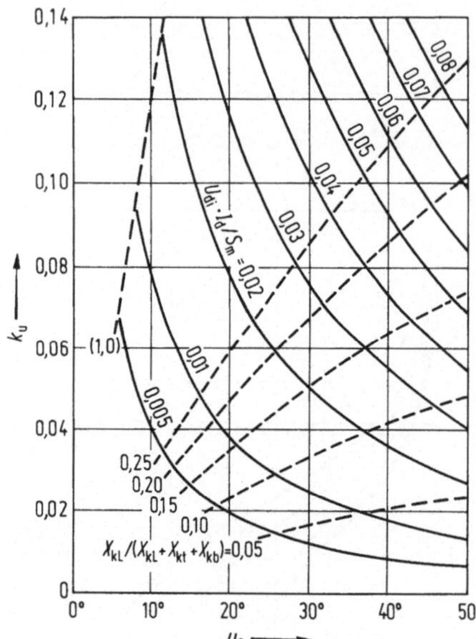

Bild 1.3-84. Oberschwingungsgehalt k_u der Netzspannung bei Anschluß eines ungesteuerten sechspulsigen Stromrichters abhängig von der Anfangsüberlappung u_O, (Parameter: Leistungsverhältnis $U_{di}\cdot I_d/S_m$ und Reaktanzverhältnis $X_{kL}/(X_{kL}+X_{k5}+X_{kb})$.

der Netzspannung kann bei bekanntem Leistungs- und Reaktanzverhältnis berechnet werden. Bild 1.3-84 gibt den Oberschwingungsgehalt bei Anschluß eines ungesteuerten sechspulsigen Stromrichters abhängig von der Anfangsüberlappung u_0 an [13].

In VDE 0160, Teil 2 sind Grenzwerte für jede einzelne Oberschwingung in der Netzwechselspannung angegeben (Bild 1.3-85). Die Spannungsoberschwingungen niedriger Ordnungszahl (bis $\nu=13$) dürfen 5% der Netzwechselspannung nicht überschreiten. Für Oberschwingungen höherer Ordnungszahl gilt die abfallende Grenzkurve. Der Grundschwingungsgehalt der Netzwechselspannung

$$g_u = U_{1L}/U_L \tag{1.3-99}$$

muß mindestens 99.5% betragen. Das entspricht einem Oberschwingungsgehalt k_u von höchstens 10%.

Gleichspannung. Tabelle 1.3-25 gibt Zahlenwerte für die überlagerten Wechselspannungen auf der Gleichstromseite bei verschiedener Aussteuerung ohne Berücksichtigung der Überlappung an.

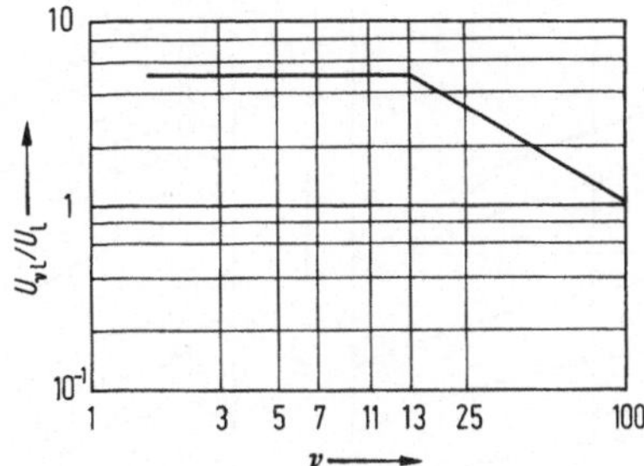

Bild 1.3-85. Maximal zulässige Werte für die Oberschwingungen der Netzspannung (nach VDE 0160 Teil 2).

Tabelle 1.3-25. Überlagerte Wechselspannungen auf der Gleichstromseite bei verschiedener Aussteuerung (Überlappung $u=0$)

ν	$U_{\nu i}/U_{di}$ in % bei $U_{di\alpha}/U_{di}$					
	100%	80%	60%	40%	20%	0%
2	47,1	67,8	80,6	88,5	92,8	94,2
3	17,7	34,9	43,9	49,2	52,2	53,1
4	9,43	23,8	30,7	34,8	37,0	37,7
6	4,04	14,9	19,5	22,3	23,8	24,2
8	2,24	11,0	14,5	16,5	17,7	18,0
9	1,77	9,5	12,8	14,6	15,6	15,9
10	1,43	8,67	11,5	13,1	14,0	14,3
12	0,99	7.17	9,54	10,9	11,7	11,9
14	0,73	6,16	8,17	9,42	10,0	10,2
15	0,63	5,71	7,58	8,70	9,27	9,46
16	0,55	5,31	7,04	8,09	8,64	8,80
18	0,44	4,75	6,34	7,26	7,78	7,92
20	0,35	4,22	5,60	6,44	6,86	7,00
21	0,32	4,03	5,38	6,18	6,59	6,72
22	0,29	3,83	5,10	5,86	6,26	6,38
24	0,25	3,60	4,80	5,50	5,90	6,00

Tabelle 1.3-26. Änderung der überlagerten Wechselspannungen auf der Gleichstromseite mit der Anfangsüberlappung u_0 (bei Vollaussteuerung)

ν	$U_{\nu i}/U_{di}$ in % bei u_0				
	0°	10°	20°	30°	40°
3	18	19	21	24	26
6	4,0	4,9	6,0	6,1	6,0
12	1,0	1,5	1,6	3,2	4,2
18	0,4	0,7	1,4	2,0	2,5

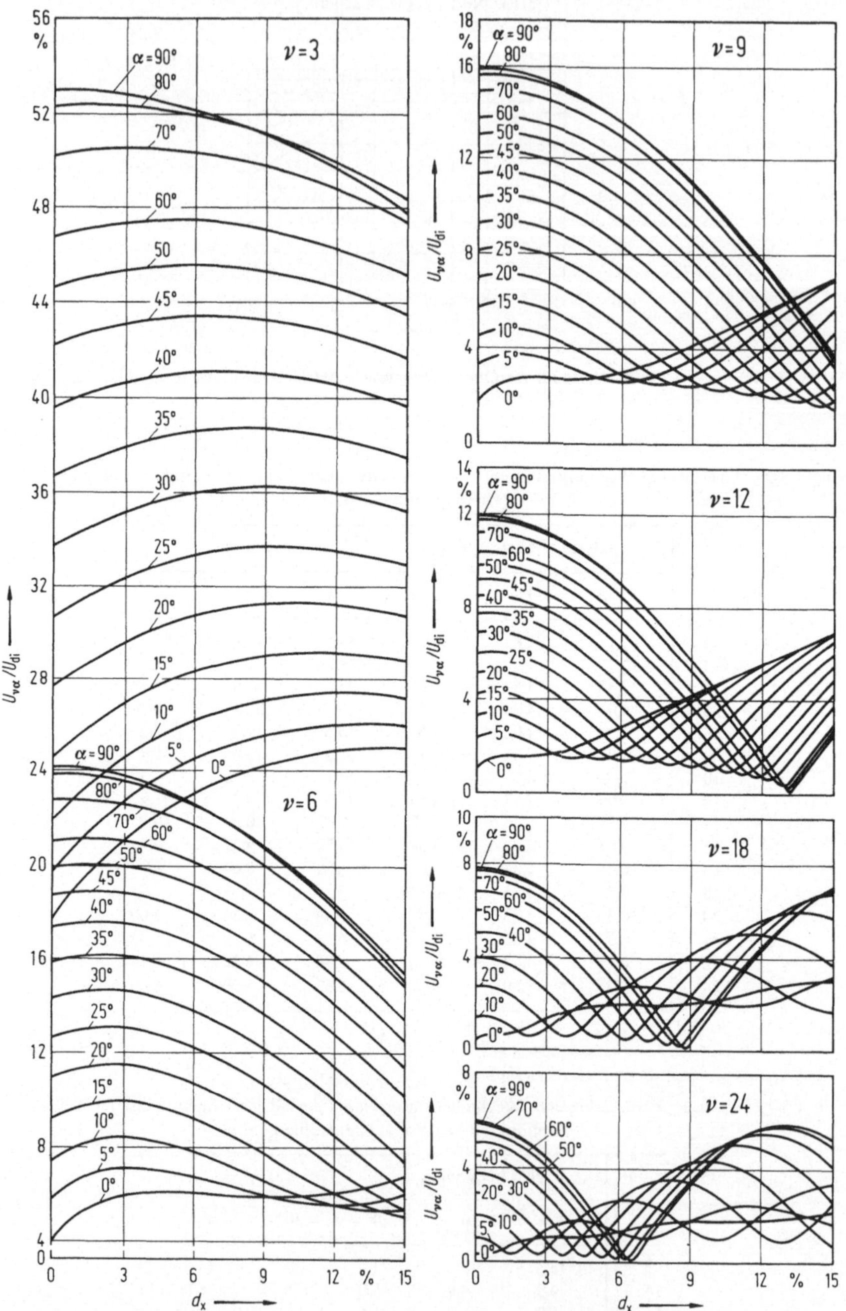

Bild 1.3-86. Überlagerte Wechselspannungen auf der Gleichstromseite abhängig von der relativen induktiven Gleichspannungsänderung d_x (Parameter: Steuerwinkel α), (nach DIN 41750 Blatt 4 Beiblatt).

Tabelle 1.3-27. Lückfaktor f_l des Gleichstromes bei verschiedener Pulszahl p und Aussteuerung

$U_{d0\alpha}/U_{d0}$	Lückfaktor f_l bei Pulszahl p			
%	2	3	6	12
100	1,72	0,43	0,054	0,006
90	2,05	0,65	0,137	0,031
80	2,34	0,82	0,180	0,044
70	2,56	0,95	0,213	0,052
60	2,74	1,05	0,238	0,059
50	2,88	1,12	0,257	0,064
40	2,99	1,17	0,272	0,068
30	3,07	1,21	0,283	0,070
20	3,13	1,24	0,291	0,071
10	3,16	1,25	0,295	0,072
0	3,17	1,26	0,296	0,072

Tabelle 1.3-26 zeigt die Abhängigkeit der überlagerten Wechselspannungen von der Anfangsüberlappung bei Vollaussteuerung.

Aus Bild 1.3-86 können die überlagerten Wechselspannungen der verschiedenen Ordnungszahlen $\nu = 3$ bis 24 abhängig vom Steuerwinkel α und von der relativen induktiven Gleichspannungsänderung d_x bestimmt werden. Die vorkommenden Ordnungszahlen ergeben sich nach Gl. (1.3-90) aus der Pulszahl des Stromrichters. Die Werte gelten für vollkommen geglätteten Gleichstrom. Die Gleichstromwelligkeit beeinflußt die überlagerten Wechselspannungen auf der Gleichstromseite.

Gleichstrom. Dem Strom auf der Gleichstromseite sind ebenfalls Wechselströme überlagert, deren Größe von den überlagerten Wechselspannungen und der Glättungsinduktivität L_d abhängt. Bei ohmscher Last verläuft der Gleichstrom wie die Gleichspannung.

Übersteigt der Augenblickswert der überlagerten Wechselströme den mittleren Gleichstrom, so tritt Lücken des Gleichstromes auf, d. h. bei Lückbetrieb wird der Strom auf der Gleichstromseite innerhalb jeder Periode der Netzspannung für bestimmte Zeitabschnitte Null. Im Lückbetrieb finden keine Kommutierungen zwischen Hauptzweigen mehr statt. Bei abnehmendem Laststrom bleiben die überlagerten Wechselströme praktisch in voller Höhe erhalten. Lücken tritt um so früher ein, je kleiner die Pulszahl p und je größer der Steuerwinkel α sind. Der Lückfaktor f_l ist nach

$$f_l = I_{dl} \frac{L_d}{U_{d0}} \qquad (1.3\text{-}100)$$

definiert. I_{dl} ist der Lückstrom, bei dem Lücken der Gleichstromseite einsetzt. In Tabelle 1.3-27 ist der Lückfaktor für verschiedene Pulszahl und Aussteuerung angegeben. Hieraus können die Glättungsinduktivität L_d oder der Lückstrom I_{dl} ermittelt werden.

Literatur zu 1. Stromrichter

Normen

DIN 1319 Bl. 1: Grundbegriffe der Meßtechnik; Messen, Zählen, Prüfen. Bl. 2: Grundbegriffe der Meßtechnik; Begriffe für die Anwendung von Meßgeräten.

DIN 19226 Regelungstechnik und Steuerungstechnik — Begriffe und Benennung.

DIN 40110 Wechselstromgrößen.

DIN 40700 Bl. 8: Schaltzeichen; Halbleiterbauelemente.

DIN 40706 Schaltzeichen — Stromrichter.

DIN 41740 Bl. 1: Selendioden; Begriffe.
Bl. 3: Selendioden; Meß- und Prüfverfahren.

DIN 41743 Selen — Kleingleichrichter; Begriffe, Kennzeichnung, Richtlinien für Datenblattangaben.

DIN 41744 Silicium — Kleingleichrichter; Begriffe, Kennzeichnung, Richtlinien für Datenblattangaben.

DIN 41750 Bl. 1: Stromrichter; Begriffe für Halbleiter-Stromrichter; Aufbau.
Bl. 2: Stromrichter; Begriffe für Stromrichter; Arten und Benennungen.
Bl. 3: Stromrichter; Begriffe für Stromrichter; Kommutierung, Aussteuerung, elektrische Größen.
Bl. 4: Stromrichter; Begriffe für Stromrichter; Netzgeführte Stromrichter zum Gleichrichten und Wechselrichten.
Bl. 4, Beiblatt: Stromrichter; Begriffe; Netzgeführte Stromrichter zum Gleichrichten und Wechselrichten; Berechnungshinweise.
Bl. 5: Stromrichter; Begriffe für Stromrichter; Selbstgeführte Stromrichter.
Bl. 6: Stromrichter; Begriffe für Stromrichter; Lastgeführte Stromrichter.
Bl. 7: Stromrichter; Begriffe für Stromrichter; Steuersätze.

DIN 41751 Stromrichter; Halbleiter-Stromrichtersätze und -Stromrichtergeräte; Kühlarten.

DIN 41752 Stromrichter; Halbleiter-Stromrichtergeräte; Leistungskennzeichen.

DIN 41755 Bl. 1: Überlagerungen auf einer Gleichspannung; Periodische Überlagerungen; Begriffe, Meßverfahren.

DIN 41756 Bl. 1: Stromrichter; Belastung von Stromrichtern; Betriebsarten und Belastungsklassen.
Bl. 2: Stromrichter; Belastung von Stromrichtern; Lastarten bei Gleichstrom.
Bl. 3: Stromrichter; Belastung von Stromrichtern; Lastarten bei Wechselstrom.

DIN 41760 Stromrichter; Vielkristallhalbleiter-Gleichrichterplatten und -sätze; Begriffe und Nennwerte.

DIN 41761 Entwurf; Stromrichter; Stromrichterschaltungen; Benennung und Kennzeichen.

DIN 41762 Bl. 1: Stromrichter; Leistungskennzeichen für Halbleiter-Stromrichtersätze; Vielkristallhalbleiter-Gleichrichtersätze.
Bl. 2: Stromrichter; Leistungskennzeichen für Halbleiter-Stromrichtersätze; Einkristallhalbleiter-Stromrichtersätze.

DIN 41772 Stromrichter; Halbleitergleichrichter-Geräte und -Anlagen; Formen und Kurzzeichen der Kennlinien.
Beiblatt 2: Stromrichter; Halbleitergleichrichter-Geräte und -Anlagen; Kennlinienbeispiele für Geräte im Parallelbetrieb mit Batterien.

DIN 41773 Stromrichter; Halbleiter-Gleichrichtergeräte mit IU-Kennlinie für das Laden von Bleibatterien unter konstanter Spannung; Richtlinien.

DIN 41774 Stromrichter; Halbleitergleichrichter-Geräte mit W-Kennlinie für das Laden von Bleibatterien; Richtlinien.

DIN 41775 Stromrichter; Halbleitergleichrichter-Geräte mit W-Kennlinie für das Laden von Stahlbatterien; Richtlinien.

DIN 41777 Bl. 1: Stromrichter; Halbleitergleichrichter-Geräte und -Anlagen; Grundforderungen für das Erhaltungsladen von Bleibatterien.
Bl. 2: Stromrichter; Halbleitergleichrichter-Geräte und -Anlagen; Gesteuerte und geregelte Geräte mit Konstantspannungskennlinie für das Erhaltungsladen von Bleibatterien.
Bl. 3: Stromrichter; Halbleitergleichrichter-Geräte und -Anlagen; Ungeregelte Geräte mit W-Kennlinie für das Erhaltungsladen von Bleibatterien.

DIN 41781 Gleichrichterdioden für die Energietechnik (Einkristallgleichrichterzellen); Begriffe.

DIN 41782 Gleichrichterdioden (Einkristallgleichrichterzellen); Richtlinien für Datenblattangaben.

DIN 41783 Einkristallgleichrichterzellen; Meßverfahren.

DIN 41784 Bl. 1: Thyristoren; Meßverfahren.

DIN 41785 Bl. 3: Halbleiterbauelemente; Kurzzeichen zur Verwendung in Datenblättern; Kurzzeichen für Halbleiterbauelemente der Starkstromtechnik.

DIN 41786 Thyristoren; Begriffe.

DIN 41787 Thyristoren; Richtlinien für Datenblattangaben.
DIN 41789 Kennzeichnung von Gleichrichterdioden und Thyristoren.
DIN 41791 Bl. 5: Angaben in Datenblättern — Leistungstransistoren.
Bl. 6: Angaben in Datenblättern — Schalttransistoren.
DIN 41794 Zuverlässigkeitsangaben für Halbleiterbauelemente — Thyristoren.
DIN 41852 Halbleitertechnik — Begriffe.
DIN 41854 Transistoren (Flächentransistoren) — Begriffe.
DIN 41855 Halbleiterbauelemente und integrierte Schaltungen — Arten und allgem. Begriffe.
DIN 41862 Halbleiterbauelemente und integrierte Mikroschaltungen. Mit der Temperatur zusammenhängende Begriffe, Benennungen und Erklärungen.

Bestimmungen und Richtlinien

IEC-Publication 146: Semiconductor convertors.
IEC-Publication 146, Part 2: Semiconductor convertors—Semiconductor self-commutated convertors.
VDE-Bestimmungen.
VDE 0100 Bestimmungen für das Errichten von Starkstromanlagen mit Nennspannungen bis 1000 V.
VDE 0101 Bestimmungen für das Errichten von Starkstromanlagen mit Nennspannungen über 1 kV.
VDE 0110 Bestimmungen für die Bemessung der Luft- und Kriechstrecken elektrischer Betriebsmittel.
VDE 0111 Bestimmungen für die Bemessung und Prüfung der Isolierung elektrischer Anlagen und Betriebsmittel für Wechselspannungen über 1 kV.
VDE 0115 Bestimmungen für elektrische Bahnen.
VDE 0141 Bestimmungen und Richtlinien für Erdungen in Wechselstromanlagen für Nennspannungen über 1 kV.
VDE 0160 Bestimmungen für die Ausrüstung von Starkstromanlagen mit elektronischen Betriebsmitteln.
Teil 1: Einrichtungen mit elektronischen Betriebsmitteln zur Informationsverarbeitung in Starkstromanlagen (EBI).
Teil 2: Einrichtungen mit Betriebsmitteln der Leistungselektronik in Starkstromanlagen (BLE).
VDE 0532 Bestimmungen für Transformatoren und Drosselspulen.
VDE 0535 Bestimmungen für elektrische Maschinen, Transformatoren, Drosseln und Stromrichter auf Bahn- und anderen Fahrzeugen.
VDE 0555 Bestimmungen für Quecksilberdampfstromrichter (Hg-Stromrichter).
VDE 0556 Bestimmungen für Vielkristallhalbleiter-Gleichrichter.
VDE 0557 Bestimmungen für Einkristallhalbleiter-Gleichrichter.
VDE 0558 Bestimmung für Halbleiter-Stromrichter.
Teil 1: Allgemeine Bestimmungen und besondere Bestimmungen für netzgeführte Stromrichter.
Teil 2: Besondere Bestimmungen für selbstgeführte Stromrichter.
Teil 3: Besondere Bestimmungen für Gleichstromsteller.
VDE 0560 Regeln für Kondensatoren.

Bücher

H 30 HÜTTE Energietechnik, Bd. I. Berlin, Heidelberg, New York: Springer 1978.
H 14 HÜTTE IV A, 28. Aufl., Berlin: Ernst u. Sohn 1957.
1 *Marti, Winograd* (deutsch von Gramisch): Stromrichter, unter besonderer Berücksichtigung der Quecksilberdampf-Großgleichrichter, München, Berlin: Oldenbourg 1933.
2 *Glaser, Müller-Lübeck:* Theorie der Stromrichter. Bd. 1: Elektrotechnische Grundlagen, Berlin: Springer 1935.
3 *Rüdenberg:* Elektrische Schaltvorgänge, 5. Aufl., Berlin, Göttingen, Heidelberg: Springer 1973.
4 *Lappe:* Stromrichter, Stuttgart: Teubner 1959.
5 *Wasserrab:* Schaltungslehre der Stromrichtertechnik, Berlin, Göttingen, Heidelberg: Springer 1962.
6 *Anschütz:* Stromrichteranlagen der Starkstromtechnik, 2. Aufl., Berlin: Springer 1963.
7 *Gentry, Gutzwiller, Holonyak, v. Zastrow:* Semiconductor Controlled Rectfiers: Principles and Applications of *p-n-p-n* Devices, Englewood Cliffs, New York: Prentice Hall 1964.
8 *Bedford, Hoft:* Principles of Inverter Circuits, New York, London, Sydney: John Wiley and Sons 1964.

9 *Hoffmann, Stocker:* Thyristor-Handbuch, 3. Aufl., Berlin, Erlangen: Siemens 1968.
10 *Steimel, Jötten:* Energieelektronik und geregelte elektrische Antriebe, Bd. 11, VDE: Berlin 1966.
11 *Gutzwiller:* Silicon Controlled Rectifier Manual, 4. Aufl., Syracuse, New York: General Electric 1967.
12 *Meyer:* Selbstgeführte Thyristor-Stromrichter, 3. Aufl., Berlin, München: Siemens 1974
13 *Möltgen:* Netzgeführte Stromrichter mit Thyristoren, 3. Aufl., Berlin, München: Siemens 1974.
14 *Landgraf, Schneider:* Elemente der Regelungstechnik, Berlin, Heidelberg, New York: Springer 1970.
15 *Kümmel:* Elektrische Antriebstechnik, Berlin, Heidelberg, New York: Springer 1971.
16 Silizium Stromrichter Handbuch, Baden: BBC 1971.
17 *Heumann, Stumpe:* Thyristoren — Eigenschaften und Anwendungen, 3. Aufl., Stuttgart: Teubner 1974.
18 *Leonhard:* Control in Power Electronics and Electrical Drives, Vol. 1, 2 and Survey Papers, Düsseldorf: IFAC Symposium 1974.
19 *Buxbaum, Schierau:* Berechnung von Regelkreisen der Antriebstechnik, Berlin: Elitera 1974.
20 *Heumann:* Grundlagen der Leistungselektronik, Stuttgart: Teubner 1975.
21 *Hartel:* Stromrichterschaltungen. Einführung in die Schaltungen netzgeführter Stromrichter, Berlin, Heidelberg, New York: Springer 1977.

Zeitschriften

25 Archiv für Elektrotechnik, Berlin, Heidelberg, New York: Springer.
26 ASEA-Zeitschrift, Friedberg/Hessen.
27 BBC-Nachrichten, Mannheim: BBC.
28 Brown, Boveri Mitteilungen, Baden/Schweiz: BBC
29 Bulletin des schweizerischen elektrotechnischen Vereins, Zürich.
30 Direct Current, Oxford/England: Pergamon Press.
31 Elektrische Bahnen, München: Oldenbourg.
32 Elektrie, Berlin-Ost: VEB-Verlag Technik.
33 Elektronik, München: Franzis.
34 Elektrotechnik und Maschinenbau, Wien: Springer.
35 Elektrotechnische Zeitschrift — Ausgabe A, Berlin: VDE-Verlag.
36 Elektrotechnische Zeitschrift — B-Ausgabe, Berlin: VDE-Verlag.
37 IEEE Transactions on Industry Applications, New York: Institute of Electrical and Electronics Engineers.
38 IEEE Transactions on Power Apparatus and Systems, New York: Institute of Electrical and Electronics Engineers.
39 Proceedings of the Institute of Electrical Engineers, London.
40 Proceedings of the Institute of Electrical and Electronics Engineers, New York.
41 Scientia Electrica, Basel-Stuttgart: Birkhäuser.
42 Siemens-Zeitschrift, Erlangen: Siemens AG.
43 Technische Mitteilungen AEG-TELEFUNKEN, Berlin: Elitera.
44 Technische Rundschau Bern, Bern/Schweiz: Hallwag AG.
45 VDE-Fachberichte, Berlin: VDE-Verlag.
46 VDI-Nachrichten, Düsseldorf: VDI-Verlag.
47 Wissenschaftliche Berichte AEG-TELEFUNKEN, Berlin: Elitera.
48 Zeitschrift für angewandte Physik — applied physics, Berlin, Heidelberg, New York: Springer.

Aufsätze

60 *Dällenbach, Gerecke:* Die Strom- und Spannungsverhältnisse der Großgleichrichter, [25] 1924, H. 14, S. 171.
61 *Müller-Lübeck, Uhlmann:* Die Strom- und Spannungsverhältnisse der gittergesteuerten Gleichrichter, [25] 1933, H. 5, S. 347.
62 *Meyer-Delius:* Die Oberwellen der Gleichspannung und des primären Netzstromes in Gleichrichteranlagen, [35] 1933, S. 953.
63 *Uhlmann:* Verbesserung des Leistungsfaktors der gittergesteuerten Gleichrichter mittels zusätzlicher Anoden, [34] 1933, H. 51, S. 649.
64 *Feinberg:* Zur Theorie der Drehstrom-Einphasenstrom-Umformung mit Hüllkurven-Umrichtern, [25] 1933, H. 27, S. 539.
65 *Lebrecht:* Stromrichterbelastung der Hochspannungsnetze [35] 1935, H. 35, S. 957; H. 36, S. 987. [45] 1935, H. 7, S. 85.
66 *Uhlmann:* Zur Theorie der Gleichrichter-Transformatoren, [34] 1936, H. 11.
67 *Hermle, Partzsch:* Die elektrische Ausrüstung der AEG-Stromrichter-Lokomotive für die Höllentalbahn, [31] 1937, S. 50.
68 *Schiele:* Die Saugdrossel bei gittergesteuerten Gleichrichtern, [25] 1937, H. 11, S. 749.

69 *Uhlmann:* Verbesserung des Leistungsfaktors von gittergesteuerten Mehrphasen-Gleichrichtern, [34] 1937, H. 26/27, S. 309.

70 *Jungmichl, Steckmann:* Die Oberwellen auf der Gleichstromseite in Gleichrichteranlagen, [25] 1937, H. 3, S. 191.

71 *Stöhr:* Vergleich zwischen Stromrichtermotor und untersynchroner Stromrichterkaskade [34] 1939, S. 581.

72 *Dällenbach, Gerecke:* Entwicklungen und Fortschritte im Bau von Eisengleichrichtern, [35] 1940, S. 705 u. 734.

73 *Reinhardt:* Schaltungen zur Gittersteuerung von Stromrichtern, [34] 1941, S. 436.

74 *Koppelmann:* Die elektrotechnischen Grundlagen des Kontaktumformers, [34] 1941, S. 253; 1942, S. 189 u. 368.

75 *Lebrecht:* Netzrückwirkungen bei stromrichtergespeisten Walzwerkantrieben, [34] 1942, H. 47/48.

76 *Hölters:* Schaltung und Steuerung von Stromrichtermotoren, [34] 1943, H. 19/20.

77 *Stöhr:* Wirkungsweise der verschiedenen Wechselrichterarten, [34] 1944, S. 208.

78 *Brückner:* Blindleistungserzeugung und Regelung in wechselrichtergespeisten Drehstromnetzen, [35] 1948, S. 52.

79 *Tröger:* Entstehung der 440 kV-Gleichstrom-Hochspannungs-Übertragung Elbe-Berlin, [35] 1948, S. 261.

80 *Brunke:* Moderne Selengleichrichter, [35] 1949, S. 161.

81 *Ostendorf:* Stromrichteranlagen in Eingefäß-Schaltung für Umkehrwalzenstraßen, [35] 1950, S. 137.

82 *Lappe:* Einanoden- u. Mehranoden-Stromrichter, Deutsche Elektronik. Berlin, Verlag Technik, 1950, S. 179.

83 *Dobke, Förster, Hölters:* Stromrichteranlagen für hohe Leistungen bei höchsten Spannungen, [43] 1951, S. 210.

84 *Förster:* Regeln und Steuern mit Dampfentladungsstromrichtern, [43] 1951, S. 95.

85 *Hölters:* Stromrichteranlagen zur Speisung motorischer Antriebe, [43] 1951, S. 233.

86 *Koppelmann:* Der Großkontaktgleichrichter, [43] 1951, H. 9/10, S. 194.

87 *Hubel:* Stromrichter und Stromrichterschaltungen für Gleichstrom-Hochspannungsübertragung, [34] 1951, S. 253.

88 *Kettner, Reinhardt:* Umrichter zur Stromversorgung von Vollbahnen, [43] 1951, S. 278.

89 *Möltgen:* Stromrichteranlagen mit verminderter Blindleistungsaufnahme, [42] 1953, H. 7, S. 363.

90 *Böhm:* Stromrichter mit umlaufendem Quecksilberstrahl, [35] 1953, H. 16, S. 478.

91 *Tröger:* Energetische Darstellung von Blindstromvorgängen, [35] 1953, S. 533.

92 *Reinhardt:* Derzeitiger Stand der Stromrichtertechnik, Techn. Mitt., Essen, Vulkan Verlag, 1954, H. 7/8, S. 325.

93 *Böhm:* Wechselrichter mit rotierendem Quecksilberstrahl für Zugbeleuchtung mit Leuchtstofflampen, [43] 1955, S. 493.

94 *Lamm:* Kraftübertragung mit hochgespanntem Gleichstrom in Schweden, [35] 1955, S. 590.

95 *Kanngießer:* Einsatzmöglichkeiten von Bahnumrichtern, Deutsche Elektronik, Berlin, Verlag Technik, 1956, S. 307.

96 *Möltgen:* Die Blindleistung beim dreiphasigen Stromrichter, [25] 1956, S. 272.

97 *Moll, Tanenbaum, Goldey, Holonyak:* p-n-p-n Transistor Switches, Proc. Inst. Radio Eng. 1956, S. 1174.

98 *Korb:* Die Gefäßfolgesteuerung, ein Mittel zur Minderung der Blindleistung von Stromrichteranlagen, [35] 1958, H. 8, S. 273.

99 *Jötten:* Regelkreise mit Stromrichtern, [43] 1958, H. 11/12, S. 613.

100 *Hölters:* Schaltungen von Umkehrstromrichtern, [43] 1958, H. 11/12, S. 621.

101 *Hölters, Mikulaschek:* Das Blindleistungsproblem bei Stromrichter-Umkehrantrieben, [43] 1958, H. 11/12, S. 648.

102 *Geise:* Leistungsfaktorverbesserung durch Kondensatoren und Saugkreise in Industriewerken mit Stromrichteranlagen, [43] 1958, H. 11/12, S. 659.

103 *Geissing, Möltgen:* Über die Blindleistung beim Stromrichter mit Nullanoden für Gleichstrom-Fördermaschinen, [42] 1961, H. 3, S. 181.

104 *Morgan:* A New Magnetic-Controlled Rectifier Power Amplifier with a Saturable Reactor Controlling On Time, AIEE Trans. (Communic. and Electron.) 1961, S. 152.

105 *McMurray, Shattuck:* A Silicon-Controlled Rectifier with Improved Commutation, AIEE Trans. 1961, Teil 1, S. 531.

106 *Stumpe:* Kennlinien der steuerbaren Siliziumzelle, [35] 1962, H. 4, S. 81.

107 *Gerlach, Seid:* Wirkungsweise der steuerbaren Siliziumzelle, [35] 1962, H. 8, S. 270.

108 *Stumpe:* Das Schaltverhalten der steuerbaren Siliziumzelle, [35] 1962, H. 9, S. 291.

109 *Jötten:* Die Berechnung einfach und mehrfach integrierender Regelkreise der Antriebstechnik, [43] 1962, H. 5/6, S. 219.

110 *Meyer, Möltgen:* Kreisströme bei Umkehrstromrichtern, [42] 1963, H. 5, S. 375.

111 *Abraham, Heumann, Koppelmann:* Wechselrichter zur Drehzahlsteuerung von Käfigläufermotoren, [43] 1964, H. 1/2, S. 89.

112 *Heumann, Jordan:* Das Verhalten des Käfigläufermotors bei veränderlicher Speisefrequenz und Stromregelung, [43] 1964, H. 1/2, S. 107.

113 *Depenbrock:* Die Verknüpfungen von Frequenz, Dämpfung und Steuerwinkel beim Schwingkreiswechselrichter, [25] 1964, H. 4, S. 235.

114 *Depenbrock:* Blind- und Scheinleistung in einphasig gespeisten Netzwerken, [35] 1964, H. 13, S. 385.

115 *Poganski:* Neue AEG-Selengleichrichter, [43] 1964, H. 5/6, S. 481.

116 *Kanngießer:* Schwingkreisumrichter für die induktive Erwärmung, [27] 1964, H. 12, S. 637.

117 *Steimel, Heumann:* Kommutatorloser Bahnmotor mit Pulswechselrichter für Akkumulatortriebwagen, [43] 1965, H. 3, S. 220.

118 *Hein:* Stufenschalter mit Thyristorlastumschalter für Wechselstrom-Triebfahrzeuge, [42] 1965, H. 4, S. 269.

119 *Weber:* Stromrichter in halbgesteuerter Brückenschaltung mit Freilaufventil, [42] 1965, H. 4, S. 272.

120 *Meyer:* Beanspruchung von Thyristoren in selbstgeführten Stromrichtern, [42] 1965, H. 5, S. 495.

121 *Reichmann, Schräder:* Steuergeräte für die Anschnittsteuerung von Stromrichtern, [43] 1965, H. 7, S. 613.

122 *Heumann, Koppelmann:* Kontaktloses Schalten mit steuerbaren Halbleiterelementen im Niederspannungsbereich, [35] 1965, H. 17, S. 552.

123 *Bystron:* Strom- und Spannungsverhältnisse beim Drehstrom-Drehstrom-Umrichter mit Gleichstromzwischenkreis, [35] 1966, H. 8, S. 264.

124 *Mikulaschek, Otto, Wiegand:* Halbgesteuerte Zu- und Gegenschaltung zweier Dreiphasenbrücken, [43] 1966, H. 6, S. 383.

125 *Abraham, Koppelmann:* Die Zwangskommutierung, ein neuer Zweig der Stromrichtertechnik, [35] 1966, H. 18, S. 649.

126 *Heumann:* Elektrotechnische Grundlagen der Zwangskommutierung — Neue Möglichkeiten der Stromrichtertechnik, [34] 1967, H. 3, S. 99.

127 *Poganski:* Physikalische Grundlagen von Halbleitergleichrichtern auf der Basis von Selen und Silizium, technica, 1967, H. 14, S. 1337.

128 *Wagner:* Strom- und Spannungsverhältnisse beim Gleichstromsteller, [42] 1969, H. 5, S. 458.

129 *Köllensperger, Tovar:* Stromrichtermotoren größerer Leistung, [42] 1969, H. 8, S. 686.

130 *Schräder:* Eine neue Schaltung zur Kreisstromregelung in Stromrichteranlagen, [35] 1969, H. 14, S. 331.

131 *Meissen, Runge, Schönung:* Anforderungen der Elektronik in der Energietechnik an die Netzwechselspannung, [35] 1969, H. 14, S. 343.

132 *Pollard, Flairty, Hodges, Laukaitis:* A 20 MW Thyristor A.C.Switch for Induction Heating Power Control and Protection. Power Thyristors and their Applications, [37] Conference Public, H. 53, S. 177.

133 *Hofmann:* Wassergekühlte Thyristorgeräte großer Leistung, [42] 1970, H. 2, S. 39.

134 *Heumann:* Messung und oszillographische Aufzeichnung von hohen Wechsel- und schnell veränderlichen Impulsströmen, [43] 1970, H. 7, S. 444.

135 *Korb:* Die thermische Auslegung von fremdgekühlten Halbleitern bei netzgeführten Stromrichtern, [35] 1971, H. 2, S. 100.

136 *Thieme, Wulf:* Schnellschalter Gearapid® S mit neuer Lichtbogenkammer für 1200 V, [43] 1971, H. 2, S. 120.

137 *Korb:* Das thermische Verhalten selbstgekühlter Halbleiter bei netzgeführten Stromrichtern, [35] 1971, H. 4, S. 228.

138 *Pätzke:* Ein neuentwickelter Thyristor-Schutzschalter für Gleichstrom, [43] 1971, H. 6, S. 331.

139 *Schulz:* Oberschwingungen in Industrienetzen mit Stromrichterbelastung, [36] 1971, H. 12, S. 288.

140 *Orchowski:* Typenleistung von Transformatoren, Eisendrosseln und Leistungskondensatoren bei Mischbeanspruchung. Elektro-Anzeiger 1971, H. 16, S. 347.

141 *Förster:* Löschbare Fahrzeugstromrichter zur Netzentlastung und -stützung, [31] 1972, H. 1, S. 13.

142 *März:* Die ZDB-Schaltung, ihre Eigenschaften und ihre Anwendung in der Leistungselektronik, [35] 1972, H. 10, S. 571.

143 *Lehmann:* Gestaltung von Typenreihen für Thyristor-Leistungsstromrichter, [43] 1972, H. 6, S. 268.

144 *Peukert:* Ausführung von luftgekühlten Thyristor-Stromrichtersätzen, [43] 1972, H. 6, S. 272.

145 *Eisenack, Hofmeister:* Digitale Nachbildung von elektrischen Netzwerken mit Dioden und Thyristoren, [25] 1972, H. 1, S. 32.

146 *Daum:* Digitale Steuereinrichtung für Stromrichteranlagen, [35] 1973, H. 5, S. 299.

147 *Gölz, Grumbrecht:* Umrichtergespeiste Synchronmaschinen, [43] 1973, H. 4, S. 141.

148 *Schneider:* Die untersynchrone Stromrichterkaskade, [43] 1973, H. 5, S. 188.

149 *Gammel, Heidtmann:* Anwendung von Wärmerohren in der Leistungselektronik, [27] 1973, H. 6/7, S. 143.

150 *Depenbrock:* Einphasenstromrichter mit sinusförmigem Netzstrom und gut geglätteten Gleichgrößen, [35] 1973, S. 466.

151 *Vogt:* Die Simulation von Stromrichtern, [35] 1973, H. 8, S. 479.

152 *Leitgeb*: Zur Bemessung drehzahlveränderbarer Antriebe konstanter Leistung mit stromrichtergespeisten Drehfeldmaschinen, [35] 1973, H. 10, S. 584.

153 *Buxbaum*: Reglerauslegung für Stromrichterantriebe mit Spannungsregelung nach dem Stromleitverfahren, [43] 1973, H. 6, S. 222.

154 *Ettner, Käppner*: Stromrichtergespeiste drehzahlveränderbare elektrische Antriebe in der chemischen Industrie, [42] 1973, H. 6, S. 454.

155 *Betz*: Netzkupplungsumformer Neu-Ulm, eine Anlage zur Stromversorgung der Deutschen Bundesbahn, [43] 1973, H. 7.

156 *Thomas, Schmidt*: Einsatz von Direktumrichtern für das Elektro-Schlacke-Umschmelzverfahren, [42] 1973, H. 9, S. 676.

157 *Reiche*: Stromrichtergespeiste Industrieantriebe, [27] 1973, H. 11, S. 344.

158 *Jäger, Baechler, Brom*: Maßnahmen zur Verbesserung des Netzverhaltens von Stromrichter-Triebfahrzeugen, [28] 1973, H. 12, S. 501.

159 *Zeiner*: Ein Beispiel zur digitalen Simulation von Netzwerken der Leistungselektronik, [47] 1974, H. 1, S. 21.

160 *Stacey, v. Selchau-Hansen*: SCR Drives-AC Disturbance, Isolation and Short-Circuit Protection, [37] 1974, No. 1.

161 *Kleinrath*: Der Kommutierungsvorgang beim Asynchronmotor mit Speisung über Umrichter mit Gleichstromzwischenkreis, [25] 1974, H. 1, S. 12.

162 *Möltgen*: Spannungsoberschwingungen in Drehstromnetzen infolge Stromrichterlast, [42] 1974, H. 1, S. 36.

163 *Lüns*: Gleichrichteranlage für eine Chlorelektrolyse mit direktem Anschluß an 110 kV, [27] 1974, H. 1/2, S. 36.

164 *Meyer*: Über die Kommutierung mit kapazitivem Energiespeicher, [35] 1974, H. 2, S. 79.

165 *Haböck, Hofmann*: Anfahrumrichter für Gasturbinen- und Pumpspeichersätze, [42] 1974, H. 2, S. 96.

166 *Körber*: Grundlegende Gesichtspunkte für die Auslegung elektrischer Triebfahrzeuge mit asynchronen Fahrmotoren, [31] 1974, H. 3, S. 52.

167 *Heumann, Knuth*: Energieumformung mit Stromrichtern, [35] 1974, H. 4, S. 189.

168 *Teich*: BBC-Asynchronmotor-Antrieb für Diesellokomotiven — Ein Baukastensystem für viele Leistungsklassen —, ETR Eisenbahntechnische Rundschau 1974, H. 5, S. 182.

169 *Kehrmann, Lienau, Nill*: Vierquadrantensteller — eine netzfreundliche Einspeisung für Triebfahrzeuge mit Drehstromantrieb, [31] 1974, H. 6, S. 2.

170 *Reiche*: Steuerung von Stromrichtern, [35] 1974, H. 9, S. 446.

171 *Lehmann, Martin*: Leistungshalbleiter in Scheibenbauform und ihre Anwendungsmöglichkeiten, [42] 1974, H. 10, S. 791.

172 *Bezold*: Löschbare, einphasige Stromrichter mit Sektorsteuerung für die Speisung von Mischstrommotoren, [31] 1974, H. 12, S. 281.

173 *Förster*: Zur Stromrichter-Netzbelastung, [35] 1975, H. 1, S. 52.

174 *Fick, Fleckenstein, Loderer*: Bahn-Stromrichter mit gutem Leistungsfaktor, [35] 1975, H. 5, S. 239.

175 *Heumann*: Halbleiterschalter für die Energietechnik, [47] 1975, H. 2/3, S. 106.

176 *Stoscheck*: 5-MVA-Umrichter für einen Linearmotorantrieb, [27] 1975, H. 4, S. 192.

177 *Jaecklin, Vlasak, Weisshaar*: Ein neuer Hochspannungs-Frequenzthyristor, [28] 1975, H. 5, S. 225.

178 *Anwander, Lawatsch*: Thermische Messungen und thermische Ersatzschaltbilder von Halbleiterelementen und Kühlern für die rechnergestützte Bemessung und Simulierung von Stromrichtern, [35] 1975, H. 6, S. 291.

179 *Münzberg, Peukert*: Thyristorschränke mit Umlauf-Wasserkühlung, [42] 1975, H. 6, S. 401.

180 *Steimel*: Die Einschaltverluste eines Thyristors bei gateloser Nachzündung mit Differentialübertrager, [35] 1975, H. 8, S. 350.

181 *Bösterling, Rüther, Tscharn*: Thyristoren — dynamisches Verhalten spezieller Arten für Anwendungen von heute und morgen, [36] 1975, H. 23, S. 620.

182 *Nikravesh, Hoft*: Lyapunov stability analysis of thyristor inverter system, [37] 1975, H. 2, S. 158.

183 *Lipo, Turnbull*: Analysis and comparison of two types of square-wave inverter drives, [37] 1975, H. 2, S. 137.

184 *Leitgeb*: Die Maschinenausnutzung von Stromrichtermotoren bei unterschiedlichen Phasenzahlen und Schaltungen, [25] 1975, H. 2, S. 71.

185 *Hochbruck, Kocher, Körber, Teich*: Drehstromtechnik mit Asynchronfahrmotoren — ein neues Antriebssystem für Bahnen, [27] 1975, H. 5/6, S. 348.

186 *Eriksson, Haglöf*: Projektierung von HGÜ-Stromrichterstationen, [26] 1975, H. 6, S. 137.

187 *Eriksson, Engberg*: Verfügbarkeit moderner Stromrichterstationen mit Thyristorventilen, [26] 1975, H. 6, S. 142.

188 *Förster*: An- und Abschnittsteuerung mit Stromrichtern, [31] 1975, H. 5, S. 124.

189 *Dreimann, Falk*: Stand der Betriebserprobung der löschbaren unsymmetrischen Brückenschaltung (LUB), [31] 1976, H. 6, S. 132.

190 *Chit, Horn, Utecht:* Grenze der dynamischen Wirkungsweise ruhender Blindleistungs-Kompensationseinrichtungen, [43] 1975, H.6, S.205.

191 *Bieger:* Oberschwingungen in Niederspannungsnetzen, [42] 1975, H. 8, S. 538.

192 *Möltgen:* Der Leistungsfaktor bei Stromrichtern auf fahrdrahtgespeisten Schienenfahrzeugen, [31] 1975, H. 9, S. 205.

193 *Becker, Gammert:* Drehstromversuchsfahrzeug — DE 2500 mit Steuerwagen — Systemerprobung eines Drehstromantriebes an 15 kV, 16⅔ Hz, [31] 1976, H. 1, S. 18.

194 *Bretschneider, Waldmann:* Zulässige Oberschwingungsspannungen in Stromversorgungsnetzen, [35] 1976, H. 2, S. 90.

195 *Knuth:* Netzbelastungen von anschnitt- und abschnittgesteuerten Einphasen-Stromrichtern, [35] 1976, H. 2, S. 78.

196 *Knuth, Lukanz:* Potentialtrennende Steuerschaltungen für Thyristoren und Triacs, [33] 1976, H. 7, S. 36.

197 *Waldmann:* Drehstromantrieb für Gleichstrombahnen, [42] 1976, H. 7, S. 493.

198 *Pfeiffer:* Netzrückwirkungsfreie Leistungssteuerung, [36] 1976, H. 10, S. 297.

199 *Kloss:* Wechselrichterkippen bei Stromrichtern in Drehstrom-Brückenschaltung, [29] 1976, H. 16, S. 840.

200 *Cießow, Gölz, Grumbrecht:* Drehstrom-Antriebssysteme für Bahnfahrzeuge, [43] 1977, H. 1, S.35.

2. Transformatoren, Drosselspulen, Meßwandler und Überspannungsableiter

2.1 Transformatoren[1])

Bearbeitet von *W. Dietrich* und *W. Stein*

2.1.1 Allgemeine Begriffe; Arten von Transformatoren

Der *Transformator* ist ein statisches Gerät, das durch elektromagnetische Induktion Wechselspannung und -strom zwischen zwei und mehr Wicklungen bei gleicher Frequenz und bei i. allg. unterschiedlichen Werten der Spannung und des Stromes überträgt.

Bei *Leistungstransformatoren* (Volltransformatoren) sind alle Wicklungen parallel zu den zugehörigen Systemen geschaltet und haben keinen gemeinsamen Teil. In *Spartransformatoren* haben mindestens zwei Wicklungen einen gemeinsamen Teil (Parallelwicklung); der andere Teil wird als Reihenwicklung bezeichnet. Bei *Zusatztransformatoren* wird eine Wicklung (Reihenwicklung) mit einem System in Reihe geschaltet, um dessen Spannung zu ändern. Die andere Wicklung (Erregerwicklung) wird zu dem zugehörigen System parallel geschaltet.

In Drehstromnetzen werden *Drehstromtransformatoren* oder Bänke aus *Einphasentransformatoren* verwendet.

Je nach der Zahl der Wicklungen unterscheidet man *Zweiwicklungstransformatoren, Dreiwicklungstransformatoren* usw. Die Lage des Eisenkerns ist aus den Bezeichnungen *Kerntransformator* bzw. *Manteltransformator* (vgl. 2.1.3) ersichtlich. Transformatoren mit flüssigen Kühl- und Isoliermitteln werden mit dem Namen oder Handelsnamen der verwendeten Flüssigkeit bezeichnet, z. B. *Öltransformatoren, Askareltransformatoren, Clophentransformatoren* usw. Im folgenden wird nur der Sammelbegriff Öltransformatoren verwendet. Bei *Trockentransformatoren* und *Gießharztransformatoren* (teilweiser oder vollständiger Verguß der Wicklungen) befinden sich Eisenkern und Wicklungen nicht in einer Kühl- und Isolierflüssigkeit.

Transformatoren können mit fester oder mittels Anzapfungen einstellbarer Übersetzung (vgl. 2.1.2.9) ausgeführt werden. *Umsteller* dienen zur spannungslosen Umschaltung der Anzapfungen, *Stufenschalter* führen dies unter Last durch.

In der Energieversorgung verwendet man *Maschinentransformatoren* (Blocktransformatoren) (Hochtransformieren der Generatorspannung auf eine Übertragungs- oder Verteilungsspannung), *Netz-* oder *Kuppeltransformatoren* (Kupplung von Netzen verschiedener Spannungen) und *Verteilungstransformatoren* (Anschluß der Versorgungs- an die Verteilungsnetze) sowie *Stromrichtertransformatoren* für Hochspannungs-Gleichstrom-Übertragungen.

Für Industriezwecke werden als Sondertransformatoren u. a. *Gleichrichtertransformatoren* (Speisung von Elektrolysen, Antrieben usw.), *Ofentransformatoren* (für den Anschluß von Elektroöfen) und *Anlaßtransformatoren* (Anlassen von Motoren) benötigt (vgl. 2.1.4).

Daneben gibt es noch eine Reihe weiterer Transformatoren, die nach ihrem Einsatzort oder Verwendungszweck bezeichnet werden, z. B. *Prüftransformatoren* (vgl. 2.1.4), *Fahrzeugtransformatoren, Lokomotivtransformatoren* und *Sternpunktbildner* (vgl. 2.2.2.6).

Tabelle 2.1-1 enthält eine Zusammenstellung der Normen von Leistungstransformatoren für Drehstrom mit 50 Hz.

---

[1]) Literatur S. 255.

Tabelle 2.1-1. Normen von Leistungstransformatoren für Drehstrom 50 Hz

DIN	Nennleistung kVA	Oberspannung bis Reihe[4])	Nennkurzschlußspg. %	Kühlungsart[1])
Öltransformatoren				
42500[2])[3])	100 bis 630 1000 bis 1600	20 N	4 6	ONAN
42503	50 bis 630	20 N	4	ONAN
42511	100 bis 1600	30 N	6	ONAN
42504	2000 bis 10000	110 N	6 bis 10	ONAN
42508[3])	12500 bis 31500 40000 bis 80000	110 N	10 bis 12 12 bis 14	ONAN ONAF
Öltransformatoren mit Stufenschalter				
42515	bis 40000	110 N	6,6 bis 12	siehe DIN 42504 bzw. 42508
Trockentransformatoren				
42524	50 bis 630 250 bis 1600	10	4 6	AN
Gießharztransformatoren				
42523	100 bis 630 250 bis 1600	10 S[5]) 20 S[5])	4 6	AN

[1]) ONAN natürlicher Ölumlauf; natürliche Luftbewegung; ONAF natürlicher Ölumlauf; erzwungene Luftbewegung; AN natürliche Luftbewegung bei Trocken- und Gießharztransformatoren ohne dichtschließendes Schutzgehäuse.

[2]) DIN 42500 gilt als Vorzugsnorm (EG-Einheitsreihe); gegenüber DIN 42503 und 42511 gesenkte Verluste. Neben die Hauptreihe tritt eine Nebenreihe mit abgesenkten Leerlaufverlusten, Leerlaufströmen und Geräuschen.

[3]) Z. Z. noch Entwurf.

[4]) Bezüglich der Reihe und ihrer Kennbuchstaben N und S siehe VDE 0111/12.66.

[5]) Auf Vereinbarung auch Kennbuchstabe N.

2.1.2 Auslegung, Wirkungsweise und Verhalten im Betrieb

2.1.2.1 Kenngrößen und Grundbegriffe

Ein Transformator wird durch seine Kenngrößen bestimmt. Bei fester Übersetzung oder für die Hauptanzapfung werden sie als *Nennwerte*, für die übrigen Anzapfungen als *Anzapfungswerte* bezeichnet.

Eine *Wicklung* umfaßt alle zu *einem* elektrischen Kreis gehörigen Windungen eines Transformators. Ein *Wicklungsstrang* ist die Gesamtheit der Windungen einer Phase einer Wicklung eines Drehstromtransformators. Die Wicklungen werden nach der Höhe ihrer Nennspannung bezeichnet: *Oberspannungs-*, *Unterspannungs-* sowie gegebenenfalls *Mittelspannungswicklung*. Die unter Betriebsbedingungen Wirkleistung aufnehmende Wicklung heißt *Primär-* oder *Eingangswicklung*, die Wirkleistung abgebende *Sekundär-* oder *Ausgangswicklung*.

Die Wicklungsstränge einer Wicklung eines Drehstromtransformators oder die zugehörigen Wicklungen einer Drehstrombank aus Einphasentransformatoren können im *Stern* (Y, y), *Dreieck*

(D, d) oder *Zickzack* (Z, z) geschaltet werden. In bestimmten Fällen werden sie auch *offen* (III, iii) betrieben. Die großen Kennbuchstaben verwendet man für die Oberspannungswicklung, die kleinen für Unter- und Mittelspannungswicklung.

Die Sternschaltung ist besonders geeignet für höhere Spannungen, bei abgestufter Isolation des Sternpunktes und bei Drehstromtransformatoren, wenn die Wicklung mit einem Stufenschalter versehen werden soll. Die Dreieckschaltung bietet Vorteile bei niedrigen Spannungen und hohen Strömen. Die Zickzackschaltung wird i. allg. nur für die Unterspannungswicklungen von Verteilungstransformatoren und für Sternpunktbildner verwendet. Tabelle 2.1-2 enthält eine Zusammenstellung der wichtigsten Eigenschaften dieser Schaltungen.

Die *Schaltgruppe* gibt die Schaltungen der Wicklungen durch ihre Kennbuchstaben sowie die gegenseitigen Phasenverschiebungen der Spannungszeiger dieser Wicklungen an. Diese werden als *Kennzahlen* ausgedrückt, welche den Phasenverschiebungen zwischen den Zeigern der Sternspannungen (reell oder fiktiv) der betreffenden Wicklungen als Vielfaches von 30° entsprechen. Die Verschiebung wird vom Zeiger der Sternspannung der Unter- bzw. Mittelspannungswicklung ausgehend gegen den der Oberspannungswicklung im Gegenuhrzeigersinn bestimmt. Bild 2.1-1 zeigt die Ermittlung der Kennzahl bei den Schaltgruppen Dy 5 und Yz 11. Die Tabellen 2.1-3 und 2.1-4 enthalten eine Zusammenstellung gebräuchlicher Schaltgruppen nach VDE 0532.

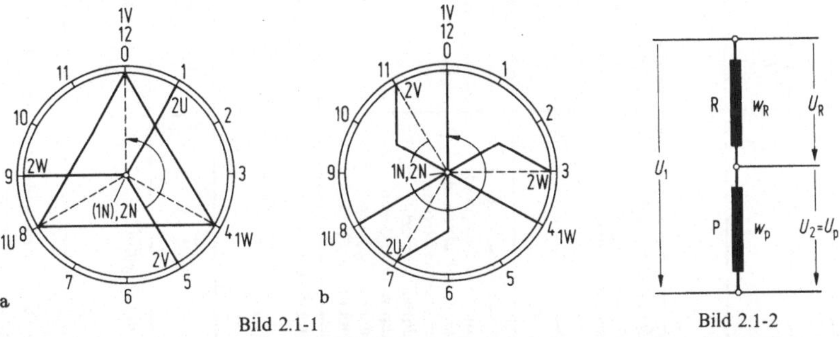

Bild 2.1-1 Bild 2.1-2

Bild 2.1-1. Ermittlung der Kennzahl eines Drehstromtransformators mit zwei Wicklungen (Oberspannungswicklung: Leiteranschlüsse 1U, 1V, 1W; Sternpunkt (reell oder fiktiv) 1N. Unterspannungswicklung: Leiteranschlüsse 2U, 2V, 2W; Sternpunkt (reell oder fiktiv) 2N). a) Schaltgruppe Dy 5, b) Schaltgruppe Yz 11.

Bild 2.1-2. Spartransformator (Reihenwicklung R mit der Windungszahl w_R, Parallelwicklung P mit der Windungszahl w_p).

Jeder Wicklung ist eine *Nennleistung* zugeordnet. Aus ihr und der *Nennspannung* wird der *Nennstrom* ermittelt. Bei Leistungstransformatoren mit 2 Wicklungen hat jede Wicklung die gleiche Leistung, die gleich der des Transformators ist. Bei Mehrwicklungstransformatoren mit getrennten Wicklungen (Volltransformatoren) ist die *Modell-* oder *Einbauleistung* gleich der halben arithmetischen Summe der Nennleistungen aller Wicklungen. Bei Spartransformatoren ist die Einbauleistung (Bild 2.1-2)

$$S_T = \frac{U_R}{U_R + U_P} S_D = \frac{U_1 - U_2}{U_1} S_D \tag{2.1-1}$$

mit S_D als Durchgangsleistung (Nennleistung eines Volltransformators, der die gleiche Leistung überträgt).

Die *Nennübersetzung* ist das Verhältnis der Nennspannung (Leiterspannung) einer Wicklung zu der einer anderen Wicklung mit niedrigerer oder gleicher Nennspannung. Sie wird aus den

Tabelle 2.1-2. Eigenschaften der Transformator-Schaltungen

	Sternschaltung		Dreieckschaltung	Zickzackschaltung
Windungszahl eines Wicklungsstranges	$\sim U_L/\sqrt{3}$		$\sim U_L$	$\sim 1{,}155\ U_L/\sqrt{3}$
Leiterquerschnitt einer Windung	$\sim I_L$		$\sim I_L/\sqrt{3}$	$\sim I_L$
Belastbarkeit des Sternpunktes	abhängig von der Schaltung der anderen Wicklung(en) und der Nullimpedanz der Netze, an welche weitere Wicklungen in Sternschaltung angeschlossen sind		Sternpunkt nicht verfügbar; erforderlichenfalls muß dieser durch einen Sternpunktbildner (s. 2.2.2.6) geschaffen werden	mit I_L belastbar
Leerlaufströme	entweder dritte Oberschwingungen und ungerade Vielfache hiervon können in den Leerlaufströmen nicht auftreten (Sternpunkt offen; keine Wicklung in Dreieckschaltung vorhanden)	oder dritte Oberschwingungen und ungerade Vielfache hiervon in den Leerlaufströmen können über den Sternpunkt oder in einer der anderen Wicklungen fließen	dritte Oberschwingungen und ungerade Vielfache hiervon in den Leerlaufströmen können in der Dreieckwicklung fließen	nur bei Sternpunktbildern als Primärwicklung verwendet; die dritten Oberschwingungen und ungeraden Vielfachen hiervon in den Leerlaufströmen können über den Sternpunkt fließen
Spannung eines Wicklungsstranges	enthält Oberschwingungen dreifacher Grundfrequenz und ungerade Vielfache hiervon[1])	sinusförmig	sinusförmig	bei Sternpunktbildnern sinusförmig
Abgestufte Isolation	möglich		nicht möglich	(nicht für hohe Spannungen verwendet)
Stufenschalter bei einem Drehstromtransformator	dreiphasiger Sternpunkt-Stufenschalter; abgestufte Isolation möglich		drei einphasige Stufenschalter; volle Isolation erforderlich	(nicht verwendet)

[1]) Diese dreifachen Spannungsoberschwingungen und ihre ungeraden Vielfachen sind unbedeutend bei dreiphasigen Kerntransformatoren mit Dreischenkelkernen. In dreiphasigen Kerntransformatoren mit Fünfschenkelkernen, dreiphasigen Manteltransformatoren und Drehstrombänken aus Einphasentransformatoren können sie höhere Werte annehmen und zu entsprechenden Verschiebungen des Sternpunktes führen.

Tabelle 2.1-3. Gebräuchliche Schaltgruppen für Drehstromtransformatoren nach VDE 0532

Kennzahl	Schaltgruppe[1]	Zeigerbild OS	Zeigerbild US	Schaltungsbild[2] OS	Schaltungsbild[2] US
	Dd 0				
0	Yy 0				
	Dz 0				
	Dy 5				
5	Yd 5				
	Yz 5				
	Dd 6				
6	Yy 6				
	Dz 6				
	Dy 11				
11	Yd 11				
	Yz 11				

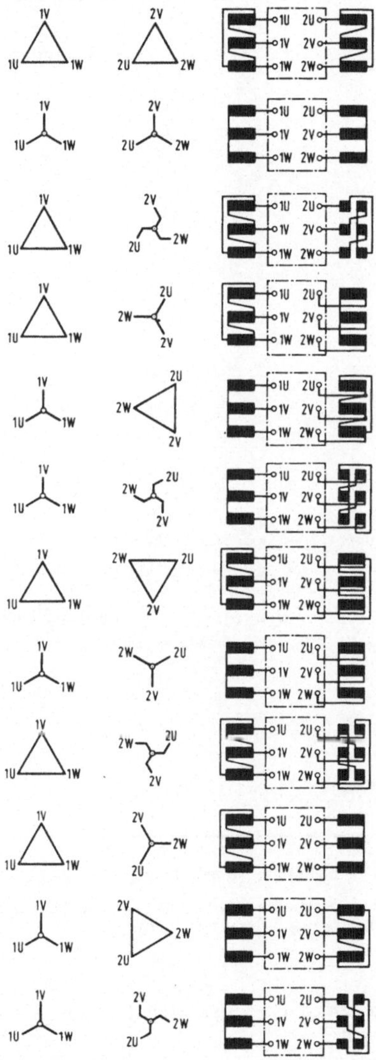

[1]) Bei herausgeführtem Sternpunkt ist hinter dem Schaltungszeichen der Wicklung N bzw. n zu ergänzen.

[2]) Bei den Wicklungen ist gleicher Wickelsinn vorausgesetzt, d.h. räumlich gesehen sind in den Schaltungsbildern die Wicklungen nach unten geklappt zu denken. Herausgeführte Sternpunkte werden mit 1N bzw. 2N bezeichnet.

Tabelle 2.1-4. Beispiele von Schaltgruppen für Drehstromtransformatoren in offener Schaltung, Spartransformatoren und Einphasentransformatoren nach VDE 0532

Kennzahl[3]	Schaltgruppe[1]	Zeigerbild OS	Zeigerbild US	Schaltungsbild[2] OS	Schaltungsbild[2] US
		Drehstromtransformatoren			
0	YiiiO				
11	Diii11				
0	IIIyO				
5	IIId5				
0	YaO				
		Einphasentransformatoren			
0	IiO				
0	IaO				

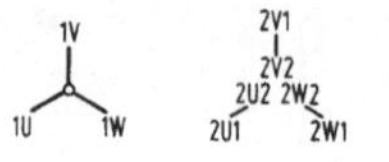

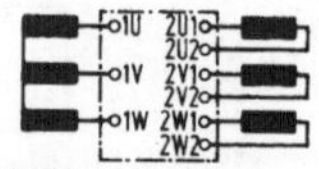

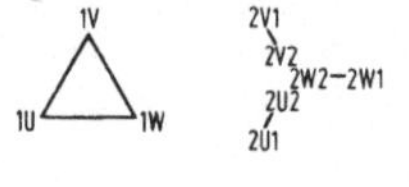

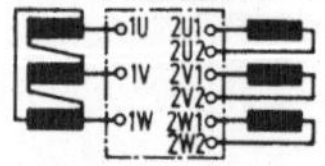

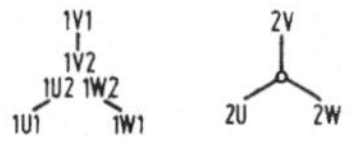

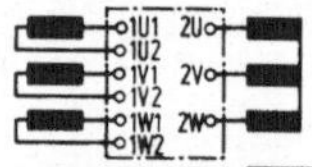

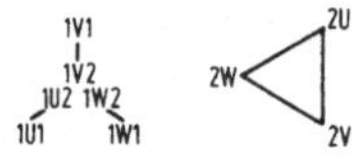

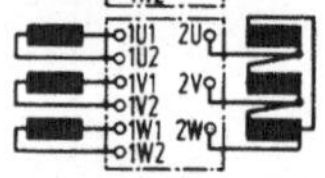

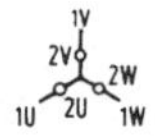

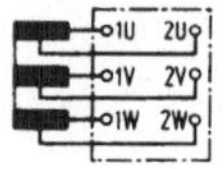

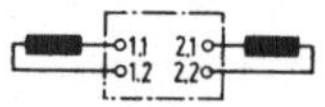

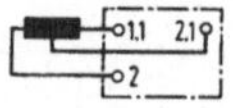

Fußnoten [1]) und [2]) siehe Tabelle 2.1-3

[3]) Die angegebenen Kennzahlen gelten bei Sternschaltung der offenen Wicklung (Sternpunkt bei 1U2 – 1V2 – 1W2 bzw. 2U2 – 2V2 – 2W2).

Windungszahlen unter Berücksichtigung der Schaltung ermittelt. Bei Transformatoren für Einphasennetze gilt

$$ü_N = w_1/w_2 \tag{2.1-2}$$

mit w_1 und w_2 als Windungszahlen der Ober- bzw. Unterspannungswicklung.

Wird an eine Wicklung eines Transformators die starre Nennspannung angelegt, so weicht die Scheinleistung S_{AN}, die von der anderen Wicklung bei Belastung mit Nennstrom abgegeben wird, von der Nennleistung der Primärwicklung S_N um einen Betrag ab, der von der prozentualen Spannungsänderung u_φ [Gl. (2.1-14)] abhängt:

$$S_{AN} = S_N \left(1 - \frac{u_\varphi}{100\,\%}\right). \tag{2.1-3}$$

2.1.2.2 Allgemeine Theorie

Der Dauerbetrieb sowie Ausgleichsvorgänge, bei denen Widerstände und Induktivitäten als konzentriert angenommen und alle Kapazitäten vernachlässigt werden können, lassen sich bei einphasigen Zweiwicklungstransformatoren auf folgenden Wegen behandeln (bei Drehstromtransformatoren gelten die Beziehungen und Ersatzschaltungen für Mit- und Gegensystem der symmetrischen Komponenten ([60], [H 30]):

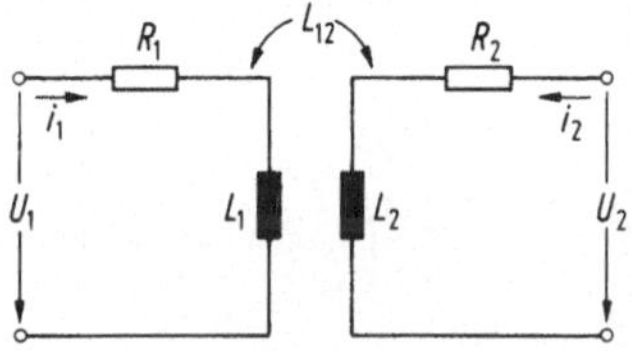

Bild 2.1-3. Ersatzschaltung eines einphasigen Zweiwicklungstransformators mit Selbstinduktivitäten und Gegeninduktivität.

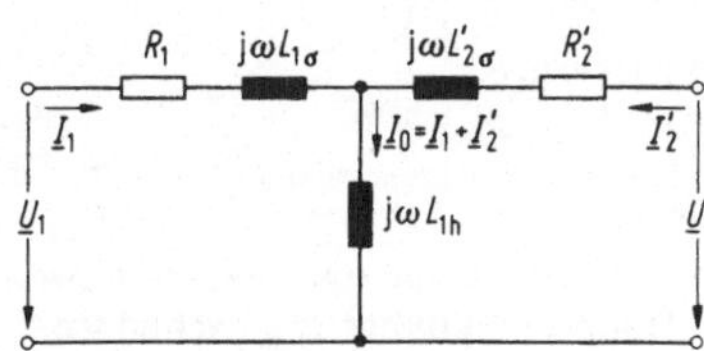

Bild 2.1-4. T-Ersatzschaltung eines einphasigen Zweiwicklungstransformators für den stationären Zustand.

a) Bei Verwendung von Selbst- und Gegeninduktivitäten lauten die Spannungsgleichungen mit Bild 2.1-3:

$$\begin{aligned} u_1 &= R_1 i_1 + L_1 \frac{di_1}{dt} + L_{12} \frac{di_2}{dt} = R_1 i_1 + (L_1 - L_{12}) \frac{di_1}{dt} + L_{12} \frac{d(i_1 + i_2)}{dt}, \\ u_2 &= R_2 i_2 + L_2 \frac{di_2}{dt} + L_{12} \frac{di_1}{dt} = R_2 i_2 + (L_2 - L_{12}) \frac{di_2}{dt} + L_{12} \frac{d(i_1 + i_2)}{dt}. \end{aligned} \tag{2.1-4}$$

b) Man betrachtet entweder die beiden magnetischen Flüsse, die von der Durchflutung jeder Wicklung herrühren, oder den magnetischen Hauptfluß, den beide Wicklungsdurchflutungen gemeinsam erzeugen, sowie die Streuflüsse der zwei Wicklungen, vgl. [H30].

c) Sehr häufig wird der Transformator durch einen passiven Vierpol in T-Schaltung angenähert, für den die Gleichungen

$$\left.\begin{aligned} u_1 &= R_1 i_1 + L_{1\sigma} \frac{di_1}{dt} + L_{1h} \frac{d(i_1 + i_2 w_2/w_1)}{dt}; \\ u_2 &= R_2 i_2 + L_{2\sigma} \frac{di_2}{dt} + L_{2h} \frac{d(i_2 + i_1 w_1/w_2)}{dt} \end{aligned}\right\} \tag{2.1-5}$$

gelten. Die beiden Kurzschluß- oder Streuinduktivitäten hängen von den Selbst- und Hauptinduktivitäten ab:

$$L_{1\sigma}=L_1-L_{1h}\,; \quad L_{2\sigma}=L_2-L_{2h}\,. \tag{2.1-6}$$

Für Haupt- und Gegeninduktivitäten gilt:

$$L_{1h}=\left(\frac{w_1}{w_2}\right)^2 L_{2h}\,; \quad L_{1h}L_{2h}=L_{12}^2\,; \quad \frac{L_{12}}{L_{1h}}=\frac{L_{2h}}{L_{12}}=\frac{w_2}{w_1}. \tag{2.1-7}$$

Zur Vereinfachung und besseren Anschaulichkeit führt man Größen ein, die auf *eine* Wicklung umgerechnet (reduziert) sind. Der „Reduktionsfaktor" kann frei gewählt werden; bevorzugt verwendet man die Nennübersetzung $\ddot{u}_N$. Damit lauten die Gln. (2.1-5):

$$\left.\begin{aligned} u_1&=R_1 i_1+L_{1\sigma}\frac{\mathrm{d}i_1}{\mathrm{d}t}+L_{1h}\frac{\mathrm{d}(i_1+i_2')}{\mathrm{d}t}\,;\\ u_2'&=R_2' i_2'+L_{2\sigma}'\frac{\mathrm{d}i_2'}{\mathrm{d}t}+L_{1h}\frac{\mathrm{d}(i_1+i_2')}{\mathrm{d}t} \end{aligned}\right\} \tag{2.1-8}$$

mit

$$u_2'=\ddot{u}_N u_2\,; \quad i_2'=\frac{i_2}{\ddot{u}_N}\,; \quad R_2'=\ddot{u}_N^2 R_2\,; \quad L_{2\sigma}'=\ddot{u}_N^2 L_{2\sigma}\,. \tag{2.1-9}$$

Im eingeschwungenen Zustand gilt mit Bild 2.1-4:

$$\left.\begin{aligned} \underline{U}_1&=\underline{I}_1(R_1+\mathrm{j}\omega L_{1\sigma})+\underline{I}_0\,\mathrm{j}\omega L_{1h}\,;\\ \underline{U}_2'&=\underline{I}_2'(R_2'+\mathrm{j}\omega L_{2\sigma}')+\underline{I}_0\,\mathrm{j}\omega L_{1h} \end{aligned}\right\} \tag{2.1-10}$$

mit

$$\underline{I}_0=\underline{I}_1+\underline{I}_2' \tag{2.1-11}$$

als Leerlaufstrom des Transformators. Die Leerlaufverluste kann man näherungsweise durch Parallelschaltung eines ohmschen Widerstandes zur Hauptinduktivität L_{1h} nachbilden.

Die Kurzschlußinduktivitäten $L_{1\sigma}$ und $L_{2\sigma}$ bzw. $L_{2\sigma}'$ können nicht getrennt, sondern nur als Summe berechnet oder gemessen werden. Für praktische Zwecke setzt man

$$L_{1\sigma}\approx L_{2\sigma}'\approx\frac{L_{1\sigma}+L_{2\sigma}'}{2}=\frac{L_\sigma}{2}. \tag{2.1-12}$$

Zeigerdiagramm der Spannungen und Ströme eines belasteten Transformators in Bild 2.1-5.

Da der Leerlaufstrom gegenüber dem Belastungsstrom i. allg. vernachlässigbar ist, kann man die Ersatzschaltung nach Bild 2.1-4 durch den Grenzübergang $L_{1h}\to\infty$ zu einer Reihenschaltung des Widerstandes $R=R_1+R_2'$ und der Kurzschlußinduktivität $L_\sigma=L_{1\sigma}+L_{2\sigma}'$ vereinfachen. Das Zeigerdiagramm nimmt die in Bild 2.1-6 dargestellte Form an. Man bezeichnet $I_1R=U_R$ als *ohmschen Spannungsfall*, $\omega L_\sigma=X_k$ als *Kurzschlußreaktanz* und $I_1\omega L_\sigma=U_X$ als *Streuspannung*. Die *Kurzschlußspannung* ist

$$U_k=\sqrt{U_R^2+U_X^2}=I_1\sqrt{R^2+(\omega L_\sigma)^2}=I_1 Z_k\,. \tag{2.1-13}$$

Sie wird gewöhnlich in Prozent der Nennspannung derjenigen Wicklung angegeben, auf welche alle Größen reduziert sind. Das von U_R, U_X und U_k gebildete rechtwinklige Dreieck wird als *Kappsches Dreieck* bezeichnet.

Die *Spannungsänderung* bei Belastung U_φ ist die arithmetische Differenz der Nennspannung einer Wicklung und der Spannung, die bei bestimmter Belastung und bestimmtem Leistungsfaktor auftritt, wenn an die andere Wicklung Nennspannung gelegt wird. Sie wird in Prozent der

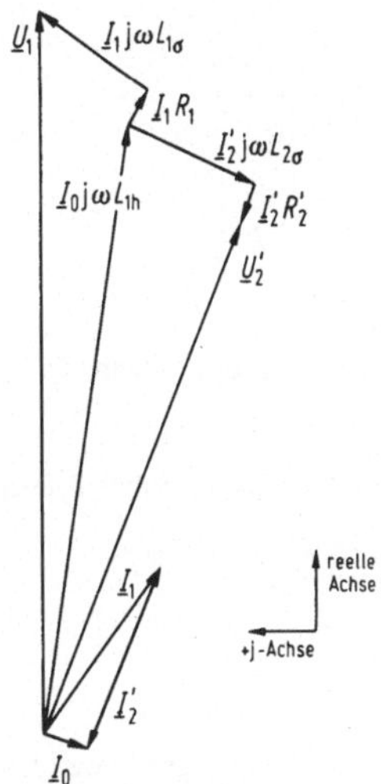

Bild 2.1-5. Zeigerdiagramm für den stationären Zustand eines einphasigen Zweiwicklungstransformators, das der T-Ersatzschaltung entspricht.

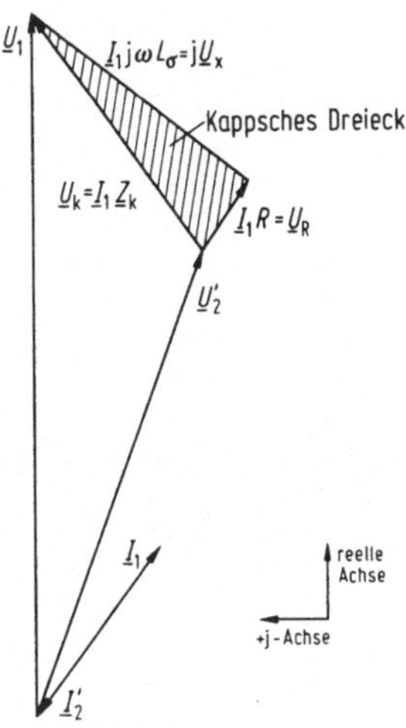

Bild 2.1-6. Vereinfachtes Zeigerdiagramm für den stationären Zustand eines einphasigen Zweiwicklungstransformators.

Nennspannung der belasteten Wicklung angegeben und errechnet sich zu

$$u_\varphi \approx n u_\varphi' + \frac{1}{2} \frac{(n u_\varphi'')^2}{100} \tag{2.1-14}$$

mit

$$n = \text{Belastung/Nennleistung}$$

sowie

$$\left.\begin{aligned} u_\varphi' &= u_{RN} \cos\varphi + u_{XN} \sin\varphi\,; \\ u_\varphi'' &= u_{XN} \cos\varphi - u_{RN} \sin\varphi\,. \end{aligned}\right\} \tag{2.1-15}$$

u_{RN} und u_{XN} sind die auf die Nennspannung bezogenen Werte von U_R und U_X bei Nennstrom; $\cos\varphi$ ist der Leistungsfaktor der Belastung.

Wenn die Auswirkungen der Belastung auf die induktionsabhängigen Eigenschaften berücksichtigt werden sollen oder wenn der Transformator eine hohe Streuung aufweist, ist es erforderlich, die Π-Ersatzschaltung an Stelle der T-Ersatzschaltung zu verwenden [61].

Mehrwicklungstransformatoren können unter Vernachlässigung des Leerlaufstromes durch einphasige Schaltungen nachgebildet werden, deren Anschlüsse der Zahl der Wicklungen entsprechen und deren Zweige Impedanzen enthalten, die aus den Wicklungswiderständen und den Kurzschlußinduktivitäten zwischen jeweils zwei Wicklungen bestimmt werden können [2]. Besondere Bedeutung kommt dem *Dreiwicklungstransformator* zu. Bezeichnet man mit

$$\underline{Z}_{kmn}' = R_m' + R_n' + j\omega(L_{m\sigma}' + L_{n\sigma}') \tag{2.1-16}$$

die Kurzschlußimpedanz des aus den Wicklungen *m* und *n* gebildeten Paares (alle Werte werden auf eine Wicklung reduziert), so kann der Dreiwicklungstransformator durch eine Stern-Ersatzschal-

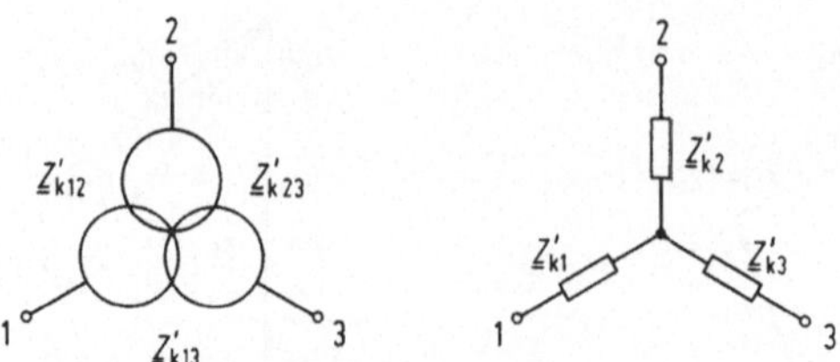

Bild 2.1-7. Dreiwicklungstransformator mit zugehöriger Stern-Ersatzschaltung.

tung nachgebildet werden (Bild 2.1-7), deren Zweigimpedanzen folgende Werte haben:

$$\underline{Z}'_{k1}=\frac{\underline{Z}'_{k12}+\underline{Z}'_{k13}-\underline{Z}'_{k23}}{2}; \quad \underline{Z}'_{k2}=\frac{\underline{Z}'_{k12}+\underline{Z}'_{k23}-\underline{Z}'_{k13}}{2};$$
$$\underline{Z}'_{k3}=\frac{\underline{Z}'_{k13}+\underline{Z}'_{k23}-\underline{Z}'_{k12}}{2}. \quad (2.1\text{-}17)$$

Diese Theorie läßt sich auf Transformatoren mit mehr als drei Wicklungen erweitern [62].

Belastungsfälle oder Netzfehler, bei denen Ströme über den Sternpunkt einer Wicklung eines Drehstromtransformators oder den Sternpunkt einer der zusammengehörenden Wicklungen einer Drehstrombank fließen, werden durch die entsprechende Kombination der Ersatzschaltungen im Mit-, Gegen- und Nullsystem erfaßt. Die in der letztgenannten Schaltung auftretenden Nullimpedanzen [63, 64] sind sowohl von den Schaltungen der übrigen Wicklungen, deren Sternpunktbehandlung sowie den Nullimpedanzen der an sie angeschlossenen Netze als auch der Bauart der Transformatoren und ihrer Eisenkerne abhängig.

2.1.2.3 Verhalten im Leerlauf

Bei Nennbetrieb tritt im Eisenkern der magnetische Hauptfluß

$$\hat{\Phi}_N=\frac{U_{1N}\sqrt{2}}{2\pi f_N w_1} \quad (2.1\text{-}18)$$

auf. Bei Betrieb mit den Werten U_1 und f hat der magnetische Hauptfluß die Größe

$$\hat{\Phi}=\hat{\Phi}_N\frac{U_1/U_{1N}}{f/f_N}. \quad (2.1\text{-}19)$$

Folgende Übererregungen sind zulässig (Bild 2.1-8):

a) Bei Lastabwurf dürfen Maschinentransformatoren mit der 1,4-fachen Nennspannung 5 s betrieben werden.

b) Im Dauerbetrieb mit Nennstrom darf $U_1/U_{1N}\leqq 1{,}05$ und $f/f_N\geqq 0{,}975$ sein.

Der Leerlaufstrom ist nach Gl. (2.1-10) bei Vernachlässigung der Größen R_1 und $L_{1\sigma}$ sowie der Leerlaufverluste

$$\underline{I}_0\approx\frac{\underline{U}_1}{j\omega L_{1h}}. \quad (2.1\text{-}20)$$

Bei Drehstromtransformatoren beträgt sein arithmetischer Mittelwert der drei Phasen bis zu 2,8 % des Nennstromes bei einem 100-kVA-Verteilungstransformator und sinkt bis auf etwa 0,25 % des Nennstromes bei einem 1000-MVA-Leistungstransformator.

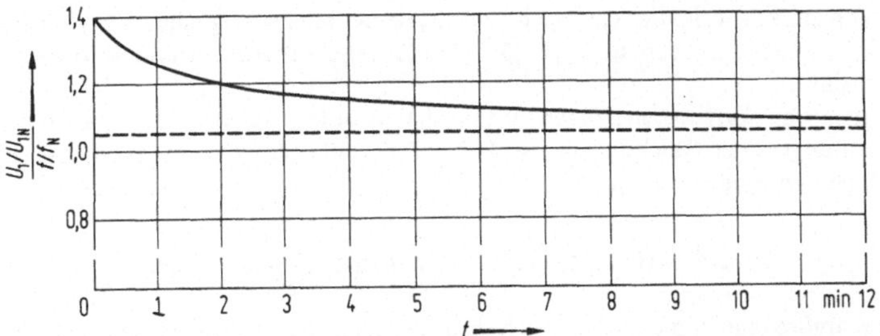

Bild 2.1-8. Zulässige Dauer der Übererregung von Transformatoren.

Tabelle 2.1-5. Höchstmögliche Einschaltstromstöße und Abklingzeiten der Einschaltströme von Transformatoren mit konzentrischen Wicklungen und Eisenkernen aus kornorientiertem Blech

Nennleistung kVA	Höchstmögliches Verhältnis Einschaltstrom/Nennstrom beim Einschalten der		Zeit bis zum Abklingen der Amplitude des Einschaltstromes auf die Hälfte des ursprünglichen Wertes in Perioden
	äußeren Wicklung	inneren Wicklung	
500	11	16	8... 10
1000	8,4	14	
5000	6,0	10	10... 60
10000	5,0	10	
50000	4,5	9	60...3600

Wegen des nichtlinearen Zusammenhanges zwischen magnetischer Feldstärke und Induktion weist der Leerlaufstrom von Einphasentransformatoren ungerade Oberschwingungen (insbesondere die 3. und 5.) auf. Bei Drehstromtransformatoren hängen Ordnungszahl und Größe der auftretenden Oberschwingungen von den Schaltungen der Wicklungen und der Art des Eisenkernes ab. Läßt keine der Wicklungen das Auftreten dreifacher Stromoberschwingungen und ungerader Vielfacher hiervon zu, finden sich entsprechende Oberschwingungen in den *Spannungen* der Wicklungsstränge (Tabelle 2.1-2). Die Kurvenverläufe der Leerlaufströme können analytisch oder grafisch bestimmt werden [3, 5].

Die Leerlaufverluste setzen sich im wesentlichen aus den Wirbelstrom- und Hystereseverlusten des Eisenkerns zusammen. Bei kornorientierten Blechen und Frequenzen zwischen 50 und 60 Hz entfallen auf beide Verlustarten etwa gleiche Anteile. Die Verluste im Eisenkern weisen örtliche Erhöhungen an den Überlappungsstellen auf; die höchsten Werte entstehen an den Verbindungsstellen der Mittelschenkel und Joche von Drehstromtransformatoren [65]. Da die Höhe der Leerlaufverluste vom Aufbau des Eisenkerns, der Blechbehandlung, der Nachglühart usw. abhängt, ermittelt man sie mit Hilfe von Meßwerten ausgeführter Transformatoren.

Der Einschaltstrom eines unbelasteten Einphasentransformators erreicht seinen Höchstwert, wenn das Einschalten im Nulldurchgang der Spannung erfolgt und der im Eisenkern vorhandene remanente Fluß zu einer Vergrößerung der Augenblickswerte des Gesamtflusses führt. Da sich hierbei der Eisenkern sättigt, wird auch der magnetische Widerstand des Raumes zwischen der Erregerwicklung und dem Schenkel wirksam. Daher ergeben sich beim Einschalten der inneren Wicklung höhere Einschaltströme als bei dem der äußeren Wicklung, wenn diese konzentrisch angeordnet sind. Tabelle 2.1-5 [66] enthält für Transformatoren mit konzentrischen Wicklungen und Eisenkernen aus kornorientiertem Blech Richtwerte der höchstmöglichen Einschaltstromstöße sowie der Zeit, in welcher der exponentiell abklingende Einschaltstrom auf die Hälfte seines ersten Scheitelwertes sinkt.

Bei Drehstromtransformatoren hängen die Einschaltströme in den einzelnen Wicklungssträngen von den Schaltungen der Wicklungen ab [67]. Ihr zeitlicher Verlauf kann mit Hilfe von Rechenmaschinen bestimmt werden [68].

2.1.2.4 Streufeld, Kurzschlußspannung und -verluste

Die Kurzschlußreaktanz, die in den Kurzschlußverlusten enthaltenen Zusatzverluste in Wicklungen und Konstruktionsteilen sowie die Kurzschlußkräfte sind abhängig vom Streufeld, das bei Belastung des Transformators entsteht. Bild 2.1-9 zeigt schematisch diese Zusammenhänge. Die Ermittlung des Streufeldes und der genannten Größen kann unter gewissen vereinfachenden

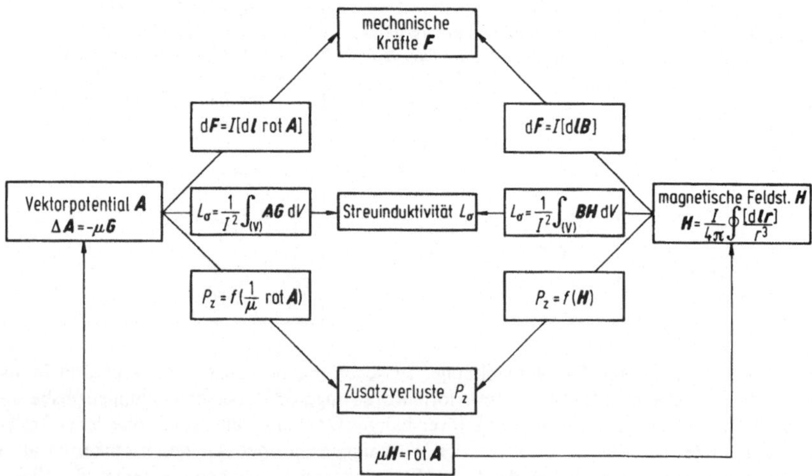

Bild 2.1-9. Schematische Darstellung der Verknüpfung von mechanischen Kräften F, Streuinduktivität L_σ und Zusatzverlusten P_z mit dem Vektorpotential A bzw. der magnetischen Feldstärke H des Streufeldes (G Stromdichte; dl Längenelement des stromführenden Leiters; r Abstand des betrachteten Punktes vom Längenelement dl; dV Volumenelement).

Annahmen — insbesondere hinsichtlich der Randbedingungen — mit Hilfe des Vektorpotentials oder der magnetischen Feldstärke erfolgen. Das Vektorpotential kann in geschlossener Form [10, 69] oder numerisch, z. B. mit Hilfe finiter Elemente [70], berechnet werden. Andererseits kann man die von den einzelnen Wicklungsteilen erzeugten magnetischen Feldstärken einander überlagern; Schenkel und Joche des Eisenkerns sowie der Kessel werden durch Spiegelung der Wicklungsteile an ihnen nachgebildet [71].

Die *Kurzschlußreaktanz* von zwei konzentrischen Wicklungen mit gleichen axialen Abmessungen und gleicher axialer Lage beträgt bei Bezug auf die Wicklung 1 (Bezeichnungen siehe Bild 2.1-10)

$$X_k = \frac{2\pi f \mu_0 \pi D_m w_1^2}{b}\left(\frac{a_1 + a_2}{3} + \delta\right) K \qquad (2.1\text{-}21)$$

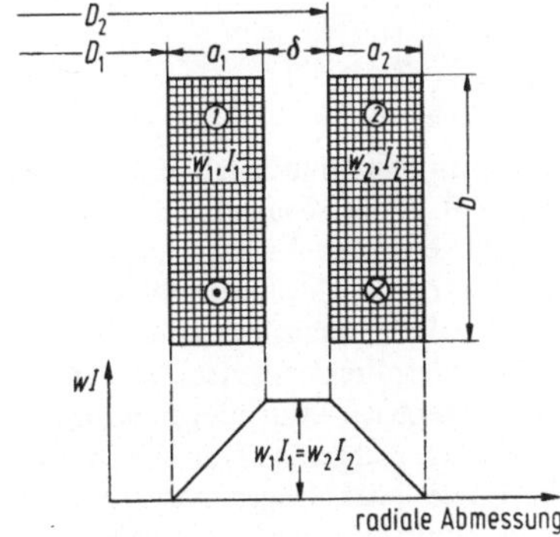

Bild 2.1-10. Vertikalschnitt durch zwei konzentrische Röhrenwicklungen und zugehöriges Durchflutungsdiagramm ($D_m = \frac{1}{2}(D_1 + D_2 + a_1 + a_2)$).

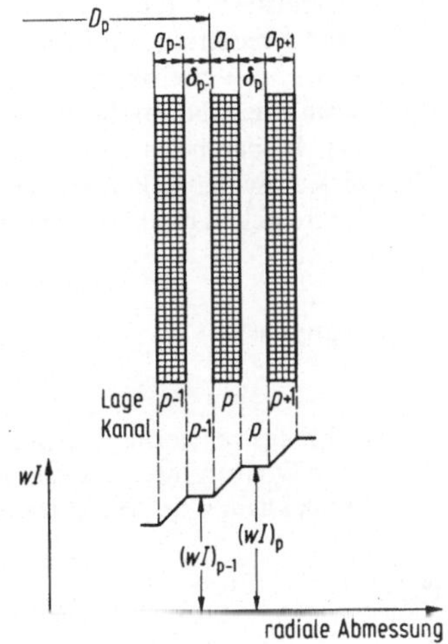

Bild 2.1-11. Vertikalschnitt durch eine konzentrische Lagenwicklung und zugehöriges Durchflutungsdiagramm.

mit dem „Rogowskifaktor“ [10]

$$K \approx 1 - \frac{a_1 + a_2 + \delta}{\pi b}\left(1 - \mathrm{e}^{-\frac{\pi b}{a_1 + a_2 + \delta}}\right). \tag{2.1-22}$$

Bei Wicklungen mit konzentrischen Lagen kann man auf die einzelnen Lagen und die dazwischenliegenden Kanäle entfallenden Anteile der Kurzschlußreaktanz einzeln berechnen und addieren [2]. Die in Bild 2.1-11 dargestellte p-te Lage liefert den Anteil

$$\frac{2\pi f \mu_0 \pi (D_p + a_p) w_1^2}{b} \frac{a_p}{3} (m_{p-1}^2 + m_p^2 + m_{p-1} m_p), \tag{2.1-23}$$

während der p-te Kanal den Summanden

$$\frac{2\pi f \mu_0 \pi (D_p + 2a_p + \delta_p) w_1^2}{b} \delta_p m_p^2 \tag{2.1-24}$$

beiträgt. Hierin stellen

$$m_{p-1} = \frac{(wI)_{p-1}}{w_1 I_1} \quad \text{und} \quad m_p = \frac{(wI)_p}{w_1 I_1}$$

die auf die Gesamtdurchflutung $w_1 I_1$ der Wicklung 1 bezogenen Durchflutungen im $(p-1)$-ten und p-ten Kanal dar. m kann auch negative Werte annehmen, z. B. bei verschachtelten Wicklungen.

Bei unterschiedlichen axialen Wicklungsabmessungen, Lücken in den Wicklungen und sonstigen Inhomogenitäten kann man in Gl. (2.1-21) entsprechende Korrekturfaktoren einführen. Andererseits läßt sich in derartigen Fällen die Berechnung der Kurzschlußreaktanz mit Hilfe der mittleren geometrischen Abstände der einzelnen Wicklungsteile [72] oder direkt aus dem Vektorpotential bzw. der magnetischen Feldstärke mit den in Bild 2.1-9 angegebenen Beziehungen vornehmen.

Bei Zusammenschaltung von Wicklungen in einem oder mehreren Transformatoren, bei Wicklungsdurchflutungen, die nicht ausschließlich in Phase oder Gegenphase sind, und in zahlreichen anderen Fällen läßt sich die resultierende Kurzschlußreaktanz nach dem Netzverfahren [73] aus den auftretenden Zweiwicklungs-Kurzschlußreaktanzen zusammensetzen.

Die *Kurzschlußverluste* bestehen aus den sog. „Gleichstromverlusten" $I^2 R$ der Wicklungen und den vom Streufeld hervorgerufenen Verlusten durch Wirbel- und Kreisströme in Wicklungen und Konstruktionsteilen. Bei kleinen Leiterabmessungen kann man die Wirbelstromverluste in den Wicklungen für die beiden Komponenten des magnetischen Streufeldes, die parallel und senkrecht zur Wicklungsachse verlaufen, berechnen und addieren [74]. In parallelen Wicklungszweigen können die Verluste durch Kreisströme aus den mit Hilfe der Kurzschlußreaktanzen bestimmten Zweigströmen oder bei Vernachlässigung der Randeffekte des Streufeldes direkt berechnet werden [75].

2.1.2.5 Kurzschlußbeanspruchungen

[11]

Beim äußeren Kurzschluß einer Wicklung eines Zweiwicklungstransformators (Kurzschluß eines Einphasentransformators bzw. dreipoliger Kurzschluß eines Drehstromtransformators) fließt bei starrer Spannung des speisenden Netzes und unter Vernachlässigung der Hauptreaktanz der *Dauerkurzschlußstrom* (vgl. Bild 2.1-6)

$$I_{1k} = I'_{2k} = \frac{U_1}{Z_k} = \frac{100\,\%}{u_k} I_1 . \tag{2.1-25}$$

Die Dauerkurzschlußströme, die bei dreipoligen Kurzschlüssen von Mehrwicklungstransformatoren sowie bei zweipoligen Kurzschlüssen bzw. ein- und zweipoligen Erdkurzschlüssen von Drehstromtransformatoren oder -bänken entstehen, sind anhand der betreffenden Ersatzschaltung zu bestimmen.

Dem Dauerkurzschlußstrom überlagert sich bei plötzlichem Kurzschluß anfangs ein verhältnismäßig schnell abklingender Gleichstrom. Dieser ist dann am größten, wenn der stationäre Kurzschlußstrom bei Eintritt des Kurzschlusses mit seiner Amplitude beginnt. In diesem Fall entsteht der Ausgleichstrom

$$i_g = \sqrt{2} I_{1k} e^{-Rt/L_\sigma} = \sqrt{2} I_{1k} e^{-U_R \omega t/U_X} . \tag{2.1-26}$$

Der Höchstwert des resultierenden Kurzschlußstromes wird nach etwa einer halben Periode ($\omega t = \pi$) erreicht und beträgt

$$\hat{i}_{1k} \approx \sqrt{2} I_{1k} (1 + e^{-\pi U_R/U_X}) = k\sqrt{2} I_{1k} . \tag{2.1-27}$$

Tabelle 2.1-6 enthält Werte des Faktors $k\sqrt{2}$ in Abhängigkeit vom Verhältnis $U_X/U_R = \omega L_\sigma/R$.

Tabelle 2.1-6. Werte des Faktors $k\sqrt{2}$ in Abhängigkeit vom Verhältnis U_X/U_R nach Gl. (2.1-27)

$\frac{U_X}{U_R}$	1	2	4	6	8	10	15	25	50	∞
$k\sqrt{2}$	1,51	1,76	2,09	2,27	2,38	2,46	2,57	2,66	2,74	2,83

Tabelle 2.1-7. Höchstzulässige Dauerkurzschlußströme und Kurzschlußzeiten für Zweiwicklungstransformatoren

Nennleistung kVA	Höchstzulässiger Dauerkurzschlußstrom als Vielfaches des Nennstromes	Zugeordnete Impedanz (Transformator und Netz) %	Höchstzulässige Kurzschlußzeit s
< 630	25	4,0	2
über 630... 1250	20	5,0	3
über 1250... 3150	16	6,25	4
über 3150... 6300	14	7,15	4,5
über 6300... 12500	12	8,35	5
über 12500... 25000	10	10,0	6
über 25000...100000	8	12,5	8

Die Kurzschlußströme rufen mechanische und thermische Wirkungen im Transformator hervor. Um diese in beherrschbaren Grenzen zu halten, sind für Zweiwicklungstransformatoren die in Tabelle 2.1-7 angegebenen höchstzulässigen Werte für Dauerkurzschlußströme und Kurzschlußzeiten festgelegt.

Die im Transformator auftretenden Kurzschlußkräfte sind dem Quadrat des Kurzschlußstromes proportional und so gerichtet, daß sie die Kurzschlußreaktanz zu vergrößern suchen. Bei der Bestimmung der mechanischen Beanspruchungen sieht man die auftretenden größten elektrodynamischen Kräfte als zeitlich konstant an und vernachlässigt in erster Näherung die von ihnen hervorgerufenen mechanischen Schwingungen der Wicklungen.

Die *radialen Stromkräfte* hängen von der axialen Komponente (parallel zur Schenkelachse) des magnetischen Feldes in den Wicklungen ab. Bei konzentrischen Wicklungen sind die Radialkräfte in der am Kern liegenden Wicklung eines Zweiwicklungstransformators nach innen und in der äußeren Wicklung nach außen gerichtet. Dadurch entstehen Druckbeanspruchungen in der inneren und Zugbeanspruchungen in der äußeren Wicklung. Da diese Radialkräfte im wesentlichen von den Leitern aufgenommen werden, ist die mechanische Festigkeit des Leiterwerkstoffes von Bedeutung. Durch die gegenseitige radiale Abstützung der nebeneinander liegenden Windungen oder Lagen findet ein Ausgleich der Radialkräfte innerhalb einer Wicklung statt, der die maximalen Beanspruchungen herabsetzt. Leisten stützen die innere Wicklung gegen den Kern ab und entlasten sie. Die Mindestzahl dieser Leisten wird durch die Knickfestigkeit der inneren Wicklung und die Biegebeanspruchung der Leiter an ihnen vorgeschrieben.

Die radiale Komponente (senkrecht zur Schenkelachse) des magnetischen Feldes in den Wicklungen bestimmt die *axial gerichteten Stromkräfte.* Röhrenwicklungen werden durch *Kompressionskräfte* zusammengedrückt, wobei die dem Eisenkern benachbarte Wicklung stärker beansprucht wird. Bei Wicklungen mit ungleichen axialen Abmessungen, die axial symmetrisch zueinander angeordnet sind, entfällt die größere Kompressionskraft auf die kürzere Wicklung. Die durch Toleranzen bedingten axialen Lageunsymmetrien der Wicklungen im fertigen Transformator führen zu *axialen Schubkräften*, die diese Unsymmetrien zu vergrößern suchen. Axiale Durchflutungslücken in einer Wicklung, wie sie z. B. durch das Herausschalten von Wicklungsteilen durch Umsteller oder Stufenschalter entstehen, rufen beidseitig in axialer Richtung wirkende *Sprengkräfte* hervor, welche die Durchflutungslücken zu erweitern suchen. Durch zweckmäßige Anordnung dieser Durchflutungslücken bzw. ihre Aufteilung in mehrere symmetrische Lücken kann diese Sprengkraft verringert werden. Ungleiche Abstände zwischen den horizontalen Stirnflächen einer Wicklung und Ober- bzw. Unterjoch des Eisenkerns bewirken *Anziehungskräfte* auf der Seite des kleineren Jochabstandes. In den Wicklungen summieren sich die axial gerichteten Kräfte zu der

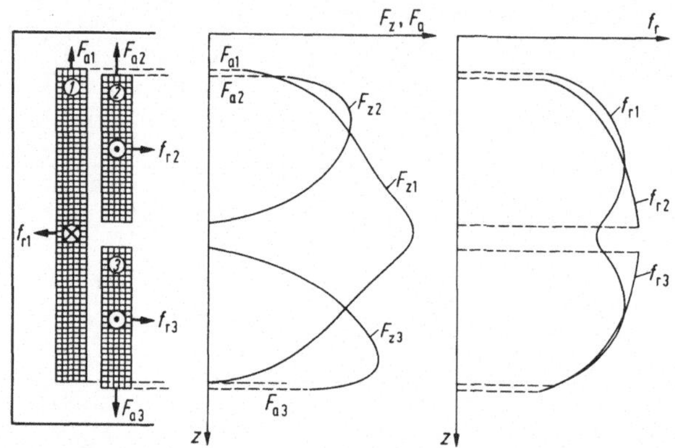

Bild 2.1-12. Stromkräfte in einem Zweiwicklungstransformator mit Durchflutungslücke in der äußeren Wicklung und geringer axialer Verschiebung der Wicklungen gegeneinander (F_z resultierende innere Axialkräfte; F_a resultierende äußere Axialkräfte; $f_r = \frac{\Delta F_r}{\Delta z}$ (Radialkraft je Längeneinheit in axialer Richtung).

resultierenden inneren Axialkraft, deren Höchstwert die zulässige Druckbeanspruchung innerhalb der Wicklung nicht übersteigen darf. An den horizontalen Endflächen der Wicklungen addieren sich die Axialkräfte zur *resultierenden äußeren Axialkraft*, die von der Preßkonstruktion aufgenommen werden muß und die Preßelemente auf Druck und Biegung beansprucht. Bild 2.1-12 zeigt die Stromkräfte, die bei einem Zweiwicklungstransformator mit einer Durchflutungslücke in der axialen Mitte der äußeren Wicklung und einer geringen axialen Verschiebung der beiden Wicklungen gegeneinander auftreten.

Um bleibende Zusammendrückungen der Isolierstoffe durch die Kurzschlußkräfte zu vermeiden, werden die Wicklungen durch Pressen verdichtet.

Die eingespannten Wicklungen bilden mit ihren Abstützungen ein mechanisch schwingendes System, das mit der einfachen und der doppelten Netzfrequenz angeregt wird. Theoretische und experimentelle Untersuchungen über das dynamische Verhalten der Wicklungen von Öltransformatoren unter Einwirkung der axialen Kurzschlußkräfte finden sich in [76].

Die während eines Kurzschlusses vom Kurzschlußstrom in den Wicklungen erzeugte Wärme wird fast ausschließlich in den Leitern gespeichert. Die Höchstwerte der mittleren Wicklungstemperaturen, die dabei erreicht werden dürfen, betragen bei Öltransformatoren 250 °C für Kupfer- bzw. 200 °C für Aluminiumwicklungen. Bei Trockentransformatoren sind die zulässigen Werte je nach Isolierstoffklasse 180 bis 350 °C für Kupfer- bzw. 180 bis 200 °C für Aluminiumwicklungen.

2.1.2.6 Verhalten bei Überspannungen

Überspannungen treten als betriebsfrequente Spannungen im Sekundenbereich (z. B. beim Lastabwurf von Maschinentransformatoren oder bei Erdschlüssen), als durch Schalthandlungen hervorgerufene Spannungen im Millisekundenbereich und als Blitzüberspannungen im Mikrosekundenbereich auf. Sie werden durch entsprechende Schutzeinrichtungen begrenzt; die ausreichende dielektrische Festigkeit des Transformators gegenüber diesen Beanspruchungen wird durch die Spannungsprüfungen (vgl. 2.1.5.5) nachgewiesen. Bei *Schaltüberspannungen* weicht die örtliche Spannungsverteilung in den Wicklungen praktisch von der stationären Verteilung bei der betriebsfrequenten Wechselspannung nicht ab. Die Übertragung dieser Überspannungen auf die anderen Wicklungen des Transformators erfolgt kapazitiv und induktiv entsprechend den Erd- und Kopplungskapazitäten bzw. den Verhältnissen der Windungszahlen. Wicklungen, die durch kapazitiv übertragene Spannungen gefährdet werden können, lassen sich durch Beschaltung mit Kondensatoren gegen Erde schützen.

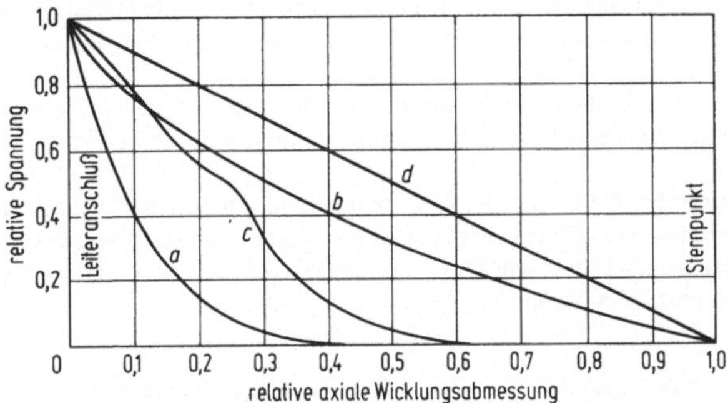

Bild 2.1-13. Anfangsverteilungen von Blitzstoßspannungen in einer Röhrenwicklung aus Scheibenspulen bei a) kleiner Längskapazität, b) großer Längskapazität und c) abgestufter Längskapazität. d) stellt die Endverteilung der Blitzstoßspannung dar.

Hingegen stellt sich bei *Blitzüberspannungen* zunächst eine Anfangsverteilung entsprechend den Längs- und Querkapazitäten der Wicklungen und schließlich eine Endverteilung entsprechend den Induktivitäten ein. Der Übergang von der Anfangs- zur Endverteilung erfolgt schwingend; diese Ausgleichschwingungen sind um so stärker, je größer der Unterschied zwischen beiden Verteilungen ist [12]. Durch geeignete Wahl der Wicklungen können die Kapazitäten so beeinflußt werden, daß Anfangs- und Endverteilung sich nur wenig unterscheiden (schwingungsarme Wicklungen).

Bild 2.1-13 zeigt die Anfangsverteilungen von Blitzüberspannungen in Röhrenwicklungen aus Scheibenspulen mit verschiedenen Längskapazitäten. Wicklungen mit kleiner Längskapazität nach Kurve a) können nur bei relativ niedrigen Stoßpegeln verwendet werden. Große Längskapazitäten nach b) führen zwar zu spannungsmäßig günstig beanspruchten Wicklungen, wirken sich jedoch sehr stark auf benachbarte Wicklungen aus. Einen häufig verwendeten Kompromiß zwischen den beiden Varianten a) und b) stellt die Wicklung mit abgestufter Längskapazität nach c) dar.

Auf die benachbarten Wicklungen werden die Blitzüberspannungen kapazitiv und induktiv übertragen, so daß auch in diesen hohe Spannungsbeanspruchungen und Ausgleichschwingungen auftreten können. Die zeitlichen und räumlichen Spannungsverteilungen lassen sich mit Hilfe von Modellen, Analogrechnern oder Rechenmaschinen-Programmen vorausbestimmen [77, 78]. Die in Wirklichkeit stetig verteilten Parameter der Wicklungen können in guter Näherung durch eine größere, aber endliche Zahl untereinander gekoppelter Elemente dargestellt werden, von denen

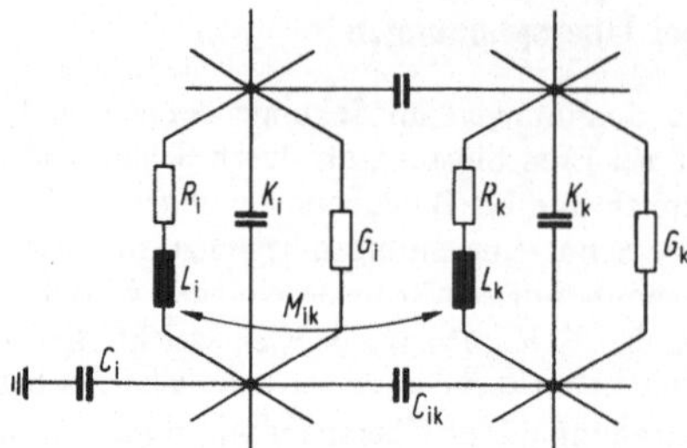

Bild 2.1-14. Elemente i und k der Ersatzschaltung einer Wicklung zur Berechnung der Blitzstoßspannungsverteilung (Legende siehe Text).

jedes, wie Bild 2.1-14 zeigt, aus mehreren konzentrierten Bauteilen besteht: K Längskapazität des Elementes, C_{ik} Kopplungskapazität, L_i Selbst- und M_{ik} Gegeninduktivität, R_i Wirkwiderstand, G_i Leitwert der Isolierung, C_i Erdkapazität des i-ten Elements.

Bild 2.1-15 zeigt als Beispiel den berechneten zeitlichen und räumlichen Spannungsverlauf einer Wicklung mit kleiner Längskapazität beim Auftreffen einer genormten Blitzstoßspannung (volle Stoßspannung 1,2/50).

Bei bestimmten Netzzuständen können infolge der gekrümmten magnetischen Kennlinie *Ferroresonanzen* auftreten, bei denen harmonische oder subharmonische Überspannungen erzeugt werden [79].

Ein Transformator besitzt zahlreiche *Eigenfrequenzen*, die sich bis in den Megahertzbereich erstrecken [80]. Wird in einem Störungsfall eine dieser Eigenfrequenzen angeregt, z. B. durch einen Überschlag in einem angeschlossenen Kabel mit entsprechender Laufzeit, so können erhebliche Überspannungen in einzelnen Teilen der Wicklungen erzeugt werden.

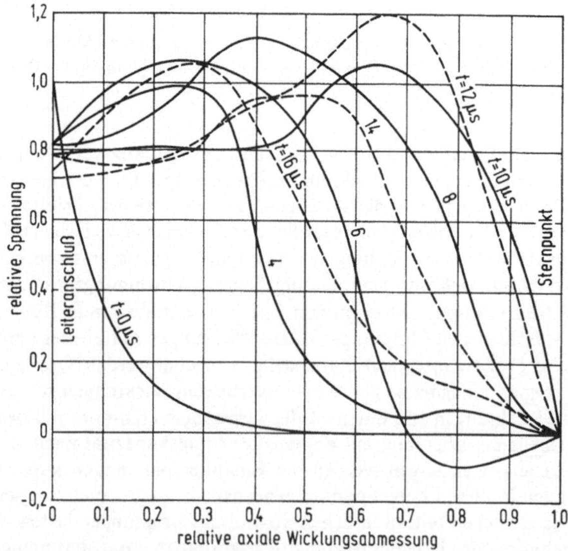

Bild 2.1-15. Berechneter räumlicher und zeitlicher Spannungsverlauf in einer Röhrenwicklung aus Scheibenspulen beim Auftreffen einer Blitzstoßspannung 1,2/50.

2.1.2.7 Parallelbetrieb

Als Parallelbetrieb gilt der Betrieb von zwei und mehr Transformatoren, bei denen jeweils die entsprechenden Anschlüsse der parallelgeschalteten Wicklungen direkt miteinander verbunden werden. Dabei dürfen im Leerlauf nur möglichst kleine Kreisströme fließen, während die Lastverteilung auf die einzelnen Transformatoren etwa im Verhältnis ihrer Nennleistungen erfolgen soll.

Um dies zu gewährleisten, müssen bei einem Parallelbetrieb von jeweils *zwei* Wicklungen folgende Bedingungen erfüllt werden:

a) Die Nennübersetzungen sollen nicht mehr als $\pm 0{,}5\,\%$ voneinander abweichen.
b) Die Nennkurzschlußspannungen sollen nicht mehr als $\pm 10\,\%$ voneinander abweichen.
c) Das Verhältnis der Nennleistungen der parallel zu schaltenden Wicklungen soll den Wert drei nicht übersteigen, damit das Verhältnis U_X/U_R bei den einzelnen Transformatoren nicht zu große Unterschiede aufweist.
d) Bei Drehstromtransformatoren müssen die Schaltgruppen zueinander passen, d. h. sie müssen gleiche Kennzahlen aufweisen. Transformatoren mit Schaltgruppen der Kennzahlen 5 und 11 können parallel betrieben werden, wenn man die Anschlüsse so vertauscht, daß die Lage der Spannungszeiger der parallelgeschalteten Wicklungen übereinstimmt.

Größere Abweichungen der Nennkurzschlußspannungen voneinander können durch Parallellauf-Drosselspulen (vgl. 2.2.2.2) ausgeglichen werden. Bei niedrigen Spannungen ist zu vermeiden, daß unterschiedliche Impedanzen der Anschlußleitungen den Parallelbetrieb gefährden. Beim Vierleiter-Parallelbetrieb von Transformatoren in Dreieck-Sternschaltung mit solchen in Stern-Zickzackschaltung ist die kleinere Nullimpedanz der Wicklung in Zickzackschaltung durch eine Drosselspule im Sternpunkt auszugleichen.

Wesentlich schwieriger gestaltet sich der Parallelbetrieb von Mehrwicklungstransformatoren untereinander oder mit Zweiwicklungstransformatoren, da sich hier die Belastungen der einzelnen Wicklungen gegenseitig beeinflussen [2].

2.1.2.8 Erwärmung, Lebensdauer, Überlastbarkeit

[13]

Um die Betriebssicherheit sowie eine ausreichende Lebensdauer der Transformatoren sicherzustellen, dürfen im Dauerbetrieb mit Nennleistung bei Einhaltung der in Tabelle 2.1-8 angegebenen Kühlmitteltemperaturen die Übertemperaturen der Tabellen 2.1-9 bzw. 2.1-10 nicht überschritten

Tabelle 2.1-8. Unter normalen Betriebsbedingungen zulässige Kühlmitteltemperaturen

Kühlmittel	Zulässige Temperatur
Luft	40 °C Höchstwert 30 °C mittlere Tagestemperatur 20 °C mittlere Jahrestemperatur
Wasser	25 °C Eintrittstemperatur

werden. Gleichzeitig ist sicherzustellen, daß die Übertemperaturen des Eisenkerns und der sonstigen Bauteile weder diese selbst noch benachbarte Teile gefährden.

Die im Transformator entstehende Verlustwärme muß bei Trockentransformatoren durch Luft und bei Öltransformatoren zunächst vom Öl und dann durch Luft oder Wasser abgeführt werden.

Tabelle 2.1-9. Zulässige mittlere Übertemperaturen für Wicklungen von Trockentransformatoren

Isolierstoffklasse	A	E	B	F	H
Übertemperatur in K	60	75	80	100	135

Für die Kühlung der Wicklungen und des Eisenkerns sind deren von Luft oder Öl bestrichene Oberflächen maßgebend. Reichen diese nicht aus, so werden in den Wicklungen bzw. im Eisenkern zusätzliche Innenkanäle vorgesehen. Eine Verbesserung der Wärmeabfuhr tritt ein, wenn die Luftbewegung durch Lüfter oder die Ölbewegung durch Pumpen beschleunigt wird. Die wirksamste Kühlung in Öltransformatoren erreicht man, wenn das Öl direkt durch die zu kühlenden Teile gepumpt wird.

Die Lebensdauererwartung eines Transformators wird durch die Temperatur der wärmsten Stelle innerhalb der Wicklungen bestimmt. Diese *Heißpunkttemperatur* ist jedoch normalerweise nicht direkt meßbar. Man setzt voraus, daß Öltransformatoren eine normale Lebensdauer aufweisen, wenn sie dauernd mit einer Heißpunkttemperatur von 98 °C betrieben werden

Tabelle 2.1-10. Zulässige Übertemperaturen für Öltransformatoren

Teil	Übertemperatur in K
Wicklungen (Isolierstoffklasse A)	65
Öl oben	60, wenn der Transformator dicht abgeschlossen oder mit Ausdehnungsgefäß versehen ist
	55 in allen sonstigen Fällen

[DIN 57536]. Diese Temperatur stellt sich im Jahresmittel ein, wenn der Transformator bei einem Jahresmittelwert der Kühlmitteltemperatur von 20 °C dauernd mit Nennleistung, d. h. den Übertemperaturen nach Tabelle 2.1-10, betrieben wird. Nimmt man an, daß eine Erhöhung der Heißpunkttemperatur um 6 K jeweils zu einer Halbierung der Lebensdauer bzw. eine Absenkung um 6 K jeweils zu einer Verdoppelung der Lebensdauer führt, so beträgt der auf den „normalen" Lebensdauerverbrauch bei der Heißpunkttemperatur t_{HN} reduzierte Lebensdauerverbrauch bei der Heißpunkttemperatur t_H

$$D_r = 2^{(t_H - t_{HN})/6} = e^{0,116(t_H - t_{HN})} = 10^{(t_H - t_{HN})/19,93}. \tag{2.1-28}$$

Hieraus läßt sich unter gewissen vereinfachenden Annahmen über den räumlichen und zeitlichen Temperaturverlauf im Transformator für vorgegebene Jahresmittelwerte der Kühlmitteltemperatur und periodisch sich wiederholende *Belastungsspiele* die Nennleistung bestimmen, die unter diesen Bedingungen den normalen Lebensdauerverbrauch ergibt. Zusätzliche Einschränkungen sind, daß die Ströme die 1,5-fachen Nennwerte nicht übersteigen dürfen und Heißpunkt- bzw. Öltemperatur in der obersten Schicht auf 140 bzw. 115 °C begrenzt werden müssen.

Nach dem gleichen Verfahren kann der zusätzliche Lebensdauerverbrauch, den ein selten im *Notbetrieb* überlasteter Transformator erfährt, bestimmt werden. Auch hier sind die Begrenzungen von Heißpunkt- bzw. Öltemperatur in der obersten Schicht einzuhalten. Tabellen und Kurven der zulässigen periodischen Belastungen und Notbetriebe von Öltransformatoren sind in DIN 57536 enthalten.

2.1.2.9 Einstellbarkeit der Übersetzung

Durch einstellbare Übersetzungen von Transformatoren können z. B. Spannungsschwankungen in den angeschlossenen Netzen ausgeglichen, Lastverteilungen beeinflußt und industrielle Verbraucher mit veränderlichen Spannungen versorgt werden. Bei Transformatoren kleiner Leistungen lassen sich stetige Änderungen der Übersetzung unter Last vornehmen (Gleit-, Schub-, Drehtransformatoren usw.). Bei höheren Leistungen kann man unter Verwendung von Wicklungsanzapfungen die Übersetzung in Stufen ändern:

im spannungslosen Zustand durch Umsteller bzw. an Klemmbrettern,

unter Last durch Stufenschalter.

Bei Verteilungstransformatoren und Leistungstransformatoren bis 80 MVA sind spannungslos einstellbare Anzapfungsbereiche von $\pm 2{,}5$, ± 4 und $\pm 5\%$ je nach Nennleistung und u_k genormt. Es wird jedoch empfohlen, bei Verteilungstransformatoren künftig auf diese Anzapfungen zu verzichten. Für Leistungstransformatoren mit Leistungen bis 80 MVA und Spannungen bis 110 kV sieht die Norm unter Last einstellbare Anzapfungsbereiche von ± 10, ± 16 (jeweils in 19 bzw. 27 Stellungen) oder $\pm 22\%$ (in 27 Stellungen) vor. Bei Leistungstransformatoren mit höheren Betriebsspannungen sind Anzapfungsbereiche zwischen ± 11 und $\pm 18\%$ üblich. Ofen- und Gleichrichtertransformatoren erfordern normalerweise größere Anzapfungsbereiche und und höhere Stellungszahlen.

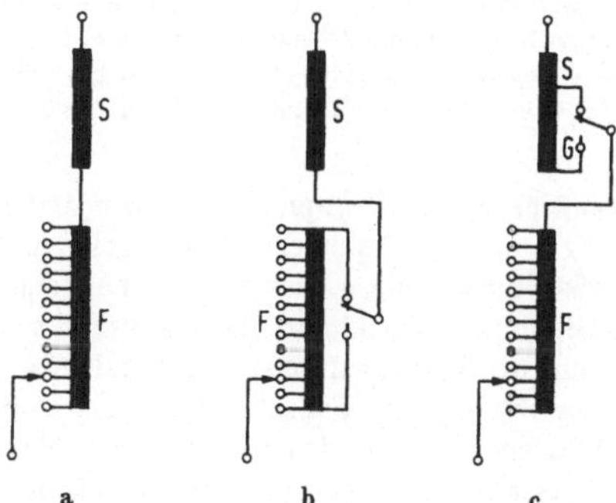

Bild 2.1-16. Grundschaltungen der Stufenwicklungen von Transformatoren (S Stammwicklung; G Grobstufenwicklung; F Feinstufenwicklung).

In Bild 2.1-16 sind für Transformatoren mit Stufenschaltern die Grundschaltungen des Wicklungsteiles mit Anzapfungen, der sog. *Stufenwicklung*, dargestellt. Diese Wicklung besteht in den Fällen a) und b) nur aus Feinstufen, während sie sich bei c) aus einer Grobstufe und den Feinstufen zusammensetzt. Bild 2.1-16a stellt die sog. *lineare Schaltung* dar, bei der die Spannungen der eingeschalteten Feinstufen jeweils zur Spannung der Stammwicklung addiert werden. Bei der *Zu- und Gegenschaltung* nach Bild 2.1-16b werden die Spannungen der eingeschalteten Feinstufen entweder zu der Spannung der Stammwicklung addiert oder von ihr subtrahiert. Bild 2.1-16c zeigt die Schaltung mit *Grob- und Feinstufen*, bei der die Spannungen der einzelnen Wicklungsteile sich wiederum addieren. Ausgehend von der kleinstmöglichen Windungszahl (Windungszahl der Stammwicklung) werden die Windungen der Feinstufen nacheinander eingeschaltet. Dann wird an Stelle der gesamten Feinstufen die Grobstufe eingeschaltet, worauf die Feinstufen-Anzapfungen noch einmal im gleichen Sinne wie vorher durchlaufen werden. Bei sehr großen Anzapfungsbereichen kann man auch mehrere Grobstufen verwenden.

Bei Leistungstransformatoren werden unter Last einstellbare Anzapfungen vorzugsweise am Sternpunkt von Wicklungen in Sternschaltung angeordnet, so daß man die Vorteile der abgestuften Isolation ausnutzen und bei Drehstromtransformatoren einen dreiphasigen Sternpunkt-Stufenschalter verwenden kann. Bei Spartransformatoren kann man entweder eine *direkte* Einstellung im Transformator selbst oder eine *indirekte* Einstellung mit Hilfe eines Zusatztransformators vornehmen. Die Bilder 2.1-17a bis d zeigen die direkte Einstellung mit schaltungsmäßiger Anordnung der

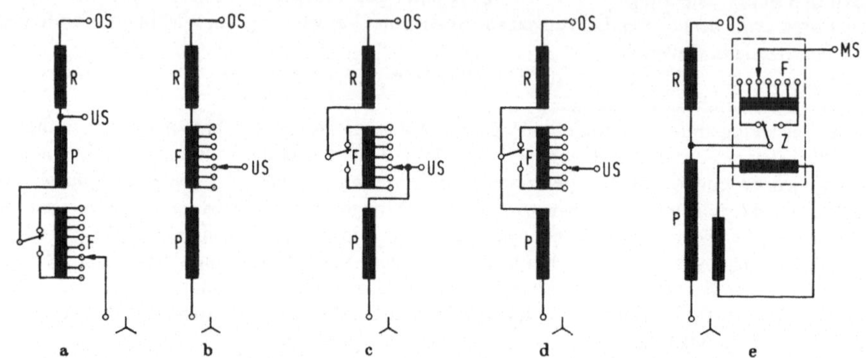

Bild 2.1-17. Anordnung der Stufenwicklung bei Spartransformatoren: a) am Sternpunkt, b) zwischen Reihen- und Parallelwicklung, c) am Ende der Reihenwicklung, d) im Zuge des Unterspannungsanschlusses (OS, US Leiteranschlüsse auf der Oberspannungs- bzw. Unterspannungsseite; *R* Reihenwicklung; *P* Parallelwicklung; *F* Feinstufenwicklung); e) stellt eine indirekte Einstellung mit Zusatztransformator dar (OS, MS Leiteranschlüsse auf der Ober- bzw. Mittelspannungsseite; *Z* Zusatztransformator).

Stufenwicklung am Sternpunkt, zwischen Reihen- und Parallelwicklung, am Ende der Reihenwicklung bzw. im Zuge des unterspannungsseitigen Anschlusses (Gabelschaltung). Bild 2.1-17e gibt eine indirekte Einstellung wieder, bei der die Reihenwicklung des Zusatztransformators im Zuge des Mittelspannungsanschlusses liegt, während seine Erregerwicklung parallel zur Unterspannungswicklung des Spartransformators geschaltet ist. Bei Drehstrom-Spartransformatoren benötigt man in allen abgebildeten Fällen außer a drei einphasige Stufenschalter, die gegen Erde und gegeneinander entsprechend den auftretenden dielektrischen Beanspruchungen zu isolieren sind. Ofen- und Gleichrichtertransformatoren werden häufig auch mit indirekter Einstellung der Spannung unter Verwendung von Vor- oder Zusatztransformatoren ausgeführt.

Entsprechend den Betriebsverhältnissen unterscheidet man folgende Arten der Spannungseinstellung:

1. Einstellung bei *konstantem magnetischem Fluß*. Hierbei ist die Spannung an der Wicklung ohne Anzapfungen konstant, während sie an der Wicklung mit Anzapfungen der jeweils eingeschalteten effektiven Windungszahl entspricht.
2. Einstellung bei *veränderlichem magnetischem Fluß*. In diesem Fall ist die Spannung an der Wicklung mit Anzapfungen konstant und an der Wicklung ohne Anzapfungen veränderlich je nach der eingeschalteten Windungszahl der anderen Wicklung.
3. *Gemischte* Einstellung. Bis zu einer bestimmten Spannung erfolgt eine Einstellung bei konstantem magnetischem Fluß, darüber bei veränderlichem magnetischem Fluß.

Die Einstellung bei veränderlichem magnetischem Fluß wird bei Ofen- und Gleichrichtertransformatoren benötigt, während in den Energieübertragungssystemen die beiden anderen Arten auftreten. Bei der Auslegung eines Transformators mit unter Last einstellbarer Übersetzung ist die verlangte Einstellart hinsichtlich der Induktion und der Ströme zu berücksichtigen.

In Ringleitungen ist zur Beeinflussung der Wirk- und Blindleistungsverteilung sowohl eine Änderung der Übersetzung als auch des Phasenwinkels zwischen Ein- und Ausgangsspannung des Transformators erforderlich. Die notwendige Drehung des Spannungszeigers der Stufenwicklung gegen den der mit ihr galvanisch verbundenen Stammwicklung kann man entweder durch eine entsprechende Schaltung der Stränge im Transformator selbst oder durch Zusammenschaltung mehrerer Transformatoren erzielen [81].

2.1.2.10 Geräuschverhalten

Das von Transformatoren verursachte Geräusch besteht aus dem magnetischen Geräusch des Transformators selbst sowie dem aerodynamischen Geräusch der zugehörigen Kühleinrichtung, falls bei dieser die Luftbewegung durch Lüfter erzwungen wird. Das magnetische Geräusch wird hauptsächlich von den magnetostriktiven Längenänderungen der Bleche des Eisenkerns und nur zu einem meist vernachlässigbar kleinen Teil von den im normalen Betrieb in den Wicklungen auftretenden Stromkräften verursacht.

Die periodische Änderung der Induktion im Eisenkern führt infolge der Magnetostriktion zu periodischen Längenänderungen der Bleche, die hierdurch Biege- und Längsschwingungen des Eisenkerns anregen. Der so entstehende Körperschall wird bei flüssigkeitsgefüllten Transformatoren etwa je zur Hälfte über die Flüssigkeit und die Körperschallbrücken zwischen Kern und Kessel auf diesen übertragen und von ihm als Luftschall abgestrahlt. Bei Trockentransformatoren erzeugt der Kern das Luftschallfeld direkt. Das magnetische Geräusch von Transformatoren besteht überwiegend aus Tönen doppelter Netzfrequenz als Grundschwingung und Oberschwingungen hiervon; es wird im üblichen Netzfrequenzbereich als „tiefes Brummen" empfunden [82].

Durch geeignete Maßnahmen bei Konstruktion und Fertigung läßt sich sicherstellen, daß das Geräusch der Transformatoren die der Leistung entsprechenden Normalwerte nicht überschreitet. Blechverbiegungen im Eisenkern sind möglichst zu verhüten und mechanische Resonanzen von Eisenkern und Kessel zu vermeiden.

Für den Bau von geräuscharmen Transformatoren mit Lautstärkeminderungen bis zu etwa 15 dB(A) gegenüber der Normalausführung stehen folgende Mittel zur Verfügung: Für die Eisenkerne werden Bleche mit besonders günstigem magnetostriktivem Verhalten verwendet. Die körperschallisolierte Aufstellung des aktiven Teils auf Federn im Kessel verringert den zwischen Eisenkern und Kessel übertragenen Schall. Die für die Schallabstrahlung maßgebenden Kesselwände lassen sich durch aufgesetzte Mitschwinger oder Vorsatzschalen in Form biegeweicher Wände aus Sandwichplatten (Stahlbleche mit dazwischenliegender Kunststoffschicht) bedämpfen. Eine sehr starke Geräuschminderung ergibt sich durch Verwendung eines Doppelkessels, bei dem der eigentliche Kessel als Innenkessel in einem zusätzlichen Außenkessel schwingungsisoliert aufgestellt wird. Hingegen wird die Senkung der Induktion nur in Sonderfällen zur Geräuschminderung benutzt.

Außerdem können Transformatoren am Aufstellungsort mit leicht demontierbaren Schallschluckhauben ausgerüstet werden, die das Geräusch um bis zu 20 dB(A) mindern. In dichtbesiedelten Gebieten bringt man Transformatoren mit Leistungen bis zu ca. 60 MVA in Transformatorzellen unter, deren Zu- und Abluftöffnungen für die Kühlluft schallgedämpft werden, wodurch das Geräusch um 25 bis 35 dB(A) verringert wird.

Wenn bei sehr großen Einheiten die Geräusche um etwa 20 bis 35 dB(A) vermindert werden sollen, erfolgt der Einbau in ein schalldämmendes Stahlbetongebäude. Der Transformator selbst wird gefedert auf dem Fundament aufgestellt. Die Durchführungen werden auf verlängerte Dome gesetzt, welche die Decke oder die Wände des Gebäudes durchbrechen [83].

Geräusche von Kühleinrichtungen mit Lüftern können durch Verwendung geräuscharmer Lüfter mit niedrigen Drehzahlen herabgesetzt werden. Bei Öl-Luft-Kühlern läßt sich eine zusätzliche Bedämpfung mit Schalldämpfern vor den Schallaustritts-Öffnungen, d. h. Lüftern und Kühlern, erzielen.

2.1.2.11 Überwachung im Betrieb

Bei Transformatoren muß neben den regelmäßig vorzunehmenden Funktionsprüfungen der Schutzgeräte, den Revisionen der Stufenschalter und den Kontrollen und Reinigungen der Kühleinrichtungen die Öl- oder Askarelfüllung [14] laufend überwacht werden. Diese Flüssigkeiten erfüllen ihre dielektrischen Aufgaben nur dann zufriedenstellend, wenn sie trocken und rein gehalten werden. Feuchtigkeit, die bei offenen Systemen aus der atmosphärischen Luft in den Transformator gelangen kann, und Verunreinigungen durch Fremdstoffe oder Alterungsprodukte setzen die elektrische Festigkeit von Öl und Askarel herab und erhöhen den dielektrischen Verlustfaktor.

Bei offenen Systemen ist zwischen dem Ausdehnungsgefäß und der Lufteintrittsöffnung eine Trocknungsvorlage eingebaut, die üblicherweise mit Silicagel gefüllt ist und der durchströmenden Luft die Feuchtigkeit entzieht. Man kann die Feuchtigkeit auch durch Kühlelemente ausfrieren oder die Luft mit Hilfe eines Gebläses durch ein Trockenmittel zirkulieren lassen. Die genannten Geräte erfordern eine ständige Überwachung und Wartung. Andererseits verwendet man auch geschlossene Systeme mit oder ohne Inertgaspolster (Stickstoff) unter dem Kesseldeckel.

Während Askarele alterungsbeständig sind, verschlechtern sich im Laufe des Betriebes die chemischen und dielektrischen Eigenschaften des Öls. Dies kann bis zu Schlammbildung und den Betrieb gefährdenden Erhöhungen des dielektrischen Verlustfaktors führen. Zusätze von Antioxidantien, Passivatoren u. a. hemmen die Öloxydation. Bisweilen wird auch im Ausdehnungsgefäß eine luftundurchlässige Membran zur Trennung von Öl und Luft vorgesehen.

Anhand einer Analyse der im Öl gelösten Gase kann man Aussagen über die Entstehung von Zersetzungsprodukten des Öls und der festen Isolierstoffe aus elektrischen oder thermischen Gründen machen und Hinweise auf mögliche Fehlerursachen erhalten [84].

2.1.3 Konstruktiver Aufbau

2.1.3.1 Eisenkern

Der Eisenkern führt den magnetischen Fluß des Transformators. Seine bewickelten Teile werden als *Schenkel* bezeichnet; *Joche* verbinden diese zu geschlossenen magnetischen Kreisen. Jochteile, die parallel zu den Schenkeln verlaufen, nennt man *Rückschlußschenkel* oder Rückschlüsse.

Für die Eisenkerne wird heute fast ausschließlich kaltgewalztes, kornorientiertes Eisenblech mit *Gosstextur* und einem Siliziumgehalt von etwa 3% verwendet, wobei die Walzrichtung die magnetische Vorzugsrichtung ist. Dieses Blech hat Dicken zwischen 0,28 mm und 0,35 mm und wird vom Blechhersteller beidseitig mit anorganischen Isolierschichten versehen. Die im Epstein-Apparat bei 1,5 T gemessenen spezifischen Verluste betragen 0,80 bis 1,05 W/kg. Die im Betrieb üblichen Induktionen der Transformatoren liegen etwa zwischen 1,7 und 1,8 T. Da durch die Verarbeitung beim Transformatorenhersteller die magnetischen Eigenschaften und Verluste dieser Bleche verschlechtert werden, unterzieht man sie i. allg. einer Nachglühung bei etwas über 800 °C. Die Bauformen der Eisenkerne werden so gewählt, daß der magnetische Fluß möglichst weitgehend der magnetischen Vorzugsrichtung folgt.

Für Einphasentransformatoren kleiner Leistungen verwendet man häufig *Bandwickelkerne*, die aus Blechband gewickelt, in eine rechteckige Form gepreßt und zum Aufschieben der Wicklungen aufgeschnitten werden. Anschließend fügt man die Schnittstellen mit stumpfem Stoß oder verschachtelt wieder zusammen. In allen sonstigen Fällen bestehen die Eisenkerne aus geschichteten und an den Stoßstellen verschachtelten Blechstreifen. Die günstigste Ausnutzung der magnetischen Vorzugsrichtung ergibt sich, wenn die Bleche an den Stoßstellen von Außenschenkeln bzw. Rückschlußschenkeln und Jochen unter einem Winkel von 45° und die Schenkelbleche an den Stoßstellen zwischen Innenschenkeln und Jochen unter einem Dachwinkel von 90° geschnitten werden.

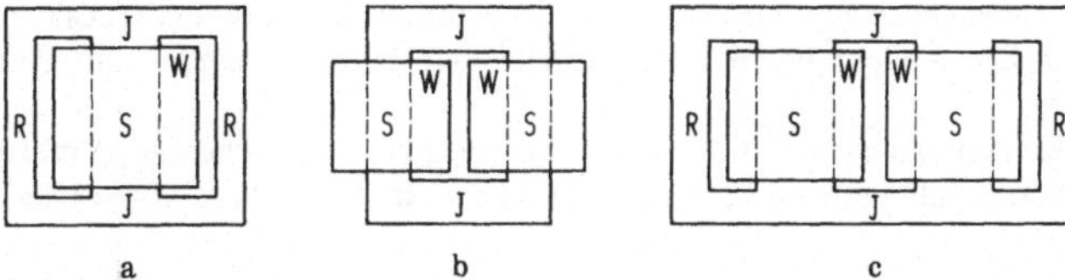

Bild 2.1-18. Einphasige Kerntransformatoren a) mit einem bewickelten Schenkel, b) mit zwei bewickelten Schenkeln ohne Rückschlüsse, c) mit zwei bewickelten Schenkeln mit Rückschlüssen (S bewickelter Schenkel, R Rückschluß, J Joch, W Wicklungen).

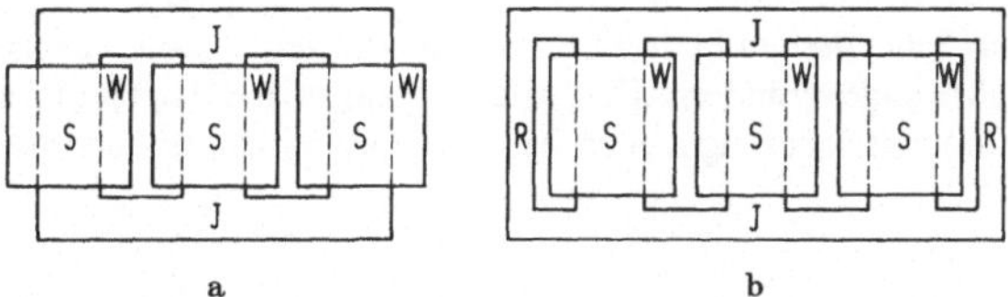

Bild 2.1-19. Drehstrom-Kerntransformatoren a) ohne, b) mit Rückschlüssen (Zeichen wie in Bild 3.1-18).

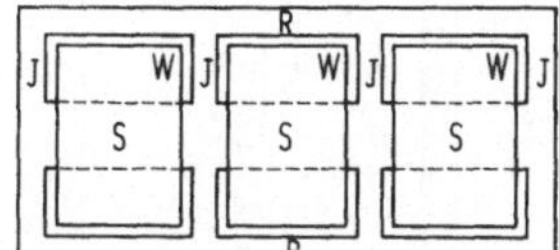

Bild 2.1-20. Drehstrom-Manteltransformator (Zeichen wie in Bild 3.1-18).

Transformatoren werden entweder als *Kerntransformatoren* mit stehenden (vertikale Schenkelachsen) oder als *Manteltransformatoren* mit liegenden Eisenkernen (horizontale Schenkelachsen) ausgeführt. Einphasige Kerntransformatoren erhalten je nach Leistung einen, zwei oder mehr bewickelte Schenkel. Bei ungerader Zahl der bewickelten Schenkel sind Rückschlüsse erforderlich, bei gerader Zahl bewickelter Schenkel können sie zur Verringerung der Jochhöhe verwendet werden. Bild 2.1-18 zeigt hierfür einige Beispiele. Drehstrom-Kerntransformatoren werden mit drei bewickelten Schenkeln ohne oder mit Rückschlüssen nach Bild 2.1-19 ausgeführt. Bild 2.1-20 stellt den Eisenkern eines Drehstrom-Manteltransformators dar. Hier haben die bewickelten Schenkel eine gemeinsame Achse; der Wickelsinn der Wicklungsstränge des mittleren Schenkels ist entgegengesetzt zu dem der beiden anderen Schenkel.

Bei Kerntransformatoren werden die Querschnitte der bewickelten Schenkel und der Joche rückschlußloser Kerne durch Schichtung von Bleckpaketen unterschiedlicher Breiten möglichst weitgehend der Kreisform angepaßt. Bei Kernen mit Rückschlüssen haben Joche und Rückschlußschenkel annähernd elliptische Querschnitte. Kleine und mittlere Leistungen von Kerntransformatoren führt man bisweilen auch mit rechteckigen Querschnitten von Schenkeln und Jochen aus. Dagegen haben die Kerne von Manteltransformatoren überwiegend rechteckige Querschnitte.

Bei den geschichteten Eisenkernen liegen Schenkel und Joche in einer Ebene. Lediglich bei *radial geblechten* Einphasentransformatoren mit einem bewickelten Schenkel besteht der Kern aus sternförmig angeordneten Rahmen.

Die Schenkel werden an den beiden zur Blechrichtung parallelen Außenseiten mit Deckplatten versehen und entweder gegen die Wicklungen verkeilt oder durch Bandagen aus Glasfaser- bzw. Metallband mit Isolierstellen gepreßt. Ober- und Unterrahmen und eventuelle zusätzliche Bandagen halten die Joche. Die Außenrahmen von Manteltransformatoren werden mit Hilfe des Kessels gepreßt.

Soweit die Mantelflächen zur Abfuhr der im Eisenkern entstehenden Verluste nicht mehr ausreichen, werden Kühlkanäle parallel zur Blechebene im Kerninnern vorgesehen.

2.1.3.2 Wicklung

Die Wicklungen von Transformatoren bestehen aus Folien, Bändern, Zylindern, Runddrähten, Flachdrähten, Zwillings- bzw. Drillingsleitern (2 bzw. 3 gegeneinander isolierte Teilleiter, die entsprechend gekreuzt werden) oder Drilleitern (Bündel mit ungerader Zahl lackisolierter Flachdrähte, die mit ihren Schmalseiten hälftig in zwei Ebenen übereinander liegen und innerhalb des Bündels periodisch ihre Lage verändern). Die Leiterwerkstoffe sind Kupfer und in gewissem Umfang Aluminium. Als Windungsisolierung dienen Papier, anorganische Isolierstoffe und Lack.

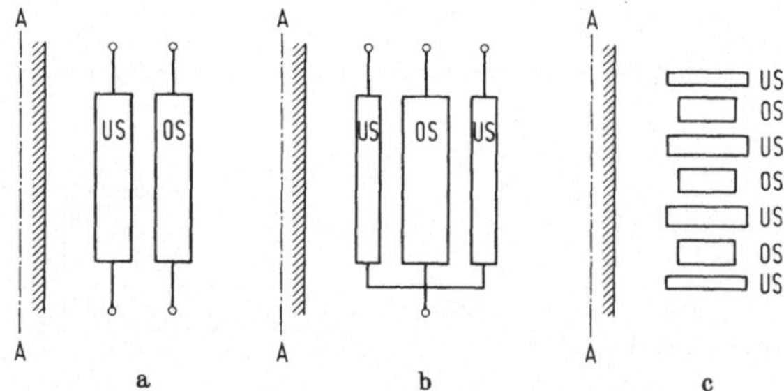

Bild 2.1-21. Wicklungsanordnungen: a) einfachkonzentrische Röhrenwicklungen, b) doppelkonzentrische Röhrenwicklungen, c) Scheibenwicklungen (A – A Schenkelachse; OS Oberspannungswicklung; US Unterspannungswicklung).

Man unterscheidet zwischen *Röhrenwicklungen (konzentrisch* angeordneten Wicklungen) und *Scheibenwicklungen* (Bild 2.1-21). Kerntransformatoren werden fast ausschließlich mit Röhrenwicklungen ausgeführt, deren Achsen mit den Schenkelachsen zusammenfallen. Bei der *einfachkonzentrischen* Anordnung besteht jede Wicklung nur aus einer Röhre, während bei der *doppelkonzentrischen* Ausführung eine Wicklung zwei in Reihe geschaltete Röhren umfaßt, welche die andere Wicklung einschließen. Bei Scheibenwicklungen, die für Manteltransformatoren verwendet werden, setzt sich jede Wicklung aus mehreren aus Scheibenspulen bestehenden Gruppen zusammen, die den gleichen mittleren Durchmesser haben und räumlich miteinander verschachtelt werden.

Röhrenwicklungen können entweder Lagen (Zylinder) oder Scheibenspulen enthalten. Die möglichen Ausführungsformen hängen sowohl von den dielektrischen Beanspruchungen innerhalb der Wicklung und den auf die anderen Wicklungen übertragenen Überspannungen als auch von der

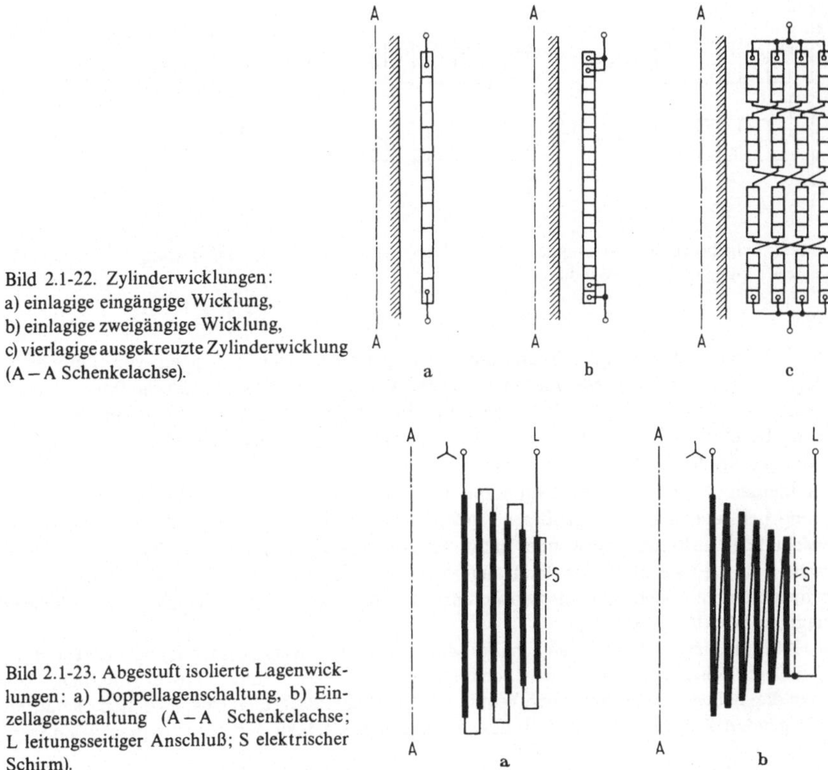

Bild 2.1-22. Zylinderwicklungen: a) einlagige eingängige Wicklung, b) einlagige zweigängige Wicklung, c) vierlagige ausgekreuzte Zylinderwicklung (A – A Schenkelachse).

Bild 2.1-23. Abgestuft isolierte Lagenwicklungen: a) Doppellagenschaltung, b) Einzellagenschaltung (A – A Schenkelachse; L leitungsseitiger Anschluß; S elektrischer Schirm).

Stromstärke, d. h. der Anzahl der benötigten Parallelzweige, ab. Bis zu mittleren Spannungen verwendet man die in Bild 2.1-22 abgebildeten *Zylinderwicklungen*, bei denen die ganze Spannung der Wicklung auf eine Lage entfällt. Sie können mit einem Leiter, mehreren *axial* übereinanderliegenden parallelen Leitern ohne Kreuzungen, mehreren *radial* nebeneinanderliegenden parallelen Leitern mit Kreuzungen oder auch mit radial und axial angeordneten Parallelzweigen ausgeführt werden. *Lagenwicklungen* mit hohen Windungszahlen haben mehrere Lagen in Doppel- oder Einzellagenschaltung nach Bild 2.1-23. Bei abgestuft isoliertem Sternpunkt wird die axiale Lagenabmessung zum leitungsseitigen Anschluß hin fortlaufend symmetrisch verkürzt, so daß der Wicklungsquerschnitt durch ein Trapez umschrieben wird.

Scheibenspulen, als Doppel- oder Einzelspulen geschaltet, können entweder mit fortlaufender Folge oder für hohe Spannungen mit *Ineinanderwicklung* (Verschachtelung) der Windungen nach Bild 2.1-24b oder c ausgeführt werden. Eine Kombination beider Arten in einer Wicklung (ineinandergewickelte Spulen am leitungsseitigen Ende; Hauptteil der Wicklung aus normalen Spulen) ist möglich. Eine günstige Ausnutzung des Kernfensters ergibt sich bei Wicklungen aus Scheibenspulen mit abgestuft isoliertem Sternpunkt, wenn man eine Wicklung mit zwei parallelen, axial übereinanderliegenden Zweigen verwendet und den Leiteranschluß in die axiale Wicklungsmitte legt, so daß man die axialen Abstände zwischen Wicklung und Jochen nur für die Prüfspannungen des Sternpunktes zu bemessen braucht. Bei hohen Strömen und hohen Spannungen wickelt man die Scheibenspulen mit radial bzw. axial angeordneten parallelen Leitern, während bei

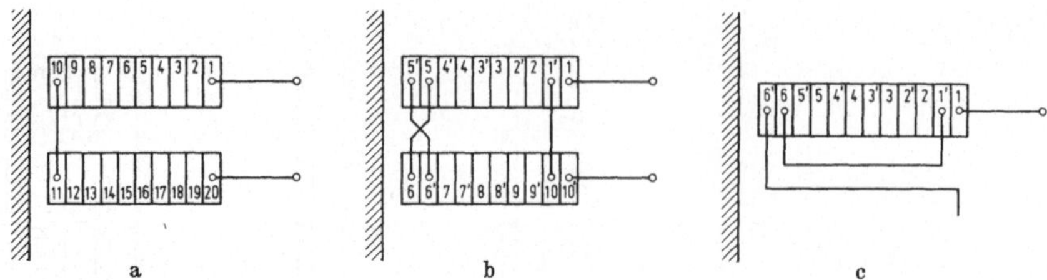

Bild 2.1-24. Scheibenspulen: a) Doppelspule, b) Doppelspule mit Ineinanderwicklung, c) Einzelspule mit Ineinanderwicklung (1, 2, 3, ... Windungen).

hohen Strömen und niedrigen Spannungen Doppelspulen bzw. Gruppen von Doppelspulen parallelgeschaltet werden. Sonderformen dieser Wicklungsart sind die *Runddraht-Doppelspulen* von Verteilungstransformatoren, bei denen jede einzelne Spule aus mehreren Lagen in Doppellagenschaltung besteht, und die *Folien-* oder *Bandwicklungen*, bei denen die Wicklung nur aus einer oder wenigen Spulen besteht.

Bei kleinen Anzapfungsbereichen kann man die betreffenden Windungen direkt aus der Wicklung herausschalten, bei größeren Anzapfungsbereichen, die vor allem bei Benutzung von Stufenschaltern auftreten, verwendet man getrennte Stufenwicklungen. Sind nur Feinstufen vorhanden, werden sie als fortlaufend angezapfte bzw. mehrgängige Zylinderwicklung oder als Röhrenwicklung mit Scheibenspulen ausgeführt. Grobstufe und Feinstufen faßt man i. allg. in einer mehrlagigen Wicklung zusammen.

Zur Kühlung der Wicklungen stehen ihre Mantelflächen, soweit diese nicht abgedeckt sind, sowie die Kanäle zwischen den Lagen bzw. Scheibenspulen zur Verfügung. Falls erforderlich, können zwischen den nebeneinanderliegenden Windungen der Scheibenspulen bzw. zwischen den untereinander liegenden Windungen von Zylinderwicklungen zusätzliche Kühlkanäle geschaffen werden.

2.1.3.3 Isolierung

Als *innere Isolierung* einer Wicklung bezeichnet man die Isolierung der Leiter sowie der einzelnen Wicklungsteile gegeneinander. Je nach den auftretenden Spannungsbeanspruchungen liegen Scheibenspulen bzw. Lagen direkt aufeinander oder werden durch entsprechende Isolierstrecken getrennt. Diese können entweder aus Isolierscheiben oder -zylindern, aus Kanälen, die durch Beilagen (Reiter oder Leisten) distanziert werden, oder aus einer Kombination von beiden bestehen. Bei Lagenwicklungen für hohe Spannungen werden zwischen die Lagen überstehende Zylinder aus Papier gewickelt, die dann an den Enden versetzt eingerissen und rechtwinklig abgebogen werden.

Die *Hauptisolierung* setzt sich aus den Isolierungen zwischen den einzelnen Wicklungen sowie zwischen den Wicklungen und Erde (Eisenkern, Konstruktionsteile, Kessel) zusammen. Während bei niedrigen Spannungen Isolierzylinder zwischen den Wicklungen sowie innenliegender Wicklung und Kern ausreichen, werden bei höheren Spannungen die Ölräume durch Preßspanzylinder und -winkelringe so unterteilt, daß Ölkanäle mit Breiten von einigen mm bis etwa 20 mm entstehen. An den Wicklungsstirnen und sonstigen scharfen metallischen Kanten dienen Schirmringe bzw. -elektroden zur Vergleichmäßigung des elektrischen Feldes. In den Randbereichen der Wicklungen bildet man die elektrischen Äquipotentialflächen möglichst gut durch Preßspanwinkelringe oder umgerissene Papierlagen nach. Bild 2.1-25 stellt schematisch den Stirnbereich der aus Preßspanzylindern und -winkelringen bestehenden Hauptisolierung eines Zweiwicklungstransformators mit Röhrenwicklungen dar, dessen Oberspannungswicklung aus Stamm- und Stufenwicklung besteht.

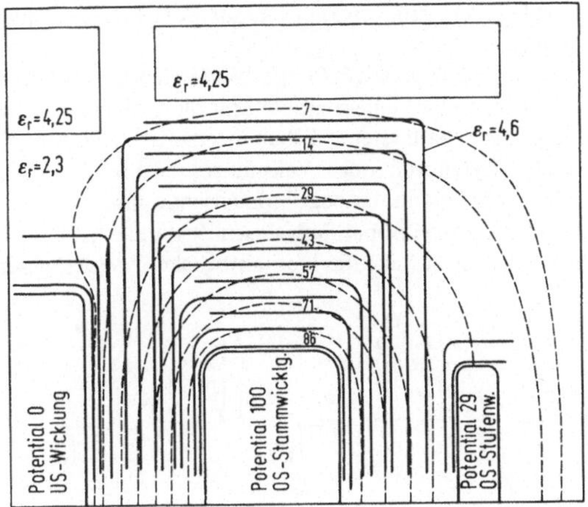

Bild 2.1-25. Stirnbereich der aus Preßspanzylindern und -winkelringen bestehenden Hauptisolierung eines Zweiwicklungstransformators, dessen Oberspannungswicklung sich aus Stamm- und Stufenwicklung zusammensetzt. Gestrichelt sind die berechneten Äquipotentiallinien bei der Prüfung mit induzierter Spannung eingetragen.

In dieses Bild sind die Dielektrizitätszahlen der verwendeten Isolierstoffe und die berechneten Äquipotentiallinien des elektrischen Feldes bei der Prüfung mit induzierter Wechselspannung eingetragen.

2.1.3.4 Abstütz- und Preßkonstruktion

Die Hauptaufgabe der Abstütz- und Preßkonstruktion ist die Beherrschung der im Kurzschlußfall auftretenden Stromkräfte und die Vermeidung von größerem freien Spiel während des Kurzschlusses. Bei Transformatoren mit Röhrenwicklungen besteht die Preßkonstruktion zur Aufnahme der Axialkräfte aus metallischen Preßbalken, die parallel zu beiden Seiten des oberen und unteren Jochs verlaufen und durch Zugstangen oder die Deckplatten der Schenkel kraftschlüssig miteinander verbunden werden. Zwischen Wicklungen und Preßbalken liegen isolierende Abstützkonstruktionen. Zur Beherrschung der Radialkräfte werden die Wicklungen durch Leisten gegen den Kern und gegeneinander abgestützt. Diese Abstützungen sind auch bei Scheibenwicklungen zur Aufnahme von Axial- und Radialkräften erforderlich.

2.1.3.5 Stufenschalter und Umsteller

Stufenschalter dienen zum stufenweisen Einstellen der Übersetzung unter Last mit Hilfe von Wicklungsanzapfungen. Sie bestehen aus einem *Lastumschalter* und einem *Feinwähler* mit oder ohne *Vorwähler*. Der Lastumschalter schaltet von einer Anzapfung auf die vom Feinwähler vorgewählte benachbarte Anzapfung um, wobei der Spannungssprung der Spannung einer Feinstufe entspricht. *Überbrückungs-Impedanzen* (Widerstände oder Drosselspulen) verbinden während der Umschaltung die in Betrieb befindliche Anzapfung mit der vorgewählten. Mit Hilfe eines Vorwählers können die Anzapfungen der Feinstufenwicklung beim Durchlauf des gesamten Anzapfungsbereiches mehrmals verwendet werden, z. B. bei Zu- und Gegenschaltung oder beim Vorhandensein einer oder mehrerer Grobstufen. Bei kleinen Leistungen kann ein *Lastwähler* die Aufgaben von Lastumschalter und Feinwähler übernehmen.

Als Lastumschalter werden *Sprunglastschalter* mit Widerständen für Kurzzeiteinschaltung oder *Lauflastschalter* mit Drosselspulen für Dauereinschaltung, die auch in einer Zwischenstellung stehen bleiben können, verwendet. Als Schaltsysteme dienen mechanische Systeme mit bewegten Kontakten, in Sonderfällen auch Thyristoren oder Vakuumrohre. Bild 2.1-26 zeigt als Beispiel die Schaltfolge eines Sprunglastschalters in der sog. Fahnenschaltung.

Umsteller stellen die Übersetzung im spannungslosen Zustand ein. Die festen Kontakte sind auf einer Geraden oder im Kreis angeordnet; die Kontaktbrücken werden geschoben oder gedreht.

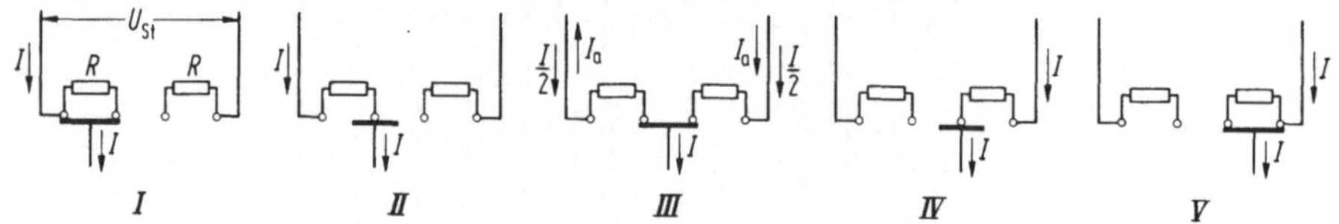

Bild 2.1-26. Schaltfolge eines Sprunglastschalters in „Fahnenschaltung". (I Laststrom, I_a Ausgleichstrom, U_{St} Stufenspannung).

2.1.3.6 Durchführungen

Durchführungen dienen zum Herausführen der Wicklungsanschlüsse aus dem Kessel. Bei sehr niedrigen Spannungen und hohen Strömen verwendet man isoliert herausgeführte Schienen oder Rohre. Für Spannungen bis 110 kV einschließlich genügen Durchführungen ohne elektrische Potentialsteuerung, die unten offen sind und einen Überwurf aus Porzellan oder Gießharz mit Schirmen zur Verlängerung der Kriechwege besitzen. Bei höheren Spannungen setzt man Kondensatordurchführungen mit Potentialsteuerung ein. Der Leiter befindet sich in einem Isolierkörper aus Hartpapier, Weichpapier oder Gießharz, der konzentrisch angeordnete zylindrische Leitbeläge enthält. Diese werden von innen nach außen kürzer und steuern die Potentialverteilung zwischen Leiter und Erde. Wenn die Ölfüllung der Durchführung von der des Transformators getrennt ist, nehmen Dehnkörper im Durchführungskopf die Volumenänderungen auf.

Kabel werden bis etwa 30 kV zu Kabelanschlußkästen mit Luft- oder Massefüllung geführt. Bei höheren Spannungen verwendet man ölgefüllte Kabelanschlußkästen; die Kabel werden über ihre Endverschlüsse an Kondensatorwickel angeschlossen, deren Unterteil die Verbindung zum Wicklungsanschluß herstellt. SF_6-gekapselte Anlagen werden über Wickel angeschlossen, deren Oberteil sich in SF_6 [1]) und deren Unterteil sich in Öl befindet. Der Oberteil des Wickels kann zusätzlich einen Porzellanüberwurf erhalten.

2.1.3.7 Kessel, Transport

Trockentransformatoren werden bei den Schutzarten IP 20 und IP 23 durch Gehäuse verkleidet. Bei schlagwetter- und explosionsgeschützten Einheiten erfolgt druckfeste Kapselung (IP 54).

Die Ausbildung der Kessel von flüssigkeitsgefüllten Transformatoren hängt von der Kühlungsart und den abzuführenden *Verlusten* sowie den Transportbedingungen ab. Bis zu Leistungen von etwa 30 kVA reichen *Glattblechkessel* zur Abfuhr der *Verluste* aus. *Wellblech-* oder *Rippenkessel* verwendet man bis etwa 3,15 MVA. Im mittleren Leistungsbereich werden Kühlelemente aus Röhren oder gepreßten Blechen (Rohrharfen, Blechharfen, Radiatoren usw.) in die Kesselwände einge-

[1]) SF_6 Schwefel-Hexafluorid.

schweißt oder über Drosselklappen angeschlossen. Transformatoren mit Öl-Wasser- bzw. Öl-Luft-Kühlern sowie Einheiten hoher Leistungen erhalten versteifte Glattblechkessel oder *Käfigkessel*, die das selbsttragende Mittelstück eines Schwerlastwagens bilden. Die Deckel (eben oder als Hauben ausgebildet) werden entweder unter Beilage von Dichtungen mit dem Kessel verschraubt oder verschweißt. Bei *Glockenkesseln* wird auf den Kesselboden eine Haube gesetzt. Unter den Kessel werden Fahrrollen geschraubt oder Kufen geschweißt.

Die Volumenänderungen der Flüssigkeit werden entweder von einem Ausdehnungsgefäß, das auf dem Transformator oder in der Anlage angebracht wird, oder bei dicht abgeschlossenen Kesseln von einem Stickstoffpolster unter dem Deckel und bei kleinen Leistungen auch vom Kessel selbst aufgenommen. Die Ausdehnungsgefäße nehmen etwa 9 % des Flüssigkeitsvolumens auf.

Der Transport von Transformatoren erfolgt auf dem Straßen-, Schienen- oder Wasserwege. Zum Bahntransport dienen je nach Abmessungen und Gewicht des Transformators normale Güterwagen, Tiefladewagen, Brücken- oder Durchladeträgerwagen, bei denen sich der Transformator beidseitig auf Träger abstützt, und Schnabelwagen, bei denen der Transformator selbst das Mittelstück des Wagens bildet. Die Tragschnäbel werden in Verbindung mit Straßenrollern auch für den Straßentransport verwendet. Zum Transport müssen je nach Größe Durchführungen, Ausdehnungsgefäß, Kühlanlage usw. abgebaut werden. Sehr große Einheiten werden aus Gewichtsgründen ohne Ölfüllung versandt.

2.1.3.8 Kühleinrichtung

Trockentransformatoren ohne Schutzgehäuse führen ihre Verlustwärme durch Strahlung und Konvektion der Luft (natürliche oder durch Lüfter erzwungene Bewegung) ab. Die Luft innerhalb des Schutzgehäuses kann ebenfalls durch Lüfter umgewälzt werden.

Die Verlustwärme luftgekühlter Öltransformatoren wird vom Kessel und den angebauten Kühlelementen an die Luft abgeführt. Die Wärmeabgabe kann durch vertikale oder horizontale Beblasung der Kühlelemente mit Lüftern verbessert werden. Die Kühlelemente werden zu Batterien vereinigt und getrennt vom Transformator aufgestellt, wenn die am Kessel verfügbare Fläche nicht mehr für ihre Anbringung ausreicht bzw. wenn betriebliche Gründe dies erfordern. Durch Umwälzen der Flüssigkeit mittels Pumpen kann die Kühlwirkung verbessert werden.

Bis zu den höchsten Leistungen verwendet man Öl-Luft- oder Öl-Wasser-Kühler, die mit Öl- und Wasserpumpen bzw. Lüftern ausgerüstet sind; sie werden am Transformator angebaut oder getrennt aufgestellt. Die Temperaturverteilung im Transformator ist am günstigsten, wenn das Öl gezielt durch Kern und Wicklungen gepumpt wird.

2.1.3.9 Schutz- und Überwachungseinrichtungen

Trockentransformatoren können durch einen *Überstromschutz* und in die Wicklungen eingebaute *Temperaturfühler* geschützt werden. Als Überspannungsschutz sind erforderlichenfalls *Überspannungsableiter* vorzusehen.

Bei flüssigkeitsgefüllten Transformatoren verwendet man einen Überstromschutz bzw. bei größeren Leistungen den *Differentialschutz.* Den Überspannungsschutz der Leiteranschlüsse, nicht direkt geerdeter Sternpunkte sowie bestimmter Stufenwicklungen bei Spartransformatoren u. ä. übernehmen Überspannungsableiter. Zusätzlich werden häufig Schutzfunkenstrecken an den Durchführungen vorgesehen. Ist ein Ausdehnungsgefäß vorhanden, wird bei Leistungen von mehr als 5 MVA (bei kleineren Leistungen wahlweise) in die Verbindungsleitung zwischen Transformator und Ausdehnungsgefäß ein *Buchholz-Relais* eingebaut, das auf Gasentwicklung, Ölverlust und Druckwellen anspricht und somit praktisch alle im Transformator auftretenden Fehler erfaßt. Der

Flüssigkeitsstand wird durch ein Anzeigegerät überwacht. Bei geschlossenen Transformatoren ist ein *Überdruckschutz* für den Kessel erforderlich.

Die Temperatur des Öls oder Askarels wird durch einen *Wärmewächter* überwacht und durch Thermometer angezeigt. Die Heißpunkttemperatur der Wicklung im Betrieb kann durch ein *thermisches Abbild* nachgebildet werden.

Kühlanlagen erfordern Überwachungs- und Schutzgeräte für Luft- und Flüssigkeitsströmungen sowie für Pumpen und Lüfter. Der Stufenschalter erhält einen Überdruckschutz und/oder ein Schutzrelais, das auf Ölströmung anspricht.

2.1.4 Sondertransformatoren

Gleichrichtertransformatoren werden mit nachgeschalteten Halbleiter-Stromrichterventilen zur Speisung von Elektrolysen, elektrischen Antrieben usw. eingesetzt. Für große Elektrolyseanlagen verwendet man Transformatoren in Doppelsternschaltung mit Saugdrossel oder Drehstrom-Brückenschaltung und Halbleiter-Gleichrichterdioden [85]. Die *Grobeinstellung* der Sekundärspannung erfolgt durch Stufenschalter entweder auf der Oberspannungsseite des Gleichrichtertransformators (*direkte* Einstellung mit ungleichen sekundären Spannungsstufen) oder (meist für mehrere Gleichrichtertransformatoren gemeinsam) in einem Vortransformator, der als Spar- oder Volltransformator ausgeführt werden kann (*indirekte* Einstellung). Zur Vergrößerung des Einstellbereiches dienen mehrere Grobstufen, spannungslos einstellbare zusätzliche Anzapfungen u. ä. Die *Feineinstellung* erfolgt durch Transduktoren (vgl. 2.2.2.7), die meist auf der Unterspannungsseite der Gleichrichtertransformatoren liegen.

Um die Netzrückwirkung durch Oberschwingungen in zulässigen Grenzen zu halten, muß eine entsprechend hohe Pulszahl, d. i. die Zahl der nicht gleichzeitig kommutierenden Phasen pro Periode, vorhanden sein (vgl. Kap. 1). Doppelstern- und Brückenschaltung arbeiten sechspulsig. Zur Erreichung einer höheren Pulszahl erhöht man die Zahl der Gleichrichtertransformatoren und verschiebt die Zeiger ihrer Sekundärspannungen zeitlich so gegeneinander, daß sie zu unterschiedlichen Zeitpunkten kommutieren. In Stern und Dreieck geschaltete Oberspannungswicklungen ergeben eine Zwölfpulsigkeit. Eine weitere Erhöhung der Pulszahl erzielt man durch „Schwenkwicklungen" auf der Oberspannungsseite des Gleichrichtertransformators oder im Vortransformator. Dabei wird jeder Wicklungsstrang mit einer Phase der auf einem anderen Schenkel des Drehstromtransformators liegenden Schwenkwicklung in Reihe geschaltet. Die Windungszahlen von Haupt- und Schwenkwicklung bestimmen den Winkel, um den der resultierende Spannungszeiger gedreht wird.

Häufig wird für mehrere Transformatoren ein Kessel verwendet, z. B. für einen Vortransformator in Sparschaltung und zwei Gleichrichtertransformatoren. Mehrere Gleichrichtertransformatoren können in einem Aktivteil mit mehreren „Stockwerken" vereint werden. Zwischenjoche zwischen diesen Stockwerken dienen zur magnetischen Entkopplung der Sekundärsysteme und zur Führung der Differenzflüsse, die von den Nutzflüssen bei Stern- und Dreieckschaltung herrühren.

Wegen des Oberschwingungsgehaltes der Ströme ist den zusätzlichen Verlusten in Wicklungen und Konstruktionsteilen besondere Beachtung zu schenken. Bei Anschluß von Thyristoren erhalten die Transformatoren kleine spannungslos einstellbare Anzapfungsbereiche; hierbei können Gleichstromkomponenten der Ströme zur Vormagnetisierung der Eisenkerne führen.

Bei *Stromrichtertransformatoren* für Hochspannungs-Gleichstrom-Übertragung ist bei der Auslegung zusätzlich die Beanspruchung durch die Mischspannungen zu berücksichtigen [86].

Ofentransformatoren [87] in ein- und dreiphasiger Ausführung dienen in der chemischen und metallurgischen Industrie zur Speisung von Elektroöfen. Sie haben kleine Kurzschlußspannungen und sehr niedrige Sekundärspannungen, die innerhalb weiter Grenzen veränderlich sein müssen. Ofentransformatoren hoher Leistungen werden unmittelbar an Hochspannungsnetze angeschlossen. Bei niedrigen Netzspannungen ist die direkte Spannungseinstellung auf der Oberspannungsseite möglich. Um große Bereiche der Unterspannung zu erhalten, kann man auf der Oberspannungsseite mehrere Grobstufen, Stern-Dreieck-Umschaltungen oder Reihen-Parallel-Umschaltungen vorsehen. Die indirekte Spannungseinstellung erfolgt mit Hilfe eines Vortransformators in Sparschaltung oder eines Aggregates aus Haupt- und Zusatztransformator. Zum Ausgleich von Unsymmetrien kann man bei Drehstromtransformatoren in den Wicklungssträngen unterschiedliche Anzapfungen verwenden; in diesem Fall muß der Eisenkern Rückschlüsse erhalten.

Ofentransformatoren sind besonders häufig Stromstößen und Überspannungen durch Schaltvorgänge und Instabilitäten der Lichtbögen ausgesetzt. Ableiter und Dämpfungsglieder dienen zur Begrenzung der Überspannungen.

Anlaßtransformatoren begrenzen den Anzugstrom beim Anlassen größerer Drehstrommotoren. Bei einer häufig verwendeten Schaltung läuft der an die Unterspannungsseite des Spartransformators angeschlossene Motor an. Nach Öffnen des Sternpunktes des Anlaßtransformators wirkt die mit dem Motor in Reihe liegende Reihenwicklung wie eine Drosselspule. Nach Beendigung des Anlaufes wird die Reihenwicklung kurzgeschlossen. Da beim Öffnen des Sternpunktes keine Spannungsabsenkung am Motor auftreten soll, ist der Leerlaufstrom des Transformators durch Luftspalte im Eisenpfad entsprechend einzustellen.

Prüftransformatoren (einphasige Öltransformatoren) dienen zur Erzeugung hoher Prüfspannungen bei verhältnismäßig kleinen Leistungen. Für sehr hohe Spannungen verwendet man Kaskadenschaltungen, bei denen der Transformator der höheren Stufe von einer zusätzlichen Wicklung des Transformators der niedrigeren Stufe gespeist wird. Die einzelnen aktiven Teile können in getrennten Kesseln, die bei den höheren Stufen isoliert aufgestellt werden, oder in einem gemeinsamen Hartpapierzylinder untergebracht werden. In anderen Fällen verwendet man einen Stabkern mit stockwerkartigem Wicklungsaufbau.

Kurzschluß-Prüftransformatoren liefern sehr hohe Kurzzeitströme für Hochleistungsversuchsanlagen. Sie erfordern meistens eine Vielzahl unterschiedlicher Sekundärspannungen, die durch spannungslos einstellbare Anzapfungen, Umschaltungen von Wicklungsteilen oder Zusammenschaltung mehrerer Transformatoren erreicht werden.

2.1.5 Prüfungen

2.1.5.1 Allgemeine Bestimmungen

Typ- und *Stückprüfungen* sind: Messung des Wicklungswiderstandes, Messung der Übersetzung und Nachweis der Polarität oder der Schaltgruppe, Messung der Kurzschlußspannung und der Kurzschlußverluste, Messung von Leerlaufverlusten und -strom, Windungsprüfung, Wicklungsprüfung.

Typprüfungen sind die Erwärmungsmessung und die Blitzstoßspannungsprüfung.

Als *Sonderprüfungen* gelten: Geräuschmessung, Nullimpedanzmessung an Drehstromtransformatoren, Kapazitätsmessung, Teilentladungsmessung, Prüfung der mechanischen Kurzschlußfestigkeit.

Die Bezugstemperatur für die notwendigen Umrechnungen der Meßergebnisse beträgt für die Isolierstoffklassen A, E und B 75 °C sowie für F und H 115 °C.

2.1.5.2 Leerlaufmessung

Sie dient zur Messung der Leerlaufverluste und des Leerlaufstroms mit Nennspannung und Nennfrequenz an den Anschlüssen einer Wicklung; die übrigen Wicklungen bleiben hierbei unbelastet. Bei nichtsinusförmiger Spannung ist eine Korrektur der gemessenen Leerlaufverluste erforderlich.

2.1.5.3 Kurzschlußmessung

Die Messung der Kurzschlußverluste und der Kurzschlußspannung wird bei Nennfrequenz mit einem Strom zwischen 25 und 100 % des Nennstroms vorgenommen. Die Kurzschlußverluste werden quadratisch, die Kurzschlußspannung linear vom Meßstrom auf den Nennstrom umgerechnet. Die dem Gleichstromwiderstand zugeordneten Verluste sind proportional, die übrigen Verluste umgekehrt proportional mit dem Widerstand auf die Bezugstemperatur umzurechnen. Die ohmschen Widerstände werden mit möglichst konstantem Gleichstrom gemessen. Durch Sättigung des Eisenkernes können die Zeitkonstanten bei dieser Messung verringert werden. Bei sehr großen Transformatoren sind für Messung der Kurzschlußverluste wegen des kleinen Leistungsfaktors Präzisionswandler mit sehr kleinem Verlustwinkel erforderlich. Bei Drehstromtransformatoren sind drei Leistungsmesser zu verwenden.

2.1.5.4 Erwärmungsmessung

Bei dieser Prüfung, die mindestens mit 90% des Nennstroms bzw. 80% der Gesamtverluste durchzuführen ist, werden die Übertemperaturen der Wicklungen und der Flüssigkeit des Transformators bestimmt. Folgende Belastungsverfahren sind anwendbar:

a) Direkte Belastung (nur bei kleinen Leistungen);
b) Rückarbeitsverfahren, das zwei gleiche oder ähnliche Transformatoren erfordert, die primär und sekundär parallel geschaltet werden und deren Übersetzung so eingestellt wird, daß im Sekundärkreis der Nennstrom als Kreisstrom fließt;
c) Kurzschlußverfahren (normales Verfahren bei mittleren und höheren Leistungen).

Bei den Verfahren a) und b) werden die Eisenkerne erregt; sie werden bei Trockentransformatoren bevorzugt, da hier der Eisenkern einen wesentlichen Einfluß auf die Temperaturverteilung hat.

Der Transformator muß bei der Erwärmungsmessung praktisch den stationären thermischen Zustand erreichen. Bis dahin werden in regelmäßigen Abständen die Kühlmitteltemperatur sowie die Öl- oder Askareltemperatur in der obersten Schicht mit Hilfe einer Thermometertasche gemessen. Die Differenz dieser Meßwerte entspricht der Öl- oder Askarelübertemperatur in der obersten Schicht. Bei Abweichung der eingespeisten Verluste von den Gesamtverlusten erfolgt die Umrechnung dieser Übertemperatur bei erzwungener Luftkühlung linear, bei natürlicher Luftkühlung mit der 0,8-ten Potenz. Die mittlere Wicklungstemperatur t_2 wird aus dem gemessenen Widerstand R_2 und dem bei einer anderen Temperatur t_1 gemessenen Widerstand R_1 ermittelt nach der bekannten Beziehung:

$$t_2 = \frac{R_2}{R_1}(235\,°\mathrm{C} + t_1) - 235\,°\mathrm{C}. \tag{2.1-29}$$

Hierzu werden nach dem Abschalten der Energiequelle die Widerstände der Wicklung in bestimmten Zeitabständen gemessen und auf den Abschaltzeitpunkt extrapoliert. Der Wicklungswiderstand kann auch ohne Unterbrechung der Einspeisung nach dem Überlagerungsverfahren (dem Laststrom wird ein Meßgleichstrom überlagert) gemessen werden. Die Temperaturen von Hochstromwicklungen in Trockentransformatoren kann man auch mit angedrückten Thermometern bestimmen.

2.1.5.5 Spannungsprüfungen

Diese Prüfungen sollen die ausreichende dielektrische Festigkeit innerhalb der Wicklungen, zwischen den Wicklungen sowie gegen Erde bei netzfrequenten Überspannungen und Stoßspannungen nachweisen. Bei der *Windungsprüfung* wird der Transformator mit erhöhter Frequenz für 120 s so erregt, daß höchstens die doppelte Windungsspannung auftritt. Bei der *Wicklungsprüfung* wird jede Wicklung während 60 s mit Fremdspannung festgelegter Höhe und mindestens 80% der Nennfrequenz gegen die anderen Wicklungen, Kern, Konstruktionsteile und Kessel, die untereinander verbunden und geerdet sind, geprüft. Bei abgestuft isolierten Wicklungen wird eine zusätzliche Windungsprüfung mit Erdung eines Wicklungspunktes so durchgeführt, daß die geforderte Prüfspannung zwischen jedem Leiteranschluß und Erde (gegebenenfalls nacheinander mit geänderter Erdung) während einer Zeitspanne in Sekunden von 120mal Nennfrequenz/Prüffrequenz, jedoch höchstens 60 s und mindestens 15 s, auftritt.

Die *Blitz-Stoßspannungsprüfung* ist eine Typprüfung, für die eine volle Stoßspannung mit 1,2 µs Stirnzeit und 50 µs Rückenhalbwertzeit sowie eine abgeschnittene Stoßspannung mit Abschneiden nach 2 bis 6 µs vorgesehen ist. Zur Fehleranzeige werden die Stoßströme der gestoßenen oder nicht gestoßenen Wicklungen aufgezeichnet und ihr Verlauf bei Bezugsspannung und Prüfspannung verglichen.

Für die Überwachung evtl. auftretender Entladungen während der Wechselspannungsprüfung eignet sich die *Teilentladungsmessung*, mit der auch Entladungen sehr geringer Intensität auf Grund ihrer hochfrequenten Ausstrahlung festgestellt werden können [88]. Bei Höchstspannungstransformatoren kann in Zukunft wahlweise auch eine Prüfung mit Blitz- und Schaltstoßspannungen sowie eine Langzeit-Wechselspannungsprüfung mit gleichzeitiger Messung der Teilentladungen durchgeführt werden.

2.2 Drosselspulen[1])

Bearbeitet von *W. Dietrich* und *W. Stein*

2.2.1 Allgemeines: Aufbau von Drosselspulen

Drosselspulen dienen einer Vielzahl unterschiedlicher Zwecke. Ihre Wicklungen werden von Wechselstrom oder Gleichstrom durchflossen; in bestimmten Fällen haben sie gleichzeitig Wicklungen für beide Stromarten. Drosselspulen werden entweder als reine Luftspulen — gegebenenfalls mit magnetischer oder elektromagnetischer Abschirmung — oder mit Eisenpfaden für die magnetischen Flüsse gebaut. Diese können geschlossen oder — meist innerhalb der Wicklungen — durch unmagnetische Strecken, sog. *Luftspalte*, unterbrochen sein. Im Grenzfall erstreckt sich der Luftspalt über die gesamte axiale Wicklungsabmessung. Die Induktivität kann innerhalb gewisser Grenzen verändert werden, z. B. mit Hilfe von Wicklungsanzapfungen oder durch Änderung der axialen Luftspaltabmessung.

Bei Drosselspulen mit Eisenkernen und Luftspalten ist die Schenkelleistung

$$S \approx \omega \frac{\hat{B}^2}{2\mu_0} A_\delta \delta \tag{2.2-1}$$

und die Induktivität eines Schenkels

$$L \approx \mu_0 \frac{A_\delta w^2}{\delta} \tag{2.2-2}$$

(A_δ Luftspaltquerschnitt,
δ gesamte Luftspaltlänge eines Schenkels,
w Windungszahl einer Schenkelwicklung).

Drosselspulen mit Eisenpfaden werden als Kerntypen mit stehenden oder als Manteltypen mit liegenden Eisenkernen ausgeführt. Die Bauformen der Eisenkerne entsprechen den in den Bildern

[1]) Literatur S. 255.

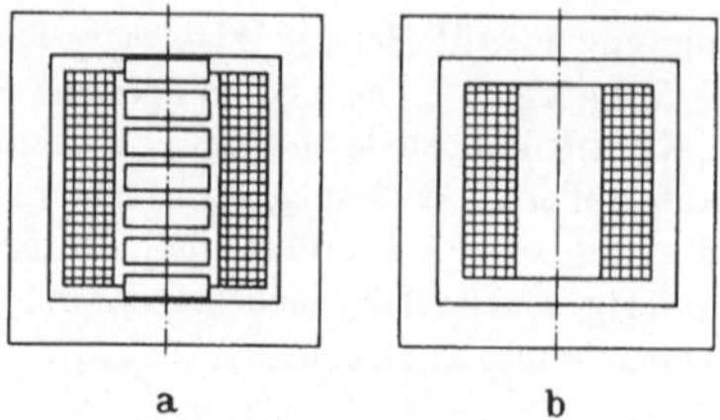

Bild 2.2-1. Einphasen-Drosselspule mit einer Schenkelwicklung; a) Unterteilung des Luftspaltes durch Blechpakete, b) Durchgehender Luftspalt.

2.1-18 bis 2.1-20 dargestellten Transformatorkernen. Bild 2.2-1 zeigt als Beispiel eine Einphasen-Drosselspule mit einer Schenkelwicklung und Rückschlüssen, bei der sich innerhalb der Wicklung entweder mehrere kleine, durch Blechpakete getrennte Luftspalte oder ein großer Luftspalt, der sich über die gesamte axiale Wicklungsabmessung erstreckt, befinden. Bei Schenkeln, die sich aus Blechpaketen und Luftspalten zusammensetzen, tritt der magnetische Fluß im Bereich der Luftspalte mit wachsender Spaltlänge in zunehmendem Maße aus und ruft in den Randschichten der Blechpakete sowie in der Wicklung hohe Zusatzverluste hervor. Diese werden durch Radialblechung der Pakete und die Wahl kleiner Leiterabmessungen stark herabgesetzt. Im übrigen entspricht der konstruktive Aufbau der Drosselspulen mit Eisenkernen weitgehend dem der Transformatoren.

2.2.2 Arten von Drosselspulen

2.2.2.1 Kurzschluß-Drosselspulen

Kurzschluß-Drosselspulen werden in Reihe mit einem System geschaltet, um die Fehlerströme zu begrenzen. In Netztransformatoren mit drei Wicklungen werden sie häufig zur Begrenzung der Kurzschlußströme der Unterspannungsseite eingebaut. Soll die Abschaltleistung S_{k1} eines Netzes auf die Größe S_{k2} verringert werden, beträgt die *Nennimpedanz* der einzusetzenden Kurzschluß-Drosselspule:

$$Z_N = U_N^2 \left(\frac{1}{S_{k_2}} - \frac{1}{S_{k_1}}\right) \tag{2.2-3}$$

(U_N Nennspannung des Netzes).

Der *Nennspannungsfall* ΔU_N der Drosselspule ist gleich dem Produkt der bei Betrieb mit Nennstrom I_N und Nennfrequenz an einem Wicklungsstrang der Drosselspule auftretenden Spannung und des Phasenfaktors (1 bei einphasigen, $\sqrt{3}$ bei dreiphasigen Geräten), d. h. bei einer Drehstrom-Drosselspule gilt

$$\Delta U_N = I_N Z_N \sqrt{3}. \tag{2.2-4}$$

Die Kurzschluß-Drosselspule kann den Nennstrom dauernd und den Dauerkurzschlußstrom während einer festgelegten Dauer führen. Dieser soll den 25-fachen Nennstrom während höchstens 3 s nicht überschreiten.

Kurzschluß-Drosselspulen können bis etwa 110 kV als Trockendrosselspulen ohne Eisen gebaut werden, bei höheren Spannungen auch als Öldrosselspulen mit entsprechender Abschirmung des Kessels.

Die Wicklungen von *Trockendrosselspulen* werden aus feindrähtigen Leiterseilen hergestellt. Sie können z. B. aus Scheibenspulen, die in parallel zur Wicklungsachse liegende und auf den Umfang verteilte Beton- oder Kunststoffpfeiler eingegossen werden, oder aus Lagen, die mit gießharzgetränkter Glasseide umwickelt werden, bestehen. Trockendrosselspulen werden auf Stützisolatoren

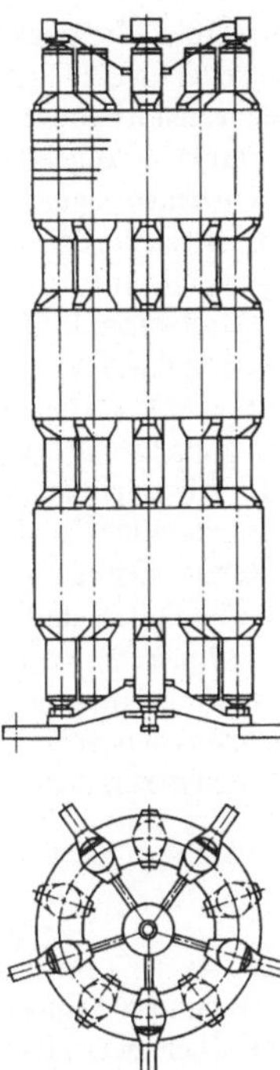

Bild 2.2-2. Fertig montierte dreiphasige Kurzschluß-Trockendrosselspule.

aus Porzellan oder Epoxidharz aufgestellt. Häufig werden bei Drehstromdrosselspulen die drei Wicklungsstränge übereinander angeordnet (Bild 2.2-2). Der mittlere Wicklungsstrang wird mit entgegengesetztem Wickelsinn ausgeführt, damit die Stützisolatoren zwischen den Phasen vorwiegend auf Druck beansprucht werden. Zur Symmetrierung der Spannungsfälle kann in dem mittleren Wicklungsstrang die Windungszahl reduziert werden.

Bei ungeschirmten Drosselspulen ist Vorsorge zu treffen, daß benachbarte Metallteile weder durch das Streufeld unzulässig erwärmt noch durch elektrodynamische Kräfte gefährdet werden. Kurzschluß-Drosselspulen werden häufig durch parallel zu den Wicklungssträngen liegende Ableiter gegen Überspannungen geschützt.

2.2.2.2 Parallellauf-Drosselspulen

Parallellauf-Drosselspulen werden beim Parallellauf von Transformatoren unterschiedlicher Kurzschlußspannungen in Reihe mit den Transformatoren niedrigerer Kurzschlußspannungen geschaltet. Ihre Induktivität wird so gewählt, daß die resultierenden Kurzschlußspannungen aller parallel geschalteten Zweige gleich sind. Sie werden als Luftspulen oder mit Eisen innerhalb der Wicklungen gebaut, was zu einer Abnahme der Induktivität im Kurzschlußfall führt.

2.2.2.3 Kompensations-Drosselspulen

Kompensations-Drosselspulen dienen zur Kompensation der kapazitiven Ladeleistung langer schwach belasteter Leitungen, zur Verbesserung der Stabilität und zur Begrenzung von Überspannungen [89]. Sie werden dreiphasig, bei hohen Spannungen auch als Einphasendrosselspulen ausgeführt und entweder an die Hochspannungsleitung direkt oder an die Unterspannungsseite von Dreiwicklungs-Netztransformatoren angeschlossen. Die Wicklungsstränge werden im Stern geschaltet; der Sternpunkt wird geerdet.

Die Schenkel enthalten entweder Blechpakete und Luftspalte oder einen durchgehenden Luftspalt. Im ersten Fall ist die Charakteristik der Spule bei Übererregung nichtlinear. Wird auch bei höheren Betriebsspannungen Linearität gefordert, muß die Betriebsinduktion entsprechend herabgesetzt werden. Bei Drehstromdrosselspulen mit Blechpaketen und Luftspalten ohne Rückschlüsse kann die Nullimpedanz durch einen Rückschlußschenkel verringert werden.

Für Kompensations-Drosselspulen verwendet man dieselben Bauformen von Eisenkernen und Wicklungen wie für Transformatoren. Bei der Auslegung der Wicklungen ist auf die Randeffekte des magnetischen Feldes Rücksicht zu nehmen; häufig dienen Drilleiter oder Preßseile zur Begrenzung der Wirbelstromverluste. Eine Sonderausführung von Einphasendrosselspulen für hohe Spannungen hat zwei bewickelte Schenkel mit Röhrenwicklungen aus Scheibenspulen und einen rückschlußlosen Kern mit Blechpaketen und Luftspalten. Die Scheibenspulen werden mit den von ihnen eingeschlossenen Blechpaketen galvanisch verbunden; das untere Joch liegt auf Erdpotential, das obere auf Hochspannungspotential.

Die größten elektrodynamischen Kräfte treten beim Einschalten der Drosselspule auf. Besondere Aufmerksamkeit ist den mechanischen Schwingungen des Kessels im Betrieb sowie dem Geräusch zu widmen.

2.2.2.4 Erdschlußlöschspulen

Erdschlußlöschspulen [20] sind einphasige Drosselspulen, die in induktiv geerdeten Netzen bis etwa 110 kV einschließlich zwischen Sternpunkt und Erde geschaltet werden. Sie kompensieren die Grundschwingung des im Erdschlußfall über die Fehlerstelle fließenden kapazitiven Netzstromes. Ihre Induktivität ist

$$L = \frac{1}{3\omega^2 C_e} \tag{2.2-5}$$

(C_e Erdkapazität einer Phase des Systems).

Innerhalb des normalen Arbeitsbereiches soll die Kennlinie der Erdschlußlöschspule praktisch linear sein, darüberhinaus aber gekrümmt, um die durch kapazitive Unsymmetrien des Netzes auftretenden Überspannungen zu begrenzen. Infolgedessen ist eine gewisse Eisenpfadlänge innerhalb der Wicklungen erforderlich.

Durch Erhöhung der Induktivität kann die Stromaufnahme der Spule herabgesetzt werden. Dies erfolgt bei Spulen mit Luftspalten durch Zu- bzw. Umschalten von Wicklungsteilen mit Umstellern oder Stufenschaltern bis zu einem Einstellverhältnis (Verhältnis des kleinsten erreichbaren Stromes zum Nennstrom) von 1:2,5 oder durch mechanische Vergrößerung des Luftspaltes unter Last bis zu einem Einstellverhältnis von 1:12,5. Bild 2.2-3 zeigt den prinzipiellen Aufbau einer derartigen Tauchkernspule.

Erdschlußlöschspulen können mit einer Sekundärwicklung zum Anschluß von Widerständen zur Erhöhung des Wirkanteils des Erdschlußstromes und mit einer Hilfswicklung für Meßzwecke versehen werden. Die Spulen werden entweder für einen Zweistunden- oder Dauerbetrieb ausgelegt.

Erdschlußlöschspulen sollen an den Sternpunkt von Transformatorwicklungen mit niedriger Nullimpedanz angeschlossen werden. Sind derartige Sternpunkte nicht verfügbar, muß man sie durch Sternpunktbildner oder Erdungstransformatoren (vgl. 2.2.2.6) bilden. Da im Betrieb ein Wicklungsende der Spule unmittelbar geerdet ist, kann die Wicklung abgestuft isoliert werden.

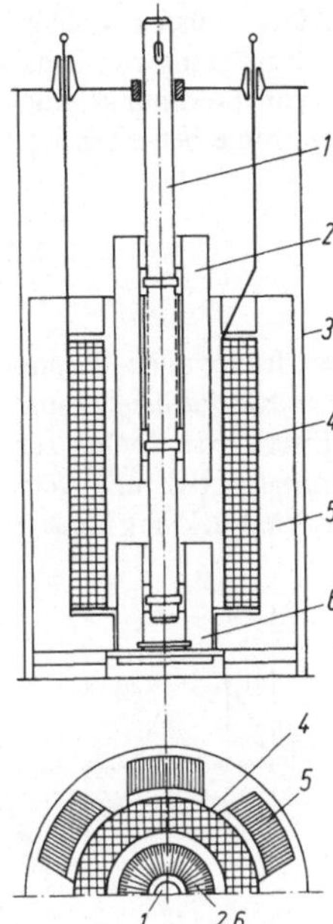

Bild 2.2-3. Schnitt durch eine Erdschlußlöschspule mit Tauchkern (*1* Spindel, *2* oberer verschiebbarer Teil des Eisenschenkels, *3* Kessel, *4* Wicklung, *5* Rückschlußschenkel, *6* unterer ruhender Teil des Eisenschenkels).

2.2.2.5 Sternpunkt-Erdungsdrosselspulen

In wirksam geerdeten Netzen können die Sternpunkte einzelner Transformatoren über einphasige niederohmige Sternpunkt-Erdungsdrosselspulen geerdet werden. Hierdurch werden einerseits die Erdkurzschlußströme und andererseits die im Erdkurzschlußfall auftretenden Spannungen zwischen Sternpunkt und Erde begrenzt. Die hierfür jeweils zulässigen Werte bestimmen die Impedanz der Drosselspule. Sie wird ohne Eisen innerhalb der Wicklungen gebaut und muß den Erdkurzschlußstrom während der festgelegten Dauer führen können.

2.2.2.6 Sternpunktbildner und Erdungstransformatoren [90]

Sternpunktbildner und Erdungstransformatoren schaffen in einem Drehstromnetz belastbare Sternpunkte, an denen das Netz direkt, über einen niederohmigen Widerstand, eine niederohmige Drosselspule (Sternpunkt-Erdungsdrosselspule) oder eine hochohmige Drosselspule (Erdschlußlöschspule) geerdet werden kann. Ferner können einphasige Belastungen zwischen Leiter und Sternpunkt angeschlossen werden.

Die Eisenkerne der Sternpunktbildner haben keine Luftspalte und entsprechen denen normaler Drehstromtransformatoren. Das Gerät hat entweder nur eine Wicklung in Zickzackschaltung, die im Nullsystem Durchflutungsgleichgewicht auf allen Schenkeln aufweist, oder eine Wicklung in Stern- und eine in Dreieckschaltung, welche die Gegendurchflutung im Nullsystem aufbringt. Sternpunktbildner mit einer zusätzlichen Wicklung zur Leistungsübertragung werden als *Erdungstransformatoren* bezeichnet.

Sternpunktbildner müssen i. allg. eine niedrige Nullimpedanz aufweisen. Dienen sie in Sonderfällen zur Begrenzung von Erdkurzschlußströmen, sind hohe Nullimpedanzen erforderlich. Die Wicklungen von Sternpunktbildnern müssen je nach Aufgabe für Dauerströme und/oder kurzzeitige Fehlerströme bemessen werden.

2.2.2.7 Transduktoren

[21 bis 24]

Transduktoren, früher auch *Magnetverstärker* genannt, enthalten steuerbare Drosselspulen mit Eisenkernen *(Transduktordrosseln)* und gegebenenfalls Halbleiter-Gleichrichter. Die nichtlinearen Kennlinien der Eisenkerne werden zur Steuerung von Wechselströmen und -spannungen durch veränderliche Vormagnetisierung verwendet. Die mit der zu steuernden Größe (Strom oder Spannung) beschickte Wicklung heißt *Arbeitswicklung*, die steuernde Größe wird an die *Steuerwicklung* gelegt.

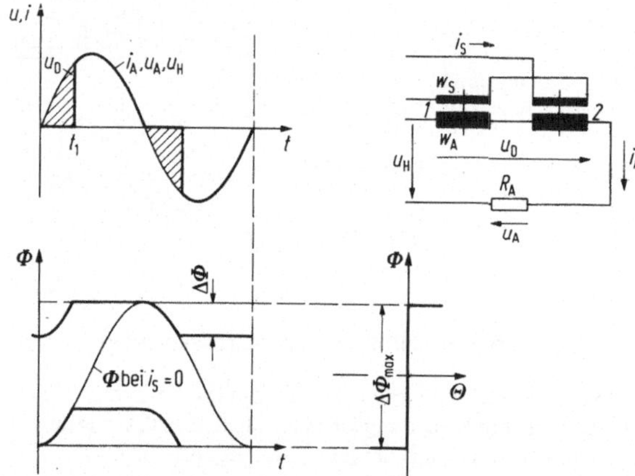

Bild 2.2-4. Zeitliche Verläufe von Spannungen, Strömen und Flüssen beim stromsteuernden Transduktor mit niederohmigem Steuerkreis.

Beim *stromsteuernden* Transduktor bestimmt der Steuergleichstrom die Größe des Arbeitsstromes. Zwischen Arbeits- und Steuerdurchflutung ist dabei Gleichheit erforderlich. Dieser Transduktor weist angenähert ein Konstantstrom-Verhalten auf und wirkt wie eine Stromquelle mit großem Innenwiderstand; er besitzt demnach Wandler- und Strombegrenzungseigenschaften. Bild 2.2-4 zeigt einen durchflutungsgesteuerten stromsteuernden Transduktor mit Wechselstromausgang und in Reihe geschalteten Arbeitswicklungen A der beiden Kerne *1* und *2*. Da die Steuerwicklungen S gegeneinander geschaltet sind, kompensieren sich bei gleichzeitigen Flußänderungen $\Delta\Phi$ in beiden Kernen, falls diese nicht gesättigt sind, die induzierten Spannungen. An den Arbeitswicklungen tritt die Spannung u_D auf. Sobald ein Kern in Sättigung geht, beginnt der Laststrom i_A zu fließen, während der im steilen Ast der Magnetisierungskennlinie verharrende Fluß des zweiten Kernes eine transformatorische Übertragung in den Steuerkreis erzwingt, falls dieser niederohmig ist. Bei hochohmigem Steuerkreisabschluß ist über die Steuerwicklung kein Ausgleich möglich. Für den ungesättigten Kern besteht dann stets Durchflutungsgleichgewicht zwischen Arbeits- und Steuerwicklung, während der gesättigte Kern auf den Strom keinen Einfluß hat. Durch Verändern des Steuerstromes lassen sich der Zündzeitpunkt t_1 innerhalb der Halbschwingung des Arbeitsstromes

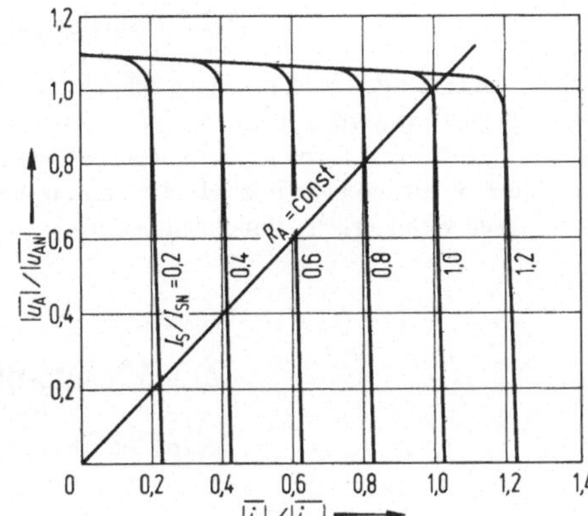

Bild 2.2-5. Kennlinienfeld eines stromsteuernden Transduktors nach Bild 2.2-4 mit relativen Gleichrichtwerten von Arbeitsstrom und Arbeitsspannung.

und damit die Effektivwerte von i_A und u_A verändern. Bild 2.2-5 zeigt das Kennlinienfeld eines stromsteuernden Transduktors. Hier sind, wie üblich, statt der Effektivwerte die relativen Gleichrichtwerte aufgetragen.

Beim *spannungssteuernden* Transduktor (Bild 2.2-6) legen sehr kleine Steuerströme Anfangspunkte auf dem steilen Ast der Magnetisierungskennlinie fest, die für die beiden Kerne *1* und *2* jeweils entgegengesetzte Richtungen und gleiche Abstände vom Nullpunkt haben. Da die Gleichrichter nur Ströme in einer Richtung zulassen, wird am Anfang jeder Spannungswelle ein Teil derselben durch die Flußänderung $\Delta\Phi$ im Kern aufgenommen. Sobald die Sättigung erreicht ist, bricht die Spannung an der Drosselspule zusammen und tritt am Ausgangswiderstand auf.

Transduktorische Vorverstärker und Regelverstärker kleinerer Leistungen erhalten meist Ringkerne aus hochpermeablem Nickel-Eisen. Sie werden vorwiegend in Gießharz eingegossen. Bei transduktorischen Leistungsverstärkern verwendet man Bandringkerne oder Schichtkerne aus kornorientiertem Transformatorblech. Diese Transduktoren werden als Trocken-Transduktoren oder mit Öl- oder Askarelfüllung gebaut.

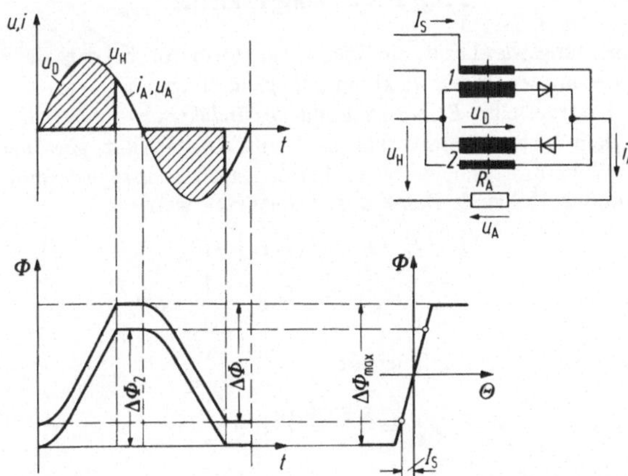

Bild 2.2-6. Zeitliche Verläufe von Spannungen, Strömen und Flüssen beim spannungssteuernden Transduktor.

2.2.2.8 Sonstige Drosselspulen

Drosselspulen werden noch für eine Reihe weiterer Anwendungszwecke benötigt, von denen hier nur einige aufgeführt werden sollen. *Saugdrosselspulen, Glättungsdrosselspulen* und *Filterkreisdrosselspulen* [91] werden in Stromrichteranlagen eingesetzt. Luftdrosselspulen dienen als Sperren für Trägerfrequenzübertragungen über Hochspannungsleitungen. *Steuerbare Drosselspulen* [92] kompensieren rasch veränderliche Blindleistungen.

2.3 Meßwandler[1])

Bearbeitet von *D. Dobschall*

2.3.1 Aufgaben und Arbeitsprinzip

Die meisten Strom- und Spannungswandler arbeiten nach dem Prinzip des Transformators. An der Eingangs- oder Primärwicklung liegt die zu messende Spannung an oder es fließt durch sie der zu messende Strom. Über einen weichmagnetischen Eisenkern ist die Primärwicklung mit der Sekundärwicklung gekoppelt, die als Abbild der Eingangsgröße eine eingeprägte Spannung oder einen eingeprägten Strom zur Verfügung stellt. Dadurch kann die betreffende Größe in weiten Grenzen durch eine Veränderung des Widerstandes im sekundären Stromkreis nicht wesentlich beeinflußt werden. Bei Spannungswandlern für höhere Spannungen wird auch die kapazitive Spannungsteilung angewandt. Zur galvanischen Trennung und zur Verbesserung der Leistungsfähigkeit wird zusätzlich ein an die untere Teilerkapazität angeschlossener induktiver Spannungswandler eingesetzt.

In neuester Zeit ist die Nutzung anderer physikalischer Effekte, wie z. B. des Faraday-Effektes für Verwendung bei Meßwandlern aktuell geworden.

2.3.2 Theorie

2.3.2.1 Spannungswandler

Der induktive Spannungswandler ist ein Spezialtransformator, bei dem die Sekundärspannung ein getreues Abbild der an der Primärwicklung anliegenden Spannung ist.

Das in Bild 2.3-1 dargestellte *Ersatzschaltbild des induktiven Meßwandlers* geht von einem Transformator mit dem Übersetzungsverhältnis 1 aus. Die an ihm gewonnenen Erkenntnisse können in einfacher Weise auf beliebige Nennübersetzungen übertragen werden.

Für die Ströme können folgende Beziehungen abgelesen werden:

$$\underline{I}_1 = \underline{I}_0 + \underline{I}_2 \qquad \underline{I}_0 = I_{0\mathrm{w}} - \mathrm{j} I_{0\mathrm{b}} \tag{2.3-1}$$

$$\underline{I}_2 = I_{2\mathrm{w}} - \mathrm{j} I_{2\mathrm{b}} = \frac{P}{U_2}\cos\beta - \mathrm{j}\frac{P}{U_2}\sin\beta . \tag{2.3-2}$$

Der Gesamtfehler des Wandlers ist definiert als

$$F_{\mathrm{ges}} = \frac{\underline{U}_2 - \underline{U}_1}{U_1} \cdot 100\,\% . \tag{2.3-3}$$

---

[1]) Literatur S. 255.

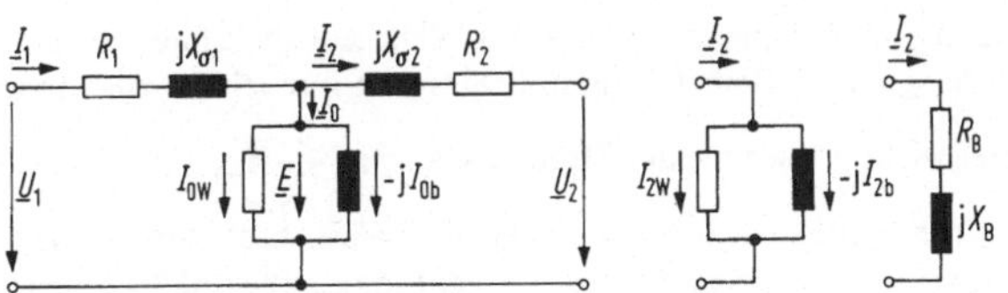

Bild 2.3-1. Ersatzschaltbild des induktiven Meßwandlers.

Darin ist

$$\underline{U}_2-\underline{U}_1=-[(\underline{I}_0(R_1+jX_{\sigma 1})+\underline{I}_2(R_1+R_2+jX_{\sigma 1}+jX_{\sigma 2})]\,. \tag{2.3-4}$$

Unter Verwendung der Gleichungen für die Ströme ergibt sich dann

$$\begin{aligned}\frac{\underline{U}_2-\underline{U}_1}{U_1}=&\frac{-1}{U_1}[I_{0w}R_1+I_{0b}X_{\sigma 1}-j(I_{0b}R_1-I_{0w}X_{\sigma 1})]\\&-\frac{P}{U_1^2}[\cos\beta(R_1+R_2)+\sin\beta(X_{\sigma 1}+X_{\sigma 2})\\&-j\sin\beta(R_1+R_2)+j\cos\beta(X_{\sigma 1}+X_{\sigma 2})]\,.\end{aligned} \tag{2.3-5}$$

Der Gesamtfehler besteht also aus reellen Anteilen, die als *Spannungsfehler*, und imaginären Anteilen, die als *Fehlwinkel* bezeichnet werden. Außerdem kann nach dem Leerlauffehler, der nur vom Magnetisierungsstrom herrührt, und dem Belastungsfehler, der von der abgegebenen Leistung P und dem Leistungsfaktor β der als „Bürde" bezeichneten Belastung abhängt, unterschieden werden. Der Fehlwinkel wird häufig auch in Winkelminuten angegeben. Der Umrechnungsfaktor von Prozent in Winkelminuten beträgt:

$$\frac{180\cdot 60}{100\pi}=34{,}4\,.$$

Da sich bei angeschlossener konstanter Bürde die Leistung quadratisch mit der Spannung ändert, ist der Belastungsfehler unabhängig von der Spannung und wird daher zweckmäßigerweise auf die Nennspannung U_N bezogen. U_2 weicht nur geringfügig von U_1 ab. Es ist daher zulässig, alle Werte auf die Sekundärseite zu beziehen. Es ergeben sich dann die folgenden Belastungsfehler für beliebige Nennübersetzungen $\ddot{U}_N$ und die Nennleistung P_N des Wandlers (ΔF_u in %, $\Delta\delta_u$ in Winkelminuten):

$$\Delta F_u=\frac{-P_N\cdot 100}{U_{2N}^2}\left[\cos\beta\left(\frac{1}{\ddot{U}_N^2}R_1+R_2\right)+\sin\beta\left(\frac{1}{\ddot{U}_N^2}X_{\sigma 1}+X_{\sigma 2}\right)\right] \tag{2.3-7}$$

$$\Delta\delta_u=\frac{P_N 3440}{U_{2N}^2}\left[\sin\beta\left(\frac{1}{\ddot{U}_N^2}R_1+R_2\right)-\cos\beta\left(\frac{1}{\ddot{U}_N^2}X_{\sigma 1}+X_{\sigma 2}\right)\right]. \tag{2.3-8}$$

Sind ΔF_u und $\Delta\delta_u$ für eine bestimmte Nennleistung P_{N1} mit dazugehörendem Bürdenleistungsfaktor β_1 bekannt, so können die Belastungsfehler auf beliebige Nennleistungen P_{N2} und Leistungsfaktoren β_2 umgerechnet werden:

$$\Delta F_{u2}=\frac{P_{N2}}{P_{N1}}\left[\Delta F_{u1}\cos(\beta_2-\beta_1)+\frac{\Delta\delta_{u1}}{34{,}4}\cdot\sin(\beta_2-\beta_1)\right] \tag{2.3-9}$$

$$\Delta\delta_{u2}=\frac{P_{N2}}{P_{N1}}[\Delta\delta_{u1}\cos(\beta_2-\beta_1)-34{,}4\Delta F_{u1}\cdot\sin(\beta_2-\beta_1)]. \tag{2.3-10}$$

Im Vergleich zum Belastungsfehler ist der Leerlauffehler von geringerer Bedeutung, da er durch Abgleichmaßnahmen weitgehend kompensiert werden kann und im wesentlichen nur sein spannungsabhängiger Fehlergang die Leistungsfähigkeit des Wandlers beeinflußt. Außerdem ist die primäre Streureaktanz $X_{\sigma 1}$ der genauen Berechnung und Messung nur schwer zugänglich, während die für den Belastungsfehler wichtige Summe der Streureaktanzen $\left(\frac{1}{\ddot{U}_N^2} X_{\sigma 1} + X_{\sigma 2}\right)$, z. B. durch die Messung der Impedanz des primärseitig kurzgeschlossenen Wandlers, bestimmt werden kann.

Beim *Zeigerdiagramm des Spannungswandlers* geht man zweckmäßigerweise von der senkrecht gelegten Sekundärspannung $\underline{U}_2$ aus (Bild 2.3-2). Zur Verdeutlichung der Verhältnisse werden die Spannungsabfälle stark vergrößert gezeichnet. Man muß folglich bei der Betrachtung des Diagramms in Gedanken berücksichtigen, daß die Spannungen $\underline{U}_1$ und $\underline{U}_2$ in Wirklichkeit nur etwa

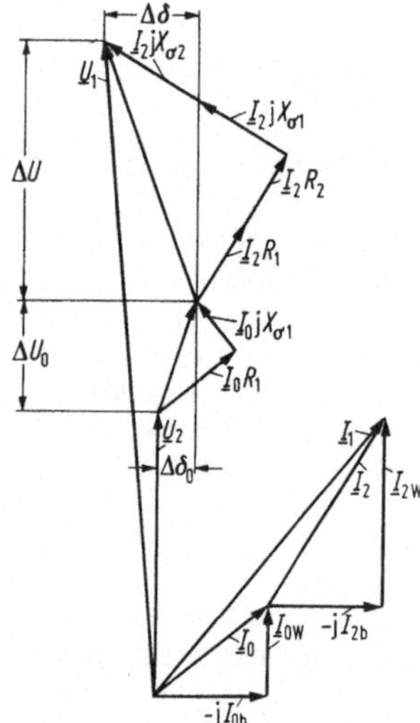

Bild 2.3-2. Zeigerdiagramm des induktiven Spannungswandlers.

1 % oder weniger voneinander abweichen. Es ist daher zulässig, $\underline{U}_2$ als Bezugsgröße zu nehmen und auch die Phasenlage der Ströme nach $\underline{U}_2$ zu orientieren. Das Stromdiagramm baut sich auf dem Magnetisierungsstrom $\underline{I}_0$ und seinen Komponenten I_{0w} und I_{0b} auf. $\underline{I}_2$ wird in entsprechender Weise hinzuaddiert, und als Resultierende ergibt sich dann $\underline{I}_1$. Die Spannungszeiger beginnen an der Spitze von $\underline{U}_2$ mit den vom Magnetisierungsstrom $\underline{I}_0$ herrührenden Spannungsabfällen $\underline{I}_0 R_1$ und $\underline{I}_0 \mathrm{j} X_{\sigma 1}$, wobei naturgemäß die Richtung des Spannungsabfalles am reellen Widerstand mit der des ihn erzeugenden Stromes übereinstimmt. $\underline{U}_2$ und die von $\underline{I}_0$ herrührenden Spannungsabfälle ergeben zusammen $\underline{E}_0$. Das ist die sekundäre Spannung, wenn keine Belastung anliegt. ΔU_0 und $\Delta\delta_0$ sind die Komponenten des Spannungsabfalles, die ein Maß für den Spannungsfehler F_{u0} und Fehlwinkel δ_{u0} im Leerlauf sind. An die Spitze von $\underline{E}_0$ schließt sich das sogenannte Belastungsdreieck an, das von den Spannungsabfällen gebildet wird, die der Belastungsstrom $\underline{I}_2$ an R_1 und R_2 sowie $\mathrm{j}X_{\sigma 1}$ und $\mathrm{j}X_{\sigma 2}$ verursacht. Bei Belastungsänderungen (Änderung von $\underline{I}_2$ in Betrag und Phase) werden mathematisch ähnliche Dreiecke gebildet, die sich abhängig vom Bürdenwinkel β um die Spitze von $\underline{E}_0$ als Drehpunkt drehen. ΔU und $\Delta\delta$ sind entsprechend wie beim Leerlauffehler ein Maß für die Komponenten des Belastungsfehlers ΔF_u und $\Delta\delta_u$. Der Fehlwinkel zählt dabei positiv, wenn die sekundäre Spannung der primären im mathematisch positiven Sinne voreilt.

2.3.2.2 Stromwandler

Der *induktive Stromwandler* bildet den durch seine Primärwicklung fließenden Strom durch den im Sekundärkreis fließenden Strom ab. Er ist im Grundprinzip ein Transformator mit kleinem Magnetisierungsstrom. Der Stromwandler arbeitet nach dem Konstantstrom-Prinzip. Bei Änderung des Belastungswiderstandes im Sekundärkreis, der Bürde, ändert sich bei konstantem Primärstrom auch der Sekundärstrom in weiten Grenzen praktisch nicht. Die an der Bürde anliegende Spannung ist ihrem Widerstandswert proportional.

Das Ersatzschaltbild stimmt mit dem des Spannungswandlers überein. Für die Bürde ist die Darstellung als Reihenschaltung eines reellen und eines induktiven Widerstandes vorteilhafter. Die Spannungsabfälle auf der Primärseite des Stromwandlers sind nur bei der Betrachtung des Eigenverbrauchs von Zwischenwandlern von Interesse. Da der Magnetisierungsstrom $\underline{I}_0$ Teil des Primärstromes ist, sich in $\underline{I}_{0w}$ und $\underline{I}_{0b}$ aufspaltet und für den sekundären Stromkreis verlorengeht, wird $\underline{I}_2$ verfälscht. Der Magnetisierungsstrom steht über die nichtlineare Magnetisierungskurve des Wandlerkerns in Zusammenhang mit der induzierten Spannung $\underline{E}$, die ihrerseits dem Widerstand des gesamten Sekundärkreises proportional ist:

$$\underline{E}=\underline{I}_2(R_2+\mathrm{j}X_{\sigma 2}+R_\mathrm{B}+\mathrm{j}X_\mathrm{B}=\underline{I}_2\cdot\underline{Z}_\mathrm{ges}. \tag{2.3-4}$$

Der Gesamtfehler des Stromwandlers ist die Differenz zwischen Sekundär- und Primärstrom und wird auf den Primärstrom bezogen,

$$F_\mathrm{ges}=\frac{\underline{I}_2-\underline{I}_1}{I_1}100\,\%=\frac{-\underline{I}_0}{I_1}100\,\% \tag{2.3-12}$$

mit

$$I_0=\frac{Hl_\mathrm{fe}}{w} \tag{2.3-13}$$

und mit dem Proportionalitätsfaktor $p=\hat{B}/H$:

$$H=\frac{\hat{B}}{p}=\frac{E}{p\,4{,}44fwA_\mathrm{fe}} \tag{2.3-14}$$

worin l_fe die Länge des Eisenweges. Damit wird

$$F_\mathrm{ges}=\frac{-EI_1l_\mathrm{fe}}{4{,}44fpA_\mathrm{fe}(wI_1)^2}=\frac{-P_\mathrm{ges}l_\mathrm{fe}}{4{,}44fpA_\mathrm{fe}D^2}. \tag{2.3-15}$$

Der Gesamtfehler ist somit der Gesamtleistung des Sekundärkreises und der Eisenweglänge des Magnetkernes l_fe proportional. Da die Betriebsfrequenz i. allg. unveränderlich ist, kann der Fehler durch Aufwendungen im Eisenkern, evtl. durch Verwendung von teuren Werkstoffen mit hoher Permeabilität und durch die Wahl eines entsprechend großen Eisenquerschnitts A_fe verringert werden. Die wichtigste Größe ist die Durchflutung $D=I_1w_1$, die als quadratisches Glied besonders wirksam ist. Dies kann jedoch vielfach nicht ausgenutzt werden, wenn aus konstruktiven Gründen die primäre Windungszahl gleich eins sein muß, z. B. bei Wandlern, die auf Schienen aufgesteckt werden sollen. Sieht man von dem meist kleinen Fehler des Stromwandlers ab, so gilt für beliebige Übersetzungen

$$I_1w_1=I_2w_2. \tag{2.3-16}$$

Im *Zeigerdiagramm* liegt der Sekundärstrom $\underline{I}_2$ in Ordinatenrichtung (Bild 2.3-3). Ausgehend von der Spitze von $\underline{I}_2$ werden die Polygonzüge der Spannungsabfälle im Sekundärkreis $I_2(R_2+\mathrm{j}X_{\sigma 2}+R_\mathrm{B}+\mathrm{j}X_\mathrm{B})$ aufgetragen. Der Blindstromanteil des Magnetisierungsstromes $\underline{I}_{0b}$ eilt der induzierten Spannung $\underline{E}$ um 90° nach. während der Wirkanteil $\underline{I}_{0w}$ parallel zu ihr verläuft. Im Stromdiagramm erhält man dann $\underline{I}_0$ und $\underline{I}_1$. $\underline{I}_1$ schließt mit $\underline{I}_2$ den Fehlwinkel δ ein, der positiv gerechnet wird, wenn

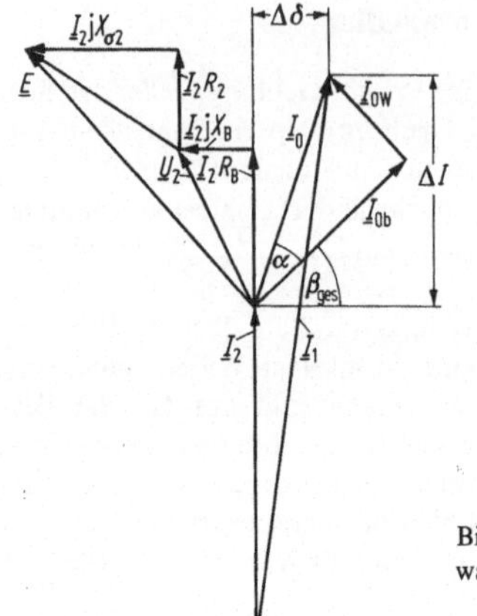

Bild 2.3-3. Zeigerdiagramm des Stromwandlers.

der Sekundärstrom dem Primärstrom vorauseilt. ΔI und $\Delta\delta$ sind jeweils ein Maß für den Stromfehler F_i und den Fehlwinkel δ_i:

$$F_i = \frac{-I_0}{I_1}\sin(\alpha + \beta_{ges})100\,\%,$$

$$\delta_i = 3440\frac{I_0}{I_1}\cos(\alpha + \beta_{ges})\text{ in Winkelminuten}, \tag{2.3-17}$$

$$\tan\alpha = \frac{I_{0w}}{I_{0b}}. \tag{2.3-18}$$

2.3.2.3 Gleichstromwandler

Für die Übertragung von Gleichströmen sind normale Wechselstromwandler ungeeignet, da der Kern von dem Gleichstrom gesättigt wird. Der Gleichstromwandler (Bild 2.3-4) besitzt zwei Kerne mit möglichst rechteckförmiger magnetischer Kennlinie, die vom Primärstrom durchflutet werden.

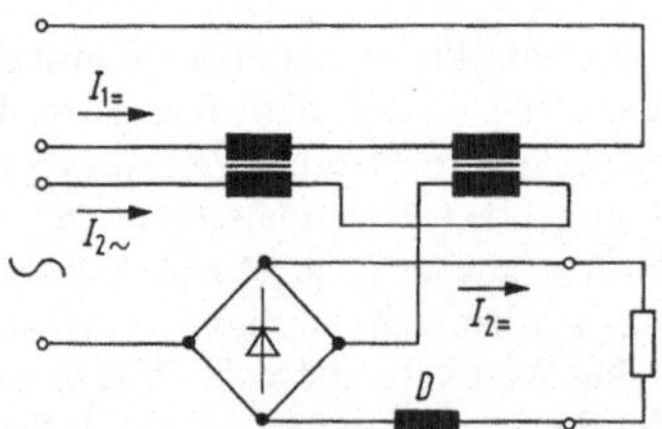

Bild 2.3-4. Schaltbild des Gleichstromwandlers.

In den Sekundärkreis wird eine Hilfswechselspannung eingespeist. Die Sekundärwicklungen sind in Reihe geschaltet, wobei jedoch bei einer Wicklung eines Kernes, gleicher Wickelsinn vorausgesetzt, Anfang und Ende vertauscht sind. Der vor dem Gleichrichter fließende blockförmige Wechselstrom hält bei einem Kern der primären Durchflutung das Gleichgewicht und der Kern durchläuft den senkrechten Teil der Hystereseschleife, während der andere Kern gesättigt wird. Bei Richtungsumkehr der Wechselspannung vertauschen die beiden Kerne ihre Rollen. Über die Gleichrichterbrücke wird dann der Wechselstrom gleichgerichtet. Die Drossel D glättet den sekundären Gleichstrom. Die Flanken des blockförmigen Wechselstroms sind infolge der nicht idealen Form der Hystereseschleifen des Kernmaterials etwas verschliffen. Bei richtiger Bemessung der Schaltung ist der Gleichstrom I_2 dem Gleichstrom I_1 proportional.

2.3.3 Werkstoffe

2.3.3.1 Isolierstoffe

Porzellan, einer der ältesten Isolierstoffe der Elektrotechnik, behauptet auch heute noch seinen Platz, insbesondere bei Meßwandlern für Freiluftaufstellung. Die auch bei höheren Temperaturen guten mechanischen und elektrischen Eigenschaften, die Widerstandsfähigkeit gegenüber atmosphärischer Einwirkung und der erodierenden Wirkung auf die Oberfläche auftreffender Ladungsträger überwiegen häufig den Nachteil der geringen Maßhaltigkeit der fertigen Körper, der Beschränkung in der Formgebung und des hohen Gewichts, der Empfindlichkeit gegenüber schlagartiger mechanischer Beanspruchung und des im Vergleich zu Metallen kleinen Wärmeausdehnungskoeffizienten. Da Porzellan bei hohen Temperaturen gesintert wird, ist es nicht möglich, metallische Bauteile in den Isolierstoff einzubetten.

Wicklungen, elektrostatische Schirme und sonstige Armaturen müssen, insbesondere für höhere Spannungen, in *Papierbandagen* eingewickelt werden, die vor dem späteren Imprägnieren mit *Transformatorenöl* sorgfältig getrocknet werden. Dies wird durch eine kombinierte Temperatur- und Vakuumanwendung erreicht. Das Öl wird vor dem Einfüllen ebenfalls aufbereitet. Für höhere Spannungen hat sich der Luftabschluß des Gerätes bewährt, damit die Aufnahme von Feuchtigkeit während des Betriebs verhindert wird. Elastische Metallbälge, die der Ölbewegung folgen können, oder kompressible Gaspolster (Stickstoff) bieten dem Öl bei Erwärmung eine Ausdehnungsmöglichkeit. Das um die Papierwickel befindliche Öl kann durch Konvektion an der Wärmeabfuhr beteiligt werden.

Kunststoffolien aus Polytherephthalsäureester und Polykarbonaten weisen neben guter Wärmebeständigkeit gute mechanische und insbesondere elektrische Werte auf. Die Verwendung von Folien mit noch wesentlich besserer Temperaturbeständigkeit, z. B. auf der Basis Fluorcarbon, Polyimid und Hydantoin, ist wegen der hohen Kosten nur in Ausnahmefällen wirtschaftlich vertretbar. Kunststoffpapiere auf Polyamidbasis besitzen ebenfalls eine sehr hohe Wärmebeständigkeit und ergeben in Verbindung mit geeigneten Tränkmitteln ausgezeichnete Isolierungen.

Bei Niederspannungswandlern finden nach wie vor Preßstoffe auf Phenolbasis wegen ihrer guten elektrischen und mechanischen Eigenschaften und ihrer günstigen Kosten in der Form von Isolierschalen, in die die aktiven Teile eingelegt werden, Verwendung. Sie werden neuerdings zum Teil durch thermoplastische Werkstoffe, z. B. auf Polycarbonatbasis, ersetzt, wobei die noch höhere mechanische Festigkeit ausschlaggebend ist.

Die in den vierziger Jahren entwickelten *Gießharze* auf Epoxidbasis haben die Herstellung von Wandlern der Mittelspannungen revolutioniert. Wegen ihrer ausgezeichneten elektrischen und mechanischen Eigenschaften sind vor allem die warmhärtenden Harze für die Herstellung von Meßwandlern von besonderer Bedeutung. Neben weiter verbesserten Epoxidharzen — z. B. die zum Teil freiluftbeständigen cycloaliphatischen Harze und die heterocyclischen Harze mit günstigem Schwindungsverhalten — gewinnen in letzter Zeit Polyurethanharze auch für die Herstellung von Meßwandlern an Bedeutung.

Die sonst für Teilisolierungen in Hochspannungsanlagen verwendeten Polyesterharze sind wegen ihres ungünstigen Schwindungsverhaltens nicht für die Herstellung größerer Gießlinge geeignet. Die Vorteile der Anwendung von Gießharzen sind neben den guten Materialeigenschaften auch darin zu sehen, daß der Isolierkörper in weiten Grenzen beliebig gestaltet werden kann.

Außerdem ist es möglich, aktive Teile des Wandlers mit Gießharz zu vergießen. Hierdurch ergeben sich kompakte Konstruktionen mit kleinen Abmessungen.

Bei den mit SF_6-Gas isolierten Schaltanlagen für höhere Reihenspannungen übernimmt das gut isolierende elektro-negative Gas auch häufig die Isolierung der in der Anlage befindlichen Meßwandler. Es gelten dabei dieselben Grundsätze, die für die Isolierung einer derartigen Anlage beachtet werden müssen (Freiheit von Staub und Feuchtigkeit, Vermeidung von Teilentladungen). Bei Spannungswandlern für Mittelspannungen wird die Imprägnierung der Hochspannungsspule durch eine Gasfüllung ersetzt.

2.3.3.2 Leiterwerkstoffe

Die Primärwicklungen von Spannungswandlern werden aus dünndrähtigen Kupferlackdrähten, zum Teil in der Form des Doppellackdrahtes, gewickelt. Für die Sekundärwicklungen von Strom- und Spannungswandlern werden ebenfalls Lackdrähte verwendet. Zur Erhöhung der Sicherheit sind die Drähte zum Teil zusätzlich mit Textilfasern oder Isolierfolien umsponnen. Davon wird bei Spannungswandlern und den Sekundärwicklungen von Stromwandlern Gebrauch gemacht, wenn es, wie z. B. bei Wicklungen auf Ringkernen, bei mehreren Lagen schwierig ist, Lagenisolierungen aufzubringen. Für die Primärwicklungen von Stromwandlern werden gegossene Wicklungen (z. B. bei primär umschaltbaren Wandlern), Kupferschienen und Wicklungen aus Litzen oder übereinandergelegten Kupferbändern verwendet.

Die Bemessung der Querschnitte richtet sich bei Spannungswandlern nach den meßtechnischen Erfordernissen (kleiner Innenwiderstand) und bei Stromwandlern nach der Betriebserwärmung und der thermischen Beanspruchung bei Belastung durch Kurzschlußströme in der Anlage (vgl. 2.3.5.3). Bei der Einbettung von Leitern in Gießharze muß dem Unterschied in den Wärmeausdehnungskoeffizienten der Materialien Rechnung getragen werden. Hierbei haben sich volumenelastische Polsterungen gut bewährt. Dabei ist unumgänglich, durch elektrostatische Abschirmungen dafür zu sorgen, daß das elektrische Feld nicht in die Hohlräume der Polsterschichten eindringen kann. Zu den leitenden Werkstoffen sind außerdem leitende Lackanstriche auf Silber- und Graphitbasis, leitende Gießharze und Vliese zu rechnen, die in erster Linie als Schirme zur Beeinflussung des elektrostatischen Feldes dienen.

2.3.3.3 Magnetische Werkstoffe

Im Gegensatz zu den Leistungstransformatoren, bei denen die Erwärmungsprobleme infolge der Hysterese-, Wirbelstrom- und Zusatzverluste und die Geräuschbildung, bewirkt durch die Magnetostriktion, die Auswahl vom technischen Standpunkt bestimmen, spielen bei Meßwandlern diese Fragen eine untergeordnete Rolle. Bei Spannungswandlern erzeugt der Magnetisierungsstrom mit seiner Wirk- und Blindkomponente den Leerlauffehler, der nur teilweise durch Abgleichmaßnahmen kompensiert werden kann (vgl. 2.3.2). Wegen der Nichtlinearität der Magnetisierungskurve, die sich vor allem im Bereich der beginnenden Sättigung bemerkbar macht, ist es nicht möglich, das Eisen voll auszunutzen. Die Spannungswandlerkerne werden überwiegend aus geschichteten Blechen aufgebaut. Es wird dazu vielfach in Streifenform kaltgewalztes kornorientiertes Siliziumeisen verwendet mit Verlustziffern $V_{15} < 1{,}11$ W/kg, das nicht nur vergleichsweise kleine Eisenverluste aufweist, sondern dank seiner in Walzrichtung liegenden magnetischen Vorzugsrichtung auch nur eine kleine Feldstärke benötigt. Dieses Material findet zum Teil auch in der Form des Schnittbandkernes bei Spannungswandlern Anwendung, der eine besonders gute Ausnutzung der magnetischen Materialeigenschaften gestattet und zu einer deutlichen Gewichtsersparnis führt. Da sich warm- und kaltgewalzte Dynamo-Trafobleche ohne Kornorientierung (V_{10} 1,8...2,3 W/kg) vorteilhaft in der Form von Blechwinkeln verwenden lassen, vermögen sie sich trotz schlechterer spezifischer

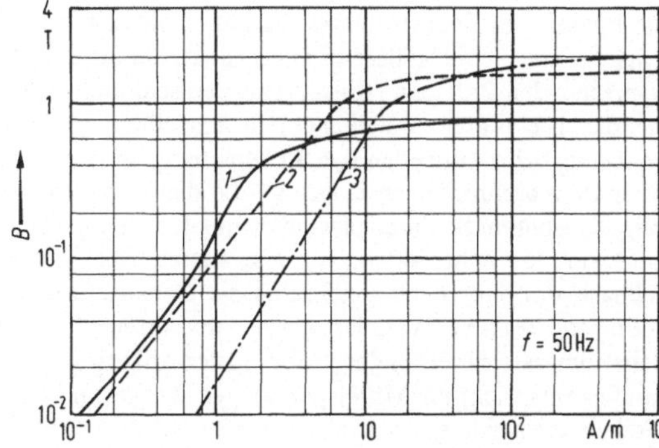

Bild 2.3-5. Magnetisierungskurven von Bandringkernen.
1 75% Nickel,
2 50% Nickel,
3 kornorientiertes Siliziumeisen.

Materialeigenschaften gegenüber dem kornorientierten Material zu behaupten, da im magnetischen Kreis nicht vier, sondern nur zwei Stoßstellen vorhanden sind, die besonders bei höheren Induktionen die Kerneigenschaften verschlechtern. Außerdem bieten sie einen deutlichen Preisvorteil. Zur Verringerung der Wirbelstromverluste weisen die kornorientierten Bleche beidseitig Isolierschichten auf, die beim Spannungsfreiglühen nicht zerstört werden (Carlyte-Schicht), während bei den Trafoblechen i. allg. die Oxidhäute ausreichen; Lackierungen und Phosphatierungen sind außerdem gebräuchlich.

Da beim Stromwandler der Magnetisierungsstrom unmittelbar den Fehler verursacht, bedarf hier die Werkstoffauswahl und die Ausbildung des Kernes besonderer Sorgfalt. Der aus Band aufgewickelte Ringkern gestattet insbesondere bei Materialien mit magnetischer Vorzugsrichtung eine weitgehende Ausnutzung der Materialeigenschaften (Bild 2.3-5). Demgegenüber behauptet der aus Streifen geschachtelte Kern ebenfalls seine Stellung. Er gestattet eine feinstufige Verwirklichung des erforderlichen Querschnitts und bei Mischkernen eine genaue Dosierung des Anteils des magnetisch höherwertigen und wesentlich teuereren Materials.

Für Stromwandlerkerne werden neben verlustarmen, warmgewalzten Transformatorenblechen, die überwiegend für Spezialwandler in Kleintransformatorbauweise eingesetzt werden, die im Zusammenhang mit dem Spannungswandler bereits erwähnten kaltgewalzten Siliziumeisenbleche mit Kornorientierung in großem Umfang verwendet. Reichen die magnetischen Eigenschaften dieser Materialien nicht mehr aus, so müssen Nickeleisenlegierungen hinzugezogen werden. Neben den Legierungen mit hohem Nickelgehalt (75% Ni) haben sich bei den Ringkernen in den letzten Jahren. Legierungen mit etwa 50% Nickelanteil mit gutem Erfolg durchgesetzt. Ihre magnetischen Eigenschaften werden durch eine Glühung bei 600 °C unter gleichzeitiger Gleichfeldbehandlung entscheidend verbessert. Ihr besonderer Vorteil liegt in der gegenüber den mit Nickel hochlegierten Werkstoffen nahezu verdoppelten Sättigungsinduktion.

2.3.4 Bauformen

2.3.4.1 Spannungswandler

Spannungswandler mit eisengeschlossenem magnetischem Kreis werden für Anwendungsgebiete von Niederspannung bis zur Hochspannung hergestellt. Bei den einstufigen Wandlern liegt der Eisenkern auf Erdpotential; auf einem der Kernschenkel befindet sich die Sekundärwicklung und, falls vorhanden, die Hilfswicklung zur Erdschlußerfassung. Bei zweipolig isolierten Wandlern, die an zwei Phasen des Drehstromsystems angeschlossen werden, ist zwischen Sekundärwicklung und Primärwicklung eine Isolierung angeordnet, die für den Dauerbetrieb und die dem Isolationspegel entsprechenden Prüfspannungen bemessen sein muß. Darüber befindet sich dann die Primärwicklung, die als ein- oder zweiteilige Spule ausgebildet sein kann. Um die Eingangswindungen vor der Zerstörung beim Auftreffen von Stoßspannungen zu schützen, werden auf der Ober- und Unterseite der Spule Abschirmungen eingelegt, die die Kapazität der Wicklung wesentlich vergrößern. Da *zweipolig isolierte* Spannungswandler nur bis zu einer höchsten dauernd zulässigen Betriebsspannung von 36 kV hergestellt werden, besteht die Isolierung dieser Wandler überwiegend aus Gießharz, das dann auch gleichzeitig die Gehäusefunktion mit übernimmt.

Einpolig isolierte Wandler werden mit ihrem Hochspannungsanschluß mit einer Phase des Drehstromsystems verbunden, während der Anfang der Wicklung geerdet ist. Der Aufbau derartiger Wandler entspricht für Mittelspannungen weitgehend dem des zweipolig isolierten. Die Isolierung zwischen den Niederspannungswicklungen (Meß- und Hilfswicklung) und der Hochspannungsspule braucht nur für die Prüfspannung von 3 kV ausgelegt zu sein, da sich ja betriebsmäßig der den Niederspannungswicklungen benachbarte Teil der Hochspannungsspule auf Erdpotential befindet. Die Hochspannungsspule ist als einteilige Spule ausgeführt. Im allgemeinen sind die Spannungswandler mit einer sekundärseitigen Meßwicklung ausgestattet. Es sind auch mehrere Meßwicklungen möglich, die sich jedoch gegenseitig beeinflussen, wenn nicht eine Entkopplungsschaltung vorgesehen ist. Die einpolig isolierten Spannungswandler haben meistens noch eine Hilfswicklung zur Erdschlußerfassung, die für eine Nennspannung von z. B. 100/3 V für den normalen Betrieb ausgelegt ist. Die Hilfswicklungen der drei Wandler eines Drehstromsatzes werden im offenen Dreieck geschaltet. Die Spannungssumme ist dann im Normalbetrieb praktisch Null. Bei Spannungsverlagerung des Nullpunktes des Drehstromsystems, z. B. bei Erdschluß einer Phase, tritt dann an den offenen Enden der Dreieckschaltung eine Spannung von z. B. 100 V auf, die zur Erdschlußmeldung oder Schalterauslösung verwendet werden kann.

Bei einpolig isolierten Spannungswandlern für hohe Spannungen befinden sich der Kern und die Hochspannungsspule in einem geerdeten Kessel und der Hochspannungsanschluß ist in einer Durchführung herausgeführt, die dem Isolationspegel entsprechend bemessen sein muß. Zur Potentialsteuerung wird dabei häufig die Nagelsche Kondensatordurchführung verwendet. Als äußere Isolierung überwiegt bei diesem Wandler der Porzellankörper, der für Freiluftaufstellung den sich bei Beregnung ergebenden Bedingungen angepaßt sein muß. Die innere Isolierung besteht überwiegend aus Öl-Papier. Bis 110 kV gibt es außerdem reine Gießharzausführungen.

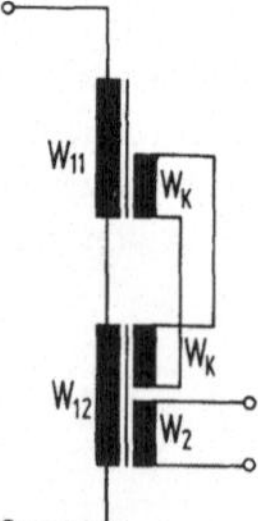

Bild 2.3-6. Schaltungsschema eines Kaskadenspannungswandlers.

Da mit steigender Spannung die Schwierigkeiten anwachsen, die volle Spannung in einer Spule zu beherrschen, wird davon Gebrauch gemacht, die Spannung auf zwei oder mehrere Spulen zu unterteilen (Bild 2.3-6). Es ist dann nur noch der in der untersten Stufe befindliche Eisenkern mit Erde verbunden. Auf diesem Kern befindet sich auch die Sekundärspule. Die Primärspulen w_{11} und

w_{12} der einzelnen Stufen sind in Reihe geschaltet. Außerdem befinden sich auf den Kernen Kopplungswicklungen w_k, die dafür sorgen, daß die Spannungsverteilung auf die einzelnen Kerne gleichmäßig und damit die Gewähr gegeben ist, daß die der Sekundärspule w_2 entnommene Spannung auch die Primärspannung richtig überträgt. In einer anderen Ausbildung wird der Eisenkern auf halbes Potential gelegt. Die Primärwicklung ist auf zwei Schenkel des Kernes verteilt. Die Sekundärspule liegt dann über derjenigen Primärspule, deren obenliegendes Ende mit Erdpotential verbunden ist.

Beim sogenannten *Stummelkernwandler* wird die Primärspannung ebenfalls auf eine Anzahl von Kernen aufgeteilt. Die Kerne sind jedoch nicht in sich geschlossen, sondern bestehen nur aus einem einzigen Schenkel, auf dem sich die Primärwicklung gleichmäßig verteilt. Die Kerne sind potentialmäßig mit der auf ihnen befindlichen Wicklung verbunden und sind voneinander isoliert übereinandergeschichtet. Die Sekundärwicklung befindet sich auf dem untersten Kern. Der magnetische Fluß schließt sich durch die Luft.

Bei höheren Spannungen führen die Aufwendungen für die Isolierung zu hohen Kosten. Es bietet dann der *kapazitive Spannungswandler* wirtschaftliche Vorteile. Hauptbestandteil ist ein kapazitiver Spannungsteiler. Da jedoch der kapazitive Teiler nur schwach belastet werden kann, muß die an der unteren Teilerkapazität anliegende Spannung entweder durch einen Leistungsverstärker verstärkt

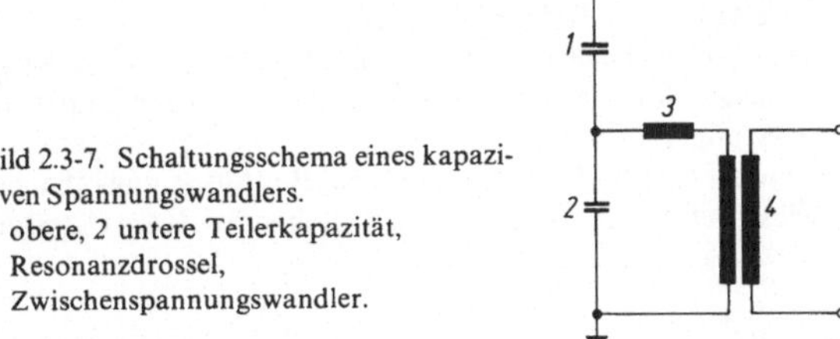

Bild 2.3-7. Schaltungsschema eines kapazitiven Spannungswandlers.
1 obere, *2* untere Teilerkapazität,
3 Resonanzdrossel,
4 Zwischenspannungswandler.

werden, was eine fremde Spannungsversorgung erfordert, oder mit Hilfe einer Induktivität ein bei Betriebsfrequenz in Resonanz befindlicher Schwingungskreis aufgebaut werden, der dann höher belastbar ist. Technisch wird es dadurch gelöst, daß an die untere Teilerkapazität ein induktiver Spannungswandler angeschlossen wird, dessen Streureaktanz, evtl. in Verbindung mit einer Drossel, dann die Rolle der Resonanzinduktivität übernimmt (Bild 2.3-7). Auf diese Weise wird auch die galvanische Trennung bewirkt. Der kapazitive Wandler weist auf Grund seines Prinzips einige Nachteile auf; die Übertragungseigenschaften sind wegen der Resonanzabstimmung auf eine feste Frequenz frequenzabhängig. Es ergeben sich Fehler im Übersetzungsverhältnis, wenn die obere und die untere Teilerkapazität infolge ungleichmäßiger Erwärmung unterschiedliche Dielektrizitätszahlen annehmen. Außerdem kommt es bei plötzlichem Spannungszusammenbruch zu Ausgleichsvorgängen, die die Sekundärspannung verfälschen. Der kapazitive Teiler kann gleichzeitig als Ankopplungskondensator für die leitungsgebundene Hochfrequenz-Nachrichtenübermittlung verwendet werden.

2.3.4.2 Stromwandler

Stromwandler für Niederspannung werden überwiegend als Ringkernwandler ausgeführt. Es stehen dabei möglichst kleine Abmessungen im Vordergrund, da die Platzverhältnisse in den Niederspannungsschaltschränken meist beengt sind. Bevorzugt werden die Einleiterstromwandler verwendet, die auf vorhandene Schienen oder Kabel aufgeschoben werden können. Für größere Kabel und Schienen gibt es Wandler, deren magnetischer Kreis geöffnet werden kann, so daß die Wandler um den Leiter herumgebaut werden können, ohne daß er unterbrochen zu werden braucht.

Zum Zwecke der Erdschlußmeldung gibt es Wandler, die komplette Drehstromkabel umfassen. Bei Normalbetrieb ist die Stromsumme Null, während im Erdschlußfall die Stromsumme zur Erdschlußmeldung herangezogen werden kann. Zur Vermeidung von Fehlmessungen befinden sich Erdleiter im Wandlerfenster, über die der Kabelmantelstrom wieder zurückgeleitet und für die Messung unwirksam gemacht wird. Aus Gründen der Betriebssicherheit dürfen Niederspannungswandler nur auf Kabel mit geerdetem Schirm aufgeschoben werden.

Da die Genauigkeit und Leistungsfähigkeit von Einleiterstromwandlern bei kleinen Nennstromstärken gering sind oder einen großen Kernaufwand erfordern würden, werden Stromwandler für Niederspannung auch als *Wickelwandler* ausgebildet. Die meist aus isolierten Kupferbändern oder Drähten bestehenden Primärwicklungen werden möglichst gleichmäßig über den Kernumfang verteilt. Zur Potentialtrennung von Meßkreisen und zur Anpassung werden ebenfalls Niederspannungs-Stromwandler verwendet. Zu dieser Gruppe gehören auch die Summenwandler, die eine phasenrichtige Addition von Strömen gestatten.

Haben die vorgeschalteten Hauptwandler untereinander verschiedene Nennübersetzungen, so wird dies bei der Auslegung der jeweiligen Primärwicklungen des Summenwandlers berücksichtigt. Es ist infolgedessen möglich, z. B. den Sammelschienenstrom aus der Summierung der Ströme in den einzelnen Abgängen richtig zu erfassen. Bei Wandlern für Verrechnungszwecke müssen Haupt- und Summenwandler mindestens in der Klasse 0,2 liegen.

Die *Mittelspannungs-Stromwandler* für Innenraumanlagen werden überwiegend als gießharzisolierte Trockenwandler ausgeführt, die kleine Abmessungen aufweisen, in beliebiger Lage eingebaut werden können und wartungsfrei sind.

Bei der *Stützerbauweise* greift die bei modernen Bauformen als flache rechteckige Spule ausgebildete Primärwicklung durch das Fenster des stehenden Kerns, der aus Ringkernen oder

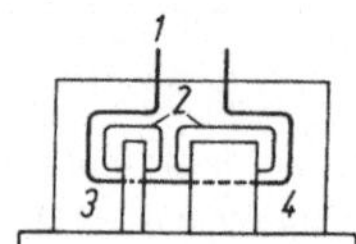

Bild 2.3-8. Mittelspannungs-Stromwandler (schematischer Aufbau).
1 Primärwicklung,
2 Sekundärspulen,
3 u. *4* Wandlerkerne.

geschichteten Streifenblechen aufgebaut ist (Bild 2.3-8). Bei Mehrkernwandlern sind die Kerne hintereinander angeordnet, so daß Einkern- und Mehrkernausführungen die gleiche Bauhöhe aufweisen können. Die Sekundärwicklungen sind bei Ringkernen entweder um den Kernumfang gleichmäßig verteilt oder auch räumlich konzentriert angeordnet, während sie bei geschichteten Streifenblechkernen auf Spulenkörpern gewickelt sind. Die Primäranschlüsse können aus kurzen Schienenstücken oder Kontaktblöcken bestehen. Bei Stromwandlern mit umschaltbarer Primärwicklung befinden sich die Umschaltelemente im Wandlerkopf. Die Wandler können in Voll- und Teilvergußbauweise ausgeführt werden. Beim Vollverguß sind sämtliche Bauteile mit dem Gießharz zu einem Block vergossen, während beim Teilverguß nur die Primärwicklung eingegossen ist und die übrigen Bauteile nachträglich eingesetzt werden.

Durchführungswandler sind entweder als Einleiterwandler ausgeführt und stellen eine gerade Durchführung mit eingegossenem oder eingesetztem Kern mit Sekundärwicklung dar oder sind als Wickelwandler ausgeführt, die in ihrem Bauprinzip dem oben beschriebenen Stützerwandler ähnlich sind. Für spezielle Bauformen der Hochspannungsanlage werden die Durchführungswandler so ausgebildet, daß sie wie normale Durchführungswandler benutzt werden oder, wie bei Stützerwandlern, die primäre Einspeisung jeweils nur von einer Seite erfolgt. Die Einleiterwandler zeichnen sich durch besonders günstiges Verhalten gegenüber der dynamischen Wirkung von Kurzschlußströmen aus und werden deshalb zuweilen auch für niedrige Nennstromstärken eingesetzt, obwohl dabei infolge der niedrigen Nenndurchflutung die meßtechnischen Anforderungen nur mit großem Aufwand befriedigt werden können.

Stromwandler für Spannungen über 36 kV werden zum Teil als Gießharzwandler, zum Teil mit Öl-Papierisolierung ausgeführt. Der Kern mit Sekundärwicklung kann sich oben im Wandlerkopf

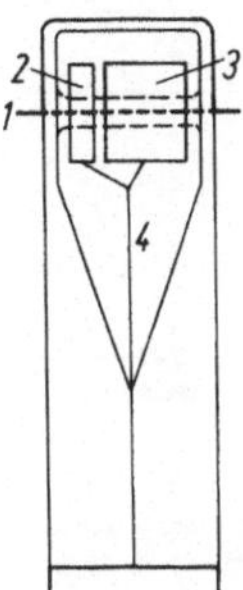

Bild 2.3-9. Stützerkopfwandler.
1 Primärleiter.
2 u. *3* Wandlerkerne,
4 Ableitung der Sekundärwicklungen.

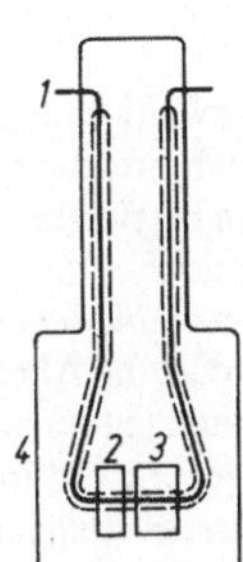

Bild 2.3-10. Topf-Stromwandler.
1 Primärleiter,
1 u. *3* Wandlerkerne,
4 Kessel.

befinden *(Stützerkopfwandler)* (Bild 2.3-9). Die Ableitung der Sekundärwicklung muß dann in einer zumeist gesteuerten Durchführung bis zum Fuß des Wandlers geführt werden. Werden die aktiven Bauteile in einem mit dem Wandlerfuß verbundenen Kessel untergebracht (Bild 2.3-10), so müssen die primäre Zu- und Ableitung in einer Durchführung untergebracht werden. Da die stromführenden Leiter beim Fließen von Kurzschlußströmen hohe Kräfte aufeinander ausüben, müssen sie mechanisch gut abgestützt sein. In einer weiteren Ausbildung entfällt der Metallkessel. Die aktiven Teile sind dann in dem entsprechend erweiterten Teil des Porzellankörpers untergebracht (Bild 2.3-11).

Strom- und Spannungswandler können auch als eine bauliche Einheit ausgeführt werden. Dadurch wird in der Anlage Platz eingespart. Die Bauteile müssen so ausgeführt und angeordnet werden, daß sie sich nicht gegenseitig meßtechnisch beeinflussen.

Für höchste Spannungen wird die Isolierung unterteilt und der Wandler in *Kaskadenform* ausgebildet (s. Bild 2.3-12). Im allgemeinen werden dabei die oberen Teilwandler als leistungsfähige Einkernwandler ausgebildet, und die Aufspaltung in mehrere Kerne erfolgt dann in der untersten

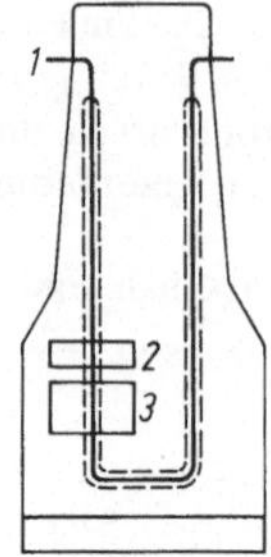

Bild 2.3-11. Stützer-Stromwandler.
1 Primärleiter,
2 u. *3* Wandlerkerne.

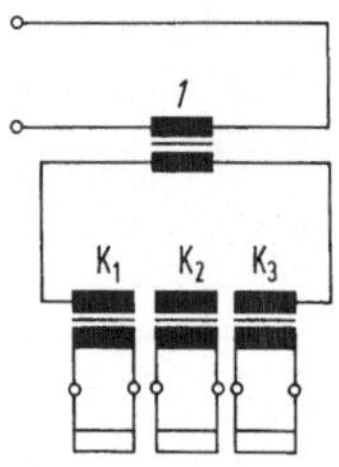

Bild 2.3-12. Kaskaden-Stromwandler (Schaltschema).
1 Oberspannungs-Stromwandler,
K_1, K_3 Unterspannungs-Stromwandler.

Stufe. Damit ergibt sich zwangsläufig eine gewisse meßtechnische Beeinflussung der Kerne untereinander, die sich jedoch nur dann praktisch auswirken kann, wenn z. B. ein leistungsfähiger Kern für Schutzzwecke offen betrieben wird, was jedoch wegen der damit verbundenen Gefahren ein unzulässiger Betriebszustand ist.

Stromwandler für Generatorableitungen sind Einleiterstromwandler, die wegen der großen Profile der Stromleiter entsprechend große Abmessungen aufweisen und ähnlich wie Durchführungswandler konstruiert sind. Sie können jedoch auch als Niederspannungswandler ausgeführt sein, wenn sie im geerdeten Bereich der Generatordurchführungen Platz finden.

In den mit SF_6-*Gas isolierten Anlagen* sind die Stromwandler zwangsläufig als Einleiterwandler ausgebildet. Da das Gas die Isolierung übernimmt, kann der Wandler als Niederspannungswandler ausgeführt werden. Bei kleinen Nennstromstärken müssen hohe Aufwendungen für den Kern, insbesondere für Wandler für Meßzwecke, getrieben werden, da nicht nur die Nenn-Durchflutung klein ist, sondern zugleich die Eisenweglänge ungewöhnlich groß ist (vgl. 2.3.2.2).

Da sich die Isolierungsprobleme bei Stromwandlern für sehr hohe Betriebsspannungen nur mit großem Aufwand lösen lassen, werden Stromwandler entwickelt, bei denen die Meßwerte vom Hochspannungspotential drahtlos zur Erde übertragen werden, wobei auf Hochspannungspotential ein konventioneller Stromwandler verwendet wird. Als Übertragungsmittel wird dabei Licht, insbesondere das eines *Lasers*, bevorzugt. Bei dem *magneto-optischen Stromwandler* wird die Drehung der Polarisationsebene des polarisierten Lichtes unter dem Einfluß eines magnetischen Feldes (Faraday-Effekt) ausgenutzt. Vorteilhaft ist, daß auf der Hochspannungsseite keine Spannungsversorgung benötigt wird. Der Stromwandler mit *dielektrischen Mikrowellenleitern* kommt ebenfalls ohne hochspannungsseitige Stromversorgung aus, da sich dort ein passiver Modulator befindet, der die von einem erdseitigen Generator ausgesendete Welle proportional mit dem Strom moduliert. Die Temperaturabhängigkeit der optischen elektrischen Modulatoren wird dadurch kompensiert, daß gleichartige Modulatoren im Kopfteil und auf Erdpotential verwendet werden.

2.3.5 Betriebsverhalten

2.3.5.1 Anforderungen

Die Strom- und Spannungswandler müssen so konstruiert und bemessen sein, daß sie einen *Dauerbetrieb* über beliebige Zeit ohne wesentlichen Wartungsaufwand aushalten.

Die thermischen Beanspruchungen müssen so gewählt werden, daß die Alterungsprozesse in den Isolierstoffen und zum Teil auch in den Eisenkernen so langsam verlaufen, daß während der voraussichtlichen Einsatzdauer die Eigenschaften nicht wesentlich beeinträchtigt werden. Stromwandler können im Dauerbetrieb, soweit nichts anderes angegeben wird, das 1,2-fache des Nennstromes dauernd aushalten. Bei Spannungswandlern ist für die Spannungsbeanspruchung die höchste dauernd zulässige Betriebsspannung, bzw. das 1,2-fache der Nennspannung maßgeblich. Die bei Spannungswandlern der Klassen 0,1 bis 1 im Normalbetrieb auftretende Erwärmung ist nur gering. Es ist jedoch möglich, sie bei Nennspannung mit dem sekundären thermischen Grenzstrom zu belasten, ohne daß die zulässigen Übertemperaturen überschritten werden. Die Fehlergrenzen werden dabei im allgemeinen nicht mehr eingehalten.

2.3.5.2 Erdschluß

Bei nicht starrer Erdung des Netzsternpunktes kann das Netz u. U. über einige Stunden im *Erdschlußbetrieb* gefahren werden. An den erdschlußfreien Phasen des Drehstromsystems liegt dann die verkettete Spannung gegen Erde an. Das bedeutet bei Stromwandlern, daß die Isolierung zwischen der Primärwicklung und Erde höher beansprucht ist, was jedoch normalerweise keine wesentliche Überbeanspruchung bedeutet. Bei intermittierendem Erdschluß können jedoch stark überhöhte Spannungen höherer Frequenz auftreten, die die Isolierung stark beanspruchen. Bei *zweipolig isolierten* Spannungswandlern bedeutet ein Erdschluß eine Änderung der Beanspruchung der Isolierung, wobei zumindest Teilbereiche höher belastet werden. Während ein an der vom Erdschluß betroffenen Phase liegender einpoliger Spannungswandler elektrisch und magnetisch entlastet wird, müssen die an den gesunden Phasen liegenden einpoligen Wandler in der Primärwicklung selbst eine höhere Spannung aufnehmen, was zugleich eine Steigerung der Beanspruchung der Isolierung und der Erregung des magnetischen Kerns bedeutet. Dies führt zu einer beträchtlichen Erhöhung der Verluste im Kern und wegen des proportional mit der Spannung ansteigenden Stroms und der zusätzlich hinzukommenden Belastung der Hilfswicklung für die Erdschlußerfassung der Verluste im Kupfer und damit insgesamt zu einer beträchtlichen Erwärmung, so daß in den Vorschriften eine zeitliche Begrenzung auf 4 oder 8 Std vorgesehen ist und auf dem Leistungsschild angegeben wird.

2.3.5.3 Überströme, Erwärmung

Beim Auftreten von *Kurzschluß im Netz* fließen in unmittelbarer Nachbarschaft der Kurzschlußstelle u. U. sehr hohe Ströme, die über Schutzeinrichtungen möglichst schnell abgeschaltet werden müssen, damit schwerwiegende Beschädigungen der Anlagenteile vermieden werden.

Bei *Stromwandlern* treten in der Primär- und Sekundärwicklung Erwärmungen auf, die so schnell erfolgen, daß die Wärme zunächst nicht an die Umgebung des Leiters abgegeben werden kann. Der damit verbundenen Ausdehnung des Leitermaterials muß beim Einbetten der Primärwicklung in feste Isolierungen, wie z. B. bei Gießharzwandlern, durch eine die Wicklung umgebende Polsterschicht Rechnung getragen werden. Die Leiterisolierung muß so ausgelegt werden, daß sie bei der kurzzeitigen Temperaturbelastung keine Veränderung erfährt. Außerdem ist der Leiterquerschnitt so zu wählen, daß bei der Isolierstoffklasse *E* für die Leiterisolierung die Stromdichte 180 A/mm^2 bei Kupferleitern, bezogen auf den thermischen Nenn-Kurzzeitstrom, nicht überschreitet. Es wird dabei eine Kurzschlußdauer von 1 s zugrundegelegt. Ist die Abschaltzeit t_A kürzer, so kann u. U. die Stromdichte im Verhältnis $1/\sqrt{t_A}$ erhöht werden.

Der *dynamische Nennstrom* ist der Wert der maximalen Stromamplitude, die der Wandler ohne Beschädigung aushalten muß. Er beträgt mindestens das 2,5-fache des Kurzschlußwechselstroms. Macht man beim thermischen Nenn-Kurzzeitstrom Gebrauch von der Erhöhung der Stromdichte, so muß der dynamische Nennstrom im gleichen Maße vergrößert werden, damit eine Zerstörung des Wandlers durch die Stromkräfte, die innerhalb der Wicklungen und von Wandler zu Wandler und deren Zuleitungen auftreten, mit Sicherheit vermieden wird.

2.3.5.4 Übertragungsvermögen

Das *Übertragungsvermögen eines Stromwandlers* wird bei zunehmendem Strom durch die Sättigung des Eisenkernes beeinflußt. Der Sekundärstrom wird nach Überschreiten der durch den Überstromfaktor bei angeschlossener Nennbürde festgelegten Stromstärke in zunehmendem Maße verzerrt. Sein Effektivwert nimmt jedoch weiterhin zu. Bei hohen Strömen wird kein Grenzwert der Sekundärstromstärke, sondern ein Grenzwert des Fehlers erreicht, da trotz Erreichen der Sättigung der magnetische Fluß weiterhin ansteigt. Kurzschlußströme setzen sich im allgemeinen Fall aus dem Kurzschlußwechselstrom und einem zeitlich abklingenden Gleichstromglied zusammen. Da der Gleichstromanteil für die Übertragung einen entsprechend großen magnetischen Fluß benötigt, sind beim *Linearwandler* große Kernquerschnitte erforderlich und Luftspalte in den magnetischen Kreis eingefügt, die den notwendigen magnetischen Fluß und damit die Größe des Wandlers wesentlich verringern. Es muß dabei in Kauf genommen werden, daß das Gleichstromglied stark deformiert und der Wechselstromanteil mit einem Fehler, z. B. Fehlwinkel $\delta = 180'$, behaftet übertragen wird. Da das Gleichstromglied jedoch für den Schutz nicht benötigt wird und der Fehlwinkel berücksichtigt werden kann, arbeitet der Schutz mit großer Genauigkeit.

2.3.5.5 Kippschwingungen

In Schaltanlagen können an *einpolig isolierten Spannungswandlern* Überströme und Überspannungen auftreten, die periodisch verlaufen und zu einer unzulässig starken Erwärmung der Spannungswandler führen. Die Frequenz dieser *Kippschwingungen* kann mit der Netzfrequenz übereinstimmen. Es treten jedoch als Frequenzen die zweite Subharmonische, die am häufigsten anzutreffen ist, die dritte Harmonische und zweite Harmonische der Netzfrequenz auf. Es finden bei diesem Vorgang Umladungsprozesse der Kapazitäten im Netz statt. Die Spannungswandler haben dabei die Funktion von Schaltern, die im ungesättigten Zustand den Umladevorgang verhindern und bei Sättigung den in einem Ausgleichsvorgang verlaufenden Stromfluß ermöglichen. Derartige Kippschwingungen können über längere Zeit stabil bleiben und stellen eine Gefahr für die Wandler und wegen der Überspannungen auch der übrigen Anlage dar. Als Abhilfe wird die Belastung der Dreieckschaltung der Hilfswicklungen für die Erdschlußerfassung mit einem Widerstand von z. B. 20 Ω empfohlen.

Auf diese Weise wird der Kippschwingung Energie entzogen, da die Spannungssumme in der Dreieckschaltung beim Auftreten von Kippschwingungen nicht mehr Null ist.

2.3.5.6 Gefahrenquellen

Beim Stromwandler halten sich im Normalfall die primären und sekundären Durchflutungen nahezu das Gleichgewicht; nur eine kleine Differenz wird zum Erregen des Kernes benötigt. Wird der *sekundäre Stromkreis unterbrochen*, so kann sich die sekundäre Durchflutung nicht ausbilden und der Primärstrom wird im vollen Umfang als Magnetisierungsstrom wirksam. Das hat eine entsprechend hohe induzierte Spannung zur Folge, die bei großen Eisenquerschnitten und hohen Windungszahlen gefährliche Werte erreicht. Man kann mit 1 bis 2 V je Windung und je cm^2 Eisenquerschnitt rechnen. Da bei Wandlern für Mittel- und Hochspannung eine sekundäre Wandlerklemme geerdet sein muß, tritt diese Spannung gegen Erde auf und kann das Bedienungspersonal und angeschlossene Geräte gefährden. Nach Beseitigung dieses Zustandes muß außerdem damit gerechnet werden, daß die Meßgenauigkeit des Wandlers durch hohe Kernremanenz beeinträchtigt wird. Dies kann durch Entmagnetisieren wieder behoben werden. Es ist daher unbedingt darauf zu achten, daß die sekundären Stromkreise von *Stromwandlern* stets geschlossen sind. Werden keine Geräte angeschlossen, so sind die Sekundärklemmen am Stromwandler kurzzuschließen. In diesem Zusammenhang soll daran erinnert werden, daß das Kurzschließen auf der Sekundärseite von *Spannungswandlern* sehr schnell zur Zerstörung der Geräte führt und auf jeden Fall vermieden werden sollte.

2.4 Überspannungsableiter[1])

Bearbeitet von *G. Albrecht*

2.4.1 Aufgabenstellung

Überspannungsableiter haben die Aufgabe, elektrische Betriebsmittel und Anlagen gegen äußere und innere Überspannungen zu schützen, ohne daß hierbei eine — auch nur kurzzeitige — Abschaltung der betriebsfrequenten Spannung nötig ist. Äußere Überspannungen (Blitzüberspannungen) entstammen der Atmosphäre (Gewitter), innere Überspannungen (Schaltüberspannungen) entstehen bei schnellen Zustandsänderungen im Netz (z. B. Ausgleichsvorgänge bei Schalthandlungen oder Erdschlüssen). Beide Arten von Überspannungen haben nicht Betriebsfrequenz, wobei Blitzüberspannungen i. allg. rascher verlaufen als Schaltüberspannungen.

2.4.2 Arten von Überspannungsableitern

Der wichtigste Ableitertyp zum Schutz von Energieversorgungsanlagen ist der *Ventilableiter* (vgl. 2.4.3). Er besteht im wesentlichen aus der Reihenschaltung von spannungsabhängigen Widerständen und Löschfunkenstrecken und ist in einem dicht abgeschlossenen Porzellangehäuse untergebracht. Man unterscheidet Ausführungen für Wechselspannung und solche für Gleichspannung.

Stark abnehmende Tendenz hat die Verwendung von *Löschrohrableitern* (Hartgasableitern). Es handelt sich hier um Funkenstrecken, bestehend aus Stabelektrode und Auspuffelektrode, bei denen der nach einem Ansprechvorgang fließende betriebsfrequente Folgestrom durch ein Löschmittel (Gas) unterbrochen wird, das der Lichtbogen von der Innenwand des ihn umhüllenden Rohres aus organischem Isolierstoff (z. B. Hartgummi) abspaltet.

Der Schutz von Fernmeldeanlagen gegen atmosphärische Überspannungen wird vornehmlich mittels Kaltkathoden-*Gasentladungsröhren* sichergestellt.

2.4.3 Ventilableiter

Der Ventilableiter ist ein *Überspannungsschutzgerät*, das in der Regel zwischen Leiter und Erde, in Sonderfällen auch zwischen Leiter und Leiter geschaltet wird.

---

[1]) Literatur S. 255.

2.4.3.1 Arbeitsprinzip

Ventilableiter bestehen aus einer Reihenschaltung von Funkenstrecken und spannungsabhängigen Widerständen. Erreicht eine Überspannung an den Klemmen eines Ventilableiters die Ansprechspannung der Funkenstrecke, so zündet diese, und ein Ableitstoßstrom fließt über die spannungsabhängigen Widerstände zur Erde. Letztere sind bei hohen Strömen (z. B. Blitzströmen) niederohmig, so daß die Spannung am Ableiter, die sog. *Restspannung*, auf Werte begrenzt bleibt, die für die zu schützenden Betriebsmittel, z. B. Transformatoren, ungefährlich ist. Anschließend fließt über den Ableiter ein aus dem Netz stammender betriebsfrequenter „Folgestrom". Gegenüber der Betriebsspannung sind die spannungsabhängigen Widerstände hochohmig, so daß dieser Folgestrom auf so kleine Werte begrenzt wird, daß ihn die Funkenstrecke beim nächsten Nulldurchgang der Spannung oder — wenn die Funkenstrecke selbst strombegrenzende Wirkung hat — schon früher unterbricht. Die Arbeitsweise eines Ventilableiters kann also auf folgende kurze Formel gebracht werden: Ansprechen — Ableiten des Stoßstromes — Begrenzung und Unterbrechung des Folgestromes. Der normale Netzbetrieb bleibt hierbei unbeeinflußt [93].

2.4.3.2 Ableitwiderstände

Die spannungsabhängigen Widerstände bestehen aus Siliciumcarbid-Kristallen (SiC) mit Korngrößen zwischen etwa 40 und 200 µm, die in der Regel unter Beimischung von ca. 20 bis 40%

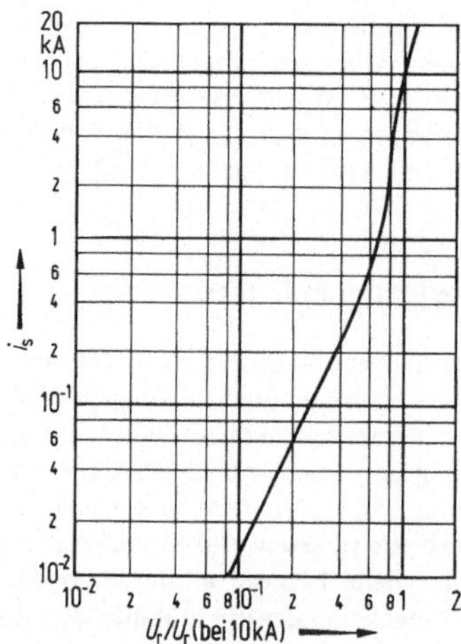

Bild 2.4-1. Strom-Spannungskennlinie eines nichtlinearen Widerstandes. x-Achse: Restspannung, bezogen auf den Wert bei 10 kA; y-Achse: Ableitstoßstrom, Welle 8/20.

keramischer Bindemittel mit Drücken von (5 bis 10) $\cdot 10^7$ Pa zu zylindrischen Blöcken mit Durchmessern von 40 bis 120 mm gepreßt und bei Temperaturen oberhalb 1000 °C gesintert werden.

Elektrisch werden die Ableitwiderstände durch ihre Strom-Spannungs-Kennlinie beschrieben (Bild 2.4-1). Diese Kennlinien entstehen so, daß die Widerstände mit Stoßströmen der in [016, 017] vereinbarten Wellenform 8/20 µs beansprucht und die dabei an ihnen entstehenden Spannungen (sog. „Restspannung") gemessen werden (Bild 2.4-2). Diese Werte werden in doppeltlogarithmischem Maßstab aufgetragen. Genormte Werte des Ableitstoßstromes (sog. „Nennableitstoßstrom") sind 5 und 10 kA. Diesen Stromwerten wird die Restspannung zugeordnet. Sie gibt an, welche Spannung an

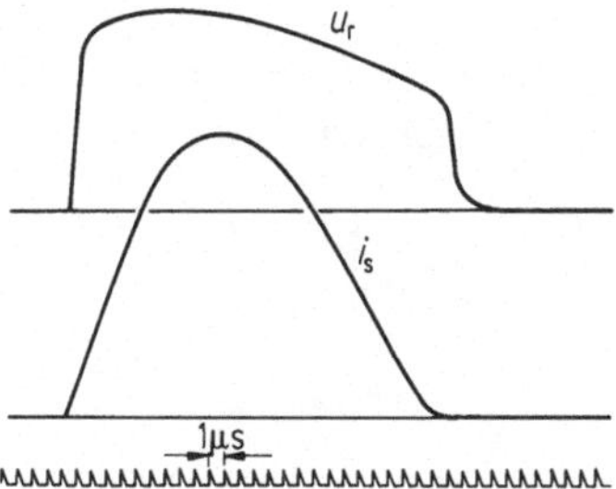

Bild 2.4-2. Oszillogramm der Restspannungsmessung. Oberer Strahl: Restspannung am nichtlinearen Widerstand; Mittlerer Strahl: Stoßstrom durch den nichtlinearen Widerstand; Unterer Strahl: Zeitmarkierung Abstand zweier Spitzen 1 μs.

den Ableiterklemmen liegt, wenn ein Blitzstrom der genannten Höhe (5 bzw. 10 kA) durch den Ableiter fließt. In gewissen Bereichen läßt sich die Restspannungskennlinie der Ableitwiderstände durch die Gleichung

$$i = A \cdot (U/U_0)^n$$

beschreiben. Der Exponent n liegt in der Größenordnung 3 bis 5, kann aber auch z. B. bei SiC-Widerständen für Steuerungszwecke (vgl. 2.4.3.4) Werte bis über 7 haben. Der Temperaturbeiwert des elektrischen Widerstandes von SiC ist negativ. Im Temperaturbereich 20 bis 120 °C nimmt bei konstantem Strom die Spannung um ca. 0,1 bis 0,2 % je K ab. Die spezifische Wärme von SiC beträgt ca. 0,8 kJ/kg K. Die Grenz-Energieaufnahmefähigkeit der Ableitwiderstände hängt von der Beanspruchungsdauer ab und beträgt im ms-Bereich ca. 40 bis 100 J/cm³.

2.4.3.3 Löschfunkenstrecke

Bei Ventilableitern für Wechselspannungsnetze ist die Löschfunkenstrecke vielfach unterteilt (Richtwert: für jeweils 1 bis 2 kV Löschspannung wird ein Luftspalt vorgesehen).

Man unterscheidet Plattenfunkenstrecken (heute nur noch in Ableitern bis ca. Reihe 30 verwendet) und Funkenstrecken mit magnetischer Beblasung des Folgestrom-Lichtbogens. Die Plattenfunkenstrecke (Bild 2.4-3) hat die Eigenschaft, daß der Lichtbogen während der ganzen Brennzeit an der Stelle verweilt, an der er zündet. Bei magnetisch beblasenen Funkenstrecken dagegen wird der Lichtbogen nach der Zündung unter der Kraftwirkung eines Magnetfeldes von der

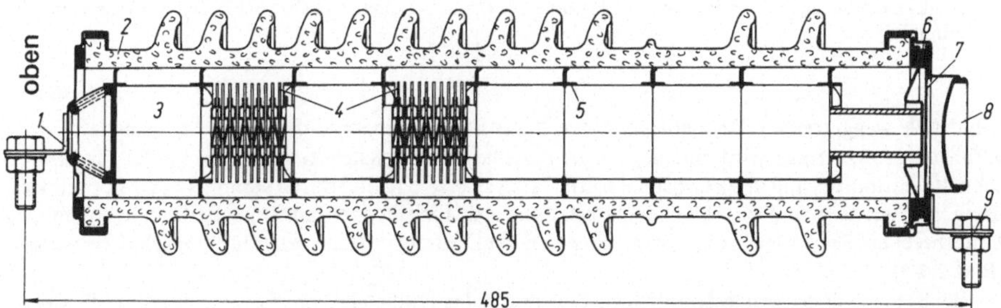

Bild 2.4-3. Schnittbild eines Überspannungsableiters für $U_L = 24$ kV mit Plattenfunkenstrecke; *1* Spannungsanschluß, *2* Isolator, *3* Ableitwiderstand, *4* Löschfunkenstrecke, *5* Abstützung, *6* Dichtung, *7* Überdruckmembrane, *8* Schutzkappe, *9* Erdanschluß.

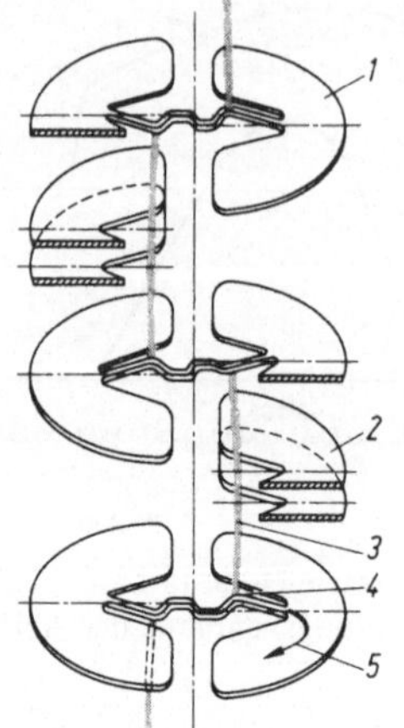

Bild 2.4-4. Schematische Darstellung einer Funkenstrecke mit magnetischer Beblasung des Folgestromlichtbogens (Beblasung durch das Eigenfeld der Folgestrombahn).
1 Elektrode,
2 Löschblech,
3 Lichtbogen.
4 Zündstelle,
5 Weg des Lichtbogenfußpunktes.

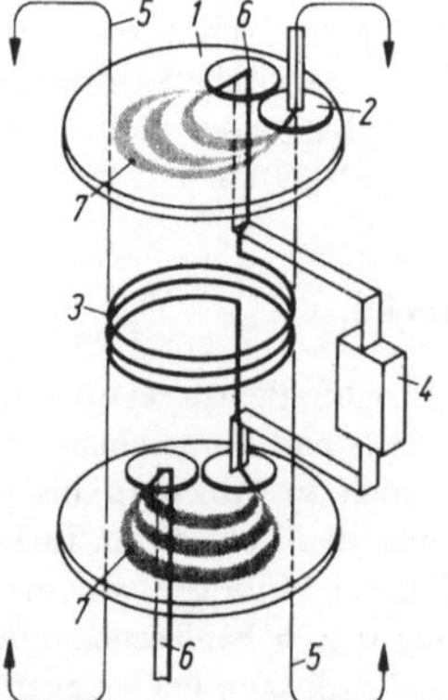

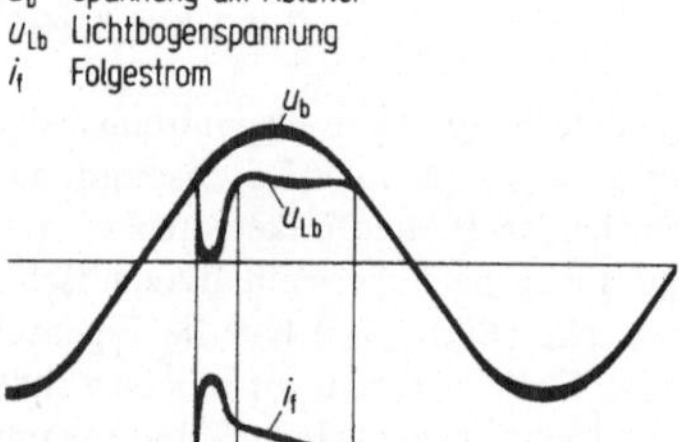

Bild 2.4-5. Prinzipielle Darstellung der Wirkungsweise einer strombegrenzenden Funkenstrecke, (Siemens); *1* Löschkammerwand, *2* Elektroden, *3* Blasspule, *4* Bypass, *5* magnetische Feldlinie, *6* Folgestromfluß, *7* Lichtbogen.

Zündstelle weggetrieben. Bei Beblasung durch das Eigenmagnetfeld des auf einem geeigneten Weg geführten Folgestroms wird eine gegenüber der Plattenfunkenstrecke höhere Schaltleistung durch schnelle Entionisierung der Zündstelle sowie dadurch erreicht, daß durch ständig neue Fußpunktbildung, Aufweitung und zusätzliche Unterteilung des Lichtbogens günstige Bedingungen für das Unterbrechen des Folgestroms beim nächsten Nulldurchgang der Spannung geschaffen werden (Bild 2.4-4).

Bei Beblasung des Folgestromlichtbogens durch das Feld einer vom Folgestrom durchflossenen Spule (Bild 2.4-5) wird eine Lichtbogenspannung solcher Höhe und Richtung erzeugt, daß hierdurch eine zusätzliche Begrenzung des Folgestroms erreicht wird. Man spricht hier von einer „strombegrenzenden" Funkenstrecke. Da der von der Überspannung verursachte Ableitstoßstrom natürlich nicht über die Spule fließen kann, ist parallel zu ihr eine Funkenstrecke oder ein nichtlinearer Widerstand angeordnet. Diese *Shunt-Elemente* sind so ausgebildet, daß nach Abklingen des Stoßstromes der betriebsfrequente Folgestrom von diesen auf die Spule kommutiert.

2.4.3.4 Steuerung

Da Ableiter, besonders solche für höhere Spannungen, aus einer Reihenschaltung einer Anzahl meist gleichartiger Elemente oder Bauglieder bestehen, muß für eine möglichst lineare Verteilung der an einem Ableiter liegenden Spannung auf diese Elemente gesorgt werden. Dies geschieht durch ohmsche Widerstände und/oder Kapazitäten, welche den Funkenstrecken parallel geschaltet werden. Erstere werden meist als spannungsabhängige Widerstände aus Siliciumcarbid ausgebildet. Der Vorteil dabei ist, daß bei anliegender Betriebsspannung der Strom und damit die Erwärmung gering ist, während bei Auftreten einer Schaltüberspannung der Steuerstrom relativ hohe Werte annimmt und damit die Spannungsverteilung in der Nähe der Ansprechspannung gleichmäßig und weitgehend unabhängig von äußeren Einflüssen wie Regen und Verschmutzung macht.

Bei Blitzüberspannungen richtet sich die Spannungsverteilung vorwiegend nach dem Verhältnis der Eigen- und Erdkapazitäten der Elemente. Dieses Verhältnis und damit die Ansprechstoßspannung kann durch Schirmringe am Ableiterkopf beeinflußt werden (Bild 2.4-6).

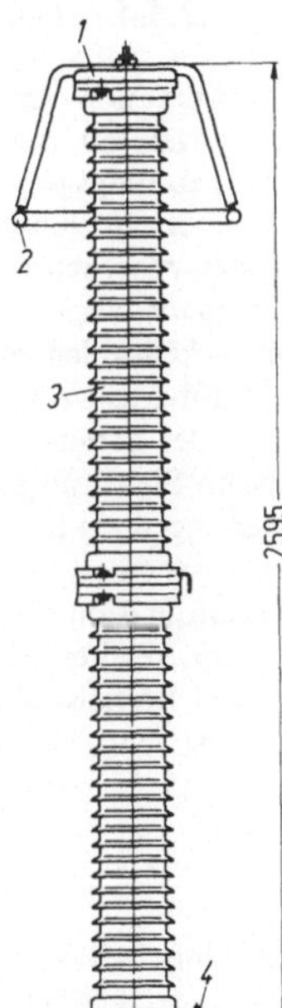

Bild 2.4-6. Überspannungsableiter für Löschspannung 132 kV;
1 Kopfplatte mit Spannungsanschlußklemme,
2 Schirmring,
3 Bauglied,
4 Erdanschlußklemme.

2.4.3.5 Druckentlastungseinrichtung

Bei extremer Beanspruchung (z. B. große Zahl von Ansprechvorgängen in schneller Folge, etwa anläßlich einer intermittierenden Netzstörung) kann ein Ableiter überlastet werden. Er verliert dabei die Fähigkeit, den Folgestrom zu begrenzen und zu unterbrechen, d. h. sein Widerstand wird praktisch null. Der dann in seinem Innern fließende, nur durch die äußeren Netzimpedanzen begrenzte Fehlerstrom führt zu einer raschen Drucksteigerung im Ableitergehäuse. Damit dieses nicht explodiert, haben moderne Ableiter an ihren Metallarmaturen eingebaute Schwachstellen, die bei Erreichen eines bestimmten kritischen Druckes ansprechen und den heißen ionisierten Gasen einen Weg ins Freie öffnen. Meist werden diese Gase durch entsprechende Umlenkeinrichtungen außerhalb des Gehäuses so geführt, daß innerhalb weniger ms ein Außenlichtbogen gezündet wird. Dadurch erlischt der im Ableiterinnern brennende Fehlerstromlichtbogen und wird nach außen kommutiert. Ein weiterer Druckaufbau im Gehäuse ist dann nicht mehr möglich und eine Explosion wird so verhindert. Bei entsprechend langer Dauer bis zur Abschaltung des Fehlerstromlichtbogens kann das Gehäuse allerdings durch Wärmespannungen zerbrechen [94, 95].

2.4.4 Anwendung von Ventilableitern

Ventilableiter sind gekennzeichnet durch ihre Löschspannung (vgl. 2.4.6). Auf sie sind die Eigenschaften und somit die den Schutzwert kennzeichnenden Daten bezogen.

2.4.4.1 Isolationskoordination, Schutzpegel

Unter Isolationskoordination versteht man die gegenseitige Zuordnung verschiedener Isolationspegel und Schutzpegel mit dem Ziel, Überspannungsschäden zu vermeiden [018]. Der Schutzpegel ist eine Spannungsgrenze, die bei Anwendung von Überspannungsableitern an deren Einbauort nicht überschritten wird.

Es wird unterschieden zwischen einer Isolationskoordination für *Blitzstoßspannung* und einer solchen für *Schaltstoßspannungen*. Bei ersterer wird ein Ableiter so ausgewählt, daß seine Begrenzungsspannung, gekennzeichnet durch den höchsten der drei folgenden Werte: a) Ansprech-Blitzstoßspannung, b) Stirn-Ansprechstoßspannung geteilt durch 1,15, c) Restspannung nicht größer ist als der Schutzpegel. Der Schutzpegel wiederum wird so festgelegt, daß er mit ausreichender Sicherheit unter der Nenn-Stehstoßspannung des zu schützenden Betriebsmittels liegt. Nach [019] wird für Blitzüberspannungen ein Sicherheitsfaktor von 1,25 (Nenn-Stehstoßspannung: Schutzpegel) für ausreichend angesehen.

Bei der Isolationskoordination für *Schaltstoßspannung* ist darauf zu achten, daß die Ansprech-Schaltstoßspannung eines Ableiters mit ausreichender Sicherheit unter der Nenn-Stehschaltspannung des zu schützenden Betriebsmittels liegt. Nach [019] wird für Schaltüberspannungen ein Sicherheitsfaktor von 1,15 (Nenn-Stehschaltspannung: maximale Ansprechschaltstoßspannung) für ausreichend gehalten.

2.4.4.2 Schutzbereich

Der Schutzbereich eines Ableiters ist gekennzeichnet durch denjenigen Abstand zwischen Ableiter und Schutzobjekt (z. B. Transformator), bei dem bei einem vorgegebenen Schutzpegel des Ableiters die am Schutzobjekt auftretende Überspannung höchstens die Nenn-Stehstoßspannung (unterer Stoßpegel) erreicht. Für die maximale Leitungslänge l_{max} zwischen Ableiter und Schutzobjekt gilt [96, 97]:

$$l_{max} = \frac{U_{sh} - (U_r + U_Z)}{2S} \cdot v$$

U_{sh} Nenn-Stehstoßspannung des Schutzobjektes
U_r Schutzpegel des Ableiters

U_Z Zusatzspannung längs der Ableiter-Anschlußleitung:

$U_Z = a \cdot L' \frac{di}{dt}$ mit Länge a der Anschlußleitung, mit $L' \approx 10^{-6}$ H/m

$\frac{di}{dt}$ = Anstieg des Ableitstoßstroms

S Steilheit der einlaufenden Überspannung

v Laufgeschwindigkeit der Überspannungswelle (für Freileitungen $3 \cdot 10^8$ m/s, für Kabel etwa $1{,}5 \cdot 10^8$ m/s.

2.4.4.3 Erdung

Die Erdanschlußleitung eines Ableiters ist eine Erdungsleitung im Sinne von VDE 0141. Sie soll möglichst kurz und mit dem geerdeten Teil des zu schützenden Betriebsmittels (z. B. Transformatorkessel oder Kabelmantel) verbunden sein. Der Ausbreitungswiderstand der Erdungsanlage, an die der Ableiter angeschlossen ist, soll möglichst niedrig sein [017].

2.4.4.4 Schutzstrecke

Eine Schutzstrecke ist ein Freileitungsstück, das durch Erdseile gegen direkte Blitzschläge in die Leiterseile und durch niedrige Masterdungswiderstände gegen rückwärtige Überschläge (Überschlag vom Mast zur Leitung, wenn Mast beim Ableiten eines Blitzstroms infolge hohen Erderwiderstandes ein zu hohes Potential annimmt) geschützt ist. Jede einer Station vorgelagerte Freileitung sollte auf eine Länge von mindestens 1000 m als Schutzstrecke ausgebildet sein. Dadurch wird verhindert, daß die in der Station eingebauten Überspannungsableiter und Betriebsmittel durch Spannungen extremer Steilheit beansprucht werden. In solchen Fällen können nämlich trotz Ansprechen der Ableiter Betriebsmittel durch sog. „Steilstufen-Stoßspannungen" beschädigt werden [98].

2.4.5 Überwachung im Betrieb

Da, vom Überlastungsfall abgesehen, die Tätigkeit eines Ableiters den Netzbetrieb in keiner Weise beeinflußt und auch von keinem Meßgerät erfaßt wird, wurden zur Feststellung der Zahl und gegebenenfalls auch der Art der Ansprechvorgänge spezielle Geräte entwickelt, die in Reihe zum Ableiter in dessen Erdanschlußleitung geschaltet werden.

2.4.5.1 Abbildfunkenstrecke

In einem Gehäuse, dessen Deckel meist ohne Werkzeuge leicht zu öffnen ist, befinden sich ein oder zwei Paar Plattenelektroden, auf deren polierten Oberflächen die Zahl der Ansprechspuren deshalb leicht feststellbar ist, weil sich die Strommarken bei jedem neuen Ansprechvorgang an einer neuen, noch blanken Stelle der Elektroden bilden. Erst bei großer Ansprechhäufigkeit besteht erfahrungsgemäß die Gefahr des Aufeinandersetzens mehrerer Spuren. Dann ist eine genaue Auszählung nicht mehr möglich. Daher ist ein Elektrodenpaar (sog. *Zählelektroden*) zum Austausch in gewissen Zeitabständen vorgesehen, während das zweite Elektrodenpaar, sog. *Abbildelektroden*, über die ganze Betriebszeit des kontrollierten Ableiters im Gerät verbleiben sollen, um ein qulitatives

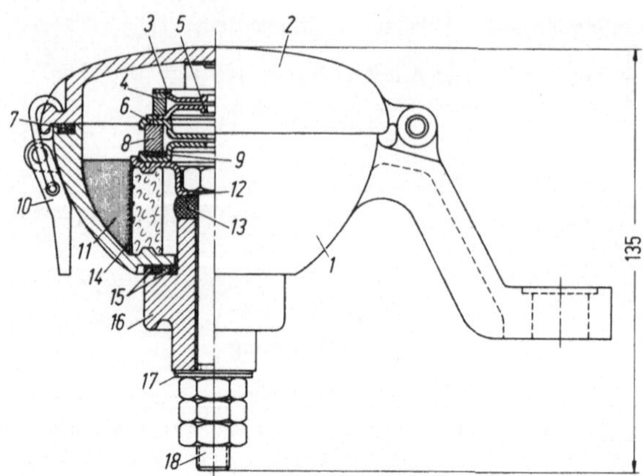

Bild 2.4-7. Schnittbild einer Abbildfunkenstrecke; *1* Gehäuse, *2* Deckel, *3* obere Zählelektrode, *4* Keramik-Distanzring, *5* untere Zählelektrode, *6* obere Abbildelektrode, *7* Dichtung, *8* Keramik-Distanzring, *9* untere Abbildelektrode, *10* Verschluß, *11* Vergußmasse, *12* Auflagering, *13* Dichtung, *14* Widerstand, *15* Dichtungen, *16* Isolator, *17* Scheiben, *18* Erdanschluß M 12.

„Abbild" der Gesamtbeanspruchung zu erhalten (Bild 2.4-7). Bei einiger Erfahrung lassen sich außer der Zahl der Ansprechspuren auch Aussagen über Art, Stromstärke, Zeitdauer und Polarität machen.

Parallel zu den Elektroden ist ein Widerstand zur Ableitung des Steuerstroms des vorgeschalteten Ableiters angeordnet. Abbildfunkenstrecken sollen nur im spannungslosen Zustand des vorgeschalteten Ableiters kontrolliert werden.

2.4.5.2 Ansprechzähler

Die Zählwerke von Ansprechzählern werden üblicherweise durch die Entladung eines Kondensators weiterbewegt, der zuvor durch den Ableitstoßstrom des Ableiters aufgeladen worden war. Bei diesen Geräten besteht auch die Möglichkeit, Ansprechvorgänge von Ableitern an einer zentralen Stelle, z. B. in einer Schaltwarte, zu registrieren. In diesem Fall wird an Stelle eines Zählwerkes ein Ansprechgeber mit Relais eingebaut, an dessen Schließer die Fernregistrierung angeschlossen wird.

Ansprechzähler haben gegenüber Kontrollfunkenstrecken den Vorzug, daß sie jederzeit, also nicht nur im spannungslosen Zustand, abgelesen werden können. Ihr Nachteil ist, daß nur die Zahl der Ansprechvorgänge erfaßbar ist. Aussagen über die Art der Überspannungen (Blitzüberspannungen oder Schaltüberspannung) lassen sich nicht machen. Eine optimale Überwachung von Ableitern wird durch Verwendung sowohl von Kontrollfunkenstrecken als auch von Ansprechzählern (beide in Reihe geschaltet) erreicht.

2.4.6 Begriffserklärungen

Erklärung der in der Ableitertechnik verwendeten Begriffe:

Löschspannung (U_L): höchste Spannung mit Betriebsfrequenz am Ableiter, bei der der Folgestrom noch unterbrochen wird.

Ansprechen eines Ableiters: Durchzünden seiner Funkenstrecken.

100%-*Ansprechspannung* (u_{a100}): niedrigste Spannung für eine bestimmte Wellenform, die bei fünfmaliger Anwendung stets zum Ansprechen führt.

Es werden verwendet zur Ermittlung

der *Ansprechblitzstoßspannung* (u_{as100}) die Wellenform 1,2/50 µs,

der *Ansprechschaltstoßspannung* (u_{ai100}) die Wellenform mit der Stirnzeit 200 µs.

Ansprechwechselspannung (U_{aw}) ist die Ansprechspannung bei sinusförmiger Spannung mit Betriebsfrequenz.

Ableitstoßstrom (i_s): Stoßstrom, der durch den Ableiter nach seinem Ansprechen fließt. Der Nenn-Ableitstoßstrom (i_{sn}) hat die Wellenform 8/20.

Folgestrom (I_f): der dem Ableitstoßstrom unter dem Einfluß der Betriebsspannung folgende Strom.

Restspannung (u_r): Höchstwert der Spannung am Ableiter während des Durchgangs des Ableitstoßstroms.

Literatur zu 2. Transformatoren, Drosselspulen, Meßwandler und Überspannungsableiter

Normen

Transformatoren

DIN 42500 Verteilungstransformatoren für 100 bis 1600 kVA (z. Zt. Entwurf).

DIN 42503 Verteilungstransformatoren für 50 bis 630 kVA, $u_{kN} = 4\%$.

DIN 42504 Öltransformatoren für 2000 bis 10000 kVA.

DIN 42508 Öltransformatoren für 12000 bis 80000 kVa (z. Zt. Entwurf).

DIN 42511 Verteilungstransformatoren für 100 bis 1600 kVA, $u_{kN} = 6\%$.

DIN 42515 Leistungstransformatoren mit Stufenschalter bis 40 MVA und bis Reihe 110 N.

DIN 42523 Gießharztransformatoren für 100 bis 1600 kVA.

DIN 42524 Trockentransformatoren für 50 bis 1600 kVA.

DIN 42540 Geräuschstärke von Transformatoren 30 bis 40000 kVA.

DIN 42530 bis 42539 Durchführungen für Transformatoren. Reihe 1 N bis Reihe 110 N, 250 bis 3150 A.

DIN 42556 Öl-Wasser-Kühler für Transformatoren.

DIN 42557 Öl-Luft-Kühler für Transformatoren.

DIN 42559 Radiatoren für Öltransformatoren.

DIN 42548 bis 42568 Zubehör für Transformatoren.

Drosselspulen

DIN 42630–631 und 42634–635 Transduktoren

Meßwandler

DIN 42600 Bl. 1–7 Meßwandler für 50 Hz, Reihen 0,5 bis 45 N.

DIN 42601 Meßwandler für 50 Hz, Reihen 60 N bis 380 NE.

Vorschriften, Richtlinien

Transformatoren

001 VDE 0532 Teil 1 Bestimmungen für Transformatoren.
Teil 3 Anlaßtransformatoren und Anlaßdrosselspulen.

002 VDE 0531 Bestimmungen für Stufenschalter für Transformatoren und Drosselspulen.

003 VDE 0370 Bestimmungen für Transformatoren-, Wandler- und Schalteröle.

004 VDE 0533 Richtlinien für die Durchführung von Teilentladungs-Isolationsmessungen an Transformatoren.

005 DIN 57536/VDE 0536 (IEC-Publ. 354) Belastbarkeit von Öltransformatoren [VDE-Richtlinie].

Drosselspulen

006 VDE 0532 Teil 2 Drosselspulen und Sternpunktbildner.

007 VDE 0534 Transduktoren.

Meßwandler

008 VDE 0414 Teil 1–5 Bestimmungen für Meßwandler.

009 IEC Publication 185 Current transformers.

010 IEC Publication 186 Voltage transformers.

011 IEC Publication 186A First supplement to Publication 186.

012 Eichgesetz vom 6. 7. 1973.

013 Prüfstellenverordnung vom 18. 6. 1970.

014 Beglaubigungskostenordnung vom 27. 1. 1975.

015 Eichordnung vom 15. 1. 1975.

Überspannungsableiter

016 VDE 0675 Teil 1/5.72: Richtlinien für Überspannungsschutzgeräte
Teil 1: Ventilableiter für Wechselspannungsnetze.

017 VDE 0675 Teil 2/2.75: Richtlinien für Überspannungsschutzgeräte
Teil 2: Anwendung von Ventilableitern für Wechselspannungsnetze.

018 VDE 0111/12.66: Bestimmungen für die Bemessung und Prüfung der Isolierung elektrischer Anlagen und Betriebsmittel für Wechselspannung über 1 kV.

019 IEC Publication 71/1972: Insulation coordination.

020 IEC Publication 99-1/1970: Lightning arresters.

021 IEC Publication 99–1 A.

Bücher

H 30 Hütte, Energietechnik, Bd. I, Berlin, Heidelberg, New York: Springer 1978.

1 *Bean, Chackan* u. a.: Transformers, New York, Toronto, London: McGraw-Hill 1959.

2 *Blume, Boyajian* u. a.: Transformer Engineering, 2. Aufl., New York: Wiley 1951.

3 *Küchler:* Die Transformatoren, 2. Aufl., Berlin, Heidelberg, New York: Springer 1966.

4 Massachusetts Institute of Technology: Magnetic Circuits and Transformers, New York: Wiley 1943.

5 *Richter:* Die Transformatoren, 2. Aufl., Basel, Stuttgart: Birkhäuser 1954.

6 *Schäfer:* Transformatoren, 5. Aufl., Berlin: de Gruyter 1967.

7 *Stigant, Lacey, Franklin:* The J. & P. Transformer Book, 10. Aufl., London: Johnson & Phillips 1973.

8 *Taegen:* Einführung in die Theorie der elektrischen Maschinen I. Braunschweig: Vieweg 1970.

9 *Vidmar:* Die Transformatoren, 3. Aufl., Basel, Stuttgart: Birkhäuser 1956.

10 *Rogowski:* Über das Streufeld und den Streuinduktionskoeffizienten eines Transformators mit Scheibenwicklung und geteilten Endspulen. Mitt. Forsch. Arb. Ing. Wesen Heft 71, Berlin: Springer 1909.

11 *Waters:* The Short-Circuit Strength of Power Transformers, London: Macdonald 1966.

12 *Heller, Veverka:* Stoßerscheinungen in elektrischen Maschinen, Berlin: Technik 1957.

13 *Gotter:* Erwärmung und Kühlung elektrischer Maschinen, Berlin, Göttingen, Heidelberg: Springer 1954.

14 Ölbuch, 5. Aufl., Frankfurt/M.: Verlags- u. Wirtschaftsges. d. Elektrizitätswerke 1974.

18 *Grover:* Inductance Calculations, New York: Dover 1962.

19 *Hak:* Eisenlose Drosselspulen, Leipzig: Koehler 1938.

20 *Willheim, Waters:* Neutral Grounding in High-Voltage Transmissions, Amsterdam: Elsevier 1956.

21 *Schilling:* Der Transduktor, München: Oldenbourg 1960.

22 *Kümmel:* Regel-Transduktoren, Berlin, Göttingen, Heidelberg: Springer 1961.

23 *Hartel, Dietz:* Transduktorschaltungen, Berlin, Heidelberg, New York: Springer 1966.

24 Transduktoren, Berlin: AEG 1967.

28 *Bauer:* Die Meßwandler. Berlin, Göttingen, Heidelberg: Springer 1953.

29 *Goldstein:* Die Meßwandler. Basel: Birkhäuser 1952.

30 *Baatz:* Überspannungen in Energieversorgungsnetzen. Berlin, Göttingen, Heidelberg: Springer 1956.

Zeitschriften

40 Elektrotechnische Zeitschrift. Berlin: VDE-Verlag.

41 Archiv für Elektrotechnik. Berlin, Heidelberg, New York: Springer.

42 Elektrizitätswirtschaft. Frankfurt/M.: Vereinigung Deutscher Elektrizitätswerke.

43 Technische Mitteilungen AEG-TELEFUNKEN. Berlin: Elitera-Verlag.

44 Siemens-Zeitschrift. Berlin, München: Siemens.

45 Elektrotechnik und Maschinenbau. Wien, New York: Springer.

46 Bulletin des Schweizer Elektrotechnischen Vereins. Zürich: Schweizer Elektrotechnischer Verein.

47 Brown, Boveri Mitteilungen. Baden (Schweiz): Brown, Bover & Cie.

48 Electra. Paris: CIGRÉ.

49 Proceedings of the Institution of Electrical Engineers. London: Institution of Electrical Engineers.

50 Revue Générale de l'Electricité. Paris.

51 Električestvo. Moskau.

52 IEEE Transactions Power Apparatus and Systems. Institute of Electrical and Electronic Engineers Transactions on Power Apparatus and Systems (früher Transactions of the American Institute of Electrical Engineers bzw. Electrical Engineering). New York: Institute of Electrical and Electronic Engineers.

53 Institute of Electrical and Electronic Engineers Transactions on Magnetics. New York: IEEE.

54 General Electric Review. Schenectady (USA): General Electric.

55 Energie und Technik. Düsseldorf: Klepzig.

57 Electrical World.

Aufsätze

60 *Barkhausen:* Zur Theorie des Transformators [40], 1931, 1463–1466.

61 *Lord:* An Equivalent Circuit for Transformers in which Nonlinear Effects are Present [52], I, 1959, 580–586.

62 *Höpp:* Mehrwicklungs-Transformatoren [45], 1928, 692–699.

63 *Garin:* Zero-Phase-Sequence Characteristics of Transformers [54], 1940, 131–136 und 174–179.

64 *Oels:* Ersatzsschaltungen des Transformators im Nullsystem [40], A, 1968, 59–62.

65 *Moses, Thomas:* The Spatial Variation of Localized Power Loss in Two Practical Transformer T-Joints [53], 1973, 655–659.

66 Report on Transformer Magnetizing Current and Its Effect on Relaying and Air Switch Operation [52], 1951, II, 1733–1740.

67 *Sonnemann* u. a.: Magnetizing Inrush Current Phenomena in Transformer Banks [52], 1958, III, 884–892.

68 *Macfadyen* u. a.: Method of Predicting Transient Current Patterns in Transformers [49], 1973, 1393–1396.

69 *Thomson*: Magnetic Fields in Transformers at Low Frequencies, Phil.Mag., 7. Serie, 1938, 242–256.

70 *Andersen*: Transformer Leakage Flux Program Based on the Finite Element Method [52], 1973, 682–689.

71 *Knaack*: Die Berechnung der magnetischen Feldstärke bei Transformatorenwicklungen [41], 1943, 317–346.

72 *Pincov*: Zur Berechnung der Induktivitäten paralleler Schienen und der Streuung von Transformatorwicklungen [51], 1972, Nr. 8, 70–73.

73 *Garin, Paluev*: Transformer Circuit Impedance Calculations [52], 1936, 717–730.

74 *Dietrich*: Berechnung der Wirkverluste von Transformatorenwicklungen unter Berücksichtigung des tatsächlichen Streufeldverlaufes [41], 1961, 209–222.

75 *Kaul*: Stray-Current Losses in Stranded Windings of Transformers [52], 1957, III, 137–149.

76 *Patel*: Dynamic Response of Power Transformers Under Axial Short Circuit Forces [52], 1973, 1558–1576.

77 *Abetti*: Transformer Models for the Determination of Transient Voltages, [52], 1953, III, 468–480.

78 *Müller*: Die räumliche und zeitliche Stoßspannungsverteilung in Transformatorenwicklungen, [46], 1975, 218–224.

79 *Lawrenz*: Übersicht über die Resonanzerscheinungen in Energieversorgungsnetzen, Energietechnik, 1970, 73–77.

80 *McNutt* u. a.: Response of Transformer Windings to System Transient Voltages, [52], 1974, 457–467.

81 *Dobša*: Transformatoren für Längs-, Schräg- und Querregelung, [47], 1972, 376—383.

82 *Coquard*: Le bruit des transformateurs: ses paramètres, les moyens de le reduire à sa source, [50], 1969, 179–194.

83 *Reiplinger*: Maßnahmen zur Geräuschminderung in Umspannanlagen, [43], 1972, 66–70.

84 *Müller* u. a.: Prüfung und Überwachung von Transformatoren durch Analyse der im Öl gelösten Gase, [42], 1974, 683–687.

85 *Feyertag*: Transformatoren für Silizium-Gleichrichteranlagen, [40], 1967, B, 609–613.

86 *Jungnitz*: Ausführung und Prüfungen an HGÜ-Transformatoren und Glättungsdrosseln, [40], 1974, A, 12–15.

87 *Feyertag*: Transformatoren für Lichtbogenöfen, Klepzig Fachberichte: 1974, 133–137.

88 Measurement of Partial Discharges in Transformers, [48], 1971, Nr. 19, 13–65

89 *Alexander* u. a.: Design and Application of EHV Shunt Reactors, [52], 1966, 1247–1258.

90 *Ziegler*: Aufbau und Typenleistung von Sternpunktbildnern, [44], 1968, 538–544.

91 *Dimmler* u. a.: Einstellbare Drosselspulen für die Filterkreise der Hochspannungs-Gleichstrom-Übertragung von Cabora Bassa nach Johannesburg, [43], 1974, 249–256.

92 *Becker* u. a.: Static Shunt Devices for Reactive Power Control, CIGRÉ, 1974, Bericht Nr. 31-08.

93 *Albrecht*: Einsatz von Überspannungsableitern im Hochspannungsnetz [55], 16, (1964) Heft 2, 44–48.

94 *Albrecht*: Druckentlastungsprüfungen an Ventilableitern [43], 62 (1972) 7, 308–311.

95 *Albrecht*: Prüfung von Maschinenableitern mit einem Kurzschlußstrom von 200 kA [43], 63 (1973) Heft 6, 242–245.

96 *Fischer*: Die Schutzwirkung von Überspannungsableitern in Kopfstationen bei verschieden räumlicher Anordnung [42], 60 (1961) Heft 24, 919–928.

97 *Christoffel, Fischer, Hosemann*: Überspannungsschutz von Transformatoren mit direkt eingeführtem Kabel bei Blitzeinschlag in die vorgelagerte Freileitung [40], 83 (1962) Heft 23, 761–772.

98 *Rabus*: Stand und Probleme der Hochspannungstechnik beim Bau und Betrieb großer Transformatoren [40], 83 (1962) Heft 5, 121–129.

3. Kondensatoren

3.1 Grundlagen[1])

Bearbeitet von *F. J. Pollmeier*

Die Grundbegriffe des elektrostatischen Feldes im Vakuum und bei Vorhandensein von Materie sowie das Verhalten des Kondensators an Gleichspannung werden in [H 25] behandelt. In Tabelle 3.1-1 sind die wichtigsten Eigenschaften der Kondensator-Isolierstoffe zusammengestellt.

3.1.1 Der Kondensator an Wechselspannung

3.1.1.1 Blindleistung

Beim verlustfreien Kondensator mit der Kapazität C, der an der Spannung U liegt und den Strom I führt, ist die Blindleistung

$$Q = UI = U^2 \omega C = \frac{I^2}{\omega C}. \tag{3.1-1}$$

Beim Plattenkondensator mit dem Volumen $V = Ad$ des Dielektrikums, der Feldstärke $E = U/d$ und der Kapazität $C = \varepsilon A/d$ gilt mit $\varepsilon = \varepsilon_0 \varepsilon_r$, wobei $\varepsilon_0 \approx 10^{-9}/36\pi$ F/m:

$$Q = U^2 \omega \varepsilon \frac{A}{d} = E^2 \omega \varepsilon V. \tag{3.1-2}$$

3.1.1.2 Verlustfaktor

Beim Wechselspannungsbetrieb erwärmen sich Kondensatoren durch Verluste im Dielektrikum (Ionenwanderung, Reibung der im Takte der Frequenz schwingenden Dipole) und in den Elektroden und Schaltverbindungen (Stromwärme). Dadurch wird der Winkel φ zwischen der am Kondensator liegenden Spannung U und dem Kondensatorstrom I um den Verlustwinkel δ kleiner als 90° (Bild 3.1-1). Die Verlustleistung ist

$$P = UI \cos\varphi = UI \sin\delta. \tag{3.1-3}$$

Für die Blindleistung gilt:

$$Q = UI \sin\varphi = UI \cos\delta. \tag{3.1-4}$$

Der Quotient

$$P/Q = \tan\delta \tag{3.1-5}$$

heißt Verlustfaktor.

---

[1]) Literatur S. 288.

Tabelle 3.1-1. Eigenschaften von Isolierstoffen für Kondensatoren (Werte bei ca. 20 °C)

Stoffart		Rohdichte kg/dm³	Dielektrizitätszahl ε_r	Spez. Durchgangswiderstand $\Omega \cdot cm$	50-Hz-Durchschlagfestigkeit V/µm	$\tan\delta \cdot 10^4$	Max. Einsatztemperatur °C	Handelsname (Beispiele)
		DIN 53479	VDE 0303/4	VDE 0303/3	VDE 0303/2	VDE 0303/4	—	
Unpolar	Polystyrol[1]	1,05	2,55	$>10^{17}$	>200	<2	80	Styroflex
	Polypropylen[1]	0,91	2,2	$4 \cdot 10^{17}$	340	2	100	Trespaphan
	Mineralöl	0,85...0,87	2,13...2,17	$>10^{13}$	>20	<10	100	—
Polar	Polycarbonat[1]	1,2	2,8...3,0	10^{17}	280	10	135	Makrofol
	Papier (ofentrocken)	1,2	≈ 3	$\approx 10^{16}$	100[2]	≈ 20	100	Napakon, Sat. A
	Trichlordiphenyl (Synthetisches Öl)	1,4	5,9	$>10^{13}$	>50	<50	150	Clophen A 30

[1] Filmdicke ca. 10 µm.
[2] 2 Lagen à 8 µm, Gleichspannung.

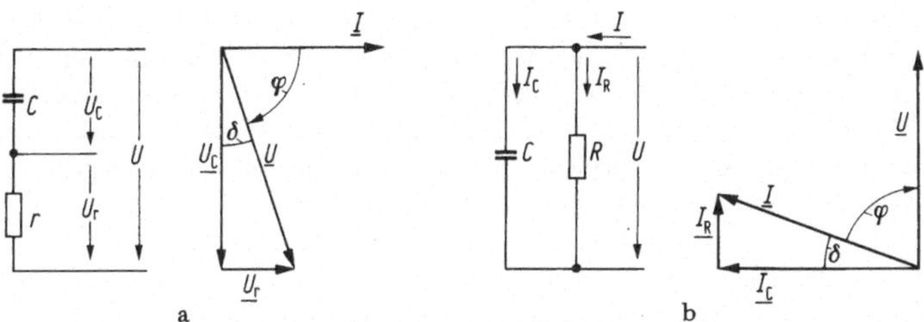

Bild 3.1-1. Ersatzschaltbilder und Zeigerbilder für einen Kondensator mit Verlusten. a) Reihenschaltung; b) Parallelschaltung.

In vereinfachten Ersatzschaltbildern, die nur für einen engen Frequenzbereich gelten, werden die Kondensatorverluste dadurch berücksichtigt, daß ein verlustloser Kondensator entweder mit einem Widerstand r in Reihe oder parallel zu einem Widerstand R liegt.

Bei Reihenschaltung (z. B. Nachbildung von Zuleitungsverlusten, Bild 3.1-1a) gilt:

$$\tan\delta = \frac{U_r}{U_C} = \frac{Ir}{I\dfrac{1}{\omega C}} = r\omega C. \tag{3.1-6}$$

Bei Parallelschaltung (z. B. Nachbildung von Isolationsstromverlusten, Bild 3.1-1b) gilt:

$$\tan\delta = \frac{I_R}{I_C} = \frac{\dfrac{U}{R}}{U\omega C} = \frac{1}{R\omega C}. \tag{3.1-7}$$

3.1.2 Parallel- und Reihenschaltung

Bei der Parallelschaltung von Kondensatoren ist die Gesamtkapazität

$$C = C_1 + C_2 + \ldots + C_n. \tag{3.1-8}$$

Liegen parallelgeschaltete Kondensatoren mit Verlusten an Wechselspannung, so ist der resultierende Verlustfaktor:

$$\tan\delta = \frac{C_1 \tan\delta_1 + C_2 \tan\delta_2 + \ldots + C_n \tan\delta_n}{C_1 + C_2 + \ldots + C_n}. \tag{3.1-9}$$

Für die Reihenschaltung von Kondensatoren gilt die Beziehung

$$\frac{1}{C} = \frac{1}{C_1} + \frac{1}{C_2} + \ldots + \frac{1}{C_n}. \tag{3.1-10}$$

Bei Wechselspannungsbetrieb teilt sich die Gesamtspannung im Verhältnis der kapazitiven Einzelwiderstände $X_C = 1/\omega C$ auf, d. h. der Teilkondensator mit der kleinsten Kapazität liegt an der höchsten Spannung. Haben die Kondensatoren Verluste, so gilt für den resultierenden Verlustfaktor

$$\tan\delta = \frac{\dfrac{1}{C_1}\tan\delta_1 + \dfrac{1}{C_2}\tan\delta_2 + \ldots + \dfrac{1}{C_n}\tan\delta_n}{\dfrac{1}{C_1} + \dfrac{1}{C_2} + \ldots + \dfrac{1}{C_n}}. \tag{3.1-11}$$

Werden in Reihe geschaltete Kondensatoren an Gleichspannung gelegt, so stimmt die Spannungsaufteilung zunächst mit der bei Wechselspannungsbetrieb überein. Durch Ausgleichsvorgänge über die Isolationswiderstände R_{is} der Kondensatoren ändert sich die Spannungsaufteilung jedoch so, daß im Endzustand die Spannungen an den Teilkondensatoren im gleichen Verhältnis zueinander stehen wie die zugehörigen Isolationswiderstände. Der Teilkondensator mit dem größten Isolationswiderstand wird also spannungsmäßig am höchsten beansprucht.

3.1.3 Schaltungen bei Drehstrom

Bei Drehstromkondensatoren in Sternschaltung (Bild 3.1-2a) ist die Kapazität zwischen den Anschlußklemmen 1 und 2

$$C_A = \frac{C_{Y1} C_{Y2}}{C_{Y1} + C_{Y2}}.$$

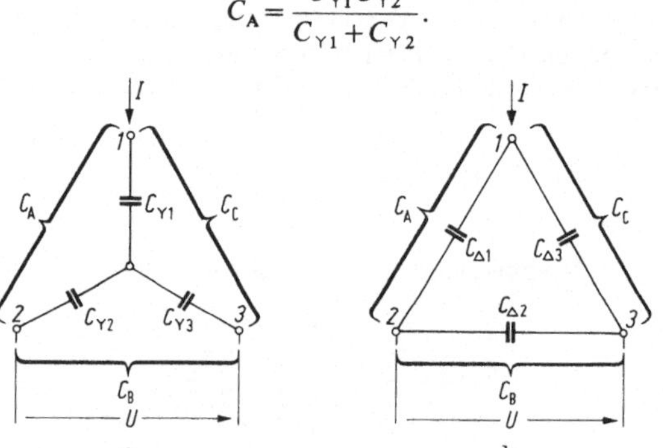

Bild 3.1-2. Drehstromschaltungen. a) Sternschaltung; b) Dreieckschaltung.

Für $C_Y = C_{Y1} = C_{Y2} = C_{Y3}$ wird die Drehstromleistung

$$Q_Y = 3\left(\frac{U}{\sqrt{3}}\right)^2 \omega C_Y = U^2 \omega C_Y = 3\frac{I^2}{\omega C_Y}. \tag{3.1-12}$$

Bei Drehstromkondensatoren in Dreieckschaltung (Bild 3.1-2b) ist die Kapazität zwischen den Anschlußklemmen 1 und 2

$$C_A = C_{\Delta1} + \frac{C_{\Delta2} C_{\Delta3}}{C_{\Delta2} + C_{\Delta3}}.$$

Für $C_\Delta = C_{\Delta1} = C_{\Delta2} = C_{\Delta3}$ wird die Drehstromleistung

$$Q_\Delta = 3U^2 \omega C_\Delta = 3\left(\frac{I}{\sqrt{3}}\right)^2 \frac{1}{\omega C_\Delta} = \frac{I^2}{\omega C_\Delta}. \tag{3.1-13}$$

Für $Q_Y = Q_\Delta$ gilt $C_Y = 3C_\Delta$.

Werden zwischen je zwei Klemmen eines Drehstromkondensators (in Stern- oder Dreieckschaltung) die Kapazitäten C_A, C_B und C_C gemessen, so gilt mit genügender Genauigkeit für die gesamte Blindleistung des Kondensators

$$Q = \frac{2}{3} U^2 \omega (C_A + C_B + C_C). \tag{3.1-14}$$

3.2 Bemessung, Dielektrika, Aufbau und Prüfung[1])

Bearbeitet von *F. J. Pollmeier*

3.2.1 Bemessungsfragen

3.2.1.1 Elektrische Beanspruchung

3.2.1.1.1 Feldverzerrungen. In einzelnen Bereichen des Dielektrikums kann die wirksame Feldstärke E beträchtlich größer sein als der rechnerisch ermittelte Wert $E_0 = U/d$ des homogenen Feldes. Bei geschichteten Isolierstoffen mit verschiedener Dielektrizitätszahl ändert sich die Feldstärke an den Grenzflächen sprunghaft, vgl. [H25]. Besonders große Feldstärken treten an den Elektrodenrändern und an feldverzerrenden leitenden oder halbleitenden Partikeln (Metallsplitterchen, Staub) im Dielektrikum auf.

Bild 3.2-1a zeigt den Verlauf der Feldlinien am Rande eines Kondensatorwickels. Werden Elektroden aus Aluminiumfolie verwendet, so haben diese an den Schnittkanten Krümmungsradien r von nur 0,5 bis 1 µm. Bei aufgedampften Metallschichten muß mit Radien bis herab zu 2 nm gerechnet werden. Die Feldkonzentration an solchen scharfen Kanten oder Spitzen ist um so stärker, je größer das Verhältnis d/r ist. Rechnerisch ergeben sich Feldstärken, die bis zu 100mal größer sind als der Mittelwert E_0. Die tatsächlich auftretenden Werte dürften wegen der Ausbildung von Raumladungen niedriger liegen.

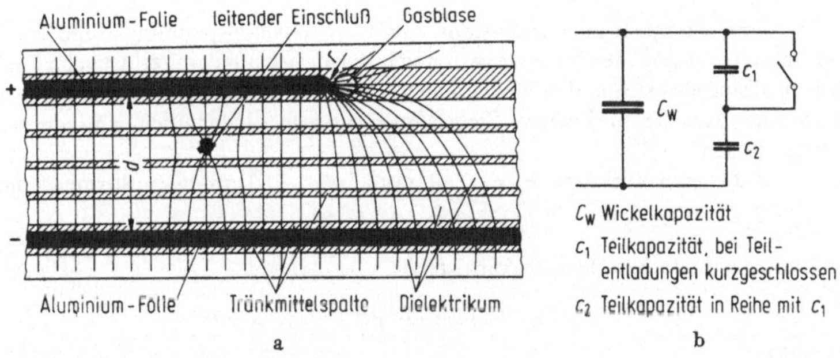

Bild 3.2-1. Feldverzerrung und Teilentladungen. a) Randbereich eines Kondensators mit getränktem Mehrlagendielektrikum; b) Ersatzschaltbild für Teilentladungen im Dielektrikum.

3.2.1.1.2 Teilentladungen sind örtlich begrenzte selbständige Entladungen, die einen Teil der Isolierung zwischen zwei Leitern überbrücken. Sie treten beim Überschreiten einer bestimmten Spannung in gasförmigen und flüssigen Isolierstoffschichten auf, deren elektrische Festigkeit kleiner ist als die von festen Isolierstoffen. Im getränkten Dielektrikum können winzige Gaseinschlüsse bereits vorhanden sein, oder sie bilden sich an Stellen großer Feldkonzentration dadurch, daß das Tränkmittel durch Entladungen zersetzt wird.

Jeder Durchschlag einer Gasblase bewirkt den Kurzschluß einer kleinen Teilkapazität und damit eine geringe Vergrößerung der Gesamtkapazität (Bild 3.2-1). Die dadurch verursachte Ladungsänderung läßt sich mit Hilfe von Verstärkern zum empfindlichen Nachweis von Teilentladungen ausnutzen.

[1]) Literatur S. 288.

Kurzzeitige Teilentladungen werden von den meisten Kondensatoren ohne Beeinträchtigung der Lebensdauer vertragen; dauernde führen jedoch bei organischen Isolierstoffen mit Sicherheit zur Beschädigung und schließlich zum Durchschlag des Dielektrikums. Bei Beanspruchung des Dielektrikums mit Gleichspannung können Teilentladungen nur während des Lade- oder Entladevorgangs vorkommen. Im Wechselspannungsbetrieb dagegen treten sie dauernd auf, wenn die Einsetzspannung überschritten wird. Die Zahl und die Intensität der Entladungen nehmen mit steigender Spannung mehr als proportional zu. Die Einsetzfeldstärke der Teilentladungen wird mit steigender Dielektrikumsdicke d immer kleiner, da bei gegebenem Krümmungsradius r der Elektroden das Verhältnis d/r und damit die Feldverzerrung immer größer wird.

Bei Impulskondensatoren für eine begrenzte Lebensdauer (z.B. 10^4 bis 10^6 Impulse) werden Teilentladungen bewußt in Kauf genommen, um hohe Feldstärken anwenden und damit große Energiedichten erreichen zu können.

3.2.1.1.3 Der elektrische Durchschlag. Bei richtiger Bemessung eines Dielektrikums treten Durchschläge fast immer an Stellen erhöhter Feldstärke, an Löchern und an Dünnstellen auf.

Bei Kondensatoren, die nicht selbstheilend sind (vgl. 3.2.2.1.3), wird durch Verwendung mehrerer Isolierstofflagen die Wahrscheinlichkeit der Überlappung von Fehlerstellen möglichst klein gehalten. Dünne Isolierstofflagen haben mehr Fehlerstellen als dicke und sind teurer; das Dielektrikum kann daher nicht in beliebig viele Lagen aufgeteilt werden.

3.2.1.2 Thermische Beanspruchung

3.2.1.2.1 Wärmeerzeugung im Kondensator. Die beim Wechselspannungs- und Impulsbetrieb von Kondensatoren auftretenden Verluste setzen sich zusammen aus den Verlusten im Dielektrikum und den Stromwärmeverlusten in den Elektroden und inneren Schaltverbindungen. In Sonderfällen müssen auch die Verluste in inneren Sicherungen und in eingebauten Entladewiderständen berücksichtigt werden.

Mit den dielektrischen Verlusten $P_D = U^2 \omega C \tan\delta_D$ (vgl. 3.1.1) und den Stromwärmeverlusten

$$P_R = I^2 R = (U\omega C)^2 R \tag{3.2-1}$$

ergeben sich die gesamten Kondensatorverluste zu

$$P = P_D + P_R = U^2 \omega C (\tan\delta_D + R\omega C) = Q \tan\delta. \tag{3.2-2}$$

Der Verlustfaktor

$$\tan\delta = \tan\delta_D + R\omega C \tag{3.2-3}$$

ist also um den Betrag $R\omega C$ größer als der durch die dielektrischen Verluste bestimmte Wert $\tan\delta_D$. Das Produkt $R\omega C$ steigt überlinear mit der Frequenz, da R wegen des Skineffekts mit der Frequenz zunimmt.

Zur Berechnung der Verlustleistung von Kondensatoren, die an nicht sinusförmiger Wechselspannung liegen, wird die Spannungswelle durch Fourieranalyse in Grundschwingung und Oberschwingungen zerlegt.

$$P = \sum_{\nu=1}^{\infty} U_\nu^2 \omega_\nu C \tan\delta_\nu. \tag{3.2-4}$$

U_ν ist die Spannung und $\tan\delta_\nu$ ist der Verlustfaktor bei der Kreisfrequenz ω_ν.

3.2.1.2.2 Wärmeabfuhr. Die im Kondensator erzeugte Verlustwärme wird durch Leitung, freie oder erzwungene Konvektion und durch Strahlung an das Kühlmittel abgegeben. Das Kondensatorinnere nimmt die Temperatur ϑ an, und zwar gilt für die Erwärmung $\Delta\vartheta$ gegen die

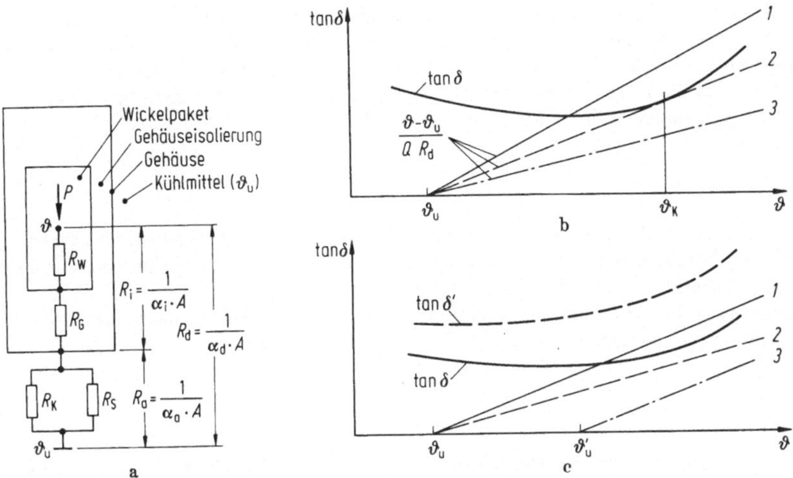

Bild 3.2-2. Abfuhr der Verlustwärme bei Kondensatoren. a) Wärmewiderstände; b) Gleichgewichtszustände; c) Ursachen für thermische Instabilität.

Kühlmitteltemperatur ϑ_U im stationären Zustand

$$\Delta\vartheta = \vartheta - \vartheta_U = P \cdot R_d = Q \cdot \tan\delta \cdot R_d\,, \tag{3.2-5}$$

mit dem Wärmestrom (der Verlustleistung) P und dem gesamten Wärmedurchgangswiderstand R_d zwischen Wickelpaket und Kühlmittel. R_d ergibt sich aus der Reihenschaltung des inneren Wärmewiderstandes R_i mit dem äußeren, R_a, vgl. Bild 3.2-2a. Wird mit den inneren und äußeren Wärmeübergangszahlen α_i und α_a bzw. mit der Wärmedurchgangszahl α_d gerechnet und ist A die für die Kühlung des Gehäuses wirksame Oberfläche, so gilt:

$$R_d = R_i + R_a = \frac{1}{A}\left(\frac{1}{\alpha_i} + \frac{1}{\alpha_a}\right) = \frac{1}{\alpha_d A}\,. \tag{3.2-6}$$

α_i hängt stark vom Innenaufbau des Kondensators ab. Bei großen Kondensatoren mit quaderförmigen Gehäusen ist $\alpha_i = 8$ bis $20\,\mathrm{W/m^2\,K}$. Vom Gehäuse zum Kühlmittel erfolgt der Wärmetransport bei selbstkühlenden Kondensatoren etwa zu gleichen Teilen durch freie Konvektion mit $R_k = 1/(\alpha_k A)$ und durch Wärmestrahlung mit $R_s = 1/(\alpha_s A)$. α_a beträgt je nach Gehäuseform und -oberfläche (blank oder lackiert) 8 bis $15\,\mathrm{W/m^2\,K}$. Bei erzwungener Konvektion kann bis zu 10mal soviel Wärme abgeführt werden wie bei freier. Kondensatoren mit großer volumenbezogener Verlustleistung (z. B. Mittelfrequenzkondensatoren) werden im Innern oder außen mit Wasser gekühlt.

3.2.1.2.3 Erwärmung und Kippleistung. Beim Betrieb eines Kondensators herrscht thermisches Gleichgewicht, wenn die erzeugte Verlustleistung $P_e = Q \cdot \tan\delta$ und die abgeführte $P_a = \Delta\vartheta / R_d$ gleich groß sind. Dann gilt

$$\tan\delta = \frac{\Delta\vartheta}{R_d Q} = \frac{1}{R_d Q}(\vartheta - \vartheta_U)\,. \tag{3.2-7}$$

Dies ist die Gleichung einer Geraden durch den Abszissenpunkt ϑ_U mit der Steigung $1/R_d Q = 1/\beta$. Bild 3.2-2b zeigt den für viele Dielektrikumsarten charakteristischen Verlauf des Verlustfaktors über der Temperatur. Gerade 1 gilt für den thermisch stabilen Betrieb. Die Lage der Geraden 2 kennzeichnet den Fall des labilen thermischen Gleichgewichts. Die zugehörige Leistung wird *Kippleistung* Q_K genannt. Für sie folgt aus den Gleichungen (3.2-5) bis (3.2-7)

$$Q_K = A \cdot \alpha_d \cdot \beta_K . \tag{3.2-8}$$

Der *Kippfaktor* β_K wird experimentell bestimmt (temperaturabhängige Verlustfaktormessung).

Gerade 3 gehört zu einem Betriebszustand, bei dem weniger Wärme abgeführt werden kann als im Kondensator erzeugt wird; der Kondensator heizt sich auf.

Erwärmung und Abkühlung eines Kondensators verlaufen angenähert nach einer Exponentialfunktion mit dem Exponenten $(-t/\tau_W)$. Die Wärmezeitkonstante ist

$$\tau_W = R_d C_W . \tag{3.2-9}$$

Die Wärmekapazität C_W von Kondensatoren beträgt 0,6 bis 1,0 kWs/kg K. Große selbstkühlende Kondensatoren haben Wärmezeitkonstanten von mehreren Stunden.

3.2.1.2.4 Wärmedurchschlag. Hat ein kleiner Dielektrikumsbereich erhöhte Verluste und werden diese nicht genügend gut abgeführt, so heizt sich das Dielektrikum örtlich auf. Dadurch steigen die Verluste und die Temperatur weiter an, bis schließlich ein Wärmedurchschlag eintritt.

Im Gegensatz zu diesem örtlich begrenzten Aufheizen kann aber auch der gesamte Kondensator thermisch instabil werden. Folgende Ursachen sind möglich (vgl. Bild 3.2-2c):

a) Unzulässige Erhöhung der Umgebungstemperatur von ϑ_U auf ϑ'_U. Gerade 1 geht durch Parallelverschiebung in Gerade 3 über.
b) Vergrößerter Verlustfaktor durch Alterung des Dielektrikums. Die Verlustfaktorkurve $\tan\delta' = f(\vartheta)$ liegt oberhalb der ursprünglichen Kurve $\tan\delta = f(\vartheta)$.
c) Elektrische Überlastung des Kondensators ($Q' > Q$) oder behinderte Wärmeabgabe ($R'_d > R_d$). In beiden Fällen ergibt sich eine Wärmeabgabegerade 2, deren Steigung kleiner ist als bei Gerade 1.

3.2.1.3 Alterung und Lebensdauer

Die allmähliche Verschlechterung der Eigenschaften eines Kondensators (Alterung) ist oft daran zu erkennen, daß der Verlustfaktor größer oder der Isolationswiderstand kleiner wird. Das ist z. B. der Fall, wenn durch Teilentladungen am Folienrand oder an Störstellen schädliche Zersetzungsprodukte entstehen oder aus den Baustoffen Verunreinigungen herausgelöst werden, die in das Dielektrikum eindringen. Weitere Alterungsursachen in [2]. Die Lebensdauer T_L eines Kondensators kennzeichnet die Betriebszeit bis zum Defekt (Wickeldurchschlag; Zerstörung der Kontaktierung oder der Schaltverbindungen) oder bis zu dem Zeitpunkt, da er nicht mehr sicher betrieben werden kann (erhöhte Verluste; bei selbstheilenden Kondensatoren Häufung von Durchschlägen). Wegen des statistischen Charakters dieser Erscheinungen läßt sich für den Einzelkondensator keine Lebensdauer angeben. Daher wird als „Lebenserwartung" diejenige Betriebszeit bezeichnet, nach der eine bestimmte Anzahl von Kondensatoren eines Kollektivs (z. B. 10%) funktionsuntüchtig geworden ist.

Die Lebensdauer wird vor allem durch die Betriebsfeldstärke E und die Betriebstemperatur ϑ bestimmt. In einem nicht zu großen Intervall von E und ϑ gilt mit genügender Genauigkeit die Zahlenwertgleichung

$$T_L = K \cdot (E \cdot \vartheta)^{-n}, \tag{3.2-10}$$

worin die Konstante K an einem größeren Kollektiv vergleichbarer Kondensatoren bestimmt werden muß. Bei Leistungskondensatoren wurden für n Werte von 7 bis 8 gefunden, wobei E in V/µm und ϑ in °C einzusetzen sind.

3.2.2 Dielektrikumsarten und ihre Eigenschaften

3.2.2.1 Baustoffe

Als Dielektrika für Kondensatoren der Energietechnik werden überwiegend organische Isolierstoffe verwendet. Einige Eigenschaftswerte in Tabelle 3.1-1, S. 260.

3.2.2.1.1 Feste Isolierstoffe

3.2.2.1.1.1 Papier. Verwendet wird überwiegend Natronzellstoffpapier höchster Reinheit. Die Zellulosefaser hat eine Dichte von ca. 1,5 g/cm³ und eine Dielektrizitätszahl von ca. 6,5. Die von der Papiermaschine laufende lockere Bahn kann durch Verdichten (Kalandrieren, Satinieren) in eine glatte Bahn hoher Zugfestigkeit umgewandelt werden. Die folgenden Satinagegrade und Bezeichnungen sind üblich:

Satinagegrad	M	D	C	B	A	S
Rohdichte in g/cm³	0,8	0,9	1,0	1,1	1,2	1,3
Raumanteil der Fasern in %	53	60	67	73	80	87

Mit zunehmender Dichte steigen Durchschlagfestigkeit und Verlustfaktor an. Kondensatorpapier wird in Dicken von 5 bis 30 µm hergestellt. Wegen der hohen Feuchtigkeitsaufnahme ist Papier nur nach Vakuumtrocknung und Imprägnierung mit einer Isolierflüssigkeit als Dielektrikum geeignet.

3.2.2.1.1.2 Kunststoffilme. Kunststoffe auf Kohlenwasserstoffbasis werden in einem Extrudier- oder Gießverfahren mit anschließendem Reckprozeß zu sehr dünnen und gleichmäßigen Filmen verarbeitet, die weitgehend frei von Löchern und leitenden Einschlüssen sind. Ihre Dielektrizitätszahl liegt zwar niedriger als die von getränktem Papier (vgl. Tabelle 3.1-1); da sie jedoch durchschlagfester sind, können höhere Betriebsfeldstärken angewendet werden, so daß ein größerer Wert $\varepsilon \cdot E^2$ erreicht wird. Ein weiterer Vorteil ist der kleinere Verlustfaktor, der bei den unpolaren Kunststoffen (Polystyrol, Polypropylen) nur etwa $2 \cdot 10^{-4}$ beträgt. Kunststoffilme für Kondensatoren werden in Dicken bis zu etwa 30 µm verarbeitet.

3.2.2.1.2 Flüssige Isolierstoffe. Durch die Tränkung (Imprägnierung) eines Dielektrikums soll erreicht werden, daß alle Hohlräume mit flüssigen Isolierstoffen ausgefüllt werden, da deren Durchschlagfestigkeit weit höher liegt als die von Gasen.

3.2.2.1.2.1 Mineralöle. Verwendet werden Gemische von aromatischen (Benzol- und Naphthalinderivaten) und aliphatischen (Paraffine) Kohlenwasserstoffen. Als unpolare Flüssigkeiten haben Mineralöle eine kleine Dielektrizitätszahl und niedrige Verluste. Es werden Öle mit guter Alterungsbeständigkeit und großer Gasaufnahmefähigkeit verwendet, damit bei Teilentladungen entstehender Wasserstoff aufgenommen werden kann. Nachteilig ist die Brennbarkeit.

3.2.2.1.2.2 Askarele[1]). Durch Chlorierung des Diphenyls gewonnene synthetische Öle sind wegen ihrer großen Dielektrizitätszahl (5 bis 6) zur Tränkung von Papierisolierungen besonders geeignet. Für Kondensatoren werden vorwiegend niedrigchlorierte Diphenyle (Di- und Trichlordiphenyle) verwendet. Handelsname Clophen, Pyralen, Aroclor u. a. Durch ihre Flammwidrigkeit und chemische Stabilität wird eine sehr gute Alterungsbeständigkeit erreicht. Wegen der größeren Dielektrizitätszahl ist bei askarel-imprägnierten Kondensatoren die Einsetzfeldstärke der Teilentladungen höher als bei der Tränkung mit Mineralöl.

Der Verlauf des Verlustfaktors über der Temperatur zeigt bei tieferen Temperaturen ein ausgeprägtes Maximum („Dispersionsmaximum"), das durch die behinderte Bewegung der Dipole hervorgerufen wird und bei um so tieferer Temperatur liegt, je niedriger das Tränkmittel chloriert ist. Bei höheren Temperaturen steigen die Verluste durch zunehmende Ionenbewegung an.

3.2.2.1.3 Elektroden

3.2.2.1.3.1 Metallfolien. Als festes Elektrodenmaterial wird vorwiegend Aluminiumfolie eingesetzt. Die Foliendicke beträgt je nach Strombelastung 5 bis 20 μm.

3.2.2.1.3.2 Aufgedampfte Elektroden; Selbstheilung. Auf Isolierstoffbahnen lassen sich im Vakuum gut leitende Metallschichten als Elektroden aufdampfen (Schichtdicken: 20 bis 100 nm; Aufdampfmetalle: Aluminium oder Zink). Derartig dünne Schichten werden für selbstheilende Kondensatoren benötigt. Bei einem Dielektrikumsdurchschlag verdampfen in der Nähe der Durchschlagstelle von beiden Elektroden so große Bereiche, daß die Fehlerstelle isoliert wird. Selbstheildurchschläge verändern die Kapazitäts-, Verlustfaktor- und Isolationswiderstandswerte des Kondensators nur unwesentlich.

3.2.2.2 Dielektrikumsarten

In Bild 3.2-3 sind die wichtigsten Arten des Dielektrikumsaufbaus bei Kondensatoren mit Aluminiumfolien und mit aufgedampften Elektroden zusammengestellt.

3.2.2.2.1 Papier-Mineralöl-Dielektrikum. Hauptanwendungsgebiet bei einem Dielektrikumsaufbau nach Bild 3.2-3d: selbstheilende Niederspannungskondensatoren mit metallisiertem C- oder A-Papier (MP), 1 bis 3 Lagen. Dielektrizitätszahl je nach Papierdichte 3,3 bis 4,8. Die Betriebsfeldstärke bei Wechselspannung beträgt bis zu 15 V/μm.

Ein Dielektrikumsaufbau nach Bild 3.2-3a wird für Kopplungs- und Gleichspannungskondensatoren sowie für kapazitive Spannungswandler angewendet.

3.2.2.2.2 Papier-Askarel-Dielektrikum [2]. Dielektrikumsaufbau nach Bild 3.2-3a für Leistungs- und Motorkondensatoren sowie für Kondensatoren für Entladungslampen. Bei Spannungen bis 1000 V werden 2 bis 4 Lagen A-Papier, bei höheren Spannungen 4 bis 6 Lagen M- oder C-Papier eingesetzt. Je nach Askarel-Sorte und Papierdichte beträgt die Misch-Dielektrizitätszahl bei den üblichen Betriebstemperaturen 5,3 bis 6. Im Bereich tiefer Temperaturen nimmt die Dielektrizitätszahl ab, und der Verlustfaktor durchläuft ein Maximum. Die Betriebsfeldstärken betragen bei Wechselspannung bis zu 20 V/μm.

---

[1]) Vielfach auch als PCB (Polychlorierte Biphenyle) bezeichnet.

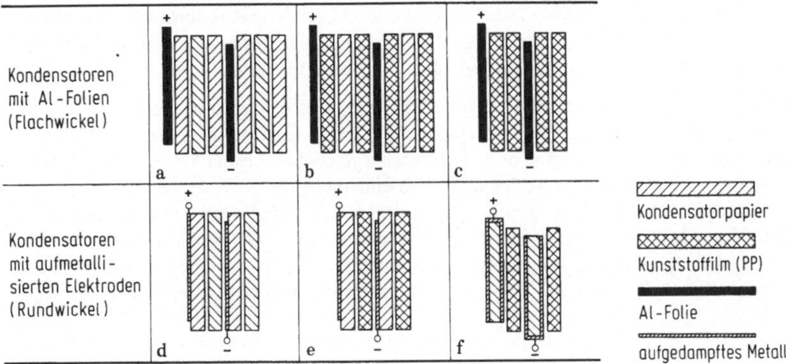

Bild 3.2-3. Dielektrikumsaufbau bei Kondensatoren für die Energietechnik (Erläuterung im Text).

3.2.2.2.3 Polypropylenfilm, mit Mineralöl getränkt [4]. Bei dem Dielektrikumsaufbau nach Bild 3.2-3f hat das als Elektrode dienende beidseitig metallisierte Papier die Aufgabe, das Mineralöl an alle Stellen des Polypropylenfilms zu führen. Wegen der Selbstheileigenschaften reicht eine Dielektrikumslage von 6 bis 10 µm Dicke aus. Die Dielektrizitätszahl beträgt ca. 2,2. Da nur unpolare Stoffe im Feld liegen, sind die dielektrischen Verluste niedrig. Die Betriebsfeldstärken betragen bei Wechselspannung bis etwa 65 V/µm.

3.2.2.2.4 Polypropylen-Papier-Mischdielektrikum [5]. Bei Kondensatoren mit Aluminiumfolien wird zur Durchtränkung des Polypropylenfilms (1 Lage oder 2 Lagen) eine Lage Papier als „Docht" verwendet. Dielektrikumsaufbau nach Bild 3.2-3b, Tränkmittel ist Askarel. Die verschiedengroßen Dielektrizitätszahlen der Isolierstoffe (bei Papier und Askarel ist $\varepsilon_r \approx 6$, bei Polypropylen ist $\varepsilon_r \approx 2{,}2$) haben eine ungleichmäßige Verteilung der Feldstärken innerhalb des Mischdielektrikums zur Folge. Wegen des kleineren ε_r von Polypropylen wird der durchschlagfestere Film elektrisch höher beansprucht als das Papier und das in den Tränkmittelspalten befindliche Askarel. Mit dem Dickenanteil a und den Indizes 1 für Papier und Askarel und 2 für Polypropylen ergeben sich die folgenden Zusammenhänge:

Mittlere Feldstärke

$$E = E_1 \cdot \left[a_2 \cdot \left(\frac{\varepsilon_1}{\varepsilon_2} - 1 \right) + 1 \right]. \tag{3.2-11}$$

Misch-Dielektrizitätszahl

$$\varepsilon_r = \frac{\varepsilon_1 \cdot \varepsilon_2}{a_2 \cdot (\varepsilon_1 - \varepsilon_2) + \varepsilon_2}. \tag{3.2-12}$$

Resultierender Verlustfaktor

$$\tan\delta = \frac{a_2 \cdot (\varepsilon_1 \cdot \tan\delta_2 - \varepsilon_2 \cdot \tan\delta_1) + \varepsilon_2 \cdot \tan\delta_1}{a_2 \cdot (\varepsilon_1 - \varepsilon_2) + \varepsilon_2}. \tag{3.2-13}$$

Es werden im Wechselspannungsbetrieb mittlere Feldstärken bis zu 40 V/µm angewendet. Je nach Filmanteil ist die spezifische Leistung derartiger Mischdielektrikums-Kondensatoren 1,5 bis 2,2 mal so groß wie die von askarel-getränkten Papierkondensatoren.

Bei selbstheilenden Kondensatoren wird ein Mischdielektrikumsaufbau nach Bild 3.2-3e angewendet. Tränkung mit Mineralöl. Auch hier lassen sich gegenüber dem MP-Kondensator die spezifische Leistung beträchtlich steigern und die Verluste senken.

3.2.2.2.5 Elektrolytkondensatoren. Bei Elektrolytkondensatoren besteht das Dielektrikum aus einer elektrochemisch erzeugten Oxidschicht des Elektrodenmetalls (Aluminium, Tantal), die eine große Dielektrizitätszahl und eine hohe Durchschlagfestigkeit besitzt. Die negative Elektrode bildet ein Elektrolyt, als zweite Stromzuführung dient eine nicht formierte Metallfolie. Das Dielektrikum sperrt den Strom nur in einer Richtung (gepolte Ausführung). Dielektrikumsdicke ca. 1,5 nm/V. Höchste Nenngleichspannung etwa 500 V. Kondensatoren für Wechselspannungsbetrieb enthalten zwei formierte Elektroden (ungepolte Ausführung). Wegen des großen Verlustfaktors dieser Kondensatoren (z. B. $1000 \cdot 10^{-4}$) ist im Dauerbetrieb nur eine sehr kleine Wechselspannung zulässig.

3.2.3 Konstruktiver Aufbau

3.2.3.1 Wickelarten

Die für Kondensatoren der Energietechnik benötigten großen Kapazitäten erreicht man, indem Isolierstoffbänder mit den Elektroden zu einem Kondensatorwickel aufgewickelt werden. Den Aufbau von Wickeln zeigt schematisch Bild 3.2-4. Die Zahl der Isolierstoffbahnen muß doppelt so groß sein wie die verwendete Lagenzahl. Wegen der Isolierstrecken an den Wickelstirnseiten, die je nach Wickelspannung bis zu etwa 10 mm breit sind, ist die elektrisch wirksame Wickelbreite b kleiner als die totale Wickelbreite b_W.

3.2.3.1.1 Rundwickel. Der auf fester Hülse gewickelte Rundwickel (Bild 3.2-4a) ist nach dem Abziehen vom Wickeldorn ein relativ unempfindliches Bauelement. Anwendung z. B. bei selbstheilenden Kondensatoren, vgl. 3.2.2.2.1. Die Kapazität des Rundwickels ergibt sich zu

$$C = \frac{\varepsilon \cdot b \cdot \pi \cdot (r_2^2 - r_1^2)}{d \cdot (d + d_E)}. \tag{3.2-14}$$

b wirksame Breite des Dielektrikums
r_1, r_2 Innen-, Außenradius des Wickels, vgl. Bild 3.2-4a
d, d_E Dielektrikums- und Elektrodendicke.

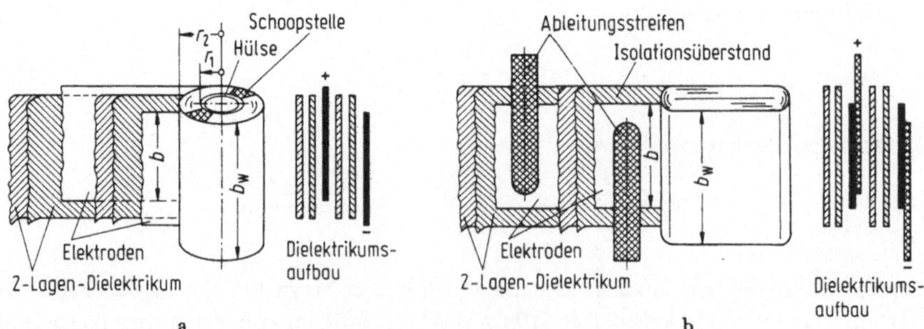

Bild 3.2-4. Kondensatorwickel. a) Rundwickel mit Stirnkontaktierung; b) Flachwickel mit Ableitungsstreifen.

3.2.3.1.2 Flachwickel. Diese Wickel werden ohne feste Hülse gewickelt, so daß sie sich nach dem Abziehen vom Wickeldorn leicht flachdrücken lassen (Bild 3.2-4b). Der Vorteil dieser Wickelform liegt darin, daß sich derartige Wickel zu einem Paket übereinander stapeln lassen, das durch Isolierpapier oder eine andere Bandage zusammengehalten wird. Beim Einbau in ein eng anliegendes Gehäuse ist nur wenig freies Tränkmittel erforderlich. Mit der aktiven Wickelbreite b, der Elektrodenlänge l und der Dielektrikumsdicke d ergibt sich die Kapazität des Flachwinkels zu

$$C = \frac{2 \cdot \varepsilon \cdot b \cdot l}{d}. \tag{3.2-15}$$

3.2.3.2 Wickelkontaktierung

3.2.3.2.1 Ableitungsstreifen (Bild 3.2-4b). Bei Wickeln mit Metallfolien und beidseitigem Isolationsüberstand werden während des Wickelvorgangs dünne Metallstreifen (z. B. verzinnte Kupferstreifen, 50 µm dick und 20 mm breit) auf die Elektroden gelegt. Für Leistungskondensatoren ist nur ein Streifen je Elektrode erforderlich. Bei strommäßig stark beanspruchten Wickeln (z. B. für Stoßstromkondensatoren) werden je Elektrode mehrere Streifen eingelegt und parallelgeschaltet. Dadurch wird gleichzeitig eine kleine Wickelinduktivität erreicht.

3.2.3.2.2 Druckkontaktierung und Reibelötung. Rundwickel mit stirnseitig überstehenden Metallfolien (Bild 3.2-4a) lassen sich kontaktieren, indem auf die Stirnflächen der Wickel Kontaktplatten federnd aufgedrückt werden. Sowohl für Rund- als auch für Flachwickel mit stirnseitig überstehenden Metallfolien eignet sich das Verfahren, Anschlußleitungen auf die Wickelstirnseiten zu löten (Reibelötung). Zum Löten auf Aluminiumfolie ist ein spezielles Lötzinn erforderlich.

3.2.3.2.3 Flammspritzverfahren. Wie bei Wickeln mit überstehenden Metallfolien geht auch bei selbstheilenden Wickeln nur jeweils eine der aufgedampften Elektroden bis an eine Wickelstirnseite heran (Bild 3.2-3). Zur Kontaktierung werden auf die Wickelstirnflächen im Flammspritzverfahren (Schoopung) Metallteilchen (z. B. Zink) aufgebracht. Zur Imprägnierung bleibt ein Teil der Stirnfläche frei (Bild 3.2-4a). Auf die Schoopschicht werden Anschlußleitungen gelötet.

3.2.3.3 Einbau der Wickel in Gehäuse

3.2.3.3.1 Schaltverbindungen. Wickel für Wechselspannungsbetrieb werden heute für Spannungen bis zu etwa 1700 V gefertigt. Bei Kondensatoren für höhere Spannungen werden Wickel gruppenweise parallel und diese Gruppen in Reihe geschaltet (Bild 3.2-6). In Drehstromkondensatoren sind drei Wickelgruppen im Dreieck oder im Stern geschaltet. Zur Herstellung der Schaltverbindungen werden je nach Nennstrom und Art des Kondensators Drähte, Litzen oder Bänder verwendet.

Bei Kondensatoren für große Stoßströme kommt den Schaltverbindungen besondere Bedeutung zu. Sie müssen wegen der großen Stromkräfte fest in Lage gehalten und induktivitätsarm ausgeführt werden.

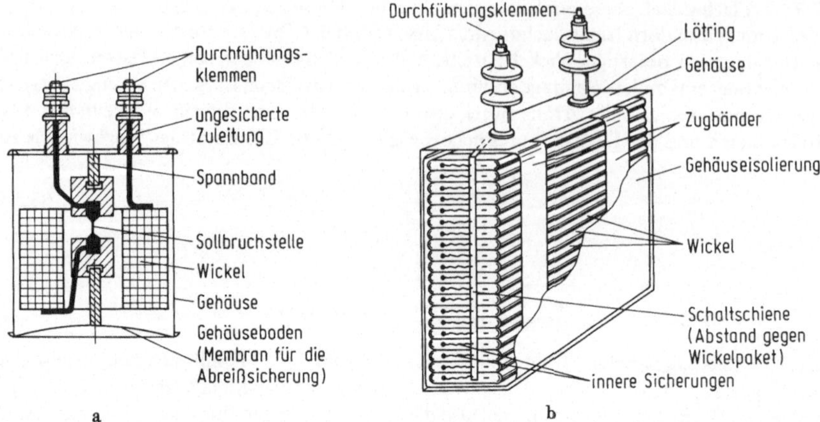

Bild 3.2-5. Konstruktiver Aufbau von Kondensatoren. a) Kleinkondensator mit einem Rundwickel und Aufbauchungsschutz; b) Leistungskondensator mit Flachwickeln und inneren Sicherungen.

3.2.3.3.2 Isolierung der Wickel gegen das Gehäuse. Bei Kondensatoren für Nennspannungen bis zu etwa 1000 V reichen i. allg. die am Schluß des Wickelvorgangs aufgebrachten Leerwindungen zur Isolierung der Wickel gegen das Gehäuse aus. Alle spannungsführenden Teile werden mit Kabelpapier oder mit dünnem Preßspan abgedeckt. Über Schaltdrähte und -litzen werden Isolierschläuche geschoben.

In großen Hochspannungskondensatoren wird das Wickelpaket mit mehreren Lagen durchschlagfesten Papiers oder mit Preßspan vollständig umgeben (Einwickeln des Pakets oder Verwendung von Isolierstoff-Formteilen). Da mit zunehmender Dicke der Gehäuseisolierung der Wärmewiderstand proportional wächst, die Spannungsfestigkeit jedoch weniger als proportional ansteigt, werden Leistungskondensatoren nur für Spannungen bis zu etwa 20 kV gebaut.

Gleichspannungskondensatoren mit Metallgehäusen werden für Spannungen bis zu etwa 100 kV gefertigt.

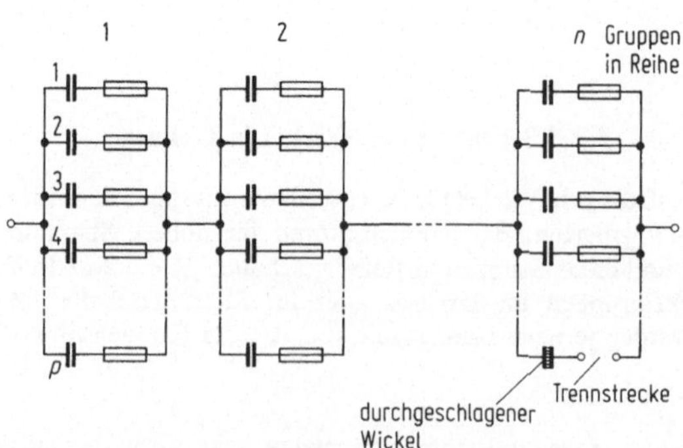

Bild 3.2-6. Hochspannungskondensator mit inneren Sicherungen. *p* Wickel parallel, *n* Gruppen in Reihe geschaltet.

3.2.3.3.3 Gehäuse. Kleinkondensatoren mit Rundwickeln haben meist zylindrische Gehäuse aus Weißblech oder Aluminium (Bild 3.2-5a). Bei größeren Leistungskondensatoren werden überwiegend quaderförmige Gehäuse aus Stahlblech von 1 bis 2 mm Dicke verwendet. Enthalten diese Rundwickel, so werden mehrere Wickelsäulen neben- oder übereinander angeordnet. Werden Flachwickel eingebaut, so soll das Gehäuse das Wickelpaket möglichst eng umschließen (Bild 3.2-5b). Neben dem wirtschaftlichen Vorteil, daß nur wenig freies Tränkmittel erforderlich ist, wird ein kleiner innerer Wärmewiderstand des Kondensators erreicht. Da die Wände von quaderförmigen Gehäusen wie Membranen jeder temperaturbedingten Ausdehnung und Schrumpfung des Tränkmittels folgen, können die Kondensatoren vollständig gefüllt und vakuumdicht gegen die Außenluft abgeschlossen werden.

3.2.3.3.4 Durchführungsklemmen. Die Isolierkörper der Durchführungsklemmen sind in der Regel bei Niederspannungskondensatoren als glatte Rohre und bei Hochspannungskondensatoren als Rohre mit Schirmen ausgebildet (Bild 3.2-5). Sie bestehen meistens aus keramischen Massen. Zum Auflöten der Metallarmaturen (z. B. Klemmenbolzen, Lötring) werden die entsprechenden Stellen der Isolierkörper mit Metallisierungen (z. B. Platinierung) versehen. Die Durchführungen werden entweder direkt oder mit Hilfe von Lötringen in den Gehäusedeckel eingelötet.

Induktivitätsarme Stoßstromkondensatoren haben als Durchführungen meistens Koaxialklemmen, die zum Anschluß von Bandleitern oder koaxialen Rohren geeignet sind.

3.2.3.4 Schutzeinrichtungen bei Leistungskondensatoren

Schutzeinrichtungen bei Kondensatoren haben die Aufgabe, Betriebsstörungen und Zerstörungen in Kondensatoranlagen zu vermeiden und das Bedienungspersonal vor Schäden zu bewahren.

3.2.3.4.1 Innere Sicherungen. Bei Kondensatoren mit Metallfolien wird zur selektiven Abschaltung von fehlerhaften Wickeln in Reihe mit jedem Wickel eine Schmelzsicherung gelegt (Bild 3.2-5b), nach deren Ansprechen der Kondensator betriebsfähig bleibt, wodurch seine Lebensdauer beträchtlich erhöht werden kann.

Bei Kondensatoren, in denen mehrere Gruppen parallelgeschalteter Wickel in Reihe liegen (Bild 3.2-6), steht zum Schmelzen der Sicherung eines defekten Wickels im wesentlichen nur die elektrostatische Energie der parallelgeschalteten Wickel der Gruppe zur Verfügung. Die Abschaltung muß auch dann einwandfrei erfolgen, wenn der Durchschlag bei der niedrigsten im Betrieb möglichen Scheitelspannung eintritt. Zur Problematik der Bemessung von inneren Sicherungen für Hochspannungskondensatoren und zum Verhalten bei fortschreitendem Defekt vgl. [6].

3.2.3.4.2 Aufbauchungsschutz. In selbstheilenden Kondensatoren können sich als Folge von unzulässigen thermischen oder elektrischen Belastungen oder gegen Ende der Lebensdauer bei der fortschreitenden Zerstörung des Dielektrikums größere Gasmengen bilden. Um ein Aufplatzen des Gehäuses durch den dabei entstehenden inneren Überdruck zu verhindern, wird im Kondensatorinnern im Zuge der Hauptleitung (bei Drehstromkondensatoren in mehreren Stromzuführungen) eine Sollbruchstelle vorgesehen, an der die Leitung bei Erreichen einer definierten Gehäuseaufbauchung durchreißt, wodurch der Kondensator vom Netz getrennt wird. Bild 3.2-5a zeigt ein Ausführungsbeispiel.

3.2.3.4.3 Übertemperaturschutz. Bei fremdbelüfteten und wassergekühlten Kondensatoren muß dafür gesorgt werden, daß bei ungenügender oder fehlender Kühlung eine Meldung ausgelöst oder der Kondensator vom Netz getrennt wird. Zu diesem Zweck können Temperaturfühler oder -schalter in den Kondensator eingebaut oder außen am Gehäuse angebracht werden. Die Stromkreise derartiger Meldegeräte müssen vom Hauptstromkreis des Kondensators galvanisch getrennt sein.

3.2.3.4.4 Entladewiderstände. Zum Schutz des Bedienungspersonals müssen sich Kondensatoren nach dem Abtrennen vom Netz innerhalb einer bestimmten Zeit vom Scheitelwert der Nennspanbung U_N auf eine Restspannung unterhalb 50 V entladen. Für Kondensatoren mit $U_N \leqq 660$ V beträgt die Entladezeit 1 min, für Kondensatoren mit $U_N > 660$ V sind 5 min zulässig, vgl. VDE 0560, Teil 4.

Bei Niederspannungskondensatoren für die Einzelkompensation gehören die Entladewiderstände mit zur Lieferung. Sie liegen meistens außerhalb des Gehäuses und sind fest mit den Durchführungsklemmen verbunden. In Hochspannungsanlagen, wo Kondensatoren in Reihe geschaltet sind, muß für die vollständige Entladung jedes Kondensators gesorgt werden. Dazu dienen entweder fest eingebaute Entladewiderstände oder äußere Entladevorrichtungen, vgl. 3.3.1.2.2. Bei eingebauten Widerständen ist zu berücksichtigen, daß sie während der Prüfung mit einem Vielfachen ihrer betriebsmäßigen Leistung belastet werden. Durch die in den Widerständen umgesetzte Leistung erhöht sich der Verlustfaktor des Kondensators.

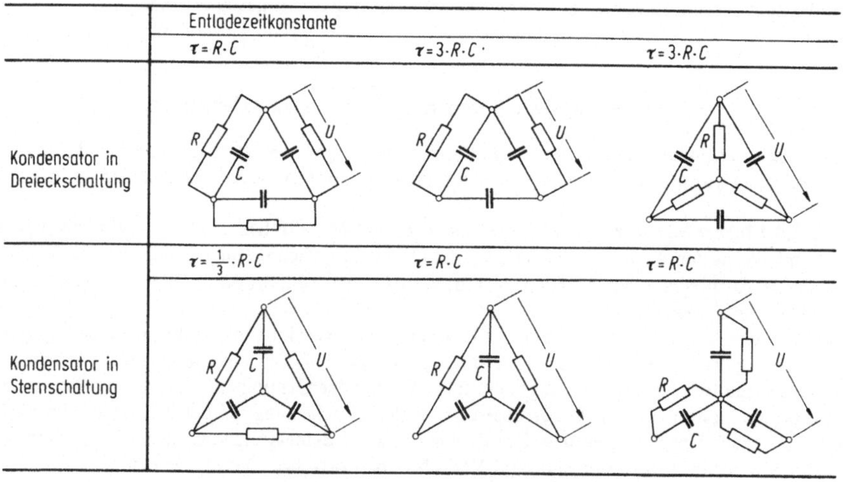

	Entladezeitkonstante		
	$\tau = R \cdot C$	$\tau = 3 \cdot R \cdot C$	$\tau = 3 \cdot R \cdot C$
Kondensator in Dreieckschaltung	R, C, U	R, C, U	R, C, U
	$\tau = \frac{1}{3} \cdot R \cdot C$	$\tau = R \cdot C$	$\tau = R \cdot C$
Kondensator in Sternschaltung	R, C, U	R, C, U	R, C, U

Bild 3.2-7. Entladewiderstände bei Drehstromkondensatoren.

Für die Entladung vom Scheitelwert $U_N \cdot \sqrt{2}$ auf die Restspannung $U_R = 50$ V innerhalb der Entladezeit t_e ergibt sich die maximal zulässige Entladezeitkonstante τ zu

$$\tau = \frac{t_e}{\ln \frac{U_N \sqrt{2}}{U_R}}. \qquad (3.2\text{-}16)$$

Bei Einphasenkondensatoren ist $\tau = R \cdot C$. In Bild 3.2-7 sind die bei Drehstromkondensatoren möglichen Kombinationen von R und C und die dafür geltenden Zeitkonstanten zusammengestellt.

3.3 Anwendungen[1])

Bearbeitet von *H. Reizuch*

3.3.1 Übersicht

Von der Anwendung her werden folgende Kondensatorarten unterschieden:

Parallelkondensatoren sind Kondensatoren, die im Nebenschluß zu einem elektrischen Betriebsmittel liegen, z. B. parallel zu einem Stromerzeuger oder Stromverbraucher. Man unterscheidet dabei:

Leistungskondensatoren zum Verbessern des Leistungsfaktors.

Filterkreis-Kondensatoren, die zusätzlich die Aufgabe haben, eine Oberschwingung des Netzes in Kombination mit einer abgestimmten Drosselspule auszusieben.

Reihenkondensatoren sind Kondensatoren, die in Reihe mit einem elektrischen Betriebsmittel oder Teilen davon liegen.

Überspannungsschutz-Kondensatoren dienen dem Schutz von Wicklungen elektrischer Maschinen und Transformatoren gegen steile und hohe Stoßspannungen.

Glättungskondensatoren sollen die Welligkeit von Gleichspannungen verringern.

Stoßstrom-Kondensatoren dienen zum Erzeugen höchster Impulsleistungen durch Kondensatorentladung.

Mittelfrequenz-Kondensatoren werden für Betriebsmittel und Anlagen zur induktiven Wärmeerzeugung, zum Erwärmen oder Schmelzen von elektrisch leitenden Stoffen eingesetzt.

3.3.2 Leistungskondensatoren

3.3.2.1 Verwendungszweck und Einteilung

Ein Maß für die Ausnutzbarkeit einer elektrischen Anlage ist der Leistungsfaktor $\cos\varphi$, der das Verhältnis von Wirkleistung zu Scheinleistung angibt. Bei bestehenden Anlagen kann durch Einsatz von Leistungskondensatoren die übertragbare Wirkleistung beträchtlich erhöht werden oder es können bei der Projektierung die Betriebsmittel bei gleicher Wirkleistung für kleinere Nennleistungen bemessen werden (vgl. Zeigerdiagramme in den Bildern 3.3-1 und 3.3-2).

So kann z. B. bei einem Transformator mit einer Nennleistung $S = 400\,\text{kVA}$ und einem $\cos\varphi_1 = 0{,}7$ der angeschlossenen Verbraucher durch Verbesserung des Leistungsfaktors, auf

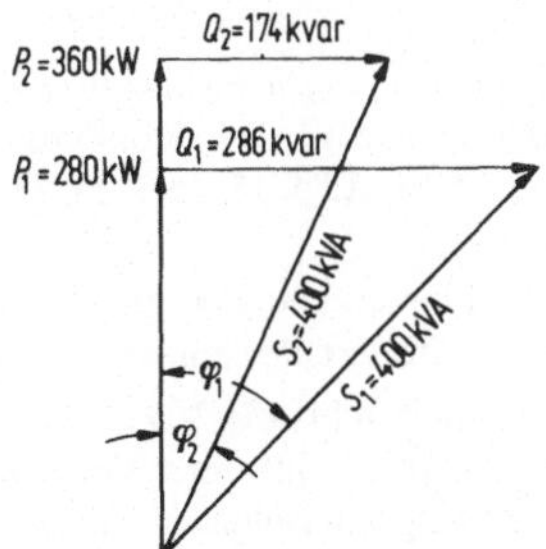

Bild 3.3-1. Erhöhen der übertragbaren Wirkleistung durch Blindleistungskompensation.

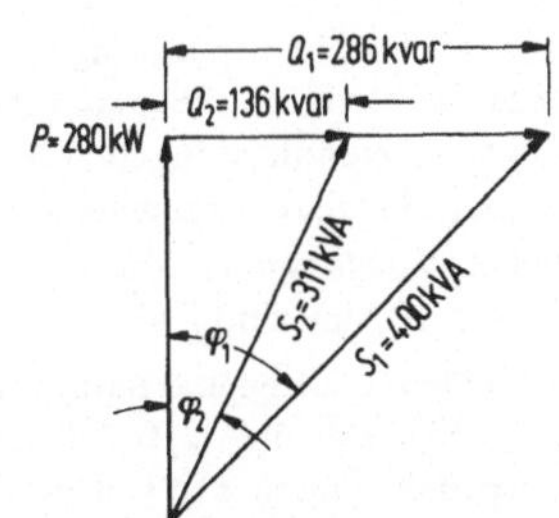

Bild 3.3-2. Herabsetzen der übertragenen Scheinleistung durch Blindleistungskompensation.

[1]) Literatur S. 288.

$\cos\varphi_2 = 0{,}9$ die übertragbare Wirkleistung P bei gleichem Strom, ohne Neuaufstellung eines weiteren Transformators, von 280 auf 360 kW (+29%) erhöht werden.

Zeigerdiagramm Bild 3.3-2 verdeutlicht, daß beim Entwurf elektrischer Anlagen, deren Leistungsfaktor, z. B. von $\cos\varphi_1 = 0{,}7$ auf $\cos\varphi_2 = 0{,}9$ verbessert wird, der Transformator nicht für $S_1 = 400$ kVA, sondern nur für $S_2 = 311$ kVA (−22%) auszulegen ist. Da die Kosten für die Kondensatorleistung erheblich niedriger liegen als für einen Transformator höherer Leistung, ergibt sich schon aus diesem Grunde eine Ersparnis.

Die benötigte mittlere Kondensatorleistung für die Leistungsfaktorverbesserung von $\cos\varphi_1$ auf den gewünschten $\cos\varphi_2$ vor der Kompensation beträgt $Q_1 = P \cdot \tan\varphi_1$ und nach der Kompensation $Q_2 = P \cdot \tan\varphi_2$. Der Differenzbetrag ist die erforderliche Kondensatorleistung

$$Q = P \cdot (\tan\varphi_1 - \tan\varphi_2).$$

Tabelle 3.3-1. Ermitteln der Kondensatorleistung

Vorhandener $\cos\varphi_1$	Kondensatorleistung in kvar je 1 kW Wirkleistung für folgende gewünschte $\cos\varphi_2$					
	0,75	0,80	0,85	0,90	0,95	1,00
0,30	2,30	2,43	2,56	2,70	2,85	3,18
0,40	1,41	1,54	1,67	1,81	1,96	2,29
0,50	0,85	0,98	1,11	1,25	1,40	1,73
0,60	0,45	0,58	0,71	0,85	1,00	1,33
0,70	0,14	0,27	0,40	0,54	0,69	1,02
0,72	0,08	0,21	0,34	0,48	0,64	0,96
0,74	0,03	0,16	0,29	0,43	0,58	0,91
0,76	—	0,11	0,24	0,37	0,53	0,86
0,78	—	0,05	0,18	0,32	0,47	0,80
0,80	—	—	0,13	0,27	0,42	0,75
0,82	—	—	0,08	0,21	0,37	0,70
0,84	—	—	0,03	0,16	0,32	0,65
0,86	—	—	—	0,11	0,26	0,59
0,88	—	—	—	0,06	0,21	0,54
0,90	—	—	—	—	0,16	0,48
0,92	—	—	—	—	0,10	0,43
0,94	—	—	—	—	0,04	0,36

Kondensatoren für Nennspannungen bis 1000 V (*Niederspannungskondensatoren* haben gemäß DIN 48 500 die bevorzugten Nennspannungen 230, 400 und 525 V). Die Kondensatoreinheiten sind in der Regel für Nennleistungen von 1,5, 2, 2,5, 3, 4, 5, 7,5, 10, 12,5, 15, 16,7, 20, 25, 30, 33,3, 40, 50 kvar verfügbar. Sie sind vorzugsweise in Dreieck geschaltet.

Hochspannungskondensatoren für Nennspannungen über 1 kV und bevorzugte Nennspannungen von 3,15, 5,25, 6,3, 10,5 kV sind i. allg. in Stern geschaltet. Für höhere Spannungen und Leistungen werden die Einheiten in Reihe und parallel geschaltet. Die Einheiten für $U_N/\sqrt{3}$ haben Nennleistungen von 50, 75, 100, 150, 167, 200, 225 kvar. Sie werden entweder mit einer Durchführung und spannungsführendem Gehäuse (2. Pol am Gehäuse) oder in zweipolig isolierter Ausführung gebaut. Bei dieser Bauart muß die Isolierung der Beläge gegeneinander nach der Nennspannung U_N und die der verbundenen Beläge des Kondensators gegen sein Gehäuse nach dem Isolationspegel U_i bemessen werden (s. VDE 0111/12.66, Tabelle 1, Spalten 4 und 7). Kondensatoren müssen für den Betrieb mit dem 1,1-fachen des Effektivwertes der Nennspannung und dem 1,3-fachen des Nennstromes geeignet sein (VDE 0560, Teil 4/4.73).

Leistungskondensatoren sollen die induktive Blindleistung möglichst nahe am Verbrauchsort oder im Verbrauchsschwerpunkt kompensieren. Je nach Art ihres Einsatzortes wird unterschieden zwischen *Einzel- oder zentraler Kompensation.*

3.3.2.2 Einzelkompensation

In Niederspannungsanlagen wird die Einzelkompensation bevorzugt; für diesen Zweck stehen Kondensatoren kleiner Leistung zur Verfügung. Zum Beispiel empfiehlt es sich, nur Motoren kleiner Leistung bis ca. 100 kW einzeln zu kompensieren. Die Einzelkompensation ist nur für Motoren, Transformatoren usw. mit großer Betriebsstundenzahl vorteilhaft. Dabei wird der Kondensator unmittelbar an die Anschlußklemmen des Gerätes parallel angeschlossen (Bild 3.3-3) und gemeinsam mit diesem geschaltet. Eine solche Einzelkompensation hat den Vorteil, daß besondere Geräte zum Schalten und zum Entladen des Kondensators nach dem Abschalten nicht benötigt werden.

Die erforderliche Kondensatorleistung soll ungefähr der Motorblindleistung im Leerlauf entsprechen. Diese ist von der Bauart abhängig (Höhe der Eisensättigung, der Luftspaltbreite, der Polzahl usw.). Die Leerlaufblindleistung des Motors ist nicht sehr verschieden von der Leerlaufscheinleistung, die man durch Strommessung bei Leerlauf ermitteln kann (oder Rückfrage beim Hersteller). Die Kondensatorleistung Q soll nicht höher als 90% der Leerlaufblindleistung des Motors gewählt werden (Plustoleranz der Kondensatoren), damit beim Auslaufen des Motors die Selbsterregungsspannung mit Sicherheit unterhalb der Nennspannung bleibt. Es ist dann $Q_c = 0{,}9 \cdot Q_0 = 0{,}9 \cdot \sqrt{3} \cdot J_0 \cdot U$. Für die Einzelaufstellung von kompensierten Asynchronmotoren bestehen i. allg. Vorschriften der Energieversorgungsunternehmen (EVU), aus denen die erforderliche Kondensatorleistung zu ersehen ist. Die Werte liegen bei etwa 35% der Motornennleistung.

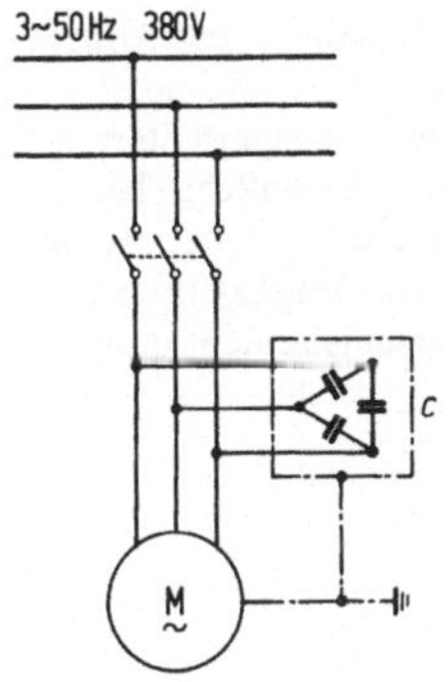

Bild 3.3-3. Einzelkompensation eines Drehstrom-Asynchronmotors.

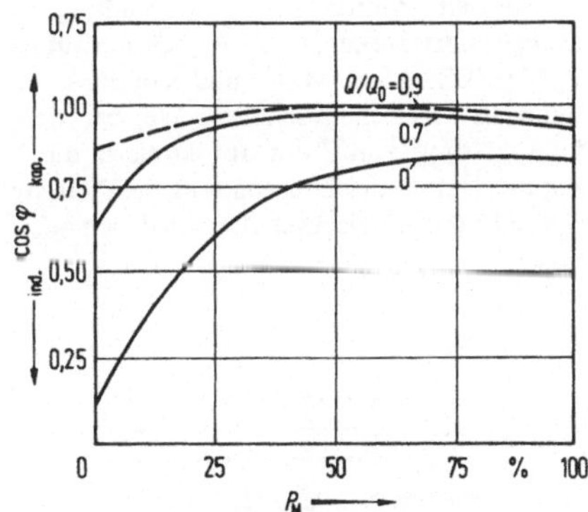

Bild 3.3-4. Leistungsfaktor eines kompensierten Niederspannungs-Asynchronmotors in Abhängigkeit von den Belastungen bei verschiedenem Kompensationsgrad.

Bild 3.3-4 zeigt am Beispiel eines kompensierten 380 V-Asynchronmotors bei verschiedenen Belastungen, daß man $\cos\varphi = 0{,}90$ bei einer Belastung von mehr als 25% erreicht, wenn man $Q_c = 0{,}9 \cdot Q_0$ macht.

Bei *Stern-Dreieckanlauf* des Motors muß die gesamte Kondensatorleistung auch in der Sternstufe eingeschaltet sein. Der Kondensator ist daher an die Klemmen UVW des Motors unmittelbar anzuschließen. Als Schaltgerät dient ein Spezial-Stern-Dreieckschalter (Bild 3.3-5) für kompensierte Motoren. Er ist so ausgebildet, daß der Motor in der Nullstellung in Dreieck geschaltet ist und sich der Kondensator über die Motorwicklungen entladen kann. Bei der Umschaltung von Stern auf Dreieck bleiben die Netzkontakte des Schalters geschlossen. Damit entfällt die Voraussetzung für die Selbsterregung des Motors und das Umschalten des geladenen Kondensators in Phasenopposition auf das Netz.

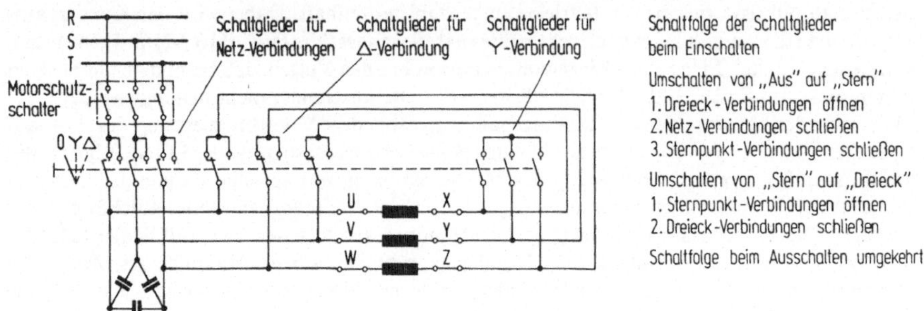

Bild 3.3-5. Schaltprogramm des Stern-Dreieckschalters für kompensierte Drehstrommotoren.

Soll ein Motor unter Verwendung eines normalen Stern-Dreieck-Schalters nachträglich kompensiert werden, so kann jedem Strang der Motorwicklung eine Kapazität parallel geschaltet werden (Bild 3.3-6). Motor und Kondensator werden beim Anlassen gemeinsam zuerst in Stern und dann in Dreieck geschaltet. Da bei den meisten normalen Stern-Dreieckschaltern bei der Umschaltung von Stern auf Dreieck die Netzzuleitung kurzzeitig unterbrochen wird, ist hier mit der Gefahr des Umschaltens bei Phasenopposition zu rechnen. Der baldige Ersatz durch einen Spezial-Stern-Dreieckschalter wird sich allein durch den großen Kontaktverschleiß nicht umgehen lassen.

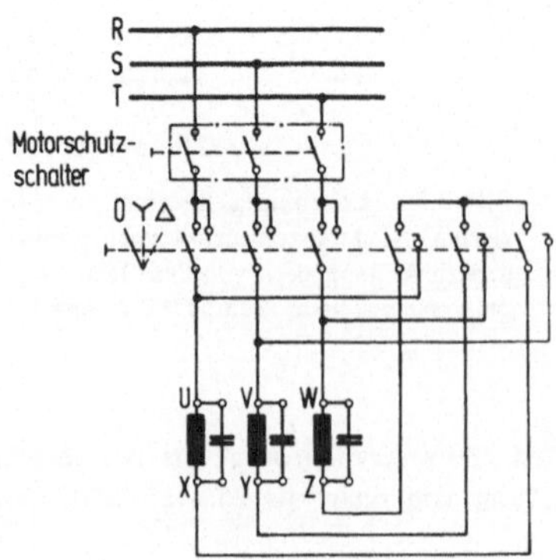

Bild 3.3-6. Kompensation der Motorwicklungen durch 3 Einphasenkondensatoren.

Vielfach werden von den EVU für die Deckung des eigenen Blindleistungsbedarfs von *Ortsnetztransformatoren* Kondensatoren verwendet, die auf der Unterspannungsseite anzuschließen sind. Dabei gilt im Bereich von 5 bis 10 kV folgende Leistungszuordnung mit S_N als Nennleistung des Transformators und Q als Kondensatorleistung:

S_N	25	50	75	100	160	250	315	400	630	kVA
Q	2	3,5	5	6	10	15	18	20	28	kvar

Es ist oft erwünscht, einen größeren Kondensator anzuschließen als in der Tabelle angegeben, um damit auch den Blindleistungsbedarf der Verbraucher zu decken. Die Größe der Kondensatorleistung darf sich aber nicht nach der maximalen Blindleistung richten, sondern danach, wie hoch der Transformator in Schwachlastzeiten belastet ist. Wenn der Transformator zeitweise im Leerlauf betrieben wird, könnten zu große Kondensatorleistungen Leerlauf-Resonanzen oder Spannungserhöhungen hervorrufen. Die Größe der Spannungserhöhung errechnet sich aus

$$U = \frac{Q \cdot u_K}{S_T}\,; \tag{3.3-1}$$

darin bedeuten: Q Kondensatorleistung, u_K Kurzschlußspannung des Trafos, S Trafo-Nennleistung. Es muß darum stets geprüft werden, welche höchste Kondensatorleistung noch angeschlossen werden darf.

3.3.2.3 Zentrale Kompensation

3.3.2.3.1 Handschaltung. Die Einzelkompensation aller Verbraucher ergibt schlechte Ausnutzung der installierten Kondensatorleistung, wenn die Verbraucher nicht dauernd, sondern nur kurzzeitig in Betrieb sind. In diesem Falle ist es zweckmäßiger, eine Gruppe von Verbrauchern oder alle Verbraucher eines Netzes oder eines Betriebes an den Blindlast-Schwerpunkten zentral zu kompensieren; vor allem bei Netzen über 1 kV, bei denen eine Einzelkompensation der Betriebsmittel nicht zu empfehlen ist, weil kleine Drehstromkondensatoren und Schutzeinrichtungen zu aufwendig sind. Jedem Kondensatorabzweig werden dann ein Schalter, eine Entladeeinrichtung und Schutzeinrichtungen zugeordnet. Zur Anpassung an den schwankenden Blindleistungsbedarf müssen einzelne Kondensatorabzweige von Hand zu- und abgeschaltet werden (Bild 3.3-7). Diese Handschaltung ist bei EVU und großen Industriebetrieben üblich, deren Schaltwarten dauernd besetzt sind.

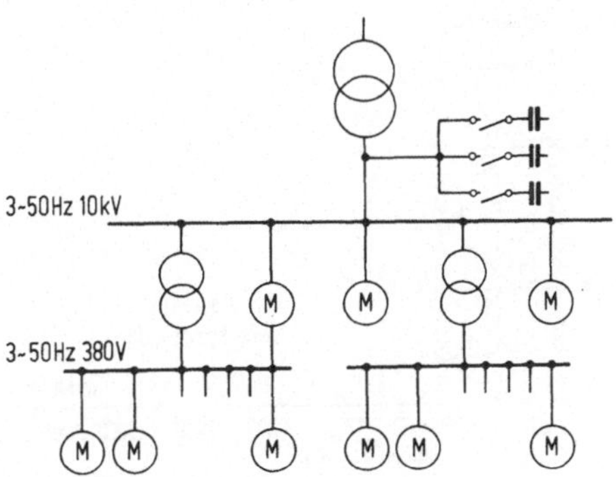

Bild 3.3-7. Zentrale Kompensation.

3.3.2.3.2 Automatische Kondensator-Regelanlage

3.3.2.3.2.1 Grundsätzlicher Aufbau. Bei häufigen, stark schwankenden Belastungen und bei unbedienten Stationen empfiehlt sich eine automatisch arbeitende Kondensator-Regelanlage. Die Grundschaltung ist in Bild 3.3-8 dargestellt. Die Blindleistung wird an den Netzeinspeisungen gemessen. Drei bis fünf Kondensatorabzweige bei Niederspannungsanlagen und zwei bis vier Abzweige bei Hochspannung genügen, um eine gute Anpassung an die Blindleistungsschwankungen zu erreichen. Eine wirtschaftliche Stufung der Kondensatorleistung und eine tragbare Schalthäufigkeit erhält man, wenn die Kondensatorbatterie z. B. in Abzweige mit einem Leistungsverhältnis 1:2 (3 Leistungsstufen) oder 1:1:2 (4 Leistungsstufen) oder 1:1:2:2 (6 Leistungsstufen) unterteilt wird. Damit infolge der Belastungsschwankungen kein Pumpen (Pendeln) der Automatik eintritt, wird das Meßglied auf einen Unempfindlichkeitsbereich von ca. 140% eingestellt, wie dies aus dem Regeldiagramm Bild 3.3-9 zu ersehen ist. Als Meßglieder dienen bei Hochspannungs-Regelanlagen 2 dreisystemige Blindleistungsrelais, bei Niederspannungsanlagen auch einsystemige Blindleistungsregler. Im Regeldiagram ist die gesamte Kondensatorleistung von 3 Mvar in 3 Abzweige 0,6 + 1,2 + 1,2 Mvar (5 Leistungsstufen) unterteilt. Bei dieser Automatik wird immer zuerst der 1. Abzweig eingeschaltet, dann der 2. und schließlich der 3. Abzweig. Ist dieser zu groß, so beginnt die Abschaltung beim 1. Abzweig usw. Dieses Automatikprogramm bedingt, daß der erste Abzweig die

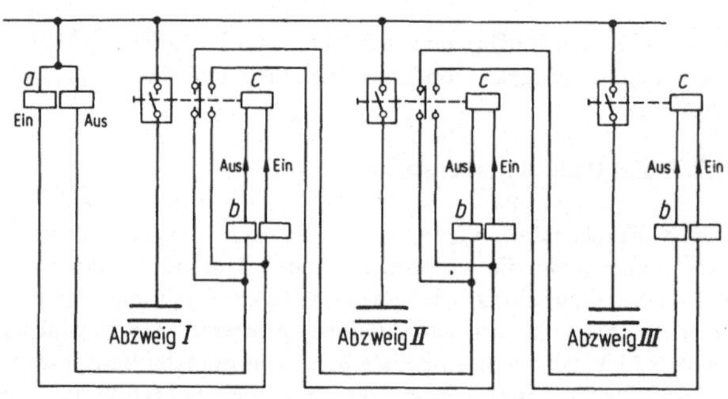

Bild 3.3-8. Grundschaltung einer Kondensator-Regelanlage.

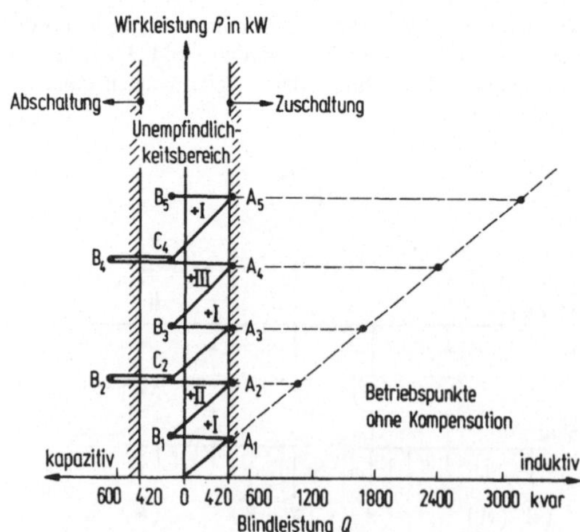

Bild 3.3-9. Regeldiagramm einer Kondensator-Automatik mit Abzweigen der Leistungen 0,6 (I), 1,2 (II) und 2,4 (III) Mvar

kleinste Kondensatorleistung hat. Die Blindleistungsrelais sind hier so eingestellt, daß ungefähr die Blindleistung null eingehalten wird. Diese Einstellung ergibt die beste Ausnutzung, d. h. größte Amortisation der vorhandenen Kondensatorleistung auch bei geringer Belastung. Allerdings ist bei einigen Belastungsfällen eine geringe Überkompensation möglich. Wenn dies nicht gewünscht wird, kann der Unempfindlichkeitsbereich parallel zur Wirkleistungsachse in den induktiven Bereich verlegt werden. Damit sich mehrere Regelanlagen nicht gegenseitig beeinflussen, soll die Einstellung der Zeitglieder jeder Regelanlage von der anderen um mindestens 10 s verschieden sein, und auch der Unempfindlichkeitsbereich muß vergrößert werden.

3.3.2.3.2.2 Schalter. Bei der Wahl der Schaltgeräte und Leitungen ist zu berücksichtigen, daß Leistungskondensatoren über längere Zeit mit dem 1,10-fachen der Spannung und dem 1,35-fachen der Leistung belastet werden dürfen.

Die mit dem Schalten von Kondensatoren zusammenhängenden Fragen sind für den Einsatz, insbesondere in Hochspannungsnetzen, von großer praktischer Bedeutung. Erst nach ihrer Klärung war es möglich, große Hochspannungsbatterien ohne nachteilige Folgen für die Kondensatoren selbst, die Schalter und die anderen Netzteile einzusetzen.

Für das Schalten von Niederspannungskondensatoren, insbesondere bei selbsttätigen Kondensator-Regelanlagen, sind vorzugsweise Luftschütze zu verwenden. Diese Schütze müssen weitgehend prellfrei sein, schwer schmelzbares Kontaktmaterial haben und vom Hersteller als Schalter für das Schalten von Kondensatoren entwickelt worden sein. Die Verwendung von Ölschützen wird nicht empfohlen.

Bei Hochspannungskondensatoren sind für das Schalten von mehreren parallelen Abzweigen Dämpfungsmittel (Widerstände, Drosseln oder ausreichende Leitungsimpedanzen) vorzusehen. Es sind nur rückzündungsfreie Schalter zu verwenden. Die Schaltgeschwindigkeit soll vom Bedienenden unabhängig sein. Der Schalter muß zum Schalten von Kondensatoren geeignet sein, soll schwer schmelzbares Kontaktmaterial sowie ein Zählwerk haben. Es genügt nicht, den Schalter nur nach der Kondensator- und der Netzkurzschlußleistung auszuwählen, sondern es müssen auch die beim Parallelschalten auftretenden Ausgleichsvorgänge berücksichtigt werden. Die Grenzwerte können vom Hersteller erfragt werden.

Eine automatische Blindleistungsregelung mit mehreren Abzweigen führt zu häufigem Schalten. Darum müssen die Schaltkommandos der beiden Blindleistungsrelais eine Zeitverzögerung haben. Diese sollte bei Niederspannungsanlagen 10 bis 20 s und bei Hochspannungsanlagen bei 60 bis 90 s liegen. Damit wird bei Hochspannungsanlagen und richtiger Projektierung erreicht, daß die Leistungsschalter nicht mehr als etwa 20 Schaltungen pro Tag ausführen.

3.3.2.3.2.3 Bauarten. Niederspannungseinheiten bis 1000 V und Nennleistungen von 1,5 bis 75 kvar werden meist in einer Einheit gebaut. Große Kondensatorbatterien, z. B. für die Kompensation von 50 Hz-Induktionsofenanlagen, werden aus 50 kvar-Einheiten zusammengestellt. Hochspannungskondensatorbatterien über 1 kV werden fast ausschließlich aus Einphasen-Kondensatoren zusammengebaut.

Bei kleineren Leistungen werden anschlußfertig verdrahtete Baugruppen geliefert. Bei größeren Leistungen baut man die Kondensatoreinheiten in Gerüste ein, in denen sie stehen oder auf den Schmalseiten liegen. Solche Gerüste können bei Bedarf übereinandergestapelt werden. Die einzelnen Gerüst-Etagen können durch Stützer untereinander und gegen Erde isoliert werden. Die Gerüstbauweise wird vor allem bei Freiluftaufstellung bevorzugt. Sie erlaubt selbst für höchste Spannungen und größte Leistungen einen platzsparenden Aufbau auf einfachen Fundamenten.

3.3.2.3.2.4 Schutzeinrichtungen. Niederspannungskondensatoren haben fast ausschließlich innere Sicherungen, soweit sie nicht „selbstheilend“ sind (MP, MKV). Die Sicherungen schalten defekte Wickel oder defekte Wickelpakete störungsfrei ab (vgl. 3.2.3.4). Als Überlast- und Kurzschlußschutz werden vor die Luftschütze NH-Sicherungen mit träger Charakteristik für ca. den 1,5-fachen

Kondensator-Nennstrom vorgeschaltet. Für die Entladung der Kondensatoren nach dem Abschalten sorgen in der Regel Entladewiderstände, die an die Kondensatorklemmen fest angebaut sind und zur normalen Lieferung gehören. Bei automatisch arbeitenden Kondensatorregelanlagen darf die Entladezeit nur wenige Sekunden betragen. Bei kleinen Kondensatorleistungen verwendet man schnell wirkende Entladewiderstände, während man bei großen Niederspannungs-Kondensatorregelanlagen Entladedrosseln vorsieht, die den Kondensator in 1 bis 2 s entladen. Einige Hersteller von einphasigen Hochspannungskondensatoren sind in der Lage, auch Sicherungen für Hochspannungseinheiten einzubauen. Diese müssen ebenfalls bei starker Überlastung oder im Störungsfalle den fehlerhaften Wickel abschalten.

Sind keine Wickelsicherungen eingebaut, so müssen Hochspannungskondensatoren durch äußere Löschrohrsicherungen geschützt werden. Diese bestehen aus einem Keramik- oder Hartpapierrohr, das innen mit einem Phenolharzgemisch versehen ist. In diesem Rohr befindet sich ein Sicherungselement, das eine Schmelzstelle hat. Wenn die Sicherung anspricht, wird durch eine Schraubenfeder oder durch ein gespanntes Federblech das Ende der Sicherung herausgerissen. Der Draht und die Feder oder das Federblech zeigen an, wo eine Sicherung angesprochen hat, d. h. eine Kondensatoreinheit von der Sammelschiene abgetrennt wurde; so wird vermieden, daß ein Kondensatorgehäuse platzt.

Die Entladung der Hochspannungs-Kondensatoren nach dem Abschalten erfolgt in der Regel durch 2 Spannungswandler, die in V-Schaltung angeschlossen sind. Bei Spannungen über 35 kV, für welche es keine 2-polig isolierten Spannungswandler gibt, baut man in die Kondensatoreinheiten Entladewiderstände ein. Diese haben i. allg. eine Zeitkonstante von 60 bis 90 s.

3.3.2.3.2.5 Symmetrieüberwachung. Bei Kondensatorbatterien mit mehr als ca. 600 kvar ist eine Symmetrieüberwachung der Kondensatoren mit Hilfe des Sternpunkt-Vergleichsschutzes vorteilhaft. Die Überwachungseinrichtung ist so empfindlich, daß etwaige Fehler an Kondensatorwickeln erfaßt werden und die Abschaltung der Kondensatorbatterie veranlaßt wird. Eine größere Unsymmetrie gibt es bei Kondensatoren ohne innere Sicherungen, da dann im Störungsfall der defekte Wickel eine Wickelgruppe überbrückt und die Unsymmetrie dieser Phase sehr groß wird. Die Symmetrie-Überwachung arbeitet weitgehend unabhängig von äußeren Einflüssen, wie z. B. Spannungserhöhung, Frequenzänderung und Oberschwingungen.

Bei kleinen Hochspannungsbatterien (kleiner als 600 kvar), die nicht leicht mit 2 Sternpunkten ausgeführt werden können, ist ein *Phasenvergleichsschutz* möglich. Eine Zeitverzögerung wird vorgesehen, damit ein Ansprechen des Schutzes beim Schalten vermieden wird (Bild 3.3-10).

Für Netze ab 45 kV bringt eine Symmetrie-Überwachung durch Stromwandler und Stromrelais wirtschaftliche Vorteile, da (wie oben bereits erwähnt) 2-polig isolierte Spannungswandler nicht zur Verfügung stehen. Damit das empfindliche Symmetrie-Überwachungsrelais nicht bei Schalthandlungen anspricht (der Einschaltoberstrom kann viel größer als der 10-fache Nennstrom des Kondensators sein), muß auch hier eine Zeitverzögerung von ca. 0,3 s vorgesehen werden.

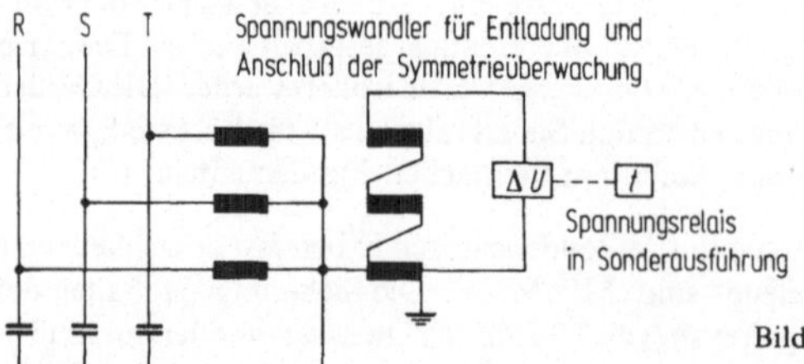

Bild 3.3-10. Kondensatorbatterie mit Phasenvergleichsschutz.

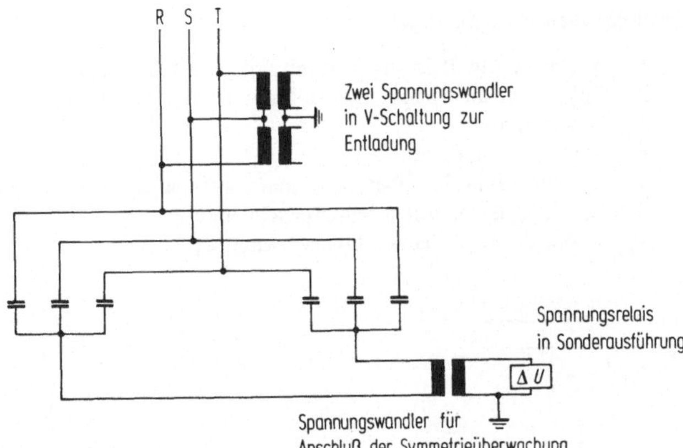

Bild 3.3-11. Kondensatorbatterie mit Sternpunktvergleichsschutz.

Da die durch Fertigungstoleranzen bedingte Unsymmetrie der Kondensatoren eine Spannungsdifferenz bis zu 0,2 V zwischen den Sternpunkten bewirken kann, müßte die Einstellung der Symmetrieüberwachung max. 1,1 + 0,2 = 1,3 V betragen. Bild 3.3-11 zeigt die Grundschaltung einer Kondensatorbatterie mit Sternpunktvergleichsschutz und Bild 3.3-10 eine Kondensatorbatterie mit Phasenvergleichsschutz.

Für die Stromüberwachung sind i. allg. Bimetall-Sekundärrelais für Schweranlauf mit Einstellung auf den 1,3-fachen Nennstrom zu verwenden mit 3 einphasigen nicht verzögerten elektromagnetischen Überstromrelais bei Einstellung auf mindestens den 5-fachen Kondensator-Nennstrom.

3.3.2.4 Filterkreis-Kondensatoranlagen

Wenn in einem Netz z. B. größere Stromrichter mit den von ihnen erzeugten ungradzahligen höheren Harmonischen im Netzstrom vorhanden sind, so wird der Kondensator durch Reihenschaltung mit einer Drosselspule bei Abstimmung auf eine bestimmte Oberschwingung befähigt, nicht nur die betreffende Oberschwingung abzuleiten, sondern außerdem noch seine Leistung nahezu völlig dem Netz als 50 Hz-Kompensationsleistung zur Verfügung zu stellen. Bild 3.3-12 zeigt die Grundschaltung eines Filterkreises [3]. Oberschwingungen im Netz sind aber nicht nur auf Stromrichter zurückzuführen, sondern z. B. auch auf verzerrte Magnetisierungsströme hochgesättigter Transformatoren.

Nach VDE 0555 liefern Stromrichter einen Oberschwingungsstrom $I_n = I_1/n$ ins Netz. Wird die Überlappung vernachlässigt, so ergeben sich für die 5., 7., 11. und 13. Harmonische 1/5, 1/7, 1/11 und 1/13 des jeweiligen Stromrichtergrundschwingungsstromes I_1. Durch einen Kondensatorfilterkreis erhält man einen wirksamen Oberschwingungskurzschlußkreis für die unerwünschte Harmonische.

Bei der Bemessung von Filterkreis-Kondensatorbatterien ist außer der Grundschwingungsleistung Q_1 auch die Oberschwingungsleistung Q_n zu berücksichtigen. Wenn man eine Sternschaltung der Kondensatorbatterien voraussetzt, gelten hierfür folgende Gleichungen:

$$Q_1 = a^2 \cdot U_N^2 \cdot \frac{1}{X_C}; \qquad a = \frac{n^2}{n^2-1} \tag{3.3-2}$$

$$Q_n = \frac{3}{n} \cdot J_n^2 \cdot X_C; \qquad Q = Q_1 + Q_n \tag{3.3-3}$$

mit folgenden Bezeichnungen:

Q_1 Nutzbare Blindleistung (Grundschwingungsleistung)
a Faktor für die Spannungserhöhung durch die Drossel
U_N Netzspannung
X_c Kondensator-Reaktanz
n Ordnungszahl der Oberschwingung, auf die der Kreis abgestimmt ist
Q_n Leistung der betreffenden Oberschwingung
J_n Strom der betreffenden Oberschwingung.

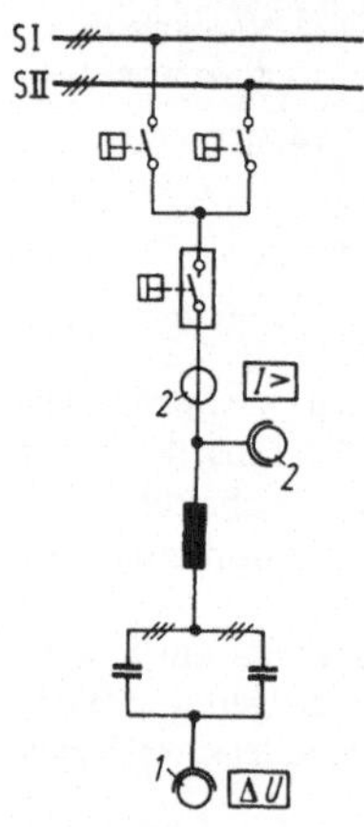

Bild 3.3-12. Grundschaltung eines Filterkreises.

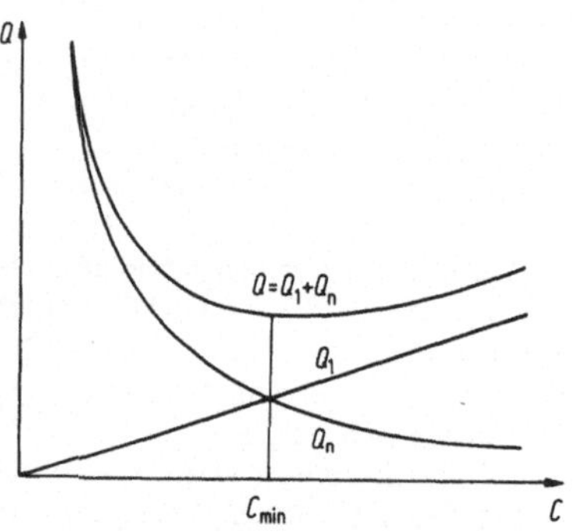

Bild 3.3-13. Leistung eines Kondensators bei Netzfrequenz und einer Oberschwingung.

Bild 3.3-13 zeigt Q_1 und Q_n in Abhängigkeit von der Kapazität C. Man sieht, daß die Gesamtleistung $Q=Q_1+Q_n$ des Kondensators ein Minimum wird, wenn $Q_1=Q_n$ ist. Die zugehörige Kapazität beträgt

$$C'=\sqrt{\frac{3}{n}}\cdot\frac{J_n}{a\cdot U_N\cdot\omega_1}. \tag{3.3-4}$$

Diese Bemessung wählt man wirtschaftlich dann, wenn der Filterkreis hauptsächlich der Ableitung der Oberschwingungsströme dienen soll.

Es wäre unzweckmäßig, eine kleinere Kapazität zu wählen, weil dann die Kondensatorleistung steigt und die Gefahr der Überlastung besteht, gleichzeitig aber die nutzbare Blindleistung Q_1 zurückgeht. Es ist wirtschaftlicher, die Kapazität wesentlich größer als C' zu machen und damit den Anteil der nutzbaren Blindleistung Q_1 an der Kondensatorleistung Q zu steigern. Damit steht mehr Blindleistung zur Verbesserung des Leistungsfaktors der Anlage bereit. Der Anteil von Q_1 an der Gesamtleistung Q des Kondensators muß durch entsprechende Wahl seiner Nennspannung festgelegt werden.

Der Effektivwert der Gesamtspannung U eines Filterkreises ist gleich der geometrischen Summe der Spannung von Grundschwingung U_1 und der betreffenden Oberschwingung U_n

$$U=\sqrt{U_1^2+U_n^2}. \tag{3.3-5}$$

Es empfiehlt sich nicht, die Zahl der Filterkreise zu beschränken. Will man zum Beispiel bei 12-pulsigen Stromrichtern oder einer Mischung von 6- und 12-pulsigen Stromrichtern nur Kondensator-Filterkreise für die 11. und 13. Harmonische einbauen, weil diese Harmonischen dominieren, so verschlechtert man dadurch die Verhältnisse für die 5. und 7. Harmonische. Die Kreise für die 11. und 13. Harmonische verhalten sich nämlich für die 5. und 7. Harmonische kapazitiv und können daher diese Oberschwingungen verstärken. Dies tritt nicht ein, wenn man auch Filterkreise für die 5. und 7. Harmonische vorsieht. Diese können bei 12-pulsigen Stromrichtern relativ klein sein [9].

Eine weitere Anwendung für Filterkreis-Kondensatoranlagen ergibt sich in den Stromrichterstationen der Hochspannungs-Gleichstrom-Übertragung (HGÜ). Bei der Umformung von Drehstrom in Gleichstrom und umgekehrt entstehen Oberschwingungen. Weiterhin wird die vom Stromrichter benötigte Blindleistung gedeckt. Daraus ergibt sich, daß Filterkreise in derartigen Stromrichterstationen so ausgelegt werden, daß sie einerseits die Oberschwingungsströme vom Netz fernhalten, andererseits die Übergabe der von der HGÜ zu übertragenden Wirkleistung ins Drehstromnetz mit dem gewünschten Leistungsfaktor gestatten. In der Mehrzahl der Fälle werden die Filterkreise hierbei für die hohe Spannung des Drehstromverbindungsnetzes ausgelegt [10].

3.3.3 Reihenkondensatoren

Parallelkondensatoren dienen vor allem der Leistungsfaktorverbesserung, d. h. sie setzen den Gesamtstrom herab, indem sie den Blindstrom kompensieren. Die Leistung des Parallelkondensators ergibt sich aus der Anschlußspannung, die nur eine kleine Toleranz hat. Demgegenüber liegt der

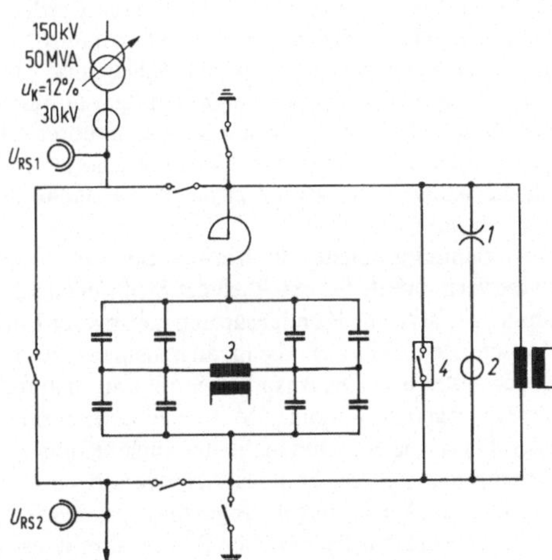

Bild 3.3-14. Schaltung einer Reihen-Kondensatoranlage.
1 Schutzfunkenstrecke,
2 Stromüberwachung der Funkenstrecke,
3 Symmetrieüberwachung,
4 Überbrückungsschalter

Reihenkondensator nicht im Nebenschluß, sondern im Zuge der Leitung und wird vom vollen Betriebsstrom durchflossen. Seine Leistung ist vom Strom abhängig. Sie ändert sich also mit der Belastung des Netzes. Ferner bietet der Reihenkondensator die Möglichkeit, die Spannung am Verbraucher in Abhängigkeit vom Strom zu verändern, da die Spannung am Reihenkondensator zur Netzspannung vektoriell addiert wird. Man kann beispielsweise mit steigender Belastung die Verbraucherspannung erhöhen oder die in der Zuleitung und im Netz entstehenden Spannungsabfälle ausgleichen.

Die Leistung des Reihenkondensators bei Drehstrom ist $Q = 3 \cdot I^2/\omega \cdot C = 3 \cdot I^2 \cdot X_C$. Die Leistung des Reihenkondensators ändert sich also mit dem Quadrat des Durchgangsstromes. Bei einer konstanten Induktivität des Verbrauchers stellt der Reihenkondensator selbsttätig, das heißt ohne Regelung, die gerade benötigte Blindleistung zur Verfügung. Er ist deshalb zur trägheitslosen Kompensation von Verbrauchern mit stoßweise schwankender Last besonders geeignet. Die spannungserhöhende Wirkung des Reihenkondensators wird bei langen Höchstspannungsleitungen, wie z. B. bei der Energieübertragung zwischen Nordschweden und den Industriezentren im Süden Schwedens ausgenutzt. Bild 4.3-15 zeigt die Schaltung einer Reihenkondensatoranlage. Von großer Bedeutung ist dabei die Schutzfunkenstrecke, die bei Netzkurzschlüssen trägheitslos den Kondensator überbrückt, ein Stromrelais zum Ansprechen bringt und den Überbrückungsschalter einschaltet. Wenn diese Schutzmaßnahmen nicht getroffen werden, so kann der Kondensator infolge des hohen Kurzschlußstromes in kurzer Zeit durchgeschlagen sein.

3.3.4 Überspannungsschutz-Kondensatoren

Sie dienen dem Schutz von Wicklungen elektrischer Maschinen und Transformatoren gegen steile und hohe Stoßspannungen, die bei atmosphärischen Überspannungen auftreten. Ferner sollen sie betriebsfrequente Spannungen, die beim Erdschluß auf der Oberspannungsseite kapazitiv auf die Unterspannungsseite (Sekundär- oder Tertiärwicklung) von Transformatoren übertragen werden, vermindern. Die Kapazitätswerte für Kondensatoren ab 3 kV Nennspannung sind nach VDE 0675 festgelegt. Elektrische Maschinen, die unmittelbar an Freileitungen ohne Zwischenschaltung von Kabeln oder Transformatoren angeschlossen werden, sollen gemäß VDE 0675 „Leitsätze für den Schutz elektrischer Anlagen gegen Überspannung" durch Kondensatoren geschützt werden. Die Schutzkondensatoren werden zweckmäßigerweise parallel zu Überspannungsableitern eingesetzt. Sehr steile Stoßwellen können zu großen Spannungswerten innerhalb der Wicklungen elektrischer Maschinen und damit zu Windungsschlüssen führen. Überspannungsschutz-Kondensatoren wirken durch ihre Speicherfähigkeit für elektrische Energie abflachend auf die Stirnsteilheit von Stoßwellen. Durch die Abflachung werden zugleich schädliche Reflexionen der Welle an den nachfolgenden Geräten vermieden.

Überspannungsableiter in Verbindung mit Überspannungsschutz-Kondensatoren sprechen durch die verminderte Stirnsteilheit der Stoßwellen schon bei einem geringeren Augenblickswert der Spannung an, als ohne Kondensatoren (geringerer Einfluß des Zündverzuges). Das hat den Vorteil, daß Maschinenwicklungen, die im allgemeinen eine schwächere Isolierung als Freileitungen haben, besser geschützt sind. Die Ansprech-Stoß- und Ansprech-Wechselspannung der zur Begrenzung von Überspannungen notwendigen Maschinenableiter müssen daher niedriger liegen als die der üblichen Ableiter. Da so die Maschinenableiter auch bei inneren Überspannungen ansprechen können, sind sie für ein entsprechend höheres Ableitvermögen bemessen. Bei elektrischen Betriebsmitteln, die über Kabel an Freileitungen angeschlossen werden, kann die Kapazität der Überspannungs-Schutzkondensatoren etwa um den Betrag vermindert werden, der der Betriebskapazität des Kabels entspricht.

3.3.5 Glättungskondensatoren

Sie dienen zum Herabsetzen des Wechselspannungsanteils von pulsierender Gleichspannung, für Resonanzkreise zum Aussieben überlagerter Wechselspannungen aus dem Gleichspannungsteil einer Anlage, jedoch nicht für Filterkreise, außerdem zum Aufbau von Anlagen zur Erzeugung hoher Gleichspannungen. Glättungskondensatoren stehen für Nennspannungen von 0,8 bis 40 kV und Nennkapazitäten von 0,2 bis ca. 800 μF zur Verfügung.

3.3.6 Stoßstromkondensatoren

In Physik und Technik gibt es eine Anzahl von Anwendungsgebieten, bei denen sehr hohe Impulsströme benötigt werden (z. B. Kernfusionsexperimente der Plasmaphysik, Überschall-Windkanal, Blitzlichtanlagen, Magneform- und Hydrosparkverfahren). Für die genannten Zwecke werden Impulskondensatoren als elektrische Energiequelle eingesetzt, die während einer verhältnismäßig langen Zeitspanne (Größenordnung Sekunden) aufgeladen und in möglichst kurzer Zeit entladen werden.

Eine große Stoßbatterie hat z. B. einen Energieinhalt $W=20\cdot10^6$ Ws bei $U_N=40$ kV. Dies entspricht einer Kapazität $C=25000\,\mu$F. Zum Aufladen dieser Batterie sind 1000 As erforderlich. Bei Aufladung mit konstantem Strom und einer Ladezeit von beispielsweise 100 s beträgt also der Ladestrom 10 A und die mittlere Ladeleistung 200 kW. Die Leistung zu Beginn der *Entladung* hängt in erster Linie von der Induktivität des Entladekreises ab und kann in der Größenordnung von 10^{11} W liegen.

Die Stromleitwege müssen zur Verkleinerung der Eigeninduktivität möglichst koaxial oder bifilar ausgeführt sein, und es sollte angestrebt werden, daß jedem der parallel geschalteten Kondensatoren eine besondere Entladeleitung zugeordnet ist. Bei n Kondensatoren beträgt dann die gesamte Induktivität des Entladekreises $1/n$ der Induktivität eines einzelnen Zweiges. Damit genau reproduzierbare Entladungen zu erreichen sind, muß der Ladegleichrichter den Kondensator stets auf die gleiche, vorgegebene Spannung aufladen. Der Kondensator wird im geeigneten Augenblick mit einem Schalter oder einer Funkenstrecke auf den Verbraucher geschaltet. Die sich ausbildende freie Schwingung wird durch C, L und R des Stromkreises bestimmt. Meist kann R vernachlässigt werden. Die magnetische Energie $W=L\cdot I^2/2$ im Scheitelwert des Stromes ist bei einer freien ungedämpften Schwingung so groß wie die elektrische Energie $W=C\cdot U^2/2$, die im Kondensator gespeichert war. Der Scheitelwert des Entladestromes beträgt dabei $\hat{i}=\sqrt{2W/L}$. Wenn man die Ladeenergie W genügend groß macht und die Induktivität L genügend klein, so kann man sehr hohe Ströme erreichen. Wenn die Kondensatorbatterie z. B. 100 kWs über eine Induktivität von 1 µH entlädt, so fließt ein Strom von etwa 450 kA. Mit dieser kleinen Induktivität wird also ein Strom erreicht, der rund doppelt so groß ist wie der höchste in Starkstromanlagen auftretende Kurzschlußstrom.

3.3.7 Mittelfrequenz-Kondensatoren

MF-Anlagen werden eingesetzt zum Ozonisieren, zum Antrieb hochtouriger Motoren, hauptsächlich aber zum induktiven Erwärmen metallischer Werkstoffe zum Zwecke des Härtens, des Warmformens und zum Schmelzen. Die Kondensatoren dienen auch hierbei zur Verbesserung des Leistungsfaktors.

Bei den Erwärmungsanlagen ist der induktive Anteil groß gegenüber der ohmschen Last, so daß Kondensatoren-Batterien eingesetzt werden müssen, die etwa die 5- bis 20-fache Leistung des frequenzerzeugenden Generators haben.

Zum Erzeugen der Mittelfrequenz werden rotierende MF-Umformer sowie statische MF-Umrichter eingesetzt, z. T. auch statische Frequenzwandler. Die Frequenzen liegen zwischen 150 Hz und 12 kHz.

MF-Kondensatoren werden weniger durch Spannung, sondern mehr durch Strom belastet. Mit zunehmender Frequenz steigen infolge der Stromverdrängung die ohmschen und die dielektrischen Verluste, d. h. die Kondensatoren werden thermisch hoch beansprucht. Es muß daher auf Abführung der Verlustwärme besonders geachtet und es müssen verlustarme Dielektriken vorgesehen werden. Die entstehende Verlustwärme wird durch Selbstkühlung, zusätzliche Fremdkühlung oder Wasserkühlung abgeführt.

Die Kondensatoren werden in den Abmessungen sehr klein gehalten und haben daher extrem hohe Leistungsdichte. Sie sind nach VDE 560/9 für Frequenzen bis 24 kHz ausgelegt.

Literatur zu 3. Kondensatoren

Normen und Bestimmungen

DIN 1324 Elektrisches Feld, Begriffe.

DIN 4897 Elektrische Energieversorgung, Formelzeichen.

DIN 40110 Wechselstromgrößen.

DIN 48500 Januar 1974, Leistungskondensatoren, Technische Lieferbedingungen.

VDE 0560 Bestimmungen für Kondensatoren.

IEC Publ. 143, 1972, Series capacitors for power systems.

Bücher

H 25 Physikhütte II, 29. Aufl., Berlin, München, Düsseldorf: Ernst & Sohn, 1971.

1 *Zinke:* Widerstände, Kondensatoren, Spulen und ihre Werkstoffe. Berlin, Heidelberg, New York: Springer, 1965.

2 *Liebscher, Held:* Kondensatoren. Berlin, Heidelberg, New York: Springer, 1968.

3 *Bornitz:* Leistungskondensatoren und Blindleistungsmaschinen. München, Wien: Oldenbourg, 1965.

Aufsätze

4 *Behn:* MKV-Kondensator, ein neuer selbstheilender Motor- und Leistungskondensator, Siemens-Zeitschr., 42 (1968), 223–235.

5 *Eustance/Solberg:* Polypropylene Film Improves Power Capacitors, Insulations/Circuits (May 1970), 43–46.

6 *Held, Pollmeier:* Internal Fuses in Modern High Voltage Capacitors, Electra, No. 33 (1974), 32–47.

7 *Reizuch:* Mittelspannungs- und Hochspannungs-Kondensatorbatterien und deren Schutzeinrichtungen, Siemens-Zeitschr., H. 10 (1970).

8 *Held:* Mittelspannungskondensatoren mit Wikkelsicherungen ETZ-A, 91, H. 10 (1970), 573–576.

9 *Hoffmann M.:* Kondensatoren in Netzen mit Stromrichterbelastung. Elektrizitätswirtschaft. 56., H. 4 (1957), 119–122.

10 *Hofmann A.:* Das Kraftwerk Cabora Bassa und die Höchstspannungs-Gleichstrom-Übertragung nach Südafrika. Elektrotechn. Z. A 91 (1970).

4. Akkumulatoren, Primärzellen, Energie-Direktumwandlung[1])

Bearbeitet von *K.-J. Euler* und *A. Scharmann*[2])

In den Abschnitten 4.1 bis 4.4 werden die seit langem in großem Umfang gefertigten Akkumulatoren und Primärzellen behandelt, ebenso Hochenergie-Zellen und Brennstoff-Zellen Einen Überblick über die elektrochemischen Stromquellen vermittelt Tabelle 4.0-1.

Tabelle 4.0-1. Systematik der elektrochemischen Stromquellen

1. *Akkumulatoren:* Elektrochemische Stromquellen, die entladen und geladen werden können. Energiespeicher und Stromerzeuger integriert.
   - 1.1 Bleiakkumulator
   - 1.2 alkalische Akkumulatoren: Akkumulatoren mit positiven Nickel-Elektroden
Silber/Zink-Akkumulatoren

2. *Primärzellen:* Elektrochemische Stromquellen, die nur einmal entladen werden können. Energiespeicher und Stromerzeuger integriert.
   - 2.1 Zink/Braunstein-Zellen mit neutralem Elektrolyten
   - 2.2 Zellen mit alkalischem Elektrolyten: Zink/Braunstein,
Zink/Quecksilberoxid,
Zink/Silberoxid
   - 2.3 Zink/Luft-Zellen
   - 2.4 Weston-Normalelemente

3. *Hochenergie-Zellen:* Akkumulatoren oder Primärzellen mit neuartigem Aufbau. Energiespeicher und Stromerzeuger integriert.
   - 3.1 mit nicht-wäßrig gelöstem Elektrolyten
   - 3.2 mit schmelzflüssigem Elektrolyten
   - 3.3 mit Festkörper-Elektrolyt
   - 3.4 Metall/Luft-Zellen
   - 3.5 aktivierbare Zellen

4. *Brennstoffzellen:* Elektrochemische Stromquellen, die weder entladen noch geladen werden. Energiespeicher und Stromerzeuger getrennt.
   - 4.1 alkalische Zellen für Wasserstoff
für Methanol
für Hydrazin
   - 4.2 Zellen mit saurem Elektrolyten
   - 4.3 Zellen mit schmelzflüssigem Elektrolyten
   - 4.4 Zellen mit festem Elektrolyten

Die Reihenfolge in Tabelle 4.0-1. entspricht im einzelnen nicht der Reihenfolge, mit der die Zellen im Text behandelt werden. Einige Zellen lassen sich systematisch nur schlecht einordnen oder gehören zu mehreren Gruppen. Außerdem mußte eine gewisse Auswahl getroffen werden, weil es sehr viele elektrochemische Systeme mit geringer technischer Bedeutung gibt.

[1]) Literatur S. 360.

[2]) Weitere Mitarbeiter: *M. Froehlich* (4.2.9) und *D. Schalch* (4.6 bis 4.9).

Brennstoffzellen arbeiten bereits nach dem Prinzip der Energie-Direktumwandlung. Die übrigen Anordnungen aus diesem Bereich werden in den Abschnitten 4.5 bis 4.8 behandelt. Diese Verfahren stehen meist noch mitten in der Entwicklung. Die in Abschnitt 4.9 besprochenen Solarzellen dagegen werden bereits in erheblicher Stückzahl gefertigt. Man rechnet sie zwar meist nicht zur Energie-Direktumwandlung. Sie gehören aber sinngemäß in dieses Kapitel. Nicht behandelt werden dagegen lichtempfindliche Bauelemente für Meß- und Regelzwecke.

4.1 Akkumulatoren

Die Grundbegriffe sind in DIN 40729 genormt. Die Begriffe *Akkumulator* und *galvanische Sekundärzelle* bedeuten das gleiche. Die eingedeutschte Bezeichnung *„Sammler“* wird nicht mehr verwendet. Beim Betrieb von Akkumulatoren und Akkumulatoren-Anlagen sind die VDE-Bestimmungen 0510 zu beachten. Dort findet man auch eine Aufstellung aller einschlägigen VDE-Vorschriften und DIN-Blätter.

4.1.1. Allgemeine Angaben

4.1.1.1 Begriffsbestimmungen (DIN 40729)

Akkumulatoren sind *Energiespeicher*, in denen beim Zuführen von Gleichstrom elektrische Energie in chemische Energie umgewandelt und gespeichert wird (Laden). Beim Anschluß eines Stromverbrauchers wird die chemische in elektrische Energie zurückverwandelt (Entladen). Eine *Akkumulatorenbatterie* besteht aus mehreren *Zellen*. Jede Zelle hat mindestens je eine, meist jedoch mehrere positive und negative *Elektroden*, vielfach als *Platten* bezeichnet. Zur Zelle gehören auch die für Zusammenbau und Anschluß erforderlichen Teile, das Zellengefäß und der Elektrolyt. Zur Kennzeichnung der Bauart dient vorwiegend die Bauart der positiven Platte. Die positive Elektrode ist beim Laden Anode, beim Entladen Kathode, die negative Elektrode ist beim Laden Kathode, beim Entladen Anode. Man unterscheidet: offene Zellen ohne elektrolyt-dichte Abdeckung, geschlossene Zellen mit Deckel u. Verschlußstopfen (weder kippsicher noch gasdicht), kippsichere Zellen, sowie gasdichte Zellen.

Die Batterie kann aus einzeln aufgestellten miteinander elektrisch verbundenen Zellen bestehen. In *Blockbatterien* bilden dagegen bis zu 6 Zellen durch gemeinsame Wände eine Einheit. Die Zellen können in *Batterieträger* mit teilweise offenen Seiten oder in *Batterietröge* mit geschlossenen Wänden eingebaut sein.

4.1.1.2 Elektrische Eigenschaften (bevorzugt in Ruhe und beim Entladen)

Die *Kapazität* ist die entnehmbare Elektrizitätsmenge in Ah. Sie hängt vom Entladestrom, von der unteren Spannungsgrenze (Entlade-Endspannung) von der Dichte des Elektrolyten, von der Temperatur und vom Zustand des Akkumulators ab. Erfolgt die Entladung mit dem genormten *Nennstrom*, bis zur Entladeschlußspannung bei Nenntemperatur, Nenndichte und Nennstand des Elektrolyten, so gibt der Akkumulator die *Nennkapazität* ab.

Der Entladestrom wird angegeben
in Ampère
oder in Vielfachen der Nennkapazität K.

Beispiel: Entladung einer Zelle mit 0,5 K heißt, daß eine Zelle von K = 100 Ah Nennkapazität mit 50 A entladen wird. Diese Entladung dauert keineswegs 2 Std, weil die Nennkapazität (meist) für den 5-stündigen Entladestrom definiert ist, hier also für 0,2 K oder 20 A.

oder (meistens) durch die Angabe der Entladedauer (Entladerate). Eine Zelle wird z. B. unter Nennbedingungen durch den 10-stündigen Entladestrom in 10 Std, durch den 10-minütigen Entladestrom in 10 min entladen.

Die Bezeichnung K_2, K_5, K_{10} usw. bezeichnet die Kapazität bei Entladung mit dem 2-stündigen Strom I_2, dem 5-stündigen Strom I_5, dem 10-stündigen Strom I_{10} usw.

Die *Nennspannung* U ist ein (zur Vereinfachung) genormter Wert. Sie beträgt pro Zelle

beim Bleiakkumulator 2,0 V,
beim Stahlakkumulator 1,2 V,
beim Silber/Zink-Akkumulator 1,5 V.

Aus den thermodynamischen Daten der charakteristischen Zellreaktion berechnet sich die theoretische unbelastete Spannung U_G. In den meisten Fällen ist die Bezeichnung *Urspannung* synonym mit U_G. In der wissenschaftlichen Elektrochemie ist es üblich (im Gegensatz zur Elektrotechnik), die Elektromotorische Kraft (EMK) E mit umgekehrtem Vorzeichen wie die Spannung zu verwenden: $E = -U_G$. Vergleiche hierzu aber die abweichende Definition bei den Weston-Normalelementen, Abschnitt 4.2.9. An unbelasteten Zellen wird die Spannung U_0 gemessen. Sie heißt *offene Spannung*, *Leerlaufspannung* oder *unbelastete* Spannung. Erreicht sie nach Abschalten des Entladestromes einen Beharrungszustand, so heißt sie *Ruhespannung*. Liegt auf der Zelle ein Entlade- oder Ladestrom, so hat sie die *Klemmenspannung* U_K. Im allgemeinen stimmt U_G nicht genau mit U_0 überein, auch nicht mit der Nennspannung U.

Die Entladung beginnt mit der *Einsatzsspannung*. Sie ist relativ ungenau definiert. Statt dessen wird meist die *Anfangsspannung* nach Ablauf von 10% der Entladezeit angegeben, bei 5-stündiger Entladung also z. B. nach einer halben Stunde. Die *mittlere* Entladespannung ist der Mittelwert über die gesamte Dauer der Entladung. Die *Entladeschlußspannung* ist für jede Zelle und für jede Entladestromstärke genormt. Sie soll nicht unterschritten werden, weil die Zellen sonst geschädigt werden können. Diese durch die Konstruktion der Zelle bedingte Grenze ist nicht zu verwechseln mit der *Endspannung*, unterhalb deren ein angeschlossener Verbraucher nicht mehr einwandfrei arbeitet.

Der *Kälteprüfstrom* einer *Starterbatterie* ist ein für jede Type festgelegter Entladestrom. Wird die Batterie in der Kälte, meist bei $-18\,°C$, mit diesem Strom entladen, so darf die Klemmenspannung U_K nach 30 s den Wert von 1,5 V pro Zelle nicht unterschreiten. Bis zum Absinken auf 1,0 V soll die Entladung mindestens 150 s dauern.

Im allgemeinen kann man voraussetzen, daß bei Akkumulatoren bis herab zu etwa 1-stündiger Entladung kein Unterschied zwischen der kontinuierlich und intermittierend entnehmbaren Kapazität besteht. Erst bei höherer Belastung macht sich die *Erholung* bemerkbar. Sie ist aber in keinem Fall so groß wie bei den Trockenzellen.

Zwei verschiedene Größen werden als *Wirkungsgrad* bezeichnet:

Wirkungsgrad der (elektrischen) *Ladung* als Verhältnis der entnommenen zur zugeführten Elektrizitätsmenge (Ah-Wirkungsgrad),

Wirkungsgrad der *Energie* als Verhältnis der entnommenen zur zugeführten elektrischen Energie (Wh-Wirkungsgrad).

Unter dem *Innenwiderstand* R_i versteht man meist einen globalen Wert, der durch $U_K = U_0 - IR_i$ definiert ist. Darin ist U_0 die Leerlaufspannung, U_K die Klemmenspannung und I der Entladestrom. Gelegentlich wird auch die *Impedanz* der Zelle nach Betrag und Phase bei bestimmten Frequenzen angegeben.

4.1.1.3 Laden

Beim Laden beginnt der Akkumulator oberhalb der *Gasungsspannung* deutlich zu gasen. Je nach Bauart liegt sie bei (V/Zelle):

Bleiakkumulatoren im Bereich von 2,40 bis 2,45,
Nickel/Cadmium-Akkumulatoren 1,55 bis 1,60,

Nickel/Eisen-Akkumulatoren 1,70 bis 1,75,
Silber/Zink-Akkumulatoren 2,05 bis 2,10.

Bei *Volladung* wird die chemische Umwandlung voll abgeschlossen. Bleiakkumulatoren sind voll geladen, wenn am Ende des Ladens Säuredichte und Klemmenspannung nicht mehr steigen. Alkalische Akkumulatoren sind voll geladen, wenn die nach Vorschrift des Herstellers erforderliche Strommenge zugeführt ist. *Überladen* kann sowohl zu langes Laden bedeuten als auch Laden mit zu großem Strom.

Um die *Selbstentladung* auszugleichen, kann man die meisten Bauarten von Akkumulatoren ununterbrochen mit schwachem Strom laden. Man spricht von *Erhaltungsladen*, solange den Akkumulatoren kein Strom entnommen wird. Andernfalls benötigt man einen größeren Strom, den *Dauerladestrom*, der auch die Entnahme im Mittel decken muß. In bestimmten Zeitabständen sind *Ausgleichsladungen* (Sicherheitsladungen) durchzuführen, damit in allen Zellen Volladung erreicht wird.

Der *Lade-Verlauf* ist der zeitliche Verlauf von Spannung und Strom während des Ladens. Er hängt von der Kennlinie des Ladegerätes bzw. von der Wahl des Ladeverfahrens ab (vgl. 4.1.5). Am Ende der Volladung darf der *Lade-Schlußstrom* nicht überschritten werden. Bei Silber/Zink-Akkumulatoren gibt es eine Lade-Schlußspannung, die nicht überschritten werden darf. Als *Ladefaktor* bezeichnet man das Verhältnis der zur Volladung erforderlichen Elektrizitätsmenge zur vorher entnommenen. Er ist gleich dem Kehrwert des Ah-Wirkungsgrades.

4.1.1.4 Betriebsarten

Beim *Batterie-Betrieb*, Lade/Entlade-Betrieb oder Zyklenbetrieb wird der Verbraucher nur aus der Batterie gespeist. Zum Laden wird sie vom Verbraucher getrennt. Beim *Parallel-Betrieb* sind dagegen Verbraucher, Gleichstromquelle und Batterie ständig parallel geschaltet. Dabei unterscheidet man den *Puffer-Betrieb*, wenn die Batterie zur Spitzendeckung oder zur Spannungshaltung dient, und den *Bereitschafts-Parallelbetrieb*, wenn die Batterie nur bei Netzausfall Strom liefert. Beim *Umschalt-Betrieb* schließlich liegt der Verbraucher normalerweise am Netz; erst bei Netzausfall wird er auf die Batterie geschaltet.

4.1.1.5 Lebensdauer

Die Lebensdauer von Akkumulatoren hängt von vielen Umständen ab: Betriebsart, Häufigkeit und Tiefe der Entladung, Ladeverfahren, Temperatur. Bei Lade/Entlade-Betrieb wird die Lebensdauer in Zyklen angegeben. Die Lebensdauer gibt dann also an, wie oft man die Batterie laden und entladen kann. Meist wird die Voraussetzung gemacht, daß an jedem Werktag ein voller Zyklus abläuft. Dabei wird zwischen „tiefen" (Entnahme von 75% und mehr der Nennkapazität) und „flachen" (weniger als 20%) Zyklen unterschieden. Bei Parallelbetrieb wird die Lebensdauer in Jahren angegeben.

4.1.2 Blei-Akkumulatoren

4.1.2.1 Physikalisch-chemische Grundlagen

Der Blei-Akkumulator [1, 5, 20] ist unabhängig 1854 von *Josef Sinsteden* und 1859 von *Gaston Planté* erfunden worden. Seit 1884 kennt man, insbesondere durch die Arbeiten von *J. H. Gladstone* und *A. Tribe*, seine Theorie. Die charakteristische Zellreaktion

$$\underset{\text{(geladen)}}{(-)\mathrm{Pb} + 2\mathrm{H_2SO_4} + \mathrm{PbO_2}(+)} \leftrightarrow \underset{\text{(entladen)}}{2\mathrm{PbSO_4} + 2\mathrm{H_2O}}$$

stimmt mit den tatsächlich in der Batterie ablaufenden Vorgängen, abgesehen von extremen Verhältnissen, ziemlich genau überein.

Als Faustformel für die unbelastete Spannung addiert man 0,84 zu dem Zahlenwert der Säuredichte in g/cm^3. Die Summe ergibt auf 0,01 bis 0,02 V genau den Zahlenwert der unbelasteten Spannung.

Beispiel:
Säuredichte 1,24 g/cm^3
$1{,}24 + 0{,}84 = 2{,}08$
unbelastete Spannung 2,08 V.

Die elektrochemischen Äquivalente bei voller Ausnutzung sind 3,86 g Pb und 4,46 g PbO_2 pro Ah. Als Richtwert kann man ansetzen, daß in technischen Batterien bei zehnstündiger Entladung und bei 20 °C rund die Hälfte des aktiven Materials ausgenutzt wird. PbO_2 ist ein guter Elektronenleiter: massives PbO_2 leitet etwa so gut wie Quecksilber mit etwa $10^{-4}\,\Omega$cm. $PbSO_4$ dagegen ist praktisch ein Isolator. Technische Elektroden haben eine ziemlich hohe Porosität; Richtwert 50% im geladenen Zustand. Die Poren sind mit Schwefelsäure gefüllt. Die Dichte von Pb ist 11,34 g/cm^3, von β-PbO_2 rund 9,4 g/cm^3 und von $PbSO_4$ rund 6,2 g/cm^3. Beim Laden und Entladen verschiebt sich also in den Platten die Porosität. Die Oberfläche des Bleischwamms in geladenen negativen Platten liegt bei rund 0,5 m^2/g, an PbO_2 aus geladenen positiven Platten sind Werte bis herauf zu 10 m^2/g gemessen worden.

Für die Zellreaktion benötigt man 3,65 g H_2SO_4 pro Ah. Schwefelsäure mit einer Dichte von mehr als 1,30 g/cm^3 greift aber metallisches Blei an. Deshalb hat man die Säuredichte nach oben auf 1,28 g/cm^3 begrenzt. Die untere Grenze (etwa 1,05 g/cm^3) ergibt sich aus der Forderung nach ausreichender Leitfähigkeit und ausreichend niedrigem Gefrierpunkt. Setzt man einen Dichtehub von 1,28 bis 1,05 g/cm^3 voraus, so benötigt man rund 10 cm^3 Säure pro Ah. In der Technik liegen die Werte meist höher, weil man mit geringerem Dichtehub arbeitet, da genormte Gefäße für Zellen unterschiedlicher Kapazität verwendet werden, oder weil besonders große *Schlammräume* vorgesehen werden müssen. Für Starterbatterien sind 10 bis 13 cm^3/Ah typisch, ähnliche Werte gelten für Fahrzeug-Antriebsbatterien mit Gitterplatten. *Panzerplattenzellen* haben 15 bis 25 cm^3/Ah, ortsfeste Batterien können wesentlich mehr Säure enthalten.

Die Säuredichte d hängt von der Temperatur t in °C ab; als Faustformel kann man benutzen:

$$d(t) = d(20\,°\mathrm{C}) - 0{,}0007(t - 20\,°\mathrm{C}).$$

4.1.2.2 Konstruktion und Aufbau

Zur Herstellung der aktiven Masse geht man entweder von *Bleistaub* oder von *Mennige* aus. Bleistaub wird aus Feinblei durch Mahlen oder durch Zerstäuben, in beiden Fällen unter Zusatz dosierter Luftmengen hergestellt. Als Anhaltspunkt kann man angeben, daß die Hälfte bis zwei Drittel des metallischen Bleis im Bleistaub als Oxid PbO vorliegen. Unter Mennige versteht der „Batteriemann" ein rot gefärbtes Bleioxid, das aber keineswegs zu 100% aus Pb_3O_4 besteht. Das Ausgangsmaterial wird in Panzerplatten als trockenes Pulver eingerüttelt, in Gitter- und Großoberflächenplatten als Pastiermasse, angeteigt mit Schwefelsäure und Wasser, eingestrichen.

Den Massen für die negativen Platten werden noch *Spreizmittel* zugesetzt, z. B. 3 g Bariumsulfat, 1 bis 2 g Flammruß auf 1 kg Bleistaub sowie bestimmte Holzextrakte. Diese Zusätze halten die negativen Platten auch nach längerer Zeit voll gebrauchsfähig.

Als Ableiter verwendet man Bleigitter, Bleidrahtharfen oder Profilbleche aus Blei. Sie bestehen meist aus einer Legierung von Blei mit einigen Prozent Antimon und kleinen Zusätzen. In einigen Fällen benutzt man statt dessen Pb/Ca-Legierungen mit 0,06 bis 0,1 % Ca, sowie mit Zusätzen von Li, Cu, Sn oder Cd.

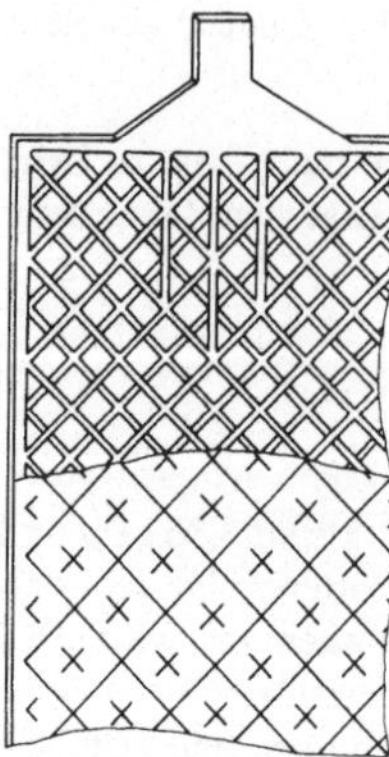

Bild 4.1-1. Bleiakkumulator für Fahrzeugantrieb. Ausschnitt aus einer positiven Gitterplatte. Oben: Gitter freigelegt; unten: pastiert.

Die meist verwendete *Gitterplatte* (grid plate, s. Bild 4.1-1), besteht aus einem Hartbleitgitter mit diagonalen oder parallelen Gitterstäben, Gitterteilung 5 bis 25 mm. In diese Gitter wird die Pastiermasse maschinell eingestrichen. Sie bindet ab und bildet einen relativ gut mit dem Metallgitter verklammerten, porösen Massekuchen. Positive Gitterplatten werden in Starterbatterien und in Traktionsbatterien verwendet, neuerdings auch wieder in ortsfesten Batterien. Negative Gitterplatten benutzt man praktisch für alle Bauarten von Bleiakkumulatoren, zusammen mit positiven Gitterplatten, positiven Panzerplatten und positiven Großoberflächenplatten.

Die Panzerplattenkonstruktion (iron-clad plate, Bild 4.1-2) besteht aus einer Harfe von Bleidrähten, die an einem Querhaupt hängen und am unteren Ende durch einen Kunststoffabschlußstreifen zusammengehalten werden. Die Drähte (Bleiseelen, spines) tragen Zentriernasen. Darüber gezogen sind einzelne oder miteinander verbundene Röhrchen aus mikroporösem, evtl. glasfaserverstärktem Kunststoff, aus Kunststoff-Fließ, Kunstfaser- oder Glasfasergewebe. In den Zwischenraum zwischen Bleiseele und Panzerrohr wird Bleistaub oder Mennige eingerüttelt. Bei einigen Konstruktionen ist über das feinporöse Rohr noch ein äußeres, gelochtes Stützrohr, z. B. aus PVC

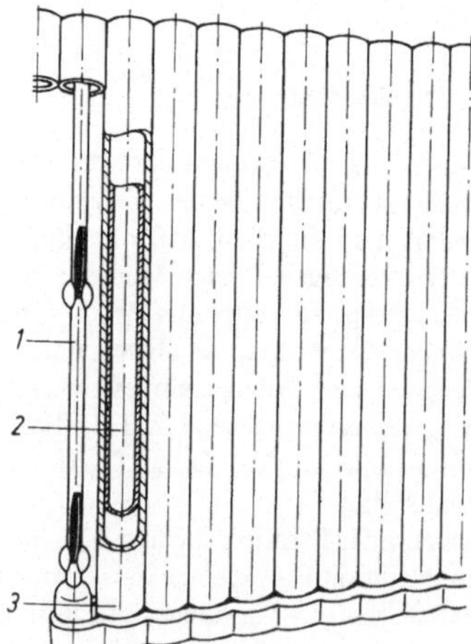

Bild 4.1-2. Aufbau einer (positiven) Panzerplatte;
1 Bleiseele,
2 aktive Masse,
3 poröses Kunststoffrohr.

gezogen. Der Durchmesser der Bleiseelen liegt bei 3 bis 4 mm, der lichte Durchmesser der Rohre bei 5 bis 9 mm. Panzerplatten gibt es nur als positive Platten; sie werden zusammen mit negativen Gitterplatten in ortsfesten Batterien und in Traktionsbatterien verwendet.

Die dritte Plattenkonstruktion ist die Großoberflächenplatte (Planté plate). Sie besteht aus einer verhältnismäßig dicken (6 bis 10 mm) gegossenen Reinbleiplatte mit vielen feinen Rippen, Teilung etwa 1,5 mm. Durch die Rippen wird die geometrische Oberfläche auf das 7- bis 10-fache vergrößert. Ursprünglich wurde das PbO_2 während der Formation aus dem Gießling herausoxydiert. Heute werden Großoberflächenplatten vor der Formation pastiert. Dadurch wird die Formation beschleunigt. Großoberflächenplatten sind ziemlich schwer, als Anhalt kann die Zahl von 200 kg Blei pro 1000 Ah dienen. Sie haben aber eine besonders lange Lebensdauer und eine sehr günstige Spannungslage beim Entladen. Heute werden Großoberflächenplatten nur noch in ortsfesten Batterien verwendet, zusammen mit negativen Kastenplatten (Gro-Zellen) oder mit negativen Gitterplatten im Engeinbau (GroE-Zellen).

Tabelle 4.1-1. Eigenschaften von verdünnter Schwefelsäure bei 20 °C

Dichte	1,28	1,05	g/cm^3
Konzentration	4,88	0,82	Mol/Liter
	39,7	7,4	Gew.-%
Leitfähigkeit	0,7	0,3	Ohm^{-1} cm^{-1}
Gefrierpunkt	−60	−4	°C
Viskosität	0,0021	0,0010	Pa s
	2,1	1,0	Zentipoise

Die Reinheit ist in der VDE-Vorschrift 0510 genau festgelegt.

Die pastierten Platten sind nach dem Abstehen und Trocknen noch nicht gebrauchsfähig; sie müssen erst einer elektrochemischen Vorbehandlung, der *Formation*, unterzogen werden. Sie besteht im wesentlichen aus einer durchgreifenden Ladung unter geeigneten Bedingungen. Die formierten Platten sind voll geladen. Positive Platten lassen sich durch einfaches Trocknen in diesem Zustand erhalten. Die negativen Platten dagegen würden an feuchter Luft „verbrennen". Deshalb müssen die negativen Platten konserviert werden.

Zwischen den Platten sind *Separatoren* oder *Scheider* angeordnet. Sie sollen die mechanische Berührung verhindern, ebenso das Durchwachsen von Bleibrücken. In einigen Fällen werden die Separatoren auch dazu verwendet, das Abfallen von Masse zu verhindern. Heute werden im wesentlichen folgende Typen von Separatoren benutzt:

mikroporöse Separatoren aus Hartgummi, aus Kunststoffpulver (PVC, Polyaethylen) gesinterte poröse Separatoren,

Fließ-Separatoren z. B. aus bestimmten säurefesten Zellulosetypen, gebunden z. B. mit Bakelit, Glasfaser-Fließ.

Um die erforderlichen Säure-Räume zwischen den Platten zu schaffen, werden die Separatoren gerippt oder gewellt. Vielfach verwendet man Kombinationen von mehreren Separatoren, man spricht dann von *Zweifach-* oder *Dreifachisolation*.

Die Zellen haben Zellengefäße aus Glas, Hartgummi oder Kunststoff, evtl. glasfaserverstärkt; sie enthalten die Säure und die Platten. Vielfach stehen die Platten im Gefäß unten auf Rippen. Fast alle Zellen enthalten abwechselnd mehrere Platten beider Polaritäten unter Zwischenlage von Separatoren. Die positiven und negativen *Plattensätze* sind an den Plattenfahnen durch Polbrücken verbunden. Beide Plattensätze bilden mit den Separatoren zusammen den Plattenblock. Von den Polbrücken führen die Zellenpole z. B. durch den Deckel nach außen. Dort sind entweder die *Endpole* oder die Zellenverbinder aufgeschweißt. In Starterbatterien werden die Zellen vielfach unterhalb des Deckels (vgl. Bild 4.1-5), oder sogar durch die Trennwände eines Blockkastens hindurch verbunden.

Die Zellen tragen meist genormte Bezeichnungen. Darin bedeuten die Buchstaben:

GrO ortsfeste Zellen mit positiven Großoberflächen- und negativen Kastenplatten;
GroE ortsfeste Zellen mit positiven Großoberflächen- und negativen Gitterplatten;
OPzS ortsfeste Zellen mit positiven Panzerplatten und negativen Gitterplatten;
PzS, PzF Zellen für Traktionsbatterien mit positiven Panzerplatten und negativen Gitterplatten; PzF ist eine neuere, besonders leichte Bauart;
OGiE ortsfeste Zellen mit positiven und negativen Gitterplatten;
GiS, GiF Zellen für Traktionsbatterien mit positiven und negativen Gitterplatten und Dreifach-Isolation (siehe oben); GiF ist eine neuere, besonders leichte Bauart.

Starterbatterien (vgl. 4.1.2.5) haben ebenfalls positive und negative Gitterplatten und sind für die speziellen Bedingungen im Kraftfahrzeug konstruiert. Diese Batterien haben ein besonderes Zahlensystem zur Kennzeichnung.

Beispiel: 24 OPzS 6000 bedeutet eine ortsfeste Zelle mit 24 positiven Panzerplatten, Nennkapazität 6000 Ah.

4.1.2.3 Ortsfeste Bleiakkumulatoren

Heute werden meist OPzS-Zellen oder GroE-Zellen verwendet. Tabelle 4.1-2 gibt die technischen Daten einiger Zellen an. Sie sind meist auf Gestellen angeordnet, kleinere Zellen in mehreren Etagen übereinander. Dem günstigeren elektrischen Verhalten der Gro-Zellen steht ein wesentlich größeres Gewicht gegenüber. Als Anhaltswert für das Gewicht größerer Zellen kann für Gro : GroE : OPzS das Verhältnis 200 : 140 : 60 dienen. Die Lebensdauer aller drei Zellentypen ist sehr hoch, vielfach sind 1500 Zyklen oder mehr als 10 Jahre im Parallelbetrieb erreicht worden.

Setzt man die 10-stündige Kapazität willkürlich $K_{10} = 100$ Ah, so kann man eine konsistente Darstellung für die Abhängigkeit der nutzbaren Kapazität vom Entladestrom finden, vgl. Bild 4.1-3. Wenn es nicht auf Feinheiten ankommt, kann man das Verhalten von Zellen mit anderer Kapazität proportional umrechnen.

Neuerdings werden als Notbatterien für Datenverarbeitungsanlagen auch ortsfeste Zellen mit positiven und negativen Gitterplatten verwendet (Typ OGiE). Sie sind besonders an die sehr hohe Belastung angepaßt, denen sie bei Netzausfall ausgesetzt sind.

4.1.2.4 Traktionsbatterien (Industriebatterien)

Die Mehrzahl der Traktionsbatterien wird zum Antrieb von Batteriefahrzeugen verwendet:

Flurförderzeuge (Gabelstapler),
Grubenlokomotiven,
Elektro-Straßenfahrzeuge, Rollstühle
Elektro-Boote,
Akkumulatoren-Triebwagen,
Verschiebelokomotiven,
außerdem für die Zugbeleuchtung.

Meist verwendet man PzS-Zellen, gelegentlich auch GiS-Zellen. Panzerplattenzellen haben trotz ihres höheren Preises die größere Wirtschaftlichkeit. Tabelle 4.1-3 enthält technische Daten einiger Einzelzellen für Fahrzeugantrieb. Die Zellen werden in genormte Stahltröge eingebaut; vgl. DIN 40748, Bl. 1 (Schienenfahrzeuge), DIN 43572, Bl. 1, 2, 4, 5 (Elektrokarren und -Stapler),

Tabelle 4.1-2. Technische Daten ortsfester Bleiakkumulatoren
Einzelzellen der Bauarten GroE und OPzS
Tab. 4.1-2 bis 4.1-4 nach Angaben der Varta Batterie AG (unverbindlich)

Typ-Bezeichnung der Zelle			3 GroE 75	6 GroE 150	17 GroE 1700	22 GroE 2200	4 OPzS 160	5 OPzS 500	12 OPzS 1200	24 OPzS 6000
Kapazität[1])	$^1/_6$-stündig	Ah	23	46	425	550	—	—	—	—
	$^1/_2$-stündig	Ah	37	74	759	982	—	—	—	—
	1-stündig	Ah	46	92	1003	1298	80	250	600	2976
	3-stündig	Ah	60	120	1383	1788	120	375	900	4320
	5-stündig	Ah	66	132	1530	1980	135	430	1040	5040
	10-stündig	Ah	75	150	1700	2200	160	500	1200	6000
Entladestrom	$^1/_6$-stündig	A	138	276	2550	3300	—	—	—	—
	$^1/_2$-stündig	A	72	148	1518	1964	—	—	—	—
	1-stündig	A	46	92	1003	1298	80	250	600	2976
	3-stündig	A	20	40	461	596	40	125	300	1440
	5-stündig	A	13,2	26,4	306	396	27	86	208	1008
	10-stündig	A	7,5	15	170	220	16	50	120	600
Ladestrom	Ladenennstrom[2])	A	13,2	26,4	306	396	24	75	180	900
	Strom ab Gasung fallend von	A	6,6	13,2	153	198	11	34	80	400
	auf	A	3,3	6,6	76,5	99	5,5	17	40	200
	oder konstant	A	4,95	9,9	115	148,5	8	25	60	300
Außen-abmessungen	Länge	mm	153	153	528	573	97	206	222	440
	Breite	mm	132	182	328	328	200	124	287	652
	Höhe	mm	364	364	544	544	360	638	673	880
Zellengewicht	gefüllt	kg	17,5	24,1	251	303	12,5	34,0	71,5	366
Füllsäuremenge		kg	6,6	6	62	64	4,9	12,3	29,1	150

[1]) Anfangskapazität mindestens 90 bzw. 95 %.
[2]) Nennstrom eines Ladegleichrichters mit Wa-Kennlinie.

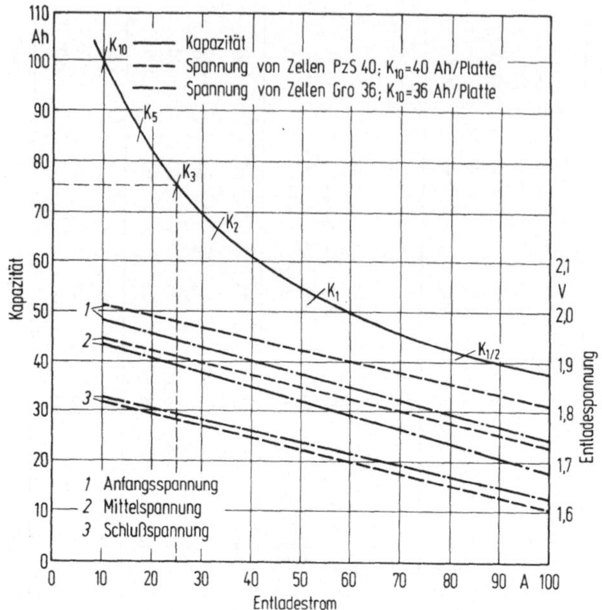

Bild 4.1-3. Kapazität und Entladespannung ortsfester Bleiakkumulatoren mit Großoberflächen- und Panzerplatten bei 20 °C. Zehnstündige Kapazität $K_{10} = 100$ Ah gesetzt.

DIN 43575 (Zugbeleuchtung). Für kleinere, z. B. deichselgeführte Flurfördergeräte werden Starterbatterien mit Sonderisolation verwendet, weil entsprechende kleine Traktionsbatterien nicht marktgängig sind; vgl. Tabelle 4.1-4.

Bild 4.1-4 zeigt den Verlauf der Klemmenspannung von Fahrzeug-Antriebszellen bei verschieden hohem Entladestrom. Die Abbildung bezieht sich auf Zellen mit einer bestimmten Panzerplatte (PzS 120), die eine Nennkapazität von 120 Ah hat. Man erkennt auf dieser Abbildung zugleich die Festlegung der (genormten) Entladeschlußspannung in Abhängigkeit von der Belastung. Der Nennstrom von 24 h/Platte bezieht sich bei Traktionsbatterien auf die 5-stündige Entladung.

4.1.2.5 Starterbatterien

Bild 4.1-5 zeigt den Aufbau einer Blockdeckel-Starterbatterie. Der Blockkasten aus Hartgummi oder Kunststoff hat für jede Zelle eine eigene Abteilung. Außen trägt er die Bodenbefestigungsleisten, mit denen die Batterie im Kraftfahrzeug befestigt wird. Man erkennt den Aufbau der Zellen aus positiven und negativen Gitterplatten, hier mit gewellten Sinterscheidern. Die Plattensätze sind an Plattenverbinder (Polbrücken) geschweißt. Die Zellenverbindung erfolgt über die Zwischenwände unter dem Blockdeckel. 6 Zellen ergeben zusammen eine Nennspannung von 12 V. Der Blockdeckel ist mit dem Blockkasten verklebt. Die Polschäfte der beiden äußersten Polbrücken ragen durch die einvulkanisierten Bleibuchsen im Blockdeckel. Schäfte und Buchsen werden verschweißt, wobei gleichzeitig die Anschlußpole aufgesetzt werden. Die Füllöffnungen im Deckel erlauben das Füllen der Batterie mit Säure und das Nachfüllen von Wasser. Durch die Verschlußstopfen wird der Austritt von Säuretropfen oder -nebel verhindert, während das sich entwickelnde Gas entweichen

Tabelle 4.1-3. Technische Daten von Fahrzeug-Antriebsbatterien
Bleiakkumulatoren, Einzelzellen der Bauart PzS

Normbezeichnung				3 PzS 360	5 PzS 600	10 PzS 1200
Kapazität[1]		1-stündig	Ah	243	405	810
		3-stündig	Ah	324	540	1080
		5-stündig	Ah	360	600	1200
Entladestrom		1-stündig	A	243	405	810
		3-stündig	A	108	180	360
		5-stündig	A	72	120	240
Ladestrom		Ladenennstrom[2]	A	56	96	192
		Strom ab Gasung				
		fallend von	A	28	48	96
		auf	A	14	24	48
		oder konstant	A	18	30	60
Gefäßmaße in mm	Breite			198	198	198
	Länge			65	101	191
	Höhe	Normalausführung		720	720	720
		Schiffsausführung		760	760	760
		Ex-Ausführung		720	720	720
Zellengesamthöhe		Ausführung GLP	mm	744	748	748
		Ausführung SWP	mm	738	738	747
		Schiffsausführung	mm	784	788	788
		Ex-Ausführung	mm	766	772	778
Zellengewicht		gefüllt	kg	28,8	44,7	86,5
		ungefüllt	kg	22,9	34,9	66,2
Füllsäuremenge			kg	6,5	10,7	22,0

[1]) Bei 30 °C; Anfangskapazität mindestens 85 %.
[2]) Nennstrom des Ladegleichrichters bei Wa-Kennlinie.

GLP = glatter Pol.
SWP = Schweißpol.

Tabelle 4.1-4. Technische Daten von Starterbatterien
Bleiakkumulatoren in Blockkästen mit relativ dünnen positiven und negativen Gitterplatten. Nenndichte der Säure 1,28 g/cm^3

genormte Typenbezeichnung	Nenn-Spannung V	20-stündige Kapazität bei 27 °C Ah	Kälteprüfstrom A	Größte Außenmaße (mm)			Masse (kg)		Bemerkungen
				Länge	Breite	Höhe	ungefüllt	gefüllt	
0 66 16	6	66	270	188	170	191	7,6	10,3	
5 36 14	12	36	175	210	175	175	9,2	12,2	Kunststoff-Kasten
5 36 24	12	36	175	210	175	175	8,4	11,7	Polypropylen-Kasten
5 36 26	12	36	175	210	175	175	8,5	11,8	wie vor, mit Sonde
5 44 11	12	44	210	231	175	223	13,5	17,3	verschiedene Kasten- und Deckel-Konstruktion (5 44 11, 5 44 19, 5 44 32)
5 44 19	12	44	210	225	175	205	12,4	16,0	
5 44 32	12	44	210	234	175	205	12,5	16,1	
5 44 34	12	44	210	208	175	190	9,5	13,3	Polypropylen-Kasten
5 45 37	12	45	220	249	175	175	10,1	14,4	wie vor, mit Sonde
5 55 19	12	55	255	267	175	205	14,9	19,5	
5 66 13	12	66	300	336	175	205	17,5	22,9	
5 88 12	12	88	395	420	175	205	22,5	29,9	
5 88 15	12	88	395	410	175	190	17,5	24,6	Polypropylen-Kasten
6 20 11	12	120	400	513	223	240	36,9	48,9	
7 04 13	12	204	600	523	295	250	54,4	69,7	
6 20 19	12	120	—[1])	513	197	240	36,7	45,6	mit Sonderisolation (6 20 19, 7 00 17)
7 00 17	12	200	—[1])	523	295	250	59,3	75,3	

[1]) Nicht als Starterbatterien sondern für Lade/Entladebetrieb konstruiert.

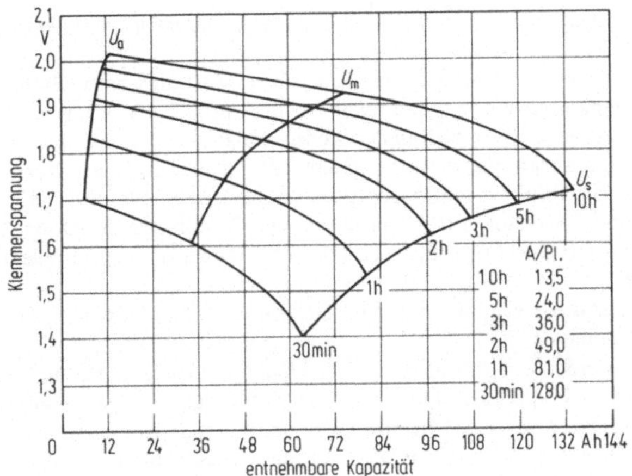

Bild 4.1-4. Entladekurven von Zellen mit Panzerplatten PzS 120. Nennkapazität pro positiver Platte 120 Ah. U_a: Anfangs-, U_m mittlere, U_s Entladeschlußspannung.

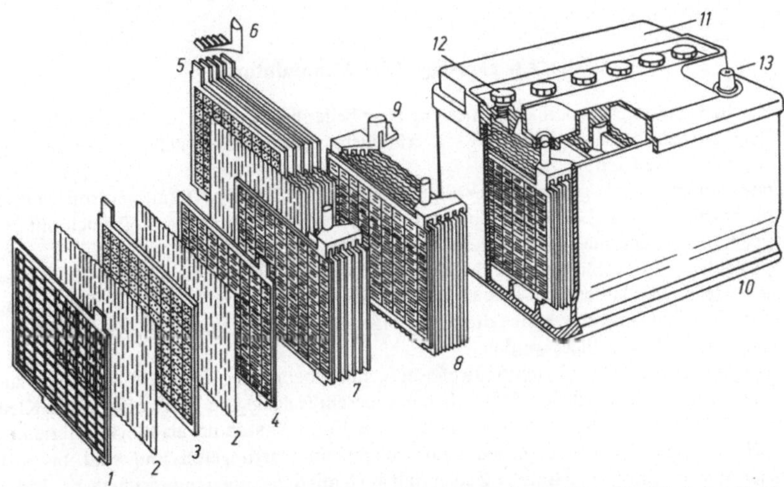

Bild 4.1-5. Aufbau einer Starterbatterie, Blockkasten aus Hartgummi, einteiliger Blockdeckel. *1* Plattengitter, *2* Separator, *3* positive Platte, *4* negative Platte, *5* positiver Plattensatz, *6* Polbrücke, *7* negativer Plattensatz, *8* Plattenblock, *9* Zellenverbinder, *10* Blockkasten mit Bodenbefestigungsleisten, *11* Blockdeckel, *12* Stopfen, *13* positiver Anschlußpol.

kann. Auf dem Typenschild sind Typnummer, Nennspannung, 20-stündige Kapazität und Kälteprüfstrom angegeben. Tabelle 4.1-4 enthält die technischen Daten für einige Starterbatterien. Darunter auch zwei Typen mit Sonderisolation, die nicht als Starterbatterien, sondern für den Antrieb von kleinen Flurfördergeräten gedacht sind. Nicht alle Starterbatterien sind Blockdeckelbatterien. Man findet daneben noch ältere Konstruktionen mit getrennten Zellendeckeln, teilweise liegen die Zellenverbinder frei, teilweise sind sie vergossen. Die neueste Entwicklung sind Batterien mit Polypropylenkasten, die viele fortschrittliche Konstruktionsmerkmale haben und eine rationelle Fertigung erlauben.

Eine neue Ausführung sind die wartungsfreien bzw. wartungsarmen Batterien. Beim Laden verlieren Bleiakkumulatoren Wasser, hauptsächlich durch die Entwicklung von Wasserstoff und Sauerstoff an den Platten. Ordnet man in den Zellen geeignete Katalysatoren an, z. B. am Deckel oder im Stopfen, so kann man Wasserstoff und Sauerstoff wieder zu Wasser vereinigen. Wenn man für ausreichende Wärmeabfuhr sorgt, so tropft das Wasser in die Zelle zurück. Obwohl die Bildung von Wasserstoff und Sauerstoff nicht immer völlig stöchiometrisch erfolgt, kann man doch erreichen, daß die Batterien während ihrer ganzen Lebensdauer ohne Nachfüllen von destilliertem Wasser auskommen.

Die Lebensdauerstatistik sagt aus, daß die Batterien unter den Bedingungen im Kraftfahrzeug meist etwa $2^1/_2$ Jahre halten.

Starterbatterien werden in Kraftfahrzeugen, Schleppern, Motorbooten und Notstromaggregaten verwendet, auch in Flugzeugen. Durch besondere Stopfen können sie kippsicher und sogar kunstflugtauglich gemacht werden. Mit (oft sogar ohne) Sonderisolation verwendet man sie als Antriebsbatterien für kleine Flurfördergeräte, kleinere Elektroboote, Rollstühle, Rasenmäher, Golfwagen, Transportroller, Kinderfahrzeuge und nicht zuletzt als Bordbatterien für Segelboote. Eine besondere Gruppe sind die Motorradbatterien, von denen die ältesten Typen nur für Zündung und Licht, nicht dagegen zum Starten geeignet sind. Eine andere Gruppe sind die Großstarterbatterien mit GiS- oder GroE-Zellen, teilweise ebenfalls in Blockkästen.

4.1.2.6 Sonstige Bleiakkumulatoren

Eine Reihe weiterer Bauarten kann hier nur kurz behandelt werden. Es handelt sich um relativ kleine Bleiakkumulatoren, die aber z. T. in erheblichen Stückzahlen gefertigt werden. Hierhin gehören folgende Bauarten:

Kleinakkumulatoren in geschlossener Bauart, Zellentyp Gro, GroQ (mit vergrößertem Säureraum), mit positiven Großoberflächenplatten und negativen Kastenplatten, z. T. auch mit anderen Plattentypen. Sie werden meist für kleinere Fernmeldeanlagen verwendet.

Hauptsächlich in Fotoblitzgeräten findet man kleine zwei- und dreizellige Blockbatterien mit Gitterplattenzellen. Sie haben eine Kapazität von 1 bis 6 Ah und sind kippsicher. Die Säuredichte und damit der Ladezustand kann durch farbige Schwimmer in einem besonderen, außen angebrachten Rohr kontrolliert werden.

Seit langem weiß man, daß sich Schwefelsäure mit einem geeigneten Kieselsäuregel zu einer steifen, thixotropen Paste verdicken läßt. Auch mit diesem festgelegten Elektrolyten sind Kleinbleizellen herstellbar. Sie werden in Deutschland mit 1 bis 10 Ah 20-stündig, als Blockbatterien mit 2, 3 und 6 Zellen hergestellt. Diese Zellen sind weitgehend wartungsfrei und sind bis auf eine Drucksicherung verschlossen. Ähnliche Zellen sind auch mit den Außenabmessungen der Monozelle (Trockenzelle IEC R 20, Durchmesser 33 mm, Höhe 58 mm) im Handel.

4.1.3 Akkumulatoren mit positiven Nickelelektroden[1])

4.1.3.1 Allgemeines

Akkumulatoren mit positiven Nickelelektroden [1, 2, 3] gibt es mit zwei verschiedenen elektrochemischen Systemen, mit Eisen und Cadmium als negativer Elektrode. Die üblicherweise

[1]) Die Bezeichnung „Stahlakkumulator" ist nach DIN 40729 nicht mehr normgerecht.

angegebenen Zellreaktionen

(−) $Fe + 2\,H_2O + 2\,NiOOH$ (+) ↔ $Fe(OH)_2 + 2\,Ni(OH)_2$
(geladen) (entladen)
gemessene EMK (20 °C) rund 1,4 V
und
(−) $Cd + 2\,H_2O + 2\,NiOOH$ (+) ↔ $Cd(OH)_2 + 2\,Ni(OH)_2$
(geladen) (entladen)
gemessene EMK (20 °C) rund 1,35 V

stimmen mit den tatsächlich in der Batterie ablaufenden Vorgängen nur sehr global überein. Als Elektrolyt wird Kalilauge mit einer Dichte von etwa 1,17 bis 1,19 g/cm^3 (bei 20 °C) verwendet. Sie ist an der Zellreaktion praktisch nicht beteiligt, obwohl die oben angegebenen Zellreaktionen die Verhältnisse in den Zellen gerade in dieser Hinsicht nur sehr unvollkommen wiedergeben. Jedenfalls kann man die Laugendichte nicht als Maß für den Ladezustand verwenden. Diese Akkumulatoren sind um 1900 von *T. A. Edison* (mit Eisen) und *W. Jungner* (mit Cadmium) erfunden worden. Sie sind nicht leichter und kleiner als Bleiakkumulatoren mit gleichen Energieinhalt, und beträchtlich teurer. Andererseits sind sie mechanisch und elektrisch sehr robust, können notfalls jahrelang entladen stehen und sind ziemlich unempfindlich gegen Bedienungsfehler. Zellen mit Cd-Negativen arbeiten auch in großer Kälte gut.

Die elektrochemischen Äquivalente bei voller Ausnutzung sind 1,04 g Fe oder 2,1 g Cd und 3,42 g NiOOH pro Ah. Als Richtwert kann man ansetzen, daß in technischen Batterien bei 5-stündiger Entladung bei Fe rund ein Viertel, bei Cd rund die Hälfte und bei NiOOH je nach Plattenkonstruktion 70 bis 85% des aktiven Materials ausgenutzt wird. Die Nennspannung aller Stahlakkumulatoren ist genormt zu 1,2 V pro Zelle.

4.1.3.2 Aktive Bestandteile

4.1.3.2.1 Nickelmasse. Aus einer Lösung von Nickelsulfat wird grünes $Ni(OH)_2$ gefällt, getrocknet und zerkleinert. Es leitet schlecht, Richtwert $10^8\,\Omega cm$ [1]). Deshalb kann man es ohne Zusatz von Leitmittel nur in dünnen Schichten verwenden.

Je nach Plattenkonstruktion (vgl. 4.1.3.3) wird das Nickelhydroxid mit oder ohne Leitmittel verarbeitet. Für Taschenplatten und für die Masseplatten in gasdichten Akkumulatoren mischt man das Nickelhydroxid im Verhältnis 4:1 bis 9:1 mit Graphit. In Röhrchen Platten wird $Ni(OH)_2$ in Schichten von 0,25 mm Dicke abwechselnd mit Schichten aus metallischen Nickelflittern eingestampft. In Faltband- und Sinterplatten wird es ohne leitende Zusätze verwendet, aber nur in dünner Schicht. Nickelmassen enthalten manchmal Zusätze von Kobaltverbindungen zur Stabilisierung, deren Wirkung aber umstritten ist. Über die „antipolaren" Zusätze wird bei den gasdichten Akkumulatoren gesprochen (vgl. 4.1.3.6).

4.1.3.2.2 Eisenmasse. Aus Eisenverbindungen wird ein synthetisches Fe_3O_4 erzeugt und zum Füllen von Taschenplatten verwendet. Es leitet ausreichend, um die Formation zu ermöglichen. Für die Kupfer/Eisen-Preßplatten wird das Fe_3O_4-Pulver etwa im Verhältnis 2:1 mit Kupferpulver vermischt und in beheizten Formen gepreßt. Nach der Formation ist metallisches Eisen in den Platten vorhanden, auch nach dem Entladen. Deshalb kann man ohne Leitmittel auskommen. Die Hydroxide $Fe(OH)_2$ und $Fe(OH)_3$ sind praktisch Isolatoren. Eisenmassen enthalten oft einige Prozent HgO als Zusatz.

4.1.3.2.3 Cadmiummasse. Zur Herstellung der Cadmiummasse wird zunächst elektrolytisch metallisches Cadmiumpulver abgeschieden. Schon in dieser Stufe wird unter Umständen etwas Eisen

[1]) Gemessen bei einem Druck von 1000 bar mit niedriger Feldstärke.

zugesetzt, das später (Spreizmittel) ein Zusammenwachsen der einzelnen Cadmiumkörner verhindert. Das Metallpulver wird getrocknet und mit Luft zu CdO oxydiert. Bei der Formation entsteht metallisches Cadmium. Auch nach der Entladung sind noch ausreichende Anteile von metallischem Cd vorhanden, um die erforderliche Elektronenleitfähigkeit sicherzustellen.

4.1.3.2.4 Elektrolyt. Dieser besteht aus verdünnter Kalilauge mit einer Dichte von rund 1,17 g/cm^3. Meist verwendet man einen Zusatz von 5 bis 15 g LiOH pro Liter. Für den Allgebrauch kann man die zulässige obere Grenze der Dichte mit 1,19 g/cm^3 angeben. Andererseits verschlechtern sich unterhalb von 1,15 g/cm^3 die elektrischen Eigenschaften der Zellen merklich. Tabelle 4.1-5

Tabelle 4.1-5. Eigenschaften von verdünnter Kalilauge bei 20 °C.
In Stahlzellen für normale Betriebstemperaturen wird Lauge mit 1,17 g/cm^3 verwendet, nur in Zellen für sehr große Kälte geht man über eine Dichte von 1,19 g/cm^3 hinaus.

Dichte	1,17	1,24	g/cm^3
Konzentration	3,8	5,5	Mol/Liter
	18	25	Gew.-% KOH
Beginn der Eisabscheidung	−20	−42	°C
Vollständige Erstarrung erst unter	−70 °C		
Lithiumgehalt	5 bis 15 g/Liter		
Leitfähigkeit	0,50	0,55	Ohm^{-1} cm^{-1}

enthält einige Angaben. Steigert man die Konzentration über diese Grenze hinaus, so beginnt oberhalb Zimmertemperatur die Nickelmasse zu quellen. Für Zellen, die in großer Kälte (nur mit negativen Cd-Platten möglich) arbeiten, geht man über 1,19 g/cm^3 hinaus. Selbst mit Lauge der Dichte 1,40 g/cm^3 ist schon befriedigend gearbeitet worden. Lauge scheidet beim Abkühlen Nadeln aus reinem Eis ab. Völlig erstarrt die Kalilauge erst bei rund −70 °C. Lauge nimmt aus der Luft CO_2 auf. Wenn die positive Platte Graphit enthält, entsteht durch anodische Oxydation beim Laden ebenfalls CO_2. Dadurch wird in der Lauge Kaliumcarbonat erzeugt. Im allgemeinen wird empfohlen, die Lauge zu wechseln, wenn 60 g K_2CO_3 bzw. 30 g CO_2 pro Liter überschritten werden. Reinheitsvorschriften für Lauge und Nachfüllwasser sind in VDE 0501 zusammengestellt.

4.1.3.3 Bauarten von Platten für Akkumulatoren mit Nickelelektroden

Meist verwendet man *Masseplatten*, in denen die verdichtete aktive Masse entweder in flachen Taschen aus perforiertem Stahlblech, in perforierten Röhrchen aus Stahlblech oder in Nickeldrahtgewebe eingeschlossen ist. Bei den Faltbandplatten wird ein aufgerauhtes Stahlband gefältelt, dünn mit angeteigtem $Ni(OH)_2$ bestrichen, und dann ziehharmonikaartig zusammengepreßt. Die aktive Masse sitzt dann in den Falten. Die Kupfer/Eisenplatten gehören ebenfalls in diese Gruppe.

Die andere große Gruppe von Platten sind die *Sinterplatten*. Sie bestehen aus einem steifen oder flexiblen Träger, auf den Nickelpulver hochporös aufgesintert ist; Porenvolumen über 70%. Die aktive Masse wird durch Tränken mit der entsprechenden Salzlösung und anschließende Fällung eingebracht.

Die aktive Masse liegt in dünner Schicht in den Poren des Sinterlings und erlaubt deshalb besonders hohe Belastung. Je nach Flexibilität und Dicke unterscheidet man Sinter- und Sinterfolien-Platten.

4.1.3.4 Konstruktion und Aufbau der Zellen

Die Bauart der Zellen wird auch bei den „Stahlakkumulatoren" nach der Bauart der positiven Platte bezeichnet. Die positiven bzw. negativen Platten werden zusammen mit den *Polbolzen* zu Plattensätzen verschraubt. Eigentliche *Separatoren* gibt es nur in Stahlakkumulatoren mit Sinterplatten, in einigen Zellen für Grubenlampen, sowie in gasdichten Zellen. Dagegen wird oft ein netzartiger Plattenisolator verwendet, um die Berührung zu verhindern. Das *Zellengefäß* besteht aus Kunststoff oder aus Stahlblech, oft mit Aufhängenocken. Es gibt Zellen, bei denen das Stahlgefäß außen einen Isoliermantel trägt. Andererseits gibt es auch Ausführungen, bei denen das Zellengefäß elektrisch leitend mit einem der Pole verbunden ist.

Folgende Plattenpaarungen werden verwendet:
positive und negative Taschenplatten mit Fe- oder Cd-Negativen,
positive Röhrchenplatten und negative Fe-Taschenplatten,
positive Faltbandplatten und negative Cd-Taschenplatten,
positive Taschenplatten und negative Kupfer/Eisen-Preßplatten,
positive und negative Sinter- oder Sinterfolienplatten, nur mit Cd-Negativen (Bild 4.1-6).
Daraus ergibt sich eine breite Palette der elektrischen Eigenschaften.

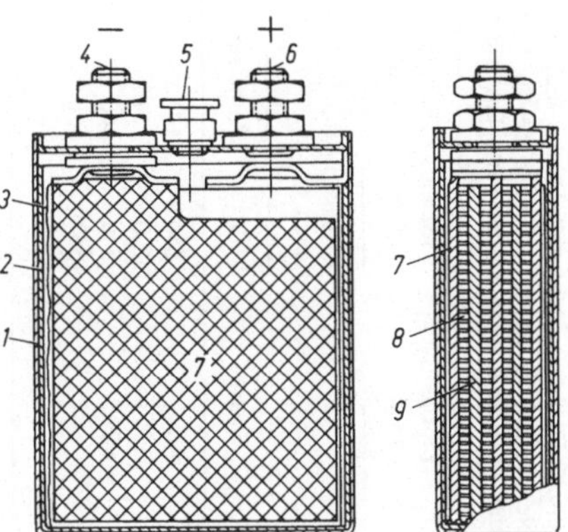

Bild 4.1-6. Schematische Darstellung einer Cd/NiOOH-Zelle mit gesinterten Folienplatten. Zwischen den Platten erkennt man Separatoren aus Kunststoff-Vlies.
1 Stahlbecher (mit 6 u. 9 verbunden)
2 Isolierauskleidung
3 Beilage (fällt evtl. weg)
4 negative Polschraube
5 Stopfen bzw. Schraubventil
6 positive Polschraube
7 negative Platte
8 Separator
9 positive Platte

4.1.3.5 Eigenschaften von nicht gasdichten Akkumulatoren mit Nickelelektroden

Gefertigt werden Einzelzellen, Doppelzellen und Blockbatterien für normale und erhöhte Belastung. Heute kann man mit den verschiedenen Bauarten nicht gasdichter Akkumulatoren einen Belastungsbereich überstreichen, der von Entladung von 5 min bis zur Entladung in mehreren Monaten reicht. Tabelle 4.1-6 gibt die elektrischen Eigenschaften einiger Zellen wieder.

Die Selbstentladung hängt von der Bauart ab. Bei Ni/Cd-Zellen mit Taschenplatten sind nach 6 Monaten bei 20 °C noch etwa 70% der Nennkapazität verfügbar. Bei Ni/Cd-Zellen mit Sinterelektroden ist die Selbstentladung merklich höher. Ni/Fe-Zellen verlieren in etwa 2 Monaten ihre gesamte Ladung (bei 20 °C). Die Lebensdauer von Stahlakkumulatoren ist generell hoch, hängt aber von den Umständen ab. Mit Röhrchenzellen sind bis 5000 tiefe Zyklen erreicht worden, mit Taschenplatten bis 4000, mit Sinterplatten bis 2000. Beim Parallelbetrieb (nur mit Cd-Negativen möglich) sind Batterien schon 25 Jahre ohne Störung in Betrieb gewesen. Diese Angaben lassen sich aber nicht verallgemeinern. Über die Lebensdauer von gasdichten Zellen vgl. Abschnitt 4.1.3.6.

Tabelle 4.1-6. Technische Daten von Nickel/Cadmium- und Nickel/Eisen-Akkumulatoren
Einzelzellen; Nenndichte der Lauge 1,17 g/cm³ bei 20 °C, Nennspannung 1,2 V
Tab. 4.1-6 und 4.1-7 nach Angaben der Varta Batterie AG (unverbindlich)

Zellentyp		T 75	T 1250	TP 140	TSM 650	TSP 125	F 300	FP 40	AC 12	A 12
Aufbau		Ni/Cd	Ni/Cd	Ni/Cd	Ni/Cd	Ni/Cd	Ni/Cd	Ni/Cd	Ni/Cd	Ni/Fe[2]
Positive Platte		Taschenplatten			Taschenplatten		Gesintert		Röhrchenplatten	
Belastung		Normal			Hoch		Extrem hoch		Normal	
Zellgefäß		Stahl		Kunstst.	Stahl	Kunstst.	Stahl	Kunstst.	Stahl	
Kapazität Ah	5-stündig	75	1250	140	650	125	300	40	450	450
	1-stündig	64	1060	119	600	116	270	36	400	386
	30-minütig	52	880	98	530	100	260	34	360	323
	7,5-minütig	—	—	—	360	70	210	28	—	—
	5-minütig	—	—	—	—	—	200[1])	27[1])	—	—
Entladestrom	5-stündig	15	250	28	130	25	60	8	90	90
	1-stündig	64	1060	119	600	116	270	36	398	372
	30-minütig	105	1750	196	1040	200	520	68	720	645
	7,5-minütig	—	—	—	2910	560	1680	234	—	—
	5-minütig	—	—	—	—	—	2400[1])	320[1])	—	—
Nennladestrom (konstant)	A	15	250	28	130	25	60	8	90	90
Ladefaktor		1,4	1,4	1,4	1,4	1,4	1,2	1,2	1,4	1,4
Zellenabmessungen mm	B	48	540	69	391	104	187	36	135	135
	L	131	158	182	157	137	131	81	185	185
	H	405	405	400	365	359	255	238	363	363
Zellengewicht gefüllt	kg	6,0	68,5	7,9	45,2	9,1	14,6	1,5	20,2	20,2
Elektrolytmenge	kg	1,2	18	1,8	12,0	1,9	1,25	0,35	4,3	4,3

[1]) Intermittierend.
[2]) Parallelbetrieb und Betrieb bei großer Kälte mit Fe nicht möglich.

4.1.3.6 Gasdichte Cadmium/Nickel-Akkumulatoren

Um 1930 fanden *E. A. Lange* und Mitarbeiter, daß gasförmiger Sauerstoff an ungeladenen Resten von Cadmium-Elektroden chemisch oder elektrochemisch gebunden wird. Nach diesem Prinzip arbeiten die gasdichten Cd/NiOOH-Akkumulatoren, die seit etwa 20 Jahren in großem Umfang hergestellt werden. Bild 4.1-7 zeigt schematisch die Vorgänge beim Überladen. Die negative Elektrode wird überdimensioniert. Dadurch kommt die positive Elektrode zuerst in die Gasung: gasförmiger Sauerstoff wird entwickelt. Er wandert zur negativen Elektrode, die noch Reste von

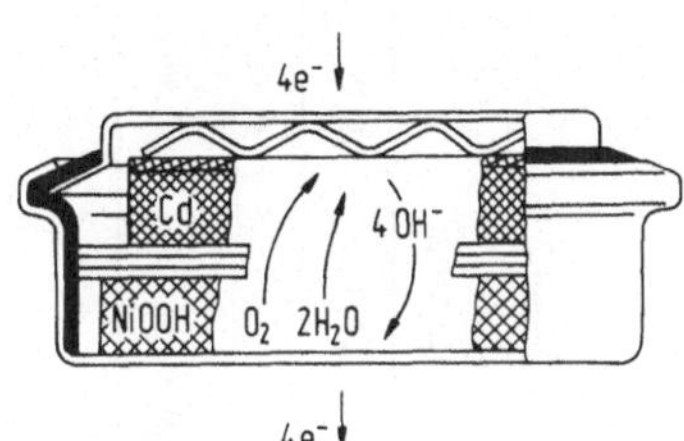

Bild 4.1-7. Schematischer Schnitt durch einen gasdichten Cd/NiOOH-Akkumulator, Knopfzelle mit Masseplatten. Der Sauerstoffkreislauf ist angedeutet.

ungeladenem metallischem Cadmium enthält, gelegentlich auch Zusätze von Nickelpulver. Der Sauerstoff setzt sich entweder chemisch mit Cd und H_2O zu $Cd(OH)_2$ um, das dann elektrochemisch wieder in Cd- und OH^--Ionen reduziert wird. Oder aber der Sauerstoff wird sofort elektrochemisch mit Wasser zusammen zu OH^--Ionen reduziert.

Beide Prozesse treten nebeneinander auf und resultieren bei Überladung in einem *Sauerstoff-Kreislauf.* Gasförmiger Sauerstoff und flüssiges Wasser wandern von der positiven zur negativen Elektrode, OH^--Ionen wandern in der umgekehrten Richtung. Abgesehen von der dissipierten Wärmeleistung ändert sich die Zelle nicht. Der Druck im Gasraum hält sich in mäßigen Grenzen. Größere Zellen sind mit einer *Drucksicherung* ausgerüstet.

Wenn in einer mehrzelligen Batterie bei Tiefentladung eine der Zellen umpolt, so entsteht bei ungeschützten Zellen an der Nickel-Elektrode Wasserstoff, für den es einen entsprechenden Verzehr- oder Kreislaufmechanismus nicht gibt. Um die Zellen davor zu schützen, setzt man den Nickelmassen für gasdichte Zellen etwas entladene *antipolare* Masse zu, d. h. CdO. Im normalen Arbeitsbereich beteiligt sich dieser Zusatz nicht an den elektrochemischen Vorgängen in der Zelle. Beim Umpolen wird vor der H_2-Gasung zuerst der antipolare Zusatz zu Cd reduziert. Es ist eine Frage der Dimensionierung, ob man sich mit einem gewissen Sicherheitsspielraum begnügt, oder ob man vor Erschöpfung der antipolaren Masse die Cadmiummasse ebenfalls in die Umpolung gelangen und Sauerstoff entwickeln läßt. Dann läuft der Sauerstoff-Kreislauf in umgekehrter Richtung ab. Fast alle heute in Deutschland gefertigten gasdichten Akkumulatoren sind gegen Umpolen geschützt, japanische nur teilweise, amerikanische oft nicht.

Gefertigt werden Einzelzellen und Batterien in Form von Knopfzellen, Rundzellen und prismatischen Zellen mit Masseplatten, Taschenplatten und gesinterten Platten, auch mit Wickel-Elektroden. Die kleinsten Zellen haben 10 mAh, die größten etwa 25 Ah. Größere Zellen lassen sich bisher nicht bauen, weil die Wärmeabfuhr beim Überladen schwierig ist. Der Belastungsbereich reicht von Entladungen in 15 min bis zu Entladungen in Monaten. Viele Typen sind für Parallelbetrieb mit anderen Stromquellen geeignet. Im allgemeinen ist der Ladestrom begrenzt, so daß sich eine Ladezeit von z. B. 14 Std ergibt. Für einige Zellen sind aber besondere Schnelladeverfahren entwickelt worden. Die Selbstentladung ist ähnlich wie bei den nicht gasdichten Cd/NiOOH-Akkumulatoren, und hängt stark von der Bauart ab. Die technischen Daten einiger gasdichter Zellen

Tabelle 4.1-7. Technische Daten von gasdichten Akkumulatoren

Einzelzellen; Nennspannung 1,2 V. Temperaturgrenzen: Laden 0 bis 45 °C, Entladen −20 bis 45 °C, Lagern −40 bis 60 °C. Knopfzellen mit Masseplatten werden auch in einer Ausführung für erhöhten Strom (DKZ) gefertigt

Typ		10 DK	225 DK	3000 DK	151 D	BD 2,5	100 RS	RS 6	D 2	D 23	SD 1,6	SD 15
Bauart		Knopfzellen			Rundzellen				Prismatische Zellen			
Platten		Masseplatten			Masseplatten		Sinterplatten		Taschenplatten		Sinterplatten	
Durchmesser	mm	7,6	25	50,3	12	34	14,7	33,5				
Dicke	mm	5,0	8,6	25								
Länge	mm								34,5	51	16,8	31
Breite	mm								34,5	91	41,2	77
Höhe	mm				29	62	17,4	94	61	125	65,7	126
Masse	g	0,9	12,5	135	12	150	7,5	240	170	1390	115	780
Kapazität *10-stündig*	Ah	0,010	0,225	3,0	0,15	2,0	0,10	6,0	2,0	23	1,6	15
Max. Entladestrom												
dauernd	A	0,001	0,225	3	0,15	2	0,2	12	2	23	3,2	30
kurzzeitig	A	0,001	0,45	6	0,3	4	0,4	24	4	46	6,4	60
Ladestrom												
14-stündig	mA	1	23	300	15	200	10	600	200	2300	160	1500

sind in Tabelle 4.1-7 zusammengestellt. Die Abmessungen einiger gasdichter Akkumulatoren sind so festgelegt, daß sie gegen Primärzellen ausgetauscht werden können.

Die praktisch erreichte *Lebensdauer* im Zyklenbetrieb liegt bei Zellen mit Masseplatten bei über 250 tiefen Zyklen; mit gesinterten Platten auch höher. Mit flachen Zyklen lassen sich sehr hohe Zyklenzahlen erreichen. Davon wird in der Satellitentechnik Gebrauch gemacht.

4.1.4 Zink-Silber-Akkumulatoren

[3,4]

Für einige spezielle Anwendungsgebiete, z. B. Luft- und Raumfahrt, Wehrtechnik, Starterbatterien für Rennsportwagen, benötigt man Stromquellen mit hoher Energiedichte, die außerdem mit hohen Stromstärken entladen werden können. Dabei bringt die spezielle Art der Anwendungsgebiete es mit sich, daß wirtschaftliche Erwägungen hinter der Forderung nach hoher Energie- und Leistungsdichte zurückstehen. In diesem Bereich werden Zn/Ag_2O-Akkumulatoren verwendet.

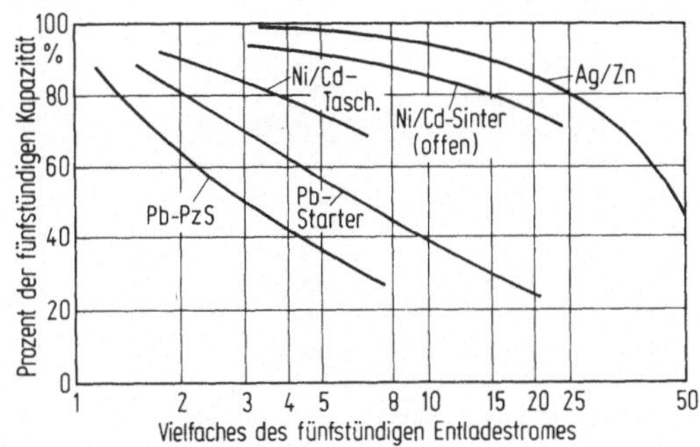

Bild 4.1-8. Abhängigkeit der Kapazität (in % der fünfstündigen Kapazität) von der Entladestromstärke (in Vielfachen des fünfstündigen Entladestroms).

Bild 4.1-8 zeigt an einigen typischen Beispielen die entnehmbare Kapazität (Ah) in Prozent der 5-stündigen Kapazität mit steigendem Entladestrom. Man erkennt die Überlegenheit der Zn/Ag_2O-Akkumulatoren. Hinzu kommt, daß der Energieinhalt aller anderen kommerziellen Akkumulatoren, bezogen auf die 5-stündige Entladung, bei rund 30 Wh/kg bzw. 60 Wh/Liter liegt, beim Zn/Ag_2O-Akkumulator aber ungefähr doppelt so hoch. Tabelle 4.1-8 enthält technische Angaben für einige Zellen.

Die charakteristische Zellreaktion lautet

$$(-)\,Zn + H_2O + Ag_2O\,(+) \leftrightarrow Zn(OH)_2 + 2\,Ag\,.$$
(geladen) (entladen)

Sie stimmt mit den tatsächlichen Vorgängen in der Zelle nicht gut überein. Insbesondere wird die „zweite Stufe" am Schluß der Ladung und zu Beginn der Entladung nicht erfaßt. Sie besteht in der Bildung eines höheren Silberoxids. Als Nennspannung ist 1,5 V pro Zelle festgelegt worden.

Neben dem hohen Preis ist die geringe Lebensdauer der Hauptnachteil dieser Zellen. Im Lade/Entlade-Betrieb kommt man nur auf größenordnungsmäßig 100 tiefe Zyklen; bei vielen Anwendungsfällen sind es sogar noch wesentlich weniger. Für den Parallelbetrieb eignen sich die

Tabelle 4.1-8. Eigenschaften von Zink/Silber-Akkumulatoren nach [3]
Nennspannung 1,5 V, Entladeschlußspannung 1,0 V, bei 20 °C

Zellen für	normale	hohe Belastung
Gefertigter Kapazitätsbereich Ah	0,5...300	0,1...135
Energieinhalt Wh/kg der größten handelsüblichen Zelle[1])		
Entladung 10-stündig	107	132
1-stündig	95	114
20-minütig	—	86
10-minütig	—	70
3-minütig	—	≈ 55
Energiedichte Wh/Liter		
Entladung 1-stündig	185	225
Selbstentladung %/Monat	1... 10	10... 25
Lebensdauer tiefe Zyklen	80...150	10...25
flache Zyklen	200...400	25...75
Monate	12...18	6... 9
Kälteverhalten der Kapazität (1-stündig)		
bei +20 °C	100%	
0	80	
−20	40	
−30	20	
−40	10	

Ladespannung beim Laden mit konstantem 10-stündigem Strom: Einsatz bei 1,55 bis 1,60 V, nach 20% Anstieg auf 1,9 V, Ladeschluß bei 2,1 V, Ladefaktor 1,1. Wh-Wirkungsgrad bei 10-stündiger Entladung 73%

[1]) Bei kleinen Zellen liegen die Werte z.T. erheblich niedriger.

Zellen nur sehr bedingt. Die Selbstentladung kann je nach der Platten- und Zellenkonstruktion in weiten Grenzen variieren.

Hergestellt werden Akkumulatoren für *normale* Belastung, Akkumulatoren für *hohe* Belastung, sowie Füllelemente und Primärelemente (vgl. Abschnitt 4.2.6).

4.1.5 Ladeverfahren

Für die Lebensdauer eines Akkumulators ist richtiges Laden entscheidend. Tabelle 4.1-9 enthält einige technische Daten für das Laden von Bleiakkumulatoren. Bleibatterien sind empfindlich gegen heftige Gasentwicklung. Deshalb wird oberhalb der *Gasungsspannung* von 2,4 V der Ladestrom herabgesetzt. Die Ladung wird grundsätzlich abgeschaltet, wenn die Batterie geladen ist. Nur geringe

Tabelle 4.1-9. Technische Daten für das Laden von Bleiakkumulatoren nach [1]
Die Kurzzeichen für die Ladeverfahren sind in Bild 4.1-9 erklärt. V/Z: Volt pro Zelle. GiS: Zellen mit positiven Gitterplatten und Sonderisolation. PzS und OPzS: Zellen mit positiven Panzerplatten. Gro: Zellen mit positiven Großoberflächen-Platten

	Fahrzeugbatterien			Ortsfeste Batterien		Starter-batterien
		GiS	PzS	Gro	OPzS	
Bezugskapazität	K_n	K_5	K_5	K_{10}	K_{10}	K_{20}
Ladefaktor		1,17	1,2	1,1	1,2	1,15
Energie-Wirkungsgrad nach Entnahme von K_n, Richtwerte		0,70	0,68	0,75	0,68	0,75
Ladeströme je 100 Ah Nennkapazität maximal zulässig						
a) Strom konstant ab Gasung (I-Kennlinie)	A	5		8,5	5	10
b) Strom fallend (W-Kennlinie) bei 2,4 V/Z zulässig	A	8		12	7	12
am Ende	A	4		6	3,5	6
c) Nennstrom des Ladegerätes zu b) bei 2,0 V/Z (DIN 41 774)	A	16		24	14	24
Am Ende maximal zulässig bis zu $2^1/_2$ Tagen, z. B. bei IU-Kennlinie	A	2				
Erhaltungsladestrom	mA			40…100		
Maximaler Anfangsstrom bei 2,4 V/Z und 20 °C (U-Kennlinie). Toleranz ±10%	A	100	80	100	70	160
Ladespannungen						
Anfangsspannung bei W-Kennlinie	V/Z	je nach Bauart und Baugröße 2,1…2,15				
Schlußladespannung	V/Z	je nach Bauart und Baugröße normal 2,6…2,7, bei alten und warmen Batterien bis zu 0,2 V/Z niedriger				
Erhaltungsladespannung	V/Z	2,20…2,25, siehe VDE 0510, § 21 b 3				
Dauerladespannung	V/Z	2,25…2,35, siehe VDE 0510, § 21 b 4				
Konstantspannung bei IU-Ladung	V/Z	2,45	2,4/2,45	2,4	2,4/2,45	2,4
Nachladezeit für Pöhlerschalter	h					
bei WoWa-Kennlinie		4,0	4,5	—	—	—
je nach Anfangsstrom	h	4,5…5	5…5,5	—	—	—
bei Iola-Kennlinie je nach Anfangsstrom	h	4,5…5	5…6	—	—	—
bei IUIa-Kennlinie	h	3,5	4,0	—	—	—

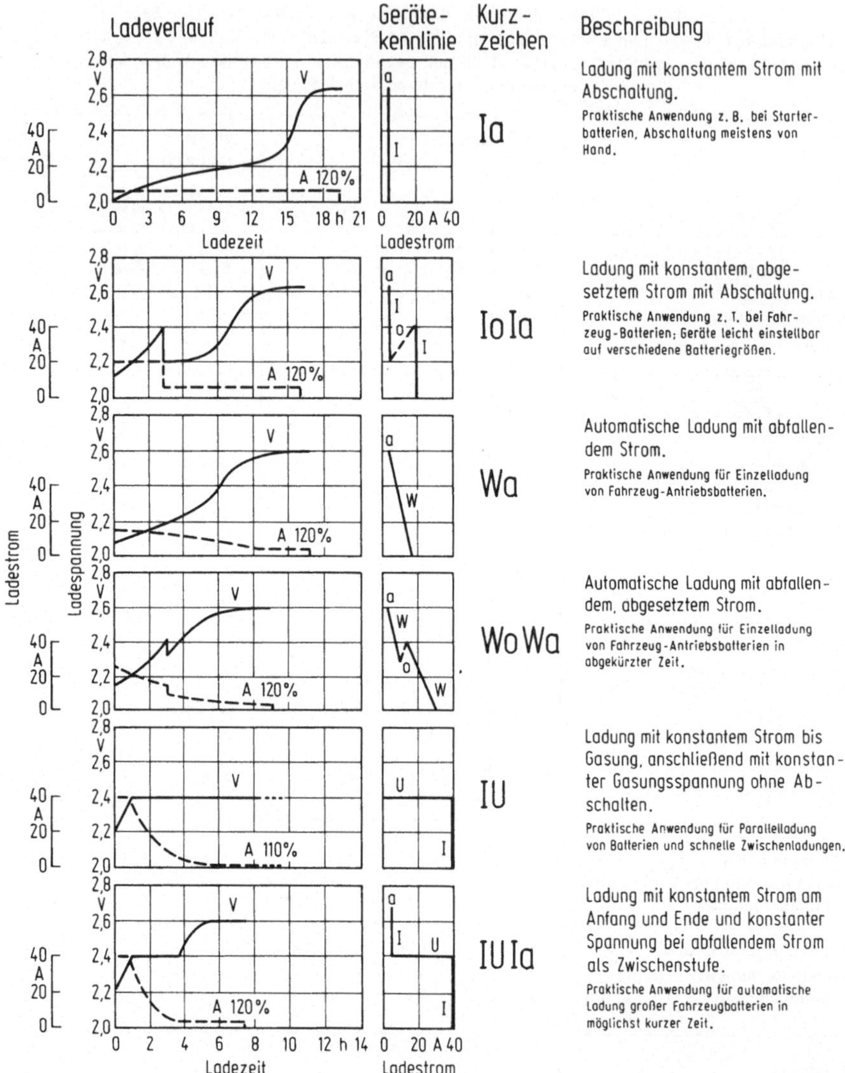

Bild 4.1-9. Schematische Darstellung von Ladeverfahren nach [1]: zeitlicher Verlauf von Strom und Spannung bei Bleiakkumulatoren mit Panzerplatten, Kennlinie der Ladegeräte und Kurzzeichen nach DIN 41 772.

Ladeschlußströme von 2 bis 3 A je 100 Ah Nennkapazität dürfen auf Bleibatterien für 60 Std liegen bleiben. Bleibatterien sollten nicht teilgeladen stehen, weil sie sonst *sulfatieren.* Wegen der Gasentwicklung geht immer ein Teil der Ladestrommenge (Ah) verloren. Deshalb benötigt man zum Laden der Batterien eine um den *Ladefaktor* größere Strommenge, als vorher entnommen worden ist. Allerdings muß nicht *jede* Ladung bis zum Erreichen des Vollade-Zustandes geführt werden. So kann man z. B. Traktionsbatterien in Betriebspausen bis zur Gasung nachladen. Dann ist jedoch mindestens einmal wöchentlich eine gründliche Volladung, eine *Ausgleichsladung* erforderlich. Mit dem Aufladen ist ein Temperaturanstieg von 10 bis 12 °C verbunden, gelegentlich auch mehr. Man sollte darauf achten, daß 55 °C möglichst nicht überschritten werden.

Bei den meisten Ladeverfahren ist rechtzeitiges Abschalten erforderlich. Dazu verwendet man einen *Pöhlerschalter*. Beim Erreichen der Gasungsspannung bzw. *Ansprechspannung* setzt ein Spannungsdiskriminator über ein Schaltschütz den Ladestrom herab und schaltet ein Uhrwerk ein. Wenn die vorgegebene *Nachladezeit* abgelaufen ist, wird abgeschaltet. Die Ansprechspannung ist bei Bleiakkumulatoren rund 2,4 V je Zelle, bei Stahlakkumulatoren mit Cadmium-Negativen rund 1,6 V. Bei Stahlakkumulatoren mit Eisen-Negativen kann der Pöhlerschalter nicht angewendet werden.

Entsprechende Angaben für alkalische Akkumulatoren mit positiven Nickelplatten kann man aus [1] entnehmen. Angaben für gasdichte Nickel/Cadmium-Akkumulatoren findet man z. B. bei [2].

In Bild 4.1-9 sind die wichtigsten Ladeverfahren zusammengestellt. Sie unterscheiden sich durch die Kennlinie des Ladegerätes und durch die gesamte Dauer der Ladung. Laden mit konstantem Strom wird nach DIN 41 772 durch den Buchstaben I, mit konstanter Spannung durch den Buchstaben U bezeichnet. Ein zwischengeschobenes o bedeutet Umschaltung, ein a Abschaltung. Laden nach der Kennlinie IoIa z. B. heißt: Laden mit konstantem Strom bis zum Erreichen der Gasungsspannung, danach Umschalten auf den Nachladestrom, Abschalten nach vorgegebener Zeit. Der Buchstabe W entspricht einem Ladegerät mit annähernd konstanter treibender Spannung und eingebautem Vorwiderstand. Dadurch nimmt der Ladestrom mit steigender Ladespannung an der Batterie merklich ab.

4.1.6 Sonstiges

Informationen über Wartung und Störungen an Blei- und Stahlbatterien in [1]. Unterbringung von Batterien und Ladegeräten, sowie Belüftung von Batterieräumen und Batteriebehältern werden in den VDE-Bestimmungen 0510 behandelt. Die Installation muß VDE 0100 entsprechen. Für Schiffe sind DIN 89001 und 89002 einzuhalten. Für Anlagen zur Hilfs- und Notstromversorgung, insbesondere in öffentlichen Gebäuden, ist VDE 0108 maßgebend.

4.2 Primärzellen

Im Gegensatz zu Akkumulatoren (Sekundärelementen) erhalten Primärzellen bereits bei der Herstellung endgültig ihren gesamten Energieinhalt. Sie können nur ein einziges Mal entladen werden. Danach muß man sie durch neue ersetzen. Andererseits kann man bezogen auf Gewicht oder Volumen meist wesentlich mehr Energie in Primärzellen als in Akkumulatoren unterbringen.

4.2.1 Spezielle Begriffe

In der Primärzellen-Technik werden einige spezielle Begriffe verwendet, deren Definition aus IEC-Publication 86-1 (1967) und aus DIN 40853 zu entnehmen ist. Die folgenden Definitionen lehnen sich eng an die beiden genannten Veröffentlichungen an, vgl. auch [2].

Primärzellen sind elektrochemische Energiequellen für einmalige Verwendung. Sie können generell nicht geladen werden. Die Bezeichnungen *Zelle*, *Element* und *Batterie* werden in der

Umgangssprache nicht einheitlich verwendet. Entsprechend VDE 0807 und DIN 40853 sollten die Bezeichnungen folgendes bedeuten:

Zelle: eine einzelne Zelle als Bestandteil einer Batterie;

Element: eine einzeln verwendbare Zelle mit Behälter, Anschlußklemmen usw.;

Batterie: eine aus mehreren parallel oder in Reihe geschalteten oder elektrisch nicht miteinander verbundenen Zellen bestehende Einheit;

Naßelemente: Primärzellen mit flüssigem Elektrolyten;

Trockenzellen: Primärzellen mit festgelegtem Elektrolyten;

Füllelemente: Primärzellen, denen während der Lagerzeit der Elektrolyt oder ein Teil davon, meist das Wasser, fehlt. Sie werden vor Inbetriebnahme *gefüllt* oder *aktiviert.*

Weitere Begriffe aus DIN 40853:

Dauerentladung: Ununterbrochene Stromentnahme;

Depolarisation: Verhinderung der Polarisation (Überspannung) einer Elektrode durch chemische oder physikalische Hilfsmittel;

Elektroden: Die beiden Zellenbestandteile, zwischen denen bei Berührung mit einem Elektrolyten eine Potentialdifferenz entsteht;

Elektrolyt: Der die Elektroden verbindende Ionenleiter. Er kann flüssig oder fest sein;

Intermittierende Entladung: Eine durch Ruhepausen unterbrochene Stromentnahme (Ruhepausen werden in die Angabe der Entladedauer *nicht* einbezogen);

Kurzschlußstrom, praktischer: Der Strom, der etwa 2 s nach dem Anlegen eines Strommessers, dessen Widerstand gegenüber dem Innenwiderstand der Zelle vernachlässigbar klein ist, gemessen wird;

Lagerfähigkeit: Die Eigenschaft einer Zelle, vom Tage der Herstellung ab bei Lagerung unter festgelegten klimatischen Bedingungen nach Ablauf der festgelegten Lagerzeit noch eine bestimmte Betriebsdauer bei der vorgeschriebenen Entladeart zu erreichen;

Lecksicherheit: Ein durch geeignete Zellenkonstruktion erreichter, begrenzter Schutz gegen Elektrolyt-Austritt. Damit wird gleichzeitig die Lagerfähigkeit der Zellen verbessert;

Zustandsmessung: Elektrische Überprüfung galvanischer Primärelemente. Die Meßbedingungen sind den Normen für die einzelnen Typen zu entnehmen.

4.2.2 Bezeichnungen und Abmessungen

Bezeichnungen, Abmessungen und elektrische (Mindest-) Daten sind in der IEC-Publication 86, Teil 1 bis 3, und in vielen damit abgestimmten DIN-Blättern niedergelegt. Das jeweils verwendete elektrochemische System ist durch den ersten Buchstaben der Bezeichnung festgelegt (vgl. Tabelle 4.2-1). Durch diesen Buchstaben kann man bei gleichgroßen Zellen unterscheiden, zu welchem elektrochemischen System sie gehören.

Beispiel: R 20 Normale Monozelle
LR 20 Monozelle mit Zn/KOH/MnO_2
MR 20 Monozelle mit Zn/KOH/HgO
KR 20 Monozelle (gasdichter Akkumulator).

Die Abmessungen einiger Rund- und Flachzellen sind in den Tabellen 4.2-2 und 4.2-3 angegeben. Außerdem gibt es noch einige prismatische Zellen, deren Bezeichnung mit dem Buchstaben S beginnt. So ist z. B. S 8 das Postelement mit positiver Braunsteinelektrode, das die Abmessungen 83 × 83 × 200 mm hat. In der Ausführung als Luftsauerstoffzelle heißt dieses Element AS 8. Bezeichnungen und Abmessungen einiger mehrzelliger Batterien enthält Tabelle 4.2-4. Das Gewicht bzw. die Masse der Zellen ist nicht genormt.

Die Entladeleistung der Zellen bzw. Batterien kann man aus der IEC-Bezeichnung nicht entnehmen. Vielmehr gibt es für die Zellen- bzw. Batterietypen besondere Datenblätter, in denen

Tabelle 4.2-1. Kennzeichnung des elektrochemischen Aufbaus
Nach IEC-Publication 86-1 (1967) vor die Bezeichnung der Abmessungen (siehe Tabellen 4.2-2–4.2-4) zu setzender Kennbuchstabe zur Kennzeichnung des elektrochemischen Aufbaus

Primärzellen	
Ohne Vorsatz Nennspannung 1,5 V	negative Elektrode: Zink positive Elektrode: Braunstein wäßrige Lösungen von NH_4Cl, $ZnCl_2$, $MgCl_2$, $MnCl_2$ als Elektrolyt
A Nennspannung 1,5 V	Luftsauerstoff-Zelle mit neutralem Elektrolyten
L Nennspannung 1,5 V	negative Elektrode: Zink positive Elektrode: Braunstein Elektrolyt: Kalilauge
M Nennspannung 1,35 V	negative Elektrode: Zink positive Elektrode: reines HgO Elektrolyt: Kalilauge
N Nennspannung 1,40 V	negative Elektrode: Zink positive Elektrode: HgO mit Zusätzen Elektrolyt: Kalilauge
S Nennspannung 1,5 V	negative Elektrode: Zink positive Elektrode: Silberoxid Elektrolyt: Kalilauge
Gasdichte Akkumulatoren	
K Nennspannung 1,2 V	negative Elektrode: Cd/Cd(OH) positive Elektrode: $NiOOH/Ni(OH)_2$ Elektrolyt: Kalilauge

Für die übrigen elektrochemischen Systeme sind verbindliche Kennbuchstaben nicht festgelegt.

Mindestwerte festgelegt sind. Da für die meisten Zellentypen die nutzbare Kapazität stark von der Belastung und vom Entladerhythmus abhängt, werden genau definierte Normentladungen durchgeführt, vgl. z. B. Tabelle 4.2-5. Mit *Entladeleistung* bezeichnet man das Entladeverhalten, besser gesagt die Fähigkeit der Zelle oder Batterie, möglichst viel elektrische Energie abzugeben. Der Begriff *Leistung* wird hier im umgangsprachlichen, nicht im technischen Sinn verwendet.

4.2.3 Zink/Braunstein-Zellen mit annähernd neutralem Elektrolyten

Georges Leclanché hat etwa 1865 das Zink/Braunstein-Primärelement mit einer Lösung von Ammonium-Chlorid (Salmiak, NH_4Cl) als Elektrolyt erfunden. Neben Ammoniumchlorid werden oder wurden einige andere Chloride oder Bromide verwendet, z. B. $ZnCl_2$, $CaCl_2$, $MgCl_2$ oder $MnCl_2$. Außerdem setzt man dem Elektrolyten fast immer kleine Mengen von Quecksilbersalzen zu. Sie dienen zum Amalgamieren der Zink-Elektrode.

Die negativen Elektroden bestehen aus Zink mit 0,05 bis 0,5% Pb und 0,01 bis 0,05% Cd. Verunreinigungen mit Fe oder Cu wirken sich negativ auf die Lagerfähigkeit aus. Bei den Rundzellen

Tabelle 4.2-2. Bezeichnungen und Abmessungen von Rund- und Knopfzellen nach [6]
Nicht alle Typen sind angegeben

Name	Zellenbezeichnung nach				Abmessungen (Richtwerte)			
	IEC Publ. 86-1 (1967)	DIN 40855	Alte deutsche Normbezeichnung	US-Standard	Durchmesser mm	Höhe mm	Ungefähres Volumen cm^3	Ungefähres Gewicht g
Rundzellen								
Mikrozelle	R 03	R 03	—	AAA	10	44	3,4	8
	R 01	R 01	—	—	11	14	1,3	2,7
Ladyzelle	R 1	R 1	AT	N	11	30	3	5,5
Halbe Mignon-Zelle	R 3	R 3	—	—	13,5	24	3,4	7
Mignon-Zelle	R 6	R 6	AaT	AA	13,5	50	7	15
	R 7	R 7	—	—	16	17	3,4	7
Gnomzelle	R 8	R 8	A	A	16	50	10	21
Duplex-Zelle	R 10	R 10	CT	(BR)	20	37	11	20
Normalzelle	R 12	R 12	DT	B	20	59	15	35
Babyzelle	R 14	R 14	ET	C	24	49	20	45
Monozelle	R 20	R 20	JT	D	32	60	45	100
Zwillingzelle	R 22	R 22	—	E	32	75	58	130
Superzelle	R 25	R 25	JaT	F	32	91	70	160
Verläng. Superzelle	R 26	R 26	JbT	G	32	105	80	180
	R 27	R 27	—	J	32	150	120	270
Columbia	R 40	R 40	EMT	No. 6	64	166	485	1000
Knopfzellen								
	R 08			0	11	3	0,3	0,6
	R 07				11	5	0,5	1
	R 9				16	6	1,2	2,5
	R 41				7,9	3,5	0,17	
	R 43				11,6	4,0	0,42	
	R 45				9,5	3,5	0,25	
	R 48				8,0	3,5	0,28	

(vgl. Bild 4.2-1) bildet der Zinkbecher sowohl die negative Elektrode als auch das Zellengefäß. Der Elektrolyt besteht aus einer Lösung von NH_4Cl, die durch Zusatz von Quellstoffen, meist Weizenmehl, abgebunden ist. Die Lösung kann auch von saugfähigen Schichten aus Papier oder Kunststoff-Flies aufgesaugt sein. Die positiven Elektroden sind poröse Preßlinge aus einer Mischung von Braunstein mit Ruß oder Graphit als Elektronenleiter und festen bzw. gelösten Salzen. Die Poren sind z. T. mit Elektrolyt gefüllt, z. T. frei für den Durchlaß der geringen

Tabelle 4.2-3. Bezeichnungen und Abmessungen von Flachzellen, nach [6]
Nicht alle Typen sind angegeben

Zellenbezeichnung nach				Abmessungen (Richtwerte)			
IEC-Publ. 86-1 (1967)	DIN 40855	Alte deutsche Normbezeichnung	US-Standard	Länge mm	Breite mm	Höhe mm	Ungefähres Volumen cm^3
F 15	F 15	—	F 15	14,5	14,5	3	0,5
F 20	F 20	BP 1121	F 20	24	13,5	2,8	0,9
F 25	F 25	—	—	23	23	6	3
F 30	F 30	BP 1829	F 30	32	21	3,3	2,2
F 40	F 40	BP 1829	F 40	32	21	5,3	3,5
F 50	F 50	—	F 50	32	32	3,6	3,6
F 70	F 70	—	F 70	43	43	5,6	10,5
F 90	F 90	—	F 90	43	43	7,9	14,5
F 92	F 92	—	—	54	37	5,5	11
F 95	F 95	—	—	54	37	7,9	16
F 100	F 100	BP 4558	F 100	60	45	10,4	28

Tabelle 4.2-4. Bezeichnungen und Abmessungen einiger mehrzelliger Batterien, nach [6]

Zellenbezeichnung nach			Abmessungen		
IEC Publ. 86-1 (1967)	DIN 40855	Alte deutsche Normbezeichnung	Breite × Dicke × Höhe mm	Ungefähres Gewicht g	Nennspannung Volt
3 R 12	3 R 12	BDT 4,5	62 × 22 × 67	120	4,5
4 R 25	4 R 25	—	67 × 67 × 102	660	6,0
6 F 25	6 F 25	—	25,5 × 25,5 × 50	38	9,0
6 F 50	6 F 50	—	34,5 × 36 × 70	125	9,0
6 F 100	6 F 100	—	66 × 52 × 81	480	9,0
10 F 15	10 F 15	—	16 ∅ × 35	14	15
15 F 20	15 F 20	BP 1121/22,5	27 × 16 × 51	29	22,5

Gasmengen, die aus Nebenreaktionen stammen. Je nach der Konstruktion unterscheidet man *Rund-* oder *Flachzellen.* Die oben erwähnten *prismatischen* Zellen sind ihrer Konstruktion nach „viereckige Rundzellen". Die *Knopfzellen* (vgl. Bild 4.2-2) werden in den IEC-Normen ebenso wie die Rundzellen mit dem Buchstaben R bezeichnet. Die meisten Knopfzellen sind noch nicht genormt.

Die elektrochemischen Vorgänge in den Zink/Braunstein-Zellen sind ziemlich verwickelt. Die übliche Schreibweise der charakteristischen Zellreaktion

$$(-)\,Zn + 2\,NH_4Cl + 2\,MnO_2\,(+) \rightarrow Zn(NH_3)_2Cl_2 + 2\,MnOOH$$

(entladen)

Tabelle 4.2-5. Überblick über das Entladeverhalten einer Trockenzelle in Zinkchlorid-Technik Papierfutter-Konstruktion, mit Stahlmantel.—Typenbezeichnung nach IEC: R 20 (Monozelle).—Abmessungen: Durchmesser 34 mm, Gesamthöhe 61,5 mm, Gewicht rund 95 g. Temperatur: 20 °C, Alter etwa 1 Monat (nach Angaben der Varta, Katalog-Nr. 282, unverbindliche Werte)

Entladeart	Belastung	Entladedauer in Stunden bis Endspannung		
		1,1 V	0,9 V	0,75 V
5 min/d	0,5 Ω	—	0,2	0,7
	1,25 Ω	1	2,8	3,6
	2,5 Ω	5,4	7,2	10,8
	5 Ω	8,9	20,7	24
30 min/d	1,25 Ω	0,8	1,8	3,6
	2,5 Ω	4,3	7,6	10,1
	5 Ω	14	20,5	24
	10 Ω	37	42	47
	20 Ω	89	92	97
2 Std/d	2,5 Ω	3,1	5,9	8,2
	5 Ω	11,2	17,4	21,5
	10 Ω	32	42	49
	20 Ω	80	95	100
	40 Ω	180	190	195
	80 Ω	320	330	340
	160 Ω	640	680	700
8 Std/d	5 Ω	6,7	10,9	14,3
	10 Ω	27	38	43
	20 Ω	73	91	96
	40 Ω	170	190	205
	80 Ω	370	390	405
	160 Ω	700	720	750
	320 Ω	1300	1460	1500
Kontinuierlich	1,25 Ω	0,4	1,3	2,2
	2,5 Ω	2,5	4,2	6,0
	5 Ω	7,8	11,6	15,1
	10 Ω	22	30	37
	20 Ω	63	82	93
	40 Ω	155	185	200
	80 Ω	350	400	420
	160 Ω	750	800	850
	320 Ω	1500	1600	1730
	640 Ω	2700	3100	3200
	1000 Ω	4300	4700	5000
	2000 Ω	8500	8900	9200

wird den tatsächlichen Vorgängen kaum gerecht. Der mittlere pH-Wert in den Zellen steigt während der Entladung von 4,5 auf 9,5. Die Entladung der positiven Elektrode erfolgt bei modernen Batteriebraunsteinen meist in homogener Phase, ausgehend von einer Verbindung, die annähernd die Zusammensetzung MnO_2 hat. Sie endet nach Durchlaufen einer homogenen Mischkristallreihe bei einer Zusammensetzung, die annähernd als MnOOH beschrieben werden kann. Dadurch sinkt

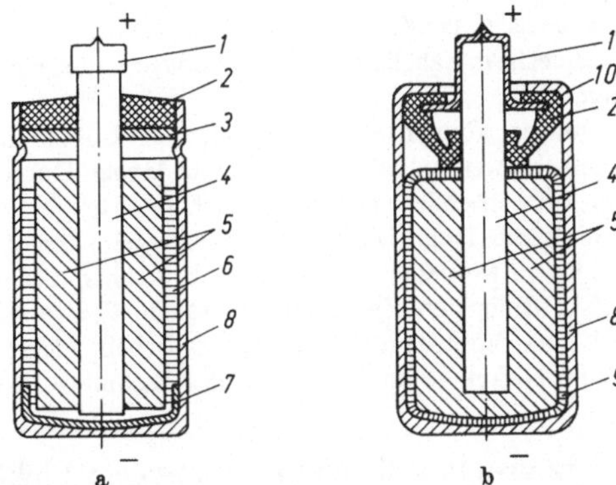

Bild 4.2-1. Rundzellenkonstruktionen für Primärzellen, stark vereinfacht. a) Pastenzelle, b) Papierfutterzelle; *1* Messingkappe, *2* Vergußmasse, *3* Pappscheibe, *4* Kohlestift, *5* Kathodenmasse, *6* Elektrolytpaste, *7* Bodenisolierung *8* Zinkbecher, zugleich Elektrode u. Zellengefäß, *9* Elektrolytpapier, *10* Bördelverschluß.

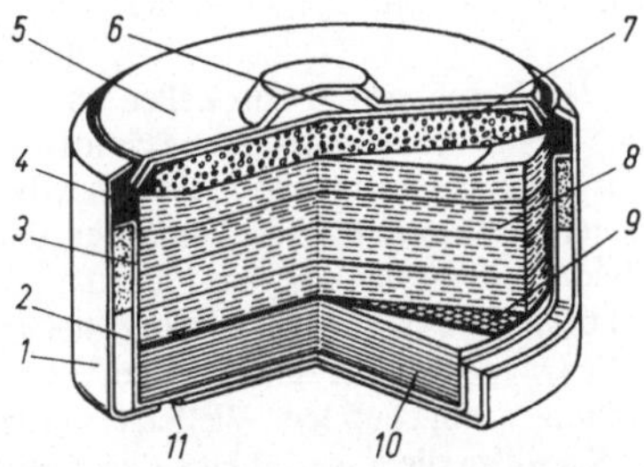

Bild 4.2-2. Schnitt durch eine Zink/Quecksilberoxid-Knopfzelle; *1* äußerer Stahlbecher, *2* Absorptions-Manschette, *3* innerer Stahlbecher, *4* Dichtung, *5* äußerer Deckel, *6* innerer Deckel, *7* amalgamiertes Zinkpulver, *8* mehrere Lagen Zellstoff, getränkt mit Elektrolyt, *9* Separator, *10* HgO-Elektrode, *11* Gasungs-Löcher.

das Elektrodenpotential der positiven Elektrode z. B. von +0,75 auf +0,15 V ab. Die *Nennspannung* von Trockenzellen ist auf 1,5 V festgesetzt. Im allgemeinen haben sie eine unbelastete Spannung von 1,6 bis 1,7 V. Während der Entladung sinkt die Klemmenspannung mehr oder weniger gleichmäßig bis zur *Endspannung* von z. B. 0,9 V ab.

Der *Wasserhaushalt* der charakteristischen Zellreaktion scheint auf den ersten Blick ausgeglichen zu sein. Tatsächlich ist aber darin der stark wechselnde Wassergehalt der Braunsteinsorten nicht berücksichtigt, der beim Entladen in Freiheit gesetzt wird. Wenn der Zinkbecher durch ungleichmäßigen Abtrag perforiert wird, tritt Elektrolyt aus. Deshalb werden Einzelzellen mit einer saugfähigen Papphülse und vielfach mit Kunststoffbechern oder mit einem Stahlmantel ausgerüstet. Diese Zellen sind gegen Auslaufen unter normalen Entlade- und Lagerbedingungen geschützt. Sie werden als "leak proof" bezeichnet.

Wenn entladene Zellen längere Zeit eingeschaltet bleiben, entsteht durch unerwünschte Nachreaktionen zusätzlich Wasser, das von den Poren in der positiven Elektrode und von den Leerräumen in der Zelle nicht mehr aufgenommen werden kann. Dieses Wasser läßt sich durch mechanische Mittel nicht zurückhalten, auch nicht durch die leak-proof-Konstruktion. Abhilfe bringt hier die *Zinkchlorid-Technik*. Diese Zellen haben als Elektrolyten reine Zinkchloridlösung bestimmter Konzentration. Als Entladeprodukt entsteht basisches Zinkchlorid, das erhebliche Mengen Wasser als Kristallwasser bindet.

Das Verhalten von Trockenzellen bei der Entladung hängt stark von der Belastung und vom Entladerhythmus ab. Als Beispiel ist in Tabelle 4.2-5 das Entladeverhalten einer Monozelle IEC R 20 in Zinkchlorid-Technik angegeben.

Unter normalen Bedingungen können z. B. Monozellen (IEC R 20) mit Stahlmantel ohne weiteres ein bis zwei Jahre gelagert werden, oft auch wesentlich länger. Durch Lagern bei rund 0 °C kann man die Lagerfähigkeit ganz erheblich verbessern. Auch unter tropischen Bedingungen lassen sich die Batterien verhältnismäßig lange lagern. Als Faustregel kann gelten, daß 3 Monate Tropenlagerung bei 45 °C etwa 12 Monaten Lagerung bei 20 °C entsprechen.

In der Kälte arbeiten Zink/Braunstein-Zellen mit neutralem Elektrolyten nicht befriedigend. Besser kälteverträglich sind Zink/Braunstein-Zellen mit alkalischem Elektrolyten (vgl. Abschnitt 4.2.4) und gasdichte Cadmium/Nickel-Akkumulatoren (vgl. Abschnitt 4.1.3.6).

4.2.4 Zink/Braunstein-Zellen mit alkalischem Elektrolyten

Für harte Dauerentladung, z. B. beim Antrieb von Schmalfilmkameras, Kassettenrekordern, tragbaren Fernsehgeräten, ebenso aber z. B. als Stromquelle für gekuppelte Belichtungsmesser, verwendet man Braunsteinzellen mit Kalilauge als Elektrolyt. Dieses System ist 1882 von *O. Leuchs* erfunden und etwa 1949 von *W.S. Herbert* in die Technik eingeführt worden. Auch hier weicht die charakteristische Zellreaktion

$$(-)\,Zn + H_2O + 2\,MnO_2\,(+) \rightarrow ZnO + 2\,MnOOH$$
$$\text{(entladen)}$$

stark von den Vorgängen in den Zellen ab.

Bild 4.2-3 zeigt den vereinfachten Schnitt durch eine derartige Rundzelle. Die negative Elektrode besteht aus locker geschichtetem Zinkpulver, das mit 2 bis 3 % Quecksilber amalgamiert ist. Sie ist mit einem Beutel aus Kunststoff-Fließ umgeben, dem Separator. Er besteht z. B. aus Cellulose-, Rayon-, PVC-, Nylon- oder Polypropylen-Fasern. Als Ableiter dient ein Messingdraht oder -stift. Der Elektrolyt besteht aus Kalilauge mit rund 40 Gew.-% KOH, in der noch etwa 5,8 Gew.-% ZnO gelöst werden. Die Dichte liegt bei rund 1,5 g/cm^3, der pH-Wert bei 14,4. Die Lauge wird mit Na-Carboxymethyl-Zellulose abgebunden. Vielfach werden andere Hydroxide zugesetzt, z. B. LiOH oder $Ca(OH)_2$. Sie sollen die Lagerfähigkeit verbessern, oder die Zellen „wieder aufladbar" machen. Die positive Elektrode besteht aus einer gepreßten Mischung von hochwertigem synthetischem Braunstein mit Graphit als Elektronenleiter. Bei Rundzellen ist meist die Braunsteinelektrode als Rohr außen, die Zinkelektrode innen (inside-out).

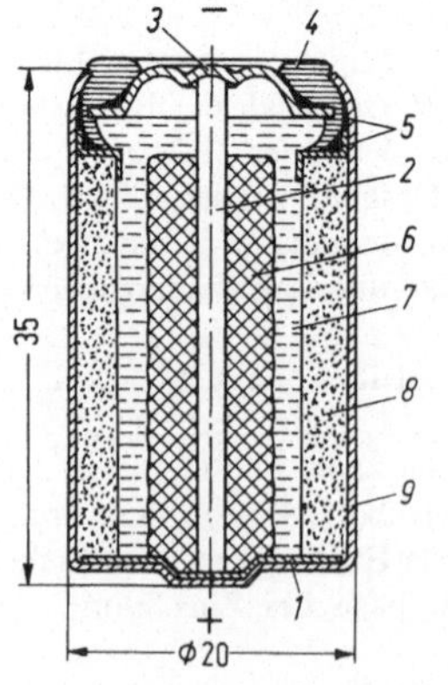

Bild 4.2-3. Schnitt durch alkalische Zn/MnO_2-Primärzelle „inside-out"-Konstruktion;
1 Bodenscheibe,
2 Kontaktstift,
3 Kappe,
4 Kunststoff-Ring,
5 Fett,
6 Zink-Flitter,
7 gelierte Kalilauge,
8 positive Elektrode aus Braunstein und Graphit,
9 Stahlbecher.

Auch Zink/Braunstein-Zellen mit alkalischem Elektrolyten sind Primärzellen. Beschränkt man sich aber auf eine Entladetiefe von rund 25%, so kann man viele Typen von Zellen 30 bis 50mal nachladen. Dazu werden am besten besondere Ladegeräte verwendet, die etwa einem Wa-Lader entsprechen, vgl. Abschnitt 4.1.5. Man beginnt z. B. bei einer Monozelle (IEC LR 20) mit einem Ladestrom von 600 mA bei 1,3 V Klemmenspannung. Der Lader hat pro Zelle einen Innenwiderstand von rund 0,8 Ω und eine treibende Spannung von 1,78 V. Bei 1,70 V wird die „Ladung“ abgeschaltet. Der Ladefaktor liegt bei 1,4. Das Verfahren ist für den Laien nicht ungefährlich, um so mehr, als die wenigsten Zellen Drucksicherungen enthalten.

Energieinhalt und Belastbarkeit der Zink/Braunstein-Zellen mit alkalischem Elektrolyten sind hoch. Die aufwendige Konstruktion bedingt aber einen erhöhten Preis. Die *Nennspannung* dieser Zellen ist auf 1,5 V festgelegt worden, die unbelastete Spannung liegt meist etwas höher. Auch bei diesen Zellen sinkt die Entladespannung.

Bei kontinuierlicher Entladung über 10 Ω bis 0,75 V gab eine Monozelle LR 20 bei 20 °C während 75 Std rund 7,5 Ah ab, bei 10 °C rund 6,4 Ah (65 Std), bei 0 °C rund 4,8 Ah (50 Std), bei −10 °C rund 4 Ah (45 Std) und bei −20 °C rund 2,5 Ah (30 Std). Das Kälteverhalten der Zellen hängt aber stark von ihrer Konstruktion ab. Die Selbstentladung liegt bei 20 °C in der Größenordnung von 1% pro Monat, bei 45 °C in der Größenordnung von 3% pro Monat. Sie hängt ebenfalls von vielen Parametern ab.

4.2.5 Zink/Quecksilberoxid-Zellen

Die Zn/HgO-Zellen sind 1884 von *C. L. Clarke* erfunden, aber erst Ende der dreißiger Jahre von *S. Ruben* fertigungsreif gemacht worden. Zuerst wurden sie von der Firma Mallory in den USA hergestellt. Als positive Elektrode wird eine hart gepreßte Mischung von fein gemahlenem Quecksilberoxid mit Graphit verwendet. Negative Elektrode und Elektrolyt sind die gleichen wie in den alkalischen Zink/Braunstein-Zellen: disperses, amalgamiertes Zink und Kalilauge mit Zusatz von Zinkoxid. Das Separatorsystem muß die Wanderung feinster fester Partikel und Quecksilbertröpfchen sicher verhindern, ebenso die Bildung von Zinkbrücken. Dazu verwendet man eine oder mehrere Lagen von Pergament, dichtem Papier oder Kunststoff-Fließ. Diese Schichten können außerdem z. B. mit Zellulosederivaten kaschiert sein. Der Elektrolyt ist festgelegt. Bei Knopfzellen (Bild 4.2-2) ist der Elektrolyt in saugfähigem Zellulose- oder Kunststoff-Filz aufgesaugt. In Rundzellen ist die Lauge vielfach mit Na-Carboxymethyl-Zellulose geliert.

Die charakteristische Zellreaktion
$(-)\,Zn + HgO\,(+) \rightarrow ZnO + Hg$ (entladen)
berechnete EMK 1,344 V
gemessen 1,35 V bei 20 °C
deckt sich genau mit den tatsächlichen Vorgängen. Neben den Zellen mit reinem HgO gibt es auch Zellen mit Zusätzen, z. B. von Braunstein, Nickelhydroxid oder Silberoxid. Diese Zellen haben eine etwas höhere Entladespannung. Für die Nennspannung U hat man deshalb zwei Werte festgelegt:

Zellen mit reinem HgO, IEC-M, $U = 1{,}35$ V
Zellen mit Zusätzen, IEC-N, $U = 1{,}40$ V.

Zn/HgO-Zellen werden dort verwendet, wo es auf hohe volumenspezifische Energiedichte bei mittleren oder kleinen Entladeraten (über 20 Std), auf konstante Entladespannung und niedrige Selbstentladung ankommt. Moderne Typen erreichen z. B. bei 30-stündiger Entladung (20 °C) fast 100 mWh/g und fast 400 mWh/cm^3. Ihre Entladekurve verläuft praktisch horizontal. Sie können bei Zimmertemperatur viele Monate ohne Kapazitätsverlust gelagert werden. Bei starker Belastung und in der Kälte geht ihre Entladeleistung stärker zurück als bei den Zink/Braunstein-Zellen mit alkalischem Elektrolyten. Außerdem sind sie erheblich teurer. Typische Anwendungsgebiete sind Hörgeräte, Herzschrittmacher, elektrische Armbanduhren, Meßgeräte und Funksprechgeräte.

Die kleinste genormte Knopfzelle IEC-NR 48, Durchmesser 7,9 mm, größte Dicke 5,4 mm, Volumen rund 0,26 cm^3, Gewicht rund 1,2 g, bei 20 °C 16 Std (pro Tag über konstante Widerstände bis 0,9 V entladen, ergibt bei Belastung mit 600 Ω eine Benutzungsdauer von 40 Std, mit 1000 Ω 70 Std, mit 1500 Ω 100 Std. Die mittlere Entladespannung liegt bei 1,23 bzw. 1,27 bzw. 1,29 V, die Energiedichte je nach Belastung bei 86 bis 94 mWh/g bzw. 388 bis 430 mWh/cm^3. Übrigens werden noch kleinere, allerdings nicht genormte Knopfzellen hergestellt, z. B. mit 5.6 mm Durchmesser und 3,2 mm Dicke. Die größten z. Z. gefertigten HgO-Zellen haben die Abmessungen der Monozellen, IEC-MR 20.

4.2.6 Zink/Silberoxid-Zellen

Einige elektronische Geräte arbeiten mit der Klemmenspannung einer Zn/HgO-Zelle nicht befriedigend. In diesen Fällen werden Zink/Silberoxid-Zellen benutzt, deren Klemmenspannung etwa 0,2 V höher liegt. Dieses elektrochemische System ist 1883 ebenfalls von *C. L. Clarke* erfunden und 1941 von *Henri André* als Akkumulator fertigungsreif gemacht worden. Kleine Primärzellen mit Silberoxidelektroden sind etwa seit Mitte der fünfziger Jahre auf dem Markt. Die charakteristische Zellreaktion

$(-)\,Zn + Ag_2O\,(+) \rightarrow ZnO + Ag$ (entladen)
berechnete EMK 1,594 V bei 20 °C
gemessen 1,65 V

stimmt mit den Vorgängen in der Zelle relativ gut überein. Als Nennspannung ist 1,5 V festgelegt worden. Auch hier sind Zusätze zur positiven Elektrode üblich, insbesondere Ag_2O_2 und MnO_2.

Der Energieinhalt dieser Zellen ist ungefähr der gleiche wie bei den Zn/HgO-Zellen, ihre Klemmenspannung jedoch ist etwas höher. Sie haben bei 20 °C eine Selbstentladung von 2% pro Jahr. Ihr Kälteverhalten ist besser als bei den Zn/HgO-Zellen. Diese *Primärzellen* verwendet man in elektrischen Armbanduhren, Hörgeräten und Meßinstrumenten. Obwohl sie den gleichen elektrochemischen Aufbau haben wie die Zn/Silberoxid-Akkumulatoren (vgl. Abschnitt 4.1.3.3) lassen sie sich *nicht* aufladen.

Zn/Silberoxid-Primärzellen sind verhältnismäßig unempfindlich gegen höhere Belastung. Trotzdem werden sie in der Praxis kaum höher als mit dem 20-stündigen Entladestrom belastet. Insbesondere für militärische Zwecke werden neben diesen normalen Primärzellen auch automatisch aktivierbare Füllelemente hergestellt. Sie haben positive Elektroden mit hohem Anteil von Ag_2O_2. Die Aktivierung erfolgt durch Gasdruck in 0,5 bis 5,0 s. Diese mehrzelligen Batterien haben z. T. beträchtliche Größe; Energieinhalt bei Entladung in 6 min 0,1 bis 10 kWh, Gewicht 5 bis 200 kg.

4.2.7 Luftsauerstoffzellen und Zink/Luft-Zellen

Bei diesen Zellen wird Zink als negative und belüftete Kohle als positive Elektrode verwendet. Der Elektrolyt kann eine quasineutrale Lösung von NH_4Cl oder $MnCl_2$ sein. Besonders bei großen Zellen verwendet man daneben Kali- oder Natronlauge. Die Zellen eignen sich in erster Linie für langdauernde Entladung (50 Std oder länger). Hier sind sie ebensogroßen Braunsteinzellen meist überlegen. In den letzten Jahren hat man mit Erfolg versucht, die Zellen auch an höhere Belastung anzupassen. Der Sprachgebrauch ist nicht einheitlich; i. allg. werden die älteren Typen für schwache Belastung als *Luftsauerstoffzellen*, die neueren für hohe Belastung als *Zink/Luft*-Batterien bezeichnet.

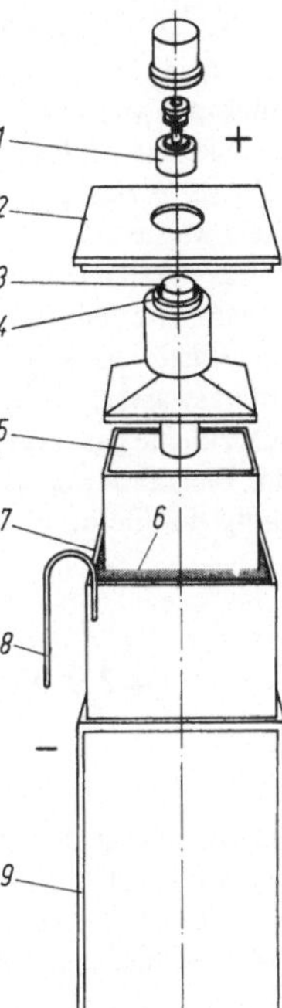

Bild 4.2-4. Auseinandergezogenes prismatisches Luftsauerstoff-Element IEC-AS 4, 57 × 57 × 125 mm, Gewicht etwa 350 g, Salmiak-Elektrolyt;
1 Kontaktkappe,
2 Abdeckscheibe,
3 Kohlestift,
4 Luftzuführung,
5 positive Elektrode, mit Gaze umwickelt,
6 Elektrolytpaste,
7 Zinkbecher.
8 Ableiterdraht
9 Isolierbecher

Luftsauerstoffzellen mit Salmiak-Elektrolyt sind um 1891 unabhängig von *W. Cohen* und *T. H. Nash* erfunden worden. Ihre industrielle Fertigung begann etwa 1915 durch *Ch. Féry*. Die Zellen mit alkalischem Elektrolyten sind 1894 von *W. Walker* und *F. H. Wilkins* erfunden und etwa 1920 durch *R. Oppenheim* in die Fertigung gebracht worden. Manganchlorid als Elektrolyt ist erst 1943 von *B. Siller* erfunden worden.

Die charakteristische Zellreaktion hängt von der Auswahl des Elektrolyten ab:

$(-)\,2\,Zn + 4\,NH_4Cl_2 + O_2\,(+) \rightarrow 2\,Zn(NH_3)_2Cl_2 + 2\,H_2O$ (entladen)

$(-)\,4\,Zn + 4\,MnCl_2 + 2\,H_2O + 3\,O_2\,(+) \rightarrow 4\,ZnCl_2 + 4\,MnOOH$

$(-)\,2\,Zn + O_2(+) \rightarrow 2\,ZnO$ (mit Alkalilauge als Elektrolyt).

Salmiak und Manganchlorid sind an der stromliefernden Reaktion beteiligt. Alle angegebenen Reaktionen weichen stark von den wirklichen Vorgängen ab. Insbesondere ist die unerwünschte Bildung von Hydroperoxid an der positiven Elektrode vernachlässigt. Diese Nebenreaktion ist auch dafür verantwortlich, daß die unbelastete Spannung nur schlecht definiert ist. Als *Nennspannung* ist für alle Luftsauerstoffzellen 1,5 V festgesetzt worden. Bei der Auslegung pflegt man aber von niedrigeren Werten auszugehen.

Das breite Spektrum der Elektrolyte bedingt ziemlich unterschiedliche Zellkonstruktionen. Bild 4.2-4 zeigt schematisch den Aufbau eines prismatischen Luftsauerstoff-Elementes mit Salmiakelektrolyt. Einzelheiten über diese und andere Konstruktionen findet man in [6].

Die Zellen werden in breitem Umfang als Stromquellen für elektrische Weidezäune, in Signalanlagen und -Leuchten sowie in der Fernmelde- und Nachrichtentechnik angewendet. Neuere Konstruktionen findet man in der Meerestechnik (mit Sauerstoff-Flaschen) und in tragbaren Funkgeräten.

4.2.8 Sonstige Primärzellen

In geringer Stückzahl werden für spezielle Anwendungen Zellen anderer elektrochemischer Systeme hergestellt. Sie werden hier lediglich aufgezählt:

$Mg/MgBr_2$ *in Wasser/para-Dinitrobenzol*; besonders leicht, bei hoher Temperatur gut lagerfähig, nur für militärische Zwecke.

Magnesium/Seewasser/Silberchlorid; Füllelemente, aktiviert durch Eintauchen in Seewasser, für Notlampen an Schwimmwesten und Notsender in Schlauchbooten.

Magnesium/Kochsalzlösung/Kupferchlorid; besonders leichte Füllelemente, aktiviert durch Eintauchen in Leitungswasser, für automatische Sender an Wetterballons.

$Pb/H_2SO_4/PbO_2$; kleine gas- und säuredicht verschlossene Primärelemente mit dem elektrochemischen System des Bleiakkumulators. Sie können nicht oder nur sehr beschränkt wieder geladen werden. Verwendung in Geräten, die auf konstante Spannung bei relativ hoher Belastung angewiesen sind.

4.2.9 Das Weston-Normalelement[1])

[23]

Die unbelastete Spannung des Weston-Normalelementes dient als Normal der elektrischen Spannung. Gruppen von solchen Elementen werden zur Bewahrung der nationalen Spannungseinheiten benutzt. Die unbelastete Spannung wird Elektromotorische Kraft genannt (EMK) und mit E bezeichnet. Die EMK ist hier also anders definiert als in der Elektrochemie.

4.2.9.1 Definitionen

Man unterscheidet zwei Arten von Weston-Elementen. Das *Standard-Weston-Element*, auch als ungesättigtes Element bezeichnet, enthält als Elektrolyten eine bei 4 °C gesättigte $CdSO_4$-Lösung. Dieses Element hat bei 20 °C eine EMK von rund 1,019 1 V, die pro Jahr um 5 bis 50 µV abnehmen kann. Das ungesättigte Element wird in den USA viel verwendet, weil sein Temperatur-Koeffizient meist zu vernachlässigen ist. In Deutschland findet man es nur selten.

Das *Internationale Weston-Element* hat einen bei allen Temperaturen gesättigten Elektrolyten, der durch einen Bodenkörper von Kristallen aus $CdSO_4 \cdot 8/3\,H_2O$ gewährleistet wird. Die Kristalle liegen auf der negativen Elektrode, die aus Cadmiumamalgam besteht. Die EMK des Internationalen Weston-Elementes ist hauptsächlich wegen des unterschiedlichen pH-Wertes für jedes individuelle Element etwas anders. Sie liegt bei 20 °C meist zwischen 1,018 65 und 1,018 60 V. Die EMK hängt nach der 1908 zur internationalen Anwendung empfohlenen Gleichung von der Temperatur ab:

$$E_t = E_{20} - [40{,}6(t-20) + 0{,}95(t-20)^2 - 0{,}01(t-20)^3] \cdot 10^{-6}\,\mathrm{V}.$$

Darin ist E_t die EMK bei der Temperatur t in °C und E_{20} die EMK bei 20 °C. Der Temperaturkoeffizient der EMK beträgt demnach bei 20 °C rund -40 µV/°C. Er kommt durch die Differenz der Temperaturkoeffizienten der beiden Elektrodenpotentiale zustande. Man findet z. B. bei 20 °C für die Cadmium-Amalgam-Elektrode -350 und für die Quecksilberelektrode $+310$ µV/°C. Ungleichmäßige Erwärmung der beiden Elektroden muß daher unbedingt vermieden werden. Die Temperaturabhängigkeit der heutigen Elemente weicht von der angegebenen Gleichung

---

[1]) Unter Mitarbeit von Frau Dr. Magda Froehlich, Braunschweig.

ab. Sie ist für den Temperaturbereich von 0 bis 40 °C bereits neu bestimmt worden, bis jetzt aber noch nicht international eingeführt. Sie lautet:

$$E_t = E_{20} - [39{,}83(t-20) + 0{,}930(t-20)^2 - 0{,}0090(t-20)^3 + 0{,}00006(t-20)^4] \cdot 10^{-6}\,\mathrm{V}.$$

4.2.9.2 Elektrochemischer Aufbau

Die *negative* Elektrode besteht aus Cadmiumamalgam mit im Mittel 12 Gew.-% Cadmium. Bei 20 °C besteht es aus einer flüssigen Phase mit etwa 5 Gew.-% und einer festen mit etwa 15 Gew.-% Cd. Im Bereich des Zweiphasen-Amalgams hängt das Potential der Elektrode nicht vom Mengenverhältnis der beiden Phasen ab.

Der *Elektrolyt* besteht aus einer gesättigten Lösung von $CdSO_4 \cdot 8/3\,H_2O$. Man setzt dem Elektrolyten soviel Schwefelsäure zu, daß sich ein pH-Wert von $1{,}4 \pm 0{,}2$ einstellt; denn es hat sich herausgestellt, daß diese „sauren" Elemente eine besonders konstante EMK haben.

Die *positive* Elektrode besteht aus Quecksilber, das mit der „Paste" bedeckt ist. Sie besteht aus Hg_2SO_4, $CdSO_4 \cdot 8/3\,H_2O$, Hg und Elektrolytflüssigkeit. An der Hg-Elektrode bildet sich eine konstante, der Löslichkeit des Hg_2SO_4 entsprechende Aktivität der Hg_2^{2+}-Ionen aus, die nur von der Temperatur abhängt. Durch die geringe Löslichkeit des Hg_2SO_4 bleibt die Selbstentladung gering.

4.2.9.3 Formen des Internationalen Weston-Elementes

Das Internationale Weston-Element wird mit verschiedenen Gefäßformen hergestellt (vgl. Bild 4.2-5). Die nicht versandfähigen Elemente, auch *Stammelemente* genannt, enthalten keine elementfremden Substanzen und werden nach der Herstellung abgeschmolzen. Sie dienen hauptsächlich in allen Staatsinstituten zur Bewahrung der nationalen Spannungseinheiten, z. B. in der Physikalisch-Technischen Bundesanstalt (PTB) in Braunschweig.

Die *transportablen* Elemente haben meist Porzellan- oder Glasstempel zum Fixieren der Elektroden. Sie sind entweder mit Kunststoffstopfen verschlossen oder abgeschmolzen. Man verwendet sie bei genauen Strom- und Spannungsmessungen im Laboratorium, z. B. in den Eichdirektionen und elektrischen Prüfämtern. Etwa alle 5 Jahre werden sie in der PTB überprüft. Auch die *Elemente mit Glasfritten* haben sich bewährt. Auch sie enthalten keine elementfremden Stoffe. In Geräten mit nicht ganz so hohen Genauigkeitsforderungen werden auch *Einstab-Elemente* verwendet.

Die Gefäße bestehen aus Glas; Quarzglas ist weniger geeignet. Einzelheiten über die Herstellung von Internationalen Weston-Elementen findet man z. B. in [30]; dort auch weitere Literatur.

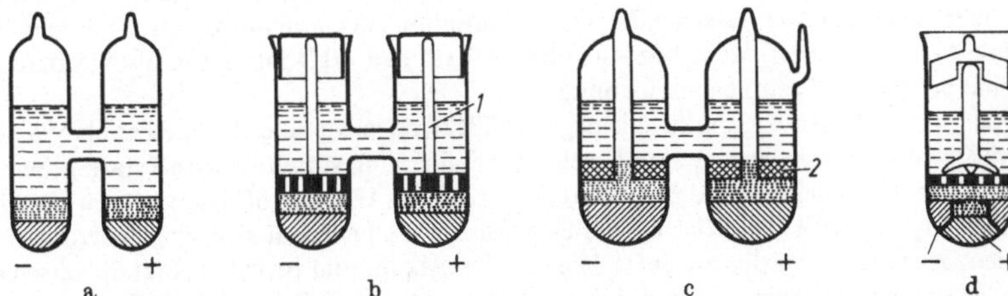

Bild 4.2-5. Zur Zeit gebräuchliche Formen des *Weston-Normalelementes*. a) nicht versandfähiges Stammelement, b) transportables Element mit Kunststoffstopfen, c) Element mit Glasfritten, d) Einstabelement in Glasgefäß; *1* Porzellan- oder Glasstempel mit Löchern, *2* Glasfritte.

4.2.9.4 Eigenschaften des Internationalen Weston-Elementes

Wenn bei der Herstellung alle Vorschriften und Vorsichtsmaßnahmen beachtet werden, wenn z. B. suprareine Chemikalien verwendet werden, beträgt die Änderung der EMK im Laufe eines Jahres nur etwa 0,1 μV. Diese hohe Konstanz konnte in letzter Zeit durch Vergleichsmessungen mit dem *Josephson-Effekt* bestätigt werden. Die Stammelemente dienen auch zur Kontrolle der internationalen Übereinstimmung zwischen den nationalen Spannungseinheiten. Sie wird alle drei Jahre im *Bureau des Poids et Mesures* in Paris durchgeführt. Der Vergleich der EMK ist mit hoher Genauigkeit möglich. Die Elemente können, wenn die Temperatur auf 0,001 °C konstant gehalten wird, sicher auf 0,1 μV miteinander verglichen werden, oft noch genauer.

Nach Änderungen der Temperatur stellt sich die EMK verschieden schnell auf den zu der neuen Temperatur gehörenden Wert ein. Diese Erscheinung wird als *thermische Hysterese* bezeichnet. Sie kann verschiedene Ursachen haben, vgl. [30].

Normalelemente dürfen grundsätzlich weder in Entlade- noch in Laderichtung mit mehr als 10^{-7} A belastet werden, wenn sie als Spannungsnormale verwendet werden sollen. Elemente ohne Hysterese erholen sich zwar verhältnismäßig schnell, selbst wenn sie kurzzeitig mit Stromstärken von 0,01 mA in Entladerichtung belastet worden sind. Die EMK eines versandfähigen Elementes ohne Hysterese erreicht sogar 24 Std nach einem Kurzschluß von 30 s Dauer ihren Sollwert bis auf 1 oder 2 μV wieder. Wegen des hohen Innenwiderstandes liegt der Kurzschlußstrom in der Größenordnung von 1 mA. Trotzdem sollte man die Elemente vor solchen Belastungen unbedingt schützen. Sowohl das Laden der Elemente, als auch jede Belastung mit Wechselstrom führt schon bei Stromstärken in der Größenordnung von einigen μA zu einem starken Anstieg der EMK. Je nach Stromstärke und Zeitdauer klingen diese überhöhten Werte oft erst nach Monaten wieder ab.

Der Innenwiderstand der Elemente liegt je nach Konstruktion (Elektrodenfläche, Dicke der Kristallschicht und der Paste) bei rund 500 bis 600 Ω. Er kann im Laufe der Jahre ansteigen, wenn die Kristalle miteinander verbacken.

4.3 Hochenergiezellen

4.3.1 Definitionen

Unter Hochenergiezellen versteht man elektrochemische Stromquellen mit einer wesentlich höheren auf das Volumen oder auf die Masse bezogenen Energiedichte, als sie die in den vorigen Abschnitten behandelten Akkumulatoren und Primärzellen haben. Hochenergiezellen können selbst ebenfalls Akkumulatoren oder Primärzellen sein.

Nicht synonym damit ist die Bezeichnung *Hochleistungszellen*, die in der Umgangssprache für Primärzellen mit hoher Qualität benutzt wird, s. den Begriff *Entladeleistung* in 4.2.2. Zellen, die sich besonders hoch belasten lassen z. B. Nickel/Cadmium-Akkumulatoren mit Sinterelektroden, Silber/Zink-Akkumulatoren, auch Mg/AgCl-Seenotbatterien oder thermisch aktivierbare Zellen haben keine besondere Gattungsbezeichnung.

Fast alle Primärelemente enthalten als negative Elektroden Metalle, die unedler als Wasserstoff sind. In wäßrigen Lösungen sind sie stabil, weil die Abscheidung von Wasserstoff stark gehemmt ist. Auf diese Weise kann man Zink, das rund 0,8 V unedler als Wasserstoff ist, noch gut verarbeiten. Magnesium (1,6 V unedler) benötigt bereits eine Chromatschicht, hat sich aber trotzdem für den allgemeinen Gebrauch nicht durchgesetzt. Die unedlen Alkali- und Erdalkali-Metalle lassen sich in wäßrigen Lösungen praktisch nicht stabilisieren. Will man auf sie zurückgreifen, so muß man aprotische Elektrolyte benutzen, die keinen Wasserstoff abgeben können.

Um auch an der positiven Elektrode eine möglichst hohe Energiedichte zu installieren, bieten sich die *Halogene* an. Als Elemente lassen sie sich in Batterien nur mit größten Schwierigkeiten verarbeiten. Deshalb verwendet man z. B. Graphit mit interstitiell eingebautem Fluor (CF_x) oder organische Verbindungen, die viel Chlor enthalten und es leicht abgeben, z. B. Hexachloro-Melamin $C_3N_3(NCl_2)_3$. Ein anderer Weg besteht darin, Luft als Oxydationsmittel an der positiven Elektrode wirksam werden zu lassen. Dieser Gedanke ist in den Luftsauerstoffelementen seit langem verwirklicht, wurde aber erst jetzt in den Metall/Luft-Akkumulatoren und -Primärzellen wesentlich weiter entwickelt.

4.3.2 Primärzellen

Hochenergiezellen sollten wie Akkumulatoren aufladbar sein; aber nur auf dem Gebiet der Primärelemente haben sich einige Zellentypen bis zur Fertigungsreife entwickeln lassen.

4.3.2.1 Primärelemente mit organisch gelöstem Elektrolyten

Von mehreren Firmen, z. B. Dupont, Eagle Picher, Electric Storage Battery Co., Honeywell, Mallory, SAFT, werden in geringem Umfang Zellen hergestellt, die Lithium als negative Elektrode enthalten. Der Elektrolyt besteht aus Lithiumsalzen, z. B. LiBr, $LiClO_4$ oder $LiAsF_6$, die in organischen Lösungsmitteln gelöst sind, z. B. in Propylencarbonat, Azetonitril, Methylacetat, Dimethoxy-aethan, Tetrahydrofuran oder Ameisensäure-Methylester. Als wirksame Stoffe in der positiven Elektrode kommen verschiedene Oxydationsmittel zur Verwendung, z. B. CuS, MoO_3, $AgCrO_4$, Graphit mit interstitiell eingebautem Fluor, gasförmiges SO_2 usw. Die gemessene offene Spannung der Zellen liegt je nach Auswahl der positiven Elektrode zwischen 2,2 und 3,2 V. Die organisch gelösten Elektrolyte leiten schlecht. Als Größenordnung kann man bei Zimmertemperatur einen spezifischen Widerstand von 100 Ωcm angeben, während z. B. die Kalilauge in alkalischen Primärzellen rund 4 Ωcm hat. Deshalb können Zellen mit organisch gelöstem Elektrolyten bisher nicht stark belastet werden. Die höchste praktisch anwendbare Entladerate ist etwa die 30-stündige Entladung.

Die Zellen werden in der Form von Rundzellen (IEC R 20, R 14) und in der Form von Knopfzellen hergestellt. Nach [9] und [10] erreicht man rund 200 Wh/kg und rund 420 Wh/Liter. Alkalische Zn/HgO-Primärzellen geben unter vergleichbaren Bedingungen etwa 100 Wh/kg und 360 Wh/Liter ab.

Die Zellen müssen dicht verschlossen und absolut wasserfrei hergestellt werden. Ihre Lagerfähigkeit ist gut, je nach Konstruktion einige Monate bis 2 Jahre, auch bei erhöhten Temperaturen. Hervorzuheben ist noch, daß man Zellen herstellen kann, die auch bei $-40\,°C$ noch befriedigend arbeiten. Der einzige Nachteil ist der sehr hohe Preis. Die Zellen werden hauptsächlich für militärische Zwecke verwendet, außerdem für elektrische Armbanduhren. Neuerdings werden sie auch in eingeheilten Herzschrittmachern benutzt.

4.3.2.2 Primärzellen mit anorganischen aprotischen Elektrolyten

Außer organischen Lösungsmitteln gibt es auch einige anorganische Flüssigkeiten, die mit Lithium verträglich sind, z. B. Phosphorylchlorid ($POCl_3$) und seine Homologen ($PSCl_3$, $POFCl_2$), sowie Sulfurylchlorid (SO_2Cl_2). Auch flüssiges Schwefeldioxid oder flüssiges Ammoniak kommen in Frage. Man löst wiederum Lithiumsalze, z. B. $LiClO_4$, $LiAlCl_4$, $LiAlCl_4$, $LiAsF_6$, $LiBF_4$ darin auf und erhält Elektrolyte mit ähnlicher Leitfähigkeit wie bei den organisch gelösten. Als positive Elektrode verwendet man z. B. Nickelsulfid NiS oder Wolframtrioxid WO_3. Die Zellen haben wahrscheinlich eine höhere Energiedichte als die mit organischen Lösungsmitteln, weil hier der Elektrolyt zusätzlich als Depolarisator wirkt und die Gewichtsbilanz deshalb weniger belastet. Die

Zellreaktion ist noch nicht bekannt; man weiß aber, daß Dimere oder Oligomere des Lösungsmittels entstehen, z. B. $(POCl_2)_2S$ oder $(POCl)_nCl_2$.

4.3.2.3 Trockenzellen mit organischen Depolarisatoren

Dieser Zellentyp wird in geringem Umfang für militärische Zwecke, z. B. in den USA gefertigt.

negative Elektrode: Magnesiumlegierung AZ 10a mit Chromatpassivierung

Elektrolyt: $MgBr_2$ gelöst in Wasser

positive Elektrode: p-Dinitrobenzol mit etwa 10% Ruß als Leitmittel

charakteristische Zellreaktion:

$$6\,Mg + C_6H_4(NO_2)_2 + 2\,H_2O \rightarrow 6\,MgO + C_6H_4(NH_2)_2$$

gemessene unbelastete Spannung 1,6 V

Klemmenspannung 1,4 V } bei 100-stündiger
Energieinhalt 100 Wh/kg } Entladung.

Die Lagerfähigkeit der Zellen ist gut, auch bei erhöhten Temperaturen. Sie können etwa ebenso belastet werden wie normale Trockenzellen, sind aber leichter.

4.3.2.4 Trockenzellen mit festen Elektrolyten

Es gibt folgende Typen von festen Elektrolyten:

Wachs- oder Kunststoff-Elektrolyte. Es handelt sich um Kunstwachse, z. B. das IG-Wachs N, in die Elektrolytsalze und Wasser eingearbeitet werden. Dadurch entstehen zähe Pasten mit einer gewissen elektrolytischen Leitfähigkeit. Sie werden für reine Spannungsbatterien verwendet, z. B. für Ionisationskammern, Elektrometer, sowie als Referenzspannung.
Vorteil: minimale Selbstentladung. — Nachteil: nur wenig belastbar, Energieinhalt niedrig.

Feuchte Ionenaustauscher-Membranen. Sie sind bisher nur in Brennstoffzellen (General Electric, Zellen für die Raumflüge der Gemini-Serie) verwendet worden. Für Primärzellen bieten sie keine Vorteile.

Festkörperelektrolyte vom Typ $RbAgJ_5$. An Zellen mit diesem Elektrolyten wird in vielen Laboratorien gearbeitet. Als negative Elektrode verwendet man Ag oder Li, als positive Elektrode Jod gebunden an einen Träger, z. B. an Perylen.
Vorteile: geringe Selbstentladung, auch bei leicht erhöhter Temperatur. Energieinhalt zwar nicht besonders hoch, aber durchaus im Rahmen anderer Primärzellen.
Nachteile: nur wenig belastbar, empfindlich gegen Kälte, weil sich die meisten Festkörperelektrolyte unterhalb der Zimmertemperatur irreversibel zersetzen, teuer.
Mögliches Anwendungsgebiet: im Körper eingeheilte elektronische Geräte.

Keramische Festelektrolyte. Sie arbeiten nur bei erhöhten Temperaturen. Elektrolyte auf der Basis von β-Al_2O_3 verwendet man in Natrium/Schwefel-Akkumulatoren (vgl. Abschnitt 4.3.3.3). Ihre Betriebstemperatur liegt bei 300 bis 350 °C. Keramische Elektrolyte auf der Basis der *Nernstmasse* (ZrO_2 mit 15% Y_2O_3) sind die Basis für die Entwicklung von Hochtemperatur-Brennstoffzellen im Temperaturbereich von 1000 °C.

4.3.2.5 Primärzellen mit ungewöhnlichen Stoffen in den Elektroden

Ungewöhnlich im hier gebrauchten Sinne sind:

in den negativen Elektroden z. B. Hydrazin, Formiate, Ester, Borhydride, seltene Metalle wie Indium oder Gallium,

in den positiven Elektroden z. B. Hydroperoxid, Persalze, Metalle in anormalen, hohen Wertigkeitsstufen, wie Cuprate IV, Ferrate VI.

Fast immer sind Zellen mit diesen ungewöhnlichen Stoffen im Laboratorium funktionsfähig, oft haben sie auch einen hohen Energieinhalt. Keines dieser Systeme konnte aber bisher zur technischen Reife gebracht werden.

4.3.2.6 Aktivierbare Zellen

Einige Hochenergiesysteme haben eine Lagerfähigkeit, die für die Praxis zu niedrig ist. Diese Zellen werden erst kurz vor der Verwendung *aktiviert*.

Das bekannteste Verfahren zum Aktivieren ist das Einfüllen von Elektrolyt.

Füllelemente

Mg/Seewasser/AgCl: Notlicht an Schwimmwesten und Schlauchbooten in Flugzeugen

Mg/Salzwasser/Cu_2Cl_2: für Wetterballons

Zn/Kalilauge/Ag_2O_2: für Raketen

Zn oder Cd/Schwefelsäure/PbO_2: für militärische Zwecke, hoch belastbar, auch in der Kälte.

Das Einfüllen des Elektrolyten kann durch Gasdruck automatisch erfolgen.

Eine besondere Art von Füllelementen sind die *gasaktivierten* Zellen. Bei ihnen bildet sich aus dem in der Zelle vorhandenen wasserfreien Elektrolytsalz, z. B. Kaliumrhodanid, durch Einblasen von trockenem Ammoniakgas ein flüssiger Elektrolyt. Sein Dampfdruck ist so niedrig, daß in der Verwendungszeit nur wenig Ammoniak abdampft. Als Elektroden verwendet man z. B. Magnesium und meta-Dinitrobenzol mit Graphit.

Thermisch aktivierbare Zellen (Thermalbatterien) enthalten als Elektrolyten ein festes Salz, z. B. das Eutektikum aus KCl und LiCl, das bei 350 °C schmilzt. Zum Aktivieren wird ein pyrotechnischer Brandsatz gezündet. Die Batterien sind in Bruchteilen einer Sekunde bereit, hohe Last zu übernehmen, werden aber nach wenigen Minuten funktionsunfähig. Als negative Elektrode wird z. B. Calcium verwendet, als positive Elektrode z. B. Zinkchromat oder Wolframtrioxid.

4.3.3 Hochenergie-Akkumulatoren

Die Entwicklung von Hochenergie-Akkumulatoren hat noch nicht zu kommerziell gefertigten Zellen geführt.

4.3.3.1 Akkumulatoren mit organisch gelöstem Elektrolyten

Diese Akkumulatoren sind ganz ähnlich aufgebaut wie die Primärzellen mit organisch gelösten Elektrolyten (vgl. Abschnitt 4.3.2.1). Die negative Elektrode besteht aus Lithium, die positive aus Kupferchlorid, Kupferfluorid, Nickelfluorid oder Silberchlorid. Als Elektrolyt verwendet man z. B. $LiAlCl_4$ in organischen Lösungsmitteln, z. B. in Dimethylsulfoxid mit Zusatz von etwas Toluol. Diese Akkumulatoren haben eine Klemmenspannung von rund 2,5 V und eine Energiedichte von rund 50 Wh/kg bei 1-stündiger Entladung. Die erreichbare Zyklenzahl ist begrenzt, in der Größenordnung von 10 tiefen Zyklen.

4.3.3.2 Akkumulatoren mit schmelzflüssigen Elektrolyten

Seit einigen Jahren wird in den USA z. B. bei General Motors und im Argonne National Laboratory an Lithium/Chlor- oder Lithium/Schwefel-Akkumulatoren mit geschmolzenem, wasserfreiem Lithiumchlorid als Elektrolyt gearbeitet. Die positive Elektrode besteht aus poröser gebrannter Kohle, durch die Chlor geblasen wurde. Die Zelle wird auf einer Temperatur von 650 °C gehalten. Trotz der hohen Energiedichte und trotz der hohen Belastbarkeit, die man gerade diesem System vorhersagte, haben bisher die Arbeiten nicht zum Erfolg geführt.

4.3.3.3 Natrium/Schwefel-Akkumulatoren mit festem Elektrolyten

Bei diesen Zellen wird als negative Elektrode geschmolzenes Natrium, als positive Elektrode eine Mischung von geschmolzenem Schwefel mit Polysulfiden und ein fester keramischer Elektrolyt aus β-Aluminiumoxid verwendet. Dieser Elektrolyt läßt bei 300 bis 350 °C Natriumionen durch. Bisher hat man nur verhältnismäßig kleine Zellen bauen können. An diesem System wird in den USA, in Deutschland, Japan und in Großbritannien gearbeitet. Durch Zusammenbau von sehr vielen kleinen Zellen konnte in Großbritannien eine Versuchsbatterie gebaut werden, die ausreichte, eine Elektroauto (Lieferwagen) anzutreiben. Bei vorsichtiger Extrapolation kommt man zu dem Ergebnis, daß eine Energiedichte von rund 100 Wh/kg bei 5-stündiger Entladung erreichbar sein könnte. Voraussetzung ist aber, daß es gelingt, die brüchigen keramischen Elektrolytplatten genügend gleichmäßig herzustellen und die Arbeitstemperatur von 300 bis 350 °C zu beherrschen. Man hofft auch diesen Batterietyp zum lokalen Spitzenausgleich im Netz (local load levelling) verwenden zu können. An ähnlichen Batterietypen mit flüssigem Lithium wird gleichfalls gearbeitet.

4.3.3.4 Metall/Luft-Akkumulatoren

Tabelle 4.3-1 gibt einen Überblick über aktuelle Metall/Luft-Akkumulatoren. An *Zink/Luft*-Akkumulatoren ist mehrere Jahre lang in den USA, in Großbritannien, in Frankreich und in Deutschland gearbeitet worden. Einheiten bis etwa 15 kWh bei 3-stündiger Entladung sind erprobt worden. Ihre Energiedichte lag bei mehr als 100 Wh/kg bei 3-stündiger Entladung; die Belastbarkeit reicht z. B. für den Betrieb von Straßenfahrzeugen aus.

Die negative Elektrode besteht aus Zink auf einem Träger aus Nickel, die positive Elektrode aus porösem, gesintertem Nickel oder aus poröser, gebrannter Kohle. Als Katalysator für die positive Elektrode kommen z. B. hochdisperses Silber oder Oxid-Katalysatoren (Al/Co-Spinelle) in Frage. Als Elektrolyt verwendet man Kalilauge; die Arbeitstemperatur liegt bei rund 50 °C. Das Zink geht bei der Entladung als Tetrahydroxo-Zinkat in Lösung und wird beim Laden wieder abgeschieden. Die Lauge kann aber nur beschränkt Zink aufnehmen. Deshalb nutzt man die Übersättigung aus und wälzt die Lauge um. In einem Abscheidungsgefäß mit rauhen Absitzflächen wird die Übersättigung aufgehoben und das Zink fällt als $Zn(OH_2)$ aus. Man kann es in einem Filter auffangen. Wenn dann beim Laden Zink benötigt wird, löst die Lauge den Niederschlag nach und nach wieder auf.

Durch die positive Elektrode wird Luft unter geringem Überdruck geblasen. Der Sauerstoff wird zu OH^--Ionen reduziert.

Der komplizierte Laugenumlauf macht die Anlagen aufwendig und störanfällig. Das Zinkhydroxid altert unter Wasserabgabe und löst sich dann nur noch langsam auf. Beim Laden entstehen Zinkdendrite, die Kurzschlüsse verursachen. Schließlich wird der Katalysator in den positiven

Tabelle 4.3-1. Überblick über die Metall/Luft-Akkumulatoren

Negative Elektrode	Elektrolyt	Poröse positive Luft-Elektrode	Klemmspannung beim Entladen und Laden¹) V	Bemerkungen, Entwicklungsstand
Zink	Kalilauge	Nickel oder Kohle mit anorgan. Katalysator	1,2/1,7	Elektrolytumlauf erforderlich begrenzte Zyklen-Lebensdauer Arbeiten ruhen zur Zeit
Eisen	Kalilauge	wie oben	0,8/1,4	unter 0 °C unbrauchbar Übergang von der Forschung zur Entwicklung
Blei	Schwefelsäure	Kohle mit organischem Katalysator	1,1/1,8	geringe Zyklen-Lebensdauer Beginn der Forschung

¹) Geschätzt für etwa 5-stündigen Entladestrom.

Elektroden beim Laden stark angegriffen. Die Zink/Luft-Akkumulatoren sind nach mehr als 15 Jahren Entwicklungszeit immer noch wesentlich zu teuer und haben eine geringe Lebensdauer [11].

Eisen/Luft-Akkumulatoren werden besonders in Schweden und in Deutschland entwickelt. Man darf erwarten, daß die Arbeiten technisch zum Erfolg führen, während über die Kosten des neuen Systems kaum etwas bekannt ist. Generell hat man hier mechanisch robuste, stark belastbare Zellen vor sich, die bei 5-stündiger Entladung einen Energieinhalt von rund 50 Wh/kg erreichen dürften.

Die negative Elektrode ähnelt den Eisenelektroden in Stahlakkumulatoren. Die positive Elektrode ist ähnlich aufgebaut wie bei den Zink/Luft-Akkumulatoren. Man hofft, mit geeigneten silberfreien Katalysatoren eine ausreichende Lebensdauer zu erreichen. Auch hier muß die eingeblasene Luft z. B. mit Kalipatronen kohlensäurefrei gemacht werden.

Die Arbeiten an *Blei/Luft*-Akkumulatoren haben etwa 1965 begonnen, sind aber gleich wieder eingestellt worden. Das eigentliche Problem dieser Zellen ist, daß es keine Katalysatoren für die Luftelektrode gibt, die beim Laden beständig gegen den gleichzeitigen Angriff von Schwefelsäure und Sauerstoff sind.

4.3.3.5 Zink/Nickel-Akkumulatoren (Drumm-Akkumulator)

Auch dieses System wird zu den Hochenergie-Akkumulatoren gerechnet. Man verwendet als positive Elektroden die gleichen wie in Nickel/Eisen-Akkumulatoren, als negative Elektroden die gleichen wie in den Silber/Zink-Akkumulatoren. Sie enthalten Zinkschwamm, der beim Entladen zunächst in Lösung geht, aber wegen der hohen Zinkkonzentration sogleich wieder ausfällt. Der Elektrolyt besteht aus mit Zink gesättigter, 38 %iger Kalilauge, aufgesaugt in Separatoren. Die Zellen bilden ein Mittelding zwischen den Silber/Zink- und den Nickel/Eisen-Akkumulatoren. Sie sind ziemlich robust, lassen sich hoch belasten, kosten ungefähr das gleiche wie Nickel/Cadmium-Akkumulatoren und haben einen Energieinhalt von rund 60 Wh/kg bei 5-stündiger Entladung. Andererseits liegt ihre Lebensdauer nur bei etwa 100 bis 200 tiefen Zyklen. Zellen dieser Art sind schon in den dreißiger Jahren hergestellt worden, zur Zeit aber nicht auf dem Markt. Neuerdings haben einige Laboratorien die Entwicklung wieder aufgenommen.

4.4 Brennstoffzellen

[14, 15, 16, 31, 32]

Elektrochemische oder galvanische *Brennstoffzellen* sind elektrochemische Stromquellen, denen die arbeitenden Stoffe während der Stromlieferung dauernd zugeführt werden. Ebenso müssen die entstehenden Reaktionsprodukte dauernd entfernt werden. Abgesehen von der natürlichen Alterung ändern sich die Zellen dabei nicht. Durch die Trennung zwischen Energievorrat und Elektrizitätserzeuger wird in vielen Fällen die gewichts- oder volumenspezifische Energiedichte höher als bei anderen Batterien. Heute realisierbare Anlagen, denen Wasserstoff und Sauerstoff aus Druckflaschen zugeführt wird, sind leichter als Akkumulatoren mit gleichem Energieinhalt, wenn der Abstand zwischen zwei Ladungen bzw. zwei Flaschenwechseln länger als rund 5 Std ist.

Vorteile: wartungsarm, langlebig, umweltfreundlich (abgasfrei, geräuscharm); schon bei kleinen Einheiten relativ hoher Wirkungsgrad, günstige Teillast-Verhalten.

Nachteile: komplizierte Prozeßführung, Probleme beim Elektrolytwechsel, (noch) hohe Investitionskosten.

4.4.1 Thermodynamik der Brennstoffzellen

In Brennstoffzellen wird die freie Enthalpie ΔG von Verbrennungsreaktionen in elektrische Energie umgewandelt. Davon gehen noch die Verluste durch unerwünschte Nebenreaktionen, durch Elektrodenhemmung (Polarisation) und Innenwiderstand, sowie schließlich Gasverluste und Eigenverbrauch ab. Für einige typische Reaktionen sind in Tabelle 4.4-1 Werte für den auf ein Mol bezogenen Heizwert ΔH und die freie Enthalpie ΔG, sowie das Verhältnis $\Delta G/\Delta H$ und die aus ΔG berechnete theoretische unbelastete Spannung U_G der Zelle angegeben.

Zellen, bei denen $\Delta G/\Delta H > 1$ ist, arbeiten als Wärmepumpen und entziehen der Umgebung Wärme. Tabelle 4.4-1 sagt nichts darüber aus, ob sich die Reaktion verwirklichen läßt. Auch der Einfluß von Nebenreaktionen kann recht erheblich sein. So drückt z. B. die parasitäre Erzeugung von Hydroperoxid die unbelastete Spannung von Wasserstoff/Sauerstoff-Zellen weit unter den theoretischen Wert, bei Zimmertemperatur z. B. von $U_G = 1{,}228$ V auf gemessene Werte von

Tabelle 4.4-1. Heizwert pro Mol Brennstoff, freie Enthalpie, theoretische unbelastete Spannung U_G und Temperaturkoeffizient dU_G/dT einiger charakteristischer Zellreaktionen in Brennstoffzellen
1 Wh ≙ 3600 Ws ≙ 0,860 kcal. Zellen, bei denen $\Delta G/\Delta H > 1$ ist, arbeiten als Wärmepumpen und entziehen der Umgebung Wärme. Druck zu 1 bar angenommen

Zellreaktion	Temperatur K	Heizwert ΔH Wh/Mol	Freie Enthalpie ΔG Wh/Mol	$\frac{\Delta G}{\Delta H}$	U_G V	dU_G/dT mV/°C
$C + 1/2\ O_2 \rightarrow CO$	1250	31,3	62,0	1,98	1,156	0,56
$CO + 1/2\ O_2 \rightarrow CO_2$	1250	78,8	48,1	0,61	0,898	−0,46
$C + O_2 \rightarrow CO_2$	1250	110,1	110,1	1,00	1,027	0
$H_2 + 1/2\ O_2 \rightarrow H_2O$ (flüssig)	298	79,3	65,8	0,83	1,228	−0,84
$CH_4 + 2O_2 \rightarrow CO_2 + 2H_2O$ (flüssig)	298	123,5	113,6	0,92	1,060	−0,31
C_6H_6(flüssig) $+ 7\ 1/2O_2 \rightarrow 6CO_2 + 3H_2O$ (flüssig)	298	980	880	0,97	1,095	−0,11
CH_3OH (flüssig) $+ 3/2O_2 \rightarrow CO_2 + 2H_2O$ (flüssig)	298	201,4	195,4	0,97	1,215	−0,13

$U_0 = 0{,}95$ V. Die Tabelle gilt für 1 bar; die Druckabhängigkeit muß für jede Elektrode getrennt berechnet werden. Sie beträgt z. B. für die ideale Sauerstoffelektrode bei 293 K etwa +15 mV pro Zehnerpotenz Drucksteigerung, für die Wasserstoffelektrode bei 293 K etwa +29 mV. Beide gehen in die gleiche Richtung, so daß also die theoretische, unbelastete Spannung der Wasserstoff-Sauerstoff-Zelle pro Zehnerpotenz Druckerhöhung um 14 mV abnimmt.

In der Literatur sind verschiedene Angaben für den *Wirkungsgrad* üblich, die Anlaß zu Mißverständnissen sind. Man hat zu unterscheiden:

das Verhältnis $\Delta G/\Delta H$ als theoretischen oberen Grenzwert einer charakteristischen Zellreaktion;

die elektrochemische Güteziffer $g = U_K/U_G$, die angibt, welchen Bruchteil der theoretischen unbelasteten Spannung man an den Klemmen der belasteten Zelle mißt. U_k ist die Klemmenspannung;

den Gesamtwirkungsgrad η_{ges} eines Aggregates, z. B. bei Nennbetrieb, d. h. die abgegebene elektrische Leistung bezogen auf den Heizwert des in der Zeiteinheit verbrauchten Brennstoffes.

Daneben gibt es noch viele andere Definitionen. Die Zahlen können sich erheblich unterscheiden. Für eine bestimmte Anlage z. B. wurden folgende Werte ermittelt:

theoretischer Grenzwert $\Delta G/\Delta H = 0{,}82$. – Güteziffer $U_k/U_G = 0{,}61$. – Gesamtwirkungsgrad bei Nennlast $\eta_{ges} = 0{,}45$.

4.4.2 Begriffsbestimmungen

Für Brennstoffzellen gibt es noch keine Normung; es empfiehlt sich aber, folgende Begriffe anzuwenden:

Zellen sind die kleinsten zur Stromerzeugung brauchbaren Einheiten. Sie enthalten mindestens je eine positive und negative Elektrode und mindestens einen Elektrolytraum. Mehrere Zellen können elektrisch zu einer *Zellengruppe* zusammengeschaltet werden. Wenn sie gleichzeitig auch mechanisch zusammengebaut sind, nennt man sie auch *Zellenblock* oder *Modul*. Die Bezeichnungen *Brennstoffzelle* und *-Element* sind praktisch synonym.

Batterie ist die Gesamtheit aller an der Stromerzeugung beteiligten Zellen. Sie kann mehrere Zellengruppen umfassen.

Aggregat ist die Bezeichnung für eine oder mehrere Batterien mit allen erforderlichen Hilfseinrichtungen (Pumpen, Wärmetauscher, Filter, Regelgeräte usw.), jedoch ohne Vorratsbehälter für Brennstoff, Oxydationsmittel, Reaktionsprodukte, Elektrolyt usw.

Anlage ist die Bezeichnung für ein Aggregat mit seinen Vorratsbehältern, Gestellen, Schränken, Fundamenten usw.

4.4.3 Systematik

In Brennstoffzellen im *engeren* Sinne finden *Verbrennungs*-Reaktionen statt. Nur Wasserstoff, Methanol, Glykol und Hydrazin lassen sich direkt umsetzen. Alle anderen Brennstoffe müssen vorher durch Reaktion mit Wasserdampf und eventuell Luft in Wasserstoff und Kohlendioxid umgewandelt (konditioniert) werden.

Als Oxydationsmittel wird i. allg. Sauerstoff verwendet. Man kann statt dessen auch Luft nehmen, setzt dadurch aber die Belastbarkeit herab. Heute haben die Zellen meist Kalilauge als Elektrolyt, die begierig Kohlendioxid aufnimmt. Dabei bildet sich Kaliumcarbonat, das die Stromerzeugung behindert. Man muß es entfernen, z. B. durch Kalipatronen oder durch Waschen mit Triaethanolamin. Das gilt auch für die konditionierten Brennstoffe. In Sonderfällen wird Hydroperoxid als Sauerstoffträger verwendet.

Tabelle 4.4-2. Systematik der verschiedenen Entwicklungsrichtungen bei Brennstoffzellen
Das wichtigste Unterscheidungsmerkmal ist der Elektrolyt. Einige führende Entwicklungslaboratorien sind angegeben, doch ist diese Aufzählung nicht vollständig

	Ionen-Tauscher Membranen	Wäßrige Elektrolytlösungen		Baur-Elektrolyt[1]) (Apollo)	Elektrolyt-Schmelze	Keramischer Festelektrolyt
		Kalilauge	Mineralsäure (Target)			
Temperatur °C	bis rd. 60	bis 90	bis 150	z. B. 130	rd. 300	rd. 1000
Brennstoff	H_2, N_2H_4	H_2, N_2H_4, CH_3OH	H_2, reformiertes Erdgas	H_2	H_2, reformiertes Erdgas	H_2 Erdgas
Oxydator	O_2	O_2, Luft, H_2O_2	O_2, Luft	O_2	O_2, Luft	Luft
Entwicklungslaboratorien (Beispiele), in denen 1974 daran gearbeitet wurde	Jersey Altshom Esso	Siemens, Varta, TH-Braunschweig (Justi), Altshom, General Electric	Pratt & Whitney AEG in Frankfurt/M.		z. Z. nicht bearbeitet	Westinghouse BBC-Heidelberg

[1]) Baur-Elektrolyte sind kristallwasserhaltige Hydrate, z. B. $KOH \cdot H_2O$, die bei Zimmertemperatur fest sind, aber schon bei mäßiger Erwärmung in den Zustand einer konzentrierten Lösung übergehen.

Brennstoffzellen im *weiteren* Sinne können auch mit Metallen, Hydriden usw. als Brennstoff und mit beliebigen Oxydationsmitteln gespeist werden. Vorschläge in dieser Richtung sind schon wiederholt gemacht worden: Zinkgranulat, Magnesiumband, flüssiges Natrium-Amalgam oder Tabletten aus Lithiumhydrid als Brennstoff, Chlor oder nitrose Gase als Oxydationsmittel. Über erste Versuche im Laboratorium ist keiner dieser Vorschläge hinausgekommen.

Durch die Kombination einer Brennstoffzellenanlage mit einem Elektrolyseur kann man elektrische Energie speichern. Solche Anlagen werden als *sekundäre* Brennstoffzellen bezeichnet. Man hat auch bereits versucht, die Brennstoffzellen selbst durch Umkehr der Stromrichtung als Elektrolyseur zu verwenden. Dabei besteht aber die Gefahr, die Katalysatoren in den positiven Elektroden zu schädigen. Die beim "Laden" entstehenden beiden Gase, Wasserstoff und Sauerstoff, können in den Zellen selbst oder in getrennten Druckbehältern gespeichert werden. Außer in einigen kleinen Versuchsanlagen ist über sekundäre Brennstoffzellen noch wenig gearbeitet worden.

Zu erwähnen sind weiter *biologische* und *photochemische* Brennstoffzellen, in denen neben elektrochemischen noch andere Prozesse an der Stromerzeugung beteiligt sind. Sie spielen bisher in der Forschung nur eine untergeordnete Rolle, In den *körperintegrierten* Brennstoffzellen werden Aminosäuren oder Blutzucker umgesetzt. Auch sie stehen erst ganz am Anfang ihrer Entwicklung.

Tabelle 4.4-2 vermittelt einen Überblick über die Systematik der verschiedenen Typen von Brennstoffzellen. Heute wird an Zellen mit schmelzflüssigem Elektrolyten praktisch nicht gearbeitet. Die übrigen Typen werden in Laboratorien weiterentwickelt.

Die meisten Zellen werden mit gasförmigen Reaktionspartnern gespeist. Meist handelt es sich um (unreinen) Wasserstoff und unreinen Sauerstoff. Bild 4.4-1 zeigt das vereinfachte Schema einer solchen Zelle mit alkalischem Elektrolyten. In diesen Zellen wird der größte Teil des Stroms von OH^--Ionen getragen. Als Folge entsteht das Reaktionswasser an der Wasserstoffelektrode. In Säuren tragen H^+-Ionen den Strom, und das Wasser entsteht an der Sauerstoffelektrode.

Bild 4.4-1. Schematische Darstellung einer Brennstoffzelle mit stark alkalischem Elektrolyten, die mit Wasserstoff und Sauerstoff gespeist wird. Nicht gezeichnet ist die parasitäre Bildung von Hydroperoxid an der positiven Elektrode und der Anteil der Alkali-Ionen am Stromtransport. *1* negative Elektrode, *2* Elektrolyt, *3* positive Elektrode, *4* Verbraucher.

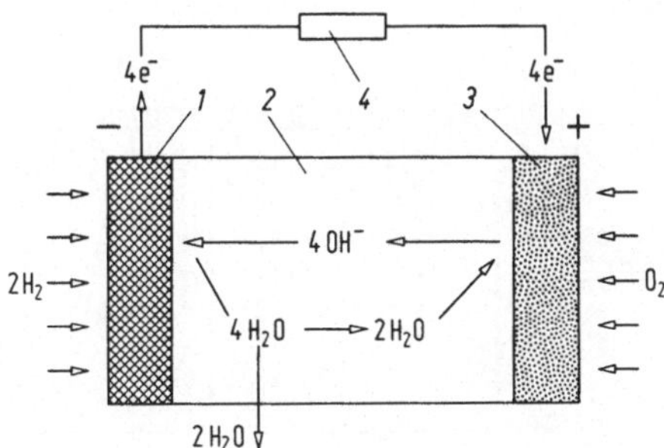

4.4.4 Technische Einzelheiten

Bild 4.4-2 zeigt den Aufbau der beiden wichtigsten Typen von Gaselektroden. Wie man erkennt, bestehen sie aus mehreren Schichten. Es sind Elektroden bekannt geworden, bei denen bis zu 7 Schichten aus verschiedenen Pulverwerkstoffen übereinander gesintert wurden. Alle modernen Gaselektroden enthalten Katalysatoren. Ursprünglich kam dafür ausschließlich Platinmohr in Betracht. Inzwischen gibt es eine ganze Reihe von Katalysatoren auf der Basis von Nickel, Silber, Wolframcarbid, Aktivkohle usw. Gerade auf diesem Gebiet ist in den letzten Jahren eine recht lebhafte Forschungs- und Entwicklungsarbeit geleistet worden.

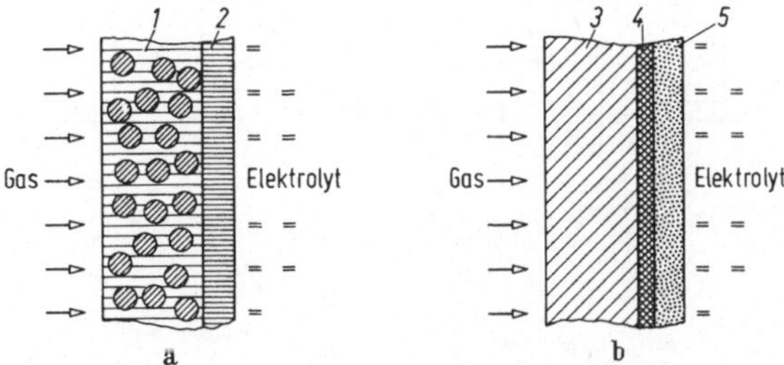

Bild 4.4-2. Aufbau von Gaselektroden mit Katalysatoren. a) hydrophile Doppelschicht-Elektrode, *1* grobporige Arbeitsschicht mit Katalysator-Körnern, *2* feinporöse Deckschicht; b) hydrophobe Elektrode, *3* Träger z. B. aus porösem Teflon, *4* Drahtgewebe als Ableiter, *5* Katalysatorschicht, z. B. aus Aktivkohle mit Silber.

Für den Zusammenbau von Brennstoffzellen zu Zellengruppen gibt es mehrere Möglichkeiten. Meist werden die Zellen unter Zwischenlage von Gummidichtungen durch Zugbolzen miteinander verspannt. Aus historischen Gründen bezeichnet man diese Bauweise als *Filterpressen-Konstruktion*. Eine andere, viel benutzte Bauweise besteht darin, daß die aktiven Bauelemente mehrerer Zellen zusammen mit Distanzstücken in Gießharz eingegossen werden. Die elektrische Verschaltung kann innen oder außen erfolgen.

Bild 4.4-3 zeigt stark vereinfacht die Konstruktion einer Brennstoffzellengruppe in Filterpressenbauweise. In die Kunststoffkörper (3) ist jeweils eine Wasserstoff-Elektrode (7) eingeklebt. Auf ihre Rückseite kommt eine Kontaktfeder (9) und ein Gastrennblech (8), darauf eine weitere Kontaktfeder (9) und ein Kunststoffeinsatz (4) mit der Sauerstoffelektrode (6). Auf diese Weise entsteht ein Bauelement mit je einer positiven und negativen Elektrode und dazwischenliegenden flachen

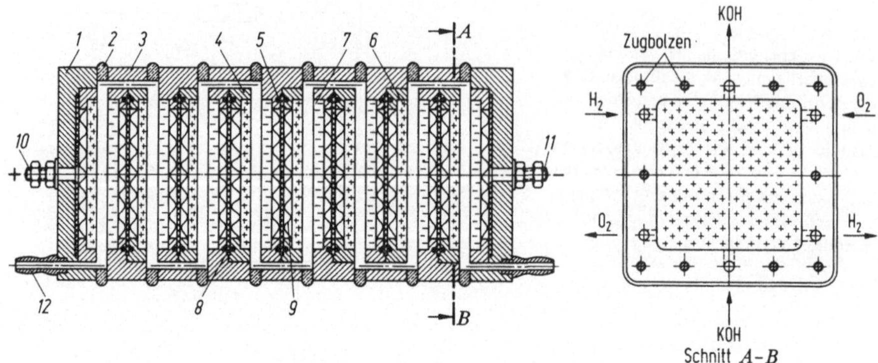

Bild 4.4-3. Schema einer Brennstoffzellengruppe in Filterpressen-Konstruktion. Oben: Längsschnitt, unten: Querschnitt. *1* Endstück, *2* Distanzringe, *3* Kunststoffkörper, *4* Einsatz, *5* Dichtringe, *6* positive Elektrode, *7* negative Elektrode, *8* Gastrennblech, *9* Kontaktfedern, *10*, *11* Anschlußklemmen, *12* Schlaucholive für den Elektrolytkreislauf.

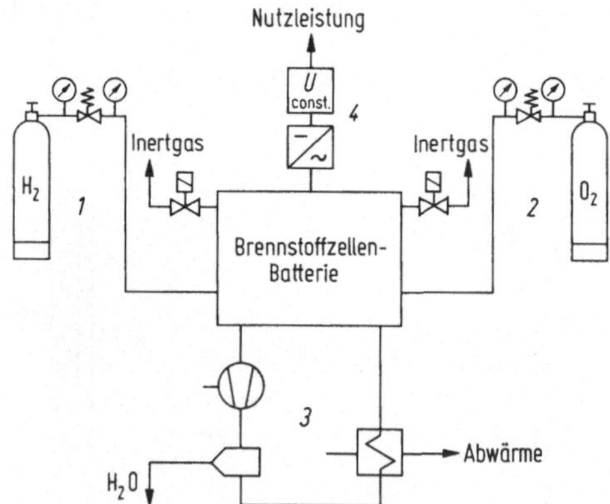

Bild 4.4-4. Prozeßplan einer Brennstoffzellen-Anlage für Wasserstoff und Sauerstoff. Nicht gezeichnet sind Regel- Steuer- und Sicherheitsvorrichtungen. *1* Brennstoff-Versorgung mit Druckflaschen, Reduzierventil und gesteuerter Inertgasentfernung, *2* Sauerstoff-Versorgung, *3* Elektrolytkreislauf mit Pumpe, Wasserausbringung und Kühler, *4* Kennlinienformer, Wechselrichter.

Gastaschen. Die Gaszufuhr erfolgt durch seitliche Kanäle im Kunststoffkörper. Damit inerte Verunreinigungen in den Betriebsgasen keine stagnierenden Gaspolster bilden können, wird (gesteuert durch die Zellenspannung) etwas Gas abgeblasen. Die Elektrolyträume liegen zwischen den verspannten Kunststoffkörpern (3) und werden durch Distanzringe (2) gebildet. Der Elektrolyt wird umgewälzt. Er führt Verlustwärme und Reaktionswasser ab. In Bild 4.4-3 werden alle Zellen nacheinander vom Elektrolyten durchflossen. Diese Elektrolytverbindung verursacht elektrische Verluste, die in Kauf genommen werden. Die 8 Zellen sind innen elektrisch in Reihe geschaltet.

Bild 4.4-4 zeigt den Prozeßplan einer Brennstoffzellen-Anlage. Für die Ausbringung des Reaktionswassers gibt es mehrere Möglichkeiten: einige davon zeigt Bild 4.4-5. Es handelt sich um

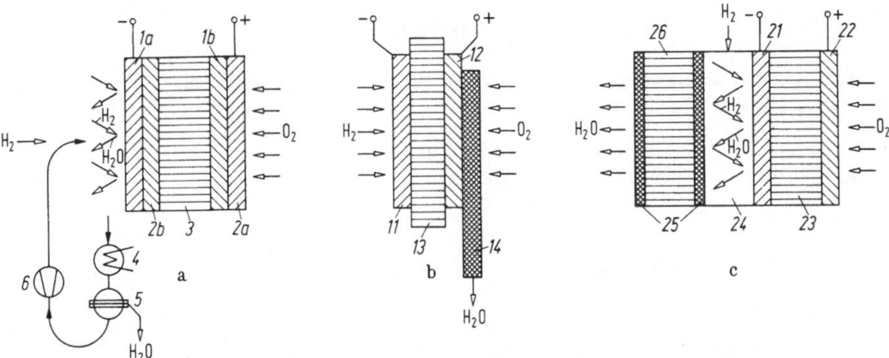

Bild 4.4-5. Schematische Darstellung der Elektrodenanordnung und der Wasserentfernung. Apollo: *1* H_2-Elektrode, *1*a Arbeitsschicht, *1*b Deckschicht, *2* O_2-Elektrode, *2*a Arbeitsschicht, *2*b Deckschicht, *3* poröse Matrix, mit Elektrolyt, *4* Kondensator, *5* Zentrifuge, *6* Umwälzgebläse. Gemini: *11* H_2-Elektrode, *12* O_2-Elektrode, *13* Austauscher-Membran, *14* Dochtsystem. Apollo-Nachfolge-Programm: *21* H_2-Elektrode, *22* O_2-Elektrode, *23* poröse Matrix mit Elektrolyt, *25* Stützgewebe, *26* poröse Matrix mit konzentrierter KOH-Lösung.

diejenigen Verfahren, die in den amerikanischen Brennstoffzellen für die Apollo- und Gemini-Flüge der NASA verwendet worden sind. Ein weiteres Verfahren besteht darin, daß man im Elektrolytkreislauf einen Verdampfer bzw. Verdunster anordnet.

Die meisten Zellen arbeiten heute im Bereich von Atmosphärendruck bis zu einigen bar Überdruck und von etwa 50 bis 150 °C. Der Leistungsbereich erstreckt sich von wenigen Watt bis zu etwa 50 kW. Über Leistungs- und Energiegewicht ebenso wie über den Raumbedarf lassen sich keine verwendbaren allgemeinen Angaben machen, weil die Werte bei den gebauten Versuchsanlagen sehr weit streuen.

4.4.5 Ausblick

In den Jahren 1950 bis 1970 waren Forschung und Entwicklung auf diesem Gebiet ziemlich rege. Inzwischen sind die Arbeiten stark gedrosselt worden. Mit einem neuen Aufleben in den nächsten Jahren ist aber zu rechnen.

Ihre größten Erfolge hatten die Brennstoffzellen in der bemannten Raumfahrt. Nach wie vor ist z. B. die NASA an der weiteren Entwicklung von Brennstoffzellen interessiert. Wenn man weiß, daß bei Pratt & Whitney Aircraft über 1000 Mitarbeiter an den Brennstoffzellen für die Mondflüge mit den Apollo-Raumfahrzeugen gearbeitet haben, nimmt es nicht wunder, daß man dort versucht, das angesammelte Wissen zu kommerzialisieren. Zusammen mit einem Konsortium von Gasversorgungsunternehmen wird dort an autonomen, automatischen Brennstoffzellen-Anlagen gearbeitet, die sich zur Versorgung einzeln stehender Gehöfte, Häuserblocks, Kleinsiedlungen usw. eignen.

4.5 Thermoelektrische Stromerzeuger[1])

Die Stromerzeugung mit Hilfe von *Thermoelementen* beruht auf dem *Seebeck-Effekt*: In einem geschlossenen Leiterkreis aus zwei verschiedenen Materialien (Metalle, Halbleiter, Isolatoren) fließt ein elektrischer Thermostrom, wenn die Temperaturen an den beiden Kontaktstellen unterschiedlich sind [17]. Weitere Veröffentlichungen: *Birkholz* in [18], *Wright* in [19].

[1]) Abschnitt 4.5 bis 4.9 unter Mitarbeit von Herrn Dr. Dirk Schalch, Gießen

4.5.1 Thermoelektrische Phänomene

Die Thermospannung an einem *Seebeckelement* (Bild 4.5-1) ist proportional zur Temperaturdifferenz zwischen den Kontaktstellen:

$$U_s = \alpha_{1,2}(T_H - T_K) \qquad (4.5\text{-}1)$$

(T_H, T_K Temperatur der Heiß- bzw. Kaltseite).

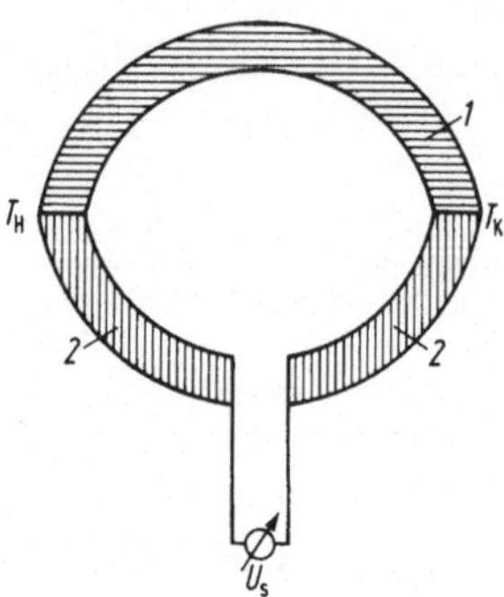

Bild 4.5-1. Prinzipieller Aufbau eines Thermoelements. T_H = Temperatur der warmen Kontaktstelle, T_K = Temperatur der kalten Kontaktstelle. *1* und *2*: Werkstoffe.

Die Materialkonstante $\alpha_{1,2} = \alpha_1 - \alpha_2$ heißt *Thermokraft* der Leiterkombination; α_1 und α_2 sind die absoluten Thermokräfte der Schenkelmaterialien. Die Umkehrung des Seebeckeffekts, das Auftreten einer Temperaturdifferenz an den Kontaktstellen bei Anlegen einer Spannung, heißt *Peltiereffekt*. In diesem Fall überträgt das Thermoelement Wärme durch den Elektronenstrom zwischen den Kontaktstellen. Die je Zeiteinheit transportierte Wärmemenge Q_P ist proportional zum Elektronenstrom zwischen den Kontaktstellen:

$$Q_P = \pi_{1,2} i \qquad (4.5\text{-}2)$$

($\pi_{1,2}$ Peltierkoeffizient der Leiterkombination).

$\pi_{1,2}$ ist temperaturabhängig und stellt die eigentliche Ursache der thermoelektrischen Phänomene dar, da die Differenz

$$\pi_1 - \pi_2 = (\alpha_1 - \alpha_2)(T_H - T_K) \qquad (4.5\text{-}3)$$

die thermoelektrische Spannung verursacht. Als drittes Phänomen tritt der *Thomsoneffekt* hinzu: Fließt in einem homogenen Leiter mit einem Temperaturgefälle $T_H - T_K$ ein elektrischer Strom, so wird je nach Stromrichtung die Thomsonwärme Q_T erzeugt oder absorbiert.

$$Q_T = -\tau(T_H - T_K) i \qquad (4.5\text{-}4)$$

(τ Thomsonkoeffizient des Leitermaterials).

Im thermoelektrischen Stromerzeuger bewirkt die Überlagerung der beschriebenen Effekte die Verringerung des durch Wärmezufuhr von außen hergestellten Temperaturgefälles $T_H - T_K$, mit dem Ziel, das System in ein thermisches Gleichgewicht zu bringen.

Ein Thermoelement mit dem Innenwiderstand R_i liefert den Kurzschlußstrom

$$i_K = \frac{U_s}{R_i}. \qquad (4.5\text{-}5)$$

Bei optimaler Anpassung des Lastwiderstandes $R_a = R_i$ ist die maximal entnehmbare elektrische Leistung

$$N_{max} = \frac{U_s^2}{4R_i} = \frac{\alpha^2 \sigma}{2}(T_H - T_K)\frac{S}{l} \tag{4.5-6}$$

(S Schenkelquerschnitt, l Schenkellänge)

mit der Vereinfachung $\alpha = \alpha_1 = \alpha_2$ und der elektrischen Leitfähigkeit $\sigma = \sigma_1 = \sigma_2$.

Der maximale Wirkungsgrad η, das Verhältnis aus abgegebener elektrischer Leistung N_{max} und pro Zeiteinheit aufgenommener Wärme Q_H ist

$$\eta_{max} = \frac{T_H - T_K}{T_H} \cdot \frac{\sqrt{1 + z\bar{T}} - 1}{\sqrt{1 + z\bar{T}} + \frac{T_K}{T_H}} \tag{4.5-7}$$

mit

$$\bar{T} = \frac{T_H - T_K}{2}, \qquad z = \frac{\alpha^2 \sigma}{\kappa}.$$

Der erste Faktor in Gl. (4.5-7) ist der Carnot-Wirkungsgrad. z vereinigt die Materialparameter α, σ und κ (Wärmeleitfähigkeit) und wird als „*thermoelektrische Effektivität*" oder auch als "Figure of Merit" bezeichnet. Gleichung (4.5-7) gilt im übrigen nur bei Erfüllung gewisser Anpassungsbedingungen für den Lastwiderstand R_a und die Schenkelgeometrie.

4.5.2 Thermoelektrische Werkstoffe

Geeignete Werkstoffe für die thermoelektrische Energiekonversion müssen große Effektivitäten z besitzen, d. h. gleichzeitig hohe α und σ, aber kleine κ. α, σ und κ sind Funktionen der Dichte und der Beweglichkeit freier Elektronen im Festkörper. In Metallen ist die Ladungsträgerdichte i. allg. $> 10^{21}\,cm^{-3}$, in Isolatoren $< 10^{12}\,cm^{-3}$. Dazwischen liegen die Halbleiter mit Elektronenkonzentrationen zwischen 10^{13} und $10^{20}\,cm^{-3}$. Bei niedrigen Ladungsträgerdichten (Isolatoren) ist zwar die Thermokraft α groß, aber auch der spezifische Widerstand (10^5 bis $10^{20}\,\Omega\,cm$). Andererseits besitzen Metalle niedrige spezifische Widerstände (10^{-5} bis $10^{-10}\,\Omega\,cm$), aber kleine Thermokräfte. Die thermoelektrische Effektivität z hat ein Maximum bei Elektronenkonzentrationen von 10^{19} bis $10^{20}\,cm^{-3}$ im Übergangsbereich zwischen Halbleitern und Metallen. Aus diesem Grund werden heute für die technische Stromerzeugung ausschließlich Thermoelemente aus hochdotierten n- und p-Halbleitern benutzt. Ein Nachteil der Halbleiter besteht darin, daß sie i. allg. wenig temperaturstabil sind. Es gibt nur wenige Halbleiterwerkstoffe für Temperaturen über 1000 K. Die Abhängigkeit der Thermokraft gebräuchlicher Halbleitermaterialien von der Temperatur zeigt Bild 4.5-2. Die Abkürzungen BiTe und GeSi geben nicht die stöchiometrische Zusammensetzung wieder; tatsächlich handelt es sich um komplizierte Mischkristallegierungen. Die Temperaturabhängigkeit von α bedeutet, daß man bestimmte Werkstoffe optimal nur in begrenzten Temperaturintervallen $T_H - T_K$ einsetzen kann. Bild 4.5-3 zeigt die Abhängigkeit der thermoelektrischen Effektivität z verschiedener Materialien von der Temperatur. Die Kurven für n- und p-Leiter des gleichen Materials unterscheiden sich erheblich, weil α, σ und κ von der Dotierung abhängig sind. Das bedeutet, daß die oben wiedergegebenen Beziehungen für die maximale Leistung und den Wirkungsgrad von Thermoelementen in ihrer vereinfachten Form die Eigenschaften realer np-Elemente nicht hinreichend beschreiben.

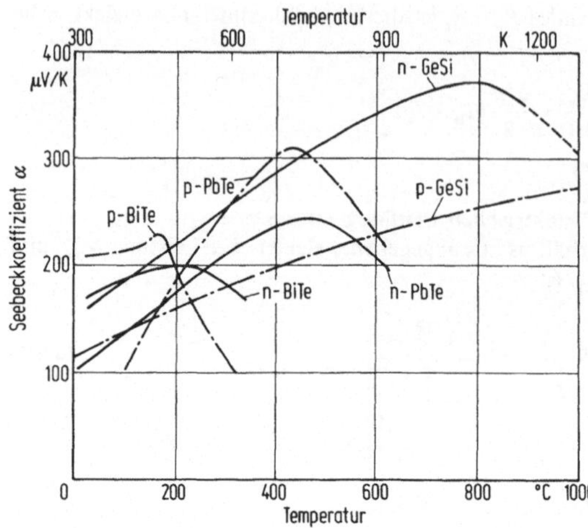

Bild 4.5-2. Abhängigkeiten der Thermokräfte α verschiedener Halbleiterwerkstoffe von der Temperatur.

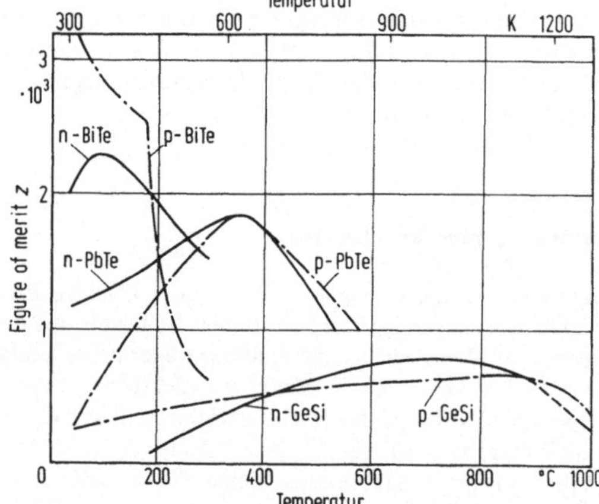

Bild 4.5-3. Abhängigkeiten der thermoelektrischen Effektivitäten z verschiedener Halbleiterwerkstoffe von der Temperatur.

4.5.3 Technische Ausführung von Thermoelementen

Die technische Ausführung ein- und mehrstufiger thermoelektrischer Wandler zeigt Bild 4.5-4. Die p- und n-Schenkel sind meist quader- oder zylinderförmig ausgeführt. Gleichung 4.5-6 fordert für maximale Leistungen möglichst große Schenkelquerschnitte bei kleinen Schenkellängen. Durch die Bedingungen für optimale Anpassung R_a/R_i ist das Verhältnis Länge zu Querschnitt aber nur in Grenzen frei wählbar. Überdies läßt sich die Schenkellänge nicht beliebig verringern, da dann die für die Abfuhr der Abwärme notwendige Kühlfläche an der Kaltseite nicht vorhanden ist und keine genügend hohe Temperaturdifferenz aufrechterhalten werden kann. Ein großes Problem ist die Kontaktierung der Halbleiterwerkstoffe. Die elektrischen und thermischen Kontaktwiderstände müssen möglichst klein sein. Das Kontaktmaterial muß thermisch und mechanisch stabil sein und darf nicht in die Halbleiter eindiffundieren.

Mit einstufigen Thermoelementen lassen sich etwa folgende Wirkungsgrade erreichen (ohne thermische Verluste der Wärmequellen):

BiTe ($T_H \lesssim 600$ K): $\eta_{max} \approx 6\%$
PbTe ($T_H \lesssim 800$ K): $\eta_{max} \approx 7{,}5\%$
SiGe ($T_H \lesssim 1300$ K): $\eta_{max} \approx 7\%$.

Beheizung durch Flammen hat stark erniedrigten Gesamtwirkungsgrad zur Folge, rund 1 bis 2 %.

Die thermoelektrischen Effektivitäten der Halbleiterwerkstoffe sind stark temperaturabhängig (Bild 4.5-3). Daher können größere Temperaturgefälle nur dann optimal ausgenutzt werden, wenn verschiedene Materialien thermisch so hintereinandergeschaltet werden, daß jede Stufe in ihrem günstigsten Temperaturbereich arbeitet. Bei den mehrstufigen Systemen unterscheidet man zwischen segmentierten und kaskadierten Wandlern (Bild 4.5-4).

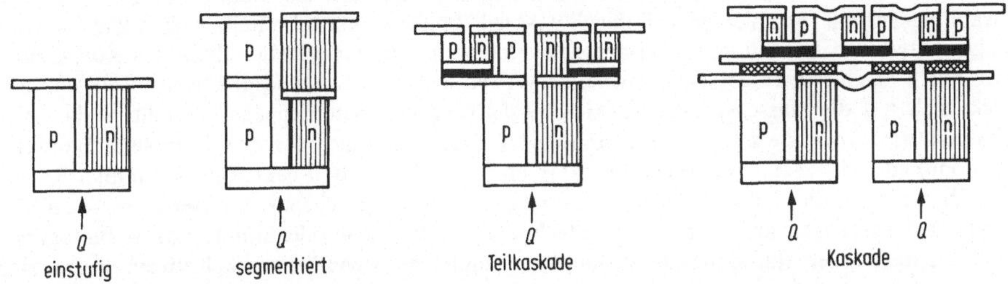

Bild 4.5-4. Aufbau ein- und mehrstufiger thermoelektrischer Wandler.

Eine Anwendung thermoelektrischer Generatoren zur Energieerzeugung im großen Maßstab kommt wegen der relativ geringen Wirkungsgrade kaum in Frage, obwohl thermoelektrische Solarkraftwerke diskutiert worden sind. Dagegen sind Generatoren mit Leistungen bis zu 1 kW überall dort interessant, wo eine zentrale Energieversorgung fehlt: z. B. in Raumsonden und Satelliten, in automatischen meteorologischen und ozeanographischen Stationen, in Navigationseinrichtungen oder als Notstromaggregate. Als Wärmequellen kommen in Frage: Fossile Brennstoffe, Sonnenenergie, Radionuklidwärmequellen (Abschnitt 4.6) oder Kernreaktoren.

4.6 Radionuklidbatterien

[17, 18, 33]

In Radionuklidbatterien (RNB) wird die Energie, die der Zerfall eines radioaktiven Nuklids liefert, in elektrische Energie umgewandelt. Die Konversion von Strahlungsenergie in elektrische Energie beruht entweder auf den verschiedenen Möglichkeiten der Ladungstrennung oder verläuft mittelbar über Wärme bzw. Licht.

Radionuklidbatterien sind langlebige, kompakte Stromquellen extrem hoher Wartungsfreiheit, die über mehrere Jahre hinweg kontinuierlich elektrische Leistung abgeben können. Sie haben von allen bisher bekannten Stromquellen den höchsten Energieinhalt bezogen auf Masse und Volumen.

Zwei unterschiedliche Gründe führten zur Entwicklung von Radionuklidbatterien. Auf der einen Seite stand der Versuch, die Strahlungsenergie der Radionuklide im hochaktiven Abfall der Kernkraftwerke noch zu nutzen. Andererseits bestand in der Raumfahrt bzw. Satellitentechnik und im Bereich der Medizin ein Bedarf an langlebigen und wartungsfreien Energiequellen, der auf konventionelle Weise nicht zu befriedigen war.

4.6.1 Nuklidauswahl

Der Kriterienkatalog zur Auswahl geeigneter Radionuklide für die Anwendung in RNB läßt sich folgendermaßen unterteilen:

Unveränderliche (physikalische) *Eigenschaften* der Nuklide: Halbwertszeit, Zerfalltyp, Leistungsdichte, biologische Gefährlichkeit.

Veränderliche Eigenschaften der Nuklide: Verfügbarkeit, Zugänglichkeit, Kosten, Wirtschaftlichkeit, politische Gesichtspunkte.

Die Halbwertszeit der Radionuklide sollte möglichst groß gegen die angestrebte Betriebsdauer der Batterie sein; i. allg. mehr als 5 bis 10 Jahre. Der Zerfallstyp spielt eine entscheidende Rolle. Für die Herstellung von kompakten Wärmequellen muß der Absorptionsquerschnitt des Materials für die Strahlung groß sein. Im Subwatt- und Wattbereich ist diese Bedingung nur für α- und β-Strahlung erfüllt. Strahler mit hohem γ-Anteil können erst oberhalb von 1 kW sinnvoll eingesetzt werden. In bestimmten Konversionsverfahren (z. B. in der radiovoltaischen Konversion) sind nur β-Strahler geringer Teilchenenergie verwendbar. Die Leistungsdichte der Radionuklide wirkt sich auf die massenspezifische Ausgangsleistung der Batterien aus. Verfahren, die hohe Temperaturen voraussetzen (thermionische Konverter), benötigen für eine kompakte Bauweise Radionuklide mit Leistungsdichten über 10 W/cm^3. Die chemische Reaktivität bestimmter Radionuklide stellt bei den hohen Heißseitentemperaturen in thermischen Konvertern (bis ≈ 2200 K) große Anforderungen an die Kapselungstechnologie. Die mehr oder minder große biologische Gefährlichkeit aller Radionuklide verlangt umfangreiche Sicherheitsvorkehrungen gegen eine Freisetzung von Aktivitäten durch Unfälle oder Altern der Nuklidkapseln. Dem steht die oben aufgestellte Forderung nach großer Lebensdauer der Nuklide entgegen.

Aus der großen Zahl der bekannten Radionuklide (über 1000) sind unter physikalischen Gesichtspunkten etwa 20 für die Verwendung in RNB geeignet. Die meisten dieser Nuklide sind aus einem oder mehreren Gründen (geringe Verfügbarkeit, hohe Kosten u. a.) gegenwärtig nicht einsetzbar. In den bisher realisierten RNB wurden fast ausschließlich Pu 238, Sr 90, Pm 147 und Co 60 benutzt. Eigenschaften dieser wichtigen Nuklide sind in Tabelle 4.6-1 wiedergegeben.

4.6.2 Umwandlungsverfahren

In Bild 4.6-1 sind die verschiedenen Möglichkeiten der Energiegewinnung aus dem Zerfall von Radionukliden zusammengestellt. Zu unterscheiden ist zwischen direkten und indirekten Verfahren. Alle direkten Verfahren und die radiophotovoltaische Konversion kommen praktisch nur für elektrische Leistungen von $\leqq 10^{-4}$ W in Frage, obwohl prinzipiell höhere Leistungen möglich sind. Thermische Verfahren überdecken den Leistungsbereich zwischen 10^{-4} und 10^{+5} W, also 9 Größenordnungen. Wichtigstes Verfahren ist beim gegenwärtigen Stand der Entwicklung die *thermoelektrische Konversion*, die in allen Anwendungsbereichen genutzt wird: in der Satelliten- und Raumfahrttechnik, der Medizintechnik und weiteren Gebieten. Daneben spielen radiovoltaische Konverter in der Medizintechnik eine gewisse Rolle. Auf kommerzieller Basis werden bisher ausschließlich diese beiden Systeme verwendet. Gewisse Aussichten auf zukünftige Anwendung haben unter Umständen thermionische und dynamische Wandler sowie Batterien mit direkter Aufladung.

4.6.2.1 Thermoelektrische Radionuklidbatterien

Grundlage der thermoelektrischen Stromerzeugung ist der *Seebeckeffekt*, s. Abschnitt 4.5. Thermoelektrische RNB gehören zur Gruppe der zweistufigen Konverter, in denen die Zerfallsenergie des Nuklids zunächst in Wärme umgewandelt wird. Die Nuklidkapsel erwärmt sich durch Selbstab-

Tabelle 4.6-1. In RNB vorwiegend verwendete Nuklide

Eigenschaften	Zerfall	Halbwertszeit a	Strahlungsenergie MeV	Spez. Aktivität (reines Nuklid) Ci/g	Spez. Leistung (reines Nuklid) W_{th}/g	Herstellung	Verwendungsform	Zukünftig erwarteter Preis US $\$/W_{th}$
Pu 238	Pu 238 $\xrightarrow{\alpha}$ U 234	87,4	5,49 (74 %) 5,45 (26 %)	17,6	0,56	n-Bestr. von Np 237 Cm 242-Zerfall	Metall, PuO_2, PuN	540
Sr 90	Sr 90 $\xrightarrow{\beta}$ Y 90 Y 90 $\xrightarrow{\beta}$ Zr 90	27,7	0,54 (max) 2,27 (max)	142	0,95	Spaltproduktaufbereitung	$SrTiO_3$	20
Pm 147	Pm 147 $\xrightarrow{\beta}$ Sm 147	2,6	0,23 (max)	914	0,33	Spaltproduktaufbereitung	Metall Pm_2O_3	220
Co 60	Co 60 $\xrightarrow{\beta,\gamma}$ Ni 60	5,3	1,48 (15 %) 0,31 (85 %)	1130	17,4	n-Bestrahlung von Co 59	Metall	15

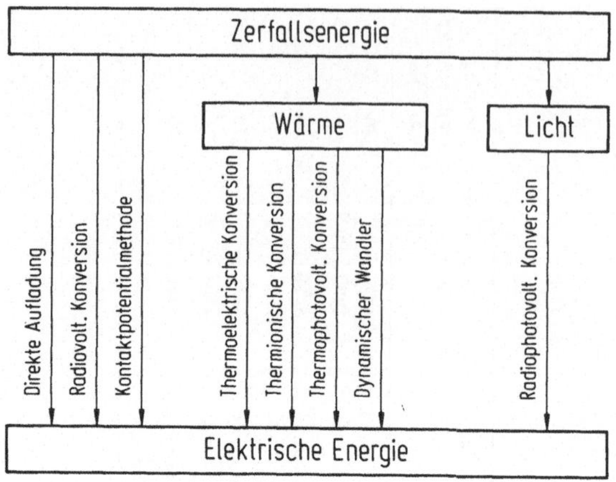

Bild 4.6-1. Verfahren zur Umwandlung der Strahlungsenergie radioaktiver Nuklide in elektrische Energie.

sorption der emittierten α- oder β-Strahlung, da die Energie, die die Teilchen bei ihrer Abbremsung im Festkörper verlieren, vornehmlich in Wärme umgewandelt wird. Die Temperatur einer Radionuklidwärmequelle hängt von mehreren Parametern ab: Der Nuklidmenge, der Leistungsdichte des Nuklids, dem Absorptionskoeffizienten für die Strahlung, den geometrischen Dimensionen der Quelle und dem Wärmeabfluß. Die notwendige Arbeitstemperatur auf der Heißseite der Thermoelemente ist durch die geforderte elektrische Ausgangsleistung bestimmt, da diese direkt proportional zur Temperaturdifferenz an den Thermoelementen ist. Miniaturbatterien zur Versorgung von Herzschrittmachern leisten bei Temperaturgefällen von 50 bis 150 K einige hundert µW. Großbatterien mit Leistungen von 10 bis 100 W arbeiten gewöhnlich bei Temperaturdifferenzen von 500 bis 800 K. Die verwendeten Thermoelementmaterialien müssen, da ihr Wirkungsgrad temperaturabhängig ist, dem Temperaturbereich optimal angepaßt sein. In Kleinbatterien werden fast ausschließlich Bi_2Te_3-Elemente (bis 600 K) benutzt, bei Temperaturen bis 800 K meist PbTe-Elemente, darüber GeSi-Elemente (bis 1200 K). Zur optimalen Ausnutzung von hohen Temperaturgefällen verwendet man oft mehrstufige Wandler, wobei jede Stufe in ihrem günstigsten Temperaturbereich arbeitet.

Für Anwendungen in der *Raumfahrt* (z. B. Satelliten, Raumsonden oder automatischen Meßstationen auf anderen Himmelskörpern) werden neben einer absolut wartungsfreien Lebensdauer der RNB von 5 bis 10 Jahren möglichst geringes Gewicht und Volumen gefordert. Andererseits muß sichergestellt sein, daß die Nuklidkapsel den hohen thermischen (bis 3000 K) und mechanischen Belastungen bei einem Unfall in der Startphase oder beim unkontrollierten Wiedereintritt in die Erdatmosphäre standhält. Zu diesem Zweck bestehen die in der Raumfahrt eingesetzten Nuklidkapseln aus mehreren Schichten, die außer Strukturveränderungen auch Oxydations-, Diffusions- und Korrosionseffekte unterbinden sollen.

Ein weiterer wesentlicher Gesichtspunkt ist die Abschirmbarkeit des Radionuklids. Da einerseits die mitgeführten Meß- und Sendegeräte strahlungsempfindlich sind, andererseits aus Gewichtsgründen die Anbringung einer Abschirmung praktisch unmöglich ist, kann in der Raumfahrt nur der α-Strahler Pu 238 verwendet werden. Unter diesen Umständen lassen sich mit thermoelektrischen RNB in der Raumfahrt bei elektrischen Ausgangsleistungen zwischen einigen Watt und 100 W spezifische Leistungen von maximal 4 bis 5 W/kg und garantierte Lebensdauern von 5 Jahren erreichen.

In der Medizintechnik werden thermoelektrische RNB zur Versorgung von langlebigen Herzschrittmachern verwendet. Die speziellen Forderungen sind hier: Möglichst geringes Gewicht, eine Betriebsdauer von mindestens 10 Jahren und möglichst niedrige Strahlungsbelastung des Patienten. Diesen Bedingungen genügt wiederum nur der α-Strahler Pu 238. An die Reinheit des Nuklids müssen hier zusätzliche Anforderungen gestellt werden. Der Anteil des Isotops Pu 236, das γ-intensive Folgeprodukte hat, soll 0,1 ppm nicht überschreiten. Weiterhin muß die Nuklidkapsel wegen der Unfallrisiken ausreichend temperaturbeständig, korrosionsfest und mechanisch stabil sein. Mit derartigen Pu 238-Batterien lassen sich spezifische Leistungen von rund 10^{-2} W/kg und garantierte Lebensdauern von 10 Jahren erreichen. Herzschrittmacher mit RNB sind im Handel, unterliegen aber der Strahlenüberwachung.

Terrestrisch verwendet man thermoelektrische RNB zur Energieversorgung in extrem unzugänglichen Gebieten (Navigationshilfen für Schiffs- und Flugverkehr, automatische Wetterstationen, Unterwasserstationen und -bojen zur Erfassung ozeanographischer Daten, militärische Ortungsbojen in der Tiefsee). Im Vordergrund stehen hier meist ökonomische Fragen. Masse und Volumen spielen nur eine untergeordnete Rolle. Man greift daher auf preisgünstige Nuklide wie Sr 90 zurück, deren Halbwertszeiten garantierte Betriebsdauern von 5 Jahren und mehr zulassen. Da Masse und Volumen keinen prinzipiellen Beschränkungen unterworfen sind, kann der gesamte Generator hinreichend abgeschirmt werden und seine äußere Hülle so ausgelegt werden, daß sie mechanischen, thermischen und korrosiven Einflüssen widerstehen. Die spezifischen Leistungen terrestrischer RNB liegen je nach Größe und Einsatzbedingungen zwischen etwa 10^{-4} und 10^{-1} W/kg. Terrestrisch verwendbare RNB sind im Handel, unterliegen aber der Strahlenüberwachung.

Zur thermischen Isolation der Nuklidkapsel werden in thermoelektrischen RNB meistens gepreßte Fibermaterialien verwendet (z. B. MinK oder Mikrotherm). Diese anorganischen Substanzen sind faserartig; zur Verringerung der Konvektion befinden sie sich oft in einer verdünnten Atmosphäre von Krypton oder Xenon. Die thermischen Verluste können damit auf 15 bis 20% der Wärmeleistung der Quelle begrenzt werden. Auf Werte unter 10% kann man die Verluste durch Vakuum-Folienisolationen drücken. In Tabelle 4.6-2 sind die Daten einer Reihe von RNB zusammengestellt. Bild 4.6-2 zeigt den Aufbau der in der Bundesrepublik Deutschland von Siemens und MBB entwickelten 20 W-RNB TRISTAN für meerestechnische Anwendungen.

4.6.2.2 Thermionische Radionuklidbatterien

Die thermionische Energiewandlung beruht auf der Glühemission von Elektronen aus Festkörpern (s. Abschnitt 4.7). Vorteile der thermionischen RNB gegenüber thermoelektrischen Batterien sind der höhere Wirkungsgrad bei elektrischen Leistungen oberhalb der Wattgrenze (theoretisch etwa 20%, praktisch erreicht werden etwa 10%) und die ungleich höhere elektrische Leistungsdichte (>10 W/kg möglich). Diese Eigenschaften lassen den Einsatz thermionischer RNB in der Raumfahrt günstig erscheinen. Technische Schwierigkeiten, vor allem beim Betrieb des Wandlers unter den extremen Temperaturbedingungen (Emittertemperaturen von 2000 K) haben eine praktische Anwendung der thermionischen RNB bisher verhindert. Darüber hinaus werden, um die Vorteile zu nutzen, teure Radionuklide mit hohen Leistungsdichten (z. B. Ac 227, Cm 242, U 232) benötigt, deren Hochtemperaturverhalten noch nicht beherrscht wird.

4.6.2.3 Thermophotovoltaische Radionuklidbatterien

In einer thermophotovoltaischen RNB läßt sich die Wärmestrahlung eines Radionuklids mit Hilfe von infrarotempfindlichen Photoelementen in elektrische Energie umwandeln. Sollen die Strahlungsverluste gering gehalten werden, muß die spektrale Verteilung der emittierten Wärmestrahlung möglichst gut mit der spektralen Empfindlichkeit der Photoelemente überlappen. Der

Tabelle 4.6-2. Daten von thermoelektrischen Radionuklidbatterien

Typ	Nuklid	Aktivität Ci	Elektrische Leistung W_{el}	Wirkungsgrad %	Masse kg	Hersteller[1])	Einsatz
SNAP 3 mod	Pu 238	$1,7 \cdot 10^3$	2,7	5	2	MM/USA	Transit-Satellit (seit 1961)
SNAP 19	Pu 238	$2 \cdot 10^4$	40	6,25	13,5	Teledyne/USA	Jupitersonde (1972)
SNAP 27	Pu 238	$4,7 \cdot 10^4$	63	4,2	22	GE/USA	Apollo-Programm (1971–73)
MHW	Pu 238	$7,5 \cdot 10^4$	150	6	35	AEC/USA	Mariner (1977)
IMPS	Pu 238	40	$3,4 \cdot 10^{-2}$	2,5	0,12	Nucl. Batt./USA	
MAPLE IB	Co 60	$1,6 \cdot 10^4$	5	2	$2,5 \cdot 10^3$	AECL/Can.	Navigation (1970)
SENTINEL 25	Sr 90	$0,5–1 \cdot 10^5$	15–32	4–5	$0,7–1,9 \cdot 10^3$	Teledyne/USA	Wetterstationen (seit 1966)
SNAP 21	Sr 90	$2,5 \cdot 10^4$	10	7	$2,3 \cdot 10^2$	MMM/USA	Tiefsee (seit 1969)
TRISTAN	Sr 90	$4,6 \cdot 10^4$	20	7,5	$1,4 \cdot 10^3$	MBB-Siemens/BRD	Meerestechnik (1974)
ATOMCELL	Pu 238	2,2	$6 \cdot 10^{-4}$	1	$3,5 \cdot 10^{-2}$	Nucl. Batt./USA	Herzschrittmacher (seit 1970)
GIPSIE	Pu 238	2,4	$2,5 \cdot 10^{-4}$	0,27	$3 \cdot 10^{-2}$	CEA-Alcatel/F	Herzschrittmacher (seit 1970)

[1]) *Hersteller:* MM Martin-Marietta Co.
GE General Electric Co.
AEC Atomic Energy Commision.
AECL Atomic Energy of Canada Ltd.
MMM Minnesota Mining and Manufacturing Co.
MBB Messerschmitt-Bölkow-Blohm GmbH.
CEA Commissariat à l'Energie Atomique.

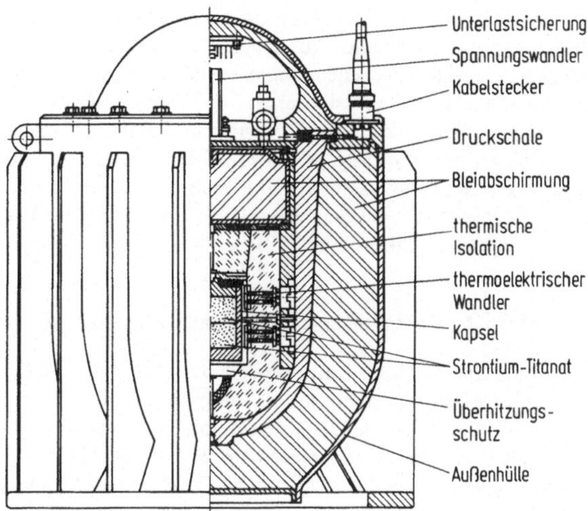

Bild 4.6-2. Schematischer Aufbau der thermoelektrischen Radionuklidbatterie TRISTAN 20 für terrestrische Anwendungen.

vergleichsweise geringe Wirkungsgrad (theoretisch 15 %, praktisch dürften rund 5 % erreichbar sein) sowie die Gefahr von Leistungsdegradationen durch Strahlenschäden in Filtern und Photoelementen stellen die technische Realisierung dieses Verfahrens in Frage.

4.6.2.4 Radionuklidbatterien mit dynamischem Wandler

Eine Radionuklidwärmequelle läßt sich auch mit einer Wärmekraftmaschine und einem konventionellen elektrischen Generator kombinieren. Dabei wird die Zerfallsenergie über die Zwischenstufen Wärme und mechanische Energie in elektrische Energie umgewandelt. Trotz dieser mehrmaligen Konversion sind Gesamtwirkungsgrade von über 25 % möglich. Die dynamischen Wandler gehören im Sinne der oben angegebenen Definition nicht zu den Radionuklidbatterien. Sie verlieren durch die Verwendung bewegter Teile den entscheidenden Vorteil der Wartungsfreiheit über viele Jahre. Als dynamische Wandler bieten sich Dampfturbinen, Gasturbinen und Heißluftmotoren an.

Der Einsatz von RNB mit dynamischen Wandlern ist oberhalb einiger hundert Watt elektrischer Ausgangsleistung günstiger als die Verwendung thermoelektrischer RNB. Für Raumfahrt und terrestrischen Einsatz sind entsprechende Maschinen (500 W bis einige kW, bis 10 W/kg) mit Pu 238- bzw. Sr90- oder Co60-Wärmequellen in Entwicklung. In der Medizintechnik ist an implantierbaren 50 W-Wandlern mit Pu 238 zur Energieversorgung von künstlichen Herzen gearbeitet worden.

4.6.2.5 Radiophotovoltaische Radionuklidbatterien

In diesen Radionuklidbatterien wird die Strahlungsenergie eines Nuklids zunächst in Licht und dieses dann in elektrische Energie umgewandelt. Die Konversion der Strahlungsenergie in Licht geschieht mit Hilfe eines geeigneten Leuchtstoffs. Die günstigsten Quantenausbeuten zeigen Phosphore der ZnS-Klasse: ZnS:Cu etwa 25 %, ZnCdS:Ag etwa 33 %. Die Auswahl der zur Konversion geeigneten Nuklide ist durch die auftretende Lumineszenzschädigung unter Teilchenbeschuß eingeschränkt. α-Strahler scheiden hier völlig aus, da sie schon bei relativ kleinen Dosen starke Schädigungen verursachen. Einzig der relativ kurzlebige β-Strahler Pm 147 (HWZ 2,7a) genügt den gestellten Anforderungen: niedrige Teilchenenergie, ausreichende Leistungsdichte, geringe Kosten. Nachteil der radiophotovoltaischen Konversion ist, daß der Wirkungsgrad von Photoelementen mit abnehmender Beleuchtungsstärke stark abfällt. Die erreichbaren Beleuchtungsstärken liegen in der Größenordnung von 10 Lux, die Wirkungsgrade von Siliziumelementen liegen hier unter 2%. Theoretische Abschätzungen für den Gesamtwirkungsgrad ergeben einen maximalen Gesamtwirkungsgrad von rund 1%, praktisch wurden etwa 0,4% erreicht. Aus diesem Grund hat die radiophotovoltaische Konversion praktisch keine Bedeutung.

4.6.2.6 Radiovoltaische Radionuklidbatterien

Energiereiche Strahlung macht durch Ionisationsprozesse in einem Halbleiter Ladungsträger frei. Analog zur photovoltaischen Energiewandlung kann daher auch durch Teilchenbestrahlung elektrische Energie erzeugt werden. Da gleichzeitig mit der Ladungsträgerbefreiung in der Umgebung der Sperrschicht Strahlungsdefekte entstehen, die die Diffusionslängen der freien Ladungsträger verringern, muß man unter energiereicher Teilchenbestrahlung mit Leistungsdegradationen rechnen. Die Auswahl der in der radiovoltaischen Konversion verwendbaren Nuklide ist daher stark eingeschränkt. α-Strahler sind wegen der hohen Defekterzeugungsraten ungeeignet. Von den verfügbaren β-Strahlern kommen nur solche in Frage, deren Maximalenergie die Grenzenergie

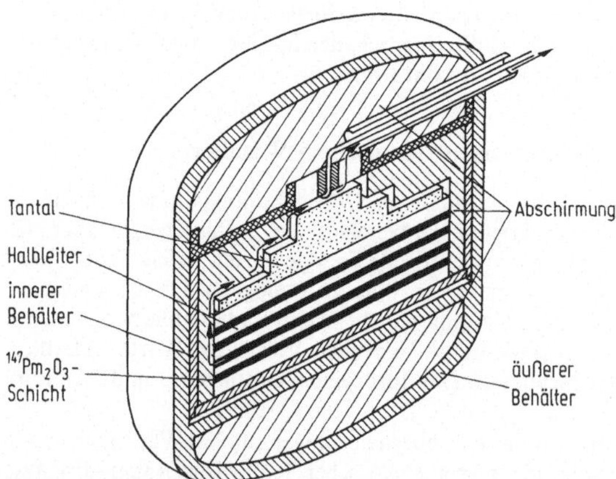

Bild 4.6-3. Schematischer Aufbau der radiovoltaischen Radionuklidbatterie BETACEL 400.

für Defekterzeugung im Halbleiter nicht wesentlich überschreiten. Unter anderem sind deshalb hier nur Pm 147 und H 3 diskutabel. Silizium ist im Augenblick das gebräuchlichste Halbleitermaterial, obwohl es von anderen Substanzen (z. B. GaAs) hinsichtlich spezieller physikalischer Eigenschaften übertroffen wird. Die z. Z. überlegene Technologie der Siliziumelemente führt dazu, daß mit ihnen die besten Wirkungsgrade erzielt werden. Mit einer ebenen Anordnung einer Pm 147-Schicht zwischen zwei Siliziumelementen wird ein maximaler Wirkungsgrad von 4% (theoretisch 5%) erreicht, mit der Kombination H 3/Si-Elemente 1,3%. Obwohl der Leistungsbereich, in dem radiovoltaische RNB eingesetzt werden können, prinzipiell nicht beschränkt ist, gibt es eine Grenze bei einigen 10^{-4} W, oberhalb derer thermoelektrische RNB günstiger arbeiten. Bild 4.6-3 zeigt einen Schnitt durch eine radiovoltaische RNB für die Stromversorgung von Herzschrittmachern.

4.6.2.7 Radionuklidbatterien mit direkter Aufladung

Eine RNB mit direkter Aufladung besteht im Prinzip aus einem Emitter, der das Radionuklid enthält, und einem von ihm isolierten Kollektor, der die emittierten Teilchen auffängt. Solche Batterien sind mit sphärischer, zylindrischer und ebener Geometrie gebaut worden. Als Isolator dienen entweder feste Dielektrika oder Vakuum. Vakuumkonverter liefern sehr hohe Leerlaufspannungen, die nur durch die Durchbruchsfeldstärke bzw. das sich im Leerlauf aufbauende Gegenfeld begrenzt sind. Die Strom-Spannungs-Kennlinien verlaufen besonders bei hohen Spannungen bzw. kleinen Lasten sehr steil, d. h. die Spannungen brechen unter Last sehr schnell zusammen. Der maximale theoretische Wirkungsgrad liegt bei 11,6% für Kugelsymmetrie, 5,4% für Zylindersymmetrie und 2,2% für ebene Geometrie. Problematisch ist die Aufrechterhaltung des Vakuums über längere Zeit. Wird ein festes Dielektrikum als Isolator verwendet, so vereinfacht sich der Aufbau der Batterie entscheidend. Gleichzeitig verringert sich aber auch der Wirkungsgrad, da die Teilchen beim Durchdringen des Isolators Energieverluste erleiden. Die Verwendung niederenergetischer β-Strahler ist durch die Strahlungsempfindlichkeit der Isolationsmaterialien bedingt. Experimentell wurden Wirkungsgrade in der Größenordnung von 0,1 % bei elektrischen Ausgangsleistungen im µW-Bereich erzielt.

4.6.2.8 Kontaktpotentialbatterien

In diesem Batterietyp befindet sich zwischen zwei Elektroden aus verschiedenartigem Material ein Gas, das durch die Strahlung eines Radionuklids ionisiert wird. Die erzeugten Ladungsträger werden in dem Feld, das durch das Kontaktpotential hervorgerufen wird, zu den Elektroden abgeführt. H 3 und Kr 85 können, da sie gasförmig sind, gleichzeitig als Füllgas und als Strahlungsquelle verwendet werden. Die erreichbaren Leistungen liegen im µW-Bereich, die Wirkungsgrade bei 0,1 bis 0,5%. Die Kontaktpotentialbatterie hat bisher keine technische Bedeutung.

4.7 Thermionische Konverter

[17, 18, 19]

Der thermionische Konverter ist im Prinzip eine Diode, deren geheizte Kathode (Emitter) Elektronen aussendet. Falls die mittleren freien Weglängen der Elektronen größer als der Elektrodenabstand sind, und die Elektronenaustrittarbeit des Emitters größer als die der Anode (Kollektor) ist, laufen die Elektronen vom Emitter zum gekühlten Kollektor und laden ihn negativ auf. Von der Ausführung her unterscheidet man zwischen Vakuum-, Cäsium- und Edelgaskonvertern, wobei nur der Cäsiumkonverter eine gewisse technische Bedeutung erlangt hat.

4.7.1 Grundlagen

Bild 4.7-1 zeigt den prinzipiellen Aufbau einer thermionischen Diode und das zugehörige Energiediagramm. Der Elektrodenzwischenraum ist je nach Konvertertyp evakuiert oder mit einem Edelgas bzw. Cäsiumdampf gefüllt. Die Elektroden selbst sind gut wärmeleitend mit einer Wärmequelle (Emitter) bzw. einer Wärmesenke (Kollektor) verbunden. Emitter und Kollektor haben die Elektronenaustrittsarbeiten Φ_E und Φ_K. Für die vom heißen Emitter bei der Temperatur T

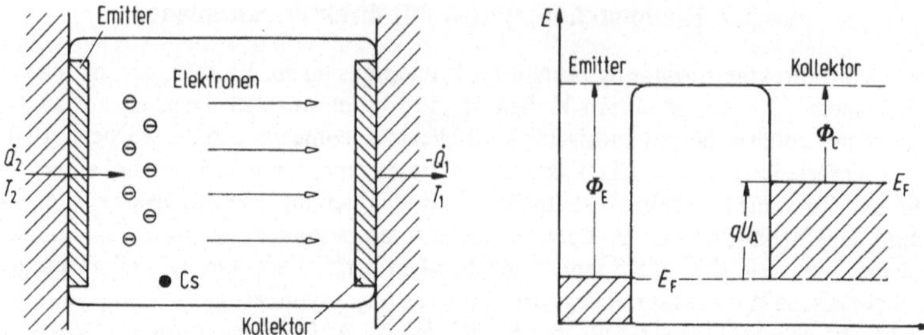

Bild 4.7-1. Prinzip des thermionischen Konverters und Energiediagramm der Emitter-Kollektor-Anordnung.

emittierte Elektronenstromdichte j gilt die *Richardsonsche Gleichung:*

$$j = AT^2 \exp - \frac{e_0 \Phi_E}{kT} \tag{4.7-1}$$

(A Materialkonstante, e_0 Elementarladung, k Boltzmannkonstante).

Die Gleichung beschreibt die Elektronenemission nur bei Abwesenheit von Raumladungen vor dem Emitter. Die austretenden Elektronen besitzen die mittlere kinetische Energie $2kT_E$ und gegenüber dem Fermipotential der Kathode die potentielle Energie $e_0\Phi_E$. In der folgenden Betrachtung wird der vergleichsweise geringe Anteil $2kT_E$ an der Gesamtenergie der Elektronen vernachlässigt. Die potentielle Energie $e_0\Phi_E$ läßt sich nur dann effektiv zur Arbeitsleistung ausnutzen, wenn die Elektronen beim Eintritt in die Anode nicht wieder ihre gesamte potentielle Energie verlieren, d.h. die Bedingung $\Phi_E > \Phi_K$ muß erfüllt sein. Während der Elektronenemission müssen die Arbeit leistenden Energiebeträge $e_0\Phi_E$ durch die Wärmequelle nachgeliefert werden, sonst sinkt die Emittertemperatur infolge der sog. „Elektronenkühlung" ab.

Für den thermischen Wirkungsgrad (Quotient aus elektrischer Nutzleistung N_{el} und zugeführter Wärmemenge Q_{th}) gilt:

$$\eta = \frac{N_{el}}{Q_{th}} = \frac{j(\Phi_E - \Phi_K)}{j\left(\Phi_E + \dfrac{2kT}{e_0}\right) + V} \tag{4.7-2}$$

$j(\Phi_E + 2kT/e_0)$ ist die Wärmeleistung des Emitters bei der Umwandlung von Wärme in potentielle und kinetische Energie der Elektronen. V trägt den Verlusten durch Wärmeleitung, Wärmestrahlung und durch Ionisation im Elektrodenzwischenraum Rechnung.

4.7.2 Konvertertypen

In der *Vakuum-* oder *Spaltdiode* bringt man Emitter und Kollektor möglichst dicht zusammen. Im Raumladungsgebiet wächst die Stromstärke quadratisch mit der Verringerung des Elektrodenabstandes. In der Praxis sind, um ausreichende Wirkungsgrade erzielen zu können, Abstände zwischen 0,001 und 0,01 mm notwendig. Da die Emittertemperaturen gleichzeitig weit über 1000 K liegen müssen, sind Kurzschlüsse kaum zu vermeiden. Besonders kritisch sind die beim Anwärmen oder Abschalten der Dioden auftretenden Verwerfungen größerer Flächen.

In der *Edelgasdiode* werden die zur Raumladungskompensation benötigten positiven Ionen in einer Hilfsentladung (dritte Elektrode) erzeugt. Die zur Aufrechterhaltung der Hilfsentladung erforderliche elektrische Leistung kann i. allg. klein gegen die elektrische Nutzleistung des Konverters gehalten werden. Die Edelgasdiode ist mit Elektrodenabständen in der Größenordnung von Zehntel Millimeter realisierbar. Sie liefert schon bei relativ niedrigen Emittertemperaturen (1200 bis 1500 K) und bei Verwendung spezieller Halbleiteremitter (z. B. BaO) Stromdichten in der Größenordnung von 1 A/cm^2 und Lastspannungen von einigen Zehntel Volt. Leider sind Halbleiterelektroden außerordentlich temperaturempfindlich, so daß eine praktische Verwendung dieses Typs kaum in Frage kommt.

Der eigentliche Durchbruch in der Entwicklung thermionischer Konverter gelang durch die Verwendung von Cäsiumdampf zur Raumladungskompensation. Cäsiumionen können durch Kontaktionisation an der heißen Emitteroberfläche oder durch Stoßionisation in einer Niedervoltentladung im Elektrodenzwischenraum erzeugt werden. Wegen der sehr unterschiedlichen Massen von Cs-Ionen und Elektronen und der daraus resultierenden unterschiedlichen Geschwindigkeiten im Elektrodenzwischenraum vermag 1 Cs-Ion die Raumladungswirkung von rund 500 Elektronen aufzuheben.

Durch den in Gegenwart von Cs-Dampf auftretenden *Langmuir-Taylor-Effekt* werden gleichzeitig durch Cs-Adsorption an den Elektrodenoberflächen die Austrittsarbeiten der Elektrodenwerkstoffe erheblich erniedrigt. Die Größe der Austrittsarbeiterniedrigung ist dabei eine Funktion des Cs-Dampfdrucks und der Elektrodentemperatur. Eine Differenz der Austrittsarbeiten stellt sich auch dann ein, wenn Emitter und Kollektor aus dem gleichen Material bestehen, denn der kältere Kollektor wird sich stärker mit Cs bedecken als der heiße Emitter.

Der Hochdruck-Cäsiumkonverter arbeitet mit Cs-Drücken zwischen 1,5 und 15 mbar. Wegen der Stoßverluste bei derart hohen Drücken darf auch hier, sollen ausreichende Wirkungsgrade erzielt

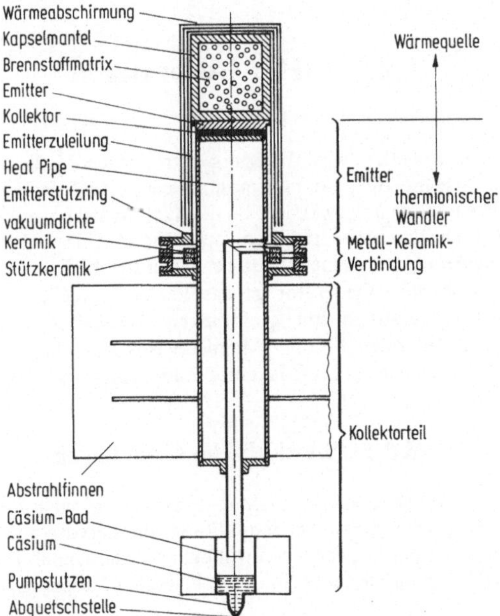

Bild 4.7-2. Aufbau eines thermionischen 25 W_{el}-Konverters mit Radionuklidwärmequelle.

werden, der Elektrodenabstand einige Zehntel Millimeter nicht überschreiten. Die hohen Emittertemperaturen (bis 2000 K) im Hochdruckkonverter erfordern bei den kleinen Elektrodenabständen den Einsatz hochwarmzugfester Legierungen auf Wolfram-, Rhenium- oder Molybdänbasis. Die Austrittsarbeiten dieser Legierungen lassen sich auf 2,5 bis 3 eV (Emitter) bzw. 1,5 bis 2 eV (Kollektor) einstellen. Wegen des zusätzlichen Spannungsverlustes bei der Aufrechterhaltung der Cs-Entladung läßt sich die Ausgangsleistung nur bei Lastspannungen von einigen Zehntel Volt entnehmen.

Bild 4.7-2 zeigt den Aufbau eines 25 W-Cäsiumkonverters, der für die Stromversorgung von Satelliten entwickelt wurde. Als Wärmequelle (250 W) war das Radionuklid Ac 227 vorgesehen. Der Emitter besteht aus einer W/Re-Legierung und arbeitet bei 1800 K. Der Kollektor ist aus Molybdän gefertigt, seine Temperatur liegt bei 1000 K. Der Elektrodenabstand beträgt 0,18 mm, der Cs-Druck 5,3 mbar. Die Abwärme wird mit einem Na-Wärmerohr zu Radiatoren transportiert. Der Wirkungsgrad des Konverters liegt bei rund 10%, die spezifische elektrische Leistung bei 25 W/kg. Mit elektrisch beheizten Prototypen erreichte man Lebensdauern von mehreren 10000 Std.

Günstige Eigenschaften (Höhere Wirkungsgrade, höhere Betriebsdauern) erwartet man von der Entwicklung der Cs-Niederdruckkonverter. Ziel ist vor allem, die Arbeitstemperatur des Emitters auf Werte unter 1500 K zu senken und den Elektrodenabstand auf 1 bis 2 mm zu erweitern. Damit böte sich die Möglichkeit, auf der Emitterseite billigere, leichter zu handhabende Legierungen zu verwenden.

Als Wärmequellen für thermionische Konverter kommen fossile Brennstoffe, Sonnenwärme, Radionuklide und Kernreaktoren in Frage. Als Anwendungen denkt man an: mobile und stationäre Generatoren mit fossiler oder solarer Beheizung sowie Vorschaltstufen in Großkraftwerken. Für die Raumfahrt- und Satellitentechnik sind thermionische Konverter wegen ihrer relativ hohen spezifischen Leistungen und ihre hohe Abwärmetemperatur interessant (Radionuklidbatterien, kompakte Thermionikreaktoren).

4.8 MHD-Generatoren

[17, 18, 21]

In konventionellen Kraftwerken wird die Energie strömender Medien (Flüssigkeiten, Dämpfe, Gase) mit Hilfe einer Turbine zunächst in Rotationsenergie und dann in einem angekuppelten Generator in elektrische Energie umgewandelt. Im magneto-hydrodynamischen (MHD-)Generator entfällt der erste Schritt. Die kinetische und thermische Energie eines elektrisch leitenden, strömenden Mediums wird in einem Quermagnetfeld direkt in elektrische Energie umgesetzt. Von Vorteil gegenüber dem konventionellen Generator ist das Fehlen beweglicher Teile. In der Literatur bezeichnet man MHD-Generatoren mit gasförmigen Arbeitsmedien gelegentlich als MPD- (Magnetoplasmadynamische) oder MGD- (Magnetogasdynamische) Generatoren, solche mit flüssigen Arbeitsmedien auch als MFD- (Magnetofluiddynamische) Generatoren.

4.8.1 Physikalische Grundlagen

Elektrische Ladungsträger werden in einem Magnetfeld bewegt, nach dem Induktionsgesetz wird dadurch eine Induktionsspannung bzw. ein Induktionsstrom hervorgerufen. Im MHD-Generator durchströmt ein Arbeitsmedium mit der Geschwindigkeit $\boldsymbol{v}$ den Kanal (Bild 4.8-1) senkrecht zum Magnetfeld $\boldsymbol{H} = \boldsymbol{B}/\mu$ ($\boldsymbol{B}$ magnetische Induktion). Die bewegten Ladungsträger (Ladung q) erfahren im $\boldsymbol{B}$-Feld Kräfte

$$\boldsymbol{K} = q(\boldsymbol{v} \times \boldsymbol{B}) \quad \textit{(Lorentzkraft)}, \tag{4.8-1}$$

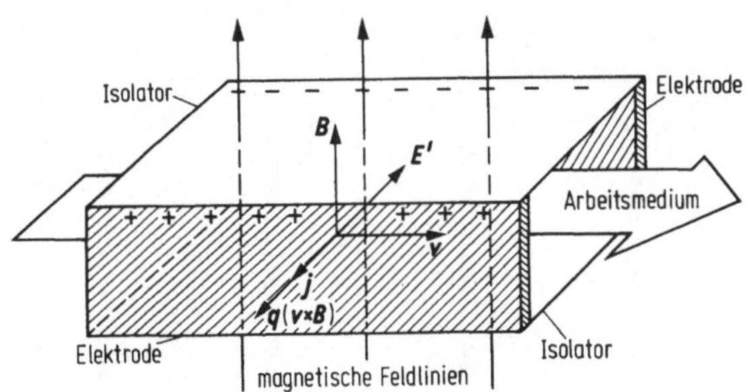

Bild 4.8-1. Prinzip des MHD-Generators.

die sie in Kreisbahnen um die Feldlinien zu zwingen suchen. Die Richtung, in die die Ladungsträger abgelenkt werden, ist durch das Vorzeichen der Ladungen bestimmt. Mithin findet im Kanal eine Ladungstrennung und eine entgegengesetzte Aufladung der Elektroden statt. Im realen Fall ist nur die Bewegung der Elektronen zu berücksichtigen, die Beweglichkeit der Ionen ist vergleichsweise gering. Im unbelasteten Fall erzeugen die Ladungen auf den Elektroden ihrerseits ein dem induzierten Feld $\boldsymbol{E}$ entgegengerichtetes Feld $\boldsymbol{E}'$

$$\boldsymbol{E}' = -(\boldsymbol{v} \times \boldsymbol{B}). \tag{4.8-2}$$

Bei Kurzschluß der Elektroden ist die Stromdichte

$$\boldsymbol{S} = \sigma \cdot \boldsymbol{E} = \sigma(\boldsymbol{v} \times \boldsymbol{B}) \quad (\sigma \text{ el. Leitfähigkeit des bewegten Mediums}) \tag{4.8-3}$$

Im allgemeinen Fall $(\boldsymbol{S}, \boldsymbol{E} \neq 0)$ ist

$$\boldsymbol{S} = \sigma(\boldsymbol{E}' + \boldsymbol{v} \times \boldsymbol{B}) = \sigma \cdot \boldsymbol{E}^*. \tag{4.8-4}$$

$\boldsymbol{E}^*$ ist das resultierende elektrische Feld in dem mit der Geschwindigkeit $\boldsymbol{v}$ mitbewegten Bezugssystem.

In Gl. (4.8-4) ist die Wirkung des $\boldsymbol{B}$-Feldes auf die durch die Lorentzkraft zusätzlich verursachte Bewegung der Ladungsträger noch nicht berücksichtigt. Dadurch tritt eine weitere $(\boldsymbol{S} \times \boldsymbol{B})$-Kraftkomponente in Kanalrichtung auf (Hall-Komponente). Gegen die der Strömung entgegengerichteten Bremskräfte muß das Medium Arbeit leisten. Diese Kräfte sind dafür verantwortlich, daß die resultierende Stromdichte $\boldsymbol{S}$ und das Feld $\boldsymbol{E}^*$ nicht mehr gleichgerichtet sind. Der sog. Hall-Parameter $\beta = \tan(\boldsymbol{S}, \boldsymbol{E}^*)$ beschreibt die Abhängigkeit der effektiven Stromdichte vom Winkel zwischen $\boldsymbol{S}$ und $\boldsymbol{E}^*$. Der Strom im Kanal fließt nicht auf dem kürzesten (senkrechten) Weg zwischen den Elektroden, sondern auf längeren, komplizierteren Bahnen.

Die entsprechenden Spannungskomponenten senkrecht und parallel zur Strömungsrichtung des Mediums heißen *Faraday-* und *Hall-Spannung*. Um Verluste durch Überlagerungen der durch die Spannungskomponenten erzeugten Ströme im Kanal und in den Elektroden zu unterbinden, verwendet man fein segmentierte Elektrodenkonfigurationen (Bild 4.8-2).

Die aus dem *Faraday-Generator* entnehmbare Leistung ist gegeben durch

$$N_{\mathrm{F}} = \sigma(1 - K_{\mathrm{F}}) K_{\mathrm{F}} v^2 B^2. \tag{4.8-5}$$

K_{F} ist der durch das Verhältnis von Klemmenspannung und induzierter Spannung gegebene Lastfaktor. Der Faraday-Generator liefert, bedingt durch die Schaltung der Elektroden, große Ströme bei relativ niedrigen Spannungen.

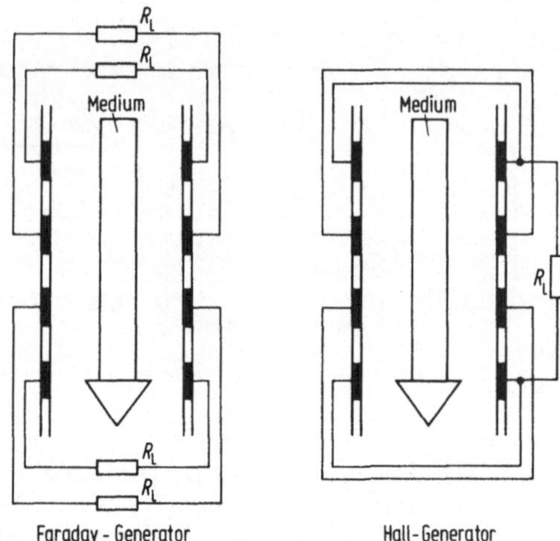

Bild 4.8-2. Elektrodenkonfiguration und -schaltung im Faraday- und im Hall-Generator.

Im *Hallgenerator* schließt man gegenüberliegende Elektroden kurz und entnimmt die aus dem Halleffekt stammende Leistung der ersten und der letzten Elektrode. Er liefert daher hohe Spannungen bei kleinen Strömen. Seine Leistung ist gegeben durch

$$N_H = \sigma \frac{\beta^2}{1+\beta^2} K_H(1-K_H) v^2 B^2 . \tag{4.8-6}$$

$K_H (\neq K_F)$ ist der Lastfaktor für den Hallgenerator.

4.8.2 Probleme der MHD-Generatorentwicklung

Entscheidende Größen, die die Leistung des MHD-Generators bestimmen, sind die elektrische Leitfähigkeit σ des Arbeitsmediums, die Strömungsgeschwindigkeit v und die magnetische Induktion B, letztere gehen quadratisch in Gln. (4.8-5) und (4.8-6) ein. Typische Werte sind: 3000 K, 1000 m/s und 2 bis 3 Tesla.

Die Leitfähigkeiten der verfügbaren Arbeitsmedien liegen um Größenordnungen unter den Werten der gebräuchlichen metallischen Leiter (vgl. Tabelle 4.8-1). In Edelgasen oder Verbrennungsgasen treten erst oberhalb 4000 K nennenswerte Leitfähigkeiten infolge thermischer Ionisation auf. In den technisch noch beherrschbaren Temperaturbereichen (2500 bis 3000 K) behilft man sich mit leicht ionisierbaren Zusätzen wie Kalium- oder Cäsiumverbindungen und erzielt damit Werte bis etwa 10^2 Siemens/m.

Auch bezüglich der erreichbaren Strömungsgeschwindigkeiten v unterscheiden sich Gase und Flüssigkeiten sehr stark. Gasförmige Medien lassen sich thermodynamisch durch Entspannung an einer Düse verhältnismäßig leicht auf hohe Geschwindigkeiten beschleunigen (Tabelle 4.8-2). Flüssigkeiten sind dagegen inkompressibel und zeigen darüber hinaus eine weitaus höhere Wandreibung. Eine technisch befriedigende Lösung zur Beschleunigung flüssiger Medien (z. B. in zweiphasigen Systemen) steht noch aus.

Die zur Erzeugung eines Magnetfelds erforderliche Leistung ist annähernd proportional zum Durchmesser des Spalts zwischen den Polen, hier zum Durchmesser des MHD-Kanals. Konventio-

Tabelle 4.8-1. Leitfähigkeit verschiedener Materialien für MHD-Generatoren im Vergleich zu Kupfer

Material	Cu met.	Na flüss.	He/2 % Cs		Ne/0,1 % Cs		Ar/0,1 % Cs		Verbrennungsgase
			2000 K	2400 K	2000 K	2400 K	2000 K	2400 K	3000 K/0,04atm K
σ in Siemens/m	$5{,}6 \cdot 10^7$	$2 \cdot 10^4$	6	40	10	60	20	100	150

Tabelle 4.8-2. Erreichbare Strömungsgeschwindigkeiten mit verschiedenen Arbeitsmedien, geschätzt

Medium	Flüssigmetalle	Unterschall-Edelgasplasmen	Verbrennungsgasplasmen
v in m/s	100...200	1000	1000...3000

nelle Magnete verbrauchen bei Induktionen von mehr als 1 Tesla erhebliche Teile der erzeugten elektrischen Leistung. Erst der Einsatz von Magneten mit supraleitenden Wicklungen verspricht den ökonomischen Betrieb von MHD-Generatoren bei Induktionen von 5 bis 10 Tesla in größeren Kanalvolumina.

Im technisch-realisierbaren MHD-Generator werden Leistung bzw. Wirkungsgrad noch durch eine Reihe von weiteren Verlusten reduziert: Durch ungenügende Trennung von Hall- und Faradayströmen, da die Segmentierung der Elektroden nicht beliebig fein ausführbar ist, durch Isolationsverluste an den Elektroden, durch Wirbelstromverluste in den Inhomogenitäten des Magnetfelds am Ein- und Austritt des Arbeitsmediums, durch Verluste am Anoden- und Kathodenfall vor den Elektroden, durch Strömungs- und Wärmeverluste des Arbeitsmediums, durch Verluste bei der Umwandlung des erzeugten Gleichstroms in Wechselstrom.

Noch nicht befriedigend gelöst ist vor allem das Problem der Beständigkeit von Elektroden- und Isolationsmaterialien unter den im Kanal herrschenden Temperaturverhältnissen und dem korrosiven Einfluß der aggressiven Saatmaterialien bzw. der flüssigen Arbeitsmedien.

4.8.3 MHD-Generatoren mit verschiedenen Arbeitsmedien

Je nach dem verwendeten Arbeitsmedium unterscheidet man zwischen *Edelgas-*, *Verbrennungsgas-* und *Flüssigmetall*-MHD-Generatoren. Als Anwendungsmöglichkeiten werden stationäre Kraftwerksanlagen, Spitzenlastkraftwerke, Notstromanlagen, Stoßleistungsaggregate höchster Leistung oder Energieversorgungsanlagen für die Raumfahrt angegeben.

Der Edelgasgenerator ist vornehmlich als Vorschaltstufe für Kraftwerksanlagen in Verbindung mit gasgekühlten Hochtemperaturreaktoren konzipiert.

Am weitesten ist die Entwicklung von MHD-Generatoren für Verbrennungsgas fortgeschritten. Die Generatoren wären prinzipiell in allen obengenannten Anwendungsbereichen einsetzbar: In fossil beheizten Kraftwerken als Hochtemperatur-Vorschaltstufen mit offenem Primärkreislauf (Gesamtwirkungsgrade 50 bis 55 %) oder als Stoßleistungsgeneratoren für den kurzfristigen Betrieb. Hier sind hohe Arbeitstemperaturen (2500 bis 3500 K) und sehr hohe Leistungsdichten (über 1000 MW/m^3) mit Explosivtreibsätzen oder Raketenbrennkammern zu erreichen. Als Brennstoffe kommen Kohle, Erdöl, Erdgas oder Kohlegas in Frage, die mit vorgewärmter, sauerstoffangereicherter Luft verbrannt werden.

Noch höhere Leistungsdichten in der Größenordnung von 10^{10} W/m^3 könnte man von Flüssigmetallwandlern erwarten. Es gibt Konzepte, die die Verbindung eines Na-gekühlten

Hochtemperaturreaktors mit einem Na-MHD-Generator über einen geschlossenen Na-Kreislauf und einer nachgeschalteten konventionellen Stufe vorsehen. Die Realisierung derartiger Kraftwerke ist allerdings sehr zweifelhaft, weil einerseits die Wirkungsgrade kaum über denen konventioneller Kraftwerke liegen werden, andererseits erhebliche Entwicklungsprobleme sowohl für Na-gekühlte Hochtemperaturreaktoren als auch für Flüssigmetall-MHD-Wandler (z. B. Flüssigkeitsbeschleunigung, Elektroden- und Isolationskorrosion) bestehen.

4.9 Photoelemente (Solarzellen)

[18, 22]

Als *photovoltaischen Effekt* bezeichnet man das Auftreten einer Photospannung als Folge einer Absorption ionisierender Strahlung in Festkörpern, Flüssigkeiten oder Gasen. Die Ausbildung von elektrischen Makropotentialen in Photoelementen wird durch die Trennung freier Ladungsträger im elektrischen Feld von Sperrschichten an den Grenzflächen von n-Halbleiter/p-Halbleiter oder Halbleiter/Metall-Strukturen ermöglicht.

Solarzellen sind Photoelemente, die speziell zur Konversion des Sonnenlichts in elektrische Energie verwendet werden.

4.9.1 Absorption von Licht in Halbleitern

Der für den photovoltaischen Effekt in Festkörpern maßgebende Absorptionsprozeß besteht in einer Anregung von Elektronen aus dem Valenzband in das Leitungsband durch die Wechselwirkung von Lichtquanten mit Valenzelektronen. Die Absorption gehorcht einem Exponentialgesetz:

$$N(x)=N(o)\,e^{-Kx}. \tag{4.9-1}$$

($N(o)$ Zahl der Lichtquanten an der Oberfläche, $N(x)$ Zahl der nicht absorbierten Lichtquanten in der Tiefe x unter der Oberfläche, K Materialspezifische Absorptionskonstante).

K ist eine Funktion der Quantenenergie bzw. der Größe der Bandlücke E_g zwischen Valenz- und Leitungsband des Halbleiters. Bild 4.9-1 zeigt die Abhängigkeit der Absorptionskonstanten K von der Quantenenergie für verschiedene Halbleiter. Charakteristisch für die Kurven sind die scharfen Absorptionskanten bei $h\nu=E_g$ (h Plancksches Wirkungsquantum, ν Frequenz des Lichts). Für $h\nu<E_g$ ist K sehr klein, für $h\nu>E_g$ steigt K mehr oder weniger steil an. Dabei zeigen Halbleiter mit direkten Band-Band-Übergängen ($h\nu_{min}=E_g$) sehr steile Absorptionskurven (z. B. GaAs), Halbleiter mit indirekter Absorption ($h\nu_{min}>E_g$ durch Beteiligung von Phononen am Absorptionsprozeß) schwächer ansteigende Absorptionskurven (z. B. Si). Im allgemeinen wird man für Photoelemente Halbleitermaterialien mit steilen Absorptionskanten bevorzugen, da dann die zur vollständigen Lichtabsorption erforderliche Schichtdicke gering ist (z. B. $<10\,\mu m$ in Ge oder GaAs).

4.9.2 Ladungstrennung in einer Sperrschicht

Die Ladungstrennung im Photoelement geschieht im internen elektrischen Feld einer Sperrschicht, die durch einen pn-Übergang zwischen zwei Halbleitern oder eine *Schottky-Barriere* an einem Metall/Halbleiter-Übergang aufgebaut wird. Die in der Umgebung der Sperrschicht erzeugten Minoritätsträger, d. h. Elektronen im p-Bereich und Löcher im n-Bereich, können zum pn-Übergang diffundieren und werden durch das Feld in den n- bzw. p-Bereich getrieben (Bild 4.9-2). Infolgedessen wird der p-Bereich positiv, der n-Bereich negativ aufgeladen. Da die Lebensdauern der

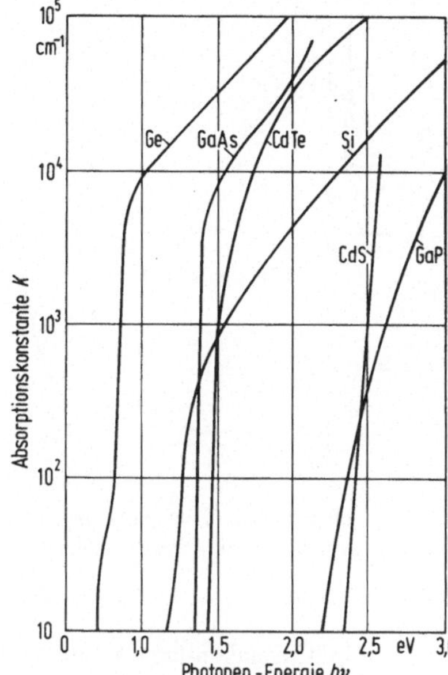

Bild 4.9-1. Absorptionskonstante K in Abhängigkeit von der Quantenenergie $h\nu$ für verschiedene Halbleiter.

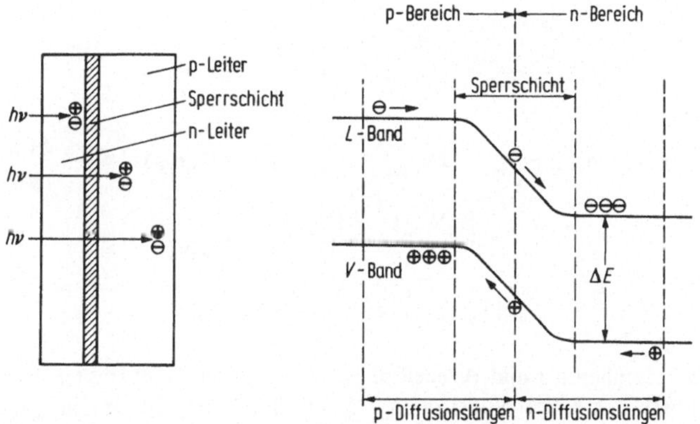

Bild 4.9-2. Aufbau und Wirkungsweise eines pn-Sperrschichtphotoelements.

freien Ladungsträger durch Oberflächen- und Volumenrekombination begrenzt sind, sind es auch die mittleren freien Weglängen für den Diffusionsvorgang. Mithin ist die Ladungsträgererzeugung nur wirksam in einer Umgebung der Sperrschicht, die durch die Diffusionslängen der Minoritätsträger im p- und n-Bereich bestimmt ist.

Bild 4.9-3 zeigt zwei Strom-Spannungs-Kennlinien eines pn-Sperrschichtphotoelements bei Dunkelheit (Kurve *a*) und bei Beleuchtung (Kurve *b*). Die zur Beurteilung der Leistung interessanten Parameter sind der Kurzschlußstrom i_K, die Leerlaufspannung U_L sowie Strom und Spannung im

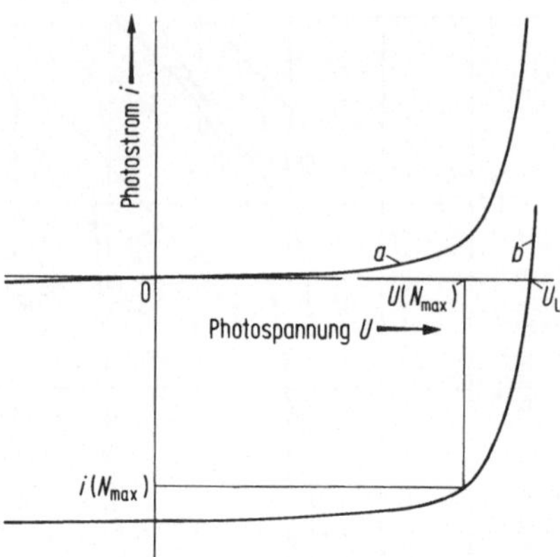

Bild 4.9-3. Kennlinien eines pn-Sperrschichtphotoelements: bei Dunkelheit (a), bei Beleuchtung (b).

Maximum der elektrischen Ausgangsleistung $i(N_{max})$, $U(N_{max})$. Die Kennlinie eines idealen Photoelements wird durch die *Shockley-Gleichung* beschrieben:

$$i = i_0 \cdot (e^{U/U_T} - 1) - i_p. \tag{4.9-2}$$

$\left(U_T = \frac{kT}{e_0}\right.$, k Boltzmannkonstante, T absolute Temperatur, i_0 Diodenreststrom in Sperrichtung, i_p Photostrom).

Für i_k und U_L ergibt sich mit $U=0$ bzw. $i=0$ aus Gl. (4.9-2):

$$i_k = -i_p, \tag{4.9-3}$$

$$U_L = U_T \ln\left(\frac{i_p}{i_0} + 1\right). \tag{4.9-4}$$

Der Punkt maximaler Leistung $N_{max} = i(N_{max}) \cdot U(N_{max})$ in der Kurve ist durch $\frac{d(i \cdot U)}{dU} = 0$ gegeben.

$$1 + \frac{U(N_{max})}{U_T} \cdot e^{\frac{U(N_{max})}{U_T}} = 1 + \frac{i_p}{i_0}, \tag{4.9-5}$$

$$i(N_{max}) = i_0 \left(e^{\frac{U(N_{max})}{U_T}} - 1\right) - i_p. \tag{4.9-6}$$

Bei vorgegebener Temperatur und Beleuchtungsstärke werden die charakteristischen Parameter ausschließlich durch den Kurzschlußstrom $i_K \doteq i_p$ und durch den Quotienten i_p/i_0 bestimmt. Der Photostrom i_p ist seinerseits gegeben durch:

$$i_p = e_0 M w. \tag{4.9-7}$$

M Zahl der Ladungsträger, die tatsächlich zur Sperrschicht gelangen; w Zahl der Quanten mit $h\nu \gtrsim E_g$.

Der Diodenreststrom nimmt exponentiell mit wachsendem Bandabstand E_g ab. Niedrige i_0-Werte können prinzipiell durch Verwendung von Halbleitern mit großen Bandlücken erreicht werden. Bild 4.9-4 zeigt die Abhängigkeit des Kurzschlußstroms i_k und der Leerlaufspannung U_L von der Bestrahlungsdichte eines Photoelements. Für i_k besteht eine lineare Beziehung gemäß Gl. (4.9-7), für U_L eine logarithmische nach Gl. (4.9-4). Für den Wirkungsgrad eines Photoelements gilt unter

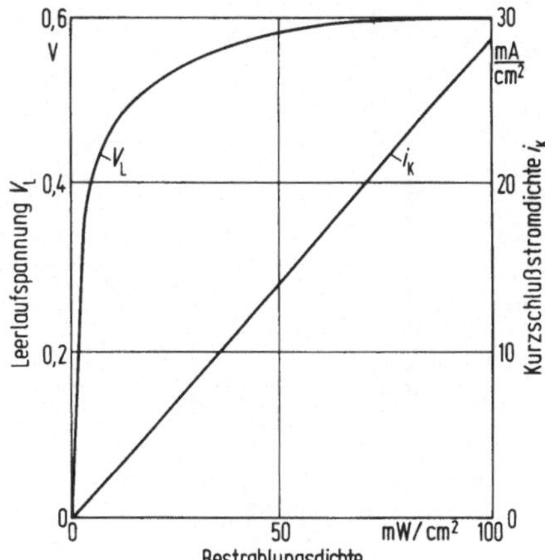

Bild 4.9-4. Kurzschlußstrom und Leerlaufspannung eines Sperrschichtphotoelements.

idealisierten Bedingungen

$$\eta_{max} = \frac{U(N_{max})/U_T}{1 + U(N_{max})/U_T} \cdot \frac{e_0 U(N_{max})}{E_g}. \tag{4.9-8}$$

Er ist im wesentlichen durch das Verhältnis der Photospannung $U(N_{max})$ zum Bandabstand E_g bestimmt, $U(N_{max})$ seinerseits durch i_k/i_0.

4.9.3 Eigenschaften von Sperrschicht-Photoelementen

Die bekannten pn-Sperrschichtphotoelemente[1]) lassen sich in zwei Gruppen einteilen: Elemente mit homogenen pn-Übergängen, d. h. p- und n-Leiter bestehen aus dem gleichen Material, unterscheiden sich aber in der Dotierung (z. B. Si- oder GaAs-Solarzellen) und Elemente mit heterogenen pn-Übergängen, mit n- und p-Leitern aus unterschiedlichen Materialien (z. B. CdS- oder CdTe-Dünnschichtsolarzellen, mit p-CuS_2/n-CdS bzw. mit p-Cu_2Te/n-CdTe). Zur Herstellung von Photoelementen mit homogenen Übergängen eignen sich Halbleiter der IV. Gruppe des Periodensystems (Ge, Si) und Verbindungshalbleiter aus der III. und V. Gruppe (GaAs, InP, AlSb). Für Photoelemente mit heterogenen pn-Übergängen lassen sich Kombinationen von II–VI-Halbleitern verwenden (CdS/CuS_2, CdTe/Cu_2Te, Se/CdSe). Heteroübergänge ermöglichen eine bessere Ausnutzung des Sonnenspektrums, wenn die Bandabstände der Halbleitermaterialien unterschiedlich groß sind. Als Beispiel sei ein p-GaP/n-GaAs-Element angeführt: Im GaP ($E_g = 2{,}2$ eV) werden Quanten mit $h\nu > 2{,}2$ eV absorbiert, im darunterliegenden GaAs ($E_g = 1{,}4$ eV) auch noch die Quanten mit $1{,}4\,\text{eV} < h\nu < 2{,}2$ eV. Metall/Halbleiter-Sperrschichtelemente (Schottky-Dioden) lassen sich aus den obengenannten Halbleitermaterialien und geeigneten Metallen (z. B. Au/GaAs, Au/Si) herstellen.

Für die praktische Anwendung von Photoelementen ist vor allem der Wirkungsgrad für die Konversion des Sonnenlichts mit seiner spektralen Verteilung in elektrische Energie von Interesse. Solarzellen werden heute vornehmlich zur Energieversorgung von Raumflugkörpern und Satelliten verwendet, diskutiert wird auch ihr terrestrischer Einsatz zur Energiegewinnung in größerem Stil (Solarkraftwerke). Neben einkristallinem wird neuerdings auch polykristallines Silizium erprobt.

[1]) In Kap. 1. Stromrichter bzw. in DIN 41 852 werden bei der Schreibweise „pn-Übergang" bzw. „pn-Leiter" große Buchstaben verwendet. Hier erfolgt die Schreibweise in Kleinbuchstaben, um Verwechslungen mit den chemischen Symbolen P und N zu vermeiden.

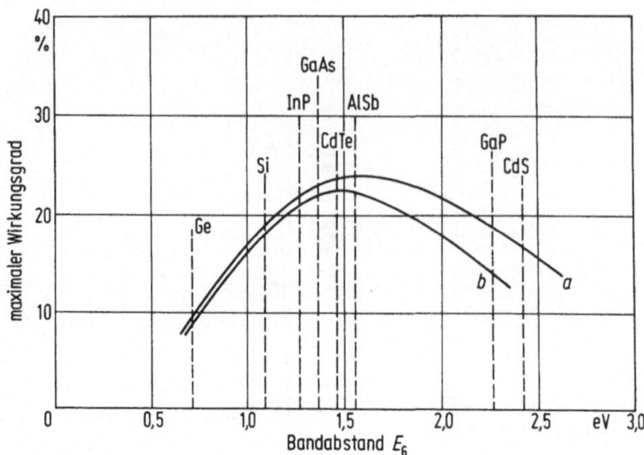

Bild 4.9-5. Maximaler theoretischer Wirkungsgrad von Solarzellen in Abhängigkeit vom Bandabstand E_g: außerhalb der Erdatmosphäre (a), bei Absorption durch die Lufthülle (b).

Wegen der spektralen Verteilung des Sonnenlichts existiert für Solarzellen ein optimaler Bandabstand im absorbierenden Halbleitermaterial, bei dem ein maximaler Wirkungsgrad erreicht wird (Bild 4.9-5). Obwohl die Leistung eines Photoelements i. allg. mit zunehmendem Bandabstand wächst, nimmt der Wirkungsgrad für Sonnenlicht oberhalb $E_g \approx 1{,}5$ eV wieder ab, da die niederenergetischen Quanten des Sonnenspektrums dann keine freien Ladungsträger mehr erzeugen können. Wirkungsgrade, ähnlich den in Bild 4.9-5 für pn-Sperrschichtelemente wiedergegebenen können theoretisch auch mit Schottky-Dioden erzielt werden.

Die praktisch erreichbaren Wirkungsgrade liegen wegen einer Reihe von Verlustfaktoren erheblich unter den theoretischen Werten. Verluste treten auf durch:

unvollständige Sammlung der Ladungsträger in der Sperrschicht durch Oberflächen- und Volumenrekombinationsprozesse;

erhöhte Diodenrestströme und nicht-ideale Diodenkennlinien;

Bahnwiderstände des Halbleiters und Fehlstellen im pn-Übergang;

Reflexionen an der Zellenoberfläche;

die Bedeckung der Oberfläche mit elektrischen Kontakten.

Man erreicht heute Wirkungsgrade (außerhalb der absorbierenden Lufthülle) von 16% mit Si-Solarzellen, 13% mit GaAs-Solarzellen, 8% mit CdS-Dünnschichtsolarzellen und 8 bis 9% mit GaAs-Schottky-Dioden. Die Tatsache, daß mit dem prinzipiell nicht besonders gut geeigneten Silizium heute die besten Werte erreicht werden, ist nicht physikalisch begründet, sondern hat ihre Ursache in der fortgeschrittenen Technologie des Siliziums.

Literatur zu 4. Akkumulatoren, Primärzellen, Energie-Direktumwandlung

Normen

DIN 40729 Galvanische Elemente, galvanische Sekundärzellen und -batterien Akkumulatoren), Übersicht, Begriffe.

DIN 40853 Galvanische Primärelemente und Batterien, Übersicht und Begriffe.

Bestimmungen

VDE 0100 Bestimmungen für das Errichten von Starkstromanlagen mit Nennspannungen bis 1000 V.

VDE 0108 Bestimmungen für das Errichten und den Betrieb von Starkstromanlagen in Versammlungsstätten, Waren- und Geschäftshäusern, Hochhäusern, Beherbergungsstätten und Krankenhäusern.

VDE 0510 Bestimmungen für Akkumulatoren und Akkumulatoren-Anlagen.

Bücher

1 *Witte:* Blei- und Stahlakkumulatoren, 3. Aufl. Mainz: Krausskopf 1967.

2 *Kinzelbach:* Stahlakkumulatoren. Düsseldorf: VDI 1968.

3 *Falk, Salkind:* Alkaline Storage Batteries. John Wiley & Sons: New York 1969.

4 *Fleischer, Lander* (editors): Zinc-Silver Oxide Batteries, John Wiley & Sons: New York 1971.

5 *Garten:* Bleiakkumulatoren, 10. Aufl., herausgegeben von der Varta Batterie AG, Hannover 1974.

6 *Huber:* Trockenbatterien und Luftsauerstoffelemente, 3. Aufl., herausgegeben von der Varta Batterie AG, Hannover 1972.

7 *Kordesch:* Batteries, Vol. 1. Dekker: New York 1974.

8 *Jasinski:* High Energy Batteries, New York: Plenum Press 1967.

9 *Linden, Wilburn, Brooks:* Organic Electrolyte Batteries (Abschnitt in Power Sources 4, herausgegeben von D. H. Collins). New Castle: Oriel Press 1973, S. 483–491.

10 *Lehmann, Rassinoux, Gerbier, Gabano:* The Silver Chromate/Lithium Cell. Wie vor, S. 493–501.

11 *Adams:* A Zinc/Air Battery for Electric Vehicle Applications. Wie vor, S. 247–360.

12 *Kober, Charkey:* Nickel/Zinc, a Practical High Energy Secondary Battery. Wie vor, Band 3, S. 309–326.

14 *Justi, Winsel:* Kalte Verbrennung—Fuel Cells. Wiesbaden: Steiner 1962.

15 *Vielstich:* Brennstoffelemente. Weinheim: Chemie 1965.

16 *v. Döhren, Euler:* Brennstoffelemente, 6. Auflage. Düsseldorf: VDI 1971.

17 *Euler:* Neue Wege zur Stromerzeugung. Frankfurt/M.: Akad. Verlagsges. 1963.

18 Energie-Direktumwandlung, Hrsg. Euler, K. J., München: Thiemig 1967.

19 Direct Generation of Electricity, Ed. Spring, K. H., London: Acad. Press 1965.

20 *Bode:* Lead-Acid Batteries. New York: John Wiley 1977.

21 *Rosa:* Magnetohydrodynamic Energy Conversion, New York: McGraw-Hill 1968.

22 *Justi:* Leitungsmechanismus und Energieumwandlung in Festkörpern, Göttingen: Vandenhoeck und Ruprecht 1965.

23 *Froehlich:* Normal-Elemente. Wiesbaden: Akad. Verlagsges. 1978.

Aufsätze

30 *Froehlich:* Das Normalelement, PTB-Mitt. **79** (1969) H 6, 426–432.

31 *Euler:* Energie-Direktumwandlung heute, Teil 3, VDI-Zeitschr. **114** (1972), 949–952.

32 *Kordesch:* Elektrochemische Energieumwandlung, Berichte d. Bunsenges. **77** (1973), 751–759.

33 *Schalch, Scharmann, Euler:* Radionuklidbatterien, Kerntechnik 17 (1975) H. 1 u. 2, S. 23–35 u. 57–73.

5. Geräte der Hochenergiephysik[1])

Bearbeitet von *H. Wiedemann*

5.1 Formelzeichen, Größen und Einheiten

[H 24]

Die in Kapitel 5 verwendeten Größen, Einheiten und Formelzeichen sind in Tabelle 5.1-1 zusammengestellt.

In der Hochenergiephysik wird als Einheit der Teilchenenergie ausschließlich das Elektronenvolt eV benutzt: $1\,\text{eV} = 1{,}602 \cdot 10^{-19}\,\text{Ws}$. Das benutzte Koordinatensystem ist ein längs der idealen Teilchenbahn mitgeführtes rechtwinkliges Koordinatensystem (x, y, z) oder, falls dem Problem besser angepaßt, ein zylindrisches Koordinatensystem (r, θ, y) (Bild 5.1-1).

Zur Vereinfachung der Darstellung werden Ablenkungen der Teilchenbahnen in Ablenkmagneten nur in der horizontalen Ebene (x, z) betrachtet. Die Gesetzmäßigkeiten für eine vertikale Ablenkung erhält man durch geeignetes Vertauschen der x- und y-Koordinaten. Die Teilchenflugrichtung ist im Falle eines begleitenden Koordinatensystems (Bild 5.1-1 links) immer in der z-Koordinate angenommen.

Ableitungen von Größen nach der z-Koordinate werden durch einen Strich, z. B. $\mathrm{d}u/\mathrm{d}z = u'$ und Ableitungen nach der Zeit durch einen Punkt, z. B. $\mathrm{d}u/\mathrm{d}t = \dot{u}$ abgekürzt.

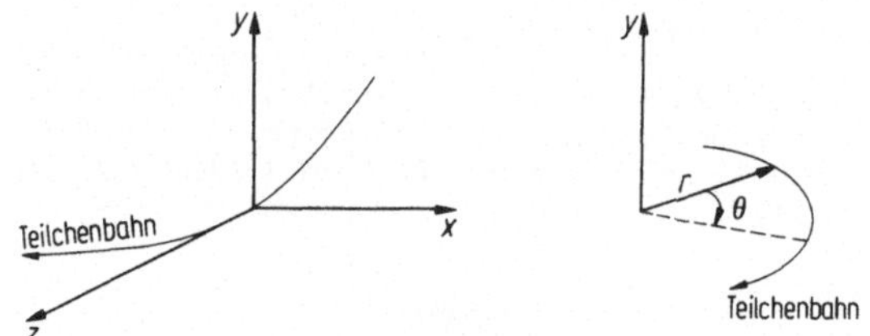

Bild 5.1-1. Benutzte Koordinatensysteme.

5.2 Teilchenbeschleuniger

[1–4, 6]

5.2.1 Anwendungsbereich

Teilchenbeschleuniger sind Geräte, in denen geladene Elementarteilchen (Elektronen, Positronen, Protonen, Ionen usw.) auf hohe Energien beschleunigt werden. Diese hochenergetischen Teilchenstrahlen werden zur Erzeugung kurzlebiger Elementarteilchen wie Mesonen, Barionen usw. für die Grundlagenforschung in Physik, Biologie und Chemie und für die Radiotherapie verwendet. Außerdem werden hochenergetische Teilchenstrahlen in der physikalischen Grundlagenforschung

---

[1]) Literatur S. 394

Tabelle 5.1-1. Formelzeichen, Größen und Einheiten der Hochenergiephysik

Zeichen	Größe	Einheit
B_x, B_y, B_z, B_s	magnetische Induktionskomponenten	T
B	Anzahl der Teilchenbündel	
$\beta = v/c$	relative Teilchengeschwindigkeit	
C	elektrische Kapazität	F
c	Lichtgeschwindigkeit	m/s
D	Dioptrie	m^{-1}
$\delta = \Delta p/p_0$	relative Impulsabweichung	
E^+, E^-, E	Teilchenenergien ($E^{\pm} = m_0 c^2 + E_{Kin}$)	eV
E_x, E_y, E_z	elektrische Feldkomponenten	V/m
e	elektrische Elementarladung	As
ε_0	elektrische Feldkonstante	F/m
ε_r	Dielektrizitätszahl	
ε	Strahlemittanz	rad m
Θ, θ	Durchflutung	A
F_x, F_y, F_z	Kraftkomponenten	N
f_0	Umlauffrequenz	Hz
f_{HF}	Hochfrequenz	Hz
f_r, f_x, f_y	Betatronfrequenzen	Hz
f_z	Synchrotronfrequenz	Hz
Φ	magnetischer Fluß	Wb
φ	Hochfrequenzphase	rad
g	magnetischer Feldgradient	T/m
γ	relativistische Teilchenenergie	
h	Harmonischenzahl	
I	elektrischer Strom	A
I^+, I^-	Teilchenströme	A
k	Quadrupolstärke	m^{-2}
$\mathscr{L}$	Luminosität	$m^{-2} s^{-1}$
l	Länge	m
m	Teilchenmasse	kg
m_0	Ruhemasse des Teilchens	kg
μ_r	Permeabilitätszahl	
P	elektrische Leistung	W
p_x, p_y, p_z	Teilchenimpuls	
q	elektrische Ladung	Cb=As
R	Radius	m
r	Krümmungsradius	m
U	elektrische Spannung	V
τ	Lebensdauer	s
v	Teilchengeschwindigkeit	m/s
$\Omega, \Delta\Omega$	Raumwinkel	sr

als diagnostisches Mittel zur Erforschung subnuklearer Strukturen verwendet. Dabei macht man sich die Welleneigenschaft der Teilchenstrahlen zu Nutze. Da die Wellenlänge solcher Teilchenstrahlen um so kürzer ist, je größer die Teilchenenergie ist, können mit wachsender Energie immer kleinere Strukturen aufgelöst werden.

Bei der Beschreibung der verschiedenen Teilchenbeschleuniger wird nur auf die erreichbaren Maximalenergien, jedoch nicht auf die erreichbaren Teilchenströme eingegangen. Die erreichten maximalen Teilchenströme hängen sehr stark von den Details der Komponenten ab und sind deshalb von Beschleuniger zu Beschleuniger verschieden.

Als Teilchenquelle [5] benutzt man für Elektronen Glühkathoden und für Protonen oder Ionen Gasentladungsröhren, wobei die Teilchen aus dem Plasma abgesaugt werden. Die von der Glühkathode oder aus dem Plasma tretenden Teilchen werden durch ein Absaugfeld zwischen der Teilchenquelle und einer Elektrode vorbeschleunigt und in den Teilchenbeschleuniger injiziert. Oft wird das Absaugfeld durch die Elektrodengestalt so geformt, daß die Teilchen zu einem nahezu parallelen Strahl fokussiert werden *(Pierce-Optik)*.

5.2.2 Lineare Teilchenbeschleuniger

[6]

In einem linearen Beschleuniger werden die Teilchen auf einer geraden Bahn durch ein elektrostatisches Feld, eine elektromagnetische Welle oder durch das Potential einer bewegten Elektronenwolke beschleunigt. Dabei kann nur im Falle der Beschleunigung durch ein elektrostatisches Feld ein kontinuierlicher Teilchenstrom erzeugt werden. Bei den beiden anderen Methoden besteht der Teilchenstrahl aus einzelnen zeitlich hintereinanderfolgenden Teilchenpaketen.

5.2.2.1 Kaskaden- und Bandgeneratoren

In diesen Beschleunigern werden ausschließlich Protonen und Ionen durch ein hohes statisches elektrisches Feld zwischen zwei Elektroden beschleunigt.

Im *Kaskaden-* oder *Cockcroft-Walton-Generator* (Bild 5.2-1) wird die Gleichspannung durch einen Gleichrichter in Kaskaden- oder Spannungsvervielfacherschaltung erzeugt. Die maximal

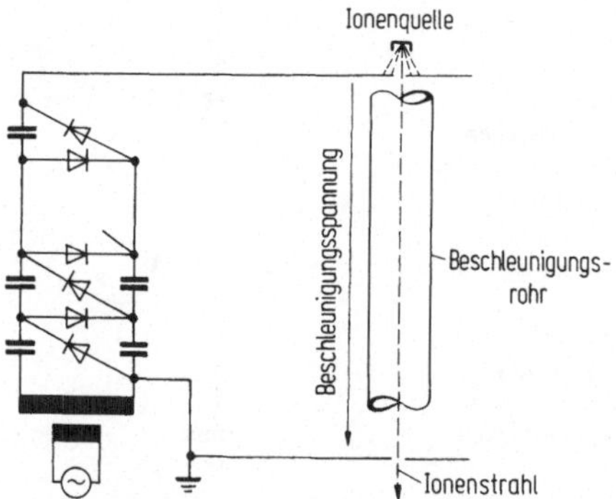

Bild 5.2-1. Kaskaden- oder Cockcroft-Walton-Generator.

erreichbaren Spannungen und damit Teilchenenergien von etwa 1,2 bis 1,4 MeV sind durch die Spannungsfestigkeit der Bauteile begrenzt.

Beim *Bandgenerator* (Bild 5.2-2) wird elektrische Ladung auf ein isolierendes Band aufgesprüht und von diesem in das Innere einer hochisolierten Metallkugel transportiert, wo die Ladung wieder vom Band abgestreift wird. Nach dem Prinzip des Faraday'schen Käfigs wird die Ladung auf die Außenfläche der Metallkugel geleitet, wodurch auf der Innenfläche ständig neue Ladung nachgeführt werden kann. Ist $C = 4\pi\varepsilon_0\varepsilon_r R$ die Kapazität der Metallkugel gegen die Umgebung und $\varepsilon_0\varepsilon_r$ die

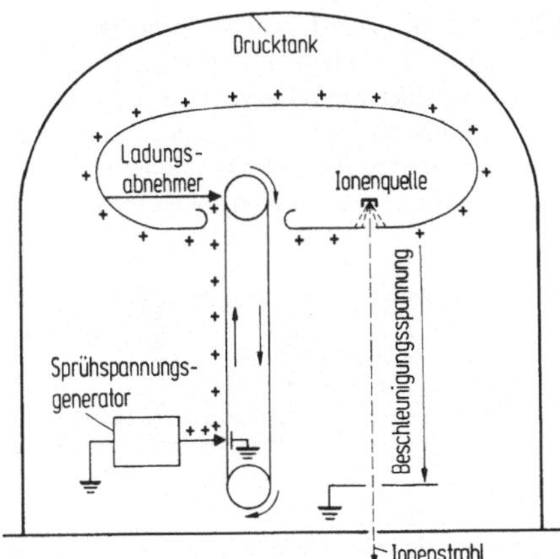

Bild 5.2-2. Band- oder Van-de-Graaff-Generator.

Dielektrizitätskonstante des umgebenden Mediums, so beträgt die Spannung gegen Erde $U = q/C$, wobei q die aufgebrachte Ladung ist. Die maximale Spannung ist durch die Durchbruchfeldstärke gegeben. Bei Bandgeneratoren in Druckbehältern können Spannungen von 6 bis 10 MV erreicht werden.

Diese Beschleunigungsspannung kann im *Tandembeschleuniger* durch Umladen von Ionenstrahlen mehrmals ausgenutzt werden. Dabei geht man z. B. für Protonen von negativ geladenen Wasserstoffionen (H^-) aus, deren zwei Elektronen nach Durchlaufen der Generatorspannung in der ersten Beschleunigungsstrecke in einem Gasvorhang abgestreift werden (Bild 5.2-3). Die Protonen (p) werden dann in der zweiten Beschleunigungsstrecke durch die gleiche Generatorspannung noch einmal beschleunigt.

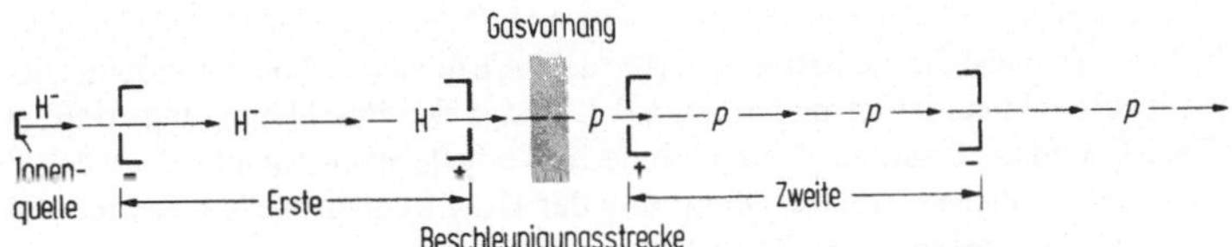

Bild 5.2-3. Tandem-Beschleuniger.

5.2.2.2 Linearbeschleuniger

[7, 17]

In Linearbeschleunigern werden die geladenen Teilchen durch hochfrequente elektromagnetische Felder beschleunigt. Da ein solches Feld nur während einer Halbperiode beschleunigt, können in Linearbeschleunigern die Teilchen nicht mehr in einem kontinuierlichen Strom, sondern nur noch in einzelnen Paketen beschleunigt werden. Diese Bedingung wird in der Praxis durch den Wunsch nach einem möglichst monoenergetischen Teilchenstrahl weiter verschärft. Dies bedeutet, daß die Teilchenbündel kurz gegen die Wellenlänge der Hochfrequenzschwingung sein müssen, damit alle Teilchen dasselbe Beschleunigungsfeld durchlaufen.

5.2.2.2.1 Elektronen-Linearbeschleuniger [11] existieren in einem Energiebereich von wenigen MeV bis zu etwa 25 GeV und arbeiten alle bis auf einzelne Ausnahmen bei einer Frequenz um 3000 MHz. In einer *Runzelröhre* (Bild 5.2-4) wird eine TM_{01}-Wanderwelle erzeugt, wobei die geometrischen Dimensionen der Beschleunigungsröhre so gewählt werden, daß die Phasengeschwindigkeit der Hochfrequenzwelle gleich der Geschwindigkeit der Elektronen ist. Wegen der geringen Masse ist die Geschwindigkeit der Elektronen schon nach kurzer Beschleunigung nahezu gleich der

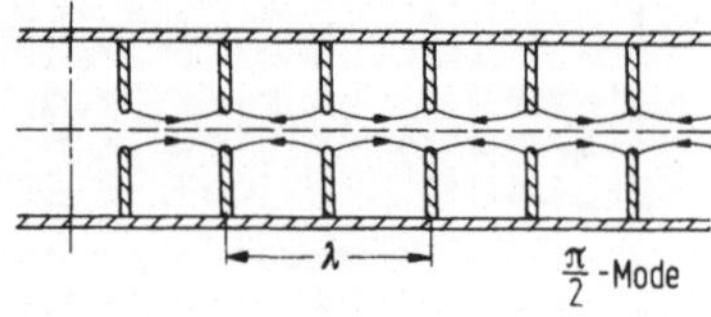

Bild 5.2-4. Runzelröhre.

Lichtgeschwindigkeit. Das beschleunigende elektrische Feld bleibt damit für die Elektronen längs des Beschleunigers konstant gleich: $E_z = l \cdot E_{z0} \cdot \cos\varphi$ (Bild 5.2-5) und der Energiegewinn ΔE in einem Beschleunigerabschnitt der Länge l ist damit:

$$\Delta E = e \cdot l \cdot E_{z0} \cdot \cos\varphi . \qquad (5.2\text{-}1)$$

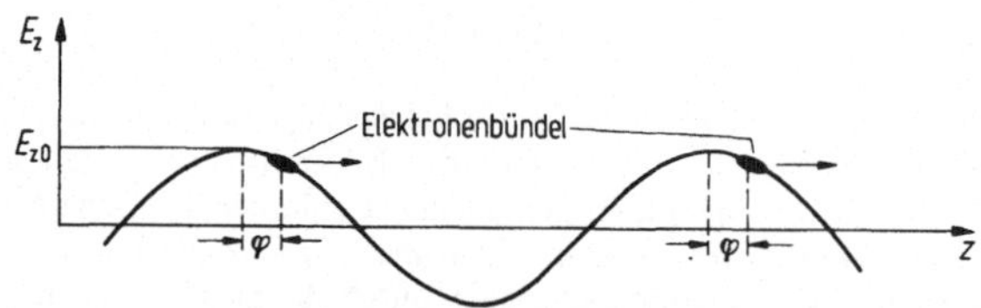

Bild 5.2-5. Beschleunigungsfeld.

Die Runzelröhre wird meist für die Betriebsart (Mode) $2\pi/n$ mit $n = 2, 3$ oder 4 gebaut. Die modernen, sehr langen Linearbeschleuniger arbeiten bei $n = 3$. Längs der Beschleunigungsröhre erleiden das elektrische Feld E_z und die Leistung P durch ohmsche Verluste einen Abfall gemäß $\mathrm{d}E_z/\mathrm{d}z = -\alpha \cdot E_z$ oder $\mathrm{d}P/\mathrm{d}z = -2\alpha P$, wobei $\alpha = \alpha(z)$ die Dämpfung der Hochfrequenzwelle bedeutet und stark von den geometrischen Dimensionen der Runzelröhre abhängt.

Die Feldstärke im Abstand z von der Einspeisung der Hochfrequenz ist gegeben durch

$$E_z(z) = E_z(0) \cdot \exp\left[-\int_0^z \alpha(z) dz\right]. \qquad (5.2\text{-}2)$$

Es gibt zwei verschiedene Bauarten einer Runzelröhre: die Struktur konstanter Impedanz (k.I.) mit $\alpha(z) = \mathrm{const}$ und die Struktur konstanter Feldstärke (k.F.) mit $E_z = \mathrm{const}$. Für einen Beschleunigerabschnitt der Länge l, der Shuntimpedanz $r = -E_z^2/(\mathrm{d}P/\mathrm{d}z)$ und der Dämpfungskonstante $\tau = \int_0^l \alpha(z) dz$ ergibt sich für einen vernachlässigbaren Teilchenstrom im Falle k.I. ein Energiegewinn von:

$$\Delta E_0 = e(rlP)^{1/2} \cdot \cos\varphi \cdot (2\tau)^{1/2} \frac{1 - e^{-\tau}}{\tau} \qquad (5.2\text{-}3)$$

und im Falle k.F.:

$$\Delta E_0 = e(rlP)^{1/2} \cdot \cos\varphi \cdot (1 - e^{-2\tau})^{1/2} . \qquad (5.2\text{-}4)$$

Bei Belastung durch einen Teilchenstrom I erniedrigt sich der Energiegewinn bei k.I. auf:

$$\Delta E = \Delta E_0 - erl \cdot \left(1 - \frac{1-e^{-\tau}}{\tau}\right) \cdot I \tag{5.2-5}$$

und bei k.F. auf:

$$\Delta E = \Delta E_0 - \tfrac{1}{2} erl \cdot \left(1 - \frac{2\tau e^{-2\tau}}{1-e^{-2\tau}}\right) \cdot I . \tag{5.2-6}$$

Die Wahl der Dämpfungskonstante τ hängt von den gewünschten Spezifikationen des Linearbeschleunigers ab. Für kleine Ströme I, aber höchstmögliche Energie wird man große Werte für τ wählen und umgekehrt kleine Werte für τ, wenn es darauf ankommt, möglichst große Teilchenströme zu beschleunigen.

Um einen energiehomogenen Strahl zu erzielen, müssen kurze Elektronenbündel mit Hilfe besonderer Einrichtungen erzeugt werden. Der kontinuierliche Elektronenstrahl aus der Elektronenkanone wird durch das transversal ablenkende Feld eines Resonators *(Chopper)* im TM_{120}-Mode und eine Lochblende in eine Serie von Elektronenbündeln zerhackt.

Diese Elektronenbündel werden durch einen anderen Resonator *(Prebuncher)* im TM_{01}-Mode weiter zusammengepreßt. Dabei wird die Hochfrequenzphase so eingestellt, daß die ersten Teilchen eines Elektronenbündels abgebremst und die letzten Teilchen beschleunigt werden. Diese Geschwindigkeitsmodulation ist möglich, solange die Elektronen noch nicht Lichtgeschwindigkeit erreicht haben. Die resultierende Bündellänge l im Abstand d vom Prebuncher ist gegeben durch (Bild 5.2-6):

$$l = \left| l_0 - d \frac{2\Delta v_{max}}{v_0} \right| . \tag{5.2-7}$$

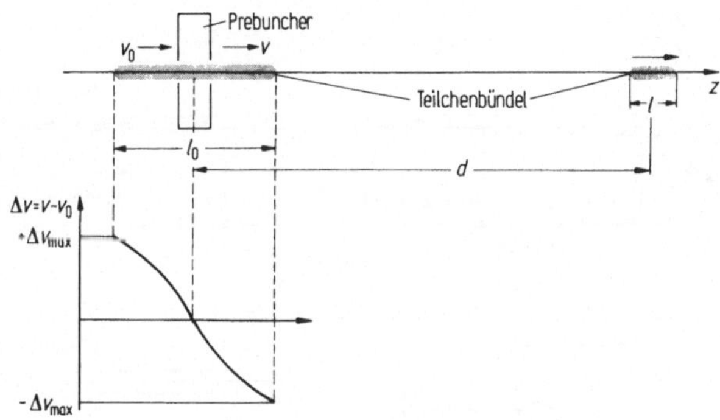

Bild 5.2-6. Wirkungsweise des Prebunchers.

(v_0 bzw. v Elektronengeschwindigkeit vor bzw. nach dem Prebuncher, l_0 Bündellänge vor dem Prebuncher.)

An der Stelle, an der die Bündellänge ein Minimum erreicht hat, beginnt der eigentliche Linearbeschleuniger. Dabei wird der erste Abschnitt bei der höchstmöglichen Beschleunigungsspannung betrieben, damit die Elektronen schon nach kurzer Flugstrecke nahezu Lichtgeschwindigkeit erreichen und dadurch ein Wiederauseinanderlaufen des Bündels durch unterschiedliche Geschwindigkeiten der Teilchen verhindert wird.

5.2.2.2.2 Der Positronen-Linearbeschleuniger ist in seinem ersten Teil völlig identisch mit einem Elektronen-Linearbeschleuniger. Die beschleunigten Elektronen werden auf ein Metalltarget gerichtet, in dem eine Kette von Elementarprozessen abläuft. Ein auftreffendes Elektron erzeugt durch Bremsstrahlung hochenergetische γ-Quanten, die ihrerseits wieder durch Paarbildung in ein Elektron und ein Positron zerfallen. Die aus dem Metalltarget austretenden Positronen werden durch magnetische Fokussierungsfelder gesammelt und in einem nachfolgenden zweiten Teil des Linearbeschleunigers auf hohe Energien nachbeschleunigt.

Die Ausbeute an Positronen kann durch einen empirische Formel berechnet werden:

$$I^+ \approx 2{,}4 \cdot 10^{-4} \cdot \left(1 - \frac{25}{E^-}\right) E^- \cdot I^- \cdot \Delta\Omega \cdot \Delta E^+ \tag{5.2-8}$$

(E^- Elektronenenergie in MeV, $E^- \geqq 50$ MeV, I^+ bzw. I^- Positronen bzw. Elektronenstrom in A, $\Delta\Omega$ durch das Fokussierungssystem akzeptierter Raumwinkel für die in allen Richtungen aus dem Target austretenden Positronen, ΔE^+ Energiebreite des Positronenstrahls in MeV).

Die Targetdicke ist nicht sehr kritisch und liegt bei etwa 0,5 cm (Wolfram) oder 0,8 cm (Blei) optimal. Da der Elektronenstrahl am Target einen Durchmesser von nur 1 bis 2 mm hat, wird die maximale Positronenintensität i. allg. durch die beschränkten Kühlmöglichkeiten des Targets begrenzt. Die Energieverteilung der erzeugten Positronen ist sehr breit und hat ein Maximum zwischen 10 und 20 MeV unabhängig von der Elektronenenergie.

Wegen der großen Strahldivergenz der Positronen muß während der Nachbeschleunigung im zweiten Teil des Linearbeschleunigers der Strahl durch starke Magnetfelder fokussiert werden.

5.2.2.2.3 Protonen- und Schwerionen-Linearbeschleuniger. Wegen der gegenüber den Elektronen sehr viel größeren Masse variiert die Geschwindigkeit der Protonen und Schwerionen bis zu hohen Energien sehr stark. Aus diesem Grunde muß die Struktur und die Frequenz des beschleunigenden Feldes des Beschleunigers genau an die Art der zu beschleunigenden Teilchen und ihre jeweilige Energie angepaßt werden.

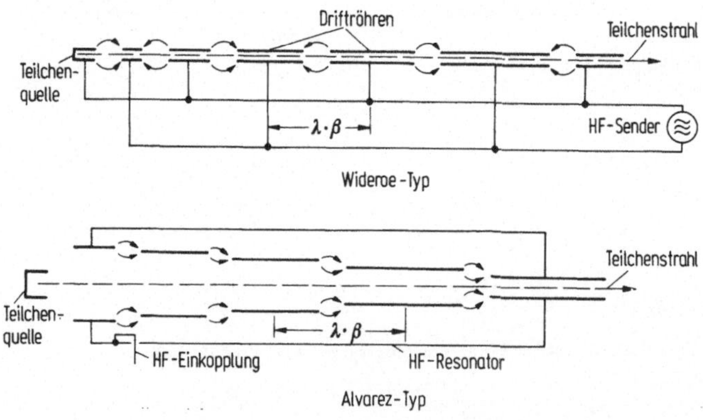

Bild 5.2-7. Driftröhren-Strukturen.

Für den unteren und mittleren Energiebereich (bis ≈ 50 MeV) wird die sog. Driftröhren-Struktur vom *Wideroe-* oder *Alvarez-Typ* benutzt (Bild 5.2-7). Eine solche Struktur besteht aus einer Reihe mit der Teilchenstrahlachse konzentrischer Driftröhren. Eine von außen angeregte Hochfrequenzschwingung erzeugt zwischen den Driftröhren das beschleunigende elektrische Feld. Die Teilchen sind durch die metallischen Driftröhren immer dann von dem Hochfrequenzfeld abgeschirmt, wenn die elektrische Feldkomponente der Teilchenflugrichtung entgegenwirkt. Um diese Bedingungen zu erfüllen, muß der Abstand der Mitten der Driftröhren gleich $\lambda \cdot \beta$ und die Länge der Driftröhren größer als $\frac{1}{2} \cdot \lambda \cdot \beta$ sein. Dabei ist λ die Hochfrequenzwellenlänge und $\beta = v/c$ die Geschwindigkeit der zu beschleunigenden Teilchen relativ zur Lichtgeschwindigkeit.

Neben dieser Synchronitätsbedingung muß auch einen Phasenbedingung erfüllt sein. Da der Strahl nicht aus monoenergetischen Teilchen besteht, würden die einzelnen Teilchenpakete durch die Geschwindigkeitsverteilung longitudinal auseinanderlaufen, was zu einer breiten Energieverteilung des Strahls führen würde. Aus diesem Grunde muß die Phase φ_0 der Hochfrequenzwelle so eingestellt werden, daß ein Teilchen, das zu früh am Spalt zwischen den Driftröhren ankommt ($\varphi - \varphi_0 > 0$), nicht so stark, und ein Teilchen, das zu spät kommt ($\varphi - \varphi_0 < 0$), stärker beschleunigt wird das zentrale Teilchen ($\varphi - \varphi_0 = 0$). Die beschleunigende Feldstärke ist damit $E_z = e \cdot E_{z0} \sin \varphi_0$ mit $0 < \varphi_0 < 90°$. Üblicherweise wird eine Sollphase von $\varphi_0 = 20°$ bis $30°$ gewählt.

Das elektrische Feld zwischen den Driftröhren hat nicht nur eine beschleunigende Wirkung. Die Radialkomponenten des Feldes führen zu einer Fokussierung oder Defokussierung des Strahls. Dabei gilt allgemein, daß der Teilchenstrahl bei Erfüllung der Bedingung für die longitudinale Phasenstabilität ($0 < \varphi_0 < 90°$) immer defokussiert wird. In längeren Linearbeschleunigern muß also der Strahl durch äußere Felder (z. B. Quadrupolfelder) fokussiert werden.

Die in Alvarez-Strukturen erreichbaren Beschleunigungsfelder betragen im Mittel $\approx 1{,}5$ bis 2,0 MeV/m bei einer Frequenz von 200 MHz. Mit ansteigender Teilchenenergie fällt die erreichbare Shuntimpedanz, d. h. das Verhältnis des Quadrates der elektrischen Feldstärke zu den ohmschen Verlusten je Längeneinheit, für diese Struktur stark ab. Die ohmschen Verluste und damit die Hochfrequenzleistung nimmt bei konstanter Beschleunigung sehr schnell zu und es ist daher ökonomischer, bei höheren Energien auf andere Beschleunigerstrukturen überzugehen.

Da sich die Teilchenenergie bei höheren Geschwindigkeiten nur noch langsam verändert, können entweder periodische Driftröhrenstrukturen oder Strukturen bestehend aus einer Kette von Resonatoren ähnlich denen in einem Elektronenlinearbeschleuniger, verwendet werden. Die geometrischen Dimensionen dieser Strukturen werden wieder so gewählt, daß die Phasengeschwindigkeit der Hochfrequenzwelle gleich der Teilchengeschwindigkeit wird. Um die Shuntimpedanz groß und die Resonanzeigenschaften unempfindlich gegenüber mechanischen Toleranzen zu machen, ist für den größten bislang gebauten Protonenlinearbeschleuniger von 800 MeV eine besondere Struktur gewählt worden (Bild 5.2-8). Hier wird die Kopplung von einem Beschleunigerresonator zum anderen durch seitlich angebrachte Koppelresonatoren erreicht. Damit erhält man eine völlige Freiheit im Entwurf der Beschleunigungsresonatoren zur Erzielung eines maximalen Wirkungsgrades. Bei einer Frequenz von 805 MHz werden mittlere Beschleunigungen von etwa 1,1 MeV/m erreicht.

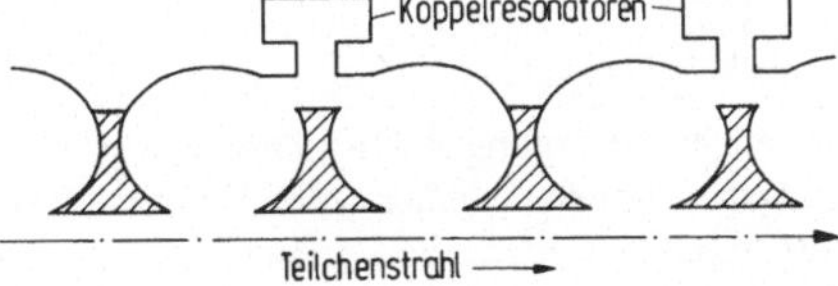

Bild 5.2-8. Linearbeschleuniger-Struktur mit Koppelresonatoren (rotationssymmetrisch)

Nach dem gleichen Prinzip sind die *Schwerionen-Linearbeschleuniger* aufgebaut. In diesen Geräten können Ionen aller Elemente bis Uran beschleunigt werden. Die erreichbare Endenergie ist dabei jedoch nicht nur durch das Beschleunigungsfeld sondern auch durch den Ionisationsgrad der Teilchen bestimmt. Um hohe Energien zu erreichen, ist eine hohe Ionisation erwünscht. Dies erreicht man, indem schwach ionisierte Teilchen vorbeschleunigt und dann durch eine dünne Metall- oder

Gasschicht geschossen werden. In diesem „*Stripper*" wird der Ionisationsgrad stark erhöht und dadurch im folgenden Nachbeschleuniger ein hoher Beschleunigungswirkungsgrad erzielt.

In solchen Schwerionen-Linearbescheunigern werden Energien von 7 bis 10 MeV pro Nukleon erreicht. Die Schwerionenstrahlen dienen vorwiegend der Grundlagenforschung auf den Gebieten der Physik, der Radiochemie und der Biologie.

5.2.2.2.4 Elektronen-Ringbeschleuniger. Die modernste noch nicht abgeschlossene Entwicklung auf dem Gebiet der Protonen-Linearbeschleuniger ist der *Elektronen-Ringbeschleuniger.* Hier wird durch ein starkes Magnetfeld längs der Achse des Linearbeschleunigers ein um diese Achse konzentrischer Elektronenring hoher Intensität erzeugt. Dieser Elektronenring stellt einen tiefen Potentialtopf für positive Elementarteilchen, z. B. Protonen oder Ionen dar. Wird der Elektronenring beschleunigt, so werden die Protonen oder Ionen mitgezogen. Es lassen sich so auf kurzer Strecke hohe Protonen- oder Ionenenergien erzielen. Die Entwicklung dieses Beschleunigertyps ist jedoch noch im Anfangsstadium und hat bislang noch nicht zu ausreichenden Strahlintensitäten geführt.

5.2.3 Kreisbeschleuniger

5.2.3.1 Physikalische Grundlagen

Die Beschleunigung von Teilchen in Linearbeschleunigern auf höhere Energien erfordern viele teure Hochfrequenzresonatoren, die von den Teilchen nur einmal durchlaufen werden. Diesen Nachteil kann man in einem Kreisbeschleuniger umgehen. Hier werden die Teilchen, nachdem sie eine kurze Beschleunigungsstrecke durchlaufen haben, durch ein magnetisches Ablenkfeld auf eine Kreisbahn gebracht und wieder zur gleichen Beschleunigungsstrecke zurückgeführt. Man spricht hier von einem aufgewickelten Linearbeschleuniger. Dieses Beschleunigungsprinzip gilt für alle Kreisbeschleuniger bis auf eine Ausnahme, das Betatron.

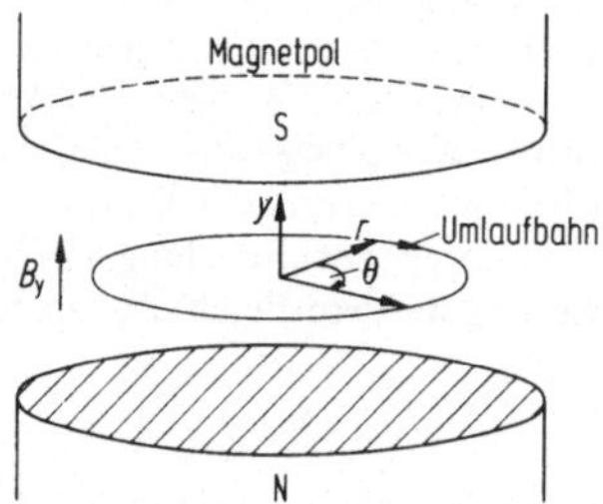

Bild 5.2-9. Ideale Teilchenbahn in einem Kreisbeschleuniger.

Die Teilchenbewegung in Kreisbeschleunigern wird beschrieben durch drei i. allg. unabhängige Bewegungsgleichungen in einem zylindrischen Koordinatensystem. In der ablenkenden Ebene muß die Zentrifugalkraft durch die Lorentzkraft (vgl. 5.3.1) des Magnetfeldes kompensiert werden (Bild 5.2-9):

$$\frac{\mathrm{d}}{\mathrm{d}t}(m\dot{r}) = mr\dot{\theta}^2 - er\dot{\theta}B_y. \qquad (5.2\text{-}9)$$

Die Masse m ändert sich mit der Energie und ist deshalb eine Funktion der Zeit.

Die Änderung des Drehmoments der Teilchen pro Radiant der Umlaufbahn setzt sich zusammen aus der Energiezunahme $\mathrm{d}E/\mathrm{d}\theta$, aus dem Energieverlust durch Synchrotronstrahlung auf der

Kreisbahn $\mathrm{d}E_s/\mathrm{d}\theta$ und aus dem induzierten elektrischen Beschleunigungsfeld bei variierendem magnetischem Fluß $\frac{\mathrm{d}}{\mathrm{d}t}\left(\frac{e\Phi}{2\pi}\right)$, falls Φ der magnetische Fluß durch den Teilchenorbit ist:

$$\frac{\mathrm{d}}{\mathrm{d}t}(mr^2\dot{\theta})=\frac{\mathrm{d}}{\mathrm{d}t}\left(\frac{e\Phi}{2\pi}\right)+\frac{\mathrm{d}E}{\mathrm{d}\theta}-\frac{\mathrm{d}E_s}{\mathrm{d}\theta}. \tag{5.2-10}$$

Die vertikale Bewegung wird nur durch die Lorentzkraft bestimmt:

$$\frac{\mathrm{d}}{\mathrm{d}t}(m\dot{y})=er\dot{\theta}B_r. \tag{5.2-11}$$

In diesen Bewegungsgleichungen wird angenommen, daß das Magnetfeld rotationssymmetrisch ($B_\theta=0$) und symmetrisch zur Mittelebene $y=0$ ist.

Das Magnetfeld muß bestimmte Eigenschaften haben, um während der Beschleunigung stabile Teilchenbahnen sicherzustellen. In einem homogenen Magnetfeld ($B_r=0$) würde jedes Teilchen mit einer nichtverschwindenden vertikalen Anfangsflugrichtung ($\dot{y}_0 \neq 0$) nach wenigen Umläufen an die Pole stoßen und verloren gehen. Ähnliches gilt für die radiale Bewegung. Stabile Teilchenbahnen erhält man mit einem nach außen abfallenden Magnetfeld:

$$B_y=B_{y0}\left(\frac{r_0}{r}\right)^n; \qquad B_r=-nB_{y0}\frac{y}{r_0}. \tag{5.2-12}$$

Hierbei ist B_{y0} das Magnetfeld am idealen Orbit mit dem Radius r_0 und n ist der sog. *Feldindex:* $n=-\frac{r_0}{B_{y0}}\left(\frac{dB_y}{dr}\right)_0$. Die Radialkomponente B_r ergibt sich mit B_y aus der Rotationsfreiheit des magnetischen Feldes. Für Teilchen mit konstanter Masse ($m=\text{const}$) ergeben sich unter Berücksichtigung der Gleichgewichtsbedingung ($\ddot{r}=0$):

$$\dot{\theta}=2\pi f_0=\frac{e}{m}B_{y0} \tag{5.2-13}$$

die Bewegungsgleichungen ($\varrho=r-r_0$):

$$\ddot{\varrho}+(2\pi f_r)^2\varrho=0; \qquad \ddot{y}+(2\pi f_y)^2 y=0. \tag{5.2-14}$$

Die Teilchen schwingen um die Sollbahn ($\varrho=0$, $y=0$) mit den *Betatronfrequenzen* f_r und f_y:

$$f_r=(1-n)^{1/2}f_0; \qquad f_y=n^{1/2}f_0. \tag{5.2-15}$$

Stabile Betatronschwingungen um die Sollbahn erhält man nur für reelle Betatronfrequenzen oder für: $0<n<1$. Magnetfelder in Kreisbeschleunigern, die diese Bedingung erfüllen, nennt man schwach fokussierend.

5.2.3.2 Betatron

[6]

Im Betatron oder Transformatorbeschleuniger wird das durch ein sich veränderndes Magnetfeld induzierte elektrische Feld zur Teilchenbeschleunigung ausgenutzt. Aus den Gln. (5.2-9) und (5.2-10) ergibt sich für den Gleichgewichtsfall [Gl. (5.2-13)] und $\mathrm{d}E/\mathrm{d}\theta=\mathrm{d}E_s/\mathrm{d}\theta=0$:

$$\pi r_0^2 B_{y0}=\tfrac{1}{2}\Phi(r_0). \tag{5.2-16}$$

Dies ist die berühmte 1/2-*Regel* für das Betatron. Bei der Beschleunigung von Teilchen in einem Betatron muß der Fluß durch den Orbit 2mal so groß sein wie der Fluß, der sich aus dem Feld am Orbit (B_{y0}) und der vom Orbit umschlossenen Fläche ergibt. Um dies zu erreichen, wird der

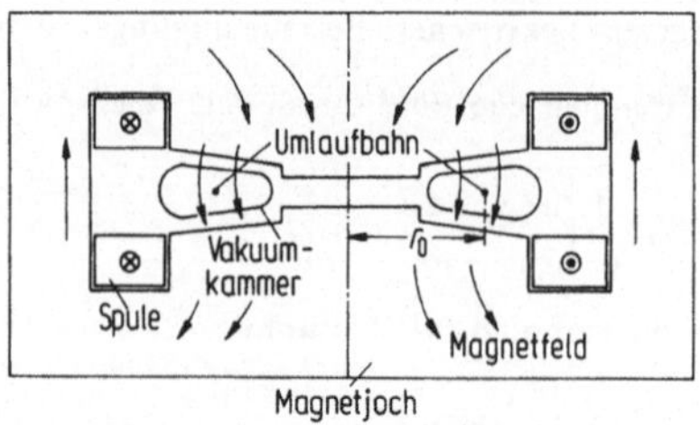

Bild 5.2-10. Betatron.

Polabstand innerhalb des Orbits entsprechend verringert (Bild 5.2-10). Da die Gleichgewichtsbedingung $\dot{r}=0$ in Gl. (5.2-9) während der ganzen Beschleunigung gilt, ist der Impuls p der beschleunigten Teilchen zu jedem Zeitpunkt gegeben durch

$$p=mv=er_0\cdot B_{y_0}, \tag{5.2-17}$$

oder die Gesamtenergie durch

$$(\gamma^2-1)^{1/2}=\frac{er_0B_{y_0}}{m_0c}. \tag{5.2-18}$$

Die Energie der Teilchen in einem Betatron hängt nur von der momentanen Magnetfeldstärke und vom Radius der Sollbahn, nicht aber von der Änderungsgeschwindigkeit des Magnetfeldes ab. Aus Gl. (5.2-18) ergibt sich sofort, daß die Beschleunigung von Protonen in einem Betatron wegen der größeren Ruhemasse um den Faktor 1836 kleiner als für Elektronen ist. Deshalb werden im Betatron ausschließlich Elektronen beschleunigt.

Der nach dem Betatronprinzip maximal erreichbaren Energie wird durch die *Synchrotronstrahlung* eine obere Grenze gesetzt. Ein geladenes Teilchen verliert auf einer gekrümmten Bahn Energie in Form von elektromagnetischer Strahlung, der Synchrotronstrahlung. Der Energieverlust pro Radiant beträgt

$$\frac{dE_s}{d\theta}=9{,}60\cdot 10^{-10}\frac{\gamma^4}{r}\frac{\text{eV}}{\text{rad}}. \tag{5.2-19}$$

Da dieser Energieverlust sehr schnell mit der Energie ansteigt, ist die Maximalenergie eines Betatrons erreicht, wenn die Strahlungsverluste gleich dem Energiegewinn pro Umlauf sind. Um dennoch höhere Energien zu erreichen, müßte der Orbitradius des Betatrons proportional E^4 vergrößert werden, was sehr schnell zu riesigen Magneten führt. Die maximal in einem Betatron erreichte Energie für Elektronen ist etwa 350 MeV. Ein Betatron wird i. allg. mit Netzfrequenz betrieben, wobei die Induktivität der Betatronspule mit parallel geschalteten Kondensatoren einen Resonanzkreis bilden. Damit entspricht die Anzahl der verfügbaren Teilchenimpulse pro Sekunde der Netzfrequenz.

5.2.3.3 Mikrotron

[12, 13]

Das Mikrotron verwirklicht auf einfachste Weise das Prinzip des aufgewickelten Linearbeschleunigers. In einem zeitlich konstanten homogenen Magnetfeld beschreiben die Teilchen Kreisbahnen, die durch das beschleunigende Feld eines Hochfrequenzresonators führen (Bild 5.2-11). Die Umlaufzeit muß dabei jeweils gleich der Schwingungsdauer einer Periode des Hochfrequenzfeldes

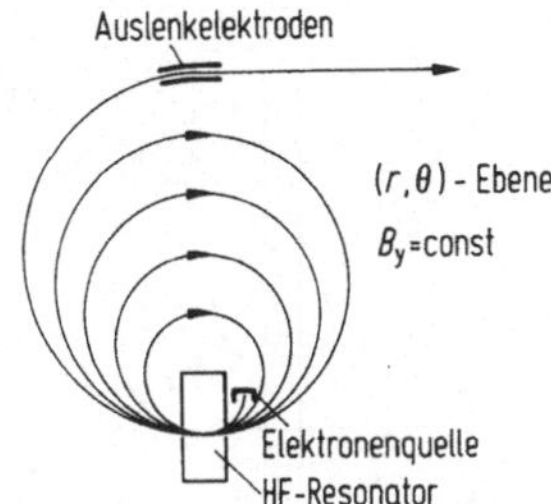

Bild 5.2-11. Mikrotron.

sein. Nach Gl. (5.2-13) ist die Umlaufszeit

$$\tau = \frac{2\pi m}{eB_{y0}} = \frac{2\pi m_0}{eB_{y0}}\gamma$$

oder die Änderung der Umlaufzeit mit der Energie:

$$\Delta\tau = \frac{2\pi}{ec^2 B_{y0}}\Delta\gamma. \tag{5.2-20}$$

Damit die Teilchen beim Wiedereintritt in die Beschleunigungsstrecke wieder die gleiche Hochfrequenzphase antreffen, muß die Änderung der Umlaufzeit $\Delta\tau$ gleich einem Vielfachen der Hochfrequenzschwingungsperiode T_0 sein. Da die Teilchen aus der Quelle i. allg. mit sehr kleiner kinetischer Energie starten ($\gamma \approx 1$) und die Länge der ersten Umlaufbahn meist gleich einer Wellenlänge der Hochfrequenz gewählt wird, um die Magnetdimensionen klein zu halten, erfordert die Resonanzbedingung nach Gl. (5.2-20) einen Energiegewinn von $\Delta\gamma = 1$ oder $E = m_0 c^2$ bei jedem Durchgang der Teilchen durch den Resonator. Dies ergibt für Elektronen eine Beschleunigungsspannung von 511 kV und für Protonen die nicht realisierbare Spannung von 938 MV. Das Mikrotron ist daher ein reiner Elektronenbeschleuniger.

Wegen der fehlenden magnetischen Fokussierung ist die Zahl der Umläufe auf 20 bis 40 und damit die Energie auf 10 bis 20 MeV beschränkt. Anders als beim Betatron kann im Mikrotron jedoch ein kontinuierlicher, nur durch die Hochfrequenz modulierter Elektronenstrahl beschleunigt werden.

5.2.3.4 Zyklotron

[14]

Wie beim Mikrotron benutzt man beim Zyklotron ein homogenes Magnetfeld. Das beschleunigende Hochfrequenzfeld wird jedoch zwischen den beiden *D*-förmigen Hälften einer halbierten Dose angelegt. Die Resonatoren nennt man wegen ihrer Form *D*'s (Bild 5.2-12). Nach je einer Beschleunigung zwischen den *D*'s fliegen die Teilchen in einem feldfreien Halbkreis innerhalb eines *D*'s zur nächsten Beschleunigungsstrecke. Die Flugzeit zwischen zwei Beschleunigungen muß gleich einer halben Schwingungsperiode der Hochfrequenz sein, d. h. die Umlauffrequenz f_0 ist gleich der Hochfrequenz $f_0 = f_{HF}$ oder nach Gl. (5.2-13)

$$f_{HF} = \frac{eB_{y0}}{2\pi m}. \tag{5.2-21}$$

Diese Synchronitätsbedingung ist nur für $m = \text{const}$, d. h. für nichtrelativistische Teilchen während der ganzen Beschleunigung erfüllt. Da Elektronen sehr schnell relativistisch werden, ist die Anwendung eines Zyklotrons auf die Beschleunigung von schweren Teilchen (Protonen, Deutero-

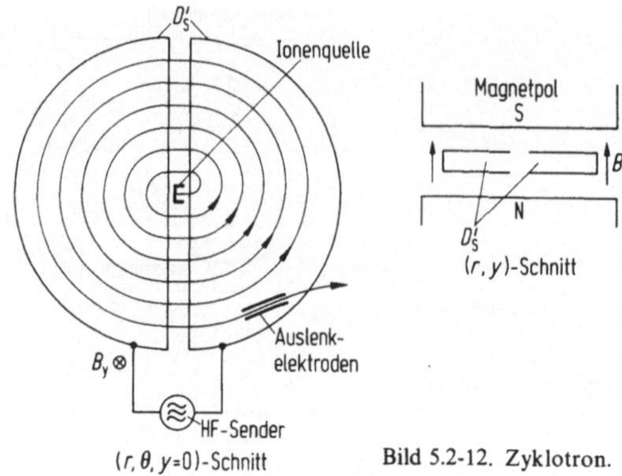

Bild 5.2-12. Zyklotron.

nen) beschränkt. Auch die schweren Teilchen verletzen diese Synchronitätsbedingung bei höheren Energien, weshalb die Maximalenergie für ein Zyklotron bei etwa 20 bis 25 MeV liegt. Wie beim Mikrotron kann jedoch wieder ein kontinuierlicher, nur durch die Hochfrequenz modulierter Teilchenstrahl erzeugt werden.

5.2.3.5 Synchrozyklotron und Isochronzyklotron

Um die Verletzung der Synchronitätsbedingung im Zyklotron bei höheren Energien zu vermeiden, wird im Synchrozyklotron die Hochfrequenz entsprechend der Änderung der Umlauffrequenz der Teilchen moduliert, d. h. die Frequenz wird entsprechend $f_{HF} \sim \frac{1}{m}$ verringert [s. Gl. (5.2-21)]. Mit solchen Synchrozyklotrons sind Protonenenergien von über 700 MeV erreicht worden. Wegen der fehlenden magnetischen Fokussierung und der vielen benötigten Umläufe ist die Teilchenintensität im Synchrozyklotron mit homogenem Magnetfeld relativ gering.

Im Isochronzyklotron wird die Synchronitätsbedingung bei konstanter Hochfrequenz durch Anpassung des Magnetfeldes an die Teilchenmasse ($B_{y0}(r)/m = \text{const}$) auf den einzelnen Umlaufbahnen erfüllt. Hierbei werden jedoch die Teilchen bei höheren Energien (50 bis 70 MeV) eingeschossen, wodurch der zentrale Teil des Zyklotrons entbehrlich wird. Der Magnetring ist aufgeteilt in Sektormagnete, die neben der Ablenkung auch eine starke Fokussierung auf die Teilchen ausüben. Damit werden Protonenstrahlen hoher Energie (500 bis 600 MeV) und hoher Intensität, meist zur Erzeugung von Mesonenstrahlen, erreicht.

5.2.3.6 Synchrotron

[6]

5.2.3.6.1 Wirkungsweise. Die höchsten Teilchenenergien (> 1 GeV) werden z. Z. in Synchrotronbeschleunigern nach dem Prinzip der Resonanzbeschleunigung und der Phasenstabilität erreicht.

Ein Synchrotron besteht aus einer auf einer Kreisbahn aufgestellten Serie von abwechslungsweise fokussierenden und defokussierenden Synchrotronmagneten. Zwischen den Magneten sind Hochfrequenzresonatoren zur Beschleunigung der Teilchen aufgestellt. Damit die Teilchen in jedem Resonator und nach jedem Umlauf dieselbe Hochfrequenzphase antreffen, muß die Umlaufzeit der Teilchen auf dem idealen Orbit des Synchrotrons und die Laufzeit der Teilchen zwischen je zwei Beschleunigungsstrecken ein ganzes Vielfaches der Hochfrequenzschwingungszeit sein.

Nach dem Einschießen der Teilchen aus einem Vorbeschleuniger (Linearbeschleuniger und/oder kleineres Synchrotron) wird das Magnetfeld in den Ablenkmagneten entsprechend dem Energiegewinn der Teilchen erhöht, so daß die Teilchen auf einem konstanten Orbit umlaufen. Ist die gewünschte Energie erreicht, wird der Strahl i. allg. durch das Feld eines gepulsten Magneten aus dem Beschleuniger gelenkt und dem Experiment zugeführt.

Die transversale Fokussierung der Teilchen auf die Sollbahn beruht auf dem Prinzip der starken Fokussierung [16], wobei der Feldindex des Magnetfeldes sehr viel größer als eins ist ($n \gg 1$). Die Fokussierung wird durch den Quadrupolanteil des Magnetfeldes eines Synchrotronmagneten erreicht. Obwohl die Fokussierung aus einer Serie von fokussierenden und defokussierenden Quadrupolfeldern besteht, ist die Gesamtwirkung fokussierend. Ist D^+ die Dioptrie eines fokussierenden, D^- die eines defokussierenden Quadrupols und d der Abstand der beiden Quadrupole, so ist die Gesamtdioptrie des Dubletts:

$$D_G = D^+ + D^- - dD^+D^- \qquad (= d \cdot D^2 > 0 \quad \text{für} \quad D^+ = -D^- = D). \tag{5.2-22}$$

Infolge der Fokussierung führen die Teilchen senkrecht zur Flugrichtung Betatronschwingungen aus. Die Anzahl der horizontalen bzw. vertikalen Schwingungen pro Umlauf nennt man die *Arbeitspunkte* Q_x und Q_y des Synchrotrons. Um Resonanzphänomene, verursacht durch Störungen im Ablenk- oder Fokussierungsfeld zu verhindern, muß beim Entwurf der Magnetstruktur des Synchrotrons darauf geachtet werden, daß die Arbeitspunkte die Resonanzbedingung

$$n_1 Q_x \pm n_2 Q_y = k \qquad (n_1, n_2, k = 0, 1, 2 \ldots) \tag{5.2-23}$$

vermeiden.

Neben der transversalen Stabilität durch das magnetische Fokussierungsfeld ist für die Beschleunigung von Teilchen in einem Synchrotron die *Phasenstabilität* (Stabilität der longitudinalen Schwingungen der Teilchen) von entscheidender Bedeutung. Die Bedingung für Phasenstabilität hängt von der Umlaufzeit τ der Teilchen und deren Abhängigkeit vom Impuls p der Teilchen ab:

$$\frac{d\tau}{\tau_0} = \frac{dl}{l_0} - \frac{dv}{v_0} = \left(\alpha - \frac{1}{\gamma^2}\right)\frac{dp}{p_0}. \tag{5.2-24}$$

$\left(l_0 \text{ Umfang der Sollbahn}, \alpha = \left(\frac{dl}{l_0}\right) \Big/ \left(\frac{dp}{p_0}\right).\right)$ Die Größe α hängt von der magnetischen Fokussierung ab und wird *Momentum Compaction Factor* genannt.

Bei geringen Energien ist in einem Synchrotron $d\tau < 0$ und wird erst für höhere Energien ($dv \to 0$) positiv. Diejenige Energie, für die $d\tau = 0$ ist, heißt *Transition Energy* γ_{tr}. Ein Teilchen mit der Impulsabweichung $dp > 0$, das an einer Beschleunigungsstrecke zur gleichen Zeit wie ein ideales Teilchen mit dem Impuls p_0 startet, kommt für den Fall $d\tau > 0$ nach einem Umlauf um die Zeit $d\tau$ später an als das ideale Teilchen. Andererseits kommt ein Teilchen mit $dp < 0$ früher als das ideale Teilchen an. Phasenstabilität ist in diesem Fall erfüllt, falls das Teilchen mit positiver Impulsabweichung ein kleineres Beschleunigungsfeld durchläuft als das ideale synchrone Teilchen. Die Phase φ_s des Hochfrequenzfeldes $E_{zHF}(t) = \hat{E}_{zHF} \cdot \sin(2\pi f_{HF} t_s)$ beim Durchgang des synchronen Teilchens zur Zeit $t_s = \varphi_s / 2\pi f_{HF}$ muß also zwischen 90 und 180° liegen. Genau umgekehrt liegen die Verhältnisse unterhalb der Transition Energy ($d\tau < 0$). Hier erhält man Phasenstabilität für synchrone Phasen zwischen 0 und 90°.

5.2.3.6.2 Elektronensynchrotron. Der Momentum Compaction Factor ist hierbei i. allg. $\alpha < 0{,}1$ d. h. für die Transition Energy gilt $\gamma_{tr} > 3$ oder $E > 1$ bis 2 MeV. Wegen der üblicherweise viel höheren Einschußenergie aus einem Mikrotron oder Linearbeschleuniger ist während der gesamten Beschleunigung Phasenstabilität gegeben bei einer Hochfrequenzphase für das ideale synchrone Teilchen zwischen 90 und 180°. Teilchen mit einer Energieabweichung führen um diese synchrone

Phase sog. *Synchrotronschwingungen* mit der Frequenz f_z aus:

$$f_z = f_0 \left(\frac{-h\alpha e U_{HF} \cos \varphi_s}{2\pi E} \right)^{1/2}, \tag{5.2-25}$$

worin U_{HF} die effektive Hochfrequenzspannung im Hochfrequenzresonator bedeutet.

Da die Elektronen beim Einschuß in das Synchrotron bereits nahezu Lichtgeschwindigkeit erreicht haben, kann eine konstante Hochfrequenz für die Beschleunigung verwendet werden.

Eine besondere Eigenart von Elektronenkreisbeschleunigern ist das Auftreten von sog. *Synchrotronstrahlung* bei der Ablenkung der Elektronen im Magnetfeld der Ablenkmagnete (vgl. 5.5.5.1). Jedes Elektron verliert durch die quantenhafte Aussendung von Synchrotronlicht im Mittel pro Umlauf eine Energie von:

$$\Delta E = 0{,}0885 \cdot E^4/r, \tag{5.2-26}$$

worin ΔE in MeV, E in GeV und r in m einzusetzen sind. Diese Energie muß vom Hochfrequenzsystem zusätzlich aufgebracht werden. Da dieser Energieverlust mit E^4 ansteigt, ist i. allg. die höchste Energie eines Elektronensynchrotrons erreicht, sobald die vom Beschleunigungssystem pro Umlauf zugeführte Energie gleich dem Energieverlust durch Synchrotronstrahlung ist. Die höchsten z. Z. erreichten Energien in Elektronensynchrotronen liegen bei 10 bis 15 GeV. Höhere Energien führen wegen der starken Synchrotronstrahlung zu einer unvernünftig hohen Hochfrequenzleistung oder benötigen zu große Ablenkradien.

Die Synchrotronstrahlung selbst wird zu Untersuchungen in der Festkörperphysik verwendet. Der Beschleunigungszyklus eines Elektronensynchrotrons ist i. allg. der Netzfrequenz angepaßt, wobei die Induktivität der Magnetspulen mit parallel geschalteten Kondensatoren einen Schwingkreis bildet.

5.2.3.6.3 Protonensynchrotron. Wegen der hohen Protonenmasse liegt hier die Transition Energy bei Werten von einigen GeV. Da die Einschußenergie i. allg. unterhalb dieses Wertes liegt und die Beschleunigung weit über die Transition Energy führt, müssen besondere Vorkehrungen getroffen werden, um beim Durchgang durch die Transition Energy die Phasenstabilität zu erhalten. Eine Methode besteht darin, daß durch einen schnellen Phasensprung im Hochfrequenzsystem beim Durchgang durch die Transition Energy ein Teilchenverlust durch Phaseninstabilität vermieden wird.

Die Protonen erreichen erst bei sehr hohen Energien Lichtgeschwindigkeit. Um den Synchronismus zwischen beschleunigendem Hochfrequenzfeld und der energieabhängigen Umlauffrequenz zu erhalten, muß die Hochfrequenz moduliert werden. Da diese Modulation relativ langsam vor sich geht, liegt die Beschleunigungszeit von großen Protonensynchrotronen bei 1 bis 6 s.

Der Energieverlust durch Synchrotronstrahlung ist bei Protonen wegen der großen Masse um den Faktor 1838^4 kleiner und deshalb völlig vernachlässigbar. Demzufolge ist die maximal erreichbare Protonenenergie nicht durch das Hochfrequenzsystem sondern durch die maximale Feldstärke in den Ablenkmagneten begrenzt. Mit konventionellen Eisenmagneten können Protonenenergien von 400 bis 500 GeV erreicht werden. Mit Hilfe von supraleitenden Magneten kann diese Grenze überschritten werden.

5.3 Ablenkmagnete

[8]

Ablenkmagnete werden in der Hochenergiephysik zur Veränderung der Flugrichtung von geladenen Teilchenstrahlen verwendet. Dies gilt insbesondere für Kreisbeschleuniger, in denen die Teilchen auf geschlossenen Bahnen umlaufen müssen. Außerhalb von Kreisbeschleunigern werden Ablenkmagnete noch in Strahlführungssystemen verwendet oder in Spektrometern zur Energiebestimmung der Teilchenstrahlen.

5.3.1 Allgemeine Eigenschaften

Im Ablenkmagneten wird an der Stelle des Teilchenstrahles ein Magnetfeld erzeugt, dessen zur Teilchenflugbahn senkrechte Feldkomponente auf bewegte geladene Teilchen eine Kraft, die Lorentzkraft, ausübt. Für diese Kraft gilt im Falle eines positiv geladenen Teilchens mit Bild 5.3-1

$$\boldsymbol{F} = q\boldsymbol{v} \times \boldsymbol{B}_y . \tag{5.3-1}$$

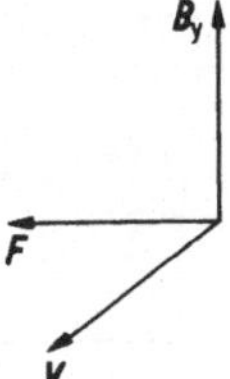

Bild 5.3-1. Ablenkung eines positiv geladenen Teilchens in einem Magnetfeld.

Da das Magnetfeld immer senkrecht zur Teilchenflugrichtung wirkt, wird das Teilchen in einem homogenen Magnetfeld auf eine Kreisbahn mit dem Radius r abgelenkt. Hierfür gilt die Zahlenwertgleichung

$$\frac{1}{r} = 0{,}2998 \frac{B_y}{\beta E}, \tag{5.3-2}$$

worin r in m, B_y in T und E in GeV einzusetzen sind. Da die Krümmung der Teilchenbahn von der Teilchenenergie abhängt, werden Ablenkmagnete auch als energiedefinierende Spektrometer verwendet.

Um die gewünschte Ablenkung der Teilchenenergie anpassen zu können, werden in der Hochenergiephysik fast ausschließlich stromerregte Magnete anstelle von Permanentmagneten eingesetzt.

5.3.2 Magnettypen

Anwendungsbedingt wurden verschiedene Arten von Ablenkmagneten entwickelt. Die wichtigsten sind der *Homogenfeldmagnet*, mit dem Spezialfall des *Window Frame-Magneten*, der *Synchrotronmagnet* und der *Septummagnet*. Die ersten beiden gibt es als sog. *H-Magneten* oder als *C-Magneten*. Je nachdem die Magnete der gekrümmten Teilchenbahn angepaßt oder gerade sind, unterscheidet man *Sektormagnete* und *Rechteckmagnete* (Bild 5.3-2).

Die magnetische Induktion zwischen den Polflächen ergibt sich aus dem Durchflutungsgesetz nach Gl. (5.3-3):

$$\mu_0 \theta = \oint \frac{B}{\mu_r} \mathrm{d}s = B_{0y} \cdot h + \int \frac{B_{yFe}}{\mu_r} \mathrm{d}s \tag{5.3-3}$$

(θ Durchflutung in den Spulen, h Abstand zwischen den Polflächen, B_{0y} und B_{yFe} magnetische Induktion zwischen den Polflächen bzw. im Eisen; μ_r Permeabilitätszahl im Eisen). Für schwache Erregung ist $\mu_r \gg 1$, so daß der zweite Term vernachlässigt werden kann:

$$B_{0y} = \mu_0 \theta / h . \tag{5.3-4}$$

In den Synchrotronmagneten variiert die magnetische Induktion entsprechend dem Polabstand h.

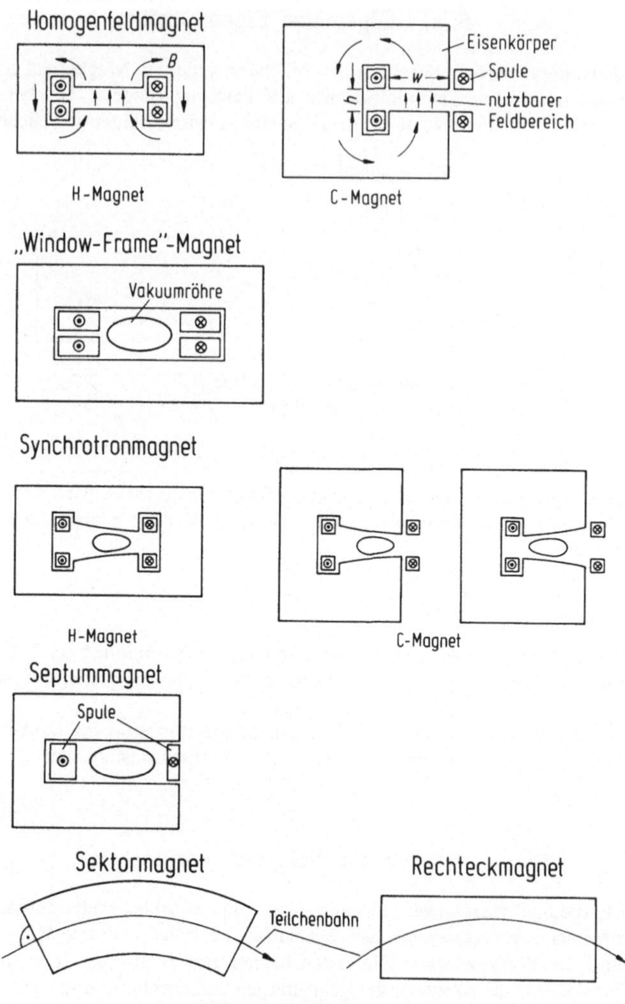

Bild 5.3-2. Magnettypen.

5.3.3 Eigenschaften des Magnetfeldes

In den Homogenmagneten und Septummagneten ist ein konstantes Magnetfeld zwischen den Polen erwünscht.

Das ideale Feld eines Synchrotronmagneten ist die Überlagerung eines homogenen Magnetfeldes und eines Quadrupolfeldes

$$B = B_0 + gx. \tag{5.3-5}$$

Auf die Transformation der Teilchenbahnen durch einen Magneten wird in 5.4.1.2 näher eingegangen.

5.3.3.1 Feldgenauigkeit

Die Feldgenauigkeit zwischen den Magnetpolen hängt sehr stark vom Verhältnis des Polabstandes h und der Polbreite w sowie vom Grad der magnetischen Sättigung ab. Die Lage und Form der Spule kann ebenfalls die Feldgenauigkeit beeinflussen. Die Induktionsverteilung zwischen den Polen muß bei hohen Genauigkeitsanforderungen für jeden Magnettyp numerisch berechnet werden.

Einen Anhaltspunkt für die Feldfehler bei vernachlässigbarer Sättigung und verschiedenen Werten für w/h gibt Bild 5.3-3. Durch mechanische Ungenauigkeiten können weitere Feldfehler verursacht werden, die in den Feldfehlern in Bild 5.3-3 nicht enthalten sind.

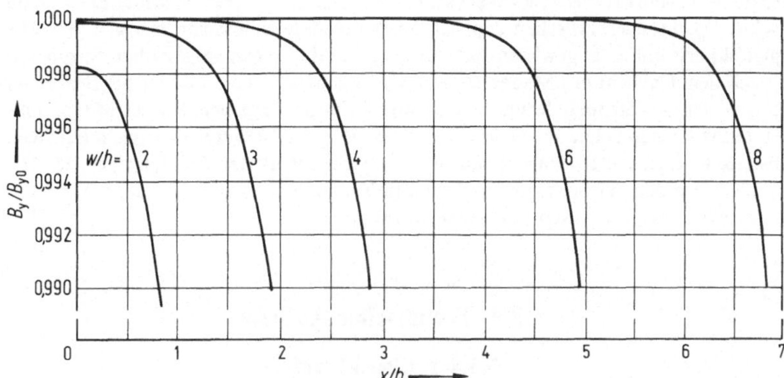

Bild 5.3-3. Relative Feldstärke bei verschiedenen Polbreite/Polabstand-Verhältnissen.

5.3.3.2 Endfeldkorrekturen

Am Ende des Magneten fällt das Magnetfeld nicht sprunghaft sondern nur allmählich auf Null ab. Deshalb ist die effektive Länge eines Magneten nicht gleich der Länge des Eisenkörpers. Die effektive Länge muß durch eine magnetische Vermessung festgestellt werden und ist gegeben durch:

$$l_{\text{eff}} = \frac{1}{B_{0y}} \cdot \int_{-\infty}^{+\infty} B_y(s) \cdot \mathrm{d}s. \tag{5.3-6}$$

In der Nähe der Ecken der Polprofile fällt das Magnetfeld nach außen schneller ab und beeinträchtigt dadurch das erwünschte Magnetfeld zwischen den Polen. Dies kann durch Verkleinerung des Polabstandes an den Magnetpolecken mit Hilfe von kleinen Eisenstücken verhindert werden. Durch geeignete Dimensionierung dieser Eisenkorrekturen kann erreicht werden, daß die effektive Länge des Magneten über die gewünschte Apertur zwischen den Polflächen konstant bleibt. Eine genaue, jedoch in der Herstellung aufwendigere Endfeldkorrektur wird durch hyperboloidische Abrundung der Magnetpolenden und Hinzunahme einer Spiegelplatte erreicht [8].

5.3.3.3 Einfluß der Sättigung

Bei starker Erregung des Magnetfeldes sinkt die Permeabilität des Eisens insbesondere an Kanten, wo die höchsten Flußdichten auftreten, sehr stark ab. Die Magnetpolkanten verlieren dadurch ihren felddefinierenden Charakter. Um eine Beeinflussung des Magnetfeldes durch die

Sättigung in den Polkanten zu verhindern oder zu schmälern, rundet oder schrägt man in der Praxis alle Kanten ab. Bei sehr hoher Magnetfelderregung ist jedoch die Wirkung der magnetischen Sättigung nicht zu verhindern, und es muß in jedem einzelnen Fall durch Berechnung des Magnetfeldes untersucht werden, ob die Feldqualität den Anforderungen noch entspricht.

Im Bereich der Sättigung ist das Magnetfeld nicht mehr dem felderregenden Strom proportional, da der zweite Term in Gl. (5.3-3) nicht mehr vernachlässigt werden kann.

5.3.3.4 Dynamisches Verhalten

Wegen der durch ein magnetisches Wechselfeld induzierten Wirbelströme im Eisen und durch die mechanischen Spannungen zwischen den sich ausrichtenden Weißschen Bezirken [H 19] erreicht das Magnetfeld erst mit einer gewissen Verzögerung den durch den eingestellten Strom gegebenen Wert. Je nach dem Gewicht des Magneten und der Geschwindigkeit, mit der der Strom verändert wird, können nach der Stromänderung noch einige Minuten vergehen, bis das Magnetfeld seinen Endwert innerhalb einer Toleranz von etwa 10^{-3} bis 10^{-5} des Nennwertes erreicht hat. Wenn diese lange Einstellzeit stört, sollten Magnete aus gegeneinander isolierten Eisenblechen gebaut werden. Auf diese Weise werden Wirbelströme und ihr Einfluß auf das Magnetfeld weitgehend vermieden und die Einstellzeit des Magneten sehr stark verkürzt.

5.3.4 Technischer Aufbau

5.3.4.1 Eisenkörper

Beim Aufbau des Eisenkörpers sind folgende Randbedingungen zu berücksichtigen: Es muß möglich sein, die Spule und die Vakuumkammer zerstörungsfrei ein- und für Reparaturen auch wieder auszubauen. Falls dazu ein Zerlegen des Eisenkörpers nötig ist, müssen die Trennflächen bearbeitet sein, damit unkontrollierte Luftspalte und damit eine Variation des Ablenkfeldes von Magnet zu Magnet vermieden wird. Da die Vermessung des Magnetfeldes zeitraubend und kostspielig ist, muß es möglich sein, den Eisenkörper reproduzierbar nach einer Zerlegung wieder zusammenzubauen.

Die Dimensionen des magnetischen Rückschlusses sollen aus Kostengründen klein gehalten werden. Die Minimaldimensionen sind durch die magnetische Sättigung oder durch die Forderung der mechanischen Stabilität gegeben. Die mechanische Stabilität kann besonders bei C-Magneten eine Rolle spielen, da zwischen den Magnetpolen nach Gl. (2.1-57) starke magnetische Anziehungskräfte auftreten. Die Anziehungskräfte dürfen keinen merklichen Einfluß auf den Polabstand und damit auf das Magnetfeld haben.

5.3.4.2 Wicklung

Die Wicklung eines Magneten besteht i. allg. aus mehreren Windungen. Die Wahl der Anzahl der Windungen hat Konsequenzen für die Kühlung und für die Stromversorgungsgeräte. Die überwiegende Mehrheit der Magnete in der Hochenergiephysik erfordert wegen der starken Erregung Spulen mit direkter Leiterkühlung. Wird die Windungszahl groß gewählt, so ist entweder wegen der Länge des Stromleiters zwischen Einspeisung und Austritt des Kühlmittels ein hoher Druck nötig, oder es muß die Spule in mehrere parallele Kühlkreise aufgeteilt werden. Beides beeinflußt die Kosten für die notwendige Druckerhöhungspumpen oder für die komplizierte elektrisch isolierte Einspeisung des Kühlmittels in parallele Kühlkreise. Da in einem Kreisbeschleuniger i. allg. alle Ablenkmagnete hintereinander geschaltet werden, ergeben sich bei einer hohen

Windungszahl pro Spule hohe elektrische Spannungen, welche die Isolation kostspielig werden lassen. Außerdem hängen die Kosten für Stromversorgungsgeräte nicht nur von der Leistung, sondern auch vom Verhältnis Spannung/Strom ab. Die Wahl der Anzahl der Windungen wird also nach wirtschaftlichen Gesichtspunkten zu treffen sein. Als Leitermaterial wird meist Rechteck-Hohlkupfer verwendet. Aus Kostengründen setzt sich jedoch in jüngster Zeit immer mehr Alluminium als Leitermaterial durch.

Als Isolation zwischen den einzelnen Windungen wird aus Strahlungsgründen Glasfasermaterial verwendet. Um die elektrische Spannungsfestigkeit zu erhöhen, wird das gesamte Spulenpaket in einer Vakuumanlage mit Epoxydharzen getränkt und durch Warmhärtung verfestigt.

5.3.4.3 Kühlung

Als Kühlmittel wird meist entionisiertes Wasser benutzt. Dabei ist darauf zu achten, daß im gesamten Kühlkreislauf nur solche Metalle verwendet werden, die in der elektrochemischen Spannungsreihe nicht zu weit auseinanderstehen, damit Elektrolyse vermieden wird.

Für die Bemessung der Kühlkreise gelten die in Abschnitt 2.1.5 aufgestellten Beziehungen.

5.4 Fokussierelemente

[8, 9]

Da alle Teilchenstrahlen divergierenden Charakter haben, müssen in Strahlführungssystemen Fokussierungselemente eingesetzt werden, die dafür sorgen, daß der Strahl die durch die Vakuumkammer vorgegebenen Dimensionen nicht überschreitet. Abgesehen von seltenen Spezialfällen werden in der Hochenergiephysik zur Teilchenfokussierung ausschließlich Quadrupolfelder benutzt.

5.4.1 Prinzipien der Teilchenfokussierung

[8, 16]

5.4.1.1 Eigenschaften von Teilchenstrahlen

Die Flugbahn eines jeden Teilchens wird durch seine Koordinaten x, p_x, y, p_y, z, p_z im 6-dimensionalen Phasenraum beschrieben. Hierbei sind (x, y, z) die Ortskoordinaten relativ zu einer Referenzbahn und (p_x, p_y, p_z) die Impulskoordinaten. Für hochenergetische Teilchen ist $p_x \ll p_z$ und $p_y \ll p_z$. Mit dem Teilchenimpuls $p=(p_x^2+p_y^2+p_z^2)^{1/2} \approx p_z$ und $p_x \approx x' \cdot p$ bzw. $p_y \approx y' \cdot p$ mit $x'=\mathrm{d}x/\mathrm{d}z$, $y'=\mathrm{d}y/\mathrm{d}z$ kann die Teilchenbahn daher durch die Koordinaten (x, x', y, y') an jedem Ort z eindeutig beschrieben werden. Da außerdem bei Quadrupolfokussierung die Projektionen der Teilchenbahn auf die (x, z)-Ebene und die (y, z)-Ebene entkoppelt sind, können die Teilchenbahnen durch die zwei voneinander unabhängigen Parameterpaare (x, x') und (y, y') beschrieben werden.

Trägt man z. B. die Koordinaten (x, x') aller Teilchen eines Strahls in ein Diagramm mit den Achsen x und x' ein, so stellt die Gesamtheit dieser Koordinatenpunkte die *Strahlemittanz* in der (x, z)-Ebene und analog in der (y, z)-Ebene dar. In einem Strahlführungssystem mit an die Strahldimensionen angepaßter Vakuumkammer und Fokussierungselementen kann diese Strahlemittanz durch eine Ellipse umgeben werden (Bild 5.4-1). Die Fläche A der kleinsten, alle Teilchen umfassenden Ellipse definiert den Zahlenwert ε der Strahlemittanz. Nach *Liouville* ist diese Fläche im

Bild 5.4-1. Definition der Strahlemittanz.

(x, p_x)-Diagramm charakteristisch für den Strahl und konstant während der Fokussierung oder Beschleunigung. Für einen Teilchenstrahl konstanter Energie gilt diese Aussage auch im (x, x')-Diagramm. Während der Fokussierung verändert sich zwar die Form der Ellipse ständig, jedoch bleibt ihre Fläche konstant:

$$\hat{x}^2 \cdot x^2 + 2\hat{x}\hat{x}' \cdot xx' + \hat{x}'^2 \cdot x'^2 = \varepsilon = \text{const} \quad \text{für} \quad p = \text{const}. \tag{5.4-1}$$

Die Größe $\hat{x}$ ist eine Funktion von z und stellt die Einhüllende oder *Enveloppe* des Teilchenstrahles dar. Eine wichtige Aufgabe der Strahloptik ist es, in einem Teilchentransportsystem quantitative Aussagen für diese Enveloppe zu machen. Wird die Teilchenenergie längs des Transportsystems verändert, so gilt $\varepsilon \cdot p = \text{const}$ oder $\varepsilon = \varepsilon_0 \, p_0/p$, falls die Strahlemittanz an einem Bezugspunkt, an dem die Teilchen den Impuls p_0 haben, den Wert ε_0 hat.

5.4.1.2 Strahloptik

Unter Strahloptik versteht man die mathematische Beschreibung von Teilchenbahnen in Strahlführungssystemen. Man spricht von einer *linearen Optik*, falls im betrachteten Strahlführungssystem nur magnetfreie Strecken oder *Driftstrecken*, magnetische *Dipole* oder Ablenkmagnete und *Quadrupole* vorkommen.

Die Grundgleichung für die Teilchenbewegung in linearer Optik lautet:

$$x'' + \left(k - \frac{1}{r^2}\right) x = \frac{1}{r} \cdot \delta \quad \text{mit} \quad k = k(z);\; r = r(z). \tag{5.4-2}$$

Damit x immer der Abstand der Teilchenbahn von der Sollbahn bleibt, ist das Koordinatensystem ein auf der Sollbahn mitbewegtes, d. h. im Ablenkmagneten gekrümmtes, rechtwinkliges Koordinatensystem. Diesem Umstand trägt der Term $(-x/r^2)$ Rechnung. Der Term δ/r ist ein Korrekturglied für Teilchen, deren Impuls um Δp vom Sollimpuls p_0 abweicht. Die Differentialgleichung 5.4-2 ist eine *Hillsche Differentialgleichung* und kann geschlossen gelöst werden für den Fall, daß $k(z) = \text{const}$ und $r(z) = \text{const}$ ist, was innerhalb der in der Hochenergiephysik gebräuchlichen Magnete der Fall ist.

Die allgemeine Lösung lautet in der in der Strahloptik gebräuchlichen Matrizendarstellung für

a) die fokussierende Ebene $K = (k + 1/r^2) > 0$; $\varphi = l \cdot \sqrt{K}$:

$$\begin{pmatrix} x \\ x' \\ \delta \end{pmatrix} = \begin{pmatrix} \cos\varphi & \dfrac{1}{\sqrt{K}} \sin\varphi & \dfrac{1}{rK}(1 - \cos\varphi) \\ -\sqrt{K}\sin\varphi & \cos\varphi & \dfrac{1}{r\sqrt{K}} \sin\varphi \\ 0 & 0 & 1 \end{pmatrix} \begin{pmatrix} x_0 \\ x'_0 \\ \delta \end{pmatrix} \tag{5.4-3}$$

(l Länge des Magneten längs der Sollbahn);

b) die defokussierende Ebene $(-K)=(k+1/r^2)<0$:

$$\begin{pmatrix} x \\ x' \\ \delta \end{pmatrix} = \begin{pmatrix} \cosh\varphi & \frac{1}{\sqrt{K}}\sinh\varphi & \frac{1}{rK}(\cosh\varphi-1) \\ \sqrt{K}\sinh\varphi & \cosh\varphi & \frac{1}{r\sqrt{K}}\sinh\varphi \\ 0 & 0 & 1 \end{pmatrix} \begin{pmatrix} x_0 \\ x'_0 \\ \delta \end{pmatrix}. \tag{5.4-4}$$

Aus diesen allgemeinen Transformationsmatrizen, die ungeändert für Synchrotronmagnete ($k \neq 0$; $r \neq 0$) gelten, lassen sich die Transformationsmatrizen für eine Driftstrecke ($k=0, r=\infty$), für einen Quadrupol ($r=\infty$) und für einen Sektormagneten ($k=0$) ableiten.

Die Transformationsgleichungen erlauben die Bahnparameter (x, x') am Ende des Elementes (Magnet bzw. Driftstrecke) aus den Parametern (x_0, x'_0) am Anfang zu berechnen. Hat man N Elemente mit den Matrizen $\boldsymbol{M}_1, \boldsymbol{M}_2 \ldots \boldsymbol{M}_N$ hintereinander angeordnet, so lautet die gesamte Transformationsmatrix für die N Elemente:

$$\boldsymbol{M} = \boldsymbol{M}_N \cdot \boldsymbol{M}_{N-1} \cdot \ldots \boldsymbol{M}_2 \cdot \boldsymbol{M}_1 . \tag{5.4-5}$$

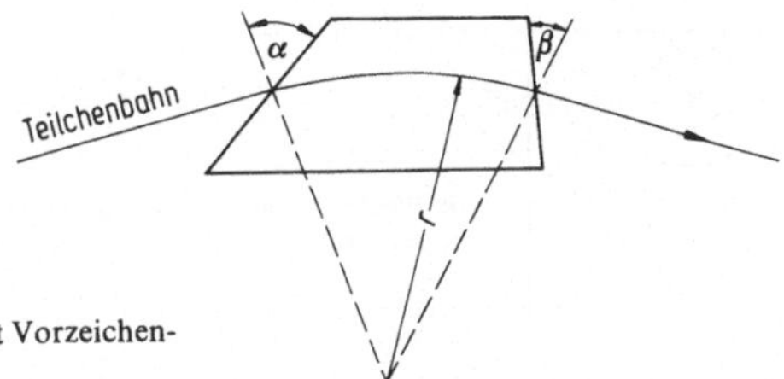

Bild 5.4-2. Wedge-Magnet mit Vorzeichenkonvention für Gl. (5.4-6).

Damit ist die Berechnung von Teilchenbahnen auf einfache Matrizenmultiplikationen zurückgeführt. Diese Berechnungsmethode führt auch zur Transformationsmatrix für Ablenkmagnete, deren Querschnitt von dem eines Sektormagneten mit der Matrix $\boldsymbol{M}_s$ abweicht (z. B. Wedge-Magnet, Bild 5.4-2). Die Transformationsmatrix setzt sich aus drei Anteilen zusammen, der sog. Kantenfokussierung am Eingang bzw. Ausgang des Magneten und einem Sektormagneten dazwischen:

$$\boldsymbol{M} = \begin{pmatrix} 1 & 0 & 0 \\ \frac{1}{r}\tan\alpha & 1 & 0 \\ 0 & 0 & 1 \end{pmatrix} \cdot \boldsymbol{M}_s \cdot \begin{pmatrix} 1 & 0 & 0 \\ \frac{1}{r}\tan\beta & 1 & 0 \\ 0 & 0 & 1 \end{pmatrix}. \tag{5.4-6}$$

Hierbei ist auf das Vorzeichen der Winkel α, β zu achten. In der ablenkenden Ebene gilt mit den in Bild 5.4-2 eingetragenen Winkeln folgende Vorzeichenkonvention: $\alpha>0$; $\beta>0$ in der ablenkenden, $\alpha<0$; $\beta<0$ in der nicht ablenkenden Ebene.

Die Spektrometereigenschaft eines Magnetsystems mit wenigstens einem Ablenkmagneten folgt aus den Gln. (5.4-3) und (5.4-4)

$$x = M_{11}x_0 + M_{12}x'_0 + M_{13} \cdot \delta , \tag{5.4-7}$$

wobei M_{ij} Matrixelemente der Gesamtmatrix $\boldsymbol{M}$ des Spektrometers sind. Der Ort x der Teilchenbahn hängt von der relativen Impulsabweichung ab. Den Proportionalitätsfaktor M_{13} nennt man die *Dispersion* D_x.

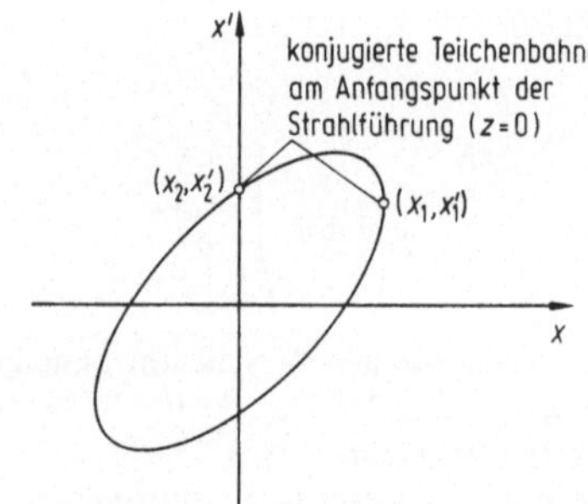

Bild 5.4-3. Definition der konjugierten Teilchenbahnen.

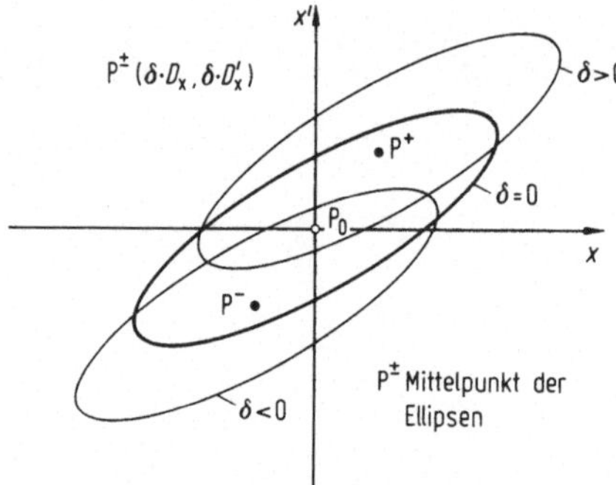

Bild 5.4-4. Strahlemittanzen für verschiedene Energien.

Die Kenntnis der Teilchenbahnen erlaubt auf einfache Weise die Envelope eines monoenergetischen Teilchenstrahls aus sog. konjugierten Teilchenbahnen zu berechnen (Bild 5.4-3):

$$\hat{x}=(x_1^2+x_2^2)^{1/2}\,; \qquad \hat{x}'=(x_1'^2+x_2'^2)^{1/2}\,. \tag{5.4-8}$$

Für Strahlen, deren Teilchen einen vom Sollimpuls verschiedenen Impuls haben, ist die Envelope in der linearen Optik dieselbe, jedoch ist das Zentrum der *Phasenellipse* entsprechend den Dispersionsparametern $(M_{13}, M_{23})=(D_x, D_x')$ verschoben (Bild 5.4-4).

5.4.2 Typen der Fokussierelemente

Zur Fokussierung von Teilchenstrahlen werden in der Hochenergiephysik fast ausschließlich Quadrupolfelder in Synchrotronmagneten oder reinen Quadrupolen verwendet. Daneben gibt es wenige Spezialfälle, in denen zur Fokussierung ein Solenoidfeld parallel zur Strahlrichtung verwendet wird.

5.4.2.1 Quadrupol

5.4.2.1.1 Grundlagen. In der linearen Optik mit entkoppelter Fokussierung in der horizontalen und vertikalen Ebene wünscht man wie in der Lichtoptik eine linear mit dem Abstand der Teilchenbahn von der optischen Achse oder Sollbahn ansteigende Ablenkung. Das heißt das

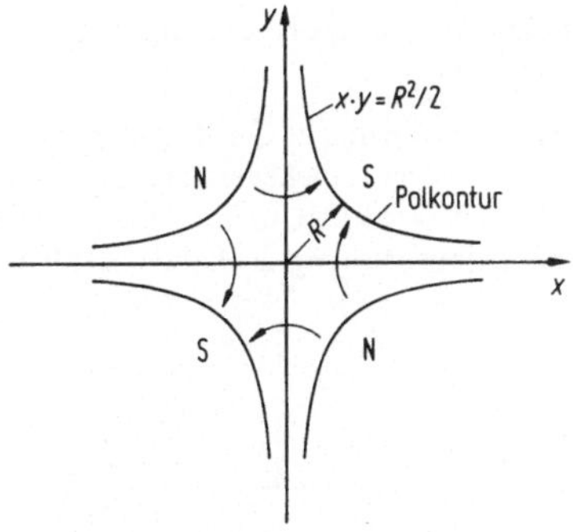

Bild 5.4-5. Polkontur eines Quadrupols (Prinzip)

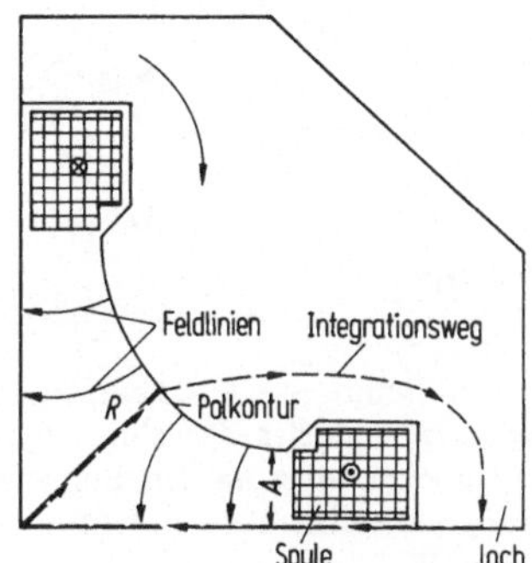

Bild 5.4-6. Ein Viertel eines Quadrupols.

Magnetfeld soll folgende Eigenschaften haben:

$$B_y = gx \quad \text{und} \quad B_x = gy \quad (g = \text{const}). \tag{5.4-9}$$

Ein solches Feld läßt sich aus der Potentialgleichung $V = -gx \cdot y$ ableiten. Da bei vernachlässigbarer Sättigung ($\mu_r = \infty$) die Eisenoberflächen Flächen mit konstantem magnetischem Potential darstellen, muß der Eisenquerschnitt gemäß den gewünschten Potentialflächen geformt werden. Das Potential $V = -gxy$ erhält man durch einen hyperbolischen Querschnitt der Eisenpole (Bild 5.4-5). Solche vier symmetrisch angeordneten Pole bilden das für die lineare Optik gewünschte Magnetfeld. Wegen der in der Hochenergiephysik notwendigen Veränderbarkeit der Fokussierung werden stromerregte Quadrupole verwendet (Bild 5.4-6).

Der *Feldgradient* $g = \partial B_y / \partial x = \partial B_x / \partial y$ ergibt sich aus dem Gesamtstrom in der Spule nach:

$$\mu_0 \Theta = \frac{1}{2} R^2 g + \frac{1}{\mu_r} \int_A^B B_{s,\mathrm{Fe}} \, \mathrm{d}s . \tag{5.4-10}$$

Für schwache Sättigung ($\mu_r \gg 1$) gilt:

$$g = \mu_0 \frac{2\Theta}{R^2} . \tag{5.4-11}$$

Die *Quadrupolstärke* k in m^{-2} ergibt sich aus dem Feldgradienten nach:

$$k = 0{,}2998 \frac{g}{\beta \cdot E} , \tag{5.4-12}$$

wenn man g in T/m und E in GeV einsetzt. Die *Dioptrie* eines Quadrupols der Länge l ist $D = kl$, wobei l die effektive Länge des Quadrupols ist.

5.4.2.1.2 Quadrupoltypen. In der Hochenergiephysik gebräuchliche Quadrupoltypen werden in Bild 5.4-7 gezeigt. Die überwiegende Mehrzahl aller in der Hochenergiephysik eingesetzten Quadrupole entsprechen in ihrem Grundaufbau den Typen 1a und 1b. In Spezialfällen, in denen es darauf ankommt, in einer Ebene eine kleine Quadrupolausdehnung zu haben, wird der Typ 2 benutzt.

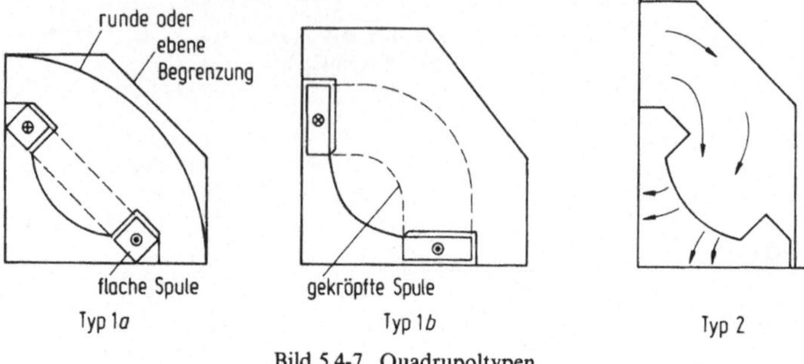

Bild 5.4-7. Quadrupoltypen.

5.4.2.1.3 Gradientgenauigkeit und Polkontur. Ein ideal homogenes Gradientfeld erhält man in einem Quadrupol nur bei vernachlässigbarer Sättigung und unendlich ausgedehnten hyperbolischen Magnetpolen. Die endliche Polbreite in realen Quadrupolen führt an den Polkanten zu einer Verzerrung des Magnetfeldes. Um diese Feldverzerrung möglichst klein zu halten, läßt man die hyperbolische Begrenzung des Pols tangential auslaufen (Bild 5.4-8).

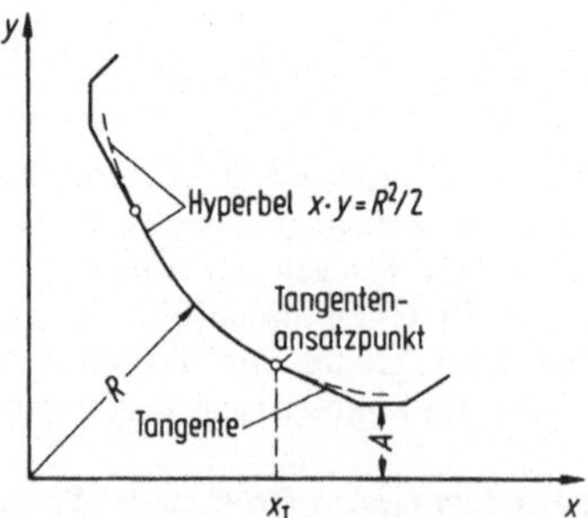

Bild 5.4-8. Polkontur eines Quadrupols.

Die Wahl des Tangentenansatzpunktes beeinflußt stark die Gradienthomogenität. Eine zu starke Tangentenkorrektur führt zu einer Überhöhung des Gradienten, während eine zu schwache Korrektur den Feldgradienten zu schnell abfallen läßt (Bild 5.4-9).

Der optimale Tangentenansatzpunkt muß durch numerische Magnetfeldberechnung gefunden werden. Wie jedoch aus Bild 5.4-9 ersichtlich, kann durch die Tangentenkorrektur zwar die Gradienthomogenität in einem Quadrupol erhöht, der nutzbare Bereich jedoch kaum verändert werden. Der Bereich guter Gradienthomogenität hängt sehr stark von dem Abstand A in Bild 5.4-8 ab. Bei optimalem Tangentenansatz ist in Bild 5.4-10 der Zusammenhang zwischen dieser Größe und dem nutzbaren Bereich dargestellt. Der Parameter ist der relative Gradientfehler an der Grenze des

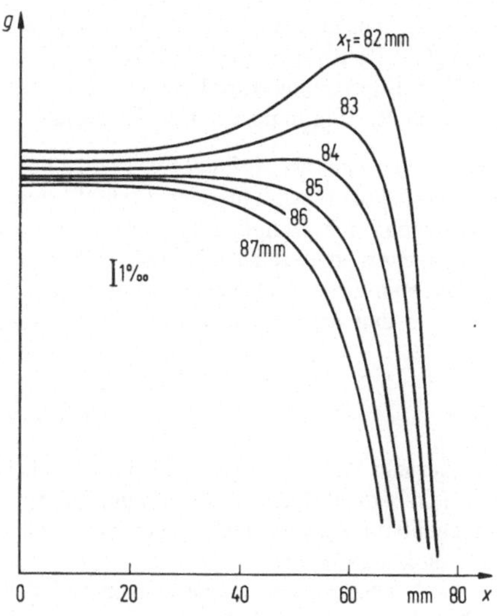

Bild 5.4-9. Gradientgenauigkeit bei verschiedenen Tangentenansatzpunkten.

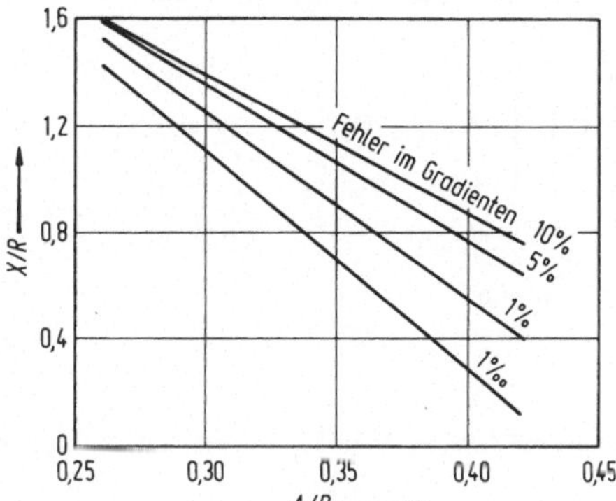

Bild 5.4-10. Gradientgenauigkeit.

nutzbaren Bereiches. Für eine gewünschte Gradienthomogenität und einen gewünschten Strahlquerschnitt ergibt sich aus dem Diagramm in Bild 5.4-10 die für den Entwurf eines Quadrupols wichtige Größe A. Die Anordnung der Spule ist bei nicht zu starker Sättigung von sekundärer Bedeutung.

5.4.2.1.4 Sättigung. Wird ein Quadrupol stark erregt, so wird die Gradienthomogenität durch die Sättigung stark beeinflußt. Der nutzbare Bereich wird durch die Sättigung, die sich zuerst an den Polkanten bemerkbar macht, eingeengt und der Einfluß der Lage und Form der Spulen wird bemerkbar. Damit werden die Transformationsmatrizen für die Teilchenbahnen eine Funktion der Teilchenbahn selber, d. h. in einem solchen Fall muß die Teilchenbahn auf Grund der gemessenen Feldstärkeverteilung im Quadrupol durch numerische Integration berechnet werden. Dies ist sehr aufwendig und höchstens in Teilchenspektrometern vertretbar. Beim Entwurf eines Quadrupols ist daher durch Abrunden aller Polkanten darauf zu achten, daß Sättigungserscheinungen möglichst vermieden werden.

Neben der Feldstörung tritt bei Sättigung ein zusätzlicher magnetischer Spannungsabfall im Eisen auf [Gl. (5.4-10)]; um den gewünschten Feldgradienten zu erhalten, muß also der Strom in den Spulen überproportional erhöht werden. Dies kann durch eine entsprechende Vergrößerung des Eisenquerschnittes im magnetischen Rückschluß kompensiert werden.

5.4.2.1.5 Technischer Aufbau. Für den technischen Aufbau eines Quadrupols gelten ebenfalls alle für den Ablenkmagneten gemachten allgemeinen Bemerkungen. Jedoch ist der Aufbau eines Quadrupols dadurch komplizierter, daß einerseits zur Kleinhaltung der elektrischen Leistung der Spulenquerschnitt groß gemacht werden soll, andererseits jedoch die Geometrie zwischen den Polen wenig Platz zum Ein- und Ausbau der Spulen läßt. Man muß deshalb den Quadrupol aus vier Teilen aufbauen, so daß die Spulen vor dem Zusammenbau über die Magnetpole geschoben werden können.

5.4.2.2 Solenoid

Für spezielle Anforderungen wird in der Hochenergiephysik zur Fokussierung ein longitudinales Solenoidfeld benutzt. Der Fokussierungseffekt ist relativ gering, da das Magnetfeld nahezu parallel zur Teilchenbahn verläuft. Nur an den Solenoidenden ergibt sich im Streufeld des Magneten eine radiale Feldkomponente.

Da die Teilchenbahnen in einem Solenoidfeld spiralförmig sind, ist die Teilchenbewegung in der (x, z)-Ebene und in der (y, z)-Ebene nicht mehr entkoppelt. Das Gleichungssystem einer Teilchenbahn durch ein Solenoid der Länge l lautet:

$$\begin{pmatrix} x \\ x' \\ y \\ y' \end{pmatrix} = \begin{pmatrix} \cos^2\varphi & \frac{1}{K}\sin\varphi\cdot\cos\varphi & \sin\varphi\cdot\cos\varphi & \frac{1}{K}\sin^2\varphi \\ -K\sin\varphi\cdot\cos\varphi & \cos^2\varphi & -K\sin^2\varphi & \sin\varphi\cdot\cos\varphi \\ -\sin\varphi\cdot\cos\varphi & -\frac{1}{K}\sin^2\varphi & \cos^2\varphi & \frac{1}{K}\sin\varphi\cdot\cos\varphi \\ K\sin^2\varphi & -\sin\varphi\cdot\cos\varphi & -K\sin\varphi\cdot\cos\varphi & \cos^2\varphi \end{pmatrix} \cdot \begin{pmatrix} x_0 \\ x'_0 \\ y_0 \\ y'_0 \end{pmatrix}, \qquad (5.4\text{-}13)$$

wobei $\varphi = K \cdot l$ und

$$K = 0{,}1499 \cdot \frac{B_z}{\beta \cdot E}, \qquad (5.4\text{-}14)$$

worin K in m^{-1}, B_z in T und E in GeV einzusetzen sind.

5.5 Speicherringe

[10, 15]

5.5.1 Physikalische Grundlagen

Beim Beschuß eines Targets ist nicht die ganze Energie des beschleunigten Teilchenstrahls für Elementarteilchenreaktionen verfügbar. Da auch in der Welt der Elementarteilchen die Impulserhaltung gilt, steht nur die *Teilchenenergie E_s im Schwerpunktsystem* aus stoßendem und gestoßenem Teilchen für die Erzeugung neuer Elementarteilchen zur Verfügung:

$$E_s = [(c^2 m_1)^2 + (c^2 m^2)^2 + 2E_1 E_2 \cdot (1 - \beta_1 \beta_2)]^{1/2}. \qquad (5.5\text{-}1)$$

(m_1, E_1, β_1) und (m_2, E_2, β_2) sind die Ruhemasse, die Gesamtenergie und die Geschwindigkeit des stoßenden und gestoßenen Teilchens.

Beim Beschuß eines stationären Targets ist $\beta_2=0$ und $E_2=c^2 \cdot m_2$. Daher ist die Schwerpunktenergie viel kleiner als die Energie des beschleunigten Teilchens. Diese Schwerpunktenergie kann sehr stark erhöht werden, falls die Targetteilchen den stoßenden Teilchen entgegenfliegen ($\beta_2=-\beta_1$). Dies ist das Prinzip des Speicherringes, in dem zwei Strahlen gegeneinander zirkulieren und sich an bestimmten Punkten durchdringen, wobei jeder Strahl für den anderen das Target darstellt.

5.5.2 Allgemeine Wirkungsweise

Speicherringe gibt es als *Doppelringe* oder *Einzelringe*. Ein Doppelspeicherring besteht aus zwei Ringbeschleunigern übereinander oder nebeneinander, die sich an einzelnen Punkten, den Wechselwirkungspunkten, kreuzen oder berühren (Bild 5.5-1). Je ein Teilchenstrahl zirkuliert in beiden Ringen so, daß sie an den Wechselwirkungspunkten frontal oder in einem sehr kleinen Winkel kollidieren. In einem Einzelring zirkulieren beide Teilchenstrahlen gegenläufig. Dies setzt voraus,

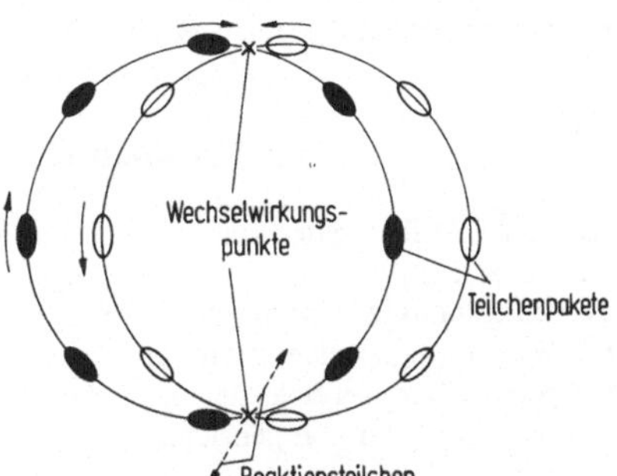

Bild 5.5-1. Prinzipielle Wirkungsweise eines Speicherringes.

daß die beiden Strahlen aus Teilchen entgegengesetzten Vorzeichens bestehen. Die Wahrscheinlichkeit für eine Kollision an den Wechselwirkungspunkten ist sehr gering, weshalb die Teilchen eine lange Zeit umlaufen müssen.

Im Gegensatz zum Synchrotron finden die zu untersuchenden hochenergetischen Prozesse innerhalb des Speicherringes an den *Wechselwirkungspunkten* statt. Bei der Kollision eines Elektrons und eines Positrons entsteht durch gegenseitige Vernichtung ein Zustand reiner Energie, der nach einer sehr kurzen Zeit bereits wieder nach der Einsteinschen Energie-Masse-Beziehung $E=mc^2$ in eine variable Zahl von Elementarteilchen zerfällt. Diese Reaktionsteilchen fliegen nach allen Richtungen aus dem Wechselwirkungspunkt heraus und werden in Detektoren, die möglichst einen Raumwinkel von 4π um den Wechselwirkungspunkt umfassen sollen, analysiert.

Die Art der Reaktionsteilchen ist entsprechend der Vielfalt der Elementarteilchen von Kollision zu Kollision verschieden. Durch die Analyse der Vielfalt der Reaktionsprodukte können elementare Naturgesetze und deren Gültigkeitsbereiche gefunden werden.

5.5.3 Luminosität

Die Anzahl der Kollisionen bei sich durchdringenden Teilchenstrahlen pro Zeiteinheit ist dem totalen Wirkungsquerschnitt für die Summe aller möglichen hochenergetischen Prozesse proportional. Diese Proportionalitätskonstante hängt von den Eigenschaften des Speicherringes ab und wird die *Luminosität* des Speicherringes genannt. Da ein Strahl das Target für den anderen Strahl darstellt, ist die Luminosität gleich dem Produkt aus der transversalen Teilchendichte im Strahl am Wechselwirkungspunkt und der Anzahl der Teilchen, die pro Sekunde den Wechselwirkungspunkt durchfliegen:

$$\mathscr{L} = \frac{N_1}{BA_{\text{eff}}} \cdot (N_2 \cdot f_0) = \frac{1}{e^2 f_0} \cdot \frac{I_1 I_2}{BA_{\text{eff}}}. \tag{5.5-2}$$

Hier ist für beide Strahlen der gleiche effektive Strahlquerschnitt A_{eff} am Wechselwirkungspunkt angenommen. (N_1, N_2) und (I_1, I_2) sind die Anzahlen der Teilchen und die Teilchenströme in beiden Strahlen. B ist die Anzahl der Teilchenbündel pro Strahl.

Der *effektive Strahlquerschnitt* hängt von der transversalen Dichteverteilung der Teilchen und davon ab, ob sich die Strahlen unter einem Winkel oder frontal durchdringen. Die transversale Dichteverteilung ist i. allg. eine Gaußverteilung. Hierfür gilt mit σ_x, σ_y, σ_z als Standardbreite, -höhe und -länge eines Teilchenbündels mit Gaußscher Dichteverteilung:

$$A_{\text{eff}} = 4\pi(\sigma_x^2 + \sigma_z^2 \vartheta^2)^{1/2} \cdot (\sigma_y^2 + \sigma_z^2 \psi^2)^{1/2} \tag{5.5-3}$$

(ϑ und ψ halber horizontaler und vertikaler Kreuzungswinkel).

5.5.4 Aufbau eines Speicherringes

Der generelle Aufbau eines Speicherringes ist in Bild 5.5-2 dargestellt. Das *Magnetsystem* hat eine periodische Struktur in den Ablenkbögen, die durch verlängerte gerade Stücke um die Wechselwirkungspunkte unterbrochen sind. Die Ablenkmagnete sind Homogenfeldmagnete, und die Strahlfokussierung erreicht man durch separate Quadrupolmagnete. Das *Hochfrequenzsystem* wird in Elektron-Positron-Speicherringen benötigt, um den Energieverlust der Teilchen durch Synchrotronstrahlung zu kompensieren.

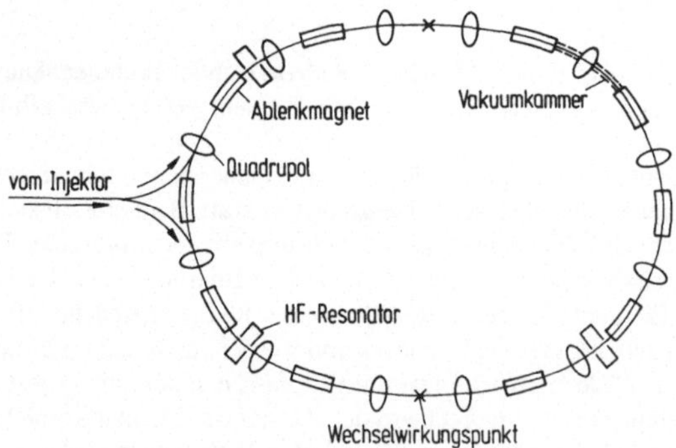

Bild 5.5-2. Schematischer Aufbau eines Speicherringes.

Um eine lange Lebensdauer der gespeicherten Strahlen zu erreichen, müssen die Teilchen in einer *Vakuumkammer* bei einem Restgasdruck von weniger als 10^{-8} mbar umlaufen.

Zur *Strahldiagnostik* werden eine Reihe von Strahlmonitoren zur Bestimmung der Strahlintensität, der Strahlposition und des Strahlquerschnittes benötigt. Andere Monitoren dienen dazu, die Betatron- und Synchrotron-Schwingungsfrequenz zu messen.

5.5.5 Elektron-Positron-Speicherring

Der Aufbau eines Elektron-Positron-Speicherringes wird entscheidend durch das Auftreten der Synchrotronstrahlung beeinflußt.

5.5.5.1 Synchrotronstrahlung

Geladene Teilchen senden elektromagnetische Wellen aus, wenn sie in einem Magnetfeld abgelenkt werden. Die Strahlungsleistung pro Elektron ist dabei proportional dem Quadrat der Teilchenenergie und dem Quadrat der magnetischen Feldstärke und ergibt sich für einen Kreisbeschleuniger mit einem Krümmungsradius r im Ablenkmagneten im Mittel zu

$$P_s = 9{,}650 \cdot 10^{-28} \frac{f_0 \cdot \gamma^4}{r} \,\mathrm{W}. \tag{5.5-4}$$

Der mittlere Energieverlust eines Elektrons pro Umlauf beträgt

$$\Delta E = 6{,}032 \cdot 10^{-9} \frac{\gamma^4}{r} \,\mathrm{eV}. \tag{5.5-5}$$

Die Frequenzverteilung der Synchrotronstrahlung ist gegeben durch

$$P(f) = \frac{P_s}{f_K} \cdot S(f/f_K), \tag{5.5-6}$$

wobei $P(f)$ die Strahlungsleistung eines Elektrons für die Frequenz f und f_K die sog. kritische Frequenz ist. $S(f/f_K)$ ist definiert durch folgendes Integral:

$$S(u) = \frac{9\sqrt{3}}{8\pi} u \cdot \int_u^\infty K_{5/3}(x) \cdot \mathrm{d}x, \tag{5.5-7}$$

wobei $K_{5/3}$ eine modifizierte Bessel-Funktion ist (Bild 5.5-3). Das Maximum der Strahlungsleistung liegt nahe bei der kritischen Frequenz

$$f_K = \frac{3}{4\pi} \cdot \frac{\gamma^3}{r}. \tag{5.5-8}$$

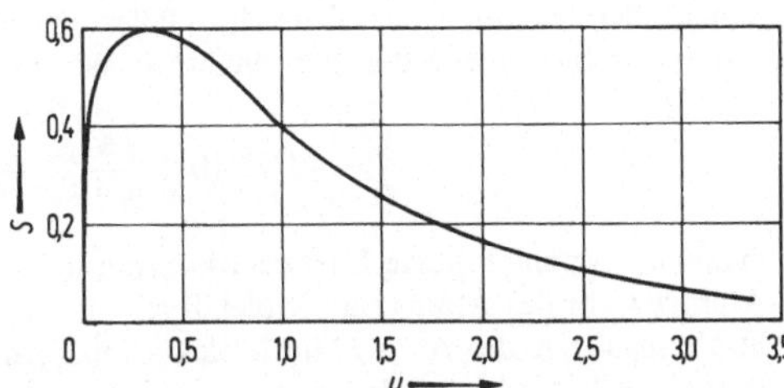

Bild 5.5-3. Funktion $S(u)$

5.5.5.2 Strahldimensionen

Der Energieverlust durch Synchrotronstrahlung zusammen mit der Kompensation dieses Verlustes durch die Beschleunigungsstrecke führt im Mittel zu einer Dämpfung der Betatron- und Synchrotronschwingungen. Andererseits verursacht die quantenhafte Aussendung der Photonen der Synchrotronstrahlung eine Anregung dieser Schwingungen. Beide Prozesse führen zu einem Gleichgewicht, wodurch der Strahlquerschnitt und die Länge des Teilchenbündels festgelegt ist. Die quantenhafte Synchrotronstrahlung führt auch zu einer endlichen Energieverteilung im Strahl. Verursacht durch die Synchrotronstrahlung ist die dreidimensionale Dichteverteilung und die Energieverteilung in einem Teilchenpaket eine Gaußverteilung. Da die Ablenkung der Teilchen i. allg. in der horizontalen, nicht aber in der vertikalen Ebene stattfindet, ist die Anregung von vertikalen Betatronschwingungen durch die Synchrotronstrahlung viel schwächer. Der Teilchenstrahl ist deshalb i. allg. sehr flach.

Alle hier angedeuteten Effekte hängen in ihrer Wirkung von der Stärke der Synchrotronstrahlung ab. Da eine solche Strahlung bei Protonen praktisch fehlt, sind in Protonenspeicherringen die Strahldimensionen durch die Einschußbedingungen und durch Restgasstreuungen gegeben.

5.5.5.3 Hochfrequenzsystem

Das Hochfrequenzsystem in einem Elektron-Positron-Speicherring soll die Synchrotron-Strahlungsverluste der Teilchen kompensieren. Dazu führt man den Teilchenstrahl durch die Achse von Resonatoren, wo die Teilchen durch die elektrische Komponente des Hochfrequenzfeldes beschleunigt werden. Um zu gewährleisten, daß die Teilchen nach jedem Umlauf wieder beschleunigt werden, muß die Hochfrequenz ein ganzes Vielfaches der Umlauffrequenz sein. Das Verhältnis Hochfrequenz zu Umlauffrequenz nennt man die *Harmonischenzahl* des Speicherringes.

Der maximal speicherbare Strom in einem Speicherring ist, von Strahlinstabilitäten abgesehen, durch die pro Strahl verfügbare Hochfrequenzleistung begrenzt. Die benötigte Hochfrequenzleistung für einen Strahlstrom I beträgt:

$$P_{\mathrm{HF}} = 6{,}03 \cdot 10^{-9} \frac{\gamma^4}{r} \cdot I \,\mathrm{W}. \tag{5.5-9}$$

5.5.5.4 Ultra-Hochvakuumsystem

In einem Speichersystem wird eine *Strahllebensdauer* von mehreren Stunden erwartet; die Wahrscheinlichkeit eines Zusammenstoßes eines gespeicherten Teilchens mit einem Atom des Restgases muß daher sehr klein sein. Bei einem Zusammenstoß kann ein Teilchen genug Energie verlieren, um aus dem phasenstabilen Bereich zu fallen. Die Strahllebensdauer ist die Zeit, in der die Strahlintensität auf $1/e = 0{,}3678$ des ursprünglichen Wertes abgesunken ist:

$$\frac{1}{\tau} = -1{,}32 \cdot 10^7 \ln\left(\frac{\Delta\gamma}{\gamma}\right) \sum_{i,j} \frac{p_j A_{ij}}{X_{ij}}. \tag{5.5-10}$$

$\Delta\gamma/\gamma$ maximale, stabile, relative Energieabweichung;
A_{ij} Atomgewicht des Atoms i im Molekül j;
X_{ij} Strahlungslänge des Atoms i im Molekül j in kg/m² (vgl. Tabelle 5.5-1);
p_j Partialdruck des Moleküls j in bar.

Tabelle 5.5-1. Strahlungslängen X einiger Gase

Gas	Luft	H_2	O_2	N_2	He
X in kg/m²	372	628	316	386	931

In einem Speicherring hängt der Gasdruck sehr stark von der durch die Synchrotronstrahlung an der Vakuumkammerwand verursachten Gasdesorption ab. Hierbei werden durch die Photonen der Synchrotronstrahlung Elektronen aus der Metalloberfläche herausgeschlagen, die ihrerseits wieder Gasmoleküle von der Metalloberfläche befreien können. Aus diesem Grunde ist der Betriebsdruck des Vakuumsystems und damit die Strahllebensdauer sehr stark von der Oberflächenbeschaffenheit der Vakuumkammer, von der Intensität der gespeicherten Strahlen und der Energieverteilung der Photonen der Synchrotronstrahlung abhängig.

5.5.5.5 Strahlkontrollen

Zur Überwachung der Strahleigenschaften sind eine Reihe von Strahlmeßgeräten nötig. Die Strahlstromstärke wird meist mit Hilfe eines Monitors nach dem Transformatorprinzip oder nach dem Prinzip der Förstersonde gemessen. Die Strahlstromänderung wird i. allg. durch das Signal des Synchrotronlichtes in einer Photodiode gemessen. Der Strahlquerschnitt wird durch Photometrieren des Synchrotronlichtes festgestellt. Zur Messung der Länge des Teilchenbündels verwendet man häufig eine sehr schnelle Photodiode im Strahl des Synchrotronlichtes.

Zur allgemeinen Beobachtung des Teilchenstrahls benützt man den sichtbaren Teil des Synchrotronlichtes, der über ein Fernsehsystem in den Kontrollraum übertragen wird. Die Lage des Teilchenstrahles in der Vakuumkammer ergibt sich aus der Differenz der elektrischen Signale zweier auf beiden Seiten des Strahls innerhalb der Vakuumkammer angeordneter Elektroden. Schwingungen des Strahls um die Sollage werden durch das Signal von einer in die Vakuumkammer ragenden Elektrode und einem Spektralanalysator festgestellt.

5.5.5.6 Strahlinstabilitäten

Ein Teilchenstrahl in einem Speicherring ist einer Vielzahl von Wechselwirkungen mit sich selbst und seiner Umgebung unterworfen. Unter ungünstigen Umständen können diese Wechselwirkungen zu Instabilitäten und damit zum Strahlverlust führen.

Man unterscheidet *kohärente* und *inkohärente Instabilitäten.* Bei einer kohärenten Instabilität wird ein Teilchenbündel als Ganzes zu immer größer werdenden Schwingungen angeregt. In vielen Fällen kann eine solche Instabilität durch ein geeignetes *Rückkopplungssystem* gedämpft und der Strahlverlust damit verhindert werden. Inkohärente Instabilitäten können nur durch Maßnahmen an der verursachenden Wechselwirkung, sofern sie bekannt ist, bekämpft werden. Wo dies nicht möglich ist, muß mit einer Begrenzung der Strahlintensität und der Luminosität eines Speicherringes durch solche Instabilitäten gerechnet werden. Die stärkste dieser inkohärenten Instabilitäten, die die Luminosität aller Speicherringe begrenzt, ist die sog. *Strahl-Strahl-Instabilität,* die bei der Kollision beider Strahlen auftritt; sie ist von der Teilchendichte des Strahls am Wechselwirkungspunkt abhängig. Dabei werden die Teilchen eines Strahls durch das elektromagnetische Feld des anderen Strahles während der Durchdringung beider Strahlen in ihrer Umlaufbahn gestört. Beim Überschreiten der Störgrenze wird der schwächere der beiden Strahlen durch den stärkeren Strahl zerstört.

5.5.6 Protonen-Speicherring

Ein Protonen-Speicherring ist grundsätzlich genauso aufgebaut wie ein Elektronen-Speicherring. Das Fehlen der Synchrotronstrahlung und seiner Folgen ergeben jedoch einige Besonderheiten. In einem Elektronen-Speicherring werden die Wirkungen momentaner oder dauernder Strahlstörungen durch die Strahlungsdämpfung gemindert. Dies ist im Protonen-Speicherring nicht der

Fall. Während die Elektronen sehr schnell „vergessen", akkumulieren die Protonen alle Störungen, was entweder zum Strahlverlust oder doch zu einer Vergrößerung des Strahlquerschnittes führt.

Wegen dieser Effekte müssen alle magnetischen Störfelder und nichtlinearen Magnetfeldkomponenten aus den Endfeldern der Magnete oder aus den Streufeldern der Magnete der Ionengetterpumpen vermieden werden. Außerdem wird ein extremes Ultrahochvakuum im Bereich von 10^{-13} bis 10^{-14} bar notwendig, um eine Strahlaufweitung durch Streuung der Protonen an den Atomen des Restgases zu vermeiden. Das Hochfrequenzsystem ist für viel kleinere Leistung als in einem Elektronen-Speicherring ausgelegt und wird nur während der Injektion gebraucht. Danach wird das Hochfrequenzsystem ausgeschaltet und der Strahl sich selbst überlassen.

Der Strahlstrom in einem Protonen-Speicherring ist im Prinzip nur durch seine selbstzerstörende Wirkung begrenzt. Die elektrische Abstoßung zwischen den Protonen wird nur z. T. durch das strahlstromerzeugte Magnetfeld kompensiert. Die resultierende Abstoßung ist proportional $I^+(1-\beta)$ und führt zu einer Verschiebung der Arbeitspunkte (Q_x, Q_y) des Speicherringes. Die maximale Stromstärke ist erreicht, wenn die Verschiebung der Arbeitspunkte die nächste Betatronresonanz erreicht. In dem einzigen bisher gebauten Proton-Proton-Doppel-Speicherring werden bei einer Energie von 25 GeV Strahlströme von etwa 20 bis 25 A erreicht.

Eine Übersicht über den laufenden Stand auf dem Gebiet der Teilchenbeschleuniger ist in den zweijährlich erscheinenden Proceedings of the Int. Conf. on High Energy Accelerators und in den Proc. of the Nat. Conf. on High Energy Accelerators in IEEE Trans. Nucl. Science zu finden.

Literatur zu 5. Geräte der Hochenergiephysik

H 19 Stoffhütte, 4. Aufl., Berlin, München: Ernst & Sohn 1967.

H 24 Physikhütte I, 29. Aufl., Berlin, München, Düsseldorf: Ernst & Sohn 1971.

H 30 HÜTTE Energietechnik, Bd. I, Berlin, Heidelberg, New York: Springer 1978.

1 *Livingood, J. J.*: Principles of Cyclic Particle Accelerators, Princeton: D. Van Nostrand Comp., Inc., 1961; (Dieses Buch enthält eine ausführliche Bibliographie).

2 *Persico, E., Ferrari, E., Segre, S. E.*: Principles of Particle Accelerators, New York: W. A. Benjamin, Inc., 1968.

3 *Livingston, M. S., Blewett, J. P.*: Particle Accelerators, New York: McGraw Hill, 1962.

4 *Kollath, R.*: Teilchenbeschleuniger, Bonn: Dümmler, 1967.

5 *Kamke, D.*: Elektronen und Ionenquellen, Handbuch der Physik, Vol. 33 (1956). Berlin, Heidelberg, New York: Springer.

6 Handbuch der Physik (1959), Vol. 44, Berlin, Heidelberg, New York: Springer.

7 *Lapostolle, P. M., Septier, A. L.*: Linear Accelerators, Amsterdam: North Holland Publ. Comp. 1970.

8 *Steffen, K. G.*: High Energy Beam Optics, New York: Interscience, 1965.

9 *Septier, A.*: Focussing of Charged Particles I, II, New York: Acad. Press, 1967.

10 *Touschek, B.*: Physics with Intersecting Storage Rings, New York: Academic Press, 1971.

11 *Walkinshaw, W.*: Theoretical Design of Linear Accelerators for Electrons, 61; 246–254 (1948) Proc. Phys. Soc., London.

12 *Schmelzer, C.*: Z. f. Naturf. 12, 7a, 808–817 (1952).

13 *Paulin, A.*: Nucl. Inst. and Methods 5; 107–110 (1959).

14 *Bock, B.* et al.: Z. f. angew. Phys. 10; 49–55 (1958).

15 *Wiedemann, H.*: Einführung in die Physik der Elektron-Positron-Speicherringe, 1973 (erhältlich beim Deutschen Elektronen-Synchrotron, Hamburg).

16 *Courant, E. D., Snyder, H. S.*: Theory of the Alternating Gradient Synchrotron Ann. of Phys. 3, 1–48 (1958).

17 *R. B. Neal* ed: The stanford two mile accelerator New York, Amsterdam 1968: W. A. Benjamin

Sachverzeichnis

Die Umlaute ä, ö, ü werden wie a, o, u behandelt